北京邮电大学校级“十四五”规划教材
高等教育网络空间安全专业系列教材

大数据安全与隐私保护

石瑞生　兰丽娜　主编
时金桥　南国顺　吴　旭　参编

机械工业出版社

大数据服务已经深入人们工作与生活的各个角落，大数据安全成为各行各业日益关心的一个问题。本书从大数据服务的系统架构、算法、协议、应用等多个角度，深入浅出地为读者介绍大数据安全与隐私保护。

本书内容包括：大数据安全的概念、密码学基础知识、数据传输安全、身份管理与数据访问控制、大数据处理与存储及其安全隐私、保护隐私的可信计算、大数据共享及其安全隐私、大数据算法及其安全、大数据采集及其安全隐私、企业数据安全、数据流转安全。

本书适合高等院校网络空间安全、信息安全专业用作专业课教材，也适合其他专业用作选修课教材，亦适合对大数据安全感兴趣的读者阅读。

本书配有授课电子课件，需要的教师可登录 www.cmpedu.com 免费注册，审核通过后下载，或联系编辑索取（微信：13146070618，电话：010-88379739）。

图书在版编目（CIP）数据

大数据安全与隐私保护 / 石瑞生，兰丽娜主编. 北京：机械工业出版社，2025. 6. --（高等教育网络空间安全专业系列教材）. -- ISBN 978-7-111-78741-9

Ⅰ. TP274

中国国家版本馆 CIP 数据核字第 2025GW7695 号

机械工业出版社（北京市百万庄大街 22 号　邮政编码 100037）

策划编辑：郝建伟　　　　　　　责任编辑：郝建伟　王　芳

责任校对：卢文迪　杨　霞　景　飞　　责任印制：任维东

唐山楠萍印务有限公司印刷

2025 年 6 月第 1 版第 1 次印刷

184mm×260mm・22.25 印张・551 千字

标准书号：ISBN 978-7-111-78741-9

定价：89.00 元

电话服务

客服电话：010-88361066

010-88379833

010-68326294

网络服务

机　工　官　网：www.cmpbook.com

机　工　官　博：weibo.com/cmp1952

金　　书　　网：www.golden-book.com

机工教育服务网：www.cmpedu.com

前　言

数字经济时代，数据已成为核心的生产要素，驱动着各行业的创新与发展。数据作为新型生产力的关键资源，其获取、处理、存储和应用对企业的竞争力、国家的经济发展，以及全球的科技进步都具有重要影响。然而，随着数据的广泛使用，数据安全与隐私保护问题日益凸显，成为各国政府、企业和个人必须应对的重大挑战。自 2018 年欧盟《通用数据保护条例》（GDPR）实施以来，数据安全与隐私保护技术在全球范围内引起了广泛的关注和重视。《中华人民共和国数据安全法》《中华人民共和国个人信息保护法》颁布实施之后，国内越来越多的学校开设大数据安全与隐私保护类课程。

我们从 2017 年开始编写、2019 年出版的教材《大数据安全与隐私保护》是国内首批大数据安全与隐私保护方向的教材。该教材出版后，受到广大师生的欢迎，教材适用范围广，满足了不同层次高校、不同专业的课程建设与教学需求，尤其是满足了多个国家特设专业和国家控制布点专业的课程建设需求。

近些年，数据安全与隐私保护领域发展日新月异，诸多曾被长期忽视的理论与技术重新受到广泛关注，如安全多方计算、同态加密、零知识证明等；同时，Noise 协议框架、ACME 协议、FIDO 协议、PAKE 协议、本地后差分隐私等新技术也开始得到广泛应用。这些内容是目前大多数教材尚未涵盖的，也是我们在过去的教学实践中逐步探索完善的教学内容，此次修订已将其全面纳入本教材。本教材在 2019 年版《大数据安全与隐私保护》基础上，深度融合 6 年来的教学实践经验，对大数据安全与隐私保护知识体系进行了系统性补充与更新。更新后的版本不仅教学内容体系化程度更高、知识覆盖更为全面，还能满足更广泛、更多样化的教学需求。此外，为进一步提升教学便利性，我们新增了习题、课后阅读材料、教学课件、实验课素材等配套资源，力求为授课教师提供更完善的教学支持。

教材使用建议

授课建议：根据不同的学生情况与培养方案的学时要求，可以采取不同的授课方案。

方案一：32 学时。对于星号（*）章节，可以略去。

方案二：48～64 学时。对于学生基础好或者学时充足的情况，可以采用本书完整的内容。

致谢

感谢韩冰、张诗含、曾佳淇等同学在本书编写过程中的辛苦付出，也再次感谢在过往教材中做出贡献的冯庆玲、敖迪、姜宁等同学。

本书的编写工作得到了北京市自然科学基金项目（M21037）、北京邮电大学校级“十四五”规划教材项目、北京高校优质本科教材课件（2023 年重点项目）的资助和支持，在此表示感谢。我们教学团队在北京邮电大学开设的相关课程也被评为 2024 年北京高校优质本科课程、2024 年北京邮电大学课程思政示范课程，课程的实验案例被评为 2023 年北京邮电大学优秀实验案例，感谢北京邮电大学对我们教材编写工作的支持，感谢北京市教委对我们工作成果的认可。

本书可作为高等院校网络空间安全专业本科生的专业课教材，也可作为其他专业学生的选修课教材，亦可作为对大数据安全感兴趣的读者的参考书。

由于编者水平有限，加之时间仓促，书中不妥之处在所难免，恳请读者批评指正。编者建立了读者交流群（QQ 群号：330714329），方便与读者沟通，并为读者提供后续的服务与支持。

本书和所有其他工作一样，最重要也是最根本的使命就是服务于大众。如果本书能够对广大师生的教与学提供一些切实的帮助，编者就十分欣慰，也就不负这一年多来无数个周末和夜晚的辛苦。希望本书能够为“大数据安全”的课程建设尽一份绵薄之力。

编　者

目　录

第 1 章　大数据安全的概念

20 世纪 60 年代，随着 IBM 360 系列计算机的推出，人类开启了计算机的商业化进程。从此，信息技术开始逐步渗透到人类社会的方方面面。经过几十年的发展，人类社会已经进入“互联网+”时代，人类社会中的大部分活动都开始与数据的创造、采集、传输、使用发生关系，大数据时代已经伴随着互联网的浪潮悄然而至。

数据在改变世界。安全技术是一切新兴技术的伴生技术，大数据安全作为大数据技术的伴生技术，是保障大数据安全的必不可少的技术。

本章介绍大数据的概念以及伴生问题——大数据安全。

1.1　大数据的概念和内涵

什么是大数据？这是所有大数据学习者首先会思考的一个问题。

本书从五个特征来定义大数据，这五个特征可以总结为五个 V，即 Volume（数据量大）、Velocity（速度快）、Variety（类型复杂）、Veracity（数据质量参差不齐）和 Value（价值）。

大多数人说起大数据，最先想到的是数据量大。这就是第一个 V。麦肯锡是研究大数据的先驱，该公司对大数据的定义是：大数据是指数据量大小超出常规数据库工具获取、存储、管理和分析能力的数据集。最早的大数据服务系统就是搜索引擎系统，它需要采集互联网上所有网页并为其建立索引，向全球几十亿用户提供实时的网页搜索服务。面对这么大规模的数据集，传统的信息技术无能为力。谷歌公司为了应对大数据的挑战，设计了 MapReduce 计算模式、GFS（Gluster File System，一个开源的分布式文件系统）、BigTable 数据管理系统，成为云计算技术的先驱。

大数据不仅数据量大，而且数据产生速度快，对数据实时处理能力提出了非常高的要求。这是第二个 V。例如微博数据，不仅数量大，而且时效性高。如果按照传统的搜索引擎模式处理，则需要花几天甚至几周时间采集数据、建立索引。由于这些数据对时效性要求高（例如，新闻事件、应急事件等），因此传统的数据处理方法对它们不再有效。

大数据的第三个特征即第三个 V 是数据类型复杂。大数据不仅有传统数据库管理的结构化数据，还有各种非结构化、半结构化数据。例如，网页、图片、视频等。要处理非结构化、半结构化数据，需要引入传统关系数据库技术之外的新的数据处理技术。

大数据的第四个特征即第四个 V 是数据质量的参差不齐。例如，互联网上有大量无标注数据，以及人为的错误数据等。物联网设备采集的正常数据中常常混杂着因设备故障、环境原因（湿度传感器上滴了一滴水、温度传感器上扔了一个烟头等偶然事件）、精度参差不齐而导致的错误数据。

数据量大和速度快，对信息处理的性能提出了挑战（更大、更快），主要靠系统构建技术来实现，云计算技术应运而生。Hadoop、Storm、Spark 这些开源系统在各种大数据服务系统中都得到了广泛的应用。

类型复杂和数据质量参差不齐，对计算机系统的数据理解能力提出了挑战。它们要求计算机系统既能够理解规范的结构化数据，也能够理解不规范的半结构化和非结构化数据，甚至需要像人类一样能够识别出错误数据、恶意数据、不准确数据。应对这个挑战，需要人工智能技术取得突破性进展。

最后一个 V 是价值，可以说大数据的目标就是从数据中发现价值、在应用中创造价值。大数据的数量虽然大，价值密度却不一定高。类似于长尾效应，需要采用有效的技术从价值密度低的大量数据中，以可以接受的成本，挖掘出价值。判断一个数据集是否有价值也是很困难的事情：今天被认为没有价值的数据，将来也许会产生很大的价值。

1.2 大数据应用

大数据技术在很多领域得到了广泛的应用，对人类的生活、医疗、经济、政治等方面产生了重要的影响。本节介绍几个广为人知的大数据应用成功案例，帮助大家建立起对大数据的感性认识。

1.2.1 从一个小故事讲起

先讲一个发生在美国的真实故事。几年前，一个美国家庭收到了一家商场投送的关于孕妇用品的促销券，由于促销券明显是冲着这个家庭中的女孩来的，女孩的父亲觉得受到了侮辱，于是怒气冲冲地找到了这家商场讨说法。为了平息这位父亲的怒气，商场做出了诚恳的道歉。但数天后，这位父亲突然发现，女儿真的未婚先孕了。

那家商场之所以能未卜先知地知道这位女孩怀孕，是因为该商场通过若干种商品的消费数据建立了一个怀孕预测指数，以此来预知顾客的怀孕情况。可以说，这是一个典型的大数据应用案例。

1.2.2 谷歌流感趋势

谷歌流感趋势（Google Flu Trends，GFT）未卜先知的故事，常被看作大数据分析优势的明证。

有报道称，2008 年 11 月谷歌公司启动 GFT 项目，目标是预测美国疾病控制与预防中心（Centers for Disease Control and Prevention，CDC）报告的流感发病率。甫一登场，GFT 就亮出十分惊艳的成绩单。GFT 只需分析数十亿搜索中 45 个与流感相关的关键词，就能比 CDC 提前两周预报 2007—2008 流感的发病率。也就是说，人们不需要等 CDC 公布根据就诊人数计算出的发病率，就可以提前两周知道未来医院因流感就诊的人数了。有了这两周，人们就可以有充足的时间提前预备，避免感染。很多人可以受益于大数据而避免不必要的痛苦、麻烦和经济损失。

2009 年 2 月 19 日，*Nature* 上发表了一篇文章“*Detecting influenza epidemics using search engine query data*”，论述了谷歌基于用户的搜索日志（其中包括搜索关键词、用户搜索频率以及用户 IP 地址等信息）的汇总信息，成功“预测”了流感病人的就诊人数。

截至 2024 年底，全球移动互联网用户已达 47 亿，占全球人口的 58%，这意味着世界上半数以上的人都有可能是传染病的数据来源和流动监测对象。基于网络大数据的传染病预测与预警是对传统技术的延伸，是未来科技发展的必然趋势。

1.2.3 华尔街利用微博数据预测股票

2011 年，美国印第安纳大学和英国曼彻斯特大学的三位学者合作发表了一篇题为“*Twitter Mood Predicts the Stock Market*”的论文，指出基于大量推文而分析出的公众情绪与道琼斯工业指数相关联，甚至具有预测性。

他们选取 2008 年 2 月 28 日至 2008 年 12 月 19 日近 1000 万条推文作为样本，采用两种情绪追踪工具将其分类。一种是开源工具 OpinionFinder，将推文二分为积极情绪和消极情绪；另一种是以临床医学使用的情绪状态量表（Profile of Mood States，POMS）为基础而新开发的情绪测试工具 GPOMS，它能将公众的情绪分为冷静、警惕、确信、活力、友善和幸福这六个类别。研究者发现，将“冷静”情绪指数后移 3 天，竟然与道琼斯工业平均指数惊人一致，也就是说，Twitter（现已更名为 X，本书仍沿用 Twitter）反映出的情绪能在一定程度上预测 3～4 天后的股市变化。另外，研究者还测试了一个称为自组织模糊神经网络（Self-Organizing Fuzzy Neural Networks，SOFNN）的股市预测模型。当仅输入股市数据时，模型已经有 73.3%的准确率；加入“冷静”的情感信息后，准确率更是升至 86.7%。

全球知名社交数据提供商 GNIP 在 2014 年发布白皮书指出，社交网络股市情绪分析最早始于 2010 年，用途还只限于企业分析客户感受。2013 年，美国证监会（United States Securities and Exchange Commission，SEC）允许上市公司在社交网络上披露公司信息后，包括汤森 • 路透、彭博社在内的全球著名数据提供商也开始提供社交网络数据分析服务。

2013 年 3 月 8 日，纽约数据分析公司 Dataminr（数据矿工）的客户收到一条紧急推送，称一艘皇家加勒比海游轮抵达佛罗里达的埃弗格莱兹港，船上的 105 名乘客和 3 名船员全部感染诺如病毒（常见伴随症状是食物中毒和腹泻）。这则经确认的新闻刚公布，皇家加勒比海游轮公司的股价立即急跌 2.9%。Dataminr 的客户在新闻公布前 48min 即得知此事件。引起 Dataminr 员工警觉的是南佛罗里达新闻电台 WSVN 于当天下午 1 点发布的一条推文。“我们心中警铃一震”，Dataminr 公司创始人彼得 • 贝利说，后台语义算法系统发现这条推文与曾经产生过类似价值的信息行文类似。当天下午 1 点 02 分，即该推文发布 2min 后，Dataminr 公司的相关客户就收到一封警示邮件。上述 Dataminr 提供的服务，不过是美国近些年社交网络股市情绪分析浪潮中的一例。

Dataminr 创始人彼得 • 贝利透露，他们的客户就包括华尔街前五大超级投资银行中的 3 家，和一家估值约 150 亿美元的股权避险基金公司。

面向机构和个人的相关应用如雨后春笋般冒出。诸如社交市场分析公司（Social Market Analytics，SMA）和 Hedge Chatter 等公司都以 Twitter、Facebook 等社交网络的大数据为基础，收集并分析网络上对上市公司或某一事件的看法、评论，并做出与股价有关的预测分析。SMA 与全球领先的数据分析商 Markit 合作，向超过 3000 家机构投资者提供信息，这些机构投资者包括美国中央银行、华尔街投行、对冲基金、政府机构和保险公司等。值得注意的是，SMA 甚至打入了交易所内部，向美国纽约交易所用户订阅栏目提供实时数据分析结果。

2020 年之后，随着大数据技术的迅猛发展，投资者更加依赖大数据分析，以捕捉市场的潜在机会并优化股票投资决策。大数据的应用为股市提供了全新的视角，尤其是在实时数据分析、市场情绪预测和战略风险管理等方面展现出巨大的潜力。例如，社交媒体平台和新闻报道的情感分析为投资者提供了独特的市场情绪指标。通过自然语言处理技术，大数据能够实时捕捉市场情绪，分析情感波动与股市走势之间的关系。这种基于情绪的分析不仅可以预测短期市场变化，还能为投资者提供更加敏捷的决策支持。

此外，量化交易的兴起也受到大数据推动。通过分析海量的历史交易数据和市场信息，投资者能够构建更加精确的交易策略，自动化执行交易决策，提升市场反应速度。与传统分析方法相比，量化交易能够在几毫秒内对市场变化做出反应，从而实现更大收益。

总之，随着大数据技术的成熟，投资者已经能够利用更加全面、即时的市场数据进行决策，从而有效降低风险、提高回报，并推动股票市场进入一个更加智能和数据驱动的时代。

1.2.4 利用大数据预测美国大选

说起美国大选，不少新闻和舆论总是提到一位“数据大神”——Nate Silver。

Nate Silver 早年是做统计工作的，对数据非常有兴趣。他对美国职业棒球大联盟的球员数据进行了细致独到的分析，预测非常成功，做的网站也成功被人买走。然而，真正让 Nate Silver 声名鹊起的，是他对 2008 年和 2012 年美国大选的成功预测。2007 年 Nate Silver 建立了“538”博客（后来变成 fivethirtyeight.com，此名源于美国大选有 538 张选举人票），独树一帜地依据数据分析进行时政预测。2008 年大选，Nate Silver 成功预测了 50 个州选举结果中的 49 个。2012 年，他预测奥巴马胜出概率高达 90%，和一般专家说的奥巴马与罗姆尼五五开的预测很不同，他成功预测全部 50 个州的选举结果。大选后第二天他接受专访，被脱口秀主持人称为“算法之神”。这使 Nate Silver 一夜成名，他解释预测技术的书《信号与噪声》销量增长 800%。

Nate Silver 进行预测并不是靠所谓的“直觉”，而是纯粹地靠数据，用预测算法处理众多数据。在美国大选这个事件上，预测算法依靠的主要基础数据就是各种各样的大选民意调查（简称民调）。美国大选历时数月之久，全国以及每个州都有各种机构主办的不同规模的大选民调，一个州针对一次大选可能有多达上百次的民调。例如针对佛罗里达州，538 网站共收集了 68 次民调数据，这就是 Silver 需要的“信号”。由于各种民调的机构背景、立场倾向、覆盖人群、举办时间差异极大，参考意义各有不同，要从一堆“信号”中，排除“噪声”，得到真正有效的信息，就需要真正的技术。当然，每一个民调数据是如何影响最终计算出来的概率的，这是需要仔细考虑的问题，也是预测算法的真正细节。这些民调差异极大，有时甚至给出完全相反的结果。538 网站对民调数据进行了细致的解释，如根据过去 12 次大选的历史记录，对发布民调机构的权威性进行分级，计算时分配不同的权重。

除了民调数据，经济数据也可能被考虑进来：经济数据好，会对在任总统有利，是重要影响因素。

如果没有足够的有效数据，那么 Nate Silver 就不能进行精准预测了。这时某些直觉良好的专家可能就有用武之地了，也许专家通过梳理逻辑，可以抓住事情的关键，给出方向性的预测并最终成功。但是在数据足够的情况下，需要对 Nate Silver 的方法给予足够的重视。从方法论来说，对数据进行越来越精确的建模，将尽可能多的因素考虑进来，是更科学、更先进的。

此外，在 2016 年和 2024 年美国总统大选中，特朗普竞选团队通过大数据和网络舆论的运作，极大地影响了选民的投票行为。在 2016 年大选中，特朗普的竞选团队通过向选民进行精细化的定向广告投放，在选民尚未意识到的情况下影响他们的观点，甚至在一些传统的“蓝色州”获得意外胜利。

到了 2024 年，特朗普的竞选团队进一步加强了对大数据的应用，并利用先进的人工智能技术来分析选民情绪和投票趋势。社交媒体继续作为传播信息的关键渠道，尤其是通过社交平台的算法推荐系统，将有关特朗普的内容精准地推送给潜在的支持者。同时，竞选团队还加强了对舆论的利用，塑造特朗普的公众形象。这一系列操作不仅帮助特朗普增强了选民的忠诚度，还在一定程度上塑造了选民的投票意图，展示了大数据在现代选举中的巨大力量。

1.3 理解大数据安全

大数据安全是指针对大数据服务系统，从系统架构与认证授权、计算与存储、算法设计与数据采集等多个角度来分析其安全问题及解决方案。

同时，大数据技术也可以作为解决安全问题的技术手段，加强系统安全防护能力。任何技术都是一把双刃剑，攻击者基于大数据技术，也会具备更强的攻击能力、创造出新的攻击模式。

随着大数据和人工智能（AI）技术的发展，毫无疑问，信息系统会越来越智能，那么我们肯定会越来越关心一个问题：未来的信息服务是越智能越危险，还是越智能越安全？

日常生活中，我们会遇到如下安全问题：

媒体系统给我们推送的新闻与消息是否可信、可靠？评论信息是否被水军控制？评级数据是否被恶意扭曲？

汽车自动驾驶与导航系统是否会被黑客恶意攻击？

家里的机器人、智能家居系统是否会遭受攻击？我们是否会被远程监控？

送药的无人机是否会被攻击者控制？

我们无意发送的一条朋友圈信息是否会泄露我们的隐私，甚至被诈骗分子所利用？

某个互联网服务商的疏忽所导致的个人隐私数据泄露，是否会给我们带来意想不到的麻烦甚至灾难？我们如何及时采取措施，以避免或者缓解这种问题？

大数据时代的到来，给我们带来很多便利与舒适，但同时也带来新的问题与挑战。例如，基于机器学习的系统，利用采集的大数据构建起智能服务系统，包括基于用户画像的推荐系统、协同过滤算法、基于人脸识别的身份认证、WiFi 万能钥匙等。

但随之而来的是新的安全问题：①智能管理系统可能被欺骗。攻击者可通过操控输入数据的内在特征（如斯坦福大学人脸识别对抗样本攻击），欺骗智能系统做出错误判断。②推荐系统的错误引导。通过伪造用户群体行为数据（例如人为构造虚假的共现访问记录），污染推荐算法训练集，诱导其生成偏向性内容分发结果。③大数据服务系统带来的隐私泄露问题。通过跨数据集的关联分析，能够逆向推断出用户身份、健康状态等敏感信息。④隐私与效率协同的数据共享难题。需构建支持密文处理的高效实时共享架构，例如基于安全多方计算或同态加密的协议，确保数据订阅方的查询隐私与发布方的数据隐私均不被泄露，且能支撑大规模实时交互需求。

综上所述，大数据安全涉及两个方面：一是大数据服务中的安全问题，二是大数据技术在安全领域的应用。

（1）大数据服务中的安全问题　主要包括以下几个方面的内容：大数据服务系统架构与认证授权问题；利用大数据服务的系统漏洞，攻击大数据服务系统；利用大数据服务的算法缺陷或者训练数据管理的漏洞，注入攻击数据；利用大数据服务的合法功能，来发起攻击；利用大数据服务系统的合法功能，获取隐私信息。

（2）大数据技术在安全领域的应用　一方面是利用大数据技术解决安全问题。例如：利用流量特征，识别攻击流量；利用大数据技术，分析微博、微信等社交数据，预测突发事件的走向，及时制定并动态调整应对措施；利用大数据技术，引导网络舆情的走向，防止事态恶化。这些技术已经被深入研究并广泛使用。

另一方面，攻击者也会基于大数据技术开发新的攻击技术。例如：利用 AI 破译验证码；利用关联分析，获取隐私信息。这些案例在现实中已经发生。

1.4　大数据隐私与安全

大数据隐私与安全问题要求我们能够在兼顾安全与自由、个性化服务与商业利益的基础上，从数据中挖掘其潜在的巨大商业价值和学术价值，使得数据资源能够被充分利用，服务于社会，造福于人类。

我们首先介绍隐私的定义。

1.4.1　隐私的定义

1890 年，路易斯·布兰代斯（Louis Brandeis）与他的同学塞缪尔·沃伦（Samuel Warren）在《哈佛法律评论》上共同发表了关于隐私权的奠基之作——《隐私权》“The Right to Privacy”。布兰代斯将“隐私权”定义为“不受别人干扰的权利”。他认为，这项权利是个人自由的起点，只有通过界定这项“人类最广泛、文明人最珍视”的权利，个人的“信仰、思想、情感和感受”才能得到保障。这种保障不仅意味着个人可以对抗他人对其自由的侵扰，也意味着个人享有不受新闻媒体、政府权力干扰和侵犯的自由。美国最早意义上的隐私权是集中在以住宅为代表的物理空间之上的。隐私权意味着一个人可以在自己的住宅中不受监督、不受干涉地发展自己的个性，决定自己的生活方式。

随着技术的发展，美国社会对隐私权的保护发生着深刻的变化，其重心不断转移，经历了从住宅到人再到信息的转变。

1876 年，贝尔发明了电话，这项新的技术极大地方便了人们的交流，推动了社会的发展，但也给隐私权投下了阴影。

1928 年，美国发生了隐私权历史上著名的奥姆斯泰德诉美国政府一案。一位名叫奥姆斯泰德的普通公民涉嫌贩卖私酒，联邦调查局（Federal Bureau of Investigation，FBI）的官员在没有获得“搜查证”的情况下，通过对其住宅电话、办公室电话搭线监听，掌握了其犯罪证据。奥姆斯泰德因此被定罪。但奥姆斯泰德认为：联邦政府的窃听行为违反了宪法第四修正案对个人隐私权的保护，FBI 利用这种手段获得的证据不正当，应当予以撤销。他于是上诉到最高法院。布兰代斯当时担任美国最高法院大法官，他支持奥姆斯泰德的上诉。但最高法院最终以 5∶4 的比例驳回了奥姆斯泰德的上诉，认为 FBI 的秘密窃听没有物理侵入奥姆斯泰德的住宅，因此不构成对其隐私权的侵犯。

这场官司之所以著名，是因为布兰代斯大法官发表了他著名的“异见”：“由于新技术的产生和发展，对隐私权的侵犯已经不需要物理的、强制性的侵入，这种新的侵犯正在以微妙的方式广泛地衍生。这种侵犯即使是国家行为，如果没有合法的审批，也应该被视为违宪。”奥姆斯泰德虽然败诉，但布兰代斯的“异见”却引起了广泛的讨论，对美国社会产生了深远的影响。

1967 年，又发生了轰动一时的凯兹起诉美国政府一案。和奥姆斯泰德一案类似，FBI 故伎重演，在公用电话亭搭线窃听了当事人凯兹的谈话，获取了其参与组织赌博活动的关键证据，凯兹随后被定罪。

凯兹以相同的理由上诉到最高法院，最高法院最后宣布：FBI 经窃听获得的证据侵犯了公民隐私权，为无效证据，予以撤销。最高法院还在判决中明确：人类的隐私权，不限于住宅，无论何时何地，即使在公共场所，个人也享有隐私权，对其谈话、通信的侵犯，就是对其个人隐私领域的侵犯。凯兹案成了美国隐私权保护从以住宅为重心到以人为重心的分水岭。

在过去几十年，由于信息技术的兴起和发展，美国社会对隐私权保护的重心再一次发生了重大的转移。促成这种变化的原因在于政府和商业组织者收集了很多关于个人身份的信息。当个人身份信息（Personal Identity Information）广泛存在于政府、银行、医院、学校、酒店、商场、公司等众多组织当中时，每个人的活动其实无时无刻不在被不同组织的数据库记录和监视。这些信息如果被别有用心地利用和整合，个人的隐私和尊严将不可避免地受到侵害。为了应对信息时代的这种冲击，美国对隐私权的保护逐渐从以人为重心调整到以信息为重心的思路上。

哥伦比亚大学的教授阿伦·韦斯廷（Alan Westin）成了这个新领域的理论先驱和领跑者，他将信息社会的隐私权定义为：“个人控制、编辑、管理和删除关于他们自己的信息，并决定何时何地、以何种方式公开这种信息的权利。”

1.4.2　安全、隐私与技术进步的关系

各种安全技术作为伴生技术，一直是随着技术的进步与发展不断演进的。例如，核电站技术是人类获取能源的新手段，与之相伴而来的是核电站的安全防护技术。由于安全防护技术的缺陷，1986 年 4 月 26 日苏联的切尔诺贝利核电站发生核泄漏事件，给人类带来了巨大的灾难。此后，2011 年 3 月 12 日，当时全世界最大的核电站之一日本福岛核电站受地震影响发生核泄漏，至今其负面影响仍然在继续。

信息技术极大地提高了人类工作、交流的效率，改变了人类的工作和生活模式。同时，信息技术的发展和进步也在不断刷新人们对安全隐私的定义。

20 世纪 60 年代，计算机的商业化带来了计算机安全（系统安全）问题，例如，病毒、非法入侵计算机系统等。20 世纪 60 年代初，美国贝尔实验室里，三个年轻的程序员编写了一个名为“磁芯大战”的游戏，游戏中通过复制自身来摆脱对方的控制，这就是“病毒”的

雏形。1983 年 11 月，在国际计算机安全学术研讨会上，美国计算机专家首次将病毒程序在 VAX/750 计算机上进行了实验，世界上第一个计算机病毒就这样诞生了。20 世纪 80 年代后期，巴基斯坦有两个以编软件为生的兄弟，他们为了打击那些盗版软件的使用者，设计出了一个名为“巴基斯坦智囊”的病毒，该病毒只传染软盘引导区。这就是最早在世界上流行的一个真正的病毒。由于针对系统漏洞而设计的病毒、木马乃至高级持续性威胁（Advanced Persistent Threat，APT）攻击软件层出不穷，系统安全在整个安全防御系统中一直扮演着重要的角色。

20 世纪 70 年代，数据通信技术的发展结合计算机系统在商业活动中日益广泛的应用，使得网络安全成为一个不可忽视的主题，从而推动了现代密码学的发展：对称加密算法被标准化；针对大规模应用信息加密技术的需求，非对称加密的思想被提出，并设计出至今仍然在广泛使用的 RSA 算法。

20 世纪 90 年代，万维网的出现带来了内容安全的萌芽，各种内容安全问题开始涌现，例如，垃圾邮件、网页搜索作弊、网络评论水军、网络舆情问题等。

随着搜索引擎的发展，开始出现网页搜索作弊和网络虚假信息问题；在商业利益的驱动下，不守规矩的营销企业会运用黑帽搜索引擎优化技术，例如垃圾链接、隐藏网页、刷 IP 流量、桥页、关键词堆砌等，来提升自身在搜索引擎上的排名，获取流量。为此，搜索引擎发展了网页反作弊算法。

随着电子商务的发展，如何有效识别和过滤商品评论中的水军成为一个令人困扰的问题。不仅是在电子商务平台上，在“应用商店”上用水军来刷榜，在社交网站如微博上出现“僵尸粉”，这些问题都令人困扰。

垃圾邮件的发展催生了验证码（CAPTCHA）技术，验证码曾经有效地抑制了垃圾邮件的发展。近年来，随着人工智能的发展，自动打码（CAPTCHA Human Bypass）技术突破了验证码的防护，使得很多问题卷土重来。

在 21 世纪的大数据时代，隐私安全问题变得日益突出。

随着“互联网+”时代到来，各个行业都在接受互联网的洗礼。随着网络空间与物理空间、人类社会活动的融合，网络空间的安全必将与人类的物理安全、金融安全、生产安全等深度融合为一体。网络空间安全包含网络安全、系统安全、内容安全、隐私保护等多层次、多方面的内容。

1.5 相关法律法规

1.5.1 隐私与法律

我们先回顾一下关于隐私权的重大历史事件：

1965 年，“中央数据银行”计划提出。

1974 年，水门事件促使美国《隐私法》（Privacy Act of 1974）诞生。

2002 年，美国《2002 年国土安全法》中重新提出的中央数据银行计划，有一个更响亮的名字：“全面信息知悉”计划（Total Information Awareness）。

2018 年 5 月 25 日，欧盟的《通用数据保护条例》全面实施。

2021 年，《中华人民共和国个人信息保护法》和《中华人民共和国数据安全法》正式施行。

1.5.2　美国隐私权大事件

1. 中央数据银行

1965 年，人类的计算模式还处在第一个阶段——主机阶段，危险和担心就初现端倪。美国预算局（现在的白宫行政管理预算局，Office of Management and Budget，OMB）提出了一个简单、大胆的创新建议。它建议，联邦政府应该成立一个统一的“数据中心”，把政府部门所有数据库连接、集中、整合起来，建立一个大型数据库。预算局相信：这不仅能节约硬件成本，还能提高数据管理、查询和统计的效率；此外，通过部门之间的数据对接和整合，还可以提高数据的准确性和一致性，减少数据的错误。

预算局甚至为这个建议提出了具体的实施方案：人口普查局、劳工统计局、税务局以及社保局等 4 个数据密集型部门先行一步，首先将它们的数据库连接起来，其他各个部门的数据库再逐步纳入，最终的目标是以公民为单位，为全国每一位公民建立一个数据档案，这个档案将包括每一位公民的教育、医疗、福利、犯罪和纳税等数据记录，涵盖公民从出生到死亡的全生命周期。预算局将这个大型数据库称为“中央数据银行”。

普林斯顿大学高等研究院（Institute for Advanced Study，IAS）是全世界最顶尖的研究机构之一，它的特点是可以不屈从任何行政的任务和资金的压力，自主开展纯粹的科学研究。1965 年，时任研究院主任卡尔·凯森（Carl Kaysen）教授盛赞“中央数据银行”的计划是一个划时代的计划。凯森发表了专门的可行性报告，指出统一管理不仅能节省运营成本，提高数据的准确性和查询效率，还将更好地保障数据安全。

听起来有百利而无一弊，中央数据银行的计划得到了行政部门、学术界的一致响应。经过一年的论证，1966 年，联邦政府正式向国会提交了“中央数据银行”的方案，请求拨款、开工，开创新的数据管理篇章。

新闻界也开始报道联邦政府的这个创举。但没想到，新闻界的报道引起了强烈的社会反弹。这种反弹最后导致了这个计划的流产。

1967 年 1 月，《纽约时报》发表了著名记者、隐私权专家万斯·帕卡德（Vance Packard）的文章“不能告诉计算机”，他写道：“当政府把我们每一个人的信息和日常生活的细节都装进一个中央级的数据银行，我们将受控于坐在计算机前面的那个人和他的按钮。这令人不安，这是一种危险。”

美国公民自由联盟（American Civil Liberties Union，ACLU）是一个成立于 1920 年、位于纽约的公益组织，它的目标是利用法律手段维护公民的权利，隐私权正是 ACLU 重点关心的。对于“中央数据银行”的计划，ACLU 强烈反对，并发表了一系列声明和调查。哈佛大学也对这个计划开展了专门的民调，其调查结果表明，56%的美国人担心自己的隐私会受到侵害，明确反对这个计划。一时间，曾经赢得了各方赞誉的“中央数据银行”计划在国会的讨论中陷入了泥沼。此后，美国国会对此召开了一系列听证会。1968 年，众议院隐私委员会发布了一份报告，得出结论：由于该计划无法保证公民的隐私不会受到侵害，不予批准。

2. 水门事件与《隐私法》的诞生

1974 年，尼克松因水门事件丑闻而引咎辞职。行政权力对个人隐私的恶意入侵，引起了全美的反思。此后，美国社会对政府的信任降到了一个历史低点，增强政府的透明度、保护公民的隐私成了全民的共识。在这种情况下，1974 年 12 月，美国国会通过了已经讨论很久的《隐私法》（*Privacy Act of 1974*）。

《隐私法》是一部真正的信息时代的隐私法。它的保护主体是存储在政府机关内部的个人信息记录，如个人的教育经历、工作履历、经济活动、犯罪历史等记录，它规定了美国政府应该如何使用、保护公民的个人信息。

该法规定：行政机关收集保存的公民个人信息，只能用于信息收集时的既定目的，未经本人许可，不得用于其他目的；个人有权知道其信息的使用情况，还可以查询、核对、修改自己被行政机关收集记录的个人信息。

针对如何管理与个人身份隐私相关的数据，美国国会后来还通过了 1986 年的《电子交流隐私法》（ECPA）、1988 年的《计算机匹配与隐私保护法》（CMPPA）、2002 年的《联邦信息安全管理法》（FISMA）等法律。除了国家层面的立法，美国联邦政府也制定了多个部门规章和实施细则，其中最重要的是 1985 年行政管理预算局（OMB）颁布并多次修订的《联邦政府信息资源管理政策》，简称为 A-130 号通报（OMB Circular A-130）。

当然，并非所有与个人相关的数据都是隐私。对于何种数据才算隐私，要想分得一清二楚并不容易，美国的大法官们也没少为此纠结，其中最著名的是 1972 年的联邦政府起诉米勒案。通过这场官司，美国最高法院规定，个人的消费记录不算隐私。

1976 年，美国最高法院宣判，银行的交易记录不属于个人隐私范围：因为个人的消费记录必须在各个银行、商家之间流动、交换，就像电话号码一样，无法保密，所以不能算是隐私。

3. 元数据

一些政府情报机构和企业可能会在人们不知情或无须通过人们同意的情况下，对公民在网络空间中留下的海量数据进行存储和分析。基于这些数据，它们可以知道人们不同意或反对什么，而这些信息在人们的生活中有着深远的影响。

很多人对美国国家安全局（National Security Agency，NSA）的了解，要归功于爱德华•斯诺登。作为 NSA 的项目承包商，斯诺登收集了 NSA 有关监控活动的成千上万份文档，并于 2013 年把资料交给经过他慎重选择的记者。

这些文档曝出的第一个故事就是收集所有美国公民的手机电话拨打记录。注意，只是拨打记录。美国政府一直说自己收集的“只是元数据”。也就是说，NSA 并没有收集电话的谈话内容，只是收集了接打双方的电话号码，以及拨打电话的日期、时间和时长。

元数据（Metadata）是描述数据属性的集合，是对数据的说明，比如数据的类型、名称、字段等。大多数人并不确切地知道元数据意味着什么，元数据这个说法似乎能带给人一定的安抚效果。但是实际上，收集元数据也属于监控。

比如，国外电影中经常有雇佣私人侦探窃听某人的情节。请注意，这里的用词是“窃听”。私人侦探接受委托后，会在被监视人的家中、办公室和汽车中装上窃听器，偷听电话内容、查看计算机。然后，委托人会收到一份有关被监听者的详细谈话内容报告。

如果把委托任务从“窃听”变为“监视”呢？最后委托人收到的报告内容肯定会有所变化，但范围却更广了。监视包括：被监视人的行踪去向，干了什么事，与谁谈话并谈了多长时间，与谁通信，阅读什么，购买什么，等等。这些信息就是“元数据”。简而言之，窃听可以得到谈话内容，监视则包含所有其他背景或相关信息。

电话元数据还可以透露更多信息。比如，根据谈话的时机、长度和频率，能推算出谈话人彼此，是密友、商业伙伴，还是其他什么关系。电话元数据显示被监视人对谁感兴趣，什么对他是重要的，无论这些数据是多么私密。这些信息是窥探人们个性的窗口，能够在任何时间点绘制出被监视人的事件报告。

4. 大数据时代的个人隐私

下面再来看看网页搜索数据，它是另一种 NSA 用于大规模监视公民行为的私密数据。有人认为网页搜索数据不能算是元数据，但 NSA 认为是，理由是搜索词是嵌入在网址中的。

之所以说搜索数据是私密数据，是因为人们不会对搜索引擎撒谎，这些数据甚至比朋友、同事或者家人更与个人关系紧密和贴切，因为人们总是尽可能准确地告诉搜索引擎自己在想什么。

搜索引擎知道每一个人搜索的网站，知道人们内心深处的担心和秘密，甚至耻辱和罪恶。曾经有人说，搜索引擎比自己的妻子还了解自己。但实际上还可以更进一步，搜索引擎比你自己还了解自己，因为它能毫无改变地、永远地记住你曾经在输入框里输进去的东西，不管它是什么。

还有很多其他私密数据和元数据的来源。你的网上购物记录会透露你大量的习惯；你的微博会告诉全世界你何时起床吃早餐，何时道晚安；你的朋友圈和联系人会暴露你的职业倾向；你的电子邮件或你的短信息可以显露谁是你工作、社交和个人感情生活的中心；你手机上的 APP 可以定位你的位置，表明你去过哪里。

数据与元数据可以这样来区别：前者是内容，后者是背景。背景常常比内容显示更多的信息，尤其在把元数据集合起来的时候。当你监视一个人的某次具体行动时，他的谈话内容、手机短信和电子邮件的确比元数据更加重要。但当你监视一个人的生活，或者大面积区域人口的时候，元数据的作用就无可比拟了。无论是在重要性、实用性上，还是在对问题的判断和预示上，元数据都非常有意义。

1.5.3　欧盟隐私权大事件

1.《通用数据保护条例》

2018 年 5 月 25 日，《通用数据保护条例》（*General Data Protection Regulation*，GDPR）在欧盟全面实施。它取代了欧盟个人资料保护的 95/46/EC 指令，旨在保障所有欧盟民众的个人数据隐私和安全，重塑整个欧盟地区的数据隐私保护形式。

（1）GDPR 要点概述　GDPR 要点如下：

规定了从欧盟公民处收集数据的企业：此规定不限于总部在欧盟地区的企业，而是覆盖了从欧盟公民处收集数据的所有组织。GDPR 要求此类组织反思其条款和条件（解释该组织如何使用个人数据）中的内容，强制组织遵循隐私设计（Privacy by Design）原则。

数据转移权：此规定声明，用户可要求自己的个人数据畅通无阻地直接迁移至新的提供商，数据以机器可读的格式迁移。这类似于在不丢失任何数据的情况下更改移动运营商或社交网络。这对谷歌、Facebook 等名副其实的数据挖掘公司和较小的数据科学创业公司非常不利，当用户不再使用它们的产品，它们就会丢失大量数据。

被遗忘权：GDPR 第 17 条强调，每个数据主体有权要求数据控制者删除个人数据，并且不能过分延长数据留存时间，数据控制者有义务遵循此规定。这对以 cookie 形式收集数据、从定向投放广告中获取收益的技术巨头而言是巨大的损失。

算法公平性：自动决策的可解释权（The Right to Explanation of Automated Decision）指出数据主体有权要求算法自动决策给出解释，有权在对算法决策不满意时选择退出。例如，如果贷款申请人被自动决策拒绝，贷款申请人有权寻求解释。对于技术公司而言，这是对人工智能（AI）的严重限制，将大幅减缓人工智能技术的发展。

对于欧盟公民来说，GDPR 统一了数据保护法律法规，增强了技术公司在收集用户数据时的责任，从而保护了公民权利。

目前被广泛应用的人工智能技术所面临的最大批评——深度学习及其不可解释性（即黑箱状态）——可能会导致人工智能公司均无法开展已有业务，甚至会被认为非法。

（2）数据泄露不再是儿戏　GDPR 的实施，将会撬动整个欧盟的数据保护监管体制。其重要特征之一，就是安全事件中被定义为“数据控制者”的公司会被处以高达营业额 4%的罚款。2016 年，在一次网络攻击中乐购银行约 4 万个账户受到影响，其中 2 万个账户有资金被盗。律师们普遍认为，针对诸如乐购银行这样的多元化企业，GDPR 会将整个集团的营业额作为决定罚款数额的基数。

乐购银行到 2016 年 9 月月底的年营业额是 9.55 亿英镑，但整个乐购集团的营业额却是 484 亿英镑。如果在 GDPR 的新规之下，4%的数据隐私侵权集体诉讼罚单，将令该公司承受高达 19.4 亿英镑的罚款。

2018 年 5 月 28 日的报道称，Facebook 和谷歌等美国企业成为 GDPR 法案下的第一批被告。在 GDPR 生效后的几个小时内，Facebook、谷歌、Instagram 和 WhatsApp 都收到了投诉，投诉是由四名欧盟公民向奥地利、比利时、法国和德国的地方监管机构提出的。这些公司被指控强迫用户同意使用定向广告服务。这些公司违反了 GDPR，因为它们采取了“要么接受，要么放弃”的做法——用户必须同意被收集、共享他们的数据并将其用于定向广告，否则会被删除账户。这违反了 GDPR 禁止强迫人们接受广泛的数据收集以换取使用服务的规定。

一些设在欧盟以外的公司暂时封锁了它们在欧洲各地的服务，以避免与 GDPR 相抵触。一些公司如 Twitter 等则引入了精细控制（Granular Control），让人们选择不做定向广告。Facebook 在一份声明中表示，它已经花了 18 个月的时间做准备以确保自己符合 GDPR 的要求。谷歌告诉英国广播公司（BBC）：“我们一开始就将隐私和安全纳入我们的产品，并承诺遵守 GDPR。”

2.《非个人数据自由流动条例》

欧洲议会和欧盟理事会于 2018 年 11 月 14 日共同颁布《非个人数据自由流动条例》（*Regulation on the Free Flow of Non-personal Data*，FFD）（以下简称《条例》）。《条例》旨在保障非个人数据在欧盟境内自由流动，并对数据本地化要求、主管当局的数据获取及跨境合作、专业用户的数据迁移等问题做了具体规定。《条例》已于 2019 年 5 月 28 日正式实施。

《条例》以数据安全为基本前提，消除了欧盟成员国之间数据本地化的限制，力图创造并改善欧盟境内非个人数据的自由流动环境，不仅能在一定程度上减轻提供数据存储、处理服务的企业的负担，而且有利于实现单一数字市场，提振欧盟数字经济。其目的在于与已经实施生效的 GDPR 形成数据治理的统一框架，以此平衡个人数据保护、数据安全和欧盟数字经济发展，显示出欧盟对确保个人数据安全和建立“单一数字市场”、发展数字经济的决心和行动。

3.《数据治理法案》

2020 年 2 月 19 日，欧盟发布“欧洲数据战略”，提出形成健康、环境、能源、农业、流动性、金融、制造业、公共行政和技能九个由安全的技术基础设施和治理机制组成的公共数据空间，并允许全部欧盟公共部门和企业采取较低的成本以可信赖的方式交换数据，旨在使欧盟成为世界上最具竞争力的“数据敏捷型经济体”。

《数据治理法案》（*Data Governance Act*，DGA）是“欧洲数据战略”规划下的第一个成果。DGA 将以单一市场规模为基础，根据明确、实用和公平的访问和再利用规则，在欧盟内部不同行业之间提供数据流动的空间，同时确保在符合欧盟公共利益和数据提供者合法利益的条件下，更加广泛地在国际上共享数据。DGA 将建立强大的机制，促进某些类别的受保护公共部门数据的再利用，提高对数据中介服务的信任，并促进整个欧盟的数据利他主义。

4.《数据法案》

2023 年 11 月 9 日，欧洲议会以 481 票赞同、31 票反对以及 71 票弃权的表决结果正式通过《数据法案》（*Data Act*）。2023 年 11 月 27 日，欧盟理事会正式通过了《数据法案》。2023 年 12 月 23 日，欧洲议会和欧盟理事会正式批准《数据法案》最终版，并于 2023 年 12 月 22 日在欧盟官方公报上公布。《数据法案》于 2023 年 12 月 16 日正式生效，大多数条款将在生效后的 20 个月内开始在欧盟成员国内适用。

《数据法案》是依据欧盟于 2020 年发布的“欧洲数据战略”制定的，是继《数据治理法案》之后的第二个主要的数据立法，旨在通过建立互联产品及相关服务（例如物联网和工业机械[一]）中所产生的数据的共享规则以及用户访问规则，将数据作为企业与公共机构创新的关键因素并促进数据的利用。欧洲议会表示，此类数据利用将在包括促进人工智能领域算法训练在内的多个方面产生积极作用。

《数据法案》进一步明确了适用范围，涵盖个人数据和非个人数据，持续完善用户对产品数据及相关服务数据的访问和获取规则以及企业间数据共享的规则，包括用户应当知情的信息、用户和数据持有者的权利义务安排、用户与第三方共享数据的权利义务安排、企业间数据访问和使用的合同条款等。

1.5.4 数字贸易协议

1.“全面与进步跨太平洋伙伴关系协定”

2017 年 11 月 11 日，由启动“跨太平洋伙伴关系协定”（TPP）谈判的 11 个亚太国家共同发布了一份联合声明，宣布“已经就新的协议达成了基础性的重要共识”。

“全面与进步跨太平洋伙伴关系协定”（CPTPP）以继承并创新“跨太平洋伙伴关系协定”的战略框架为基础，其目标包括：其一，致力于维护开放市场，增加世界贸易，为不同收入水平和经济背景的人民创造新的经济机会；其二，促进缔约方之间进一步区域经济一体化与合作，区域贸易自由化；其三，重申促进企业社会责任、文化认同和多样性、环境保护

[一] 现代工业机械可以通过嵌入式传感器、工业物联网实现互联，传输数据。

和保育、性别平等、土著权利、劳工权利、包容性贸易、可持续发展和传统知识的重要性。

2. “区域全面经济伙伴关系协定”

2020 年 11 月 15 日，第四次区域全面经济伙伴关系协定领导人会议以视频方式举行，会后东盟 10 国和中国、日本、韩国、澳大利亚、新西兰共 15 个亚太国家正式签署了“区域全面经济伙伴关系协定”（RCEP）。

协定的第十三章——关于竞争的一章，为缔约方制定了在竞争政策和法律方面进行合作的框架，以提高经济效率、增进消费者福利。规定缔约方有义务建立或维持法律或机构，以禁止限制竞争的活动，同时承认缔约方拥有制定和执行本国竞争法的主权权利，并允许基于公共政策或公共利益的排除或豁免。该章还涉及：消费者权益保护，缔约方有义务采取或维持国内法律和法规，以制止误导行为或贸易中的虚假或误导性描述；促进对消费者救济机制的理解和使用；就有关保障消费者的共同利益进行合作。

3. “数字经济伙伴关系协定”

“数字经济伙伴关系协定”（DEPA）由新加坡、智利、新西兰三国于 2020 年 6 月 12 日线上签署，旨在加强三国间数字贸易合作并建立相关规范。2021 年 11 月 1 日，我国向“数字经济伙伴关系协定”保存方新西兰正式提出加入申请。我国将深度参与绿色低碳、数字经济等国际合作，积极推进加入 DEPA。

DEPA 以电子商务便利化、数据转移自由化、个人信息安全化为主要内容，并对加强人工智能、金融科技等领域的合作进行了规定。“数字经济伙伴关系协定”包括 16 个模块，其中：

模块 2 是商业和贸易便利化（Business and Trade Facilitation），涉及无纸化贸易、电子发票、电子支付等。“数字经济伙伴关系协定”要求各国：及时公布电子支付的法规，考虑国际公认的电子支付标准，从而促进透明度和公平的竞争环境；同意促进金融科技领域公司之间的合作，促进针对商业领域的金融科技解决方案的开发，并鼓励缔约方在金融科技领域进行创业人才的合作。

模块 4 是数据问题（Data Issues），涉及个人信息保护、通过电子手段进行的跨境数据流动、计算机设施的位置等。“数字经济伙伴关系协定”允许在新加坡、智利和新西兰开展业务的企业跨边界、更加无缝地传输信息，并确保它们符合必要的法规；成员坚持它们现有的“全面与进步跨太平洋伙伴关系协定”承诺，允许数据跨边界自由流动。

模块 8 是新兴趋势和技术（Emerging Trends and Technologies），涉及金融技术合作、人工智能、政府采购、竞争政策合作。“数字经济伙伴关系协定”采用道德规范的“人工智能治理框架”，要求人工智能透明、公正和可解释，并具有以人为本的价值观；同时“数字经济伙伴关系协定”促进各国在司法管辖区合理采用和使用人工智能技术。

4.《欧盟-美国数据隐私框架》

2023 年 7 月 10 日，欧盟委员会通过了《欧盟-美国数据隐私框架》（*EU-U.S. Data Privacy Framework*，DPF）的充分性决定。该决定认可参与 DPT 的美国公司可以提供与欧盟相当的数据保护水平。根据新的充分性决定，个人数据可以安全地从欧盟流向获得 DPF 认证的美国公司，而无须实施额外的数据保护措施或进一步授权。该充分性决定是欧盟和美国自 2020 年《欧美隐私盾协议》失效后，历时三年的谈判结晶，标志着跨大西洋数据流监管的重大发展。

1.5.5 中国关于数据安全的法律法规建设

1.《中华人民共和国个人信息保护法》《中华人民共和国数据安全法》和《中华人民共和国网络安全法》

截至 2024 年 6 月，我国网民规模近 11 亿人，较 2023 年 12 月增长 742 万人，互联网普及率达 78.0%。随着信息化时代的到来，个人信息保护已成为广大人民群众最关心、最直接、最现实的利益问题之一。虽然近年来我国个人信息保护力度不断加大，但在现实生活中，仍有某些企业、机构甚至个人，从商业利益出发，随意收集、违法获取、过度使用、非法买卖个人信息，利用个人信息侵扰人民群众生活安宁、危害人民群众生命健康和财产安全。

2021 年 8 月 20 日，十三届全国人大常委会第三十次会议表决通过了《中华人民共和国个人信息保护法》（以下简称《个人信息保护法》），并定于 2021 年 11 月 1 日起正式施行。这是我国首部针对个人信息保护的专门性立法，也是网络安全法治建设的重要立法。

2021 年 6 月 10 日，第十三届全国人大常委会第二十九次会议通过《中华人民共和国数据安全法》（以下简称《数据安全法》），自 2021 年 9 月 1 日起施行。《数据安全法》和《个人信息保护法》与已经实施的《中华人民共和国网络安全法》（以下简称《网络安全法》）一起，共同构成了我国网络数据领域治理的基础性法律，标志着与我国网络大国、数字大国相匹配的制度建设逐步走向成熟。

数据作为数字化转型的核心驱动力，其流通共享对打造数字经济新优势、加快数字社会建设步伐、提高数字政府建设水平与营造良好数字生态具有重要意义。通过合规监管助力，拓展数据流通市场空间。立足于数字化转型发展实践中数据安全以及个人信息保护的迫切需求，我国陆续发布了《中华人民共和国民法典》《网络安全法》《数据安全法》《个人信息保护法》等法律，充分体现了数字时代国家对于维护数据安全及个人信息保护的信心、雄心和决心。各领域法律法规相互衔接补充纵深发展、逐步细化，构建了以《网络安全法》《数据安全法》《个人信息保护法》为核心的数字安全法律体系，着重强调了在维护国家主权、安全和发展利益，兼顾数据安全和个人信息保护，保护个人、组织的合法权益的同时，促进数据的开发利用。日趋完善的数据安全合规监管框架进一步拓展了数据安全流通的市场空间。

2.《信息安全技术　个人信息安全规范》

全国信息安全标准化技术委员会于 2020 年 3 月 6 日正式发布《信息安全技术　个人信息安全规范》（GB/T 35273—2020），该标准于 2020 年 10 月 1 日实施。该标准针对个人信息面临的安全问题，根据《网络安全法》等相关法律，严格规范开展收集、存储、使用、共享、转让、公开披露、删除等个人信息处理活动中的相关行为，旨在遏制非法收集、滥用、泄露个人信息等乱象，最大限度地保护个人的合法权益和社会公众利益。该标准既适用于规范各类组织的个人信息处理活动，也适用于主管监管部门、第三方评估机构等组织对个人信息处理活动进行监督、管理和评估。

3.《网络数据安全管理条例》

《网络数据安全管理条例》是对三部上位法即《网络安全法》《数据安全法》《个人信息保护法》的补充、落实和细化。《网络数据安全管理条例》的总则篇虽然只有七则条文，却在适用范围、关键概念、数据定级、数据安全和数据开发利用二者的关系以及数据开发利用的指导机制等方面，做出了明确的规定。理解总则篇对于理解《网络数据安全管理条例》和上位法的相关规定来说，至关重要。该条例具体作用如下：落实三部上位法中提出的数据安全制度，明确实施路径；细化原则性要求，给出进一步明确规定；补充重要数据处理者备案要求和年度报告要求、数据出境管理义务、互联网平台责任等。

4.“数据二十条”

2022 年 12 月 19 日，中共中央、国务院发布了《关于构建数据基础制度更好发挥数据要素作用的意见》，又称“数据二十条”。“数据二十条”提出构建数据产权、数据要素流通和交易、数据要素收益分配、数据要素安全治理等四项制度，共计二十条政策措施，初步形成我国数据基础制度的“四梁八柱”。

数据作为新型生产要素，是数字化、网络化、智能化的基础。数据基础制度建设事关国家发展和安全大局。为加快构建数据基础制度，充分发挥我国海量数据规模和丰富应用场景优势，激活数据要素潜能，做强做优做大数字经济，增强经济发展新动能，构筑国家竞争新优势，我国提出了“数据二十条”。

把握一条主线。坚持促进数据合规高效流通使用、赋能实体经济这一主线，以充分实现数据要素价值、促进全体人民共享数字经济发展红利为目标。

构建四项制度。建立保障权益、合规使用的数据产权制度，建立数据资源持有权、数据加工使用权、数据产品经营权“三权分置”的数据产权制度框架；建立合规高效、场内外结合的数据要素流通和交易制度，从规则、市场、生态、跨境等四个方面构建适应我国制度优势的数据要素市场体系；建立体现效率、促进公平的数据要素收益分配制度，在初次分配阶段，按照“谁投入、谁贡献、谁受益”原则，推动数据要素收益向数据价值和使用价值创造者合理倾斜，在二次分配、三次分配阶段，重点关注公共利益和相对弱势群体，防止和依法规制资本在数据领域无序扩张形成市场垄断等各类风险挑战；建立安全可控、弹性包容的数据要素治理制度，构建政府、企业、社会多方协同的治理模式。

5. 国家数据局和“数据要素×”三年行动计划（2024—2026 年）

2023 年 3 月，中共中央、国务院印发了《党和国家机构改革方案》。其中提出组建国家数据局，负责协调推进数据基础制度建设，统筹数据资源整合共享和开发利用，统筹推进数字中国、数字经济、数字社会规划和建设等，由国家发展和改革委员会管理。

2023 年 10 月 25 日，国家数据局正式揭牌。

2023 年 11 月，国家数据局局长刘烈宏在第二届全球数字贸易博览会数据要素治理与市场化论坛上表示，将加快推进数据基础设施建设。

2023 年 12 月，国家数据局等 17 个部门联合印发《“数据要素×”三年行动计划（2024—2026 年）》。通过发挥我国海量数据规模和丰富应用场景优势，推动数据在不同场景中发挥千姿百态的乘数效应，促进我国数据基础资源优势转化为经济发展新优势。

（1）激活数据要素潜能　实施“数据要素×”行动，就是要发挥我国超大规模市场、海量数据资源、丰富应用场景等多重优势，推动数据要素与劳动力、资本等要素协同，以数据流引领技术流、资金流、人才流、物资流，突破传统资源要素约束，提高全要素生产率；促进数据多场景应用、多主体复用，培育基于数据要素的新产品和新服务，实现知识扩散、价值倍增，开辟经济增长新空间；加快多元数据融合，以数据规模扩张和数据类型丰富，促进生产工具创新升级，催生新产业、新模式，培育经济发展新动能。

（2）总体要求 以推动数据要素高水平应用为主线，以推进数据要素协同优化、复用增效、融合创新作用发挥为重点，强化场景需求牵引，带动数据要素高质量供给、合规高效流通，培育新产业、新模式、新动能，充分实现数据要素价值，为推动高质量发展、推进中国式现代化提供有力支撑。

（3）重点行动 “数据要素×”工业制造、现代农业、商贸流通、交通运输、金融服务、科技创新、文化旅游、医疗健康、应急管理、气象服务、城市治理、绿色低碳。

（4）强化保障支撑 提升数据供给水平，优化数据流通环境，加强数据安全保障。

（5）做好组织实施 加强组织领导。发挥数字经济发展部际联席会议制度作用，强化重点工作跟踪和任务落实，协调推进跨部门协作。

开展试点工作。支持部门、地方协同开展政策性试点，聚焦重点行业和领域，结合场景需求，研究数据资源持有权、数据加工使用权、数据产品经营权等分置的落地举措，探索数据流通交易模式。

推动以赛促用。组织开展“数据要素×”大赛，聚焦重点行业和领域搭建专业竞赛平台，加强数据资源供给，激励社会各界共同挖掘市场需求，提升数据利用水平。

加强资金支持。实施“数据要素×”试点工程，统筹利用中央预算内投资和其他各类资金加大支持力度。

加强宣传推广。开展数据要素应用典型案例评选，遴选一批典型应用。

6.《全球数据安全倡议》

《全球数据安全倡议》是 2020 年 9 月 8 日我国在“抓住数字机遇，共谋合作发展”国际研讨会上提出的倡议。

作为数字技术的关键要素，全球数据爆发增长，海量集聚，成为实现创新发展、重塑人们生活的重要力量，事关各国安全与经济社会发展。在全球分工合作日益密切的背景下，确保信息技术产品和服务的供应链安全对于提升用户信心、保护数据安全、促进数字经济发展至关重要。在此背景下，我国呼吁各国秉持发展和安全并重的原则，平衡处理技术进步、经济发展与保护国家安全和社会公共利益的关系。我国重申，各国应致力于维护开放、公正、非歧视性的营商环境，推动实现互利共赢、共同发展。与此同时，各国有责任和权利保护涉及本国国家安全、公共安全、经济安全和社会稳定的重要数据及个人信息安全。我国欢迎政府、国际组织、信息技术企业、技术社群、民间机构和公民个人等各主体秉持共商共建共享理念，齐心协力促进数据安全。我国强调，各方应在相互尊重的基础上，加强沟通交流，深化对话与合作，共同构建和平、安全、开放、合作、有序的网络空间命运共同体。

1.6 数字社会与国家安全

数字社会是继农业社会、工业社会以及信息社会之后的新社会形态。在农业革命、工业革命和信息革命的引领下，人类社会经过了农业社会、工业社会和信息社会三个发展阶段，开始全面转入数字社会阶段，如图 1.1 所示。农业革命中人类掌握了种植、畜养技术；工业革命中，人类通过发明蒸汽机、电力等机械动力系统，实现了对自然力量的大规模利用，并以此替代传统的人力与畜力生产方式；信息革命中人类发明了计算机和以网络为代表的信息科技，利用信息化大幅提升社会生产力水平。数字社会是指在信息社会基础上，在以互联网、大数据、人工智能等为代表的新一代信息技术的赋能作用下，社会的生产方式和生活方式将发生革命性改变，出现物理世界与数字虚拟世界高度融合的新型社会形态。

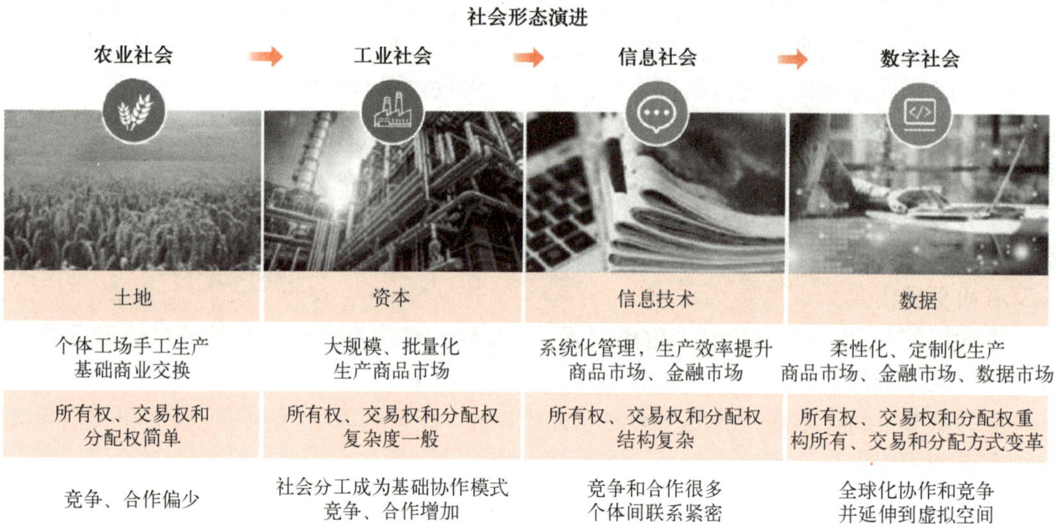

图 1.1　社会形态演进

当前，数据安全事件层出不穷，总体安全形势不容乐观。仅以数据泄露为例，2020 年全球数据泄露事件超过过去 15 年的总和。Verizon 发布的《2024 年数据泄露调查报告》，共分析了 30458 起安全事件和 10626 起已确认的数据泄露事件，数量与前一年相比翻了一番，再创历史新高。数据安全是数据健康、有序和可持续发展的基石。世界各国对数据安全的认识也从个人隐私保护层面上升到维护国家安全的高度。从法律层面，各国都在构建数据主权相关制度，以控制数据资源流向为核心展开激烈博弈；从技术层面，各国都在打造自主可控的技术体系，实现数据安全利用，充分发挥数据资产价值。我们不仅要重视数据的存储和传输安全，也要重视数据的使用安全，更要重视数据的全生命周期安全。我们要重点围绕关键信息基础设施敏感数据的窃取、破解、篡改等攻击活动，切实加强数据安全防护和治理能力。

1.7　本章小结

本章首先介绍了大数据的概念与内涵，并结合大数据在生活、医疗、经济、政治等领域的典型案例，展示了大数据服务在现代社会生活中的重要作用。

大数据安全涉及两个方面：一是大数据服务中的安全问题；二是大数据技术在安全领域的应用。

最后，介绍了隐私的定义，安全、隐私与技术进步的关系，以及国内外相关法律法规、政策。

1.8　习题

1. 填空题

1）________年 5 月 25 日，GDPR 在欧盟全面实施。

2）2021 年，我国颁布实施了两部数据安全方面的基础性法律：《________》和《________》。

3）________是数字经济时代核心的生产要素。

4）隐私保护不仅要保护用户数据的机密性，还要保护用户行为数据的________，也就是对用户元数据的保护。

2. 简答题

1）安全与隐私有什么区别？

2）简述个人数据安全与个人隐私的关系。

3）简述技术进步与隐私保护的关系。

1.9　拓展阅读

[1] BERTRAM T, BURSZTEIN E, CARO S, et al. Five years of the right to be forgotten[C]//2019 ACM SIGSAC Conference on Computer and Communications Security. London：ACM SIGSAC, 2019：959-972.

[2] DEGELING M, UTZ C, LENTZSCH C, et al. We value your privacy... now take some cookies：measuring the GDPR's impact on web privacy[Z/OL]. [2025-04-16]. https://doi.org/10.48550/arXiv. 1808.05096.

[3] WANG D, WANG P, HE D, et al. Birthday, name and bifacial-security：understanding passwords of Chinese web users[C]//28th USENIX Security Symposium (USENIX Security 19). California：USENIX, 2019：1537-1555.

[4] WANG D, ZHANG Z, WANG P, et al. Targeted online password guessing：an underestimated threat[C]//2016 ACM SIGSAC Conference on Computer and Communications Security. Vienna：ACM SIGSAC, 2016：1242-1254.

[5] 斯诺登. 永久记录：美国政府监控全世界网络信息的真相[M]. 萧美惠，郑胜得，译. 北京：民主与建设出版社，2019.

第 2 章　密码学基础知识

2.1　引言

在开始学习大数据安全与隐私保护之前，需要了解相关基础知识。本章将主要介绍密码算法、攻击模型与安全性分析。在密码算法部分，会从密码算法的历史出发，逐步深入探讨 Kerckhoff 假设，香农（Shannon）的密码设计思想，随后介绍流密码、分组密码、公钥密码体制在内的常用密码算法以及密码算法的相关应用。在攻击模型与安全性分析部分，将着重介绍攻击模型、安全目标、安全概念以及语义安全的公钥密码方案和对称加密方案。最后介绍后量子密码及其常见体现和标准化。

2.2　密码算法

2.2.1　密码学的历史

密码的使用最早可以追溯到古罗马时期，《高卢战记》中描述了凯撒曾经使用密码来传递信息，即所谓的“凯撒密码”。凯撒密码（Caesar Cipher）是一种替代密码，通过将字母按顺序推后 3 位实现加密，如将字母 A 换作字母 D，将字母 B 换作字母 E。可见，凯撒密码实际上是密钥 K=3 的移位密码。

最初，加密算法的安全性依赖于对算法保密。其最明显的问题是一旦算法泄露，其安全性就没有保障了，而且更新算法是非常麻烦的。

如图 2.1 所示，最初的密码体制包括明文（Plaintext）、加密算法（Encryption）、密文（Ciphertext）、解密算法（Decryption）四个要素，其安全性依赖于算法的保密，故称为受限制的（Restricted）算法。

图 2.1　加解密过程示意图

2.2.2　基于密钥的加密算法

现代密码算法都引入了密钥的概念，加解密过程都是在一组秘密信息的控制下完成的，这里的秘密信息就是密钥。

密钥的引入，使得密码体制从四元组（P，C，E，D）演变为五元组（P，C，K，E，D），加密算法的安全性不再基于对算法保密，而是基于对密钥的保密。引入密钥的加解密过程如图 2.2 所示。

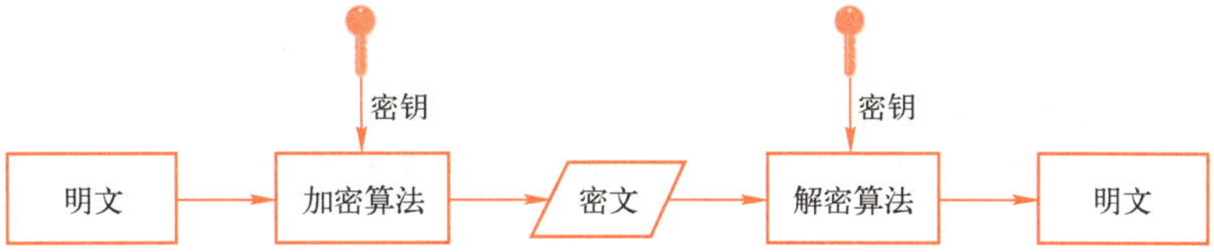

图 2.2　引入密钥的加解密过程示意图

密码体制（P，C，K，E，D）满足以下条件：

1）P 是可能明文的有限集合，称为明文空间。

2）C 是可能密文的有限集合，称为密文空间。

3）K 是一切可能密钥构成的有限集合，称为密钥空间。

4）对任意 $k \in K$，存在加密算法 $e_k \in E$ 和相应的解密算法 $d_k \in D$，使得 $e_k : P \to C$ 和 $d_k : C \to P$ 分别为加密函数和解密函数，满足 $d_k(e_k(x)) = x$，$\forall x \in P$。

“一切秘密寓于密钥之中”，这已经成为现代密码系统设计的基本原则。也就是说，密码系统的设计应该是公开的。

密钥不仅要容易管理，而且替换成本更加低廉。这条原则在工作生活中具有非常大的经济价值和现实意义。例如，某个掌握公司加密系统秘密的员工离开了公司，公司只需要更换密钥即可保证系统的安全，而无须修改加密算法和系统。这显著提高了工作效率，降低了系统维护成本。

密码体制的安全性仅依赖对密钥的保密，使得安全分析更加容易。在密码分析技术中，一般都假设敌手知道所使用的密码体制，这个假设通常称为 Kerckhoff 假设。当然，如果敌手不知道我们所使用的密码体制，那么他们完成密码分析工作将更加困难。但是，我们不应该把密码体制的安全性建立在敌手不知道我们所使用的密码体制这样一种不确定的假设上。

2.2.3　香农的密码设计思想

在密码设计中，最常用的两种技巧是代换（Substitution）和置换（Permutation）。代换是指系统地将一组字母换成其他字母或符号；置换是指将字母顺序重新排列。

移位密码就使用了代换的加密技巧。移位密码的加解密算法分别是

$$c = E_k(m) \equiv m + k \pmod{26}$$

$$m = D_k(c) \equiv c - k \pmod{26}$$

$k = 3$ 时的移位密码，就是著名的凯撒密码。

仿射密码的加解密算法分别是

$$c = E_{a,b}(m) \equiv am + b \pmod{26}$$

$$m = D_{a,b}(m) \equiv a^{-1}(c - b) \pmod{26}$$

$a = 1$ 时的仿射密码，就是移位密码。

凯撒密码、移位密码、仿射密码，都属于代换密码。代换加密就是建立一个代换表，加密时将需要加密的明文依次通过查表替换为相应的字符，明文字符被逐个替换后，生成无任何意义的字符串，即密文。这样的代换表，通常称为密钥。

置换密码（Permutation Cipher）又称换位密码（Transposition Cipher），其特点是保持明文所有字母不变，只是利用置换打乱了明文字母的位置和次序。

香农在其 1949 年的论文中介绍的一个新思想是通过“乘积”组合密码体制。这种思想在现代密码体制的设计中非常重要。

乘积密码体制的密钥形式是 $k=(k_1,k_2)$ 。加密和解密的规则定义如下：对于任意 $k=(k_1,k_2)$ ，加密 e_k 定义为 $e_{(k_1,k_2)}(m)=e_{k_2}(e_{k_1}(m))$ ，解密 d_k 定义为 $d_{(k_1,k_2)}(c)=d_{k_2}(d_{k_1}(c))$ 。

如果将（内包的）密码体制和自己做乘积，则得到密码体制 $S\times S$ ，记为 S^2 。如果做 n 重乘积，则得到的密码体制记为 S^n 。

如果 $S^2=S$ ，称这个密码体制是幂等的。例如，移位密码、仿射密码等代换密码以及置换密码都是幂等的。如果一个密码体制是幂等的，那么使用乘积系统就毫无意义：使用了多余的密钥，却没有提供更多的安全性。如果密码体制不是幂等的，那么多次迭代有可能提高安全性。

构造简单的非幂等密码体制的方法之一是对两个不同的简单密码体制做乘积运算。有许多简单密码体制适合这种类型的构造，通常采用将代换密码和置换密码做乘积运算的形式。AES（高级加密标准）、DES（数据加密标准）等分组密码算法的设计都采用了香农的乘积密码（Product Cipher）设计思想。

2.2.4 流密码

1. 理论背景

1917 年，Vernam 发明了一种完善保密加密（Perfectly Secret Encryption）的加密算法，现在称为“一次一密”（One-Time Pad）。当时并没有证明它是完善保密加密的，那个时候还没有完善保密加密的概念。1949 年，香农提出了完善保密加密的概念，并且证明了“一次一密”能够达到这一安全水平。香农的理论证明，要达到这一安全水平，密钥空间至少要和明文空间一样大。如果密钥空间由固定长度的密钥组成，明文空间由固定长度的明文组成，那么密钥至少要和明文一样长。

在大多数情况下，尤其是在商业环境下，这种长密钥的局限性使得“一次一密”以及其他完善保密加密方案不可用。

伪随机性的概念在密码学中扮演着很重要的角色，特别是在对称密钥加密中。简单地讲，一个伪随机的位字符串看似均匀分布的字符串——只要这个“看”的实体是在多项式时间内运行的。如同不可区分性可以视为完善保密在计算上的松弛，伪随机性是真正的随机性在计算上的松弛。

如果一个密文看起来随机，那么就没有敌手能够从密文中推测出任何关于明文的信息。“一次一密”是计算一个随机字符串（密钥）和明文的异或。如果一个伪随机字符串被使用，那么在一个多项式时间内敌手应该无法察觉到任何区别。

使用一个伪随机字符串的好处在于，一个长的伪随机字符串能够通过一个相对短的随机种子（或者密钥）来生成。因此，用一个短密钥来加密一个长消息是可行的。

一个伪随机发生器的种子必须被均匀地随机选取，且对区分器来说是完全保密的。从蛮力攻击的角度来看，种子 s 必须足够长，以至于没有“有效的算法”能够在多项式时间内遍历所有可能的种子。

不幸的是，目前不知道如何证明伪随机发生器的存在性。但是，有充分的理由说：存在某个已经研究了很久的问题，该问题还没有已知的有效算法，并且该问题被广泛地认为在多项式时间内是无法解决的。因此，伪随机发生器能够在这些问题真的很“困难”的假设下被构造出来。

2．设计方案

密钥作为一个种子，被应用到一个伪随机发生器，并通过填充来获得一个长的随机字符串；然后，该随机字符串和明文消息做异或运算，如图 2.3 所示。

这种类型的加密方案被称为流密码。这是因为加密的执行会首先生成一个伪随机位流，然后将该位流和明文做异或运算。

在二元加法流密码中，若密钥流序列完全随机，则该系统就是一个完善的保密系统（一次一密）。实际使用的密钥流序列（以下简称密钥）都是按一定算法生成的，因此不可能是完全随机的，也就不可能是完善保密系统。

为了尽可能地提高系统的安全强度，必须要求所产生的密钥尽可能具有随机序列的特征。一般地，序列密码中对密钥有如下要求（以便接近随机序列）：①极大的周期，由于按任何算法产生的序列都是周期的，因此设计者必须使这个数学必然存在的周期足够大，以期在实际应用中永远不会达到周期重复点。②良好的统计特性，均匀的游程分布可以更好地掩盖明文。③高线性复杂度，不能从一小段密钥推知整个密钥序列。④用统计方法从密钥序列提取密钥生成器结构或密钥源的足够信息在计算上是不可能的。

线性反馈移位寄存器（Linear Feedback Shift Register，LFSR）曾经是很流行的流密码。但是，它们被证明非常不安全：在某种程度上，只要给定足够多字节的输出，就能够完全将密钥恢复出来。

目前使用的密钥流生成器大都是基于移位寄存器的。这种密钥流序列被称为移位寄存器序列。

密钥流生成器通常的构造方法是同时使用 LFSR 和非线性组合函数 F，如图 2.4 所示。其中，非线性组合函数 F 的选择非常重要，直接关系到流密码的安全水平。

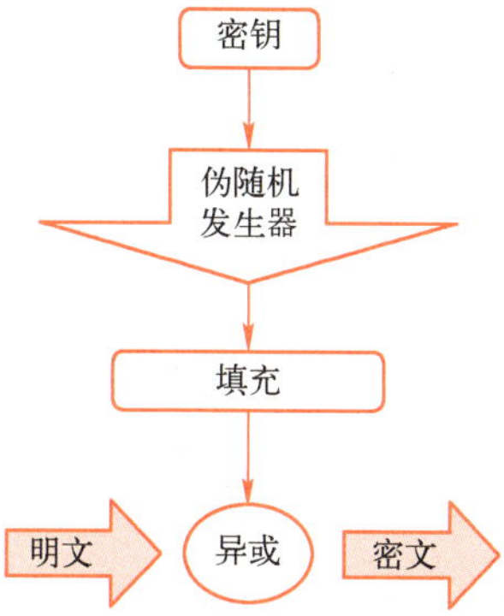

图 2.3　流密码示意图

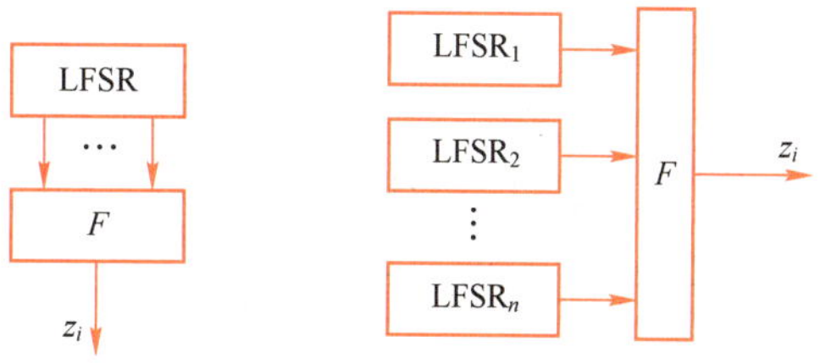

图 2.4　密钥流生成器的通常构造方法

密钥流生成器的安全性要求越高，设计就越复杂。在考虑安全性要求的前提下，还需要考虑：

1）密钥要易于分配、保管，更换简单。

2）易于实现，生成速度快。

流密码的加密效率高，能够满足资源受限环境下的加密需求。

2.2.5 分组密码算法

1. 代换-置换网络

分组密码一般采用香农提出的利用乘积密码实现混淆（Confusion）和扩散（Diffusion）思想进行设计。

在分组密码的设计中，针对安全性的一般原则有两个：混淆和扩散。混淆使所得密文与明文以及密钥的关系变得十分复杂，无法从数学上直观描述，或者从统计上难以分析；扩散的目的是使明文中的任一位及密钥中的任一位能影响尽可能多的密文位，以便隐藏明文的统计特性，加强密码安全。

混淆使用代换技术，保证密文不会反映出明文线索，防止密码分析员从密文中找到模式，从而求出相应明文。扩散使用置换技术，增加明文的冗余度，使其分布在行和列中。

在代换-置换网络（Substitution-Permutation Network，SPN）中，S 盒是唯一的非线性部件，S 盒的密码强度决定了整个算法的安全强度，提供了密码算法所必需的混淆作用；P 置换的目的是提供雪崩效应，使得明文或者密钥的一点变动都会引起密文的较大变化。

增大 SPN 的密钥长度和分组长度，选用更大的 S 盒，增加轮数，这些措施都能够显著提升 SPN 的安全性。

三重 DES（3DES）的基础是使用两个或者三个密钥，对 DES 进行三重调用，它被广泛认为是高度安全的，并在 1999 年作为一个官方标准取代了 DES。三重 DES 的缺点是相对较小的分块长度，以及由于它需要三个完整的分组密码运算而非常慢。这些缺点导致 DES/3DES 被 AES 所取代。

在 AES 密码算法中，最小密钥长度是 128 位，分组长度是 128 位，最小轮数是 10 轮，并且 AES 的 S 盒将 8 位映射到 8 位。

2. 常用的分组密码算法

常用的分组密码算法有 DES、IDEA、Blowfish 和 AES 等。目前最常用的是 AES 算法。

（1）DES　DES（Data Encryption Standard，数据加密标准）是由 IBM 公司在 1970 年发展出的一个加密算法，1976 年 11 月 23 日 DES 被采纳为联邦标准。DES 的出现是现代密码学发展史上一个非常重要的事件，它是第一个广泛用于商业数据保密的密码算法，并开创了公开密码算法的先例。

DES 是一个对称密码体制，加密和解密使用同一密钥，有效密钥的长度是 56 位。DES 的分组长度为 64 位，即对数据进行加密的单位是 64 位，明文和密文的长度相同。另外，由于 DES 使用 Feistel 结构，具有加解密相似特性，因此在硬件和软件实现上，有利于加密单元的重用。

尽管在今天看来，DES 已经不足以保障数据安全，但是它在过去几十年间成功地抵抗了分析攻击，而且截至目前，它的安全威胁主要源自穷举攻击，这是因为它的密钥长度太短。换言之，如果使用诸如三重 DES 等方式来加长 DES 的密钥长度，DES 仍不失为一个安全的密码体制。

（2）IDEA　IDEA（International Data Encryption Algorithm，国际数据加密算法）是著名的加密算法之一。最初的版本由来学嘉（Xuejia Lai）和 James Massey 于 1990 年公布，称为推荐加密标准（Proposed Encryption Standard，PES）。1991 年，为抗击差分密码攻击，他们对算法进行了改进，增加了算法的强度，称为改进推荐密码标准（Improved PES，IPES），并于 1992 年改名为国际数据加密标准。

IDEA 不像 DES 那么普及，原因有两个：第一，IDEA 受专利保护，因此要使用 IDEA，只有先获得许可证才能在商业应用程序中使用；第二，DES 比 IDEA 具有更长的历史和跟踪记录，但是著名的电子邮件隐私保护 PGP（颇好保密性）技术就是基于 IDEA 的。

IDEA 的明文分组是 64 位的，IDEA 使用 128 位密钥，目前没有穷举攻击可以攻破它。

（3）Blowfish　Blowfish 算法是 1993 年由布鲁斯·施奈尔（Bruce Schneier）开发的对称密钥密码分组加密算法，符合 Feistel 加密模型，分组长度为 64 位，密钥长度从 1 位至 448 位（可变）。与 DES 等算法相比，Blowfish 算法具有非常紧凑、易于实现、处理速度很快、无须授权即可使用等特点，广泛用于 SSH（安全外壳）、文件加密软件等应用。

（4）AES　随着计算机能力的突飞猛进，已经超期“服役”若干年的 DES 算法终于显得力不从心。1999 年，美国国家标准与技术研究院（National Institute of Standards and Technology，NIST）对 DES 的安全强度进行重新评估并指出，DES 已经不足以保证信息安全，因此决定撤销相关标准。此后，DES 仅用于遗留的系统或多重 DES 系统。事实上，1997 年 NIST 就已经发起了公开征集 AES（Advanced Encryption Standard，高级加密标准）的活动，旨在确定一个安全性能更好的分组密码算法用于取代 DES。对 AES 的基本要求是安全性能不低于三重 DES，执行性能比三重 DES 快。除此之外，NIST 特别提出了 AES 必须是分组长度为 128 位的对称分组密码，并能支持长度为 128 位、192 位、256 位的密钥。此外，如果算法被选中，那么在世界范围内它必须是可以免费获得的。经过一轮海选之后，1998 年 8 月 20 日，NIST 公布了满足要求的 15 个参选草案。1999 年 3 月 22 日，NIST 公布了第一阶段的分析和测试结果，并从 15 个算法中选出了 5 个作为候选算法。2000 年 10 月 2 日，NIST 宣布了 AES 的最终评选结果，比利时密码学家 Joan Daemen 和 Vincent Rijmen 提出的“Rijndael 数据加密算法”最终获胜，修改后的 Rijndael 数据加密算法最终成为 AES。2001 年 11 月 26 日，NIST 正式公布 AES，AES 于 2002 年 5 月 26 日正式生效。

AES 加密的第 1 轮到第 N-1 轮的轮函数是一样的，包括 4 个操作：字节代替、行移位、列混淆和轮密钥加。最后一轮迭代不执行列混淆。另外，在第 1 轮迭代之前，先将明文和原始密钥进行一次异或加密操作。与 DES 不同的是，AES 的解密过程与加密过程并不一致。这是因为 AES 并未使用 Feistel 结构，在每一轮操作时，对整个分组进行处理，而不是只对一半分组进行处理。解密过程中，每一轮操作都是加密操作的逆操作。由于 AES 的 4 个轮操作（字节代替、行移位、列混淆和轮密钥加）都是可逆的，因而解密操作的一轮就是顺序执行逆向行移位、逆向字节代替、轮密钥加和逆向列混淆。与加密操作类似，最后一轮不执行逆向列混淆，在第 1 轮解密之前，要执行一次轮密钥加操作。

2.2.6　公钥密码体制

在传统加密算法中，加密密钥和解密密钥是相同的，或者说是实质上等同的，即从一个易于推出另一个。这种密码称为对称密码。

公钥密码学的概念是为了解决传统密码中最困难的两个问题而提出的。这两个问题是密钥分配问题和数字签名方案问题。

1）密钥分配问题：很多密钥分配协议引入了密钥分配中心。一些密码学家认为，用户在保密通信的过程中，应该具有完全保密能力。引入密钥分配中心，违背了密码学的精髓。

2）数字签名方案问题：能否设计出一种方案，就像手写签名一样，确保数字签名是出自某一特定的人，并且各方对此没有异议。

公钥密码体制的思想是1976年由Diffie和Hellman提出的。1977年，由Rivest、Shamir和Adleman发明了著名的RSA密码体制。RSA密码算法是最著名的非对称加密算法之一，目前仍然是被广泛使用的非对称加密算法之一。

一个重要的事实就是公钥密码体制无法提供无条件安全性。这是因为一个敌手可以通过观察密文c，使用公钥规则E_k来加密每一条可能的明文，直到发现唯一的m使得$c=E_k(m)$，这个m就是密文c的解密。因此，公钥密码体制是基于计算安全性的。RSA密码体制的安全性是基于分解大整数的困难性的。此后的几个公钥密码体制，其安全性依赖于不同的计算问题。例如，ElGamal密码体制及其变种（比如，椭圆曲线密码体制），其安全性是基于离散对数问题的困难性的。

公钥算法依赖一个加密密钥和一个与之相关、不同的解密密钥。利用公钥算法实现保密通信的步骤如下：

1）每一个用户产生一对密钥，用来加密、解密消息。

2）每一个用户将其中一个密钥公开，该密钥称为公钥，另一个密钥称为私钥。每一个用户可以获得其他用户的公钥，称为该用户的公钥环。

3）若Bob打算发消息给Alice，则Bob使用Alice的公钥将消息加密。

4）Alice收到消息后，使用其私钥将消息解密。由于只有Alice知道自己的私钥，因此其他接收者均无法成功将该消息解密。

一个公钥密码体制是一个五元组$\{M，C，K，E，D\}$，满足如下条件：

1）M是可能消息的集合。

2）C是可能密文的集合。

3）密钥空间K是一个可能密钥的有限集。

4）对每一个$k=\{k_1,k_2\}\in K$，都对应一个加密算法$E_{k_1}\in E$，E_{k_1}：$M\to C$和解密算法$D_{k_2}\in D$，D_{k_2}：$C\to M$，满足对于任意$m\in M$，$c=E_{k_1}(m)$，都有$m=D_{k_2}(c)=D_{k_2}[E_{k_1}(m)]$。

5）对于所有$k\in K$，在已知E_{k_1}的情况下推出D_{k_2}在计算上不可行。

对每一个$k\in K$，函数E_{k_1}和D_{k_2}都是在多项式时间内可计算的函数。E_{k_1}是一个公开函数，k_1称作公钥；D_{k_2}是一个秘密函数，k_2称作私钥，由用户秘密地保存。

公钥密码体制的核心问题是E_{k_1}和D_{k_2}的设计，它必须满足条件4）和5）。条件5）正是从计算复杂性理论的角度去考虑的。

公钥密码体制的基本方法是：每个用户有两个密钥，一个用于加密，称为加密密钥，另一个用于解密，称为解密密钥。密码体制的发布由信源实施，它将加密密钥公开，使得任何需要和它通信的人都可以得到，从而可以向它发送加密消息。相反，它将解密密钥保密，用于解密收到的密文。攻击者虽然可以得到加密密钥，但由于不能由此推导出解密密钥，因此无法解密密文。可见，公钥密码体制将密钥的秘密传送变成了公开发布，成功地解决了密钥分配问题。

公钥密码算法的安全性大多基于计算复杂度上的难题，通常来自数论。例如：RSA 源自整数因子分解问题；数字签名算法（Digital Signature Algorithm，DSA）源自离散对数问题；椭圆曲线密码学（Elliptic Curve Cryptography，ECC）则基于和椭圆曲线相关的数学难题。为了保证 RSA 的安全性，近年来密钥的位数一直在增加。这对使用 RSA 的应用而言是很重的负担，特别是进行大量安全交易的电子商务。ECC 对 RSA 提出了挑战：与 RSA 相比，ECC 的优势是能够使用比 RSA 短得多的密钥得到相同的安全性。

这些底层问题多涉及模数乘法或指数运算，相对于分组密码需要更多计算资源。公钥加密算法加密速度慢；对称加密算法的特点是计算量小、加密速度快、加密效率高，但存在密钥安全分配的问题。因此，公钥加密系统通常是复合式的，内含一个高效率的对称加密算法 K，用以加密明文 M，再用公钥加密对称加密算法所使用的密钥，以提升效率。现实中使用的加密系统一般都是基于公钥密码的混合加密系统，其工作原理如图 2.5 所示。

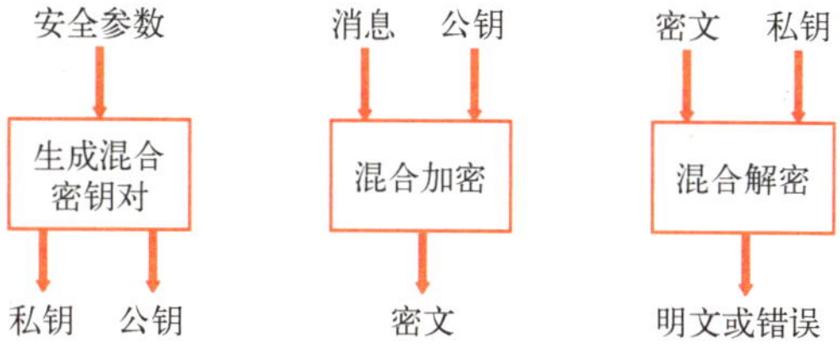

图 2.5　混合加密

公钥密码体制还为数字签名提供了有效方法。公钥密码学最显著的成就是实现了数字签名。数字签名，顾名思义，就是使普通签章数字化，他们的特性都是某人可以轻易制造签章，但他人却难以仿冒。数字签名可以永久地与被签署信息结合，无法自信息上移除。数字签名包含两种算法：一种是签名算法，使用私钥处理信息或信息的哈希值而产生签章；另一种是验证算法，使用公钥验证签章的真实性。

公钥密码体制的产生标志着密码学的革命性发展，奠定了密码学的一个新的里程碑。

2.2.7　哈希函数

哈希函数又称散列函数，是现代密码体系中的一个重要组成部分，它是一种将任意长度的输入变为固定长度输出的不可逆的单向密码体制，可表示为 $h = H(M)$。常见的哈希算法如 MD5（Message-Digest Algorithm 5）、SHA-1（Secure Hash Algorithm 1）和 SHA-256（Secure Hash Algorithm 256-bit）。

哈希函数在消息完整性检测和数字签名等方面有广泛的应用。

哈希函数保护数据的完整性，如果哈希函数安全，那么两段不同的数据（无论是明文还是密文）应该总是具有不同的哈希值。将文件的哈希值用作标识符也基于此原理，如果哈希函数安全，哈希值相同的两个文件就应当完全相同。

哈希函数最常见的应用为数字签名。由于消息的哈希值往往短于消息本身，因此使用数字签名时对消息的哈希值进行签名，而不是对消息本身签名。这是一种高效的签名方式，哈希函数具有雪崩效应，即使消息只改变 1 位，其哈希值也将有很大差别。

在密码学领域，著名的哈希函数包括 MD2、MD4 以及 MD5。利用散列法将数字签名转换为哈希值，这些哈希值称为信息摘要（Message-Digest）。

1）MD2（RFC 1319）是由 Ronald Rivest 于 1989 年开发的一种加密哈希函数。

2）MD4（RFC 1320）是 Ronald Rivest 在 1990 年设计的。

3）MD5 和 SHA-1 曾经是应用最广泛的哈希算法，它们都是以 MD4 为基础设计的。

1. 哈希函数的安全性

哈希函数的所有密码强度来源于它们输出的不可预测性。因此，安全哈希函数的一般理论定义是，它的行为类似于真正的随机函数（有时称为随机预言）。具体来说，安全哈希函数应该具有任何随机函数所具有的属性或模式。在实践中，我们通过更具体的概念描述哈希函数的安全性：原像攻击抗性和抗碰撞性。

（1）原像攻击抗性　原像攻击抗性又称单向性，它描述了一种安全保证，即给定随机哈希值，攻击者将永远不会找到原始消息。事实上，即使给定无限的计算能力，哈希函数也是不可逆的，因为可能存在许多消息具有相同的哈希值。

在实践中，我们必须确保不可能找到映射到给定哈希值的任何消息，而不局限于所使用的消息，这正是原像攻击抗性的实际含义。具体来说，原像攻击抗性包含第一原像攻击抗性和次原像攻击抗性。第一原像攻击抗性描述了实践中不可能找到给定哈希值的原始消息，次原像攻击抗性描述了当给定消息 M_1 时，实践中不可能找到另一条消息 M_2，其哈希值与 M_1 相同。

（2）抗碰撞性　根据鸽笼原理，如果有 n 只鸽子要放入 m 个笼子中，且 n 大于 m，则至少有一个笼子中包含多于一只鸽子。消息的数目也远大于哈希值的数目，因此哈希函数的碰撞不可避免。

抗碰撞性即哈希函数的碰撞应该像原始消息一样难以找到，换句话说，攻击者无法找到两条不同消息具有相同的哈希值。任何抗碰撞性的哈希也都具有次原像攻击抗性：根据哈希值找到第二个原消息的过程即找到了一对碰撞。

由于生日攻击的存在，查找碰撞的过程约需 $2^{n/2}$ 次运算，而非 2^n 次。为了抵御生日攻击，设计哈希函数时需要选择足够大的输出空间，以降低碰撞概率。

2. 哈希函数的构造

在 20 世纪 80 年代，密码学家开始探索对消息进行哈希的方法，以保证数据的完整性和安全性。他们发现，最简单的方法是将消息分成多个组，并使用相似的算法来连续地处理每个分组。这一策略被称为迭代哈希，它涌现了两种主要方法：

一种是基于压缩的哈希函数，这种方法利用压缩函数来迭代哈希，将输入消息转换为较小的输出。这一技术被称为 Merkle-Damgård 结构（见图 2.6），以密码学家 Ralph Merkle 和 Ivan Damgård 的名字命名。

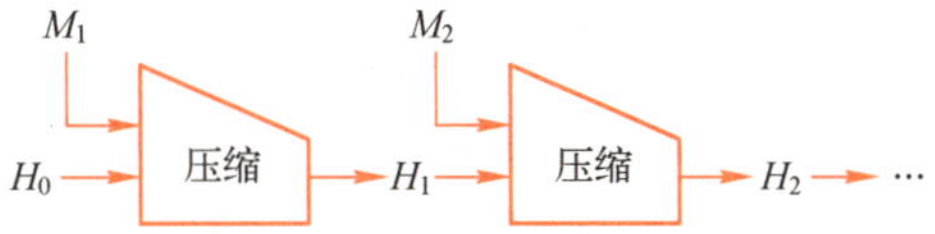

图 2.6　Merkle–Damgård 结构

另一种是基于置换的哈希函数，这种方法利用函数将输入消息转换为相同大小的输出，以此进行迭代哈希。这样，无论输入消息是否不同，都会得到两个不同的输出，即置换。这种函数被称为海绵函数，如图 2.7 所示。

实践中使用的哈希函数，如 SHA–256 和 BLAKE2 等使用的压缩函数都基于分组密码，这是构建压缩函数最简单的方法。最常见的基于分组的压缩函数是 Davies–Meyer 结构，如图 2.8 所示，其中黑三角形表示分组密码的密钥输入位置。

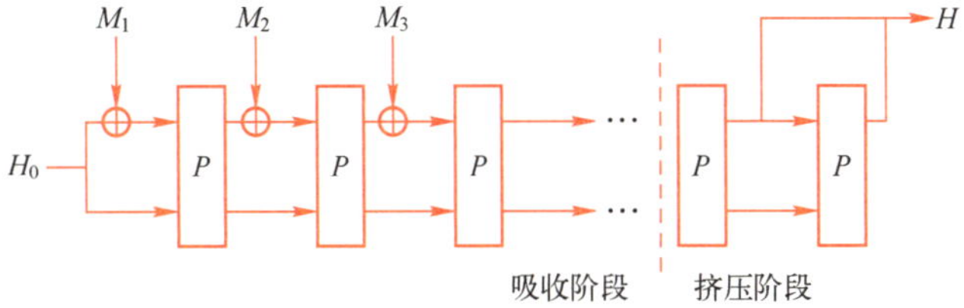

图 2.7　海绵函数结构

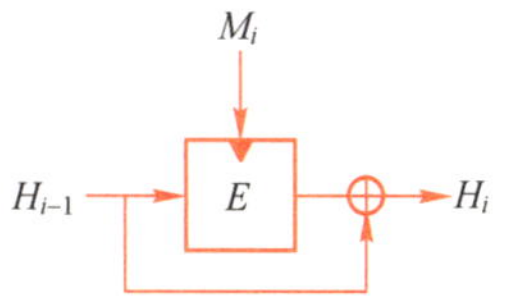

图 2.8　Davies–Meyer 结构

给定一个消息分组 M_i 和前一个链值 H_{i-1}，Davies–Meyer 压缩函数使用分组密码 E 计算新链值为 $H_i = E(M_i, H_{i-1}) \oplus H_{i-1}$。消息分组 M_i 充当了分组密码的密钥，链值 H_{i-1} 充当其明文分组。只要分组密码是安全的，产生的压缩函数就是安全的，同时具有抗碰撞性和原像攻击抗性。如果没有前面链值的异或（$\oplus H_{i-1}$），Davies–Meyer 将是不安全的——可以使用分组密码的解密函数将新的链值转换为前一个链值。

从 20 世纪 80 年代到 21 世纪 10 年代开发的所有哈希函数都基于 Merkle–Damgård（M–D）结构：MD4、MD5、SHA–1 和 SHA–2 系列，以及不太为人所知的 RIPEMD 和 Whirlpool 哈希函数。M–D 结构并不完美，但它很简单，而且对于许多应用来说，M–D 结构已经被证明是足够安全的。

3. 哈希函数的关键性质

哈希函数的功能并不复杂，就是将任意一个很长的数据或者是很短的数据映射为一个固定长度的数据，例如 256 位。它的关键性质包括：

1）单向性：已知哈希值 Y，无法在多项式时间内计算出哈希原像 X。

2）弱抗碰撞性：已知（X, Y），无法在多项式时间内找到 X'，使得 Y=hash(X')。

3）强抗碰撞性：攻击者无法寻找 X 和 X'，满足 $X \neq X'$，hash(X)=hash(X')。

4）压缩性：通常是将 512 位的数据压缩为 256 位；不足 512 位则填充 0。

5）随机性：输出的 Y 是 256 位的 0/1 字符串，是随机的。

6）可重复性：如果输入 X_1=X_2，则输出的哈希值 Y_1=Y_2，这是哈希函数的基本性质。

2.2.8　密码算法的应用

1. 密码算法的实用方案

（1）混合加密技术（数字信封） PKCS#7 中将数字信封作为术语，其定义为数字信封包含被加密的内容和被加密的用于加密该内容的密钥。

由于非对称加密算法加密速度慢，混合加密将非对称加密技术和对称加密技术结合使用。密钥封装机制（Key Encapsulation Mechanism，KEM）是指用非对称加密算法加密对称密钥；数据封装机制（Data Encapsulation Mechanism，DEM）是指用对称密钥算法加密消息。混合加密过程如图 2.9 所示。

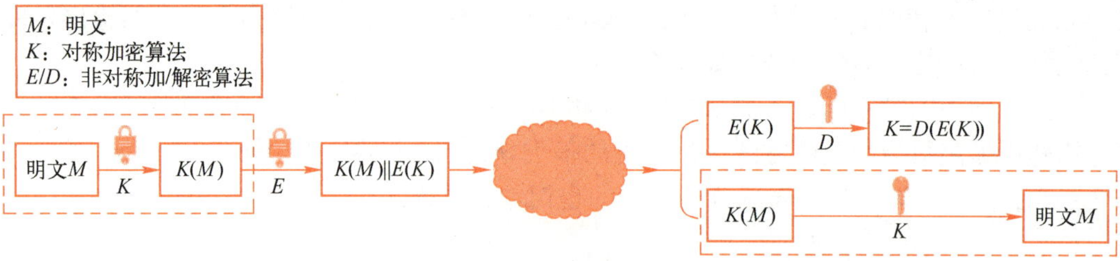

图 2.9　混合加密过程

（2）数字签名　哈希函数与公钥密码学的结合，诞生了实用的数字签名算法。由于非对称加密算法的运算速度较慢，因此在数字签名协议中，哈希函数扮演了一个重要的角色。对哈希值（又称“数字摘要”）进行数字签名，在统计上可以认为这与对文件本身进行数字签名是等效的。

数字签名的算法包含签名算法和验证算法。签名算法（见图 2.10）使用私钥加密信息的哈希值，从而产生签名；验证算法（见图 2.11），使用公钥验证签名的真实性。

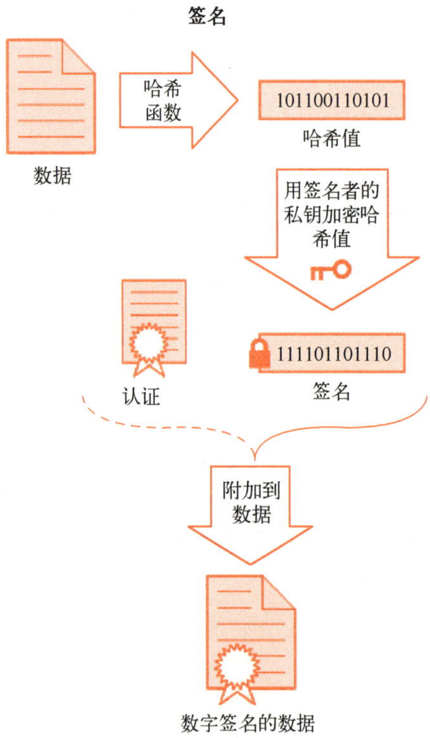

图 2.10　签名算法

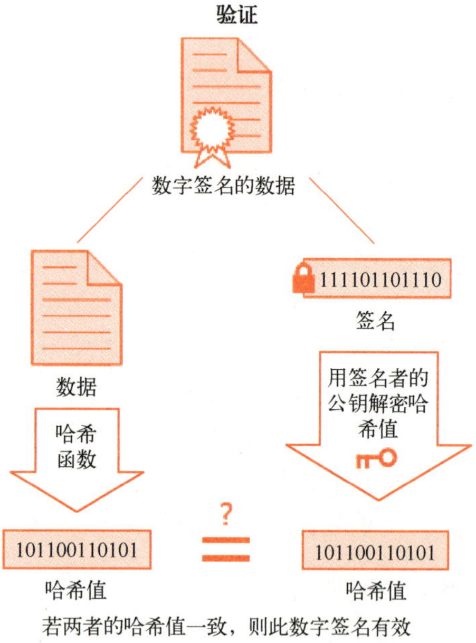

图 2.11　验证算法

2．密钥长度与安全强度

密码算法的密钥长度与其安全强度密切相关。值得注意的是，使用公钥密码方案时，安全强度不等于密钥长度。在 HTTPS（超文本传输安全协议）的情况下，512 位的密钥只能提供大约 60 位的安全强度，使用 72 个处理器的集群进行大约两周的计算，就可以破解这些密钥。

研究人员发现，许多系统使用比期望值更短的公钥算法密钥，其中不乏许多知名企业的系统。在实践中使用教科书式的加密方案（如 Textbook RSA），或者使用不够长的密钥，系统将极易被攻破，这一问题令人担忧。

安全强度的选项通常包括 128 位安全性和 256 位安全性，大多数标准加密算法和其实现都支持这两个安全强度。确实也有低于 128 位的密码方案，例如 64 位的或 80 位的，但这些方案通常都不够安全，不能够满足实际需要。

为了确保长期的安全性，应该选择 256 位的安全性或接近 256 位的安全性。即使在最坏的情况下，256 位的安全性方案在可预见的未来也不太可能被攻破，能够满足实际需求。

有时候低于 128 位的安全强度也是合理的。例如，在只需要短时间的安全性且资源受限的场景下，更高安全强度的实现成本将对系统的成本或可用性产生负面影响，此时可能会考虑使用较低安全强度的密钥。一个现实的例子是付费电视系统，其加密密钥是 48 位或 64 位的。这里的安全强度虽然不高，但也足够了：付费电视系统的密钥每 5s 或 10s 就刷新一次。

密钥长度的选择应该根据实际需求、长期安全性和资源限制等因素综合考量。正如 NIST 的密码学家约翰·凯尔西说的："80 位密钥和 128 位密钥搜索之间的差异就像去火星和去半人马座阿尔法星之间的差异。据我所知，在实际暴力攻击方面，192 位和 256 位密钥之间没有有意义的区别，因为在这种情况下，不可能就是不可能。"

2.2.9　消息的完整性认证加密

对传送的消息加密，能够保证信息的机密性。窃听是一种被动的攻击方式；攻击者有时候会采取主动的攻击方式，例如篡改信息。如果消息在传送的过程中被攻击者篡改了，如何察觉呢？

假设传送的消息是 M，我们可以基于前述的加密技术，设计一种消息验证码（Message Authentication Code，MAC）机制，来检测消息的完整性。例如，采用分组密码的 CBC（密码分组链接）工作模式，最后一个分组的密文就可以作为一种消息验证码：$\text{MAC}=\text{CBC}(\mathbf{IV}, M, K)$，**IV** 是初始向量，$M$ 是消息，K 是密钥。

由于对消息 M 的任何一个分组的修改，都会被传递到最后一个分组，从而影响 MAC 值。攻击者如果想篡改消息为 M' 而不被发现，就需要同时篡改消息验证码为 MAC'，使得 $\text{MAC}'=\text{CBC}(M',K)$。但是，由于攻击者没有 K，因此没有办法计算出与 M' 对应的 MAC' 值。

2.2.10　分组密码的工作模式

工作模式（Mode of Operation，也被称为操作模式）是使用分组密码（即伪随机置换）

来加密任意长度消息的基本方法。

分组密码的特征是每次处理一个固定长度的数据块（分组）。当加密一条消息时，首先要将消息拆分为一些固定长度的分组，不够时还要进行数据填充。为了将分组密码应用于各种各样的实际应用，人们定义了分组密码的几种工作模式。

从本质上讲，选择工作模式是一种手段，它可以使密码算法能够应用到具体实践中。工作模式包括电码本（Electronic Code Book，ECB）、密码分组链接（Cipher Block Chaining，CBC）、密文反馈（Ciphertext Feedback，CFB）、输出反馈（Output Feedback，OFB）、计数器（Counter，CTR）等模式。

下面对几种常用的工作模式做简单的介绍。

（1）电码本（ECB）模式　最简单的模式是电码本模式，它一次处理一批明文分组，每次使用相同的密钥加密。ECB 模式是分组密码的基本工作模式。在 EBC 模式下，对每一个明文分组依次独立加密，产生独立的密文分组，每一个明文分组的加密结果均不受其他分组的影响。使用此种模式时，可以利用并行处理来加速加密、解密运算，而且在网络传输时，任一分组有任何错误发生，都不会影响到其他分组传输的结果，这是 ECB 模式的优点。ECB 模式如图 2.12 所示。

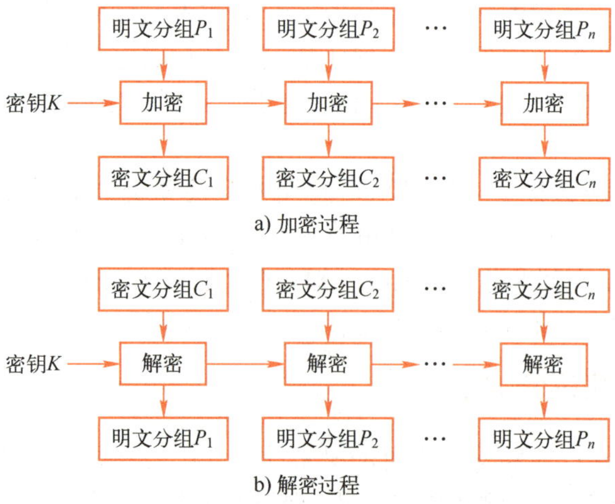

图 2.12　ECB 模式

ECB 模式的缺点是容易暴露明文的数据模式。在计算机系统中，许多数据都具有固有的数据模式，这主要是由数据结构和数据冗余引起的。如果不采取措施，文件中出现多次的明文，加密后会产生相同的密文，从而降低安全性。

（2）密码分组链接（CBC）模式　该模式在加密一个分组之前，先将上一次加密的结果与当前的明文分组进行异或，然后再加密。这样就形成了一个密文链。CBC 模式如图 2.13 所示。

首先，第一个明文分组与初始向量（Initialization Vector，IV）做异或运算，再进行加密。其他每个明文分组加密之前，必须与前一个加密分组的密文做一次异或运算，再进行加密。每一个明文分组的加密结果均会受到前面所有明文分组内容的影响，所以即使出现多次相同的明文，它们也会产生不同的密文。

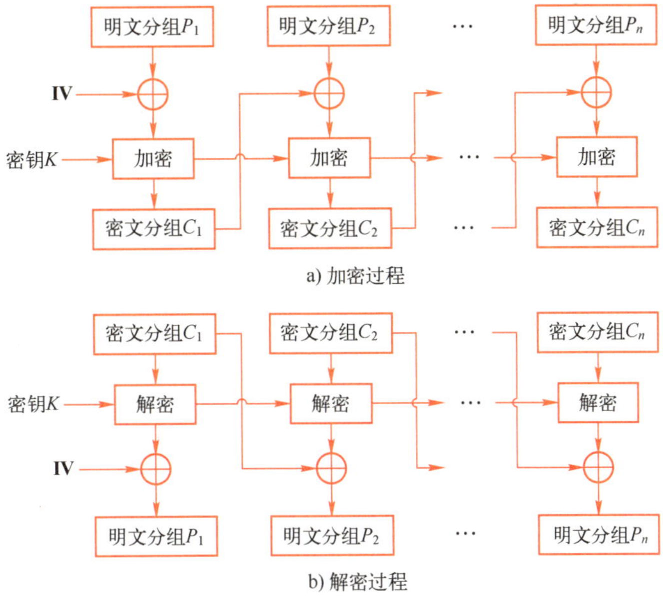

图 2.13　CBC 模式

其次，密文内容若遭剪贴、替换，或在网络传输过程中发生错误，则其后续的密文将被破坏，无法顺利解密还原，这既是该模式的优点，也是缺点。

最后，必须选择一个初始向量，用以加密第一个明文分组。

在加密时，无法利用并行处理来加速加密运算，但其解密运算由于做异或运算的加密分组结果已存在，仍可以利用并行处理来加速，因此该工作模式的加密速度可能会比解密速度慢。

（3）密文反馈（CFB）模式　该模式先将明文数据分成若干 s 位的分组，$1 \leqslant s \leqslant n$。其中，$n$ 表示所用的分组密码的分组长度。每个字符所对应的明文，可以通过将该分组和一个密钥字符相异或得到，该密钥字符是通过加密密文的前 n 位获得的。在处理开始阶段，将一个 n 位的初始向量放在密文的位置上。

可以将分组加密算法当作流密码加密器（Stream Cipher）使用，流密码加密器可以按照实际需要，自行设定每次加密的区块大小（如每次 8 位），每一个区块的明文与之前区块加密后的密文做异或运算后，成为新的密文。因此，每一个区块的加密结果都受之前所有区块内容的影响，并保证出现多次的相同明文均产生不相同的密文。在此模式下，与 CBC 模式一样：为了加密第一个区块，必须选择一个初始向量，此初始向量必须唯一，且每次加密时必须不一样；也难以利用平行处理来加快加密作业。

（4）输出反馈（OFB）模式　该模式用分组密码（如 AES）产生一个密钥流，将此密钥流的明文流进行异或运算可得密文流。它也需要一个初始向量。

CFB 将前次产生的密文作为输入反馈至加密器生成密钥流，而 OFB 则是将加密器输出的密钥流自身反馈迭代，每一个区块的加密结果不受之前所有区块内容的影响。如果有区块在传输过程中遗失或发生错误，虽然不至于无法完全解密，但也会导致出现多次相同的明文均产生相同的密文，从而容易遭受间接攻击。在此模式下，为了加密第一个区块，必须设置一个初始向量，否则难以利用并行处理来加快加密作业。

（5）计数器（CTR）模式　计数器使用与明文分组规模相同的长度。一般地，计数器首先被初始化为某一值，然后随着消息块的增加，计数器的值增加 1。计数器加 1 后，与明文组异或得到密文组。解密时，使用具有相同值的计数器序列，用加密后的计数器的值与密文组异或来恢复明文组。

2.2.11　密码算法小结

在密码设计中，最常用的两种技巧是代换和置换。香农提出了通过“乘积”组合密码体制的设计思想；通常使用的技术将代换密码和置换密码做乘积。

香农提出了完善保密加密的概念，并且证明了“一次一密”能够达到这一安全水平。香农的理论证明，要达到这一安全水平，密钥空间至少要和明文空间一样大。如果密钥空间是由固定长度密钥组成的，明文空间由固定长度明文组成，那么密钥至少要和明文一样长。

流密码通过设计伪随机发生器，构造伪随机密钥流序列，实现了用一个短密钥来加密一个长消息。流密码只使用了混淆，分组密码使用混淆与扩散。

一般建议使用分组密码来构造安全加密方案。除了资源受限的计算环境，分组密码都是足够高效的，而且比现有的流密码要安全很多。流密码的优势是效率高。但是，流密码更易于攻破，大家对其信心不足；流密码也常常以某种方式被乱用，如相同的伪随机流被使用两次。因此，通常推荐使用分组密码，除非某些原因导致分组密码不可用。

可以基于分组密码简单地构造流密码。但是，和一个专门的流密码相比，其效率较低。

一个流密码能够被建模为一个伪随机发生器。一个分组密码实际上被认为是一个伪随机置换。明确地使用这种方法来建模分组密码，使得依赖于分组密码的许多实际构造方案的形式化分析成为可能。

相较于流密码，分组密码自身是不安全的加密方案。但是，分组密码能够用于构造安全的加密方案。明确分组密码作为构造模块的加密方案和使用分组密码本身进行加密的加密方案之间的区别非常重要。

工作模式是使用分组密码（即伪随机置换）来加密任意长度消息的基本方法。

公钥密码学的提出，解决了困扰传统密码的两个问题：密钥分配问题和数字签名问题。

*2.3　攻击模型与安全性分析

本节简要介绍常见的密码学攻击模型、安全目标以及安全概念，并列举了常见的语义安全的公钥密码方案和语义安全的对称加密方案。

2.3.1　攻击模型

1. 攻击模型分类

密码学的攻击模型（Attack Model）可以分为三类：

（1）黑盒攻击　黑盒攻击是指攻击者只能获得程序的输入和输出，不能实质性地接触到任何内部操作和数据。对密码算法来说，即攻击者可以获取明文和密文，但观测不到算法运行时的内部数据。

（2）灰盒攻击　灰盒攻击（例如侧信道攻击）是指通过程序运行时泄露的物理信息（如时间信息、功率消耗、电磁辐射等），可以实质性地部分或完全获取程序运行的内部数据，从而完成对程序的破解或对数据（密钥）的窃取。

在灰盒攻击中，攻击者可以接触到密码的实现。对于智能卡、嵌入式系统和虚拟化系统等应用程序，使用灰盒攻击的攻击者经常拥有物理访问权限，从而可以篡改算法的内部结构。灰盒攻击比黑盒攻击更难以实现，它们依赖于物理和模拟属性，而无法单纯依靠算法的输入和输出，并且密码学理论通常无法抽象出现实世界的复杂性。

（3）白盒攻击　白盒攻击是指攻击者对设备终端拥有完全的控制能力，能够观测和更改程序运行时的内部数据。大多数智能终端环境（如 Android、iOS 等）在很多情况下就是一个白盒攻击环境。对 Android 手机进行 root 操作以后或者 iPhone 手机“越狱”以后，可以认为手机操作系统是一个白盒攻击环境，即攻击者能够完全控制程序运行环境。

2. 黑盒攻击

在黑盒攻击模型中，攻击者只能看到密码体制的输入和输出。

现在让我们考虑一些有用的攻击模型，这些模型根据攻击者可以观察到的内容以及他们可以对密码进行的查询来表达。查询是一种将输入值发送到某个函数并获取输出作为返回结果的操作，这个过程并不会暴露该函数本身的细节。

1）加密查询：输入明文并返回相应的密文，但不泄露密钥。例如在公钥加密系统中，攻击者可以随时执行加密查询。

2）解密查询：输入密文并返回相应的明文，但不泄露密钥。例如，某些智能卡芯片可以安全地保护密码的内部机制及其密钥，但攻击者可以连接到该芯片。如果向芯片发送明文，芯片可以正常接收到；如果向芯片发送密文，芯片可以解密。

下面从最弱到最强的顺序列出了几种黑盒攻击模型，并描述了针对每种模型攻击者的能力。

1）唯密文攻击（Ciphertext-Only Attack，COA）：COA 模型中的攻击者可以观察到密文，但既不知道与之相关联的明文，也不知道明文是如何被选择的。COA 模型中的攻击者是被动的，不能执行加密或解密查询。

2）已知明文攻击（Known-Plaintext Attack，KPA）：KPA 模型中的攻击者观察密文并知道相关联的明文。因此，KPA 模型中的攻击者会得到一个列表，即明文-密文对，其中，假设明文是随机选择的。同样，KPA 模型是一个被动攻击者模型。

3）选择明文攻击（Chosen-Plaintext Attack，CPA）：CPA 模型中的攻击者可以对其选择的明文执行加密查询，并观察生成的密文。

4）选择密文攻击（Chosen-Ciphertext Attack，CCA）：CCA 模型中的攻击者可以执行加密查询和解密查询。CCA 模型又可以分为非自适应选择密文攻击（CCA1）和自适应选择密文攻击（CCA2）。

非自适应选择密文攻击（CCA1）：攻击者可以在某个时间点之前自适应地选择密文并获取解密结果，但在某个特定时刻之后，攻击者将失去这种能力。

自适应选择密文攻击（CCA2）：CCA2 模型中的攻击者在选择密文攻击中边分析边询问。

我们考虑三种不同的攻击，按照攻击强度从弱到强的顺序分别是 CPA、CCA1 和

CCA2。

在 CPA 下，攻击者可以获得他选择的明文的密文。在公钥设置中，向攻击者提供公钥就足以捕获这些攻击。

在 Naor 和 Yung 提出的 CCA1 下，攻击者除了获得公钥外，还可以访问解密功能的 oracle。oracle（预言机）是一个理论上的"黑盒"，可以回答特定问题或执行特定功能，攻击者可以调用它但无法窥探它的内部机制。在安全性游戏中，挑战密文是攻击者需要破解的目标密文，由挑战者（Challenger）生成。CCA1 分为两个阶段：在阶段 1（学习阶段），攻击者可以自由使用解密 oracle，提交任意密文（除了未来的挑战密文 y）并获取明文；在阶段 2（攻击阶段），攻击者收到挑战密文 y 后，不能再使用解密 oracle，必须仅凭阶段 1 的信息破解 y。

在 CCA2 下，攻击者再次获得了解密功能的 oracle（除了公钥）的访问权，但这一次，攻击者甚至可以对获得挑战密文后选择的密文使用该解密功能，唯一的限制是攻击者不能要求 y 本身的解密（这种攻击被称为自适应攻击，因为对解密 oracle 的查询可能依赖于挑战 y）。

满足 IND-CPA（选择明文攻击下不可区分性）之外安全概念的公钥加密方案发挥了越来越大的作用。它们最重要的用途之一是作为设计高级协议的工具。例如，满足 IND-CCA2（自适应选择密文攻击下不可区分性）的加密方案似乎是设计公钥设置中经过身份验证的密钥交换协议的正确工具。公钥设置中经过身份验证的密钥交换协议是一种在非对称加密（公钥密码学）环境下，确保通信双方安全协商共享密钥并验证彼此身份的协议。又如安全电子交易 （Secure Electronic Transaction，SET）协议的设计者选择了一种比 IND-CPA 更易于实现的加密方案。如果使用只实现 IND-CPA 安全性的原语实例化 SET 协议将是错误的，比 IND-CPA 更安全的加密方案更便于使用（或者更难被误用），它们也得到了新兴标准的支持。

CCA 模型的描述看起来似乎"过于字面化"。以自适应 CCA 为例。为什么一个对手可以访问和解密 oracle，却被禁止真正使用它？按道理来讲，要么他有 oracle，可以随心所欲地使用它，要么他根本没有 oracle。然而，实际上，当在会话密钥交换协议中使用加密时，确定会出现这样的情况。一般来说，我们不应该过于字面地看待我们所考虑的定义场景，而是要理解当这些方案将成为高层协议设计中通用的工具时，这些是方案要满足的正确概念。

2.3.2 安全目标

下面介绍两种重要的安全目标（Security Goal）：不可区分性（Indistinguishability，IND）和不可塑性（Non-malleability，NM）。

不可区分性是指攻击者无法从密文中获得关于相应明文的任何信息。密文应该与随机字符串没有区别。1982 年，Goldwasser 和 Micali 提出了语义安全的概念，其等价于不可区分性。可以通过一个游戏来说明 CPA 模型下的不可区分性：如果攻击者选择了两个明文，然后接收到两者的密文之一（随机选择其一），那么即使可以执行加密查询，也无法分辨出它是哪个明文对应的密文。如果模型是 CCA 而不是 CPA，则为执行解密查询。

不可塑性是指攻击者在获得挑战密文访问权限后，无法生成与挑战密文意义相关的不同密文。1991 年，Dolev、Dwork 和 Naor 提出了不可塑性的概念。1998 年，Bellare 总结了公钥密码的不可区分性和不可塑性；2000 年，Katz 总结了对称密码的不可区分性和不可塑性。

不可塑性的定义为：给定密文 $C_1=E(K, P_1)$，其中 K 为密钥，P_1 是对应的明文，应该不可能创建另一个密文 C_2，使其对应的明文 P_2 以有意义的方式与 P_1 相关。例如，对应的 P_2 等于 $P_1 \oplus 1$ 或等于 $P_1 \oplus X$，X 是某个已知值。令人惊讶的是，一次一密系统是可塑的：给定密文 $C_1=P_1 \oplus K$，可以定义 $C_2=C_1 \oplus 1$，若如此，在同一密钥 K 下，它们对应的明文满足 $P_2=P_1 \oplus 1$。

2.3.3　安全概念

将安全目标与攻击模型相结合，可以构建安全概念。通常将安全概念写成“安全目标-攻击模型”的形式，如 IND-CPA 表示选择明文攻击下不可区分性。

常见的安全目标有 NM-CPA、NM-CCA、IND-CPA 和 IND-CCA。这些概念之间存在一些重要的关系：一些关系是显而易见的，如 IND-CCA 蕴含着 IND-CPA，而 NM-CCA 蕴含着 NM-CPA，这是因为 CPA 攻击者可以做的事情，CCA 攻击者也可以做；另一些关系则需要更深入的理解。

在各种安全关系中，一个不太明显的关系是 IND-CPA 并不蕴含 NM-CPA。但相反的关系确实成立，即 NM-CPA 蕴含 IND-CPA。

此外，IND-CCA 和 NM-CCA 是等同的概念，它们相互蕴含。

最重要的安全概念是 IND-CPA，也称为语义安全。从直觉上理解，只要密钥保密，密文就不会泄露任何有关明文的信息。IND-CPA 安全性要求，如果对同一明文加密两次，则加密系统必须返回不同的密文。否则，攻击者可能从密文中发现“明文重复”这一事实，这与密文不应泄露任何信息的定义不符。

实现 IND-CPA 安全性的一种方法是使用随机加密。顾名思义，当相同的明文被加密两次时，它将随机化加密过程并返回不同的密文。可以将加密表示为 $C=E(K, R, P)$，其中 R 是每次刷新的随机位。然而，解密仍然是确定的，即无论 R 的值如何，解密 $E(K, R, P)$都应始终获得 P。

2.3.4　语义安全的公钥密码方案

1. ElGamal 加密算法

ElGamal 加密算法是一种公钥加密算法，由 Taher ElGamal 在 1985 年提出。它基于离散对数问题，通常用于保护通信的机密性。该算法具有简单、高效和安全的特点，因此在实践中得到了广泛的应用。ElGamal 加密算法的核心思想是利用离散对数问题来实现加密和解密操作。

ElGamal 加密算法的安全性基于离散对数问题的困难性，离散对数问题在给定参数下是困难的。具体来说，即使攻击者知道公钥、密文和加密算法，也很难从中推断出私钥或明文。

ElGamal 的算法如下：

1）产生一对密钥：公钥是 y、g 和 p，其中生成元 g、素数 p 可以被一组用户共享；私钥是 x。

2）加密算法：将明文信息 m 表示成 $\{1,\cdots,p-1\}$ 范围内的数。选择随机数 r，计算 $R=y^r \bmod p$，计算共享密钥 $K=y^r \bmod p$，用 K 对消息 m 进行加密得到密文 $C=K\cdot m \bmod p$，将（R，C）作为密文传递。

3）解密算法：用 R 和私钥 x，计算共享密钥 $K=R^x \bmod p$，用 K 解密 C，得到明文 $m=CK^{-1} \bmod p$。

2. ECC 加密算法

ECC（椭圆曲线密码学）加密算法是一种基于椭圆曲线数学问题的公钥加密算法，核心思想是利用椭圆曲线上的点运算来实现加密和解密操作。ECC 算法的安全性基于椭圆曲线上的离散对数问题的困难性，主要步骤包括选择合适的椭圆曲线和一个基点，然后利用椭圆曲线上的点运算来生成公钥和私钥。

ECC 算法如下：

1）准备曲线参数 p、a、b、G，$y_2 \equiv x_3+ax+b(\bmod p)$，Bob 有自己的私钥 N_b，并产生公钥 $P_b=N_b\times G$。

2）加密算法（Alice 要给 Bob 发送消息）：对明文 m 的编码点 P_m，选择随机数 k，密文 $C=\{C_1,C_2\}=\{k\times G，P_m+k\times P_b\}$。

3）解密算法：因为 $C_2-N_b\times C_1=(P_m+k\times P_b)-N_b\times k\times G=P_m+k\times N_b\times G-N_b\times k\times G=P_m$，所以编码点 $P_m=C_2-N_b\times C_1$。

3. 原始 RSA 算法安全性分析

非对称加密的攻击模型和安全目标与对称加密大致相同，不同之处在于，由于加密密钥是公钥，因此任何攻击者都可以使用公钥进行加密查询。非对称加密的默认模型是选择明文攻击模型。

RSA 算法是一种广泛使用的公钥加密算法，也是非对称加密算法。RSA 算法的安全性基于大数分解和离散对数等数学难题，这使得它在保护数据隐私和完整性方面具有很高的可靠性。RSA 算法的核心思想是利用一对密钥（公钥和私钥）进行加密和解密操作。公钥可以公开分发给任何人，用于加密信息；私钥则必须保密，用于解密信息。这种加密方式保证了只有私钥的持有者才能解密出原始信息，从而确保了信息传输的安全性。

首先简单介绍 RSA 算法的加解密流程：

1）参数 $n=pq$，$\varphi(n)=(p-1)(q-1)$。

2）公钥 e 满足 $(e,\varphi(n))=1$。

3）私钥 $d=e^{-1} \bmod \varphi(n)$。

4）加密：$m\rightarrow c=m^e \bmod n$。

5）解密：$c\rightarrow m=c^d \bmod n$。

通常的密钥长度$\geqslant 2048$。

下面通过一个例子来分析原始 RSA 算法的安全性。

假设 $n=3\times 5=15$，$\psi=2\times 4=8$，$\lambda(n)=\mathrm{lcm}(2,4)=4$，$e=3$，$d=3$，攻击者利用公钥加密不同的明文，即

$$m_1=2，c_1=2^3=8$$

$$m_2 = 7,\ c_2 = 7^3 \bmod 15 = 13$$

当攻击者收到密文 $c = 8$，就能够推断出明文 $m = 2$；同理，如果密文 $c = 13$，就可以推断出明文 $m = 7$。由此可见，原始 RSA 算法在面对选择明文攻击时具有明显的安全隐患。

对此需要提出相应的安全目标来改进算法：对同样的数据，用同样的密钥进行 RSA 加密，每次的输出密文都会不一样，但是这些加密结果都能正确解密。

4．RSA-OAEP

为了满足上文提到的安全目标，首先要将 RSA 算法改造为非确定性算法，具体的做法就是将明文与某个随机数组合起来（Padding，即填充）。这样明文就被转移到了一个更大的明文空间上，一定程度上防止了选择明文攻击。在密码学中，最优非对称加密填充（Optimal Asymmetric Encryption Padding，OAEP）是一种经常与 RSA 加密一起使用的填充方案。OAEP 算法是 Feistel 密码的一种形式，它使用一对哈希函数 G 和 H 在进行非对称加密之前处理明文。OAEP 算法如图 2.14 所示。

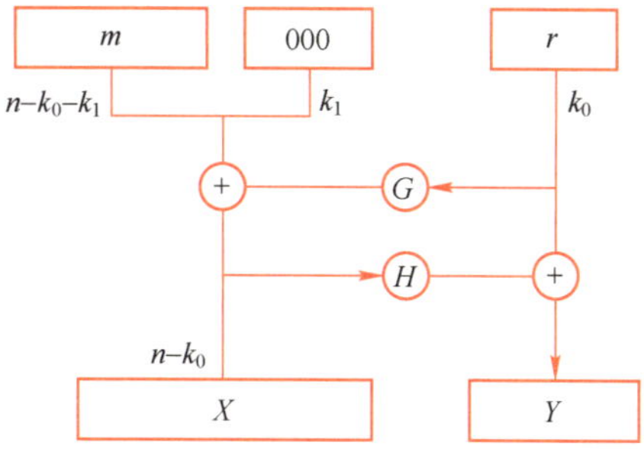

图 2.14　OAEP 算法流程

OAEP 算法参数如下：

1）n：RSA 的模数。

2）k_0、k_1：协议中的固定整数。

3）m：$n-k_0-k_1$ 位长的明文消息。

4）G、H：哈希函数。

5）$\oplus$：异或运算。

编码过程包括如下步骤：

1）用 k_1 位长的 0 将消息填充至 $n-k_0$ 位的长度。

2）随机生成 k_0 位长的 r。

3）用 G 将 k_0 位长的 r 扩展至 $n-k_0$ 位长。

4）$X = m00\cdots0 \oplus G(r)$。

5）H 将 $n-k_0$ 位长的 X 缩短至 k_0 位长。

6）$Y = r \oplus H(X)$。

7）输出为 $X \| Y$。在图中，X 为最左边的块，Y 为最右边的块。

随后可以使用 RSA 加密编码的消息，使用 OAEP 可以避免 RSA 的确定性。

解码过程包括如下步骤：

1）恢复随机串 r 为 $Y \oplus H(X)$。

2）恢复消息 $m00\cdots0$ 为 $X\oplus G(r)$。

OAEP 满足以下两个目标：

1）添加随机性元素，这可用于将确定性加密方案（如传统 RSA）转变为概率加密方案。

2）通过确保无法反转陷门单向置换 f，保证无法恢复明文的任何部分，来防止密文的部分解密（或造成其他信息泄露）。

当 OAEP 与任何陷门置换一起使用时，OAEP 的原始版本（Bellare 和 Rogaway，1994）在随机预言机模型中显示了一种“明文知晓性”的形式（他们声称这意味着对选择密文攻击是安全的）。然而，随后的结果与此相抵触，表明 OAEP 仅是 IND-CCA1 安全的。与 RSA-OAEP 的情况一样，当将 OAEP 与使用标准加密指数的 RSA 置换一起使用时，在随机预言模型中证明了原始方案是 IND-CCA2 安全的。RSA-OAEP 是不多的 IND-CCA2 安全的实用密码体制。

2.3.5 语义安全的对称加密方案

分组密码只能加密固定长度的分组，如果需要加密一段并非恰好一个分组长度的数据，就需要使用分组密码工作模式。在介绍语义安全的对称加密方案之前我们先分析与对称密码算法相结合的工作模式。ECB 模式如图 2.15 所示。

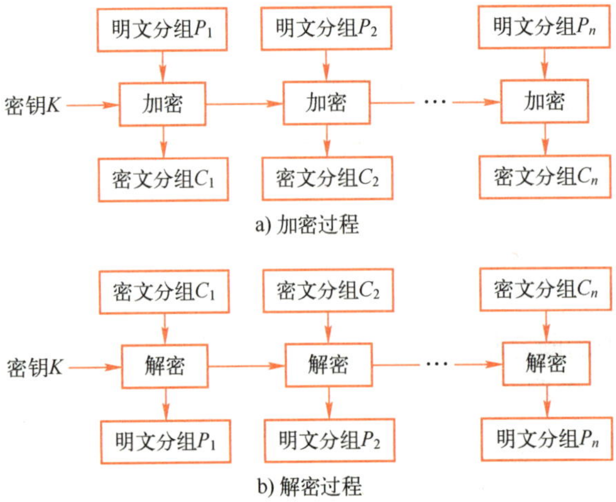

图 2.15　ECB 模式

ECB 模式的加解密仅与对应明文和密文有关，当明文相同且密钥相同时，密文也相同，无法抵御选择明文攻击，更无法实现语义安全。故在此基础上改进，提出 CBC 模式（见图 2.16）。

在 CBC 模式中分组加解密与上一分组产生了联系，相同明文、相同密钥会产生不同密文，能够抵御选择明文攻击。初始向量（**IV**）必须是唯一的（不能重复）、不可预测的（随机的）。考虑到解密时仍需要 **IV**，因此传送密文时，必须以明文形式发送 **IV**。由于 **IV** 是随机的，因此 **IV** 被观察到不会泄露任何信息。但当 **IV** 重复出现或变得可以预测时，加密结果可能面临多种攻击。例如，针对 TLS（传输层安全）协议的攻击 BEAST 就是在这种情况下才发生的。

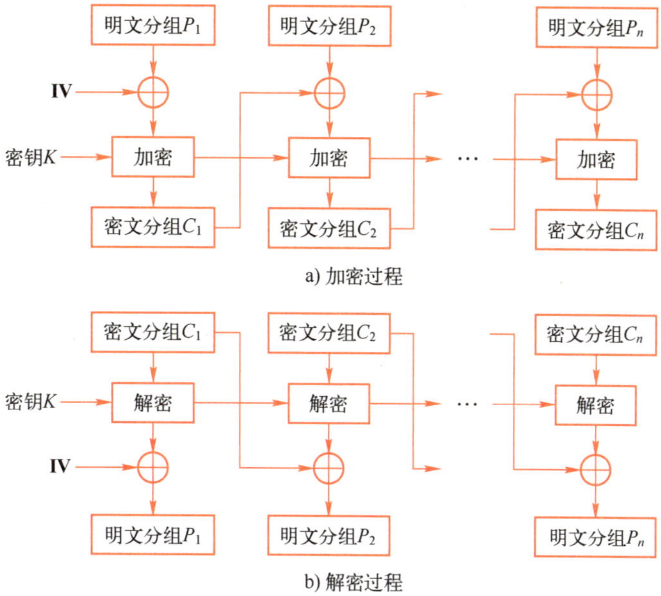

图 2.16　CBC 模式

同理，CTR 模式（见图 2.17）、CFB 模式（见图 2.18）、OFB 模式（见图 2.19）也能够抵抗选择明文攻击。

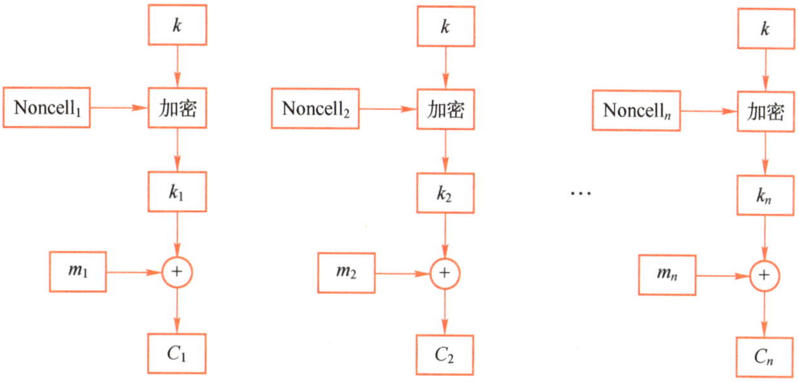

图 2.17　CTR 模式

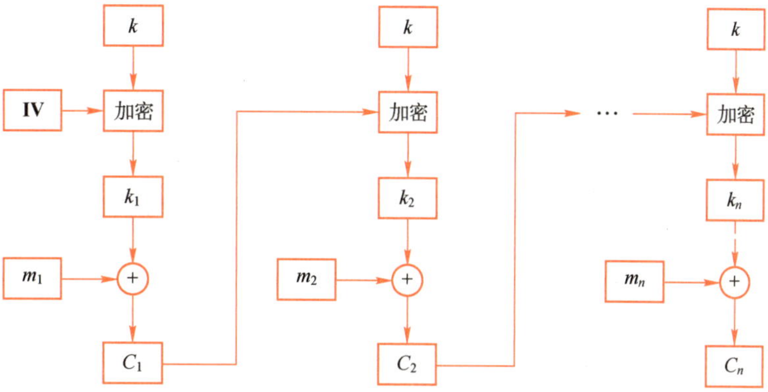

图 2.18　CFB 模式

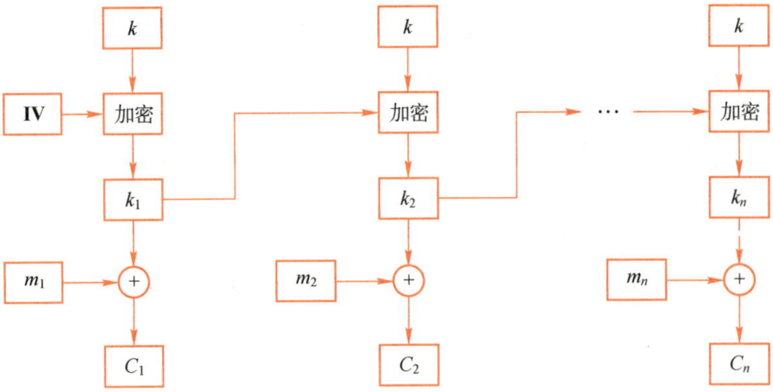

图 2.19　OFB 模式

但是，上述模式都不是“不可塑的”（Non-malleable），都容易受到自适应选择密文攻击（CCA2）。为了抵抗 CCA2，防止对密文进行修改（保证密文完整性），需要使用消息验证码（MAC），将加密和认证结合起来，这就是认证加密（Authenticated Encryption，AE）的概念。

对于 AES-CBC，我们通常使用密钥散列消息认证码（Keyed-Hash Message Authentication Code，HMAC）结合 SHA-256 哈希函数来提供完整性。

$$\text{HMAC}(K,m) = H((K' \oplus \text{opad}) \,\|\, H((K' \oplus \text{ipad}) \,\|\, m))$$

式中，H 为密码哈希函数；K 为密钥；m 是要认证的消息；K' 是从原始密钥 K 导出的另一个秘密密钥（如果 K 短于哈希函数的输入块大小，则向右填充零；如果长于该输入块大小，则对 K 进行哈希）；opad 是外部填充；ipad 是内部填充。

我们在填充明文后应用 MAC，并对密文和 IV 加密；否则，攻击者仍然可以修改 IV 而不被捕获。

AES-CBC-HMAC 不是最适合开发人员的结构。它的实现通常很糟糕，如果使用不当，会出现一些危险的陷阱（无法保证每个加密的 IV 都是不可预测的）。但是，它仍然被广泛使用并且仍然有效。

认证加密有三种方案，分别是：

1）Encrypt-then-MAC（EtM，见图 2.20），先加密再对密文计算 MAC。TLS 1.3 推荐三种相关算法：AES-GCM，AES-CCM，ChaCha20-Poly1305。

2）Encrypt-and-MAC（E&M，见图 2.21），分别对明文计算密文和 MAC，例如安全外壳（SSH）协议。

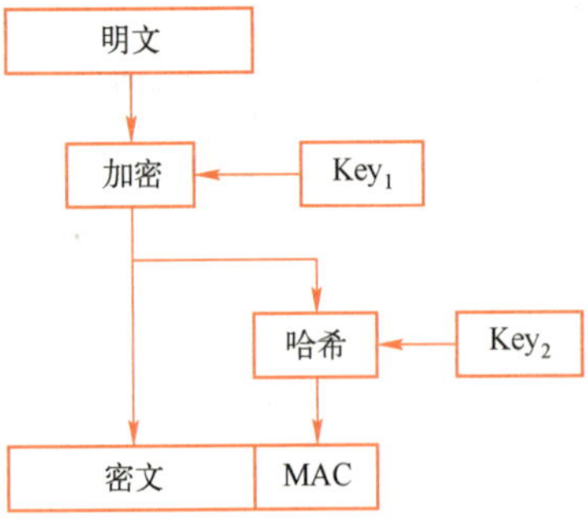

图 2.20　EtM

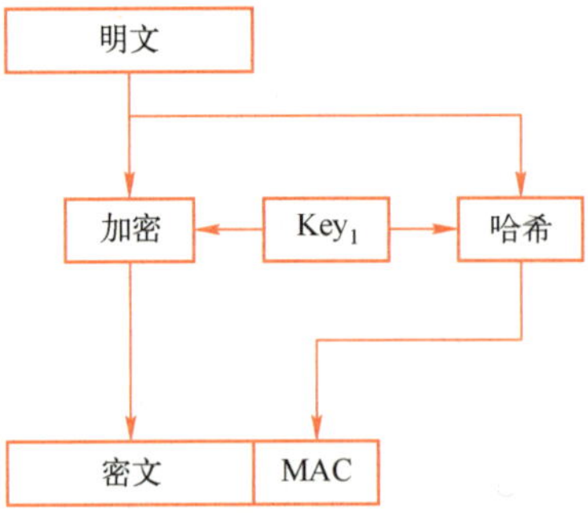

图 2.21　E&M

3）MAC-then-Encrypt（MtE，见图 2.22），先对明文计算 MAC，再对明文加密，例如互联网络层安全协议（IPsec）。

2007 年 11 月，NIST 将 GMAC 和 GCM 作为分组密码算法工作模式的官方标准。GMAC 的全称是 Galois Message Authentication Code（伽罗瓦消息验证码），它是利用伽罗瓦域（Galois Field，GF，即有限域）乘法运算来计算消息的 MAC 值的。

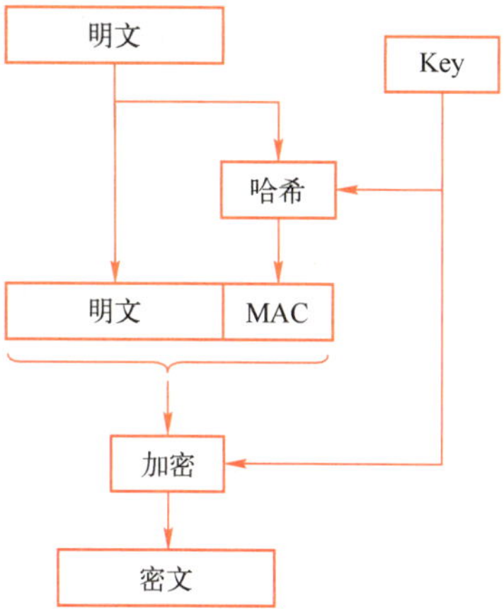

图 2.22　MtE

GCM 全称为 Galois Counter Mode。其中，G 可以代表 GMAC，C 可以代表 CTR。它在 CTR 加密的基础上增加了 GMAC 的特性，解决了 CTR 不能对加密消息进行完整性校验的问题。

传统的工作模式如 CBC，只提供消息机密性的保证，而不提供消息完整性的保证。换句话说，接收者无法确定密文是否在传输过程中被修改过。

新的工作模式——用于带关联数据的认证加密（Authenticated Encryption with Associated Data，AEAD）模式被设计成将加密和身份验证结合成一个单一的、高效的原语。AEAD 模式的通用状态图如图 2.23 所示。

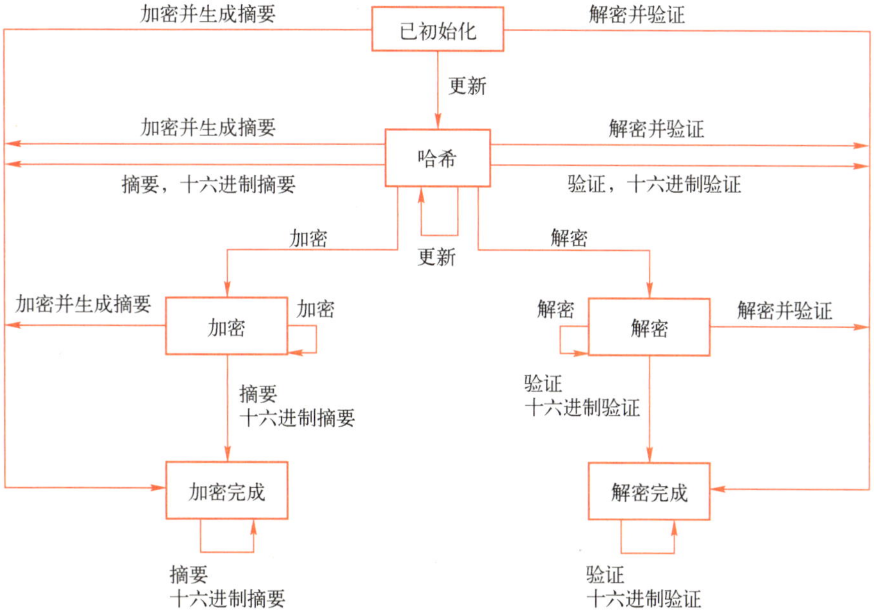

图 2.23　AEAD 模式的通用状态图

AEAD 模式具有以下优点：

1）可选，消息的某些部分也可以保留为透明的（非机密的关联数据，例如头数据），而整个消息保持完全身份验证。

2）除了密文和一个随机一次数（Nonce）或 **IV**，AEAD 模式还需要额外的 MAC 标签。

2.3.6 案例分析：QQ 浏览器

分析以下案例（QQ 浏览器 6.3.0.1920 中的 128 位 RSA 密钥）：尽管 QQ 浏览器通过尝试实现非对称加密来区别于其他浏览器，但 6.3.0.1920 版本中的 RSA 密钥长度为 128 位，并且可以使用 WolframAlpha（一款知识计算引擎软件）或分解库轻松分解：

$$\begin{aligned}&245406417573740884710047745869965023463\\&=14119218591450688427\cdot 17381019776996486069\end{aligned}$$

为了解决这个漏洞，QQ 浏览器在 6.5.0.2170 版本中将 RSA 密钥大小增加到 1024 位，但 RSA 的实现仍然没有任何形式的填充，这导致了对 RSA 延展性的攻击。请注意，1024 位 RSA 密钥对于现代攻击者来说太短，通常建议使用 2048 位或更多的 RSA 密钥。

具体来说，我们分析了 Android 版 QQ 浏览器 6.5.0.2170 版本。该版本以及更新后的 QQ 浏览器服务器，实现了以下步骤来加密从客户端到服务器的唤醒脉冲（Wake-Up Pulse，WUP）请求：

1）首先，客户端使用伪随机数生成器（PRNG）为会话生成 128 位 AES 会话密钥，该生成器以自 UNIX 纪元以来的当前时间（以毫秒为单位）作为种子。

2）然后，客户端使用 1024 位 RSA 公钥加密该会话密钥。公钥的指数为 65537，RSA 实现是“教科书 RSA”，这意味着根本不应用任何形式的填充（例如 OAEP）。

3）客户端使用 AES 会话密钥以 ECB 模式加密 WUP 请求。

4）客户端将 RSA 加密的 AES 会话密钥和加密的 WUP 请求发送到服务器。

5）服务器使用其私钥解密从客户端收到的 RSA 加密后的 AES 密钥，然后选择明文的最低有效 128 位作为 AES 会话密钥。

6）服务器使用通过 RSA 解密获得的 AES 会话密钥来解密 WUP 请求。

7）如果从客户端收到的 AES 密文正确解密为有效的 WUP 请求，则服务器使用 AES 会话密钥（也使用 ECB 模式）发送 AES 加密的响应。

在这个案例里，软件工程师犯了三个（选择）错误：

1）密码算法的安全参数选择错误。

2）公钥密码学 RSA 算法选择错误。

3）对称密码算法的工作模式选择错误。

针对这一案例，请思考以下问题：

1）为什么在本案例中 ECB 模式不适用于加密 WUP 请求？

2）应采取哪些原则来确保在密码算法中正确选择安全参数？

3）为了解决安全问题，工程师应该采取哪些改进措施？

2.4 后量子密码

2.4.1 后量子密码简介

以 Shor 算法和 Grover 算法为代表的量子计算算法的高速迭代研究，给现有的互联网基础设施带来巨大威胁。后量子密码学（Post-quantum Cryptography）的研究试图通过无法被量子计算机有效解决的计算难题，构建能够抵御量子计算威胁的密码体制。

Shor 算法是一种求解大整数因子分解的量子算法，如果可以构建足够大规模的量子计算机来运行 Shor 算法，就可以有效地分解大整数，进而使得 Diffie-Hellman 与 RSA 等算法被彻底攻破。Grover 算法是搜索非结构化数据库或无序列表的量子算法，在应用于密码破解时会等效于密钥长度减半，可显著加速对对称密码的攻击。

NIST 的研究指出，量子计算可以攻破绝大多数公钥密码算法，并将大幅影响对称密码算法与哈希算法的安全性，对称密码和哈希函数需要更长的密钥或输出长度才能达到同等的安全性。因此，一旦实用化的量子计算出现，如果不改进现行的密码技术，全球绝大多数信息网络将是不安全的，面临灾难性后果。

虽然在大规模可用量子计算何时实现方面还存在争议，但世界范围内众多政府机构已着力加强后量子密码的研究，以期逐步替代现有密码算法以确保信息安全。目前，后量子密码将其研究体系建立在量子计算与经典对称密码的研究体系之上，工作主要集中于公钥密码体制上。

2.4.2 常见的后量子密码体制

常见的后量子密码体制包括基于格的后量子密码、基于编码的后量子密码、基于哈希算法的后量子密码等。

1. 基于格的后量子密码

格（Lattice）是群论中的数学对象，格中最短向量问题（Shortest Vector Problem，SVP）、最近向量问题（Closest Vector Problem，CVP）等困难问题是数论中的经典问题，大部分基于格的密码系统的安全性基于此。由于基于格的密码具有良好的可拓展性，因此它是目前最通用的一类后量子密码。其中最知名的密码体制为由 Hoffstein、Pipher 和 Silverman 提出的数论研究单元（Number Theory Research Unit，NTRU）。

NTRU 的工作原理如下：公钥是 p-系数多项式 $h = h_0 + h_1 x + \cdots + h_{p-1} x^{p-1}$，其中 $h_i \in \{0,1,\cdots,q-1\}$。加密时，选择两个秘密多项式 d 和 e，密文 c 是同范围的另一个多项式，c 通过 $c = ((hd+e) \bmod x^p - 1) \bmod q$ 得到。

虽然它不具有可证明安全性（这也是目前大多数后量子密码的特性），但是它已经经受住了 20 多年的攻击，具有应用价值。2008 年 IEEE 标准 1363.1 制定了基于格的密码体制标准，主要就采用了 NTRU 密码体制。

2. 基于编码的后量子密码

基于编码的后量子密码使用纠错码等对加入的随机性错误进行纠正和计算。此类密码算法基于的困难问题包括随机线性编码解码问题、有界编码解码问题以及列表解码问题等。

最经典的基于编码的密码算法为 1978 年 McEliece 提出的基于隐藏 Goppa 码的 McEliece 公钥加密系统，这也是在加密过程中使用随机化的方案。Goppa 码是一种纠错码，具有良好的纠错能力和安全性特性。该算法的核心思想是利用 Goppa 码的困难性问题，构建一个公钥密码体制，使得攻击者只有解决一个高度复杂的问题才能破解密码。

学界已发现了多种针对 McEliece 公钥加密的侧信道攻击，其中最有效的攻击方式为“信息集解码”（Information-Set Decoding，ISD）。信息集是一组码字位置，ISD 通过猜测一个在这些位置上密文没有错误的信息集，利用线性代数确定整个码字，并检查密文中是否存在指定数量的错误。如果存在指定数量的错误则确认码字正确且信息集正确。但这种攻击过于缓慢，因此仍可认为基于 Goppa 码的 McEliece 密码系统具有较高的安全性能，同时不失较高的效率。

3．基于哈希算法的后量子密码

基于哈希算法的密码体制的安全核心是运用了哈希算法的抗碰撞性，由传统的哈希函数构造并实现数字签名。它的优点在于当哈希函数的输出足够长时，它几乎不受量子计算机威胁。该密码体制的研究历史很长，经典的算法包括 Lamport 提出的 Lamport 签名以及 Merkle 提出的 Merkle 树。

Lamport 签名的工作原理为：用户随机生成两个字符串 x_0 和 x_1 作为其密钥。公钥为 $(h(x_0),h(x_1))$，其中 h 为哈希函数。如果用户想签名 0，则使用 x_0，想签名 1 则使用 x_1，类推则有，对于 m 位的消息，用户取 $2m$ 个字符串作为密钥 $X=(x_{10},x_{11},x_{20},x_{21},\cdots,x_{m0},x_{m1})$。公钥 Y 为对应的哈希值。

这种方法可以实现有效的抗量子签名，但存在密钥只能使用一次的问题。在 Merkle 树算法中，首先使用上述方法一次创建 $2k$ 个密钥对，然后将公钥排列成二叉树。要计算这 $2k$ 个密钥的公钥，需要从叶子节点开始遍历二叉树，并对每个叶子节点的公钥计算哈希值，然后将每对相邻的哈希值合并计算它们的哈希值，直到计算到达根节点为止。通过这种方法，可以将大量的密钥快速合成为一个公钥，解决了 Lamport 签名的短板。

2.4.3 后量子密码标准化

2024 年，美国国家标准与技术研究院（NIST）发布了首批后量子密码（PQC）标准，包括 ML-KEM（FIPS 203）、ML-DSA（FIPS 204）和 SLH-DSA（FIPS 205）。全球云服务提供商、浏览器厂商和大型企业已经开始将这些标准纳入其安全路线图。此外，NIST 还制定了 LMS 和 XMSS（NIST SP 800-208）标准作为对早期算法的补充，但应用范围相对有限。

自 2024 年以来，越来越多的供应商通过 NIST 的加密算法验证程序，对 PQC 算法的实现进行了验证测试。一些供应商已经开发了基于 LMS 和 XMSS 数字签名算法的安全启动解决方案。英国国家网络安全中心（NCSC）预计在 2025 年晚些时候，加密硬件信任根将会出现，例如使用新 NIST 标准的硬件安全模块（HSM）和安全启动解决方案。随着 PQC 计算硬件加速开发，相关实现的效率将在 2026 年至 2027 年得到提高。一些主流的互联网浏览器的供应商已将对 PQC 的支持纳入其通信堆栈中。这些浏览器可以使用一种混合了传统密钥交换和基于 ML-KEM 的后量子密钥交换的机制，与兼容的网站和服务商定后量子安全密钥。

然而，整个行业尚未标准化实现确切机制，因此仍有可能发生变化，并且可能会有进一步的更新。因特网工程任务组（IETF）正在对 TLS（安全互联网访问的主要协议）和其他重要互联网协议中的 PQC 进行标准化，最终标准可能在 2027 年左右制定。负责安全协议的其他标准定义组织（SDO）一直在等待最终 NIST 算法标准出台。现在，这些组织正在努力将新算法纳入安全协议规范。FIDO 联盟致力于为基于 PKC 的安全身份验证解决方案提供无缝过渡到 PQC 的支持。可信平台模块、X.509 PKI 证书、UEFI 安全启动和 6G 蜂窝通信也需要新的 PQC 标准。制定和商定新标准可能需要数年时间，大多数 SDO 尚未确定时间表，但有理由预计到 2028 年一些标准将会出现。

2.5　本章小结

本章首先回顾了密码学的历史与基础知识，包括 Kerckhoff 假设、香农的密码算法设计思想，介绍了常用密码算法（包括流密码、分组密码、公钥加密体制）的设计思想与工作原理，回顾了哈希函数并介绍了密码算法的应用，讲解了认证加密和分组密码的工作模式。

接下来介绍了攻击模型与安全性分析，攻击模型包括黑盒攻击、灰盒攻击和白盒攻击等模型，介绍了安全目标（包括不可区分性和不可塑性），以及安全概念，引出语义安全（IND-CPA）的概念后再阐述语义安全的公钥密码方案和对称加密方案。其中，公钥密码方案中先详细介绍了 ElGamal 加密算法、ECC 加密算法，再引出原始 RSA 算法安全性分析和 RSA-OAEP。在对称加密方案中，分析了分组密码中 IND-CPA 的工作模式，介绍了抵御 CCA2 的认证加密方案。

最后介绍了后量子密码，包括基于格的后量子密码、基于编码的后量子密码、基于哈希算法的后量子密码，并介绍了后量子密码标准化。

2.6　习题

1．解释完善保密加密的概念。
2．设计密码算法的启发式方法有哪些？
3．解释香农的乘积密码设计思想。我们使用的密码算法中有哪些是基于这种设计思想的？
4．选择分组密码的工作模式时应遵循的基本原则有哪些？
5．简述利用生日攻击的方法攻击哈希函数的过程。

2.7　上机实验

实验一：分组加密的工作模式。

编写一个测试程序，采用 AES-ECB 模式加密给定图片文件，观察加密结果，分析 ECB 工作模式的安全性，并进行改进。

实验二：调研以下工具的工作原理，介绍其使用方法，验证并评价其实际使用效果。工具的下载地址为 https://github.com/CryptoGuardOSS/cryptoguard。

实验三：选择你熟悉的一种或者几种编程语言（例如，C/C++、Java、Python、JS 等），调研其提供的密码学代码库，设计并实现一种基于 RSA 和 AES 算法的混合加密方案，解释加密方案中的关键设计选择，并分析方案的安全性。

2.8　拓展阅读

[1] KNOCKEL J, RISTENPART T, CRANDALL J. When textbook RSA is used to protect the privacy of hundreds of millions of users[Z/OL]. [2025-04-16]. https:doi.org10.48550/ arXiv. 1802.03367.

第 3 章　数据传输安全

3.1　引言

数据传输安全在网络空间中占据重要地位——几乎在使用互联网的每时每刻，都在进行数据传输。如果用户的数据被恶意攻击、篡改或被记录、监视，将会威胁到用户的人身安全和财产安全，用户也会面临被侵犯隐私的风险，他在互联网上的所有行为都暴露在攻击者的视线下。因此，实现数据传输安全是非常重要的。

本章将主要介绍保证数据传输安全的协议和其中需要使用的数字证书，此外还简要介绍了一些新技术。

3.2　TLS 协议

TLS（Transport Layer Security，传输层安全）协议用于保护网络通信的安全性。我们在浏览器中访问一个网址时，浏览器会通过多种协议连接到 Web 服务器并将请求的 Web 页面显示给我们。这些协议中就包括超文本传输协议（HyperText Transfer Protocol，HTTP），用于浏览器向 Web 服务器请求页面。由于 HTTP 具有明文的特点，整个传输过程完全透明，任何人都能够在链路中截获、修改或者伪造请求和响应报文，数据不具有可信性。比如，代理服务作为 HTTP 通信的中间人，既可以在数据上下行的时候添加或删除部分头（head）字段，也可以使用黑白名单过滤主体（body）里的关键字，甚至直接发送虚假的请求、响应，而浏览器和源服务器都没有办法判断报文的真伪。

这对于网络购物、网上银行、证券交易等需要高度信任的应用场景来说是非常致命的。如果没有基本的安全保护，使用互联网进行各种电子商务、电子政务就根本无从谈起。对于安全性要求不那么高的新闻、视频、搜索等网站来说，由于互联网上存在不少恶意用户、恶意代理，它们也很容易遭到流量劫持的攻击，页面里被强行嵌入广告，或者分流用户，产生各种利益损失。对于普通网民来说，HTTP 不安全的隐患就更大了：上网的记录会被轻易截获，网站是否真实也无法验证，黑客可以伪装成银行网站，盗取真实姓名、密码、银行卡等敏感信息，威胁人身安全和财产安全。

因此，在 20 世纪 90 年代，TLS 协议的前身——安全套接字层（Security Socket Layer，SSL）协议诞生了。SSL 协议是 Web 浏览器和 Web 服务器之间安全交换信息的网络协议。它提供了 Web 浏览器与 Web 服务器之间的逻辑安全信道。SSL 协议提供了两个基本安全服务：认证与保密。

在 1994 年，NetScape 公司设计了 SSL 协议的 1.0 版，但是未发布。对协议做出多次调整后，1996 年，SSL 3.0 版问世，得到大规模应用。1996 年 5 月，因特网工程任务组（IETF）启动了 SSL 相关协议的标准化工作，决定将标准化之后的协议命名为 TLS

（Transport Layer Security，TLS）。1999 年，TLS 1.0 版随 RFC 2246 发布。此后，IETF 不断对 TLS 协议进行修改和完善。2006 年和 2008 年，TLS 进行了两次升级，分别为 TLS 1.1 版（RFC 4346）和 TLS 1.2 版（RFC 5246）。2018 年 8 月，协议的最新版本——TLS 1.3 版（RFC 8446）发布。但是由于当今许多服务器更新缓慢，互联网中仍然运行着许多不同版本的 SSL 协议和 TLS 协议。不同版本的 TLS 协议特点见表 3.1。

表 3.1 不同版本 TLS 协议的特点

版本	特点
TLS 1.0	结合 SSL 2.0 和 SLTP 做出的标准；建立在 SSL 3.0 协议规范之上，是 SSL 3.0 的后续版本；使用 HMAC；提供更多的特定和附加警报
TLS 1.1	添加了 CBC 模块攻击的防护；提前关闭会话不再导致会话不可恢复；增加了关于 TLS 的各种新攻击的附加信息注释；填充错误的处理方式更改为使用 Bad_record_mac 警报
TLS 1.2	对加密套件和握手协议中的算法做了改进；用 SHA-256 代替原来的 MD5-SHA-1；对发送警报的时机进行了扩展；基本清理客户端和服务器的能力，指定它们将接受哪些哈希函数和签名算法
TLS 1.3	删除了一些加密性能较弱的算法；添加新的密钥交换协议；删除更改密码规范协议；增加 0-RTT 握手协议

3.2.1 协议架构

TLS 协议工作在开放系统互连（Open System Interconnection，OSI）模型中的传输层和应用层之间，运行在传输控制协议（Transmission Control Protocol，TCP）（可靠的传输层协议）之上，用于在两个通信应用程序之间提供机密性和数据完整性，如图 3.1 所示。

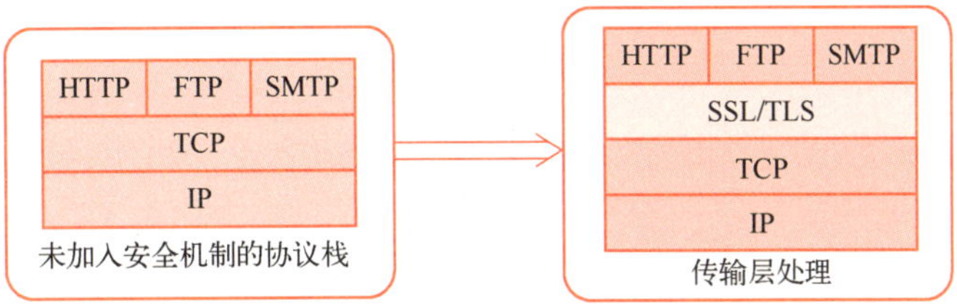

图 3.1 TLS 协议在 OSI 模型中的工作位置

TLS 协议主要分为 TLS 握手协议和 TLS 记录协议：TLS 握手协议工作在 TLS 记录协议之上，TLS 握手协议负责密码套件的协商以及安全信道的建立，TLS 记录协议则是在已建立的安全信道中传输秘密信息。密码套件包括握手的双方（客户端和服务器）选择的密钥交换算法、数字签名算法、认证加密算法以及各类算法使用的哈希函数等。

TLS 协议还定义了四个核心子协议，包括密钥规格变更协议、警报协议、握手协议、应用数据协议。其中最复杂的协议是握手协议，握手协议的任务包括：①协商密钥规格；②利用公钥证书来认证服务器的身份；③生成会话密钥。其他三个子协议与握手协议运行在同一层，密钥规格变更协议负责向通信的双方传达变更密钥方式的信号，警报协议负责在发生错误的时候将错误传达给对方，应用数据协议负责将 TLS 承载的应用数据传达给通信的双方。运行在底层的 TLS 记录协议主要负责使用认证加密算法和握手协议生成的会话密钥来加密消息。TLS 协议架构如图 3.2 所示。

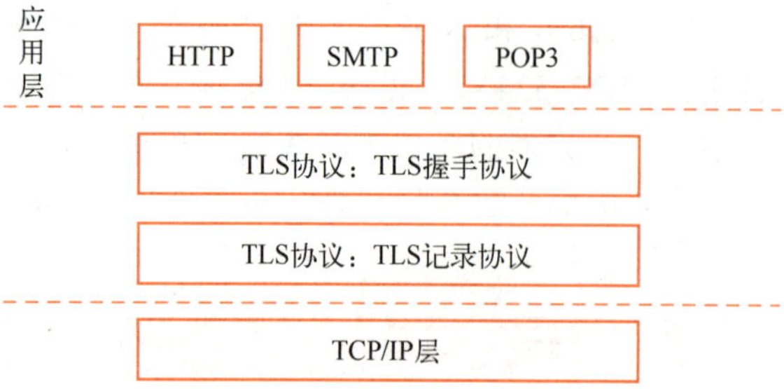

图 3.2　TLS 协议架构

3.2.2　报文结构

前面已经介绍了 TLS 协议架构，TLS 握手协议产生的握手消息被提供给 TLS 记录层，在 TLS 记录层，它们被封装在一个或多个 TLSPlaintext 或 TLSCiphertext 结构中，这些结构按照当前活动连接状态指定的方式进行处理和传输。下面介绍 TLS 记录协议的报文结构，每条 TLS 记录以一个标头（Header）起始，标头包含记录内容的类型（即子协议类型）、通信双方支持的 SSL 或 TLS 协议版本和消息数据长度，消息数据紧跟在标头之后，如图 3.3 所示。图 3.4 展示了标头的数据结构与记录内容的数据结构。

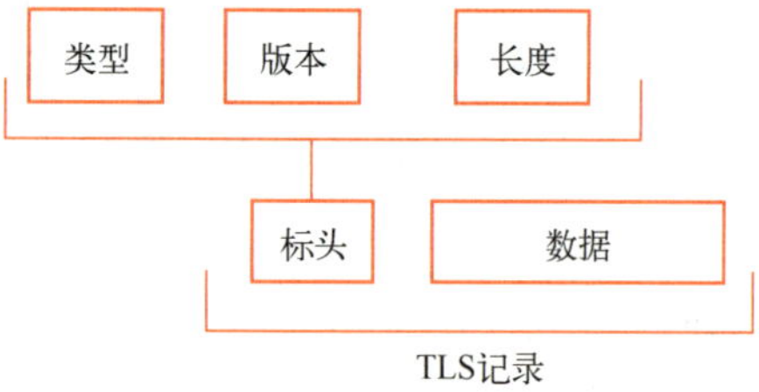

图 3.3　TLS 记录协议的报文结构

```
struct {
ContentType type;
ProtocolVersion version;
uint16 length;
opaque fragment[TLSPlaintext.length];
} TLSPlaintext;
```

```
enum {
change_cipher_spec (20),
alert (21),
handshake (22),
application_data (23)
} ContentType;
```

图 3.4　标头的数据结构（左）与记录内容的数据结构（右）

3.2.3　协议流程

TLS 协议主要分为两个阶段，一是握手阶段，二是安全通信阶段。TLS 握手协议流程如图 3.5 所示。

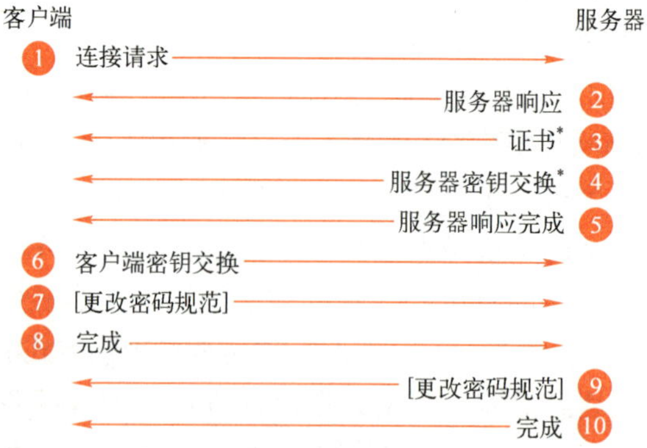

图 3.5　TLS 握手协议流程

1. 握手阶段

1）连接请求：客户端向服务器发送第一个连接请求（ClientHello），其中包含客户端支持的 SSL 或 TLS 协议版本、客户端可以使用的密码套件、客户端随机数和会话 ID 等，浏览器还包括服务器名称指示（Server Name Indicator，SNI）。SNI 是浏览器正在寻找的主机名，允许 Web 服务器在同一 IP 地址上托管多个域。

2）服务器响应：服务器回复一个服务器响应（ServerHello）消息进行响应，其中包含服务器支持的 SSL 或 TLS 协议版本、服务器要使用的密码套件、服务器随机数和会话 ID 等。前面已说明密码套件的概念，主要是客户端和服务器选择的密钥交换算法、数字签名算法、认证加密算法以及各类算法使用的哈希函数，这些密码套件在服务器响应（ServerHello）后确定下来。

3）证书*：服务器向客户端发送证书（Certificate）消息，包含服务器的公钥证书。

4）服务器密钥交换*：当服务器的证书不包含公钥时，服务器向客户端发送服务器密钥交换（ServerKeyExchange）消息。这个消息包含的是密钥交换时使用不同加密算法所对应算法的参数。也可以理解为服务器创建临时密钥并将其发送给客户端，客户端可以使用此密钥在稍后的过程中加密客户端密钥交换消息。

5）服务器响应完成：服务器发送服务器响应完成（ServerHelloDone）消息。

6）客户端密钥交换：客户端验证服务器的证书。如果证书有效，则生成一个预主密钥（Premaster Secret），使用服务器的公钥加密预主密钥，并发送给服务器。服务器收到客户端发送的随机数后，使用自己的私钥解密预主密钥，并使用预主密钥生成会话密钥。

7）更改密码规范：客户端向服务器发送更改密码规范（ChangeCipherSpec）消息（这里使用密钥规格变更协议），表示从现在开始使用刚才协商的会话密钥和加密算法进行加密通信。

8）完成客户端向服务器发送完成（Finished）消息，表示握手阶段结束，包含使用会话密钥计算之前按顺序发送和接收的所有握手消息的摘要。

9）更改密码规范：服务器收到客户端发送的完成消息后，向客户端发送更改密码规范消息，表示从现在开始使用刚才协商的会话密钥和加密算法进行加密通信。

10）完成：服务器向客户端发送完成（Finished）消息，表示握手阶段结束，包含使用会话密钥计算之前按顺序发送和接收的所有握手消息的摘要。

2. 安全通信阶段

握手阶段完成后，客户端和服务器使用握手阶段生成的会话密钥对交互过程中的应用数据进行加密（使用应用数据协议和记录协议）。TLS 协议使用认证加密算法保证数据的机密性和完整性。

图 3.6b 中，“a:”前缀的内容是握手协议必须执行的步骤；“b:”前缀的内容是可选步骤，可选择的握手消息；“c:”前缀的内容不属于握手协议，其作用是通知对方“后续所有记录层数据将使用新协商的加密参数处理”。“应用数据”表明握手已完成，开始数据传输。单向认证与双向认证的区别在于，在握手阶段，单向认证的流程中仅是服务器向客户端单向证明身份（发送公钥证书），双向认证的流程中还包括客户端向服务器证明身份的步骤。当客户端和服务器的身份需要双向认证时，我们称这种协议为双向认证 TLS（Mutually-authenticated TLS，mTLS）协议。当需要客户端证明时，服务器向客户端发送证书请求（CertificateRequest）消息，表示请求客户端的证书，包括所需的证书类型清单、证书机构名称清单等。双向认证中的证书验证

（CertificateVerify）消息，仅当客户端以前发送了客户端证书（Certificate）消息时，才会被发送。CertificateVerify 消息是客户端通过使用其私钥对目前所有消息的哈希值进行签名所生成的数字签名。服务器使用客户端的公钥进行验证，确保客户端的身份。

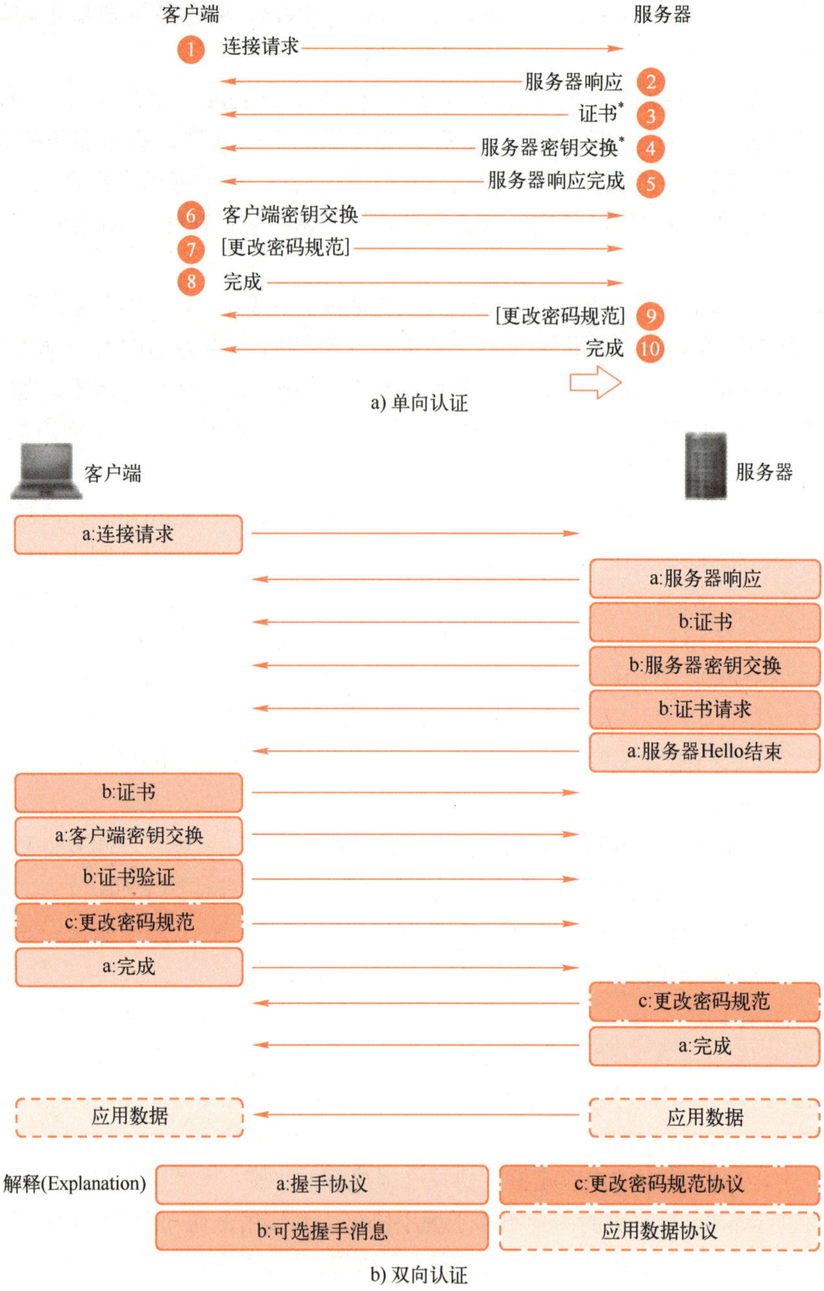

图 3.6　TLS 握手协议单向认证与双向认证对比

但是 Web 服务器的默认配置是不认证客户端证书的。这是因为对于日常用途，单向认证提供了足够的保护。公共互联网上 TLS 的目标是：

1）确保人们不会访问欺骗性网站。

2）确保私有数据在通过包含互联网的各种网络时安全且加密。

3）确保数据在传输过程中没有改变。

客户端仅验证服务器身份的单向认证 TLS 足以实现这些目标。

此外，客户端证书没有被广泛使用的主要原因：一是会增加安全性的成本，即使用客户端证书会提高用户被攻击的可能性，使用户隐私更容易泄露，也会提高系统的复杂性，并增加系统部署和维护的成本；二是将 TLS 证书分发到所有最终用户设备将非常困难，生成、管理和验证所需的数十亿证书几乎是不可能的任务。

3.2.4　握手协议的设计

握手协议的任务包括：①协商密钥规格；②利用公钥证书来认证服务器的身份；③生成会话密钥。下面从一个简单的“稻草人”协议来理解握手协议的设计。客户端向服务器发送 hello 报文，其中包括会话 ID、密码套件等。服务器以服务器端选择的密码套件及其公钥证书回应。接下来，客户端用服务器端的公钥加密由客户端生成的预主密钥，并将加密后的预主密钥发送给服务器。服务器接收后，用自己的私钥解密出预主密钥。最后，双方使用预主密钥生成会话密钥。简单的“稻草人”协议（握手协议 1.0）如图 3.7 所示。

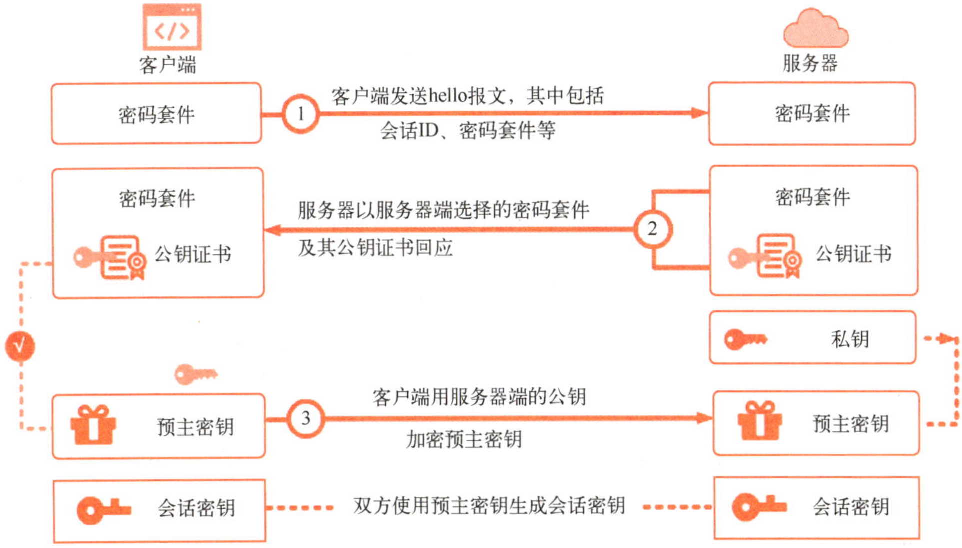

图 3.7　简单的“稻草人”协议（握手协议 1.0）

1. 重放攻击

上述过程可能会受到连接重放攻击。黑客在嗅探了服务器与客户端之间的所有报文后，可以冒充客户端再次向服务器发送相同的报文（虽然黑客不知道内容是什么），因为报文信息都是之前客户端和服务器验证过的，所以服务器会认为是客户端与其通信，导致又一次连接。因此，为防止连接重放攻击，握手协议中在双方发送的 hello 报文中分别加入了客户端随机数（Client Random）和服务器随机数（Server Random），如果黑客想冒充客户端再次向服务器发送相同的报文，报文会因随机数重复而被丢弃，无法与服务器再次连接。加入随机数防止连接重放攻击的 TLS 握手协议设计（握手协议 2.0）如图 3.8 所示。

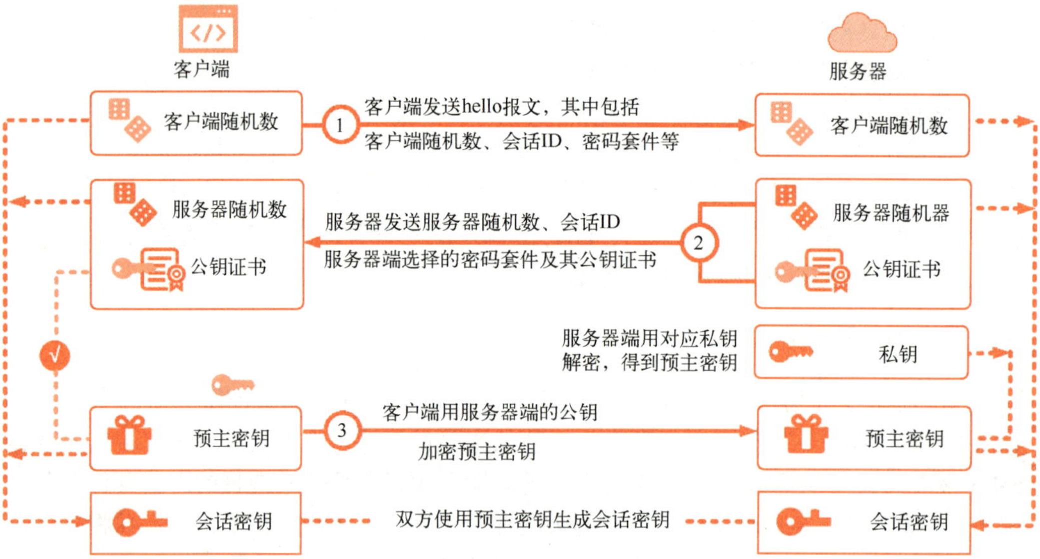

图 3.8　加入随机数防止连接重放攻击的 TLS 握手协议设计（握手协议 2.0）

2．握手协议的安全性分析：前向安全性

前面介绍了握手协议的设计，下面来分析握手协议的安全性，包括前向安全性和如何防止中间人（Man-in-the-Middle）攻击。

握手协议中的客户端随机数和服务器随机数以明文传输，监听者可以直接查看。客户端生成预主密钥后，用服务端证书公钥加密后发送，如果服务器拥有对应的私钥，就可以成功解密得到预主密钥。这时，客户端和服务器拥有相同的客户端随机数、服务器随机数和预主密钥，可以各自算出相同的后续所需密钥（包括预主密钥和会话密钥，后文会有详细说明）。如果服务器私钥在某个时间节点被攻击者获得，那么密钥交换产生的预主密钥和握手协议后续派生的会话密钥也将会泄露，攻击者就可以解密之前记录的所有会话。

前向安全性是密码学中通信协议的安全属性，是指客户端或服务器长期使用的主密钥（服务器私钥）泄露不会导致过去的会话密钥泄露。通俗来说，前向安全指的是即使密钥泄露也不会使之前加密的数据被泄露，影响的只有当前，对之前的数据无影响。即使有人记录流量并危及服务器以获得其私钥，他们也无法破译该流量。TLS 协议中的解决方案是对于每个新会话，每次密钥交换算法都生成临时的密钥对，然后在密钥交换完成后立即将临时密钥删除，这保证了密钥交换的前向安全性。

TLS 协议使用 DHE（Diffe-Hellman Ephemeral，即临时 DH）算法来保证前向安全性。在了解 DHE 算法之前，我们先了解 DH 密钥交换协议（Diffie-Hellman Key Exchange Protocol）的原理，如图 3.9 所示。

DH 算法的安全性基于离散对数问题，使用模乘运算。假设 Alice 和 Bob 通信：①Alice 和 Bob 需要协定使用一个大素数 p 和一个生成元 g。②Alice 选择一个私钥 a，Bob 选择一个私钥 b。③Alice 和 Bob 分别通过自己的私钥计算出自己的公钥 A 和 B，并将自己的公钥发送给对方。④Alice 和 Bob 收到对方的公钥后，使用自己的私钥计算出共享密钥。

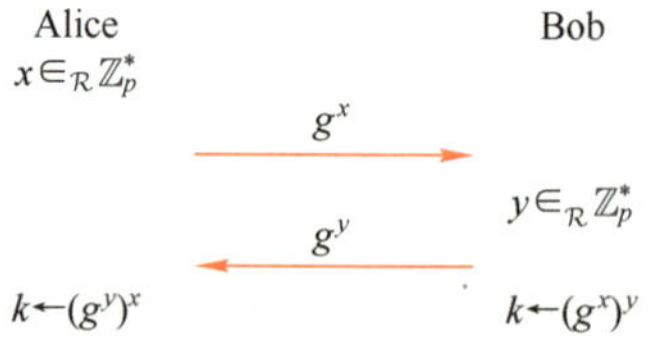

图 3.9　DH 密钥交换协议的原理

例如，双方协定模数 p=23，生成元 g=5。Alice 选择一个私钥 a=3，Bob 选择一个私钥 b=5。

Alice 的公钥 $A = g^a \bmod p$：$A = 5^3 \bmod 23 = 10$。

Bob 的公钥 $B = g^b \bmod p$：$B = 5^5 \bmod 23 = 20$。

Alice 计算共享密钥 $s = B^a \bmod p = g^{ba} \bmod p = 20^3 \bmod 23 = 19$。

Bob 计算共享密钥 $s = A^b \bmod p = g^{ab} \bmod p = 10^5 \bmod 23 = 19$。

经过上述步骤，最终 Alice 和 Bob 计算出共享密钥，可以使用这个密钥进行加密通信。

DHE 算法是指通信双方的私钥（上述例子中的 a 和 b）在每次密钥交换通信时，都是随机生成的、临时的。

了解了 DHE 原理后可知，在握手协议中，服务器和客户端通过向对方发送 DH 参数，即服务器和客户端临时产生的私钥，通过 DHE 算法计算出自己的公钥并发送给对方，这样即使攻击者获得了本次会话的所有私钥，也只能解密本次会话内容，而无法破译之前通信的内容，这保证了前向安全性。使用 DHE 算法保证前向安全性的 TLS 握手协议设计（握手协议 3.0）如图 3.10 所示。

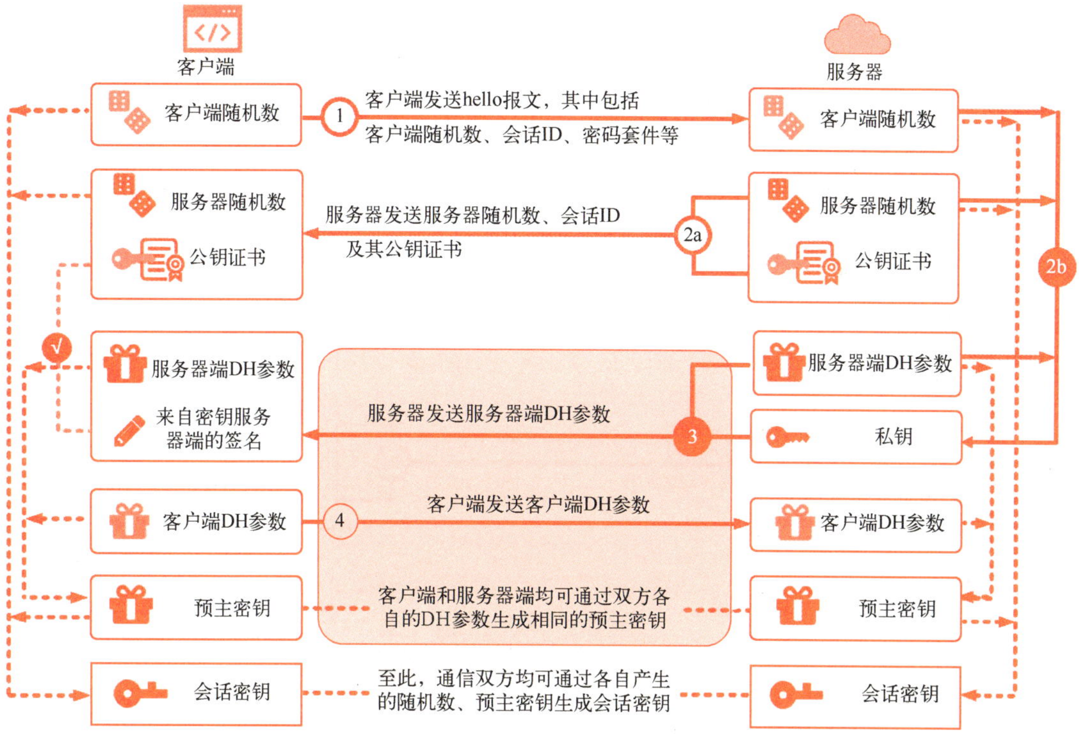

图 3.10　使用 DHE 算法保证前向安全性的 TLS 握手协议设计（握手协议 3.0）

3. 中间人攻击

实际上，目前大部分超文本传输安全协议（HyperText Transfer Protocol Secure，HTTPS）用的都是 ECDHE（Elliptic Curve Diffe-Hellman Ephemeral）算法，使用椭圆曲线增强了 DH 算法的安全性和性能，公钥和私钥都是临时生成的，常用的椭圆曲线为 P-256 和 Curve25519。

DHE 算法虽然可以保证前向安全性，但是无法抵御中间人攻击。这是因为中间人攻击者只需要冒充连接双方并执行两次单独的密钥交换即可实现攻击。中间人攻击示例如图 3.11 所示。

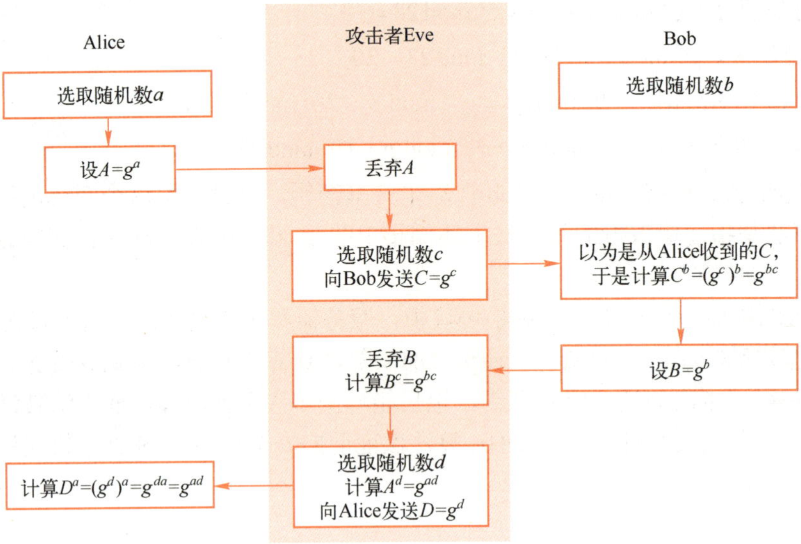

图 3.11　中间人攻击示例

未经认证的密钥交换算法是不安全的，无法抵御中间人攻击。解决方法是服务器发送服务器端 DH 参数时，需要对服务器端 DH 参数进行数字签名，证明服务器的身份。对 DH 参数进行数字签名防止中间人攻击的 TLS 握手协议设计（握手协议 4.0）如图 3.12 所示。

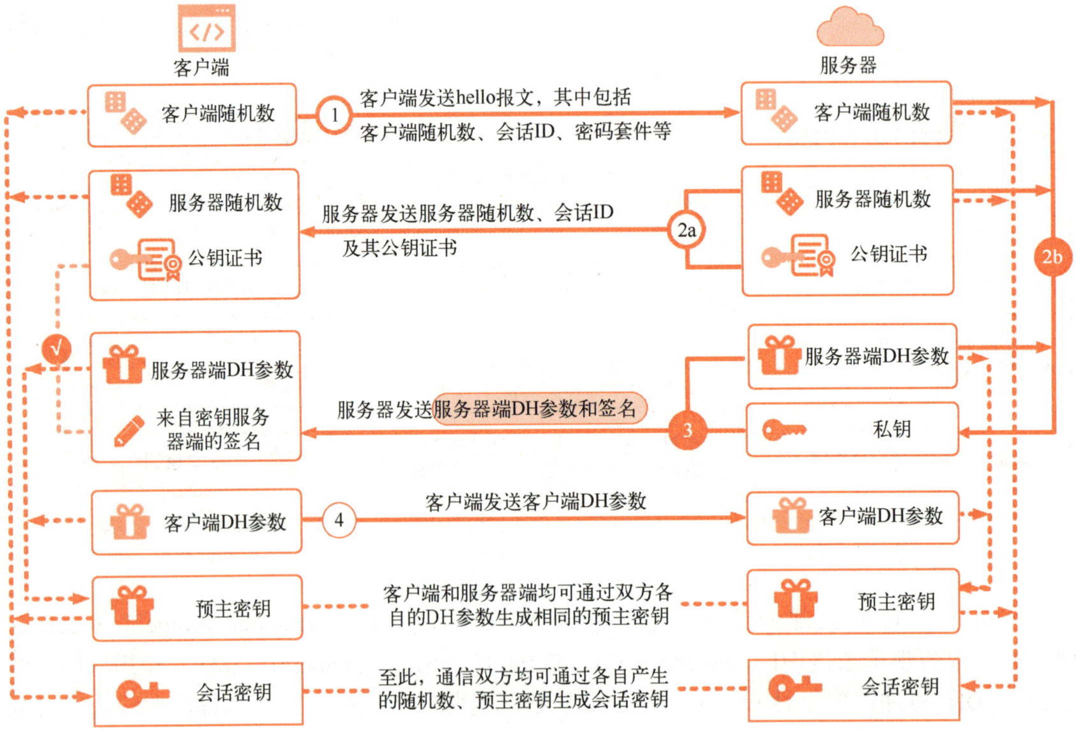

图 3.12　对 DH 参数进行数字签名防止中间人攻击的 TLS 握手协议设计（握手协议 4.0）

3.2.5 安全信道的建立

上一小节已分析了握手协议的安全性，下面来介绍会话密钥具体是如何生成的。

为了数据的完整性，客户端需要一个认证密钥（HMAC），为了加密数据，需要一个加密密钥，密码分组链接（CBC）模式加密需要一个初始向量 **IV**。服务器也是如此。因此，为了保证数据的完整性和保密性， TLS 需要四个密钥和两个 **IV**。

当客户端 c 连接服务器 s 时，它向服务器发送一个 28 字节的随机值 n_c。服务器接收后会回应客户端一个随机值 n_s 和服务器的证书 cert_s，客户端验证 $V_{kCA}(<\text{attrs}, E_{ke}, \text{interval}>, a) = \text{true}$，以及当前的时间是否在证书的有效期之内。如果这两个测试通过了，则说明该服务器的身份信息是可信的。随后客户端随机生成一个 46 字节的预主密钥 pms，将其加密为 cpms（$\text{cpms} = E_{ke}(\text{pms})$）后发送给服务器，服务器通过解密算法恢复出预主密钥 pms（$\text{pms} = D_{kd}(\text{cpms})$）。此时客户端和服务器都拥有的信息为 n_c、n_s 和 pms，因此可以各自计算出 48 字节的主密钥（Master Secret）即 ms($\text{ms} = H(n_c, n_s, \text{pms})$)。在这个过程中，只有参与通信的客户端和服务器能够计算出主密钥——只有它们知道预主密钥。同时，主密钥对 n_c 和 n_s 的依赖性确保了主密钥是在以前通信中没有使用过的一个新数值。此时，客户端和服务器根据主密钥计算以下密钥：

1）当客户端向服务器发送消息时，用于加密的对称加密密钥 k_{cs}^{crypt}。

2）当服务器向客户端发送消息时，用于加密的对称加密密钥 k_{sc}^{crypt}。

3）当客户端向服务器发送消息时，用于产生消息认证码的密钥 k_{cs}^{mac}。

4）当服务器向客户端发送消息时，用于产生消息认证码的密钥 k_{sc}^{mac}。

使用预主密钥生成会话密钥和 **IV** 的生成过程如图 3.13 所示，其中 PM 代表预主密钥，M 代表主密钥，CR 代表客户端随机数，SR 代表服务器随机数。会话密钥生成过程具有如下性质：①哈希（即散列）函数参与密钥的生成，使得密钥具有良好的高效性和随机性；②主密钥和密钥材料两个级别，遵循密钥管理的分级原则；③单一密钥只承担专一功能，不兼任多个功能，遵循密钥管理的责任分离原则；④密钥的单向性，同一会话的不同方向所采用的密钥不同，增强安全性；⑤密钥材料的生成过程具有很好的扩充性，能够满足更多密钥的需求。

上述过程建立起安全信道，双方可以进行安全通信。当客户端需要向服务器发送一个消息 m 时，首先计算此消息的密文 $c = E_{k_{cs}^{crypt}}(<m, S_{k_{cs}^{mac}}(m)>)$。服务器收到密文 c 后，恢复出明文消息和签名 $<m,a> = D_{k_{cs}^{crypt}}(c)$，并且验证 $V_{k_{cs}^{mac}}(m,a) = \text{true}$ 时，接收消息 m。类似地，当服务器需要向客户端发送一个消息 m 时，首先计算此消息的密文 $c = E_{k_{sc}^{crypt}}(<m, S_{k_{sc}^{mac}}(m)>)$。客户端收到密文 c 后，恢复出明文消息和签名 $<m,a> = D_{k_{sc}^{crypt}}(c)$，并且验证 $V_{k_{sc}^{mac}}(m,a) = \text{true}$ 时，接收消息 m。

TLS 协议使服务器能够限制：在发送消息时，接收者是生成本次会话预主密钥的客户端；收到消息时，发送者是同一客户端。类似地，客户端也可以限制它发送消息的接收者和它接收消息时的发送者是知道 k_d 的一方（即可以解密 cpms 的一方）。

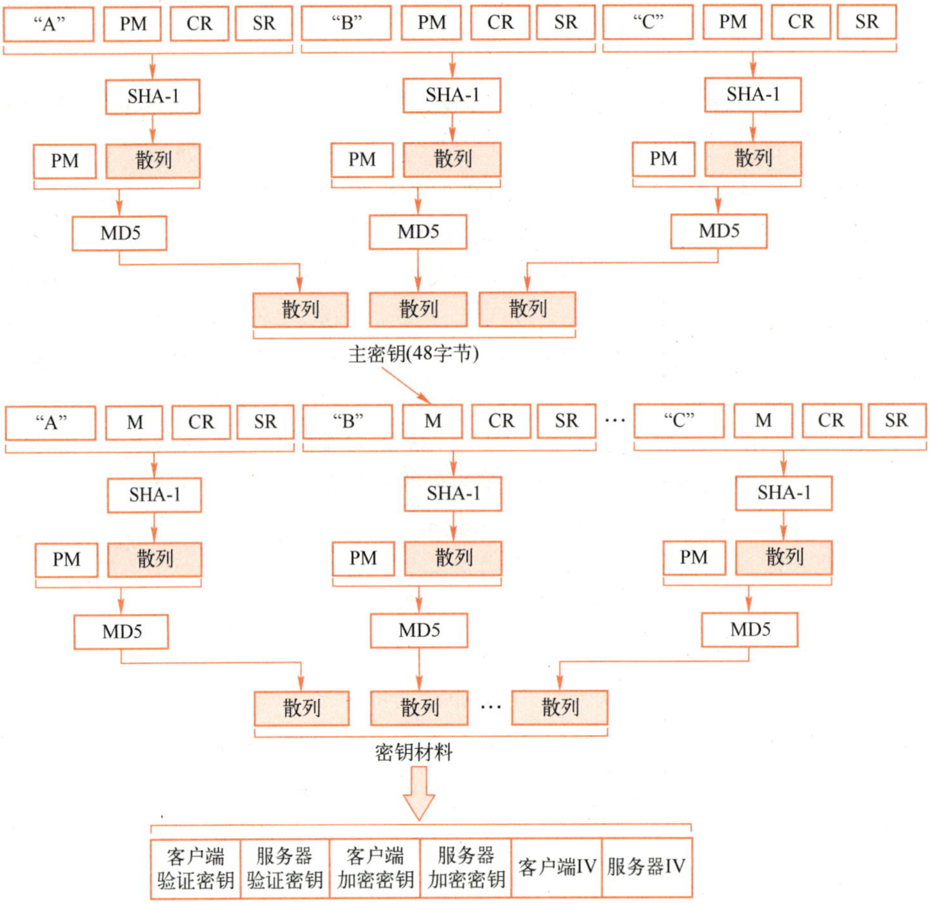

图 3.13　会话密钥和 IV 的生成过程

需要注意的是：利用对称分组密码体制（如 DES、AES）的密码分组链接（CBC）模式，一直是构造 MAC 的最常见方法之一。然而，近几年，人们对利用哈希函数来设计 MAC（越来越有兴趣），这是因为诸如 MD5、SHA-1 的哈希函数，其软件执行速度比诸如 DES、AES 的对称分组密码要快。由于哈希函数不依赖于密钥，因此它不能直接用于计算 MAC。目前，已经提出了许多方案将密钥加到现有的哈希函数中。HMAC 是最受支持的方案，并且可以在 TLS 协议中应用。

HMAC 的工作原理是 $H(K \text{ XOR opad}||H(K \text{ XOR ipad}||\text{text}))$，详细解释如下：

1）由主密钥生成两个密钥，$k_1=K$ XOR ipad，$k_2=K$ XOR opad。XOR 表示异或操作，ipad 表示内部填充，opad 表示外部填充，ipad 和 opad 都是常量。

2）将 k_1 和数据文本（text）串联在一起（||操作），计算串联后的哈希值。

3）将 k_2 和 2）的输出串联在一起，计算串联后的哈希值。

4）第 3）步输出的哈希值则是最后的认证标签。

实际中使用的安全哈希函数都是迭代哈希函数。由于 $H(m||k)$（m 为明文，k 为密钥）会受到部分消息碰撞（Partial-Message Collision）攻击，$H(k||m)$会受到长度扩展（Length Extension）攻击，所以哈希函数不能直接用于计算 MAC。

此外，还需要注意：完成 DH 会话交换的共享密钥（前文示例中的 g^{ab}）被用作派生会话密钥的输入，但它本身并不是密钥，而且也不应该是。对称密钥看起来应是随机的，并且每个位应为 0 或 1，且概率相同。但是 g^{ab} 不是随机字符串，它只是某个群中的随机元素，其位可能会偏向 0 或 1，而且群中的随机元素与随机字符串本质上就是不同的。

例如，假设我们使用乘法群 $Z_{13}^*=\{1, 2, 3, \cdots, 12\}$，并使用 $g=2$ 作为该群的生成元，这意味着 g^i 会根据 i 扩展成所有 Z_{13}^* 的值：$g^1=2$，$g^2=4$，$g^3=8$，$g^4=13$，等等。如果 g 的指数是随机的，则将获得 Z_{13}^* 的随机元素，但是将 Z_{13}^* 元素编码为 4 位字符串将不会是均匀随机的：并非所有位为 0 或 1 具有相同的概率。在 Z_{13}^* 中，有 7 个值的最高位为 0（群中的 1 到 7），但是只有 5 个值的最高位是 1（从 8 到 12）。也就是说，位为 0 的概率为 7/12≈0.58，而理想情况下随机位为 0 的概率应为 0.5。而且，4 位序列 1101、1110 和 1111 永远都不会出现。

为了避免在 DH 共享密钥派生出的会话密钥中出现此类偏差，应使用加密哈希函数（例如，BLAKE2 或 SHA-3），能够使用密钥派生函数（KDF）就更好。KDF 构造的一个示例是 HKDF 或基于 HMAC 的 KDF（如 RFC 5869 中所指定的），如今 BLAKE2 和 SHA-3 也具有专用模式来充当 KDF。

3.2.6　TLS 1.3 简介

1. 单次往返握手和会话恢复

在 TLS 1.2 及以前的 TLS 版本中，只有在客户端和服务器双方预先协商好密钥交换算法后才能开始密钥交换，具体流程见 3.2.3 小节。TLS 1.3 协议通过同时进行协商算法和密钥交换来优化密钥交换的流程，单次往返握手的具体流程如图 3.14 所示。

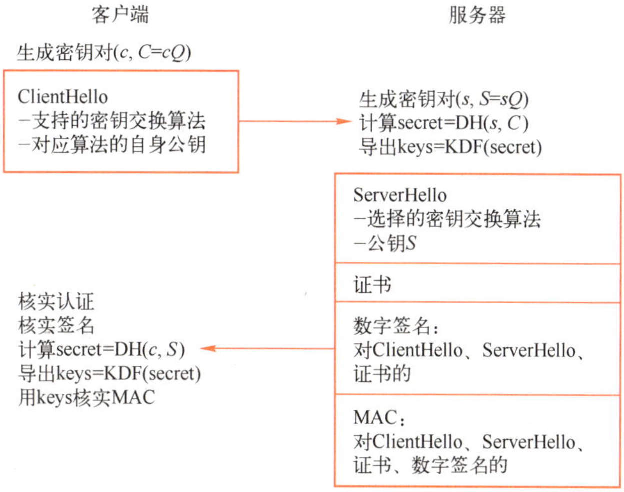

图 3.14　TLS 1.3 协议单次往返握手流程

首先，客户端使用 TLS 1.3 协议，向服务器发送 ClientHello 消息来说明自己支持的密钥交换算法，并附加对应算法的自身公钥；接下来，服务器选择自己支持的密钥交换算法，使用自身私钥和客户端的公钥派生会话密钥，向客户端发送 ServerHello 消息，其中包含选择的密钥交换算法和对应算法的自身公钥，还发送证书、数字签名和 MAC；客户端收到消息后对服务器进行身份认证。TLS 1.3 协议尽量减少非应用程序所需的通信次数，提高了 TLS 协议的性能。

TLS 1.3 协议大幅度减少了密钥协商算法套件，淘汰了大量安全性、性能不好的算法，仅支持如下 5 种密钥套件：

1）TLS_AES_128_GCM_SHA256。

2）TLS_AES_256_GCM_SHA384。

3）TLS_CHACHA20_POLY1305_SHA256。

4）TLS_AES_128_CCM_8_SHA256。

5）TLS_AES_128_CCM_SHA256。

经过这一番“瘦身”之后，TLS 1.3 协议里只保留了 AES、ChaCha20 对称加密算法，分组模式只能用 AEAD 的 GCM、CCM 和 Poly1305，摘要算法只能用 SHA256、SHA384，密钥交换算法只有 ECDHE 和 DHE，椭圆曲线也被“砍”到只剩 P-256 和 x25519 等 5 种。

会话恢复是指重新使用旧的会话或连接中的秘密值。TLS 1.3 协议提供的会话恢复是一种利用在前一个会话中客户端和服务器之间交换的预共享密钥（Pre-Shared Key，PSK）来引导新会话的方法，基于 PSK 可以派生用于会话的对称密钥。例如，浏览器已经连接到 example.com，并已经完成了密钥交换算法、密钥协商和证书链的验证等操作。当浏览器过几分钟或几个小时再次访问 example.com 时，如果还需要执行同样的操作，就会增加通信开销。TLS 1.3 协议中握手成功后会生成 PSK，PSK 可以在后续连接中继续使用，避免执行整个握手操作，从而减少通信开销。会话恢复带来了两个主要好处：一是客户端可以立即开始加密，二是不需要在后续的会话中使用证书。会话恢复的具体流程如图 3.15 所示。

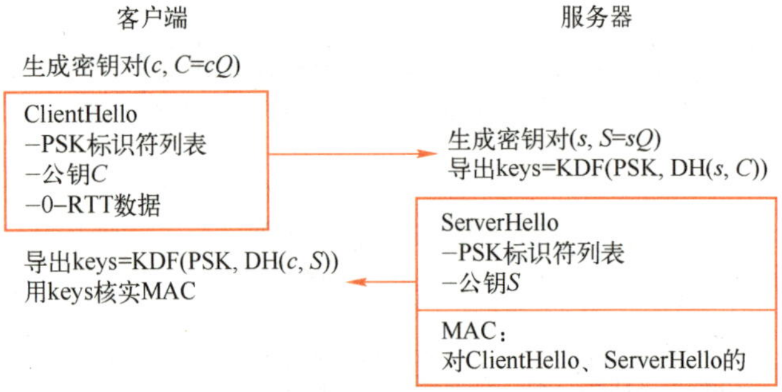

图 3.15　TLS 1.3 协议中的会话恢复流程

首先，客户端发送一个 ClientHello 消息，该消息包括与服务器已经共享的 PSK 标识符列表，以及一个新的 DH 公钥。客户端还可以在第一个消息中包括加密数据（这种数据被称为 0-RTT 数据）。在 TLS 1.3 中，只要服务器允许，客户端就可以在 ClientHello 消息之后发送加密的应用数据，即客户端不必等到握手结束才发送应用数据，这种机制称为 0-RTT，表示零往返时间。

当服务器响应 ClientHello 消息时，在 PSK 标识符列表中找到自己支持的 PSK 标识符，写入 ServerHello 消息，并且在数据交换上提供 MAC。客户端验证 MAC，并且知道它正在与之前相同的一台服务器通信，因此证书验证有些多余。

2. 降级保护

TLS 1.3 的降级保护特性被设计用于抵御降级攻击，其中攻击者迫使客户端和服务器使用比 1.3 更弱版本的 TLS。为了执行降级攻击，攻击者通过拦截和修改 ClientHello 消息以告诉服务器——客户端不支持 TLS 1.3，迫使服务器选择较弱版本的 TLS，从而他可以利用较弱版本 TLS 中的漏洞。为了抵御降级攻击，TLS 1.3 服务器在 ServerHello 消息发送的 32 字节随机值中使用三种模式来标识请求的连接类型。该模式应与客户端对特定类型 TLS 连接的请求相匹配。如果客户端接收到错误的模式，它就知道某些事情正在发生。

具体而言：如果客户端请求 TLS 1.2 连接，则 32 个字节中的前 8 个字节被设置为 44 4F 57 4E 47 52 44 01；如果客户端请求 TLS 1.1 连接，则它们被设置为 44 4F 57 4E 47 52 44 00；如果客户端请求 TLS 1.3 连接，则它们应该是随机的。例如，如果客户端发送了要求 TLS 1.3 连接的 ClientHello，但是网络上的攻击者将其修改为请求 TLS 1.1 连接，则当客户端接收到具有错误模式的 ServerHello 时，将知道其发送的 ClientHello 消息已被修改。（攻击者不能任意修改服务器的 32 字节随机值，因为这个值是加密签名的。）

3. 零填充

TLS 1.3 记录支持一个很好的特性，该特性称为零填充，能够应对流量分析攻击。流量分析攻击是指攻击者使用定时、数据传输量等从流量模式中提取信息的方法开展攻击。例如，因为密文与明文的大小大致相同，所以即便使用强加密，攻击者也可以通过查看密文的长度来确定消息的大致大小。零填充向明文添加零，以扩大密文的大小，从而迷惑攻击者使其认为加密的消息比实际长度长。TLS 1.3 协议允许在加密之前用任意数量的 0 位填充应用数据，并记录填充数据的配置信息，从而有效地隐藏消息的真实长度。

3.2.7 HSTS

HSTS（HTTP Strict Transport Security，HTTP 严格传输安全）是 IETF 发布的一种互联网安全策略机制。采用 HSTS 策略的网站将保证浏览器始终连接到该网站的 HTTPS 加密版本，不需要用户手动在 URL（统一资源定位符）地址栏中输入加密地址，以减少会话劫持风险。简单来说，HSTS 是一个安全功能，它告诉浏览器只能通过 HTTPS 访问当前资源，禁止 HTTP 方式。

1. HSTS 响应头格式

HSTS 响应头格式如下：strict-transport-security：max-age=expireTime [; includeSubDomains] [; preload]。其中，max-age 的单位是秒，用来告诉浏览器在指定时间内，这个网站必须通过 HTTPS 来访问。也就是说，对于这个网站的 HTTP 地址，浏览器需要先在本地将它替换为 HTTPS 之后再发送请求。includeSubDomains 是可选参数，如果这个参数被指定，表明这个网站所有子域名也必须通过 HTTPS 来访问。preload 也是可选参数，表示一个浏览器内置的使用 HTTPS 的域名列表。HSTS 示例如图 3.16 所示。

```
server: mw2240.codfw.wmnet
server-timing: cache;desc="hit-front"
status: 200
strict-transport-security: max-age=106384710; includeSubDomains; preload
vary: Accept-Encoding,Cookie,Authorization
x-cache: cp5009 miss, cp5010 hit/7646
x-cache-status: hit-front
x-client-ip: 47.56.195.175
```

图 3.16　HSTS 示例

2. HSTS 预加载列表

虽然 HSTS 可以很好地解决 HTTPS 降级攻击，但是对于 HSTS 生效前的首次 HTTP 请求，依然无法避免被劫持。浏览器厂商们为了解决这个问题，提出了 HSTS 预加载列表（Preload List）方案：内置一份可以定期更新的列表，对于列表中的域名，即使用户之前没有访问过，也会使用 HTTPS。如果想把自己的域名加进这个列表，需要满足以下条件：

1）拥有合法的证书（如果使用 SHA-1 证书，过期时间必须早于 2016 年）。

2）将所有 HTTP 流量重定向到 HTTPS。

3）确保所有子域名都启用了 HTTPS。

4）输出 HSTS 响应头。

5）max-age 不能低于 18 周（10886400s）。

6）必须指定 includeSubDomains 参数。

7）必须指定 preload 参数。

服务器端常见的 HTTPS 部署情况如图 3.17 所示，包括只支持 HTTP、HTTP 和 HTTPS 并存、HTTP 默认跳转到 HTTPS、持久跳转到 HTTPS（HSTS）、HSTS+只支持 HTTPS。HSTS+只支持 HTTPS 是最安全的。

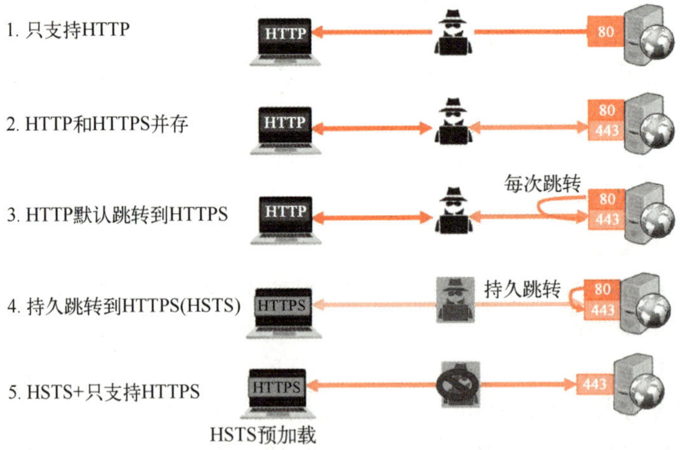

图 3.17　服务器端常见的 HTTPS 部署情况

3.3　DTLS

像 SSL 这样的加密协议传统上都基于面向连接的 TCP 实现，这样可以比较方便地维持一条可靠的隧道。但是大量云服务对时延有较高的要求，例如，互联网电话（VoIP）等业务一般都使用更加简洁的用户数据报协议（UDP）以降低时延。但 UDP 本身是一个无连接服务，因此，为了使这类服务也能被安全地加密，IETF 推出了 UDP 版本的传输层加密协议——数据报传输层安全（Datagram Transport Layer Security，DTLS）协议。DTLS 1.0 基于 TLS 1.1，DTLS 1.2 基于 TLS 1.2。

DTLS 提供了与 SSL 近似的加密保障，但保留了底层高效的 UDP 传输机制。同时，DTLS 还封装了 UDP 向上层提供服务的方式，上层业务无须再处理 UDP 可能出现的丢包、重排序等问题，集 UDP 的便捷性和 TCP 的可靠性于一身。DTLS 协议完成了更加复杂的工作，在建立隧道的过程中需要更大的运算量，对硬件设备也提出了更高的要求。

（1）DTLS 记录层　在缺乏可靠传输层的情况下提供类似 SSL 服务的主要挑战在于数据报可能丢失、重新排序或者重复。为了处理这些问题，DTLS 为记录层承载的每一条记录添加了一个明确的序列号（它们在普通 SSL 中是隐式的），并且借助（不同于）握手协议所使用的序列号制定出一个基于超时的重传方案。

DTLS 支持记录重放检测。重复的消息会被简单地丢弃，或者被视为一个潜在的重放攻击。其实现方式同 IPsec 认证头/封装安全载荷（AH/ESP）类似，在接收端设置一个当前序列号窗口。如果记录的序列号小于窗口左边沿对应的数值，那么它将被视为旧的或重复的记录而默默丢弃。那些在窗口之内的记录也会被检查是否出现重复。

（2）DTLS 握手协议　握手协议的消息最大为 $2^{24}-1$ 字节，但实际上大约为几千字节。这样就会超过典型的最大 UDP 数据报大小（1500 字节）。为了处理这一问题，握手协议的消息可能会通过分片过程跨越多个 DTLS 记录。每一个分片都包含在一条记录中，这些记录会包含在底层的数据报中。为了实现分片，每一个握手消息都包含一个 16 位的序列号字段、一个 24 位的分片偏移字段以及一个 24 位的分片长度字段。

为了实现分片，原始消息的内容被分为多个连续的数据范围。每一个范围都要小于最大分片大小，而且都包含在一个消息分片中。每一个分片都包含了与原始消息相同的序列号。分片偏移与分片长度字段都以字节表示。发送者会避免重叠数据范围，但接收者应具备处理这一潜在问题的能力。发送者可能需要随时间推移而不断调整自己的记录大小，并且在必要的时候重传。

3.4　数字证书安全

3.4.1　数字证书的工作原理与分类

数字证书是格式化的数据，它以密码方式将标识的主体绑定到公钥。通俗来说，数字证书是标识互联网中通信各方身份信息的一串数字，它由证书授权（Certification

Authority，CA）机构发行，提供了一种验证通信实体身份的方式。

数字证书包含版本号、序列号、CA 机构标识、主体标识、主体公钥、证书有效期、证书用途、CA 机构签名和扩展内容。版本号用于区分 X.509 标准的不同版本。X.509 标准是一种数字证书标准，用于规范数字证书中包含的内容和这些内容的编码存储方式。序列号是由 CA 机构给每个证书分配的唯一数字型编号。CA 机构标识是发证机构的名称。主体标识是证书持有者的名称，即通信实体的名称（例如 Web 服务器的域名）。主体公钥与主体私钥对应。证书有效期包括两个日期：证书开始有效期和证书失效期。证书用途描述了该主体的公钥/私钥对的合法用途。CA 机构签名是用 CA 机构私钥生成的数字签名。扩展内容包括一些说明该证书的附加信息。数字证书的主要内容如图 3.18 所示。

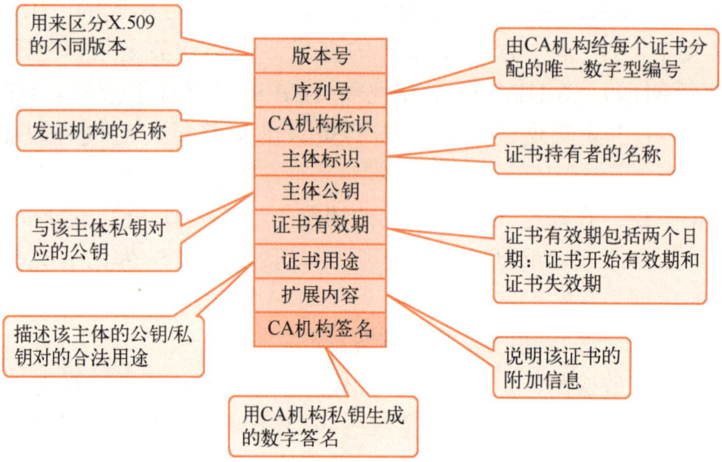

图 3.18　数字证书的主要内容

数字证书的工作原理是基于非对称密码体制的，简单来说，就是“私钥加密、公钥解密”。当 Web 服务器和客户端通信时，浏览器为了验证 Web 服务器的身份是否真实，需要 Web 服务器出示数字证书证明自己的身份。Web 服务器要从可信的 CA 获取证书，必须向 CA 证明它有一个特定的域名，CA 可能会要求它完成某个指定操作，比如将某个文件上传到指定的地址。Web 服务器完成指定操作并且 CA 满意后，CA 会使用自己的私钥对 Web 服务器的数字证书签名，数字证书所包括内容如前文所述，CA 对证书中包含的所有信息签名。浏览器收到 Web 服务器出示的数字证书后，使用签名的 CA 机构的公钥进行验证，确认 Web 服务器的身份。

那么如何证明签名的 CA 是可信的 CA？这里需要使用 Web 公钥基础设施（Public Key Infrastructure，PKI）。首先，浏览器必须信任一组 CA 的根公钥，浏览器会内置许多可信 CA 的公钥。世界上有许多由不同组织或公司独立运行的 CA，这些 CA 可以对中间 CA 签名，而中间 CA 可以对 Web 服务器的数字证书（其中包括 Web 服务器的长期公钥及一些元数据）签名。这可以简化为对 Web 服务器的长期公钥签名，形成一条证书链（见图 3.19）。由于信任的传递性，只要浏览器信任对根证书签名的 CA 机构，就可以信任 Web 服务器的数字证书，从而证明 Web 服务器的真实身份。

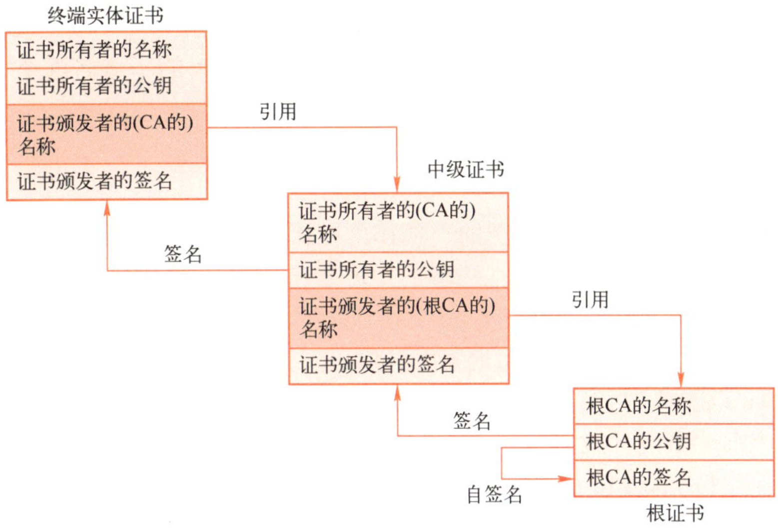

图 3.19 证书链

数字证书主要有域名型 SSL 证书、企业型 SSL 证书和增强型 SSL 证书。不同类型的数字证书见表 3.2。

表 3.2 不同类型的数字证书

证书类型	审核	用户体验	功能
域名型 SSL	无须人工审核，快速颁发	证书只包含域名信息	支持单个域名申请
企业型 SSL	需要经过人工审核企业资质，资料全部提交审核部后 2～3 个工作日内可以颁发	证书包含公司信息和申请的域名信息	支持一个主域名申请，后续还可以在一张证书里面绑定其他域名或 IP，单独绑定要单独收费
增强型 SSL	需要经过人工严格审核企业资质，资料全部提交审核部后 7 个工作日内颁发	证书里面有公司详细信息和申请的域名信息，地址栏会变成绿色增强效果，地址栏直接显示公司全称	支持一个主域名申请，后续还可以在一张证书里面绑定其他域名，单独绑定要单独收费
通配符域名型 SSL	无须人工审核，快速颁发	证书只包含域名信息	支持*.domain.com 申请，增加二级子域名不需要再单独申请证书
通配符企业型 SSL	需要人工审核 2～3 个工作日	证书里面有申请的域名信息和公司信息	支持*.domain.com 申请，增加二级子域名不需要再单独申请证书，另外还可以单独绑定其他主域名，单独绑定要单独收费

根据三种不同的资料验证方式，SSL 证书分为三类：

域名型 SSL（Domain Validation SSL，DV SSL）证书：只对域名的所有者（一般是域名管理员邮箱，比如 admin@hotmail.com）进行在线检查，具体是发送验证邮件给域名管理员或以该域名结尾的邮箱。该域名的管理员是真实注册的单位还是另有其人，就不得而知了。

企业型 SSL（Organization Validation SSL，OV SSL）证书：需要购买者提交组织机构资料和单位授权信等在官方注册的凭证。认证机构在签发 SSL 证书前不仅要检验域名所有权，还必须对这些资料的真实合法性进行多方查验，只有通过验证的才能向它颁发 SSL 证书。

增强型 SSL（Extended Validation SSL，EV SSL）：与其他 SSL 证书一样，都是基于 SSL/TLS 安全协议的，也都是用于网站的身份验证和信息在网上传输加密的。它跟普通 SSL 证书的区别也是明显的，安全浏览器的地址栏变绿。如果是不受信任的 SSL 证书，则拒绝显示；如果是钓鱼网站，地址栏则会变成红色，以警示用户。

一张数字证书能够同时保护多个子域名，节省数量庞大的子域名逐个申请证书的时间、费用，也可统一管理证书的有效期，严密确保网站信息完全。

3.4.2 免费证书（LE 证书）

过去，网站获取证书是需要付费的，现在可以从一些公益性 CA 组织如 Let's Encrypt（LE）获取证书。LE 证书是一种永久免费的 SSL 证书。HTTPS（SSL/TLS）的推广也离不开这些公益性组织，例如，Let's Encrypt 推动了基础域名型 HTTPS 证书的普及，使互联网上的中小站长和独立博客用户很容易地用上 HTTPS。

HTTPS 的正确配置是一组复杂的任务，许多管理员过去一直为此努力。LE 证书的颁发需要使用自动化证书管理环境（Automated Certificate Management Environment，ACME）协议，LE 官方推荐使用 ACME 的代理工具 Certbot 配置 LE 证书。Let's Encrypt 和电子前沿基金会的 Certbot 旨在通过提供免费的受信任证书（LE 证书）并提供用户友好的支持来配置和强化 TLS（Certbot），以改善 TLS 生态系统。

对于企业来说，域名型证书是不能满足要求的，需要信任等级更高、安全级别更强的企业型 SSL 证书（OV SSL）以及增强型 SSL 证书（EV SSL）。相比于 DV 证书，后两者价格会更高一些。

3.4.3 自动化证书管理环境协议

前文已描述过 Web 服务器向 CA 人工申请证书的具体过程，其中关键步骤是申请者的 Web 服务器向 CA 证明自己拥有域名。获取证书后，还需要在 Web 服务器上做好相应配置。此外，由于证书只在规定的时间段内有效，因此申请者需要定时重复证书的获取过程，这是较为烦琐且耗时的。由于人工管理证书的诸多不便，自动化证书管理环境（ACME）协议应运而生。

ACME 协议是一种通信协议，用于自动化证书颁发机构（CA）与证书申请者的 Web 服务器之间的交互，允许以非常低的成本自动部署公钥基础设施（PKI）。ACME 协议中 CA 和申请人可以使用该协议来自动化流程验证和证书颁发。ACME 协议还规定了用于其他证书管理功能（例如证书撤销）的机制。

ACME 协议有两个关键部分，一个是 ACME 客户端，另一个是 ACME 服务端。ACME 服务端是一个 CA，例如 Let's Encrypt。ACME 客户端通常在 Web 服务器上运行，例如 Certbot。ACME 客户端需要向 ACME 服务端证明 Web 服务器确实拥有它所申请证书的域名。一旦证明了这一点，ACME 客户端就可以请求、续签和撤销证书。

图 3.20 说明了 ACME 客户端如何在没有人工交互的情况下获得证书。在虚线区域中，客户端使用基于 HTTP 的挑战来证明域的所有权。首先，ACME 客户端生成一个密钥对，向 CA 发送账户注册请求，并在这个请求中提供公钥，使用生成的私钥对其签名。接下来，ACME 客户端向 CA 发送证书请求，提供所申请证书包含的标识符列表（例如域名）。CA 生成随机指令，并向 ACME 客户端发送指令和客户端可以完成的挑战列表来证明标识符的所有权。客户端选择一个 HTTP 挑战，并创建包含指令的文件，将其托管在“./well-known/acme-challenge/<token>”目录下。ACME 客户端通知 CA 挑战完成后，CA 验证该文

件是否可访问。当所有的标识符都验证完毕，客户端发送证书签名请求，CA 颁发证书。

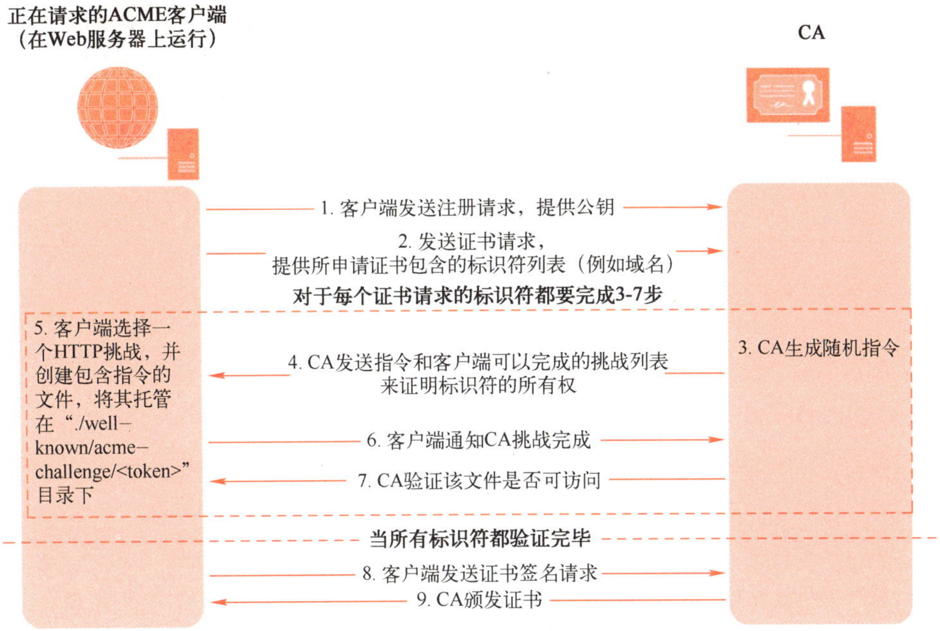

图 3.20　ACME 协议的工作流程

3.4.4　LE 证书的自动化配置工具

Certbot 是一款免费的开源软件工具，用于在手动管理的网站上自动地使用 LE 证书来启用 HTTPS。Certbot 是由电子前沿基金会（EFF）开发的，这是一家位于加利福尼亚州旧金山的非营利组织，旨在保护数字隐私、言论自由和创新。Certbot 每 60 天更新一次证书。Certbot 的具体安装与使用教程可参见 https://certbot.eff.org/。

根据 Let’s Encrypt 日志中的数据，2018 年 12 月和 2019 年 1 月申请证书最多的 ACME 客户端见表 3.3。一些与大型托管提供商集成的客户端（例如 Squarespace）倾向于从少数 IP 地址颁发许多证书。

表 3.3　ACME 客户端

ACME 客户端	证书数量及占比	完全限定域名数量及占比	客户端 IP 数量及占比
cPanel	10.0M（17.5%）	63.8M（48.7%）	87k（2.95%）
Certbot	9.4M（16.4%）	14.8M（11.3%）	1.5M（49.5%）
Squarespace	5.1M（8.97%）	5.2M（3.95%）	<50（0.00%）
acme4j	4.6M（8.09%）	7.8M（5.92%）	2.4k（0.08%）
Net-ACME2	3.3M（5.79%）	3.7M（2.79%）	13k（0.43%）
curl	3.1M（5.53%）	4.0M（3.09%）	113k（3.83%）
Acme::Client	3.0M（5.21%）	1.1M（0.84%）	15k（0.51%）
Plesk	2.0M（3.49%）	3.7M（2.84%）	164k（5.54%）
xenolf-acme	1.8M（3.16%）	1.5M（1.15%）	54k（1.82%）

（续）

ACME 客户端	证书数量及占比	完全限定域名数量及占比	客户端 IP 数量及占比
Go-http-client	1.7M（2.91%）	0.2M（0.16%）	192k（6.48%）
acme.sh	1.7M（2.91%）	2.3M（1.73%）	211k（7.11%）
eggsampler	1.2M（2.05%）	3.6M（2.76%）	11k（0.36%）
OVH ACME	0.9M（1.65%）	2.4M（1.85%）	<50（0.00%）
Google	0.9M（1.63%）	1.2M（0.89%）	<500（0.02%）
其他	8.4M（14.7%）	15.8M（12.1%）	0.6M（21.4%）
总计	57.2M	131.7M	3.0M

注：M 即百万；k 为千。

3.4.5 伪造证书攻击

受信任的 CA 有几百个，它们成为整个网站身份认证过程中一个较大的攻击面。现有证书信任链机制最大的问题是，任何一家受信任的 CA 都可以签发任意网站的站点证书，这些证书在浏览器看来都是合法的。实际上，目前 CA 失误所导致错误签发证书，以及个别 CA 出于某些目的（如监控加密流量）故意向第三方随意签发证书这两种情况时有发生。例如，在 2011 年，一个入侵者设法从 DigiNotar（荷兰知名 CA）为域名 google.com 及其子域名颁发了一个有效的证书。该证书于 2011 年 7 月发布，2011 年 8 月 28 日在伊朗发现针对多个用户的大规模中间人（MITM）攻击，该证书可能在攻击被发现前被恶意使用了数周。因此，攻击者可以利用浏览器在 Web 服务器证书检查方面的缺陷，通过伪造证书的方式，实现中间人攻击。

伪造证书的方式可以分为两类。一类是 CA 错误签发证书，例如 CA 被欺骗、被入侵或者被贿赂。另一类是破解弱密钥算法。弱密钥是指有缺陷的加密密钥，使用此密钥会降低算法安全性。如果 CA 签名的密钥是弱密钥，攻击者可以通过密码函数碰撞伪造一个受浏览器信任的 CA 发布的证书。中间人攻击的实现一般通过域名服务（DNS）劫持或局域网地址解析协议（ARP）欺骗。

3.4.6 安全机制一：证书透明化

伪造证书攻击的解决方法之一是证书透明化（Certificate Transparency，CT）。由于不能完全信任 CA 发布的证书，因此 CA 需要被监督。证书透明化的目的是通过保持所有服务器证书的公开透明来改进互联网 PKI。它的基本想法是 CA 将每一张证书都提交给一组公开的证书日志（Certificate Log）服务器，这些 CA 会收到提交的证明——已签名证书时间戳（Signed Certificate Timestamp，SCT），并将其中继给最终用户。

证书所有者或者 CA 都可以主动向证书日志服务器提交证书，所有证书记录都会接受审计和监控。支持 CT 的浏览器会根据证书日志中的证书状态做出不同的反应。CT 不是要替换现有的 CA 设施，而是作为补充，使之更透明、更实时。CT 工作原理的典型系统配置如图 3.21 所示。Ⓐ监视器（Monitor）监视可疑证书的日志，并验证所有记录的证书都是可见的。Ⓑ证书所有者查询监视器以验证没有人为记录非法证书。Ⓒ审计器（Auditor）验证日志是否正常运行；它们还可以验证某个特定的证书是否已被记录。Ⓓ监视器和审计器交换有关日志的信息，以帮助检测分叉或分支日志。其中，SSL cert 是用于 HTTPS 加密通信的数字证书。SSL cert w/SCT 是嵌入了 SCT 的 SSL 证书，用于证明该证书已被记录在 CT 日志中，增强证书的透明度和安全性。

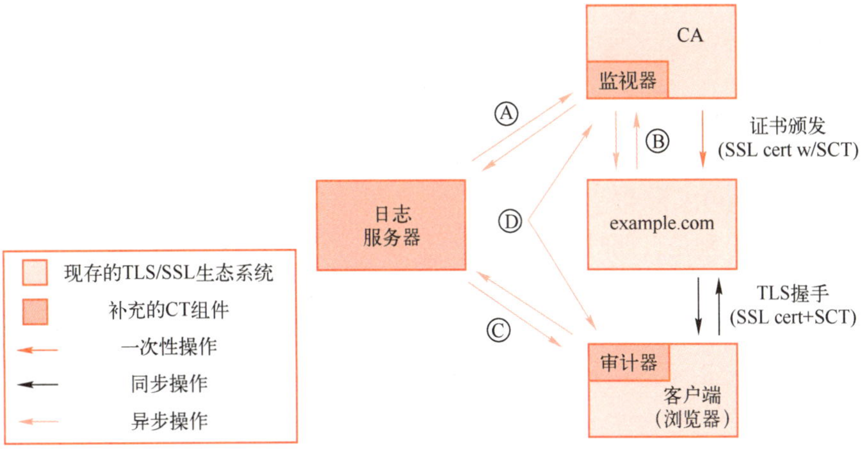

图 3.21　CT 工作原理的典型系统配置

除了上面描述的典型配置（其中监视器和审计器与现有 TLS/SSL 组件紧密集成）之外，证书透明性还支持许多其他配置。例如，监视器可以作为独立的实体运行，向证书颁发机构和服务器运营商提供付费或免费的服务。同样，审计器既可以作为独立的服务进行操作，也可以作为监视器的次要功能。监视器和审计器作为独立 CT 组件运行的系统配置如图 3.22 所示。

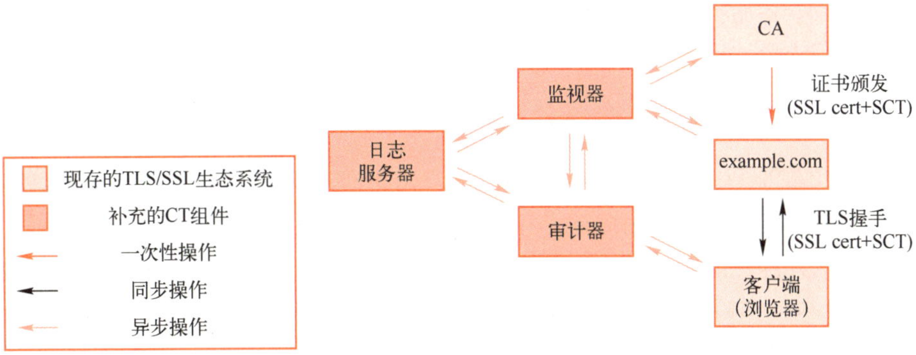

图 3.22　监视器和审计器作为独立 CT 组件运行的系统配置

3.4.7　安全机制二：公钥钉扎

伪造证书攻击的另一种解决方法是公钥钉扎（Public Key Pinning，PKP），它与 CT 有着不同的思路。PKP 使网站可以选择可靠的 CA，通过 HTTP 公钥钉扎（HTTP Public Key Pinning，HPKP）技术给予网站主动选择信任 CA 的权力。HPKP 的工作原理是通过响应 Public-Key-Pins HTTP 头（header）或者<meta>标签告诉浏览器当前网站的证书指纹信息，以及过期时间等其他信息。未来一段时间内，浏览器再次访问这个网站必须验证证书链中的证书指纹，如果跟之前指定的值不匹配，即便证书本身是合法的，也必须断开连接。Public-Key-Pins 的基本格式如图 3.23 所示。

```
Public-Key-Pins: pin-sha256="base64=="; max-age=expireTime [; includeSubdomains][; report-uri="reportURI"]
```

图 3.23　Public-Key-Pins 的基本格式

在图 3.23 中，pin-sha256 即证书指纹，允许出现多次（实际上应该指定最少两个），pin-sha256 引用的字符串是 base64 编码的指纹，这个指纹由主题公钥信息（Subject Public Key Information，SPKI）和至少一个备用密钥通过哈希计算形成；max-age 和 includeSubdomains 分别是过期时间和是否包含所有子域，它们存在于 HSTS 中，格式和含义一致；report-uri 用来指定验证失败时的上报地址，格式和含义跟内容安全策略（Content Security Policy，CSP）中的同名字段一致；includeSubdomains 和 report-uri 两个参数均为可选。在 max-age 指定时间内，证书链中的证书指纹必须与之前指定的值匹配，只有这样浏览器才认为该证书链有效。

那么，应该如何指定 pin-sha256？显然，为了验证合法性，服务器端给出的 pin-sha256 必须由网站当前证书链中的证书生成。例如某网站证书有三级，用根证书、中间证书、站点证书中的任何一个生成指纹都可以。用站点证书生成指纹的好处是安全性最高，缺点是证书重签之后指纹就变了，如果之前没有提供备用指纹，老用户就无法访问。用根证书生成指纹的安全性最差，每个根证书都对应很多中间证书，因此攻击者只要攻破其中一个，就可以签出能被 HPKP 策略信任的站点证书。综合考虑安全性和易用性，一般推荐使用中间证书生成指纹；用知名 CA 的根证书也可以；不推荐使用站点证书，除非充分了解后果并且指定了有效的备用指纹。备用指纹是为那些必须更换中间证书或者根证书的场景准备的，例如原来的 CA 突然倒闭或者被黑了。

3.4.8　实际网络的复杂性：内容分发网络与中间盒子

理想的网络模型只有客户端和服务器两者交互，但实际的网络往往很复杂，客户端和服务器之间会有中间人。在专用网络上，特别是在公司环境中，可以将组织的根证书配置为员工机器上的信任源。然后，组织可以使用专门为该任务设计的中间盒子代理（即 MITM）HTTPS 连接来执行内容检查。公司甚至可以为此获得浏览器接受的 CA 证书，尽管颁发这样的证书是违反 CA 策略的。例如：Trustwave 承认为这种目的颁发证书，但后来撤销了它们；TURKTRUST 颁发的证书被发现用于这种目的，据称是偶然的；移动端浏览器 OperaMini 以通过中间人（MITM）代理的方式公开代理 HTTPS 连接，以允许在客户端和代理之间进行压缩。

MITM 承担了证书验证的所有责任，但许多实现都存在验证缺陷。例如，DigiNotar 案件中由于 CA 的监管存在问题，任何受信任的 CA 都可以为任何网站颁发浏览器可接受的证书，这使得攻击者可以针对最弱的 CA 来获得欺诈性证书，如果浏览器没有注意到不同的 CA，则该证书使攻击者可以在 MITM 攻击中逃避检测；还有一些地区会通过控制网络基础设施或强制互联网服务提供商（ISP）来代理（即 MITM）HTTPS 连接。MITM 包括浏览器、企业网关、网络代理和内容分发网络等。实际网络示例如图 3.24 所示。中间人将原始密钥 k 改为 k'，对消息 m_1 和 m_2 加密实施攻击。

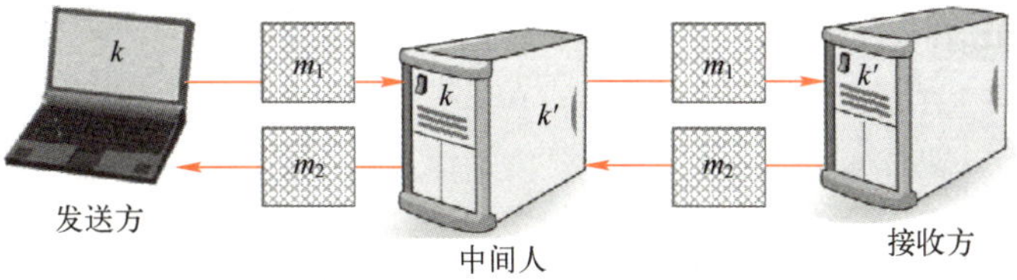

图 3.24　实际网络示例

内容分发网络（Content Delivery Network，CDN）是一种分布式基础设施，可以有效地向最终用户提供网站的内容。最初，使用 CDN 服务是为了减少用户访问网站的延迟，减轻网站源服务器的负载。但随着 CDN 的发展，CDN 提供商也为网站提供了新的安全服务，如分布式拒绝服务（DDoS）保护和 Web 应用防火墙（WAF）。CDN 通常由分布在世界各地的大量代理服务器（或缓存服务器）组成。如果一个网站使用 CDN 服务，CDN 中的代理服务器子集将通过拉（pull）或推（push）的方式复制该网站的内容。当用户访问网站时，他们将被定向到 CDN，并最终从附近的代理服务器而不是网站的原始服务器获取内容。CDN 通过隐藏原始服务器并将攻击流量负载分配给多个代理服务器来提供 DDoS 缓解服务。通过在缓存服务器上部署 WAF，CDN 还可以过滤对原始服务器的入侵。

HTTPS 提供服务器认证、用户与网站之间的安全通信，而 CDN 提供高效的内容分发。两者在当今的 Web 服务中都扮演着重要的角色。独立地看这两种技术（HTTPS 和 CDN），它们分别“完美”地解决了互联网世界的两大难题：安全和高效。可一旦试图二者兼得，原本针对两方的协议，在加入“中间人”时就变成针对三方的协议，需要分为前端和后端，这时授权与认证的问题就变得复杂起来，如图 3.25 所示。

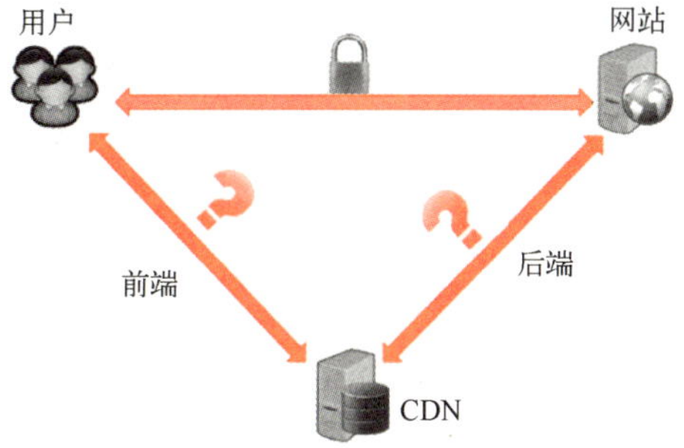

图 3.25　加入“中间人”后三方协议概念图

HTTPS 与 CDN 组合的认证问题和解决方案概念图如图 3.26 所示，它描述了采用 CDN 如何极大地改变使用 HTTPS 的安全 Web 浏览。在图 3.26a 中，当用户通过 HTTPS 访问网站（Alice）时，用户的浏览器（Bob）首先向 Alice 打招呼，并在建立连接后接收 Alice 的证书。然后，Bob 高兴地认为对话是安全的，因为 Alice 的证书将连接与他的初始 Hello 消息绑定在一起，这时 Bob 和 Alice 之间的身份认证很简单。

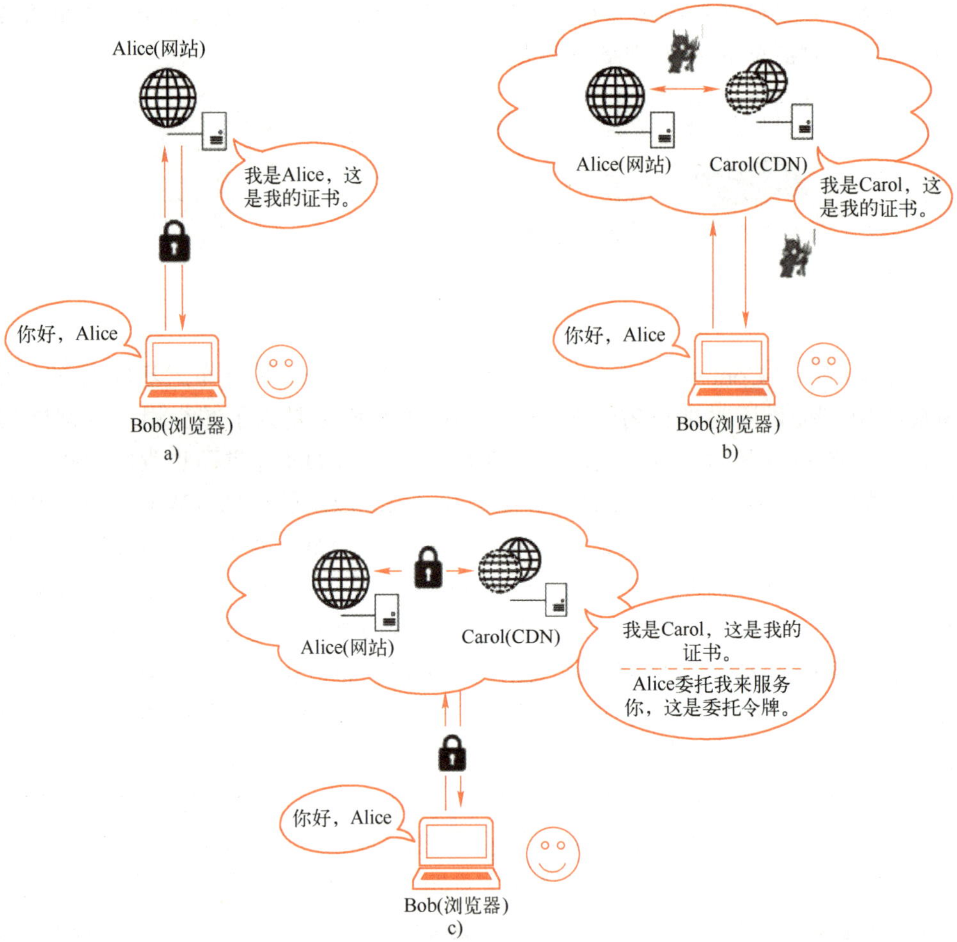

图 3.26　HTTPS 与 CDN 组合的认证问题和解决方案概念图

然而，在采用 Carol 提供的 CDN 服务后（见图 3.26b），该过程被分为两个端：在前端，Bob 仍然以 Hello 消息开始对话，但最终连接到 Carol；在后端，假设采用基于拉（pull）的策略，Carol 需要在接收到 Bob 的请求后，从 Alice 那里获取内容。

在图 3.26b 场景下，前端通信和后端通信都需要使用 HTTPS 进行证书认证，以确保用户安全浏览网页。然而，这并不容易实现。对于后端通信，Carol 必须对 Alice 进行身份验证，以便检测模拟攻击。后端通信应首先使用标准的 HTTPS 加以保护，如图 3.26c 所示。

前端通信的情况相当复杂，因为会话实际上涉及三方，所以不能通过标准 HTTPS 直接解决身份验证问题，这是一个两方协议（不考虑 CA）。如图 3.26b 所示，如果 Bob 发送的初始消息与其收到的证书不匹配，Bob 将向用户显示一个无效的证书警告，从用户的角度来看，这会破坏 HTTPS 身份验证的有效性。

从本质上讲，前端身份验证的问题是由于 Bob 不知道 Carol 实际上被委托代表 Alice 提供 Web 内容。实际上，这个问题可以看作分布式系统中的委托问题，许多文献所提出解决方案的关键概念是相似的，即需要显式表示委托令牌。但是，标准 HTTPS 不能直接表示这种委托令牌。因此，需要额外的努力来解决这个问题，如图 3.26c 所示。委托令牌需要是不可伪造的、可以被有效签发和撤销并包含委托方完整标识的。

为了解决上述问题，各大 CDN 服务商提出了许多安全策略。一种是自定义证书（Custom Certificate），工作原理是让 Carol（CDN）请求 Alice（网站）上传其证书和私钥，Alice 通过某种安全渠道将其私钥发送给 Carol，然后 Carol 使用 Alice 的私钥来宣布委托，Carol 代表 Alice 与 Bob 建立 HTTPS 连接。但是这种方案有两个缺点：一是会带来额外的安全风险，因为 Alice 的私钥会被共享给许多个“Carol”，大大增加了私钥泄露和被攻击的风险；二是作为网站的 Alice 不能有效地撤销其委托，因为 Carol 直接使用 Alice 的私钥和证书发布委托，如果想撤销这个委托，Alice 必须请求它的 CA 撤销证书，并且如果 Alice 希望继续使用 HTTPS，则还需要请求一个新的证书，这是非常耗时且浪费资源的。另一种方案是共享证书（Shared Certificate），工作原理是使用 Carol 的 CDN 服务时，Alice 允许 Carol 向 Carol 的 CA 请求颁发一套新的证书，新的证书中通过包含 Alice 的域名来进行委托，新的证书使用的私钥是 Carol 的私钥，而非 Alice 的私钥。这在一定程度上缓解了网站私钥泄露的风险，但共享证书会削弱证书作为安全性保证的功能，因为 Bob 只能接收到 Carol 的共享证书，如果 Alice 自身证书的安全性高于共享证书的，也无法显示给 Bob，并且共享证书不包含 Alice 的完整身份信息。此外，共享证书不能被网站独立有效撤销，且需要网站负担额外的证书维护费用。

2015 年 CDN 服务商 CloudFlare 提出了“无密钥 SSL”（Keyless SSL）方案。CloudFlare 的“无密钥 SSL”解决方案，允许网站使用 CloudFlare，而无须放弃对其私钥的保管。图 3.27 展示了基于 DH 密钥交换形式的无密钥 SSL 是如何工作的。从握手图中可以看出，私钥在每次握手中只使用一次。这允许我们在地理上分割 TLS 握手，大多数握手发生在 CloudFlare 的周围，同时将私钥操作移动到远程密钥服务器。这个密钥服务器可以放在客户端的基础结构上，使它们能够独占地访问私钥。

首先，网站访问者（Visitor）的客户端（通常是浏览器）发送 Hello 消息、客户端随机数和支持的密码套件。接下来，CloudFlare 向 Visitor 发送服务器随机数和公钥证书（同时发送一个会话 ID 用于恢复会话），同时向密钥服务器发送一个客户端随机数、服务器随机数和 DH 参数的哈希值。密钥服务器使用证书的私钥为客户端随机数、服务器随机数和公钥证书签名。CloudFlare 接收后，向 Visitor 发送服务器 DH 参数和消息签名。Visitor 向服务器发送客户端 DH 参数。接下来，Visitor 和 CloudFlare 都从服务器 DH 参数和客户端 DH 参数中获得相同的预主密钥，再从客户端随机数、服务器随机数和预主密钥中获得相同的会话密钥。最后，Visitor 可以向 CloudFlare 请求内容，请求将被加密。

无密钥 SSL 方案在私钥安全与网络性能之间做了折中，网站独立维护一个密钥服务器，使 CDN 代理服务器在不了解任何私钥信息的情况下完成委托，极大提高了安全性，但是也不可避免地导致网络时延的增加和吞吐量的下降。目前已有许多加速方案，如网站使用硬件加速器 Intel® QAT 等。

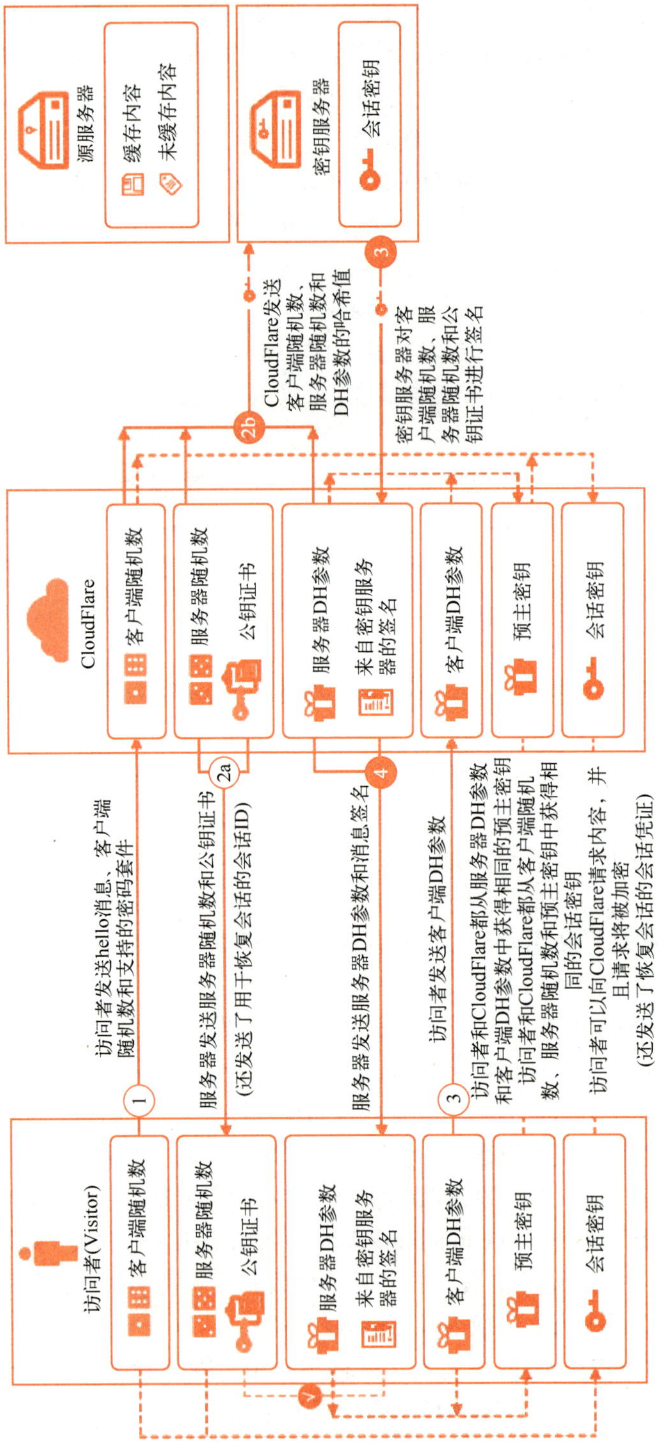

图 3.27　基于 DH 密钥交换形式的无密钥 SSL 的工作原理

*3.5　信息安全传输协议的设计方法（Noise 协议框架）

由于受到广泛关注并且较为成熟，TLS 目前已成为大多数场景的必选方案。但是在实际应用中，许多应用程序并不会用到 TLS 的所有功能。由于 TLS 存在许多旧版本遗留、受向后兼容性约束以及协议非常复杂等，使用 TLS 会增加应用程序的开销，因此对于很多应用场景，Noise 协议框架是一个更好的方案。

Noise 协议框架与 TLS 最根本的不同在于，Noise 协议框架中通信双方不需要在握手阶段进行协商。开发者使用 Noise 协议框架时，必须先根据应用程序的特点将 Noise 协议框架实例化，因此 Noise 协议框架是一个“框架”，而非“协议”。实例化 Noise 协议框架即开发者确定握手时使用的 DH 函数、密码函数、哈希函数、需要认证连接的哪方以及是否使用 PSK 技术等，然后实现这个具体的 Noise 协议，并将其转换为一系列握手阶段按顺序交换的消息，这些消息是严格定义的。

Noise 协议的作用是大幅减少信息安全传输协议运行时的复杂度：在协议设计阶段已将协议的运行路径确定下来，可以将 Noise 协议理解为一种不产生任何分支的线性协议。具体的 Noise 协议从双方交换握手消息开始实施。在此握手阶段，双方交换 DH 公钥并执行一系列 DH 操作，对 DH 结果进行散列运算，得到一个共享的密钥。在握手阶段之后，通信双方都可以使用这个共享密钥来发送加密的传输消息。

Noise 的核心由一组变量和规则组成。变量是指通信双方在握手过程中需要维护的一组变量；规则是指通过顺序处理来自消息模式中的标识符，从而发送和接收握手消息的规则。变量包括临时密钥对 e、长期密钥对 s、对握手消息散列产生的散列值 h、散列所有 DH 输出的链接密钥 ck、加密密钥 k、基于计数器的 Nonce 值 n 等，k 和 n 用于加密长期密钥 s 和有效负载（Payload）数据。标识符会在下文具体握手模式中说明。

下面以两个基础的握手模式 NN 和 XX 为例，说明 Noise 协议的工作模式。在握手模式的名称中，一般左边字母代表客户端（启动方），右边字母代表服务器（响应方）。

（1）NN 模式　NN 表示通信双方没有对方的长期密钥，因此我们可以认为 NN 模式表示通信双方都不认证彼此身份。NN 模式的符号表示如下：

NN:

-> e

<- e，ee

NN 的每行表示一个消息模式，箭头表示消息的传递方向，每个消息模式由标识符组成，即 e 和 ee。箭头和标识符组合在一起，用来表示通信双方的操作。“-> e”表示客户端生成临时密钥对，并将其中的公钥发送给服务器，由服务器保存此公钥；在发送消息时还需将临时公钥存入消息缓冲区，将待发送消息与旧的 h 一起散列，产生新的 h。“<- e，ee”表示服务器生成临时密钥对，并将其中的公钥发给客户端，然后使用客户端的公钥（ee 中的第 1 个 e）和自己的私钥（ee 中的第 2 个 e）作为 DH 密钥交换算法的输入。与此同时，客户端接收服务器的临时公钥，运行 DH 密钥交换算法。最后，双方将 DH 输出散列成共享密钥。需要注意的是，发送方可以在每个消息模式的末尾传输有效负载数据。例如，可以在第一个消息模式的末尾（这里是“-> e”），即在明文临时密钥的公钥之后发送明文有效负载数

据，“<- e，ee”中的 e 是明文临时密钥的公钥，加密有效负载数据在它后面。应用程序可以发送它想要的任何有效负载数据。有效负载数据可能包含应用程序所选择的证书或其他数据。

（2）XX 模式　XX 表示通信双方都向对方发送自己的长期密钥，因此我们可以认为 XX 模式表示通信双方相互验证彼此身份。XX 模式支持长期密钥的加密传输与相互认证。XX 模式的符号表示如下：

XX：

-> e

<- e，ee，　s，　es

-> s，　se

XX 中的第一个消息模式“-> e”与 NN 中相同。“<- e，ee，s，es”中：e 和 ee 的含义与 NN 中相同；标识符 s 表示服务器还将其长期公钥 s 通过加密密钥 k 加密发送给客户端，并将输出的待发送消息与旧的 h 进行散列，产生新的 h；标识符 es 表示服务器将客户端的临时密钥对的公钥和自己的长期私钥作为输入，运行 DH 密钥交换算法。产生的 DH 输出与旧的 ck 一起散列，产生一个新的 ck 和 k，n 的初始值为 0。在这种情况下，最终的 ck 和 k 值是两个 DH 结果的散列（ee 和 es 产生一个 DH 结果）。由于 es 标识符，因此客户端成功解密第二条握手消息的有效负载数据，用于对服务器进行身份验证。需要注意的是，第二条消息的有效负载数据可能包含零长度的明文，但因为加密算法是 AEAD 算法，有效负载数据的密文仍然包含身份认证数据，例如身份认证标签或合成 IV。第二个消息的有效负载数据也可以用于为客户端的长期公钥传递证书。“-> s，se”表示客户端向服务器发送自己已加密的长期公钥，并使用带有附加消息的握手模式对自己进行身份验证。

通过对上述 Noise 协议工作模式的了解，可以发现 Noise 协议有三个特点：

1）不断地验证握手消息。Noise 协议的通信双方需要维护哈希值 h 和链接密钥 ck 两个变量，每个消息与旧的 h 散列产生新的 h。

2）通信双方可以在发送的每个消息的末尾传输有效负载数据，使用 AEAD 算法对其加密，并将当前 h 值作为 AEAD 算法的附加数据，由接收方使用收到的 AEAD 消息的附加数据认证之前的握手内容。因此，Noise 协议可以确保通信双方收发消息的顺序保持一致。

3）每次完成 DH 操作后，DH 算法的输出与之前的 ck 一起作为基于哈希函数的密钥派生函数 HKDF 的输入，输出一组新的对称密钥 k 和一个新的 ck。

通过上述介绍，可以发现 Noise 协议的实现相较于 TLS 协议的实现简单很多：它是没有任何分支的线性协议，通信双方只需执行必要操作。但是，在使用 Noise 协议框架之前，只有了解它的工作原理，才能在应用程序中部署。

3.6　常用的信息传输安全协议简介

通过前文我们已经了解了 TLS 协议和 Noise 协议框架，但还有许多常用的信息传输安全协议未曾了解。虽然它们中的大多数与 TLS 有类似的工作原理，但是它们是根据特定的场景设计的，例如 SSH、IPsec 和 QUIC。

3.6.1　SSH 协议

SSH 协议是一种基于传输控制协议（TCP）的应用层加密网络协议，通过加密和认证机制保障远程登录和远程命令执行安全、数据通信安全并提供其他网络安全服务，在不安全网络上创建安全通道连接 SSH 服务器和 SSH 客户端。由于传统的远程登录（Telnet）协议和文件传送协议（FTP）使用明文进行数据传输，这意味着在数据传输过程中，MITM 能看到传输的所有数据，存在巨大安全隐患。因此，SSH 作为远程通信的安全替代方案而被提出。SSH 工作流程与 TLS 类似，包括连接建立、参数协商、密钥交换、身份认证，最后在建立起的安全通道中进行会话交互。

3.6.2　IPsec 协议

IPsec（Internet Protocol Security）协议是一个工业标准网络安全协议，为 IP 网络通信提供透明的安全服务，保护 TCP/IP 通信免遭窃听和篡改，可以有效抵御网络攻击，同时保持易用性。IPsec 有两个基本目标：

1）保护 IP 数据报安全。

2）为抵御网络攻击提供防护措施。

IPsec 基于一种端到端的安全模式。这种模式有一个基本前提假设，就是假设数据通信的传输媒介是不安全的，因此通信数据必须经过加密。掌握加解密方法的只有数据流的发送端和接收端，两者各自负责相应的数据加解密处理，而网络中其他只负责转发数据的路由器或主机无须支持 IPsec。

IPsec 协议不是一个单独的协议，它给出了应用于 IP 层上网络数据安全的一整套体系结构，包括网络认证头（AH）协议、封装安全载荷（ESP）协议、互联网密钥交换（Internet Key Exchange，IKE）协议和用于网络认证及加密的一些算法等。IPsec 规定了如何在对等层之间选择安全协议、确定安全算法和密钥交换，向上提供访问控制、数据源认证、数据加密等网络安全服务。

IPsec 标准包括 IP 安全体系结构、IP AH、IP ESP 和 IKE 4 个核心基本规范，组成了一个完整的安全体系结构。IPsec 主要包括以下内容：

1）安全体系结构：包含一般的概念、安全需求和定义 IPsec 的技术机制。

2）ESP 协议：加密 IP 数据报的默认值、头部格式以及与加密封装相关的其他条款。

3）AH 协议：验证 IP 数据报的默认值、头部格式以及与认证相关的其他条款。

4）加密算法：描述各种加密算法如何用于 ESP 中。

5）验证算法：描述各种身份验证算法如何用于 AH 和 ESP 身份验证选项。

6）密钥管理：描述互联网 IETF 标准密钥管理方案。其中 IKE 是默认的密钥自动交换协议。

7）解释域（DOI）：是因特网编号分配机构（Internet Assigned Numbers Authority，IANA）中数字分配机制的一部分，它描述的值是预先设定的，包括批次相关各部分的标志符及运作参数。

8）策略：决定两个实体之间能否通信，以及如何通信。策略由 3 个部分组成：SA、SAD、SPD。SA（安全关联）表示了策略实施的具体细节，包括源/目的地的地址、应用协议、SPI（安全策略索引）等；SAD 为进入和外出包维持一个活动的 SA 列表；SPD 决定了整个虚拟专用网（VPN）的安全需求。策略部分是唯一尚未成为标准的部件。

IPsec 提供了两种机制：认证和加密。认证机制使 IP 通信的数据接收方能够确认数据发送方的真实身份，以及数据在传输过程中是否遭篡改。加密机制通过对数据进行编码来保证数据的机密性，以防数据在传输过程中被窃听。其中，AH 协议定义了认证的应用方法，提供数据源认证和完整性保证；ESP 协议定义了加密和可选认证的应用方法，提供可靠性保证。在实际进行 IP 通信时，可以根据实际需求同时使用这两种协议或选择使用其中的一种。AH 协议和 ESP 协议都可以提供认证服务，不过，AH 协议提供的认证服务要强于 ESP 协议的。

3.6.3 QUIC 协议

QUIC（Quick UDP Internet Connection，快速 UDP 互联网连接）是谷歌制定的一种基于 UDP 的低时延互联网传输层协议。2016 年 11 月，IETF 召开了第一次 QUIC 工作组会议。在传输层协议中，UDP 往往效率更高（不经常跟服务器端通信以查看数据报是否送达或者按序），但是可靠性比不上 TCP。因此，谷歌在 2012 年发起了 QUIC，很好地满足了传输层和应用层面临的各种需求，包括可以处理更多的连接，并同时具备安全性和低时延。QUIC 融合了 TCP、TLS 和 HTTP/2 等协议的特性，但基于 UDP 传输。QUIC 的特点如下：

1）QUIC 的一个主要目标就是减少连接延迟。当客户端第一次连接服务器时，QUIC 只需要 1 个 RTT（Round-Trip Time，往返时间）的延迟就可以建立可靠安全的连接，相对于 TCP+TLS 的 1～3 个 RTT 要更加快捷。之后客户端可以在本地缓存加密的认证信息，在再次与服务器建立连接时可以实现 0 个 RTT 的延迟。

2）QUIC 同时复用了 HTTP/2 协议的多路复用（Multiplexing）功能，而且由于 QUIC 基于 UDP，所以避免了 HTTP/2 的线头阻塞（Head-of-Line Blocking）问题。

3）因为 QUIC 基于 UDP，运行在用户态而不是系统内核，因此 QUIC 协议可以快速地更新和部署，从而很好地解决 TCP 协议部署及更新的困难。QUIC 协议架构如图 3.28 所示。

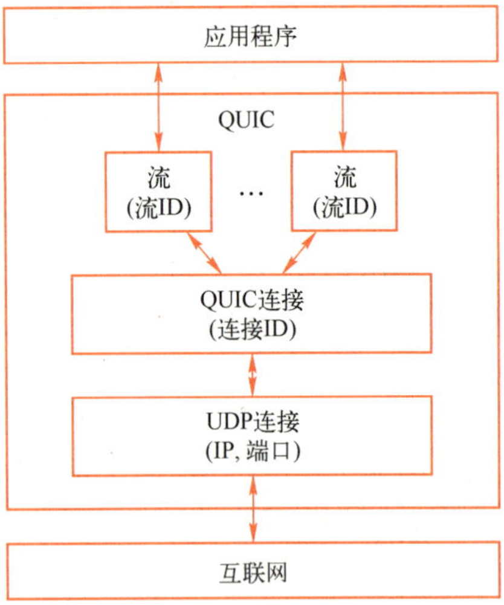

图 3.28　QUIC 协议架构

3.7 新场景与新技术：端到端加密与群组加密

在了解端到端加密（End-to-End Encryption，E2EE）具体是什么之前，需要先了解为什么需要端到端加密。前文中介绍了使用 TLS 协议和 Noise 协议框架等方案保证信息安全传输，但是类似 TLS 协议的方案仅保证服务器和用户之间的安全通信，一个用户向其他用户发送的所有消息都可以由中心服务器查看并转发，因此，服务器也是用户之间通信时需要信任的第三方。此外，前文还介绍了中间盒子的概念，例如企业网关、网络代理、CDN 等，一些中间盒子可能会恶意中断 TLS 连接，它们的目的可能是拦截、记录和监控数据流量。例如，2013 年发生的“棱镜门”事件，打击了公众对互联网通信安全性的信任。因此，用户之间的通信需要端到端加密。

端到端加密的基本思想是，仅有通信双方可以解密和阅读明文数据，数据传输过程中所有中间人都无法窃取或篡改数据内容。端到端加密的核心目标是创建、验证、部署和改进通信协议。这些协议可以作为安全、可信和尊重隐私的互联网的支柱，从而确保公民的基本权利。

如图 3.29 所示，在端到端加密的情况下，消息在从 A 发出之前，就会利用公钥加密技术，使用 B 的公钥进行加密，中间以加密的形式经过服务器和其他路由节点，直到 B 收到消息后，B 才使用自己的私钥进行解密。这种情况下，服务器并不能查看和修改消息，仅仅作为一个渠道来转发消息。

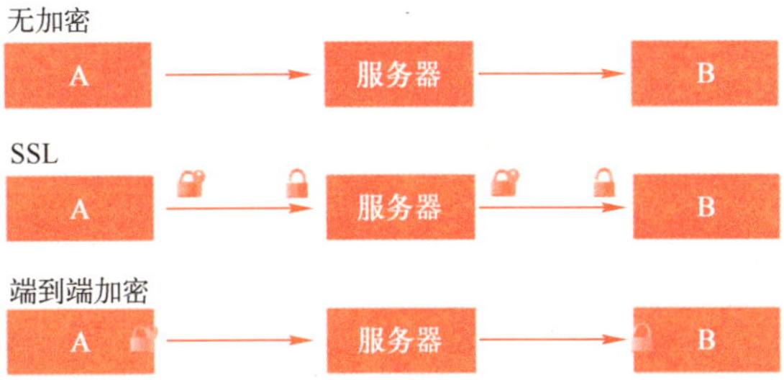

图 3.29　不同情况下消息的加密程度对比

在没有加密的情况下，消息从 A 到服务器再到 B 的全过程都没有加密。这也意味着数据所经过链路上的任何一个节点（例如运营商的路由器）都可以查看和修改消息的内容，这种情况下的通信安全是完全没有保证的。

在经过 SSL 加密的情况下，A 和 B 分别在发送、接收消息前通过 CA 签署的证书去认证服务器的身份，并协商一个用于加密数据的密钥。在从 A 到服务器，以及从服务器到 B 的过程中，SSL 都能保证数据不被窃听和篡改，但消息在服务器上是以未加密的形态存在的，服务器可以查看和修改消息的内容，进行一些内容上的审查。

实际上，iMessage、Tox、Line、WhatsApp、Telegram 等即时通信（Instant Message，IM）软件都默认提供了端到端加密。下面以 iMessage 为例介绍 IM 软件是如何实现端到端加密通信的。

iMessage 会在每台设备上生成一个 RSA 密钥对用于加密数据，以及一个 ECDSA 密钥对用于签名。它出于安全性和性能的考虑使用了不同的密钥对，其实也可以使用同一个密钥对。这些密钥对中的公钥会被上传到 Apple IDS（Identity Services，身份验证服务），其他用户会从 IDS 中获取所有这些公钥（每个设备都有一个公钥）。

1）在 iMessage 中发出的所有文字消息，都会使用发送方的 ECDSA 私钥进行签名，使用接收方每个设备的 RSA 公钥加密（每个设备一份），通过 Apple 信息推送服务（Apple Push Notification Service，APNs）发送给对方。

2）对于多媒体消息，为了减少加密带来的开销，以及加密多份的流量开销，会使用一个临时密钥加密一次，通过 iCloud 进行传输，然后通过 1）中发送文字的方式发送临时密钥。

Apple 公司的很多应用都使用类似的方式进行端到端加密，包括 iCloud、Facetime、Keychain 等。但在这个架构中，Apple IDS 依然是一个中心化的节点，类似于中心服务器，它控制了全部公钥交换过程，而且不允许用户干预。这就意味着 Apple IDS 仍然可能遭到中间人攻击。

另一种端到端加密实现是 GNU 隐私保护（GNU Privacy Guard，GPG）协议，它是 OpenGPG 的主要实现，是一种电子邮件加密技术。GPG 的基本工作原理是混合加密技术：发送者随机生成一个对称密钥，加密已压缩的电子邮件内容，再使用接收者的公钥加密对称密钥，并使用发送者的私钥对电子邮件进行数字签名，把加密的对称密钥、加密消息和签名以及发送者的公钥一起发送给接收者；接收者使用自身私钥解密对称密钥，再用对称密钥解密邮件密文，使用发送者的公钥验证数字签名。

根据对 GPG 和 iMessage 的介绍可知：在 GPG 中，用户需要烦琐地、完全手动地建立信任关系，换取最大限度的去中心化；在 iMessage 中，IDS 代劳了公钥交换的工作，虽然方便了用户，但也引入了安全风险。

目前端到端加密的主要挑战是群组加密通信。大多数协议都是为一对一通信而设计的。用于群组通信的协议不太常见，效率较低，而且往往提供较弱的安全保障。群聊也是一个较难解决的问题：在保证端到端加密时，在群聊的情况下用户必须用群聊中每个人的公钥加密数据，这样数据在发送端就会膨胀许多倍（不能由发送端发送一条消息，由服务器负责转发给群聊其他人），具体的带宽开销取决于群聊中的人数，这种工作机制被称为客户端扇出。例如，多人手机云视频软件 Zoom 仅在部分文本信息和部分模式的音频中使用了端到端加密，而在至关重要的视频和电话通信方面则并未使用这一加密方式。客户端扇出的工作流程如图 3.30 所示。

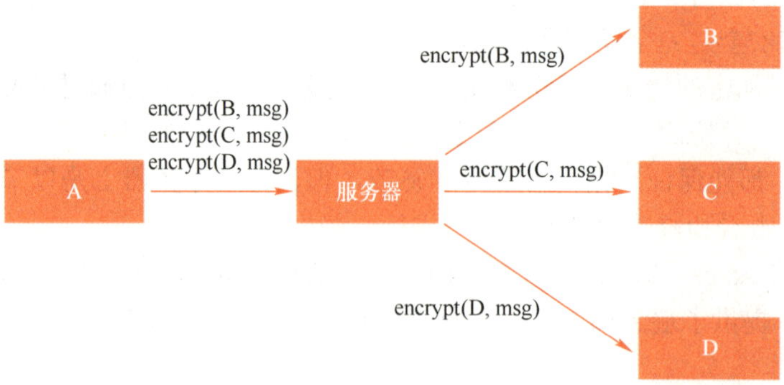

图 3.30　客户端扇出的工作流程

3.8 本章小结

本章介绍了保证数据传输安全所涉及的各种协议和数字证书的原理。

首先介绍了传输层安全（TLS）协议——TLS 协议是保护网络通信安全的最常用的协议之一，并介绍了 TLS 协议的发展历程、协议架构、报文结构、协议流程、握手协议的设计，分析了握手协议的安全性（握手协议需要保证前向安全性并解决中间人攻击的问题），还介绍了安全信道是如何建立的。

其次，由于在安全通信时需要使用由权威机构发布的数字证书证明自身身份，因此介绍了数字证书的工作原理与分类、免费证书（LE 证书）、自动化证书管理环境（ACME）协议、LE 证书的自动化配置工具 Certbot，并分析使用数字证书可能会面临的伪造证书攻击风险，接下来介绍了为防御伪造证书攻击而设计的两种安全机制（CT 和 PKP），还分析了实际网络的复杂性（CDN 与中间盒子），介绍了针对 CDN 的安全策略（无密钥）SSL 方案。

最后，介绍了 TLS 的替代方案——Noise 协议框架，Noise 协议框架的实现比 TLS 协议简单许多，但是使用之前需要开发人员充分了解其工作原理。还简要介绍了其他常用的信息传输安全协议（SSH、IPsec 和 QUIC），它们是根据不同的应用场景提出的。SSH 协议运行在应用层，IPsec 协议运行在网络层，QUIC 协议运行在传输层，它们保证了不同应用场景下的通信安全。在新场景与新技术方面，介绍了端到端加密和群组加密。端到端加密是保证仅通信双方可以解密和阅读数据内容的加密机制；群组聊天是一个热门研究领域，群组加密技术还有很大的发展空间。

3.9 习题

1. 填空题

1）TLS 协议可分为________和________。

2）TLS 协议使用________来保证前向安全性。

3）HMAC 的工作原理是________。

4）采用 HSTS 策略的网站将保证浏览器始终连接到该网站的________加密版本。

5）DTLS 提供了与 SSL 近似的加密保障，但保留了底层高效的________传输机制。

2. 选择题

1）TLS 握手协议的任务包括（　　）。

A. 协商密钥规格

B. 利用公钥证书来认证服务器的身份

C. 生成会话密钥

D. 用会话密钥加密传输的数据

2）以下 HTTPS 的部署模式中，（　　）是最安全的。

A. HTTP 和 HTTPS 并存

B. HTTP 默认跳转到 HTTPS

C. 持久跳转 HTTPS（HSTS）

D．HSTS + HSTS Preload

3）以下（　　）技术是用来解决仿冒证书问题的。

A．CT　　B．HPKP　　C．CDN　　D．ACME 协议

3．术语解释

1）HSTS。

2）CDN。

4．简答题

1）简述 TLS 1.3 协议与以前版本的 TLS 协议在握手流程上的区别。

2）简述 HSTS Preload List 的作用与工作原理。

3）简述 Web PKI 的工作原理。

4）简述 ACME 协议的工作原理。

5）简述 CT 和 PKP 的工作原理。

6）简述 Noise 协议框架与 TLS 的不同。

7）阅读以下关于端到端加密的论述，简述你的观点。

SSL 加密标准仅保护用户的设备和互联网公司服务器之间的数据传输安全，保证黑客无法窃取用户在网络中传输的数据，但是并不能保证互联网公司不窥探用户之间的通信数据。这些互联网公司拥有已加密数据的明文数据，它们可以无障碍地访问用户的加密数据。

如果用户愿意使用端到端加密通信，那么上述问题便可以得到解决。信息发送者在本地将信息加密，信息接收者在收到加密信息后本地解密。谷歌等信息传输媒介仅仅能够访问加密信息，而无法阅读和复制你的信息。最古老的电子邮件加密软件之一是 PGP，它诞生于 1991 年。还有加密即时通信软件，它们可以提供加密互联网电话服务。

在 20 世纪 90 年代，赛博朋克运动曾经预言：未来，用户友好的加密软件将会在互联网普及，政府将在技术上无法监控普通人的私人通信。然而，用户友好这个属性与加密软件的天然属性似乎在本质上便存在冲突。现今的加密软件也并不比 30 年前的加密软件更加用户友好。当安全性与易用性发生冲突时，用户就必须在方便易用和强安全性之间做出抉择。绝大多数人的优先选择是方便易用。比起加密通信软件，主流通信软件对用户更加友好，拥有很多加密软件难以支持的功能。

3.10　拓展阅读

[1] MEYER C, SCHWENK J. Lessons learned from previous SSL/TLS attacks–a brief chronology of attacks and weaknesses[Z]. IACR Cryptol. ePrint Arch.，2013.

[2] LIANG J, JIANG J, DUAN H, et al. When HTTPS meets CDN：a case of authentication in delegated service[C]//2014 IEEE Symposium on Security and Privacy. [s.l.]：IEEE, 2014：67–82.

[3] 李学兵，陈阳，周孟莹，等. 互联网数据传输协议 QUIC 研究综述[J]. 计算机研究与发展，2020, 57(9)：13.

[4] BRZUSKA C, CORNELISSEN E, KOHBROK K. Security analysis of the MLS key derivation[C]// 2022 IEEE Symposium on Security and Privacy (SP). [s.l.]：IEEE, 2022：2535–2553.

[5] ALBRECHT M R, MAREKOVÁ L, PATERSON K G, et al. Four attacks and a proof for Telegram[C]//2022

IEEE Symposium on Security and Privacy (SP). [s.l.]：IEEE，2022：87-106.

[6] DONENFELD J A. WireGuard：next generation kernel network tunnel[EB/OL]. [2025-02-12]. https://Wireguard.com/papers/wireguard.pdf.

[7] HÜLSING A, NING K C, SCHWABE P, et al. Post-quantumwireguard[C]//2021 IEEE Symposium on Security and Privacy (SP). [s.l.]：IEEE，2021：304-321.

[8] LAFOURCADE P, MAHMOUD D, RUHAULT S. A unified symbolic analysis of WireGuard[C]//Usenix Network and Distributed System Security Symposium. California：USENIX, 2024.

[9] ERINOLA N, MAEHREN M, MERGET R, et al. Exploring the unknown {DTLS} universe：analysis of the {DTLS} server ecosystem on the Internet[C]//32nd USENIX Security Symposium (USENIX Security 23). California：USENIX, 2023：4859-4876.

[10] STEBILA D. Security analysis of the iMessage PQ3 protocol[Z]. Cryptology ePrint Archive，2024.

[11] LINKER F,SASSE R, BASIN D. A formal analysis of apple's iMessage PQ3 protocol[Z]. Cryptology ePrint Archive，2024.

第 4 章　身份管理与数据访问控制

4.1　引言

身份管理（Identity Management，IdM）在现代信息化社会中具有重要意义。首先，身份管理可以保护个人隐私、数据和信息安全，可以防止个人信息泄露和身份被他人冒用。其次，身份管理还可以提高信息系统的安全性和可靠性，防止未经授权的访问和恶意攻击。此外，身份管理还可以简化用户的登录和授权过程，减少用户的重复操作并提高工作效率。身份管理领域可分为“第一公里”和“第二公里”，如图 4.1 所示。“第一公里”旨在对最终用户的直接鉴别，“第二公里”旨在解决用户通过认证后身份凭证的分享问题。

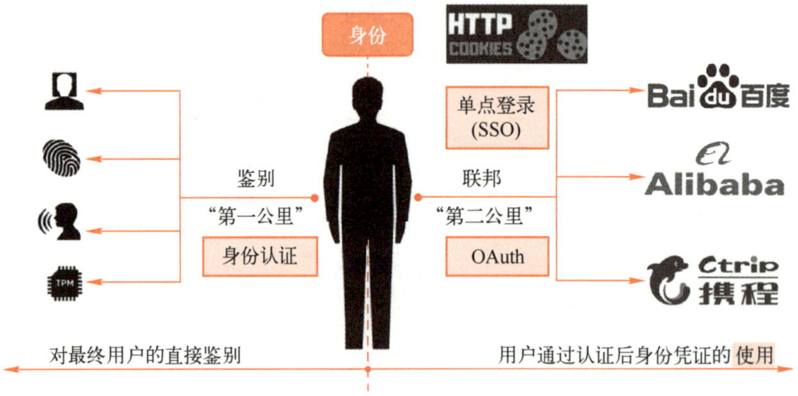

图 4.1　身份管理领域的“第一公里”和“第二公里”

本章主要介绍身份管理中的身份认证原语、挑战以及典型的身份认证技术，此外，还会介绍用户授权相关协议。

4.2　身份认证的四个基本原语及其挑战

身份认证即身份识别与鉴定，确认实体为其声明的实体，用来鉴定用户身份的真伪。认证就是用户用系统进行实际业务操作之前，确定其身份。认证是所有加密方案的第一步，只有知道对方是谁，通信加密才有意义，进而保护双方或多方之间的通信。身份认证可应用于物理空间、本地身份认证和远程身份认证。在物理空间中，我们每天都会遇到多次认证检查，例如：上班时，要佩戴身份卡进入公司；进入大学图书馆或者宿舍时，通过刷校园卡识别身份后才会解除门禁。本地身份认证是指访问设备时的身份认证，例如，登录个人计算机的口令、打开手机 SIM 卡的 PIN（个人身份识别码）、访问 U 盾的口令等。远程身份认证是指访问在线服务的身份认证，它是数据安全的第一道防线。前两类场景涉及物理空间或者对物理设备的访问，认证相对简单。然而，在线服务的服务类型多，安全性参差不齐，重要性多样化，管理复杂而困难。

从用户视角出发，人们通常把身份认证的基本方式分为三类：①知道什么（something you know）。例如用户名和口令。②拥有什么（something you have）。例如：你在自动取款机（ATM）上取款时不仅需要知道口令，还需要携带银行卡；又如，USB Key、一次性口令（One Time Password，OTP）硬件、一次性口令软件令牌（Token）、手机号码（SIM 卡）。③你是谁（who you are）。主要是指基于生物特征的身份认证，例如指纹、掌纹、虹膜、语音、人脸等。2006 年发表的“Fourth-Factor Authentication：Somebody You Know”这篇论文中提出了第四种身份认证方式：认识的人（somebody you know）。求助者请求帮助者使用自身的验证器协助求助者进行身份认证。

如图 4.2 所示，从技术实现的视角出发，身份认证的方式可按对称性与非对称性分为两类：一类是对称密钥认证体系，客户端和服务器拥有共同的密钥，应用实例包括密码、短信验证码、OTP 动态令牌和传统的生物识别认证方案等；另一类是公私钥对认证体系，客户端和服务器拥有非对称的密钥，应用实例包括智能卡、USB Key、电子身份证（eID）、FIDO 协议和 aPAKE 协议等。

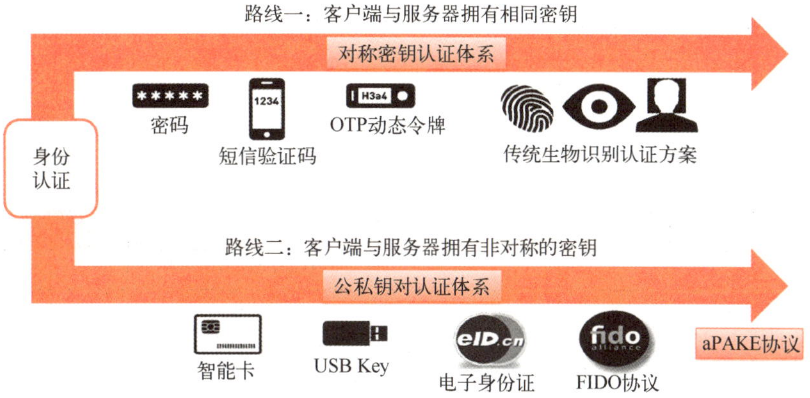

图 4.2　技术实现视角：对称性与非对称性

因此，身份认证有四个基本原语：①口令；②安全令牌；③生物特征；④公钥（证书）。

4.2.1　基于口令的身份认证

口令认证是最常见的认证形式。口令是由字母、数字、特殊字符构成的字符串，即日常生活中使用的密码，只有被认证者才知道口令。口令认证可以通过明文口令和口令推导形式实现。对于明文口令，通常系统中每个用户指定一个用户名和初始口令，用户定期改变口令以保证安全，并且口令以明文形式存放在服务器中，和用户名一起放在用户数据库中。明文口令认证机制工作流程如下：认证时，应用程序向用户发送一个屏幕，提示用户输入用户名和口令。用户输入用户名和口令，并按“确认”之类的按钮使用户名和口令以明文形式传递到服务器上。服务器通过用户数据库检查这个用户名和口令组合是否存在，通常这是由用户认证程序完成的。这个程序取得用户名和口令，通过用户数据库检查，然后向服务器返回认证结果（成功或失败）。如果认证成功，服务器接着发给用户一个选项菜单，列出用户可以进行的操作。如果用户认证不成功，服务器向用户发送一个错误屏幕。

口令认证的优点是简单灵活。“简单”是指无须携带任何设备，只要记住用户名和口令即可。“灵活”是指能够随时修改。口令的缺点是：①低熵，可能会遇到口令离线破解、口令在线猜测攻击等攻击。②口令的安全存储问题，如拖库攻击。③口令重用问题，如撞库攻击（Password Reuse Attack）。④口令的安全使用问题，如钓鱼攻击、中间人攻击等。⑤忘记密码问题，如重置口令攻击（Password Reset Attack）。

（1）熵较低　在信息论中，熵用来度量一系列数字或数据包含的随机性大小。数字或数据越表现出不可预测性，熵值就越大，熵值为 0 时表示完全可预测。口令的熵较低，即口令是更加可预测的。口令熵值的计算公式为

$$\text{KeyEntropy}=\log_2\text{Phrases}=\frac{\log_{10}\text{Phrases}}{\log_{10}2} \tag{4.1}$$

Phrases 可以表示为 $\text{Phrases}=R^L$，R 是可用字符数，L 是口令的长度。对于常用的 8 字符口令，我们可以确定等效的口令大小为

$$\text{KeyEntropy}=\log_2 26^8=\frac{\log_{10}26^8}{\log_{10}2}=37.6\text{位} \tag{4.2}$$

对于其他不同数量的可用字符数，如果使用常用的 8 字符口令，则会产生不同的熵值，见表 4.1。

表 4.1　其他不同数量的可用字符数产生的熵值

口令定义	可用字符数	口令总数	熵（位）
[0～9]	10	100 000 000	26.6
[a～z]	26	2.08827×10^{11}	37.6
[a～zA～Z]	52	5.34597×10^{13}	45.6
[a～zA～Z0～9]	62	2.1834×10^{14}	47.6
[a～zA～Z0～9$%!@+=]	68	4.57163×10^{14}	48.7

口令破解方法可分为字典破解和暴力破解。字典破解是破解口令的首选，通过破解者对用户的了解，猜测他可能使用某些信息作为密码，例如姓名、生日、电话号码等，同时结合对口令长度的猜测，利用工具来生成口令破解字典。在多数系统中，和尝试所有组合相比，字典破解能在很短的时间内完成且成功率较高。暴力破解对口令可能使用的字符和长度进行设定后，对所有可能的口令组合逐个实验，例如限定为所有英文字母和所有数字，长度不超过 8。暴力破解花费时间长，受字符集规模和长度变化的影响非常大。

口令破解方式还可分为离线破解和在线破解。离线破解是破解者得到加密口令文件的副本，在别的计算机上进行离线破解：破解者使用候选口令产生器产生口令，使用加密算法对口令加密，将加密的口令与原加密口令文件比较，如果匹配则输出匹配口令。一旦得到加密口令文件，口令会很快破解，且不易被察觉（因为这是离线完成的）。在线破解是指破解者不断地尝试各种口令，试图登录目标主机，在目标主机中，某些低级的账号口令往往比较

容易被猜测成功，破解者可以使用这样的账号进入系统来获取口令文件，然后再离线破解高权限的口令。

那么，多长的口令才有可能达到 128 位安全强度？如果是 68 个可用字符，需要长度为 21 的口令才能达到 128 位安全强度，但是现实生活中很少有人设置 21 个字符的口令，这很难记住。为什么破解时需要设置口令的上限？这是因为攻击者采用字典破解时，能够以较低的投入破解大多数账号。如果是定向攻击，攻击者在获取攻击目标隐私信息的情况下，就可能发起更有效的字典破解。

（2）口令的安全存储问题，如拖库攻击　拖库原指从数据库中导出数据。拖库攻击通常是指黑客通过非法手段或技术手段入侵数据库，把数据库中注册用户的资料全部盗走的行为。这些注册用户资料包含敏感信息，如用户名、密码、真实姓名、证件号码、电话号码、电子邮箱地址等。如果以明文形式将用户名和口令存放在用户数据库中，且攻击者成功获取访问数据库的权限，就可以得到整个用户名和口令表，因此口令一定不要以明文形式存放，可以将口令加密后再存放在数据库中。

（3）口令重用问题，如撞库攻击　随着互联网服务数量激增，每个用户所拥有的账户数量不断增加，很多用户都拥有上百个账户。由于人的记忆能力有限，人们通常的做法是选择几个口令，在不同的服务中循环使用。口令泄露，就会带来严重的后果，比如撞库攻击。撞库攻击是一种黑客攻击方式：黑客会收集在网络上已泄露的用户名、密码等信息，之后用技术手段前往一些网站逐个尝试登录，最终“撞大运”地“试”出一些可以登录的用户名、密码。撞库攻击在本身拥有大量用户名、密码的基础上，可以在不攻破目标系统的前提下，入侵目标系统的账户，实现账户劫持（Account Hijacking）。

（4）口令的安全使用问题，如钓鱼攻击、中间人攻击等　用户在使用口令时可能会遭遇钓鱼攻击或中间人攻击。钓鱼攻击是网络犯罪分子用来欺骗个人或组织使其泄露敏感信息，或者执行某些恶意目的的操作的欺骗策略。简单来说，钓鱼攻击利用虚假信息诱骗用户透露个人敏感信息。不法分子通过伪装成可信赖的实体，欺骗个人和企业泄露敏感信息，如密码、财务数据和个人详细信息。中间人攻击是一种攻击者通过篡改通信数据来窃取信息的攻击方式。当口令以明文形式传送到服务器，如果攻击者破解用户计算机与服务器之间的通信链路，则很容易取得明文口令。

（5）忘记密码问题，如重置口令攻击　用户忘记密码时，可能会遭遇重置口令攻击。重置口令本身没有问题，但是如果重置口令时的验证机制不够完善，就可能会被攻击。一般的重置口令流程是填写用户名、发送验证码验证身份、重置口令，此流程的核心目的是确认操作者为用户本人。重置口令攻击是指攻击者使用某种非法手段或技术手段冒充用户本人，完成重置口令流程。例如，攻击者爆破验证码，重置口令逻辑本身有漏洞等。

4.2.2　基于令牌的身份认证

认证令牌是代替口令的好办法。认证令牌是个小设备，每次使用时生成一个新的随机数，这个随机数是认证的基础，用作一次性口令。每个认证令牌预置了一个唯一数字，称为随机种子。随机种子是保证认证令牌产生唯一输出的关键。

如果用户丢失了认证令牌，获得认证令牌的人能否冒用呢？为了处理这种情况，认证令牌一般都需要 PIN 来保护：只有输入正确 PIN，才能够用令牌生成一次性口令。我们可以发现，认证令牌使用双因子认证（Two-Factor Authentication，2FA）模式，既需要拥有令牌，也需要知道 PIN。1994 年出现了基于物理令牌（Physical Token）的双因子认证。这是一种硬件令牌，能够产生 n 位数字的 PIN，作为一次性口令使用。随着计算机技术和网络通信技术的发展，出现了一系列各种形式的一次性口令令牌，包括电子邮件令牌、软件令牌、短信令牌、语音呼叫令牌、按需令牌等。

1. 软件令牌

软件令牌采用 RFC 标准产生一次性口令。进行双因子认证时使用的是一次性口令，也被称作动态密码。一般一次性口令有两种策略，即基于 HMAC 的一次性口令（HMAC-Based One Time Password，HOTP）和基于时间的一次性口令（Time-Based One Time Password，TOTP），对应的 RFC 标准分别为 RFC 4226 和 RFC 6238。目前被广泛使用的正是 TOTP。软件令牌的优点如下：①无须记忆，不会产生口令泄露问题；②对网络无要求，离线时仍可正常使用。软件令牌的不足是需要用户针对每个账户进行安装和配置。

软件令牌是被广泛使用的一种认证令牌，谷歌、微软、腾讯等大型互联网服务商都提供了自己专用身份认证器。DuoMobile 是一种被广泛使用的软件令牌，采用公开的标准算法，能够支持多种互联网服务的一次性口令认证服务，也被广泛用于企业信息系统的多因子认证。

2. 按需令牌

按需令牌（On-Demand Token）是通过电子邮件或者手机短信发送一个验证码，用户输入收到的验证码，完成身份认证。随着移动通信的普及，手机成为比个人计算机更普及的个人计算设备，“永远在线”在现实生活中已经不是问题。因此，手机成为完成身份验证的重要手段。

手机不仅成为实现两步认证（即双因子认证）的最佳候选方式，而且成为替代口令的身份认证方式。基于短信的一次性口令，成为使用最为广泛的身份验证方式。用户只需输入手机号码和手机短信中的验证码，就能够完成身份验证。这不仅免去了口令泄露的风险，也免去了用户记忆用户名和口令的负担。另一种验证方式是基于语音呼叫的一次性口令，与短信令牌的使用模式类似，是身份验证的重要候选方式。

短信验证码的优点如下：用户不需要安装任何软件，也不需要做复杂的配置；对所有应用都可以使用同一种方式完成认证。和软件令牌相比，对用户而言，短信验证码的技术门槛更低，使用更简单。然而，由于短信验证码使用得最为广泛，因此吸引了攻击者的最多关注。短信验证码的接收和发送流程如图 4.3 所示。从发送端到网络再到终端，一直都存在各种恶意攻击。①在服务器端，短信网关被入侵的事情时有发生；②在短信传输过程中，由于七号信令的缺陷和电信网络日益走向开放，短信拦截变得更容易实施；③在接入端，由于全球移动通信系统（Global System for Mobile Communications，GSM）网络使用单向鉴权技术，且短信内容以明文形式传输，因此短信很容易被攻击者窃听，并结合 GSM 劫持技术易于实施账号劫持；④在终端，手机应用商店存在大量恶意软件，它们能够悄无声息地监控和转发用户的短信验证码。

图 4.3　短信验证码的接收和发送流程

基于语音呼叫的一次性口令，和短信一样，也面临基于七号信令缺陷的呼叫拦截和手机恶意软件的威胁。

4.2.3　基于生物特征的身份认证

生物特征识别（Biometrics）技术，是指通过计算机利用人体所固有的生理特征（指纹、虹膜、面相、DNA 等）或行为特征（步态、击键习惯等）来进行身份认证的技术。用户数据库中包含用户生物特征；认证时用户要提供生物特征的另一个样本，与用户数据库中的样本匹配，如果两者相同，则证明该用户为有效用户。

基于生物特征的身份认证的重要思想是每次认证产生的样本可能稍有不同。例如，假设获取用户的指纹用于认证，每次获取的样本可能不同，手指可能变脏、割破、出现其他标记，或者手指放在阅读器上的位置不同等，因此不能要求样本准确匹配，只要近似匹配即可。用户注册过程中，会生成用户生物特征数据的多个样本，将它们的组合和平均存放在用户数据库中，使实际认证期间的各种用户样本能够映射这些组合或平均样本。利用这个思路，任何生物认证系统都要定义两个可配置参数：假接受率和假拒绝率。前者的测量系统接收了应该拒绝的用户的机会，后者的测量系统拒绝了应该接受的用户的机会。

工作原理如下：生物认证过程首先生成用户样本并将其存放在用户数据库中；实际认证时，要求用户向服务器提供同一性质的样本（如指纹、瞳孔），通常通过加密会话（如 SSL）发送到服务器；在服务器端，首先解密用户当前的样本，并将其与用户数据库中存储的样本进行比较，如果两个样本在特定假接受率和假拒绝率条件下足够匹配，则认为用户认证成功，否则认为用户无效，认证不成功。

4.2.4　基于公钥密码学的身份认证

公钥加密又称非对称加密，在身份认证时使用公钥密码学的基本工作原理是：用户有自己的公钥/私钥对，公钥公开，私钥由用户私有；当用户需要向服务器证明自己的身份时，可以让用户使用自身私钥对某个随机挑战值或自己的密码进行签名，发送给服务器，服务器使用用户的公钥验证真伪。在这个过程中，服务器如何将用户的公钥与其身份标识对应起来？可以使用基于 PKI 的认证方案。在 PKI 体系中，找一个可信的 CA 将用户的公钥和身份标识放在一起进行签名，给用户颁发数字证书。反之，当某个网站的服务器需要向用户证明自己的身份，证明自己不是钓鱼网站等非法网站时，也可以使用基于 PKI 的认证方案。

数字证书又称数字标识或公钥证书，是标识网络用户身份的一系列数据，也是个人或单位在互联网上的身份证。数字证书是将证书持有者的身份信息和其所拥有的公钥进行绑定的文件，证书文件还包含签发该证书的 CA 的数字签名，证书包含的持有者公钥和相关信息的真实性和完整性也是通过 CA 签名保障的，也就是说，证书提供了基本的信任机制。证书可以提供诸如身份认证、完整性、机密性和不可否认性等安全服务，证书中的公钥可用于加密数据或者验证对应私钥的签名。

以 A 和 B 双方的认证为例。A 首先要验证 B 的证书真伪，当 B 将自己的证书传送给 A 时，A 要用权威机构 CA 的公钥解密证书上 CA 的数字签名，如果签名通过验证则证明 B 持有的证书是真的，即 B 的公钥与 B 的身份标识一致。接着 A 还要验证 B 身份的真伪，B 可以将自己的口令（密码）用自己的私钥进行数字签名，然后传送给 A，A 已经从 B 的证书中或从证书库中查得 B 的公钥，此时 A 可以用 B 的公钥来验证 B 用自己独有的私钥进行的数字签名。如果签名通过认证，B 在网上的身份就确凿无疑。

证书在通信时用来证明证书持有者的身份，证书本身是公开的，谁都可以拿到，但私钥只有证书持有者自己掌握，永远也不会在网络上传播。目前定义和使用的证书有很多种，例如 X.509 证书、WTLS（无线传输层安全）证书和 PGP 证书等。大多数证书都是 X.509 证书，X.509 证书的具体结构在第 3 章已介绍过。

4.2.5　挑战一：口令的存储管理问题

近年来，用户信息泄露事件层出不穷，从 2011 年 CSDN 网站的 600 万用户账号和明文密码泄露事件，到知名互联网巨头数亿用户数据被窃。雅虎在 2013 年以前一直使用脆弱的 MD5 算法保存用户账号，LinkedIn（领英）采用 SHA-1 算法，它们的安全程度都远远低于人们的期望。如何安全地存储认证信息（例如口令），是所有服务提供商必须认真对待的问题。

最初的口令存储模式，始于 1961 年麻省理工学院（MIT）的分时系统。该模式在使用中暴露出很多安全问题，很多用户互相猜测口令，而且管理员有权限解密用户的口令。20 世纪 60 年代，剑桥大学的 Roger Needham 和 Mike Guy 发明了利用哈希算法来加密口令的方法，并将之应用于多路信息计算系统（Multiplexed Information and Computing System，MULTICS）。通过哈希算法的保护，服务器不再保存用户的原始口令；即使是系统管理员，也只能通过破解哈希算法来获得用户的口令。利用安全哈希算法的单向特性，用户口令的安全性得到很大提升。由于计算机的普及，很多攻击者具有更强大的计算能力。1979 年，Robert Morris 和 Ken Thompson 提出了“哈希加盐”（Hashing and Salting）的方法，来抵抗字典破解和暴力破解，并应用于 UNIX 操作系统。

1. 安全存储口令的常用算法

更加安全的口令存储方案是：故意增加密码计算所需资源和时间，使得任何人都不可能获得足够的资源建立暴力破解所需的彩虹表（Rainbow Table）。密钥生成函数（Key Derivation Function，KDF）中都有因子，用于指明计算密码摘要所需资源和时间，也就是计算强度。计算强度越大，攻击者建立彩虹表越困难，以至于不可继续。这类方案的常用算法有三种：

（1）PBKDF2　基于口令的密钥生成函数（Password-Based Key Derivation Function2，PBKDF2）简单而言就是将“加盐的哈希”进行多次重复计算，这个次数是可选择的。如果计算一次所需要的时间是 1μs，那么计算 100 万次就需要 1s。假如攻击一个密码所需的彩虹表有 1 千万条数据，建立它就需要 115 天。这个代价足以让大部分攻击者望而却步。美国政府机构已经将这个算法标准化，并且用于一些政府和军方的系统。这个算法最大的优点是标准化，而且易于实现，同时采用了久经考验的 SHA 算法。密码管理器厂商 LastPass 就采用了 PBKDF2-SHA256 算法。

（2）BCRYPT　BCRYPT 是专门为密码存储而设计的算法，基于 Blowfish 加密算法变形而来，由 Niels Provos 和 David Mazières 发表于 1999 年的 USENIX 会议。BCRYPT 最大的好处是有一个参数即工作因子（Work Factor），可用于调整计算强度，而且工作因子是包括在输出的摘要中的。为了应对攻击者计算能力的提高，加密者可以逐步增大工作因子，而且不会影响已有用户的登录。BCRYPT 经过了很多安全专家的仔细分析，使用在以安全著称的 OpenBSD 中，一般认为它比 PBKDF2 更能承受随着计算能力加强而带来的风险。BCRYPT 也有广泛的函数库支持，因此得到了广泛应用。Dropbox 在遭受用户口令泄露事件后，就宣称将采用 BCRYPT 算法进行加密，能够保证用户口令的安全。

（3）SCRYPT　SCRYPT 是由著名的 FreeBSD 黑客 Colin Percival 为他的备份服务 Tarsnap 开发的。和上述两种算法不同，SCRYPT 不仅需要更长计算时间，而且占用更多内存。这使得并行计算多个摘要变得异常困难，因此利用彩虹表进行暴力攻击更加困难。2018 年在 Oakland 会议上发表的研究结果表明，SCRYPT 能够更好地抵御离线攻击。但是，SCRYPT 没有在生产环境中大规模应用，并且缺乏仔细的审察和广泛的函数库支持。

2．Argon2

设计一个内存密集型函数被证明是一个棘手的问题。内存密集型（Memory-Hard）是指一种算法或问题的解决过程中需要大量内存资源。在密码学和密码哈希[1]算法中，内存密集型设计通常用于提高算法的安全性，使得针对算法的大规模硬件攻击如使用 GPU（图形处理单元）、ASIC（专用集成电路）或 FPGA（现场可编程门阵列）变得更加困难和昂贵。内存密集型算法的设计使得攻击者在进行暴力破解、字典破解或其他类型的攻击时，必须投入大量内存资源。这样的设计可以提高攻击的成本，从而降低攻击的可能性。内存密集型算法在普通计算机上运行时通常对性能影响较大，因为这些设备通常不具有足够的内存来处理这些算法。

Argon2 是一种用于密码哈希的现代加密算法，于 2015 年被选为密码哈希竞赛的胜者。Argon2 专为防止大规模硬件攻击而设计，它的设计很简单，旨在实现最高的内存填充率和对多个计算单元的有效利用，同时提供对时间-内存权衡攻击（Time-Memory Tradeoff Attack）的防御。Argon2 具有三个变体：Argon2d、Argon2i 和 Argon2id。

（1）Argon2d　这个变体速度更快，并且使用数据依赖的内存访问方式，这使得它对 GPU 破解攻击有很强的抵抗力，适用于诸如加密货币或者没有侧信道定时攻击威胁的加密

[1] 密码哈希（Password Hashing）是一种将用户密码通过哈希算法转化为不可逆的固定长度字符串（即哈希值）的技术。

应用场景，不太适用于一般的密码哈希存储。侧信道定时攻击是攻击者分析算法执行时间以推导出敏感信息（如密码）的攻击方法。

（2）Argon2i　这个变体是为抵抗时间-内存权衡攻击而设计的。Argon2i 使用独立于数据的内存访问，其内存访问模式与密码和盐值无关，这是密码哈希和基于密码的密钥派生的首选，适用于密码哈希存储场景。Argon2i 的设计可以抵御侧信道定时攻击：其内存访问模式是独立的且与密码和盐值无关，这意味着攻击者无法通过观察内存访问模式和定时信息来获取有关密码的信息。Argon2i 速度较慢，它在内存中运行了更多的处理逻辑，以防止权衡攻击。

（3）Argon2id　这个变体结合了 Argon2d 和 Argon2i 的优势，旨在提供最佳的安全性。Argon2id 在前半部分采用 Argon2i 的内存访问模式，后半部分采用 Argon2d 的内存访问模式，从而既能抵抗 GPU 破解攻击，又能抵抗侧信道定时攻击和时间-内存权衡攻击。因此，Argon2id 被推荐用于大多数应用场景。

4.2.6　挑战二：令牌安全问题

在实际使用中会存在一种风险，即有人可能会采用暴力破解的方式来获取一次性口令，因此需要对错误次数进行限制。限制错误次数能有效避免暴力破解的出现。除了暴力破解，也存在针对特定令牌实现漏洞的破解案例。无论是软件令牌，还是硬件令牌，其产生一次性口令的秘密都被集中存储在一个数据库中，这个数据库被入侵，就会给令牌的安全带来极大的威胁。

例如，2011 年国际著名安全公司 RSA 公司被入侵，导致著名的双因素身份验证用户令牌系统 RSA SecurID 数据泄露。RSA SecurID 在一些大型企业和政府机构具有良好口碑，这个系统此前一直被认为是无法攻破的系统。那么，究竟发生了什么事情呢？概括地说，一封网络钓鱼电子邮件被发送给某些低级别的员工，邮件标题是“2011 年招聘计划”，其中包含一个 Excel 电子表格，里面具有零日漏洞可利用的 Flash 文件。一位员工或者更多位员工误认为这是合法邮件，打开了这个文件。在这种挑战中，攻击者利用托管供应商提供的服务器作为中转站，将从 SecureID 服务器收集到的数据文件暂时存储在这里。使用托管供应商的服务器可以掩盖攻击者的真实身份和位置。

按需令牌也面临各种安全挑战。①基于电子邮件的身份验证，实际上是把自身的安全交给另外一个账号，即电子邮箱，这只是把当前账号的安全问题转移为电子邮箱账号的安全问题。②短信验证码面临被窃取的风险。③基于语音呼叫的一次性口令，和短信验证码一样，也面临基于七号信令缺陷的呼叫拦截和手机恶意软件的威胁。④所有认证方式都面临钓鱼攻击和社会工程学攻击。

4.2.7　挑战三：生物特征失窃与仿冒问题

指纹、虹膜、人脸、静脉这些生物特征，是人生下来就有的，并且具有唯一性，可以用来很精准地对一个人进行识别和判断。同时，相对于密码输入，生物特征具有验证便捷的特点。但是，这些生物特征数量少而且无法更改，一旦泄露就会产生安全风险。

随着指纹识别、人脸识别、语音识别等生物特征认证技术的应用，针对此类技术的攻击模式也不断涌现。例如：

（1）欺骗手机指纹识别系统　在 2017 年的 GeekPwn（极棒）大赛上，百度安全实验室在 5min 内以 5 角钱的成本完成假指纹的制作，成功欺骗手机指纹识别系统。

（2）攻破人脸识别身份认证系统　美国斯坦福大学研发出一款人脸跟踪软件 Face2Face，它可以通过摄像头捕捉用户的动作和面部表情，然后驱动视频中的目标人物做出一模一样的动作和表情，效果极其逼真。

上述研究表明，现有的技术手段能够使攻击者以很低的成本快速获得具有很高攻击能力的假体。由此可见，现有的生物特征认证系统迫切需要引入活体检测技术，来提高系统的安全性。

活体检测的定义为："为了防止恶意者将伪造的他人生物特征用于身份认证，在生物特征识别过程中，针对待认证样本是否具有生命特征进行检测的技术，称为活体检测。活体检测是将具有生命特征的人的样本，与仿制的人造样本进行区分的过程，是欺骗检测中的一种。"例如 Apple 公司提出使用固定角度的偏振光对手指进行照射，根据获取到的手指中的氧合血红蛋白和脱氧血红蛋白、β-胡萝卜素等光谱情况来判断真假手指。汇顶科技的官网也介绍了通过血液、心率信号检测来识别假指纹的技术。

4.2.8　挑战四：私钥安全管理与使用方便之间的矛盾

身份认证时，发送方使用私钥加密信息，接收方则使用公钥来解密，以验证身份。这种方法面临私钥安全管理与用户使用方便之间的矛盾。

从安全的角度出发，私钥安全管理要求：①保密性。私钥必须保密，如果私钥泄露，那么任何人都可以冒充私钥的拥有者。②存储安全。用户需要采取安全有效的措施来存储私钥，如存储在本地设备或专用的硬件设备中——硬件安全模块（Hardware Security Module，HSM）、智能卡等。③备份。私钥需要备份，如果没有备份，一旦私钥丢失，用户就无法访问相关服务。但是，备份又增加了私钥泄露的风险。④传输安全。在服务器之间传输私钥时，需要通过 SSH 或加密的 USB 设备。

从用户使用方便的角度出发，用户希望：①无须记忆。不需要记住复杂的密码，只需使用私钥即可进行身份认证。②通用性。能够在多个设备上使用私钥进行身份认证，这要求私钥能方便地在多个设备间移动。③使用方便。考虑到用户体验，私钥的使用过程需要尽量简化，例如，通过指纹或面部识别来解锁私钥。

以 SSH 为例，管理员使用 SSH 密钥安全登录远程服务器。SSH 密钥对包括一个公钥和一个私钥。管理员将公钥放在远程服务器上，而私钥保存在本地计算机上。这时，私钥通常被存储在本地计算机的一个加密容器内，或者被保存在一个专用硬件设备上。为了便于使用，管理员可能希望在多个设备上使用 SSH 私钥进行认证，这可能导致私钥被复制到多个地方，增加了泄露的风险。此外，每次使用 SSH 连接服务器时，都需要输入密码来解锁私钥，这可能使管理员感到烦琐。

以数字证书为例。假设一个电子商务网站，它在多个数据中心有多台服务器来处理交易。如果这个网站使用单个 TLS 证书（及其私钥），那么私钥就需要被安全地分发到所有服务器上。管理员可能会使用自动化脚本来部署这些私钥，以便提高效率。但是，如果这个自动化过程中的任何一步没有得到适当的保护，那么私钥就可能泄露。同时，为了维护服务的可用性，私钥必须随时可用以保证网站的正常运行。如果私钥在一个服务器上被更新，它必须迅速且安全地同步到其他服务器上。这个过程中的任何延迟或错误都会影响用户体验和网站的信誉。

基于以上两个例子，可以了解到公钥密码学的这种矛盾源于安全性和便利性的平衡问题，解决方案往往需要在增强安全性的同时，尽量减少对用户便利性的影响。此外，私钥的安全存储还面临设备遗失的问题，如存储私钥的硬件安全模块（HSM）或 USB 设备遗失。对于银行，它们可以提供线下服务来解决设备遗失的问题。对于百度、腾讯等不提供线下服务的互联网公司，如果它们的用户遗失了存储私钥的设备，无法通过线下服务办理相关业务，那么它们可以通过以下四种措施来缓解硬件设备遗失对私钥安全的影响：

1）提供远程管理功能。当设备遗失时，可以通过远程管理功能禁用或删除遗失设备的私钥。

2）备份。确保拥有私钥的备份，当设备遗失时，能够恢复私钥。但是备份时需要通过安全的途径备份，并且限制可以访问备份私钥的人员。

3）定期更换。可以定期更换私钥，这样即使设备遗失，私钥暴露给攻击者，攻击者也只能访问相应时间范围内的数据。

4）加密存储设备。确保硬件设备本身受到保护，例如，使用安全锁定设备或加密存储介质。

4.3 身份认证的典型技术方案

4.3.1 基于硬件安全的数字证书

随着万维网（World Wide Web，WWW）和电子商务的流行，人们试图用基于公钥密码的 TLS 客户端证书来取代口令这种传统的身份验证模式。然而，由于客户端管理证书和私钥方面的困难，这种想法并未成功实现。用户和 Web 服务器之间基于 TLS 的认证大多是单向的，在 TLS 层只使用证书来验证服务器的身份，而用户身份验证的主流方式仍然是基于文本的口令。

客户端证书为什么没有被广泛使用？因为客户端证书消息在加密完成之前被发送，所以客户端证书的内容对被动网络攻击者（网络窃听）是可用的。CA 签发给自然人的证书通常至少包含一个人的姓名和个人身份代码。即使证书不包含任何个人数据，被动网络攻击者也可以使用证书中的公钥跟踪客户端。目前的应用层客户端证书会先建立 TLS 连接，然后在安全的信道上传输客户端证书。那么，为什么 TLS 客户端证书也没有被广泛使用？这是因为私钥和证书管理方面存在困难。虽然数字证书是安全的，但是为了私钥的安全，用户需要携带额外的硬件设备，例如智能卡、USB Key，并且这些设备在实际使用中存在各种兼容性问题。此外，还需要考虑私钥如何适配多个服务，是每个服务一个私钥还是一个私钥多个服务（eID）。同时，证书的分发、更新、撤销等管理较为复杂。用户体验成为数字证书被广泛使用的主要障碍。

总之，数字证书虽然安全性高，但是证书管理复杂，还面临数字证书和私钥设备遗失或被盗取、CA 中心被入侵或仿冒的风险，它的缺点还包括放弃了匿名性。数字证书适用的业务场景为实名制服务、对安全性要求高的业务。

4.3.2　多因子认证

多因子认证（Multi-Factor Authentication，MFA）是一种安全认证过程，需要用户提供两种及以上不同类型的认证因子来表明自己的身份，以便获得系统或设备的访问权限。它可以提高认证的安全性。多因子认证是应对撞库攻击的重要措施之一。随着账号劫持事件增多，很多互联网服务都开始支持两步认证（Two-Step Authentication）：一般第一步采用最常用的用户名和口令进行身份认证，第二步的认证引入了短信验证码、电话验证码、软件令牌一次性口令、基于数字证书的 USB 安全密钥、备份验证码（比如，写在纸上的一次性验证码）等多种方式。这些方式各有优点和不足，用户可以根据自己的喜好和应用场景进行选择。

但是，很多研究表明，最初推广时，用户对两步认证的接受率并不高。例如，2015 年谷歌账户中只有 6.4%的用户启用了两步认证服务，其主要原因还是用户体验不佳：在两步认证时，用户需要额外的步骤进行身份认证，如较为烦琐地输入验证码或者需要依赖移动设备或其他硬件进行第二步认证，这对用户体验产生负面影响。解决措施则是在安全性和方便性之间做出平衡，但也会给攻击者带来新的机会。

所有多因子认证，在应用中还面临两个共性问题：

1）应用软件的兼容性问题。很多已有应用都不支持两步认证，例如，一些电子邮件客户端软件。解决办法是针对特定设备和特定应用设置专用密码，用户只需要在该设备上为该应用设置一次，以后就可以自动完成身份认证。

2）多步认证带来用户体验下降问题。解决办法是与常用设备管理功能相结合，简化用户的身份认证操作，提升用户体验。其基本思路是在用户管理的可信任设备上发起身份认证请求时，无须两步认证。例如，用户使用浏览器第一次登录某个账号时需要进行两步认证，身份认证成功后，服务器在浏览器中设置一个永不过期的 Cookie，将这个浏览器识别为用户的可信任计算设备，作为下次身份认证的第二个因子。当用户再次用此浏览器访问这个服务器时，就无须进行两步认证了。这种设计显著改善了两步认证的用户体验，对两步认证的推广贡献了积极作用。但是，一旦此类永不过期的 Cookie 被劫持，用户将面临被冒充的风险。

现在，两步认证已经得到广泛使用：

1）一些服务提供商引入了单次登录和长期信任的功能。用户在进行初始登录时需要进行两步认证，但在一段时间（如 30 天）内再次访问时，可以免除第二步认证。这样可以降低用户重复输入验证码的频率，提升用户体验，同时保持安全性。

2）现在的两步认证趋向于自动化和无缝集成，以减少用户的操作步骤和干预。例如，通过将两步认证与设备的生物识别功能集成，用户可以使用指纹或面部识别来自动完成第二步认证，而无须手动输入验证码。

3）在用户无法使用默认的两步认证方式时，现在的系统通常提供备选验证方法。例如，如果用户无法接收短信验证码，则可以选择使用备用电子邮件地址接收验证码。这样可以提高用户的灵活性和便利性。

4.3.3 FIDO 协议

FIDO（Fast IDentity Online）协议是一套在线快速身份认证标准，旨在通过新的身份验证标准来减少对密码的依赖。它主要包含 UAF 和 U2F 两套协议，以公钥加密技术为基础，支持多种验证方式。2013 年 2 月，FIDO 联盟正式成立。2014 年 12 月，FIDO-UAF-v1.0 和 FIDO-U2F-v1.0 正式发布。FIDO 协议是一套开放的标准协议，保证各个厂商开发的强认证技术之间的互操作性，并通过两套协议来支持多种硬件设备。

1）通用身份认证框架（Universal Authentication Framework，UAF）协议支持指纹、语音、虹膜、面部识别等生物特征身份识别方式。无须用户密码介入，直接进行认证。用户在注册阶段，根据服务器支持的本地认证方式，选择一种认证方式，如指纹识别、人脸识别、语音识别等，服务器也可保留密码认证方式，将密码和生物特征识别相结合，增强用户账户安全性。

2）通用第二因素（Universal Second Factor，U2F）协议支持 U 盾、近场通信（NFC）芯片、可信赖平台模块（Trusted Platform Module，TPM）等硬件设备，使用双因子（密码和加密硬件设备）保护用户账户和隐私。用户在注册阶段，使用服务器支持的加密设备，将账户和设备绑定。当进行登录认证操作时，服务器在合适的时候，提示用户插入设备并进行按键操作；加密设备对数据签名，发送给服务器；服务器做认证，如果认证成功，用户就可登录成功。由于有了第二因子（加密硬件设备）的保护，用户可以选择不设置密码或者使用一串简单易记的 4 位密码。

FIDO 协议最基本的技术特征（见图 4.4）就是本地身份识别与在线身份认证相结合，在线身份认证技术则采用非对称公钥/私钥对来保障安全。

图 4.4 FIDO 协议最基本的技术特征

1. FIDO UAF

FIDO UAF 工作原理如图 4.5 所示。用户校验时，用户通过位于本地的认证器完成身份识别并产生公钥/私钥对；在线认证时，本地的认证器使用私钥签名，服务端使用公钥进行验证，服务端需要验证该认证器是否合法，用户是否使用该认证器注册过。

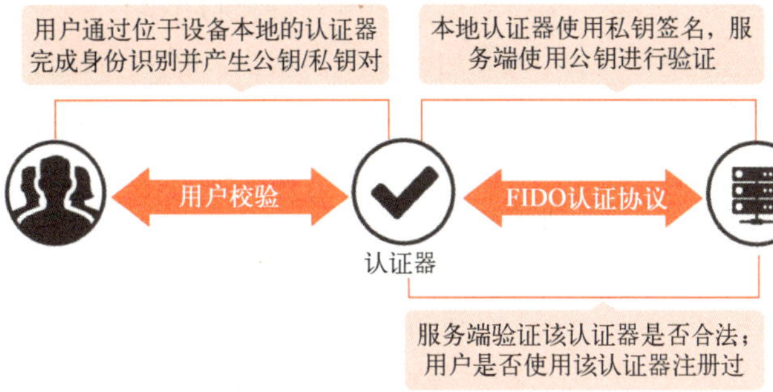

图 4.5　FIDO UAF 工作原理

FIDO UAF 体系架构如图 4.6 所示，其中总结了参考的 FIDO 体系结构及其组件、典型 FIDO 用户设备和依赖方（Relying Party）的关系。

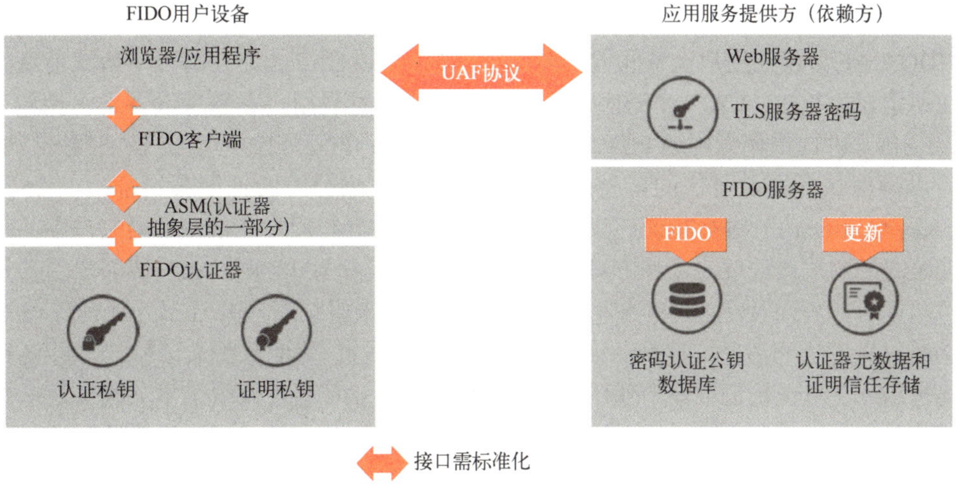

图 4.6　FIDO UAF 体系架构

FIDO UAF 客户端实现了 FIDO UAF 协议，并负责：①通过 FIDO UAF 认证器 API（应用程序接口）使用 FIDO UAF 认证器抽象层与特定的 FIDO UAF 认证器进行交互。②FIDO UAF 客户端与设备上的用户代理交互（例如，移动应用程序、浏览器），使用特定于用户代理的接口与 FIDO UAF 服务器通信。例如，特定于 FIDO 的浏览器插件将使用现有的浏览器插件接口，或者移动应用程序可能使用特定于 FIDO 的软件开发工具包（SDK）。然后，用户代理负责将 FIDO UAF 消息传递给依赖方的 FIDO UAF 服务器。FIDO UAF 体系结构确保了 FIDO 客户端软件可以跨一系列系统类型、操作系统和 Web 浏览器实现。虽然 FIDO 客户端软件通常是特定于平台的，但组件之间的交互应该确保不同平台的一致用户体验。

FIDO 认证器通常内置了加密功能（如生成密钥对、签名等），这些功能通过认证器抽象层暴露给 FIDO UAF 客户端。它提供了一个统一的底层“认证器插件”API，促进了多供应商 FIDO UAF 认证器及其必要驱动程序的部署。

FIDO UAF 认证器是一个安全实体，连接到 FIDO 用户设备或安装在 FIDO 用户设备中，可以创建与依赖方相关的密钥材料：认证私钥（Authentication Private Key）和证明私钥（Attestation Private Key）。然后，该密钥可用于参与 FIDO UAF 强身份认证协议。例如，FIDO UAF 认证者可以使用密钥材料响应加密挑战，从而向依赖方认证自己。为了实现简化可信身份认证功能集成的目标，FIDO UAF 认证器将能够证明其特定类型（例如，生物识别）和功能（例如，支持的加密算法），以及其来源。这给依赖方提供了高度的信心，即被认证的用户确实是最初在该网站注册的用户。

FIDO UAF 服务器是实现了 FIDO UAF 协议的服务器端，并负责：①与依赖方 Web 服务器（依赖 FIDO UAF 进行用户认证的网站或服务）交互，通过设备用户代理（即用户设备上运行的软件）将 FIDO UAF 协议消息传递给 FIDO UAF 客户端。②FIDO UAF 服务器根据配置的认证器元数据（Authenticator Metadata）验证 FIDO UAF 认证器证明（Authenticator Attestation），以确保仅注册可信的认证器以供使用。③管理已注册的 FIDO UAF 认证器与依赖方用户账户的关联。④评估用户身份认证和事务确认响应以确定其有效性。FIDO UAF 服务器可由依赖方部署为本地服务器，或外包给支持 FIDO 的第三方服务提供商。

FIDO UAF 协议在用户设备和依赖方之间传递 FIDO UAF 消息。有以下协议消息：①认证器注册消息。FIDO UAF 注册协议使依赖方能够：发现用户系统或设备上可用的 FIDO UAF 认证器，并向依赖方传递 FIDO UAF 认证器属性；验证 FIDO UAF 认证器所做的证明决断，以确保认证器是可信的，使用通过认证器元数据分发的证明公钥证书（Attestation Public Key Certificate）进行验证；注册一个认证器并将其与用户在依赖方的账户中关联，一旦认证器的证明被认证过，依赖方可以提供特定于依赖方和 FIDO UAF 认证器的唯一安全标识符，此标识符可用于{依赖方，认证器}对之间的未来交互，并且不为任何其他设备所知。②用户身份认证消息。身份认证通常基于加密的质询-响应身份认证协议，并将有助于用户选择在一次身份认证事件中使用哪些 FIDO UAF 认证器。③安全事务确认消息。如果用户认证器具备这样做的能力，则依赖方可以向用户提供安全消息以进行确认。消息内容由依赖方确定，可用于各种应用场景中，例如确认金融交易、用户协议或发布者记录。④认证器注销。当用户账户在依赖方处被删除时，通常需要注销。依赖方可以通过请求认证方删除与用户账户相关联的 UAF 凭据来触发注销。

UAF 注册流程如图 4.7 所示。鉴于 FIDO UAF 架构，当拥有初始化的 FIDO UAF 认证器时，依赖方（应用服务提供方）能够透明地检测用户何时开始与它们交互。在这个初始介绍阶段，依赖方将提示用户关于任何检测到的 FIDO UAF 认证器（可能有多个），让用户选择是否在依赖方注册它。具体过程如下：①用户代理（浏览器或移动应用程序）初始化注册过程。在注册过程中，用户选择他们想要使用的身份验证方法进行登录。只有符合依赖方（应用服务方）指定要求的验证方法才可用。②依赖方生成一个随机数作为挑战（Challenge）以及在线服务策略，作为注册请求消息，发送给 FIDO 客户端。③用户设备（可以是个人计算机或手机）创建一个新的密钥对，该密钥对针对该设备、在线服务和用户账户。④用户设备保留私钥，并将公钥发送给与用户账户相关联的在线服务，同时将收到的随机数挑战用自己的私钥加密，作为注册响应消息发送给依赖方。⑤依赖方收到加密后的随机数挑战，并用存储在数据库中的用户设备公钥解密，得到解密后的随机数挑战，验证解密得到的随机数是否与第一步中发送的随机数一致。请注意，在整个过程中通信都是加密的，并且私钥和生物特征信息永远不会离开用户设备，这将泄露的可能性降到最低。

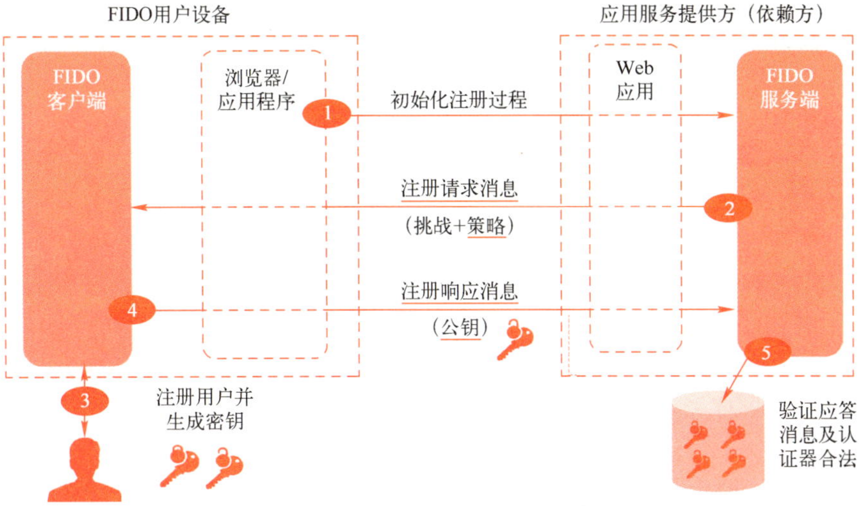

图 4.7　UAF 注册流程

在用户完成注册后，只要用户通过网站进行身份认证且 FIDO UAF 认证器可用，系统就将自动使用该认证器进行认证。如果 FIDO UAF 认证器不可用，网站可以实施多种回退策略，这些策略的范围可能从允许用户通过常规登录方式访问受限功能，到完全禁止登录。根据所使用的 FIDO UAF 认证器类型，具体的认证场景可能会有所不同。一些认证器可能会采集生物特征数据，如面部图像、指纹或声纹；其他认证器可能需要用户输入 PIN 或特定于本地认证器的密码短语；还有一些认证器可能仅仅是硬件设备。无论采用哪种认证方式，只要遵守 FIDO 隐私原则，FIDO 客户端都可以与外部服务进行交互，作为用户向认证器进行身份验证的一部分。

UAF 身份认证流程如图 4.8 所示。认证具体流程如下：

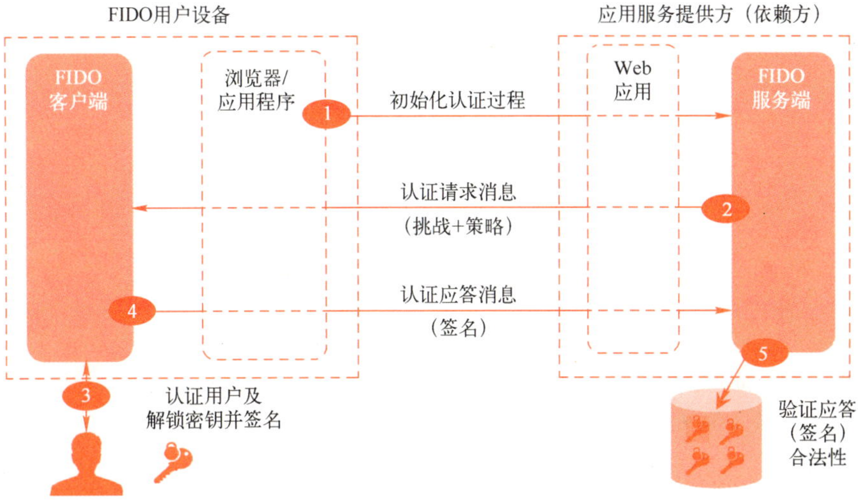

图 4.8　UAF 身份认证流程

1）用户代理（浏览器或移动应用程序）初始化认证过程，用户使用他们选择的验证方法登录到在线服务来验证他们的身份。

2）与注册过程相似，依赖方发送认证请求消息，包含随机数挑战和在线服务策略。

3）用户设备使用账户标识符选择适当的私钥，并以证明设备拥有私钥的方式对在线服务的挑战进行签名。

4）用户设备将签名后的挑战发送回在线服务。

5）依赖方通过公钥验证挑战，用户可以访问在线服务。

UAF 注销流程如图 4.9 所示。注销具体流程如下：

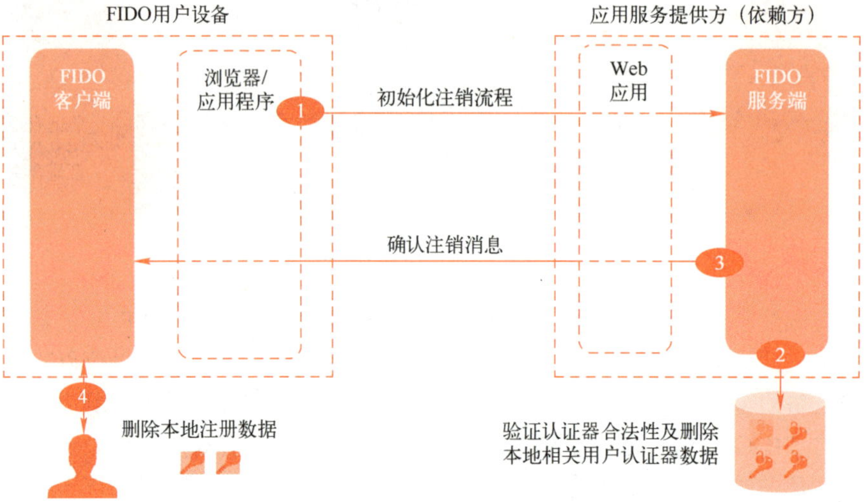

图 4.9　UAF 注销流程

1）用户代理初始化注销流程。

2）依赖方验证认证器的合法性并删除本地相关用户认证器数据，如公钥信息等。

3）依赖方发送确认注销消息。

4）用户设备删除本地注册数据。在某些情况下，依赖方可能需要删除与 FIDO 认证器中特定用户账户关联的 UAF 凭据。例如用户账户被取消或删除、用户的 FIDO 认证器丢失或被盗等情况下，依赖方也就是在线服务网站，可以请求 FIDO 认证器删除绑定到用户账户的身份认证密钥。

2. FIDO-U2F

U2F（Universal Two Factor）协议是一种由 Google 和 Yubikey 联合开发的账号二次验证协议。FIDO U2F 支持第二因子体验。FIDO U2F 允许在线服务为用户登录添加强大的第二因子，从而增强现有密码基础设施的安全性，即用户像以前一样使用用户名和密码登录，在线服务还可以随时提示用户出示第二因子设备（如 FIDO 安全密钥）。强大的第二因子允许在线服务简化密码（如 4 位数的 PIN），而不会影响安全性。

FIDO U2F 基本原理如图 4.10 所示。

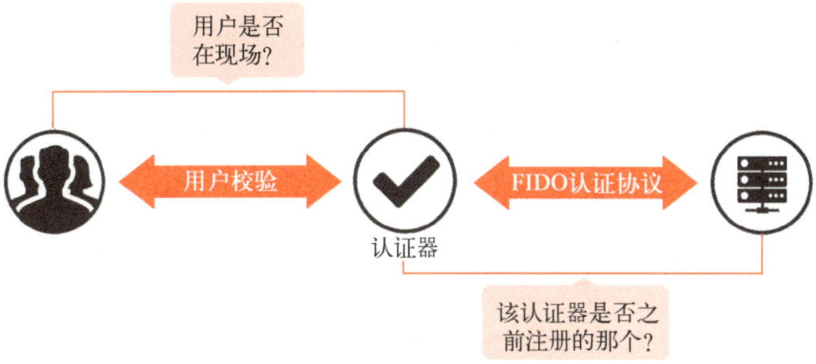

图 4.10　FIDO U2F 基本原理

FIDO U2F 的基本工作流程主要分为两部分：注册和认证。

1）注册时，用户通过客户端（浏览器或移动应用程序）登录在线服务获取挑战数据，生成注册请求发给 U2F 设备。U2F 设备收到注册请求后，产生一对非对称密钥，并生成密钥标识符（Key Handle），用于认证时找回私钥，将公钥、密钥标识符等数据用某种签名算法签名后作为响应发给客户端。客户端转换成特定格式发给在线服务，服务器将公钥与用户账号建立关联。

2）认证时，用户通过客户端登录在线服务获取挑战数据，生成认证请求发给 U2F 设备。用户按键确认后，U2F 设备根据认证请求中的密钥标识符找回注册时的私钥，然后对挑战等数据进行签名，生成响应数据后发给客户端。客户端转换成特定格式发给在线服务，服务器使用注册时关联的公钥验证签名是否正确。

与 UAF 协议一样，通信在整个过程中都是加密的，并且私钥永远不会离开用户的设备。

3. FIDO2

FIDO2 是 FIDO 联盟最新的（即第二代）一组强身份认证标准的总称。FIDO U2F 支持第二因子体验，而 FIDO UAF 支持无密码体验。最新的 FIDO2 标准支持无密码、第二因子和多因子用户体验。FIDO2 标准使用户能够利用通用设备轻松地在移动和桌面环境中对在线服务进行身份认证，并且比密码和短信 OTP 具有更高的安全性。FIDO2 包括两个规范：万维网联盟（World Wide Web Consortium，W3C）的 Web 身份认证（WebAuthn），FIDO 联盟的客户端到认证器协议（Client-to-Authenticator Protocol，CTAP）。

1）W3C WebAuthn。为了使 FIDO 身份认证能够直接内置到浏览器和平台中，WebAuthn 规范定义了一个标准 Web API，使浏览器用户能够使用比密码安全性更强的加密密钥对登录。该规范支持无密码登录和第二因子登录，允许在所有 Web 浏览器和相关 Web 平台基础结构中进行强 FIDO 身份认证。

2）FIDO CTAP。CTAP 是 WebAuthn 的补充规范，CTAP 使浏览器和操作系统能够与外部身份认证器（如基于 USB 的设备、支持 NFC 和蓝牙的设备）通信，并且无须用户在他们使用的每台设备上重新注册。有了这个规范，用户可以通过浏览器（客户端）或平台（例如，使用联网设备或手机）登录他们的计算机、物联网设备等。

这两个规范共同为用户提供了一种基于公钥的身份验证方法，增强了安全性。FIDO2 的工作原理如图 4.11 所示。

1）WebAuthn 协议由依赖方（如网站）通过 CTAP2 或 U2F（现在被认为是 CTAP1）且通过 WebAuthn 兼容的客户端对用户进行标准化访问。

2）CTAP2 是一个应用层协议，用于 WebAuthn 客户端（如浏览器）与符合要求的加密认证器设备之间通信。加密认证器设备既可以是外部的，如安全密钥或安卓智能手机，通过 USB、蓝牙或 NFC 通信进行漫游，也可以是内部的，如 TPM、可信执行环境或 TouchID。

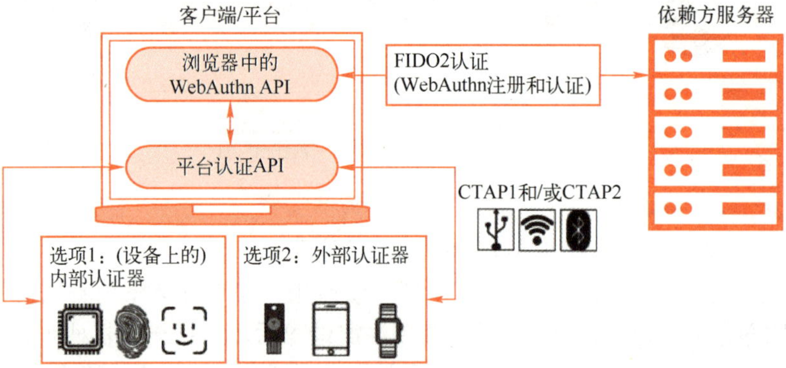

图 4.11 FIDO2 的工作原理

FIDO2 认证的工作流程可分为注册和认证两部分。

1）注册时，用户在尚未注册的设备上访问网站（或应用程序）。网站请求用户进行身份认证（如用户名和密码）。用户输入所需信息后，假设网站要求用户使用加密认证器设备进行二次身份认证，该加密认证器设备应是安全密钥（如 FIDO2 安全密钥）。

① 网站后端生成一个随机数（Challenge，即挑战）并将其发送到前端。

② 前端调用 WebAuthn API，发起创建凭据请求。请求中包含挑战、用户信息和允许的安全密钥类型。

③ 浏览器与安全密钥通过 CTAP 通信。安全密钥生成一对公钥和私钥，并将公钥、挑战和用户信息一起存储在设备上。

④ 安全密钥将公钥、设备签名和其他元数据打包成一个对象（Attestation，即证明），返回给浏览器。

⑤ 浏览器将证明对象发送回网站。

⑥ 网站验证证明对象，确保安全密钥的有效性。如果成功，网站将公钥与用户账户关联并存储。

2）认证时，用户访问网站并请求登录。网站要求用户使用安全密钥进行身份验证。

① 网站后端生成一个随机数（挑战）并将其发送到前端。

② 前端调用 WebAuthn API，发起身份验证请求。请求中包含挑战和用户 ID。

③ 浏览器与安全密钥通过 CTAP 通信。安全密钥查找与用户 ID 关联的公钥，并使用私钥对挑战签名。

④ 安全密钥将签名和其他元数据打包成一个对象（assertion，即断言），返回给浏览器。

⑤ 浏览器将断言对象发送回网站。

⑥ 网站验证断言对象，确保签名有效。如果成功，网站确认用户身份并允许登录。

FIDO2 的优点如下：

1）安全。FIDO2 加密登录凭据在每个网站上都是唯一的，永远不会离开用户的设备，也永远不会存储在服务器上。这种安全模型消除了网络钓鱼、各种形式的密码盗窃和重放攻击的风险。

2）方便。用户使用简单的内置方法（如设备上的指纹读取器或摄像头），或者利用易于使用的 FIDO 安全密钥来解锁加密的登录凭据。用户可以选择最适合他们需求的设备。

3）隐私。由于 FIDO 加密密钥对于每个互联网站点都是唯一的，因此它们不能用于跨站点跟踪用户。此外，生物特征识别数据在使用时永远不会离开用户的设备。

4）可扩展性。网站可以通过简单的 JavaScript API 调用来启用 FIDO2，该调用受到每天使用的数十亿台设备上的浏览器的支持，也受到众多平台的支持。

FIDO2 并没有取代 FIDO UAF 和 FIDO U2F。FIDO2 下的规范支持现有的无密码 FIDO UAF 和 FIDO U2F 用例和规范，并扩展了 FIDO 身份认证的可用性。已经拥有符合 FIDO 标准的外部设备（如 FIDO U2F 安全密钥）的用户，能够继续将这些设备与支持 WebAuthn 的 Web 应用程序一起使用。现有的 FIDO UAF 设备仍可与已有的服务以及基于 FIDO UAF 协议的新服务产品一起使用。

4.3.4　新思想：持续认证与动态访问控制

随着大数据和人工智能技术的应用，新的身份认证模式正在涌现，如基于行为的身份认证（some way you behave）和基于位置的身份认证（somewhere you are）。这些模式都为实现更安全、更智能的身份认证提供了更多思路。关于身份认证开始出现一些新的思想。例如，从机器学习技术的角度来看，可以把身份认证系统建模为一个分类器，用户每次认证时输入的各种信息作为一个实例。

1. 把身份认证系统建模为一个分类器

许多大型网站已经采用以风险为基础的模型对用户身份进行认证。这种方法在 21 世纪初出现于在线金融网站上。虽然错误的口令意味着拒绝访问，但正确的口令只是一个信号。分类器可以利用口令以外的许多信号，包括用户的 IP 地址、地理位置、历史记录，以及 Cookies、登录时间、输入口令的方式以及正在请求的资源。与口令不同，用户无须付出额外的努力即可使用这些隐式信息。移动设备引入了许多来自传感器的新信号，来测量与用户的交互。虽然这些信号都并非不可伪造的，但是每个信号都是有用的——都会增加攻击者的成本。例如，地理定位可以被对手伪造，浏览器指纹识别技术也一直面临指纹伪造问题，可是在实践中伪造所有信号的难度很大，它们仍大大提高了账号的安全性。

但是，基于分类器的身份认证与传统的口令认证不同，其结果不是 0 或者 1 的关系，而是一种可能性，或者是一个实数值。这个数字必须被离散化为 0 或者 1，才能够决定是否授予用户访问权限。任何分类器将不可避免地产生错误接受（False Accept）和错误拒绝（False Reject）的错误。需要继续改进机器学习技术以减少这些错误，并尽可能地采用新技术来引入更多、更可靠的认证因子，以提高可用信号的数量和质量。

此外，基于分类器的身份认证在实际应用时会遇到很多挑战。

一个挑战是在错误接受和错误拒绝之间，很难做出权衡。对于金融网站，错误接受可能转化为欺诈，但通常可以通过撤销任何欺诈性付款来收回。但是由于错误拒绝，敏感用户数据被泄露的网站，其违规行为永远不能撤销，这可能会造成非常大的损失。与此同时，错误拒绝会使用户困扰，他们可能会转向竞争对手的网站。

另一个挑战是如何获得大量的基准真值数据来训练分类器。出于经济动机的攻击者可能也是最容易对付的，而且他们的攻击通常需要考虑可伸缩性，从而导致大量攻击，这些会给分类器带来大量训练数据。具有非经济动机的攻击者可能更难以在算法上检测到。有针对性的攻击，包括技术上复杂、针对单个用户账户的“高级持续威胁”（Advanced Persistent Threat，APT），是最困难的挑战，攻击者可以为受害者量身定制技术，并给分类器留下相对较少的信号。

2. 持续认证和零信任

身份认证可以是一个更灵活、更智能的过程。如果分类器的可信度较低或用户试图进行特别敏感的操作，则需要更多信息。例如，如果站点注意异地账户的可疑活动，则可以要求用户通过短信或电话确认身份。这使多级身份验证（Multi-level Authentication）成为可能：当分类器的可信度较低时，用户可以获得有限的访问权限。例如，在英国一些银行，用户通过口令只能查询账户，只有使用安全令牌才能将资金转出。网站也可能要求较少的信息，包括不要求输入口令，利用辅助信号来验证用户的身份。例如，通过使用持久会话 Cookie，允许用户在预定的时间内不使用口令登录，由一个分类器来决定何时重新检查口令。

持续认证（Continual Authentication）是指分类器不只是在入口处检查口令，而是在允许用户进入后监视用户的行为，并根据这些附加信号改进其决策，实现动态的访问控制。零信任（Zero Trust，ZT）是一种专注于资源保护的网络安全范式，其前提是信任永远不会被隐式授予，而是必须不断评估。简单来讲，零信任即永不信任、持续认证。

谷歌在 2009 年受到了极光行动（Operation Aurora）的攻击，事后调查发现黑客在完成攻击之前，甚至之后，曾长期潜伏在企业内网，利用内部系统漏洞和管理缺陷逐步获得高级权限，最终窃取数据。因此，谷歌基于零信任理念构建了 BeyondCorp 系统。自 2014 年 12 月，Google 先后发表 6 篇 BeyondCorp 相关论文，论文提出了一种新的安全模式，设备和用户只有经过验证才能够访问特定的资源，从而构建软件定义安全的雏形。BeyondCorp 的核心思想是零信任，区别于传统模型中企业内网这样一个“特权网络”，BeyondCorp 不会直接信任接入内网的设备和用户。准入策略并非基于用户的物理位置或来源网络，而是基于设备的信息和状态、设备关联的用户身份及其权限信息来控制对于服务的访问。BeyondCorp 的组件和访问流如图 4.12 所示。

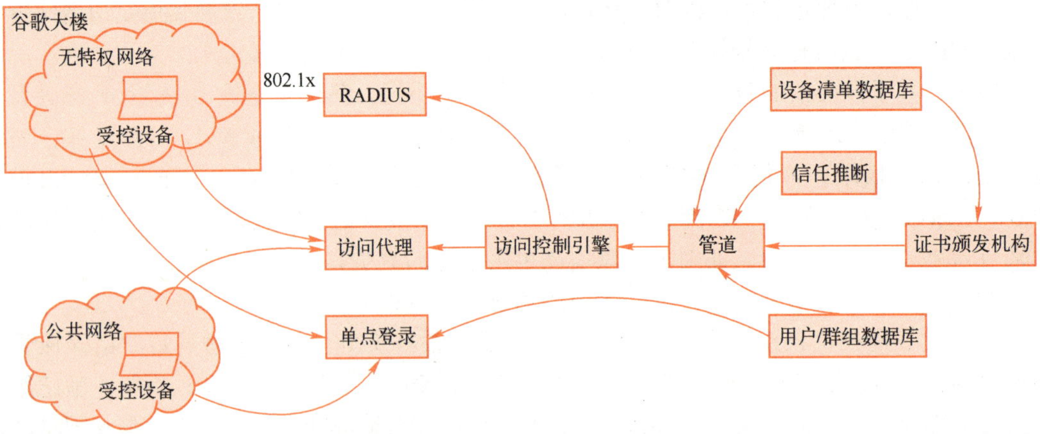

图 4.12　BeyondCorp 的组件和访问流

1）谷歌大楼的内网是无特权网络。谷歌员工插上公司网线或连上 WiFi 之后，只能连接互联网和有限的基础设施服务（如 DNS、DHCP、NTP），不能直接连接公司内部的业务系统，而且员工进行 802.1x 认证之后才能连上内网。802.1x 协议是一种基于端口的网络接入控制协议。“基于端口的网络接入控制”是指在局域网接入设备的端口这一级验证用户身份并控制其访问权限。802.1x 允许通过远程身份认证拨号用户服务（RADIUS）访问网络。

2）无论用户身在谷歌大楼的内网，还是咖啡馆公共网络，要连接公司的内部系统，都必须通过“访问代理”的验证，才能访问。访问代理是面向互联网的，其作用如下：①访问代理会验证用户的身份：用户通过单点登录（Single Sign On，SSO）系统的双因子认证来验证身份。外化的单点登录系统起到了一层防骚扰的作用，没有通过身份验证的人只能看到访问代理，看不到后面的业务系统。②访问代理会验证用户的设备。只有企业采购并妥善管理的受控设备才能连接访问代理。谷歌公司的设备通常会禁止用户乱装软件，由系统自动更新安全补丁和病毒库。③访问控制引擎持续给用户的信任等级打分。只有信任等级保持在“高级”的用户才能通过访问代理。例如：一个未安装最新操作系统补丁的设备，其信任等级可能会被降低；一个从新位置访问应用的用户，其信任等级可能会被降低。用户的信任等级是基于每个访问请求而随时改变的。用户一旦做了可疑操作，就会被立即降低信任等级。④用户授权的判定也往往参考用户身份和设备的信任等级。例如：可以限制只有全职工程师且使用工程设备才可以登录谷歌的缺陷跟踪系统；可以限制只有财务部门的全职员工且使用受控设备才可以访问财务系统。

3）一切检测都通过之后，访问代理会将用户请求转发给后面的业务系统。客户端和应用之间的流量被强制加密。访问代理还提供负载平衡、应用健康检查和 DDoS 防护等功能。

4）BeyondCorp 模型维护一个设备清单数据库和用户/群组数据库。设备清单数据库保存了所有访问企业资源的设备的信息，并且动态更新。用户/群组数据库则与人力资源管理系统集成。设备清单数据库相当于一个 RADIUS，访问策略引擎依据设备清单数据库进行分析，以确定访问控制策略（基于信任级别），并且交由访问代理执行。这种方式解耦了访问策略判断和访问控制执行这两个过程，即不需要在请求访问的时候“现场”评估，而是预先评估并动态更新状态，访问控制执行则只需要执行。

2020 年 8 月，NIST 发布了零信任架构标准。零信任架构（Zero Trust Architecture，ZTA）是一种企业资源和数据安全的端到端方法，它包括身份（个人和非个人实体）、凭据、访问管理、操作、端点、托管环境和相互连接的基础设施。

4.4　单点登录与开放访问控制

单点登录（Single Sign On，SSO）是指在多系统应用群中登录一个系统，便可在其他所有系统中得到授权而无须再次登录，即用户只需登录一次即可访问相互信任的多个子系统。

4.4.1　Needham-Schroeder 协议

很多现有的密钥分发协议都源自 1978 年的 Needham-Schroeder 协议。Needham-

Schroeder 协议有两种形式：Needham-Schroeder 对称密钥协议和 Needham-Schroeder 公钥协议。基于对称加密算法的 Needham-Schroeder 对称密钥协议是 Kerberos 协议的基础，该协议的目的是在网络通信双方之间建立一个会话密钥，通常是为了保护进一步的通信；基于公钥加密的 Needham-Schroeder 公钥协议的目的是在网络通信双方之间提供相互身份验证，但其提出的形式是不安全的。这里着重介绍基于对称加密算法的 Needham-Schroeder 对称密钥协议。

假设 Alice 向 Bob 发起通信，A 和 B 分别是 Alice 和 Bob 的身份，S 是双方信任的服务器，K_{AS}对称密钥只有 A 和 S 知道，K_{BS}对称密钥只有 B 和 S 知道，N_A和N_B分别是由 A 和 B 生成的随机数，生成的K_{AB}对称密钥将是 A 和 B 之间通信的会话密钥。

该协议实现过程描述如下：

1）A->S: ID_A, ID_B, N_A。A 向服务器 S 发送自己和 B 的身份标识（ID_A和 ID_B）以及 A 产生的随机数 N_A，告诉服务器它想与 B 通信。

2）S->A: $\{N_A, K_{AB}, ID_B, \{K_{AB}, ID_A\}K_{BS}\}K_{AS}$。服务器 S 返回用 A 和 S 共同会话密钥 K_{AS}加密后的数据，要加密内容为：A 产生的随机数 N_A，生成的会话密钥 K_{AB}，接收方 B 的标识 ID_B，以及用 B 和 S 的会话密钥 K_{BS}加密的 K_{AB}和 A 的标识 ID_A。如果 A 能成功解密，便能得到上述数据。

3）A->B: $\{K_{AB}, ID_A\}K_{BS}$。A 向 B 发送从 2）中解密出来的$\{K_{AB}, ID_A\}K_{BS}$。K_{BS}只有 B 和 S 知道，如果 B 能成功解密，便能得到 K_{AB}和发送方 A 的身份标识 ID_A。

4）B->A: $\{N_B\}K_{AB}$。B 向 A 发送了一个用 K_{AB}加密的随机数 N_B来证明自己持有会话密钥，以此向 A 证明自己的身份。

5）A->B: $\{N_B+1\}K_{AB}$。A 在随机数 N_B上执行一个简单的操作，对它进行重新加密并发回，以此验证它一直都是 A 本人，因为它持有会话密钥。

A 在 2）步安全地得到了一个新的会话密钥。3）步只能由 B 解密并理解。4）步表明 B 已知道 K_{AB}。5）步表明 B 相信 A 知道 K_{AB}并且消息不是伪造的。4）和 5）步的目的是防止某种类型的重放攻击，特别是如果攻击方能够在 3）步捕获该消息并重放。假设攻击方 C 已经掌握 A 和 B 之间通信的一个旧的会话密钥，就可以在 3）步冒充 A 利用旧的会话密钥欺骗 B；除非 B 记住所有以前使用的与 A 通信的会话密钥，否则 B 无法判断这是一个重放攻击。如果 C 可以中途阻止 4）步的握手信息，则可以冒充 A 在 5）步响应，即 C 就可以向 B 发送伪造的消息。B 则认为自己是用认证的会话密钥与 A 正常通信。

一种改进方法是通过加入伪随机数的方式区分不同的会话，在协议开始时做相关处理：

1）A->B: A。

2）B->A: $\{A, N'_B\}K_{BS}$。

3）A->S: A, B, N_A, $\{A, N'_B\}K_{BS}$。

4）S->A: $\{N_A, K_{AB}, B, \{K_{AB}, A, N'_B\}K_{BS}\}K_{AS}$。

接着按照原始协议中描述的最后三个步骤继续描述该协议，这里 N'_B是由 N_B变化而来的不同随机数，这样就可以在某种程度上阻止重放攻击——攻击者不知道此时的 K_{BS}，就不好伪造。

4.4.2　Kerberos 协议

1. Kerberos 协议的原理

实现 SSO 最经典的设计方案就是 Kerberos 协议。Kerberos 协议主要用于计算机网络的身份认证，其特点是用户只需输入一次身份认证信息就可以凭借此认证获得的票据访问多个服务，即实现 SSO。1988 年，MIT 设计了 Kerberos 协议。该协议的基础是 Needham-Schroeder 协议，Kerberos 协议引入了密钥分发中心（Key Distribution Center，KDC）的概念，通信各方分别与 KDC 共享一个长期密钥，KDC 产生通信中需要的会话密钥，同时解决用户和服务的双向身份认证问题。1993 年 9 月，IETF 将其标准化，文档为 RFC 1510。Kerberos 协议基于对称密码体制，每个用户 U 和对称密钥分发中心 KDC 共享一个秘密的 DES 密钥，记为 K_U。KDC 作为客户端和服务器共同信任的第三方，维护着管理域中所有安全主体账户信息数据库。

2. Kerberos 协议的主要概念与工作流程

（1）主要概念　Kerberos 协议的主要概念包括：

1）票据（Ticket）：用于向服务器认证身份的凭证。主要有两类，即票据许可票据（Ticket Granting Ticket，TGT）和服务票据（Service Ticket，ST）。TGT 用于用户访问票据授权服务器（Ticket Granting Server，TGS），ST 用于用户访问应用服务器。

2）会话密钥（Session Key）：用于加密实体之间互相传输的消息，只在其会话期间生效，常常会频繁更改。

3）时间戳（Time Stamp，TS）：用来保持同步。

4）用户（Client）：请求认证和授权的一方，常用 A 指代。

5）服务器（Server）：响应用户的请求，对其进行处理并提供相应服务，常用 B 指代。

6）密钥分发中心（Key Distribution Center，KDC）：主要工作是生成票据和会话密钥，由认证服务器和 TGS 组成。

7）认证服务器（Authentication Server，AS）：对用户的身份进行认证，并给予用户访问 TGS 的权利。

8）票据授权服务器（TGS）：根据用户要访问的应用服务器，为用户生成授权票据，从而应用服务器可以认为持有票据的用户身份是真实的。

（2）工作流程　图 4.13 显示了 Kerberos 协议的工作流程。其前提是：用户 A 在 AS 注册；应用服务器 B 在 TGS 注册。

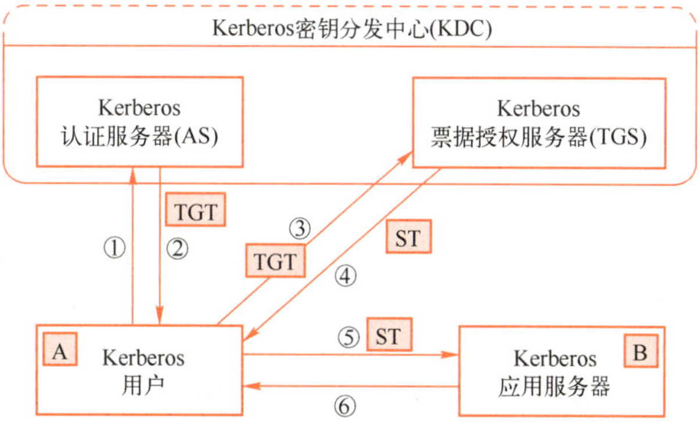

图 4.13　Kerberos 协议的工作流程

1）用户把名字 A 发给 AS。

2）AS 根据 A 从数据库找到对应密钥 K_{AS}，为 A 和 TGS 分发会话密钥 $K_{A\text{-}TGS}$：把消息 A 和消息 B 发送给 A。消息 A：$\{K_{A\text{-}TGS}\}K_{AS}$；消息 B：TGT = $\{A, K_{A\text{-}TGS}, IP_A, TVP\}K_{TGS}$。其中 IP_A 是 A 的 IP 地址。TVP（Ticket Validity Period）是指票据的有效期，它是 Kerberos 票据的一个重要属性，用于限制票据的使用时间范围。

3）用户把 TGT 和 B 发给 TGS，并发送 Authenticator=$\{A，TS\}K_{A\text{-}TGS}$给 TGS 来认证自己的身份。

4）TGS 为 A 和 B 分发会话密钥 K_{AB} 和 ST，将消息 E 和消息 F 发送给用户 A。消息 E：ST= $\{A, K_{AB}, IP_A, TVP\}K_{BS}$；消息 F：$\{K_{AB}, TS\}K_{A\text{-}TGS}$。

5）用户 A 发送 ST 和 Authenticator= $\{A, TS\}K_{AB}$，给 B；B 从 ST 获得 A 和 K_{AB}，然后解密 Authenticator 得到 A。两个 A 如果匹配则认证通过。

6）B 返回$\{TS\}K_{AB}$给 A。A 解密得到 TS，如果 TS 正确，就认为 B 可信的。

需要注意的是，TGT 会在某个时间过期，尽管在用户登录期间，它也可能会被用户的会话管理器透明地更新。在有效期内，用户 A 可以继续使用 TGT 来获得其他服务（C，D，…）的 ST，从而完成其他服务（C，D，…）对 A 的身份认证。A 的密钥为 $K_{AS}\rightarrow K_{A\text{-}TGS}\rightarrow K_{AB}\rightarrow$A。

Kerberos 协议的优势是实现了一次性签放的机制，并且签放的票据都有一个有效期，支持双向的身份认证并且支持分布式网络环境下的域间认证。通过 Kerberos 协议，用户只需登录一次，即可访问相互信任的子系统。

3．Kerberos 协议的应用

Kerberos 协议的基本应用是在一个分布式的客户/服务器（C/S）体系结构中，采用一个或多个 Kerberos 服务器提供鉴别服务。当客户端想请求应用服务器上的资源时，首先由客户端向 KDC 请求一张身份证明，然后将身份证明交给应用服务器进行认证；在通过认证后，应用服务器就会为客户端分配所请求的资源。例如，Windows 2000 和更高版本使用 Kerberos 协议作为默认的身份认证方法。通常，将客户端连接到 Windows 域，意味着启用 Kerberos 协议作为从该客户端到 Windows 域中服务以及与该域有信任关系的所有域的身份认证的默认协议。相反，如果客户端或服务器或两者都没有连接到域（或者不属于同一个受信任域环境），Windows 将使用 NTLM（NT LAN Manager，新技术局域网管理器）在客户端和服务器之间进行身份验证。此外，许多 UNIX 操作系统，诸如 FreeBSD、OpenBSD、Apple 公司的 macOS、红帽公司的 Linux、Oracle 的 Solaris、IBM 的 AIX、HP-UX 等，都包含了用于用户或服务器的 Kerberos 身份验证软件。

4.4.3 OAuth 协议

1．OAuth 的概念与原理

所谓 OAuth（Open Authorization，开放授权），是指第三方无须知道用户的账号及密码，就可获取到用户的授权信息。OAuth 允许第三方网站在用户授权的前提下访问用户在服务商那里存储的各种信息，并且这种授权无须用户将认证信息提供给该第三方网站。此外，OAuth 还允许用户提供一个令牌给第三方网站，一个令牌对应一个特定的第三方网站，同时该令牌只能在特定的时间内访问特定的资源。OAuth 协议不仅能够实现单点登录资源开放，

而且能够使资源所有者细粒度地控制对资源的授权，能够知道是谁访问了哪些资源以及访问量。OAuth 2.0 的标准是 2012 年 10 月发布的 RFC 6749。

2. OAuth 的设计方案

OAuth 2.0 主要涉及四种角色：

1）资源所有者（Resource Owner，RO）：对资源具有授权能力的人。一般是指用户。用户可以用用户代理（User Agent）来代替，如浏览器或手机 APP。

2）客户端（Client）或（Relying Party，RP）：是第三方应用（Third-Party Application）。它代表 RO 访问受保护资源（Protected Resource，PR），注意它既不是浏览器，也不是开发软件的人。在 OAuth 2.0 中，它是受保护资源的消费者，它获得 RO 的授权后便可以访问 RO 的资源。受保护资源就是 RO 拥有权限去访问的组件。

3）授权服务器（Authorization Server，AS）：它认证 RO 的身份，为 RO 提供授权审批流程，并最终颁发访问令牌（Access Token）。客户端可以使用合法的访问令牌获取受保护资源。

4）资源服务器（Resource Server，RS）：它存储资源，并处理对资源的访问请求。需要注意的是，为了便于描述协议，这里只是在逻辑上把 AS 与 RS 区分开来，在物理上 AS 与 RS 的功能可以由同一个服务器来提供。可以把 AS 和 RS 统称为身份提供方（Identity Provider，IdP）或者服务提供方。OAuth 2.0 不同角色之间的关系如图 4.14 所示。

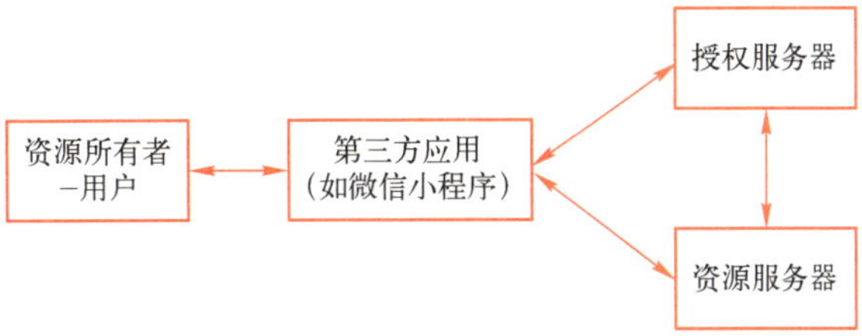

图 4.14　OAuth 2.0 不同角色之间的关系

OAuth 2.0 抽象协议流程（见图 4.15）描述了四个角色之间的交互，并包括以下步骤：

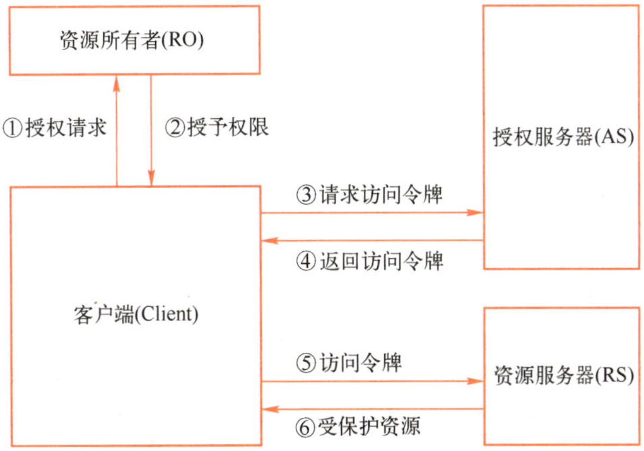

图 4.15　OAuth 2.0 抽象协议流程

1）Client 请求 RO 的授权，请求中一般包含要访问的资源路径、操作类型、Client 的身份等信息。

2）RO 批准授权，并将“授权证据”发送给 Client。至于 RO 如何批准，这个是协议之外的事情。典型的做法是 AS 提供授权审批界面，让 RO 显式批准。

3）Client 向 AS 请求访问令牌。此时，Client 需向 AS 提供 RO 的“授权证据”，以及 Client 自己身份的凭证。

4）AS 验证通过后，向 Client 返回访问令牌。访问令牌可分为多种类型，若为 bearer 类型，那么谁持有访问令牌，谁就能访问资源。

5）Client 携带访问令牌访问 RS 上的资源。在令牌的有效期内，Client 可以多次携带令牌去访问资源。

6）RS 验证令牌的有效性，比如是否伪造、是否越权、是否过期。只有验证通过后，才能提供服务。

“授权证据”是一个凭证，表示 RO 的授权（访问其受保护的资源），Client 使用它来获取访问令牌。RFC 6749 中定义了四种授权模式：授权码（Authorization Code）模式，简化（Implicit Grant Type）模式，密码（Resource Owner Password Credentials Grant）模式，客户端（Client Credentials Grant）模式。下面重点介绍授权码模式的工作流程（见图 4.16），具体描述如下：

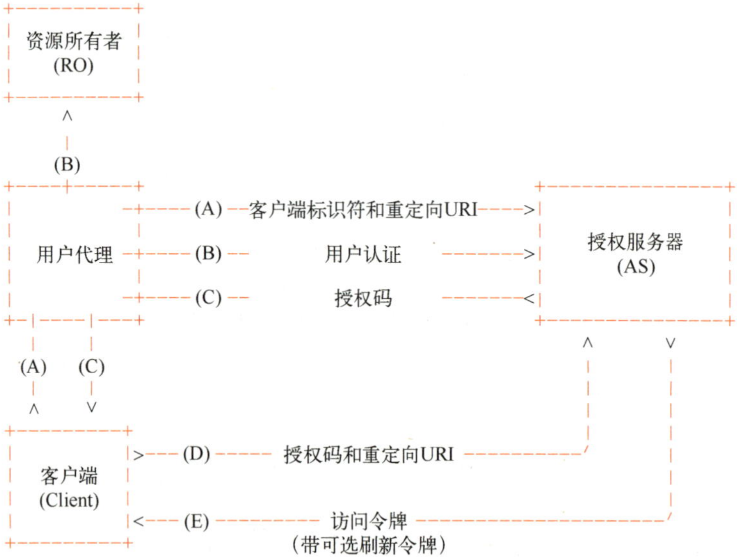

图 4.16　OAuth 2.0 授权码模式工作流程

（A）Client 初始化协议的执行流程。首先通过 HTTP 302 来重定向 RO 的用户代理到 AS。Client 在包含重定向 URI 的授权请求中应包含如下参数：client_id，scope（描述被访问的资源），redirect_uri（即 Client 的 URI），state（用于抵御跨站请求伪造攻击）。此外，请求中还可以包含 access_type 和 approval_prompt 参数。当 approval_prompt=force 时，AS 将提供交互页面，要求 RO 必须显式地批准（或拒绝）Client 的此次请求。如果没有 approval_ prompt 参数，则默认 RO 批准此次请求。当 access_type=offline 时，AS 将在颁发 access_token 的同时颁发一个 refresh_token。由于 access_token 的有效期较短（如 3600s），为了优化协议执行流程，离线（offline）方式将允许 Client 直接持 refresh_token 来换取一个新的 access_token。

（B）AS 认证 RO 身份，并提供页面供 RO 决定是否批准或拒绝 Client 的此次请求（当 approval_prompt=force 时）。

（C）若请求被批准，AS 使用步骤（A）中 Client 提供的授权请求重定向 RO 用户代理到 Client。重定向授权请求中必须包含 authorization_code，以及步骤（A）中 Client 提供的 state。若请求被拒绝，AS 将通过 redirect_uri 返回相应的错误信息。

（D）Client 拿 authorization_code 去访问 AS，以交换所需的 access_token。Client 请求信息中应包含用于认证 Client 身份所需的认证数据，以及上一步请求 authorization_code 时所用的 redirect_uri。

（E）AS 在收到 authorization_code 时需要验证 Client 的身份，并验证收到的 redirect_uri 与步骤（C）请求 authorization_code 时所使用的 redirect_uri 相匹配。如果验证通过，AS 将返回 access_token，以及 refresh_token（若 access_type=offline）。

授权码模式是功能最完整、流程最严密的授权模式。授权码模式工作流程的概要图如图 4.17 所示。它的特点就是通过客户端的后台服务器，与“服务提供方”的认证服务器互动。这种模式是最常用的，安全性也最高，适用于那些有后端的 Web 应用。授权码通过前端传送，令牌则存储在后端，而且所有与资源服务器的通信都在后端完成。这样的前后端分离，可以避免令牌泄露。

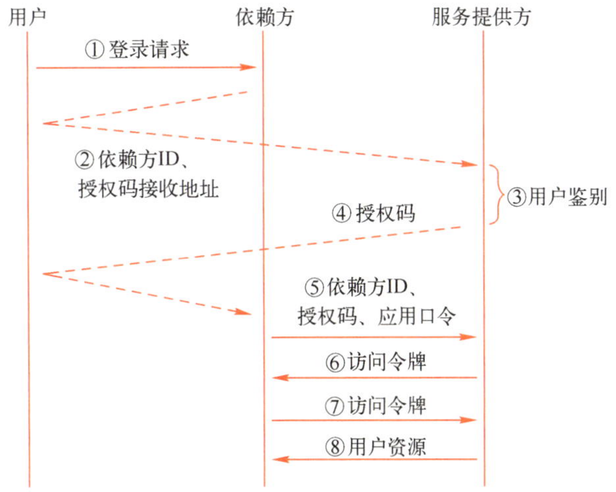

图 4.17　OAuth 2.0 授权码模式工作流程的概要图

简化模式也称隐式模式，简化模式工作流程的概要图如图 4.18 所示。隐式模式中用户不通过第三方应用程序的服务器，直接在浏览器中向认证服务器申请令牌，跳过了“授权码”这个步骤，也因此而得名。所有步骤在浏览器中完成，令牌对访问者是可见的，且客户端不需要认证。

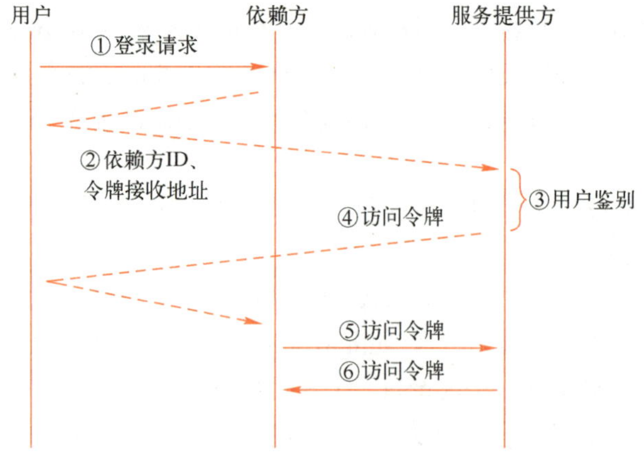

图 4.18 OAuth 2.0 简化模式工作流程概要图

密码模式中，用户向客户端提供自己的用户名和密码。客户端使用这些信息，向“服务商提供方”索要授权。在这种模式中，用户必须把自己的密码给客户端，但是客户端不得存储密码。这种模式通常用于用户对客户端高度信任的情况下，比如客户端是操作系统的一部分，或者由一个著名公司出品。认证服务器只有在其他授权模式无法执行的情况下，才考虑使用这种模式。

客户端模式指客户端以自己的名义，而不是以用户的名义，向“服务提供方”进行认证。严格地说，客户端模式不必属于 OAuth 框架。在这种模式中，用户直接向客户端注册，客户端以自己的名义要求“服务提供方”提供服务，其实不存在授权问题。

3. OAuth 的应用情况

OAuth 协议主要适用于个人用户对其资源进行开放授权的场景。OAuth 的特点是“现场授权”或“在线授权”。比如谷歌的用户 Alice，客户端主要通过浏览器去访问资源，授权时需要认证 Alice 的资源所有者身份，并且需要 Alice 现场审批。OAuth 在社会化网络服务（SNS）中得到广泛应用，如微博、微信、QQ。OAuth 2.0 目前比较流行，它率先被谷歌、雅虎、微软和 Facebook 等使用。之所以标注为 2.0，是因为之前有 1.0 协议，但 1.0 协议太复杂、易用性差，没有得到普及。OAuth 2.0 协议应用新的设计，协议简单、清晰，但并不兼容 1.0，可以说与 1.0 没什么关系。

OAuth 2.0 协议最初的设计目标是用户授权，主要功能是允许依赖方向用户资源所有者申请获得用户资源。这一功能通过授予依赖方访问令牌来实现，依赖方可以使用访问令牌向用户资源所有者申请获取用户资源。但是目前 OAuth 协议的用途和目标都发生了重大变化：

1）所有主要的身份提供商，如 Facebook、谷歌和微软，都将 OAuth 协议用于用户身份验证。

2）除了传统的 Web 平台，开发者已经将 OAuth 协议重新定位到移动平台上。使用 OAuth 2.0 协议进行用户身份鉴别时，接入用户身份鉴别服务的依赖方通过访问令牌，即用户身份信息，来获得资源。

4.4.4　OpenID Connect 协议

1．OpenID Connect 协议的概念与工作流程

OpenID Connect 协议是基于 OAuth 2.0 规范框架的可操作的身份认证协议。它简化了基于授权服务器执行用户身份验证的方式，并以一种可互操作的、类似描述性状态迁移（REST）的方式获取用户概要信息。2014 年，OpenID Connect 协议标准化。2015 年，谷歌建议开发者放弃 OpenID 2.0，迁移到 OpenID Connect。OAuth 2.0 协议是一种广泛使用的授权协议，支持单点登录，而 OpenID Connect 是基于 OAuth 2.0 构建的新的单点登录标准。

OpenID Connect 协议与 OAuth 2.0 协议流程基本相同，主要区别是 OpenID Connect 协议在身份鉴别请求中添加了值为“openid”的 Scope 参数，服务提供方（IdP）最终会发送给依赖方一个 JWT（JSON Web Token）格式的身份令牌（ID Token），依赖方可以通过身份令牌鉴别用户身份。OpenID Connect 协议中的身份令牌与 OAuth 2.0 的访问令牌的主要区别在于：访问令牌只是一个随机字符串，身份令牌则携带了依赖方、服务提供方、用户等信息并进行了签名，相较于 OAuth 2.0 协议更适合用户身份鉴别。

JWT 是一个开放标准（RFC 7519），它定义了一种紧凑的、自包含的方式，用于将身份令牌作为 JSON 对象在各方之间安全地传输信息。该信息可以被验证和信任，因为它是数字签名的。一个典型的身份令牌携带的信息如图 4.19 所示。"iss":"https://idp.example.com"表示令牌发布者的身份标识；"sub":"24400320"表示令牌对应的用户的身份标识；"aud":"s6BhdRkqt3"表示令牌对应的依赖方的身份标识；"nonce":"n-0S6_WzA2Mj"表示随机数；"exp":1311281970 表示失效时间；"iat":1311280970 表示令牌签发时间。

{
"iss": "https://idp.example. com", Token 发布者的身份标识
"sub": "24400320", Token对应的用户的身份标识
"aud": "s6BhdRkqt3", Token对应的依赖方的身份标识
"nonce": "n-0S6_WzA2Mj", 随机数
"exp": 1311281970, Token失效时间
"iat": 1311280970, Token签发时间
}

图 4.19　JWT 格式的身份令牌

OpenID Connect 协议的授权码模式流程图如图 4.20 所示。在授权码流程中，一个授权码会被返回给客户端，这个授权码可以被直接用来交换身份令牌和访问令牌。该流程也可以在客户端使用授权码兑换访问令牌之前对其进行身份认证。但是该流程要求客户端的身份认证动作在后台使用客户端和密钥来获得令牌，这样就不会把令牌暴露给浏览器或者其他访问浏览器的恶意应用。OpenID Connect 授权码流程的步骤如下：

1）用户向依赖方（客户端）发送登录请求。

2）依赖方准备身份认证请求，请求里包含所需要的参数，与 OAuth 2.0 协议相比，多了包含值为“openid”的 scope 参数，依赖方发送请求到服务提供方（IdP）。

3）服务提供方对用户进行身份认证。

4）服务提供方产生用户的授权码，并定向转发给依赖方。

5）依赖方使用授权码向服务提供方请求一个响应。

6）依赖方接收到响应，响应中包含身份令牌和访问令牌。依赖方验证身份令牌，并获得用户的一些身份信息。

7）依赖方向服务提供方发送访问令牌。

8）服务提供方返回用户资源。

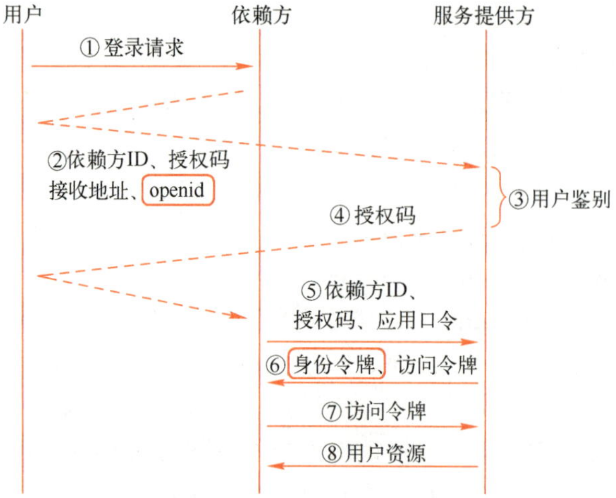

图 4.20　OpenID Connect 协议的授权码模式流程图

OpenID Connect 协议的隐式模式流程图如图 4.21 所示。与 OAuth 2.0 协议中的隐式模式类似，在请求令牌时不需要明确的客户端身份认证，它使用重定向 URI 的方式来验证客户端的身份，因此 Refresh Token㊀也就无法使用了，这同样也不适合于长时间有效的访问令牌。此外，该流程主要用于浏览器内的应用，由于身份令牌和访问令牌会被一起直接返回给客户端，令牌可能被暴露给浏览器或其他访问浏览器的恶意应用，因此不适合长时间访问。隐式流程的步骤如下：

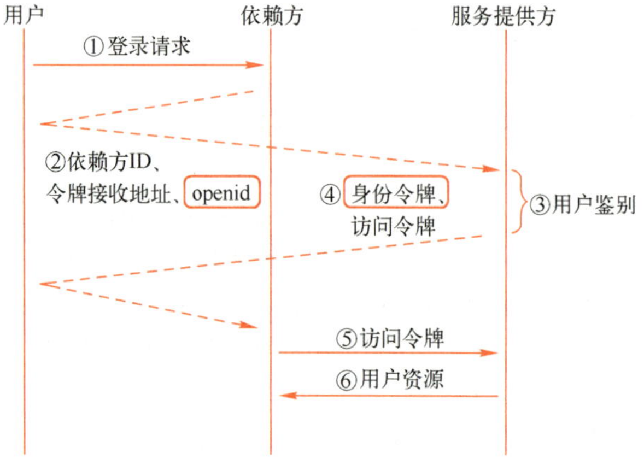

图 4.21　OpenID Connect 协议的隐式模式流程图

1）用户向依赖方（客户端）发送登录请求。

2）依赖方准备身份认证请求，请求里包含所需要的参数，同样包含 openid，并且发送请求到服务提供方。

3）服务提供方对用户进行身份认证。

㊀ Refresh Token 是 OAuth 2.0 协议中的一种令牌，用于在 Access Token 过期后获取新的 Access Token，而无须用户重新进行身份验证。

4）身份认证通过，并且用户同意后，服务提供方向依赖方发送身份令牌和访问令牌。依赖方验证身份令牌，并获得用户的一些身份信息。

5）依赖方向服务提供方发送访问令牌。

6）服务提供方返回用户资源。

2．安全性分析——威胁模型

一般假设服务提供方（IdP）是可信的。构造的威胁模型如下：

场景 1：攻击者作为用户存在。攻击者能够获得从服务提供方、依赖方发送给用户代理的任意数据，能够篡改由用户代理转发的任意数据，能够构造对服务提供方、依赖方的任意请求。

场景 2：攻击者作为依赖方存在。攻击者能够构造依赖方对用户代理的任意响应，能够构造依赖方对服务提供方的任意请求，能够获得用户上传的身份凭据，能够获得用户在服务提供方上注册的身份信息。

场景 3：攻击者利用存在安全问题的用户代理。如果用户代理存在安全问题（针对不同平台可能存在不同的安全问题），攻击者就能够窃取和篡改单点登录过程中经过用户代理的数据。

场景 4：攻击者在服务提供方、依赖方、用户代理的网络出口进行监听，从而获得单点登录过程中的所有网络数据。

4.4.5　移动端单点登录系统面临的问题

随着移动智能设备的普及，现阶段单点登录系统已经实现了由传统的浏览器/服务器（Browser/Server，B/S）模式向移动端的转变，移动端单点登录最主要的问题是缺少在传统方式中作为可信基的浏览器，因此无法用使用浏览器的重定向模式来保证单点登录的安全性。

移动端单点登录为了配合已有的协议，一般采用以下两种方式在移动端模拟浏览器的重定向：①在依赖方应用中使用 WebView 来完成重定向。②使用 APP 间的消息传递机制来代替重定向。在使用 WebView 的情况下，由于 WebView 都是内嵌于依赖方 APP 中的，攻击者简单地在 WebView 中注入 JavaScript 代码即可实现对用户的攻击，不能满足单点登录协议安全要求。使用 APP 间消息传递机制实现重定向，最主要的问题是现有移动端操作系统中，APP 间传递消息时无法对接收方以及发送方进行身份鉴别，所以无法确定消息是否正确发送以及正确接收。

虽然目前在 Android 系统中，单点登录系统通过 Android 系统提供的 startActivityForResult 机制实现了对依赖方应用的身份鉴别，但是却没有对服务提供方应用的身份鉴别。在这种情况下，如果存在恶意应用冒充服务提供方，响应依赖方应用的请求，并返回了攻击者的用户凭据，那么就有可能使受害者在未察觉的情况下在依赖方应用上登录攻击者的账号。如果该应用是网盘类应用，受害者极有可能将隐私信息泄露给攻击者。

4.5　Cookie

Cookie 是存储在客户机上的文本文件。当用户浏览互联网时，服务器端的代码就可以在用户的计算机上创建一个很小的文本文件，称为 Cookie（小甜饼）。当该用户再次访问同一站点时，服务器就可以根据 Cookie 来识别该用户。Cookie 既可以是瞬态的，即与一个会话的生存期相同，也可以是持久的，其生存期可以超过一个会话的生存期。Cookie 主要用于会话管理、个性化设置、身份认证和在线追踪。用于会话管理时，程序将用户数据以 Cookie 的形式写给用户的浏览器，当用户使用浏览器再次请求访问该程序时，浏览器会发送 Cookie 给程序；用于个性化设置时，Cookie 可以保存用户的首选项、主题等设置；用于身份认证时，浏览器会自动将身份认证相关的 Cookie 通过请求头的形式发送给服务器，用于认证用户的身份；用于在线追踪时，Cookie 可以读取浏览器中保存的历史浏览记录，以便用户在下次访问时显示类似的内容。

4.5.1 Cookie 的工作原理和安全属性

Cookie 的工作原理如图 4.22 所示。当用户第一次访问一个网站时，Web 服务器设置 Cookie 属性，Cookie 属性包括名称、值、标志、过期日期和匹配规则。其设置方式既可以是静态地使用 Set-Cookie，也可以使用 JavaScript。当用户发出 HTTP 或 HTTPS 请求时，浏览器将发送 Cookie，浏览器根据匹配规则决定发送哪些 Cookie。匹配规则对应于请求的 URL 和协议，例如浏览器不会在常规 HTTP 连接上传输带有 HTTPS 属性的 Cookie。

图 4.22 Cookie 的工作原理

图 4.23 所示是 Cookie 的一个实例。其中 Name 是 Cookie 的名称。Value 是该名称对应的值。Domain 决定 Cookie 在哪个域是有效的。Path 是 Cookie 的有效路径。Expires 和 Max-Age 均为 Cookie 的有效期：Expires 是 Cookie 的过期时间，格式为 GMT；Max-age 是 Cookie 的有效时间长度，单位为秒，即多少秒之后失效。若 Max-age 设置为 0，则立刻失效；若 Max-age 设置为负数，则在页面关闭时失效。Size 是该 Cookie 的大小。HttpOnly，可以设置为 true 或 false，如果设置为 true，通过 JavaScript 脚本等程序将无法读取到 Cookie 信息。Secure 指定 Cookie 是否只能通过 HTTPS 协议访问，不会在不安全的 HTTP 协议中传输此 Cookie。SameSite 用来限制第三方 Cookie，以减少安全风险。Cookie 通过 {域名, 路径, 时间}，以及 HttpOnly、Secure 和 SameSite 等属性的匹配情况实现访问控制，即决定客户端发起请求时能够访问哪些 Cookie。

Name	Value	Domain	Path	Expires / Max-Age	Size	HttpOnly	Secure	SameSite
BAIDUID	98C544FDDC76A...	.baidu.com	/	2021-03-21T05:34:10.248Z	44			
BDUSS	h4dGNOY2tyS29...	.baidu.com	/	2028-06-11T10:10:09.364Z	197	✓		
BD_HOME	1	www.baidu.com	/	Session	8			
BD_UPN	12314753	www.baidu.com	/	2020-04-04T10:10:11.000Z	14			
BIDUPSID	9E7F1CDE15563C...	.baidu.com	/	2087-08-03T18:27:16.969Z	40			
COOKIE_SESSION	0_0_1_1_0_2_0_0_...	www.baidu.com	/	2020-07-15T15:13:16.000Z	85			
H_PS_PSSID	30968_1429_311...	.baidu.com	/	Session	56			
PSTM	1563289991	.baidu.com	/	2087-08-03T18:27:16.969Z	14			

图 4.23 Cookie 的一个实例

Cookie 较为重要的两个安全属性为 HttpOnly 属性和 Secure 属性。Cookie 的 HttpOnly 属性，是指浏览器不要在除 HTTP 和 HTTPS 请求之外暴露 Cookie。一个有 HttpOnly 属性的 Cookie，不能通过非 HTTP 或 HTTPS 方式来访问，例如不能通过调用 JavaScript（例如，引用 document.Cookie）来访问，因此，不可能通过跨站脚本（XSS）来偷走这种 Cookie。Facebook 和 Google 正在广泛地使用 HttpOnly 属性。Secure Cookie 机制指的是设置了 Secure 标志的 Cookie。Secure Cookie 仅在 HTTPS 层面上安全传输，如果是 HTTP 请求，就不会带上这个 Cookie。这样能降低重要 Cookie 被中间人截获的风险。因为 Secure Cookie 对于客户端脚本来说是可读可写的，可读就意味着 Secure Cookie 能被盗取，可写意味着能被篡改，所以它仍然存在一定的风险。

4.5.2　Cookie 与身份认证

除了维护用户的状态外，网站还使用 Cookie 对用户进行身份认证。当用户最初向 Web 服务器进行身份认证时，Web 服务器将设置多个身份认证 Cookie（Authentication Cookie），简称 auth-cookie。auth-cookie 确保在连接中断的情况下，例如 TCP 会话终止或用户 IP 地址更改所导致的连接中断，用户的会话保持连续。许多网站使用不同的 auth-cookie 组合来控制对网站不同部分的访问。

最初使用用户名和密码登录网站的用户随后可以简单地提供 auth-cookie 来访问该网站。因此，一旦用户在 Web 服务器上进行了身份认证，auth-cookie 就是一个关键的安全节点（Linchpin）：在许多情况下，对这些 auth-cookie 的访问使攻击者能够完全控制用户的账户。假设用户登录到 yahoo.com，该站点设置了 Y、T 和 SSL 三个 Cookie。这三个 Cookie 在域名.yahoo.com 和 path（" / "）上匹配，但 SSL 这个 Cookie 仅与.yahoo.com 的 HTTPS 连接相匹配。当需要对用户进行身份认证时，可以使用 Cookie 的不同组合（及其正确的值）对用户进行身份认证，以访问站点的不同部分：Y 和 T 两个 Cookie 允许用户访问搜索历史记录；访问电子邮件需要 Y、T 和 SSL 三个 Cookie 的组合。访问 yahoo.com 的简化身份认证模型如图 4.24 所示。

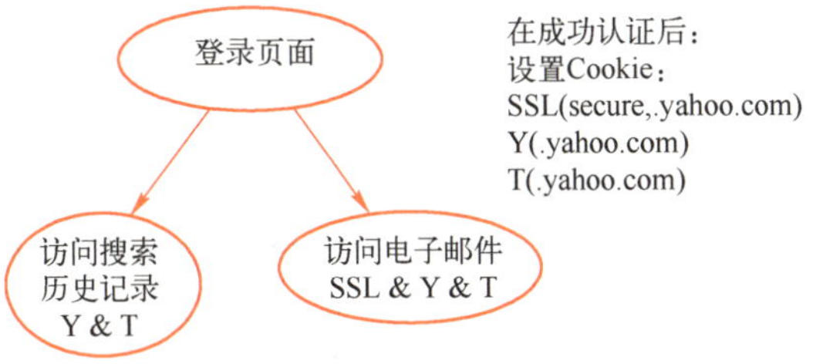

图 4.24　访问 yahoo.com 的简化身份认证模型

4.5.3　Cookie 劫持攻击

根据攻击者的能力和资源，用户的 HTTP Cookie 可以由被动攻击或主动攻击而被劫持。当 HTTP Cookie 由被动攻击劫持时，可以假设一个弱攻击者的角色，并通过被动窃听进行实验。假设攻击者监视公共无线网络的流量，例如大学校园或咖啡店的流量，其 Cookie 劫持攻击的工作流程如图 4.25 所示。

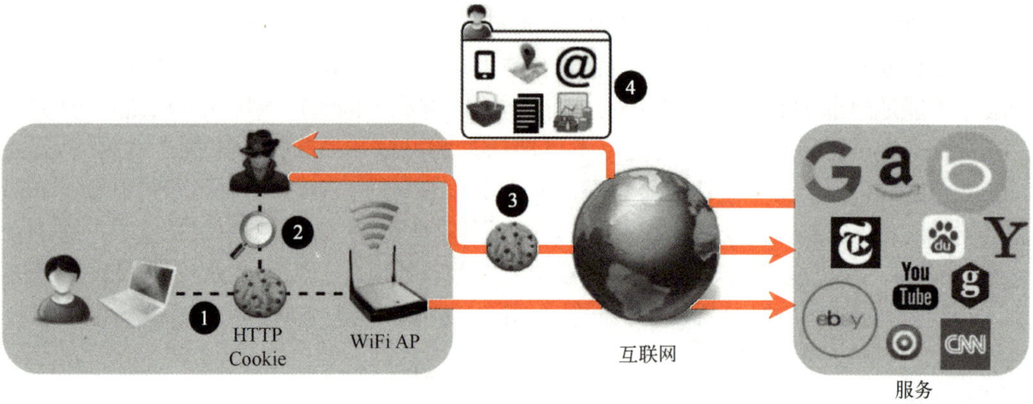

图 4.25　HTTP Cookie 劫持攻击的工作流程

1）用户连接到无线网络以浏览网页。浏览器将用户的 HTTP Cookie 附加到通过未加密连接以明文形式发送的请求。

2）攻击者正在监视流量，从网络跟踪中窃取用户的 HTTP Cookie。

3）攻击者使用被窃取的 Cookie 连接到易受攻击的服务。

4）这些服务从 Cookie 中“识别”用户并提供网站的个性化版本，从而将用户的个人信息和账户功能暴露给攻击者。需要注意的是，这些攻击的前提是用户之前已经登录到该服务，攻击所需的 Cookie 可用。因为这些 Cookie 会在整个浏览会话中持续存在，所以自上次登录后关闭浏览器不会影响攻击。

当遭受主动攻击时，首先关注的是路径攻击者（On-Path Attacker）的威胁，他拦截未加密的 auth-cookie。在这种情况下，易受攻击的 DNS 服务器将允许攻击者毒害其缓存，并将受害者的流量重新路由到攻击者控制的机器。路径攻击者以及可以控制和操作面向用户机器的 DNS 流量的任何攻击者——就像不受信任的 WiFi 无线接入点（AP，俗称热点）一样，使 DNS 服务器受到缓存中毒或流氓 ISP 攻击，从而诱导用户的浏览器在用户登录的任何站点上提交没有 secure 标志的所有 auth-cookie。

主动攻击的例子如图 4.26 所示。在 yahoo.com 上路径攻击者可以获得对用户搜索历史的未授权访问。在这种情况下，攻击者是 WiFi 热点的“管理员”，或者已经使用现成的工具破坏了此热点。假设受害者登录到雅虎账户，并且总是通过 HTTPS 访问 search.yahoo.com。允许访问用户搜索历史的两个 Cookie——Y 和 T 没有设置 secure 标志，因此如果攻击者控制的任何其他 HTTP 网页从一个 yahoo.com 子域名注入内容，浏览器就会将 auth-cookie（认证 Cookie）泄露到攻击者的机器上。所以，即使用户没有明确要访问哪些网站，攻击者也可以通过注入内容迫使用户的浏览器向特定的易受攻击的网站发送请求并公开用户的 Cookie。

如果一个网站有其他漏洞，比如 XSS，攻击者可能利用这些漏洞窃取用户没有受到 HttpOnly 标志保护的 auth-cookie。对于 auth-cookie，HttpOnly 应该设置为 true，以防止 XSS 攻击，而且还应该设置 secure 标志，即只能在 HTTPS 下发送，因为部分部署可能使 HSTS 无效，所以单个未加密的连接可能足以使攻击者获取所需的 Cookie。

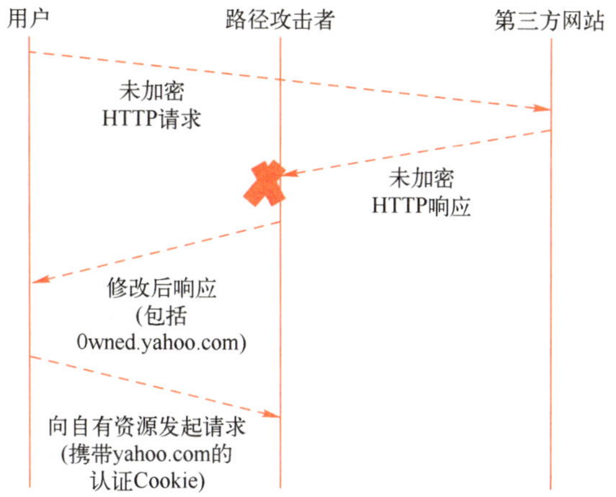

图 4.26　主动攻击的例子：路径攻击者的威胁

用户可能从不受信任的设备登录到站点。那么，即使用户注销了网站，如果网站没有使 auth-cookie 无效，那么不受信任设备的管理员可以接管用户的会话。用户的个人设备也可能被盗。如果用户已经登录到该设备浏览器中的几个不同服务，并且该站点没有正确实现 auth-cookie 安全，那么即使用户更改了密码，会话可能仍然有效。

*4.6　aPAKE 协议

虽然通过单点登录中的一些协议，如 OpenID Connect 协议，可以有效地减少用户必须管理的口令数量，但是某些服务仍然需要以明文形式查看用户口令。即使服务器只保存用户口令的哈希值，在用户注册、修改密码和登录账户时，也需要把口令以明文形式发送给服务器。非对称密码认证密钥交换（Asymmetric Password-Authenticated Key Exchange，aPAKE）协议是一种不需要用户把口令以明文形式传输给服务器即可实现对用户身份认证的方法。

4.6.1　SRP 协议

在介绍 SRP 协议之前，首先要从宏观的角度理解非对称认证密钥交换（Authenticated Key Exchange，AKE）协议。AKE 不需要加密任何协议数据流。可以抽象地理解为，交换密钥的双方共享一部分信息，然后利用共享的信息以及自己本身所具有的密钥，通过某种计算可以得到一样的密钥，也就成为他们之间唯一的会话密钥。AKE 需要满足

$$(S(R(P(w),P(x)),Q(y,z))=(\forall w,x,y,z)S(R(P(y),P(z)),Q(w,x)) \tag{4.3}$$

从公式可以看出，协议的安全性完全取决于函数 P()、Q()、R() 和 S() 的选择。例如，函数 P() 应该是单向的，在已知 P（x）的条件下求出 x 应该是非常困难的。

为了设置 AKE 协议，客户端和服务器分别选择参数 x 和 z，作为协议中的密钥。客户端计算出 P（x）并把它交给服务器，服务器计算出 P（z）并把它交给客户端。此时，客户端和服务器已经执行了基本的 AKE 协议，并拥有各自的会话密钥 K。如果用于计算会话密钥的 x 和 z 的值对应于先前商定的 P（x）和 P（z）的值，那么根据式（4.1），K 的两个值

将匹配。为了完成身份验证过程，客户端和服务器可以使用任何双方都同意的方法来验证它们的密钥是否匹配，所得到的协议的安全性显然取决于所选择的方法。图 4.27 展示了 AKE 的数学符号。

w, x, y, z：任意参数。
$P(x)$：单向认证生成函数。
$Q(x,y), R(x,y)$：私有参数和公开参数的“混合”函数。
$S(x,y)$：会话密钥生成函数。
K：会话密钥

图 4.27　AKE 的数学符号

如前文所述，AKE 的安全性取决于它使用的四个函数。显然，$P()$ 应该很难求逆，它的输出也应该显示很少的甚至没有关于其输入的信息。$S()$ 也是如此，应该特别选择 $S()$ 来保护它的第二个参数 $Q(x,y)$ 免于泄露。此外，仅使用 $P(w)$、$P(x)$、$P(y)$ 和 $P(z)$ 来重建 K 的任何一个值都是不可行的，不应该存在这样的封闭表达式，理想情况下，它应该与求 $P()$ 的逆一样困难。进一步的限制将取决于 AKE 的确切实施。

通用的 AKE 如图 4.28 所示，x 和 z 属于客户端和服务器的长期密钥，仅它们自己知道，w 和 y 是双方生成的临时参数，以确保每个会话的会话密钥不同。

客户端		服务器
(生成随机数w)	$P(w)$ →	$K=S(R(P(w), P(x)), Q(y, z))$
$K=S(R(P(y), P(z)), Q(w, x))$	← $P(y)$	(生成随机数y)

图 4.28　通用的 AKE

安全远程口令（Secure Remote Password，SRP）协议是一种经典的 aPAKE 协议，已被 TLS 标准化，在 iOS 系统中也有应用。可以将 SRP 理解为 AKE 的一种实现。图 4.29 显示了 SRP 身份认证过程中使用的数学符号，值 n 和 g 是事先商定的双方公开的值。

n：一个大的质数，所有计算都以n为模进行。
g：生成元。
s：用作用户盐值的随机字符串。
P：用户的密码。
x：从密码和盐值中派生出来的私钥。
v：主机的密码验证器。
u：随机扰动项，公开。
a，b：临时的私钥，随机生成的，不公开。
A，B：对应的公钥。
$H()$：单向哈希函数。
m，n：逗号表示对m和n两个字符串进行串联函数。
K：会话密钥。

图 4.29　SRP 身份认证过程中使用的数学符号

以下是对整个 SRP 身份认证过程的完整描述，从密码设置步骤开始：

1）客户端发送给服务器它的用户名（例如 carol）。

2）服务器查找客户端的密码条目，并获取客户端的密码验证器（Verifier）v 和它的盐值（Salt）s。服务器把 s 发送给客户端。客户端使用 s 和它的真实密码 P 计算长期私钥 x。

3）客户端生成一个随机数 a，$1<a<n$，计算临时公钥 $A=g^a$，并将 A 发送给服务器。

4）服务器生成自己的随机数 b，$1<b<n$，计算出临时公钥 $B=v+g^b$，并将 B 和随机生成的参数 u 一起发送给客户端。

5）客户端和服务器使用各自可用的值来计算共同的指数值 $S=g^{ab+bux}$。如果客户端在步骤 2）中输入的密码 P 与它最初用来生成 v 的密码相匹配，则 S 的两个值都将匹配。

6）双方都将指数 S 散列为加密强会话密钥 $K=H(S)$。

7）客户端计算 $M_1=H(A,B,K)$，把 M_1 发送给服务器，作为它拥有正确会话密钥的证据。服务器计算 M_1，并验证它与客户端发送的 M_1 是否匹配。

8）服务器计算 $M_2=H(A,M_1,K)$，向客户端发送 M_2，作为它也拥有正确会话密钥的证据。客户端也计算 M_2，只有当它与服务器发送的 M_2 匹配时才接受。

可以将上述 SRP 协议身份验证过程分为三个阶段，如图 4.30 所示。步骤 1 至 2 是第一个阶段，创建会话，确定参数；步骤 3 至 6 是第二个阶段，在这个阶段得到共享密钥 S，并派生出会话密钥 K；步骤 7 至 8 是第三个阶段，客户端和服务器验证彼此身份。

	客户端		服务器
1.		$\xrightarrow{C}$	(查找s, v)
2.	$x=H(s, P)$	$\xleftarrow{s}$	
3.	$A=g^a$	$\xrightarrow{A}$	
4.		$\xleftarrow{B,\ u}$	$B=v+g^b$
5.	$S=(B-g^x)^{a+ux}$		$S=(Av^u)^b$
6.	$K=H(S)$		$K=H(S)$
7.	$M_1=H(A, B, K)$	$\xrightarrow{M_1}$	(验证M_1)
8.	(验证M_2)	$\xleftarrow{M_2}$	$M_2=H(A, M_1, K)$

图 4.30　SRP 协议身份验证过程

4.6.2　OPAQUE 协议

传统的 aPAKE 协议仍然存在一定的缺陷，如果口令-密钥映射是确定的，或者仅通过明文随机盐来提供不确定性，那么攻击者就可以通过预计算的方式，即以用户的身份登录，接收用户的盐值，然后离线重新计算大量非对称私钥及其相关联的公钥，当数据库被攻破时，攻击者可以快速查看能否在已经重新计算的大量非对称公钥列表中找到用户的公钥和口令。OPAQUE 协议提供了一种能抵抗预计算攻击的方法，是一种强 aPAKE 协议。

OPAQUE 协议通过把不经意伪随机函数（Oblivious Pseudorandom Function，OPRF）和 AKE 协议结合起来的这种方案构造。不经意伪随机函数是双方参与计算的一种方式，其中一方为计算提供输入，而另一方执行计算。“不经意”指的是协议性质，执行计算的一方对所提供的输入一无所知，而提供实际输入的一方只学习输出，而对计算没有任何了解。OPAQUE 协议由三条消息组成，服务器和客户端分别需要三次和四次求幂，提供前向保密和显式相互认证，不需要 PKI，支持用户端密码强化，具有基于密码的存储和检索密钥和证书的内置功能，并适应一种用户透明的服务器端阈值实现。OPAQUE 协议的工作流程如图 4.31 所示。

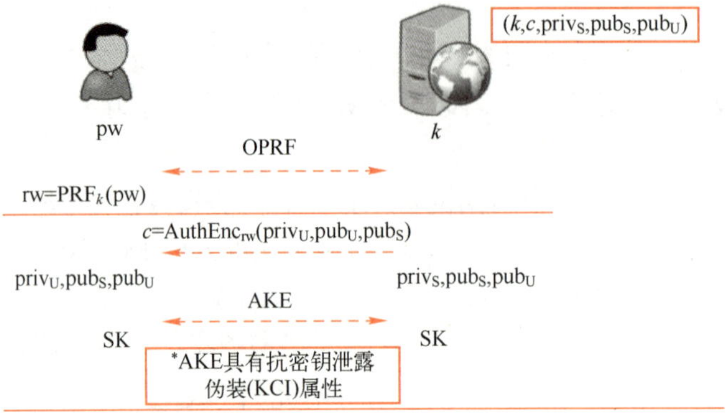

图 4.31　OPAQUE 协议的工作流程

密码注册。密码注册时可以让服务器（S）选择一个 OPRF 密钥 k（专门为用户生成的 OPRF 密钥），用户（U）选择账户密码 pw，然后在 U 和 S 之间运行 OPRF 协议 $rw=PRF_k$（pw）。S 选择它的私钥/公钥对（$priv_S$，pub_S），并将公钥 pub_S 提供给 U。U 生成一个新的私钥/公钥对（$priv_U$，pub_U），这将是 U 为 S 提供的持久不透明身份，U 使用 rw 加密自己的私钥 $priv_U$ 和 S 的公钥 pub_S，并连同自身公钥一起发送给 S，构建密文 $c=AuthEnc_{rw}$（$priv_U$，pub_U，pub_S），U 把 c 发送给 S。所以只有 U 知道它自身的密码和私钥（pw，rw，$priv_U$）。通过这种方式，服务器永远不会看到用户的密码，服务器把（k，c，$priv_S$，pub_S，pub_U）作为密码文件存储起来，存储在按用户名（或者其他如邮箱、uid 之类）索引的数据库中。

用户登录。用户登录和注册非常相似。不同之处在于，S 不再生成新的 OPRF 密钥 k，而是在数据库中查找 S 在 U 注册期间创建的密钥，数据库中该用户的记录包含原来的密钥 k、密文 c 和用户 U 的公钥：（k，c，$priv_S$，pub_S，pub_U）。除此之外，登录时用户表明要以之前注册的身份登录，S 把 c 发送给 U，U 可以使用 OPRF 的输出 rw 解密 c，如果解密失败，U 会中止协议，这可能表明 U 输入的密码不正确，或者 S 被人冒充了。如果解密成功，U 现在拥有了自己的私钥和 S 的公钥。U 将这些信息输入到与 S 的 AKE 协议中，而 S 又输入自身的私钥和 U 的公钥，这样会产生会话密钥 SK，进行加密通信。

身份认证加密和密钥交换协议。OPAQUE 协议中使用的认证加密方案需要满足随机密钥的稳健性。在实践中，使用如 HMAC-256（或更大）的加密-消息认证码方案可以保证随机密钥的稳健性。具体而言，任何加密认证方案可以通过在由 AuthEnc 输出的密文上计算 HMAC 来使其稳健。此外，任何与 OPAQUE 一起使用的密钥交换协议都必须抵抗密钥泄露伪装（Key-Compromise Impersonation，KCI）攻击并保证前向安全性。KCI 攻击是一种已知密钥的攻击，即当 P 的长期私钥泄露之后，攻击者 A 可以冒充 P。对 KCI 攻击的抵抗，可简称为“KCI 安全性”，假定即使 A 可以向其他方模拟 P，P 本身与诚实的通信方运行的会话也不受影响并且保持安全。前文所述的 AKE 具有 KCI 安全性，其每次会话的会话密钥都不同。

4.7 本章小结

本章介绍了身份认证中的基本原语及其挑战、典型的技术方案、实现单点登录的协议以及其他身份认证协议，如 PAKE 协议等。

首先介绍了身份认证的四个基本原语及其挑战。四个基本原语包括口令、安全令牌、生物特征和公钥（证书）。四个基本原语面临的主要挑战为口令的存储管理问题、令牌安全问题、生物特征失窃与仿冒问题以及私钥安全管理与使用方便之间的矛盾问题。

其次，介绍了身份认证中典型的技术方案，包括基于硬件安全的数字证书、多因子认证、FIDO 协议以及一些新思想，如把身份认证系统建模为一个分类器、持续认证和零信任的思想。

基于硬件安全的数字证书虽然安全性高，但是面临数字证书和私钥设备遗失或被盗取、CA 中心被入侵或仿冒的风险，并且放弃了匿名性，它更适用于实名制服务、对安全性要求高的一些业务场景。

多因子认证需要用户提供两种及以上不同类型的认证因子来表明自己的身份，获得系统或设备的访问权限，从而提高认证的安全性。它是应对撞库攻击的重要措施之一。但是在应用中面临两个共性问题：①应用软件的兼容性问题；②多步认证带来用户体验下降问题。

FIDO 协议主要包含 UAF 和 U2F 两套协议，以公钥加密技术为基础，支持多种验证方式。FIDO2 是 FIDO 联盟最新的一组强身份认证标准的总称。FIDO U2F 支持第二因子体验，而 FIDO UAF 支持无密码体验。FIDO2 标准支持无密码、第二因子和多因子用户体验。FIDO2 包括两个规范：WebAuthn 和 CTAP。

基于分类器的身份认证的结果是一个实数值，这个数值必须被离散化为 0 或者 1，才能够决定是否授予用户访问权限。它在实际应用时会遇到很多挑战：①在错误接受和错误拒绝之间，如何做出权衡。②如何获得大量的基准真值数据来训练分类器。

持续认证是指分类器不只是在入口处检查口令，而是在允许用户进入后监视用户的行为，并根据这些附加信号改进其决策，实现动态的访问控制。零信任是一种专注于资源保护的网络安全范式，其前提是信任永远不会被隐式授予，而是必须不断评估。简单来讲，零信任即永不信任、持续认证。谷歌基于零信任理念构建了 BeyondCorp 系统。

再次，介绍了实现单点登录的协议并对其安全性进行分析。单点登录是指在多系统应用群中登录一个系统，便可在其他所有系统中得到授权而无须再次登录，即用户只需登录一次即可访问相互信任的多个子系统。其相关协议包括 Kerberos 协议、OAuth 协议和 OpenID Connect 协议。

Kerberos 协议是实现 SSO 最经典的设计方案，其特点是用户只需输入一次身份认证信息就可以凭借此认证获得的票据访问多个服务，基本应用是在一个分布式 C/S 体系结构中，采用一个或多个 Kerberos 服务器提供鉴别服务。

OAuth 协议主要适用于个人用户对其资源进行开放授权的场景，其特点是“现场授权”或“在线授权”：客户端主要通过浏览器去访问资源，授权时需要认证资源所有者身份，并且需要资源所有者现场审批。OAuth 在 SNS 服务中得到广泛应用，如微博、微信、QQ。OAuth 2.0 目前比较流行。

OpenID Connect 协议是基于 OAuth 2.0 规范框架的可操作的身份认证协议。它简化了基于授权服务器执行用户身份验证的方式，并以一种可互操作的、类似 REST 的方式获取用户概要信息。

最后，介绍了 Cookie 劫持攻击和 PAKE 协议。

Cookie 劫持是一种网络攻击，基本原理是攻击者接管合法用户的计算机会话以获取其会话 ID，然后在任意数量的网络服务上充当该用户。Cookie 是存储在客户机上的文本文件。根据攻击者的能力和资源，用户的 HTTP Cookie 可以由被动攻击或主动攻击而被劫持。

PAKE 协议中主要介绍的是 aPAKE 协议，即非对称的 PAKE 协议。它是一种不需要用户把口令以明文形式传输给服务器即可实现对用户身份认证的方法。主要介绍了 SRP 协议和 OPAQUE 协议。相较于 SRP 协议，OPAQUE 协议提供了一种能抵抗预计算攻击的方法，是一种强 aPAKE 协议。

4.8 习题

1. 填空题

1）身份认证中的四个基本原语分别是________、________、________、________。

2）FIDO 协议主要包含________和________两套协议。

3）Kerberos 协议的主要概念中，票据（Ticket）是用于向服务器认证身份的凭证。主要有两类，分别是________和________。

4）OAuth 2.0 主要涉及四种角色，分别是：________、________、________和________。

5）OPAQUE 协议可以抵抗________攻击。

2. 选择题

1）如果是 68 个可用字符，需要长度为（　　）的口令才能达到 128 位安全长度。

A．8　　B．16　　C．21　　D．32

2）存储口令时，更加安全的口令存储方案是：故意增加密码计算所需资源和时间，使得任何人都不可获得足够的资源建立暴力破解所需的彩虹表。这类方案的常用算法有三种，分别是（　　）。

A．PBKDF2　　B．BCRYPT

C．SCRYPT　　D．BeyondCorp

3）用来实现单点登录的协议包括（　　）。

A．Kerberos 协议　　B．OAuth 协议

C．OpenID Connect 协议　　D．aPAKE 协议

3. 术语解释

1）MFA。

2）Cookie。

4. 简答题

1）简述口令认证的优点和缺点。

2）简述基于硬件安全的数字证书的优点和缺点。

3）简述 FIDO2 与 FIDO UAF 和 FIDO U2F 之间的区别和联系。

4）简述 OAuth 2.0 与 OpenID Connect 在工作流程上的区别。

5）简述 Cookie 劫持攻击的基本原理。

6）简述 OPAQUE 协议的基本原理。

4.9 拓展阅读

[1] BIRYUKOV A, DINU D,KHOVRATOVICH D. Argon2：new generation of memory-hard functions for password hashing and other applications[C]// 2016 IEEE European Symposium on Security and Privacy (EuroS&P). Saarbrucken：IEEE, 2016：292-302.

[2] DAS S, DINGMAN A, CAMP L J. Why Johnny doesn't use two factor a two-phase usability study of the FIDO U2F security key[C]// Financial Cryptography and Data Security. Berlin, Heidelberg：Springer, 2018：160-179.

[3] REESE K, SMITH T, DUTSON J. et al. A usability study of five {two-factor} authentication methods[C]//Fifteenth Symposium on Usable Privacy and Security (SOUPS 2019). Berkeley：USENIX Association, 2019：357-370.

[4] REYNOLDS J, SAMARIN N, BARNES J, et al. Empirical measurement of systemic {2FA} usability[C]//29th USENIX Security Symposium (USENIX Security 20). Berkeley：USENIX Association, 2020：127-143.

[5] LYASTANI S G, SCHILLING M, NEUMAYR M, et al. Is FIDO2 the kingslayer of user authentication? a comparative usability study of FIDO2 passwordless authentication[C]// 2020 IEEE Symposium on Security and Privacy (SP). San Francisco：IEEE, 2020：268-285.

[6] ROSE S, BORCHERT O, MITCHELL S, et al. Zero trust architecture[Z]. Special Publication (NIST SP), National Institute of Standards and Technology, Gaithersburg, MD.

[7] ARSHAD E, BENOLLI M, CRISPO B. Practical Attacks on login CSRF in OAuth[J]. Computers&Security, 2022, 121(C)：102859.

[8] MAINKA C, MLADENOV V, SCHWENK J, et al. Sok：single sign-on security — an evaluation of OpenID Connect[C]//2017 IEEE European Symposium on Security and Privacy (EuroS&P). Paris：IEEE, 2017：251-266.

[9] SOMOROVSKY J, MAYER A, SCHWENK J, et al. On breaking SAML：be whoever you want to be[C]//21st USENIX Security Symposium (USENIX Security 12). Bellevue, WA：USENIX Association, 2012：397-412.

[10] ALKALDI N, RENAUD K. Why do people adopt, or reject, smartphone password managers?[C]//1st European Workshop on Usable Security-EuroUSEC 2016. Darmstadt：Internet Society,2016.

[11] KAROLE A, SAXENA N, CHRISTIN N. A comparative usability evaluation of traditional password managers[C]//International Conference on Information Security and Cryptology. Berlin, Heidelberg：Springer Berlin Heidelberg, 2010：233-251.

[12] LYASTANI S G, SCHILLING M, FAHL S, et al. Better managed than memorized? Studying the impact of managers on password strength and reuse[C]//27th USENIX Security Symposium (USENIX Security 18). Berkeley：USENIX Association, 2018：203-220.

[13] SEILER-HWANG S, et al. I don’t see why I would ever want to use it：analyzing the usability of popular smartphone password managers[C]// 2019 ACM SIGSAC Conference on Computer and Communications Security. New York：Association for Computing Machinery, 2019：1937-1953.

第 5 章　大数据处理与存储及其安全隐私

5.1　引言

云计算技术的成熟与广泛应用，为大数据服务系统提供了计算和存储能力，是大数据服务得以发展的基础。

本章将重点介绍大数据处理的基础架构及其安全机制、大数据存储的基础架构及其安全问题以及去中心化存储的安全隐私问题。

5.2　大数据的计算与存储

5.2.1　云计算的定义与特征

云计算的技术、服务模式、理念均在不断演进和发展。受到业界广泛认可的 NIST 对云计算的定义为“云计算是一种模式，能以泛在的、便利的、按需的方式通过网络访问可配置的计算资源（例如网络、服务器、存储器、应用和服务），这些资源可实现快速部署与发布，并且只需要极少的管理成本或服务提供商的干预”。

云计算一般具有五大特征：①按需获得的自助服务；②广泛的网络接入方式；③资源的规模池化；④快捷的弹性伸缩；⑤可计量的服务。

从技术角度看，云计算是分布式计算、并行计算、网格计算、多核计算、网络存储、虚拟化、负载均衡等传统计算机技术发展到一定阶段，和互联网技术融合发展的产物。云计算的目标在于通过互联网把无数个节点（即计算实体）整合成一个具有强大计算能力的“巨型机”系统，把强大的计算能力提供给终端用户。

从产业发展角度来看，互联网的快速发展使得大众可以参与信息制造和编辑，从而导致信息出现无限增长的趋势，这是云计算产生的根源。摩尔定律的终结，则意味着依靠硬件性能的提升无法解决信息无限增长的问题。如何低成本、高效、快速地解决无限增长的信息存储和计算问题，是一个摆在科学家面前的难题。云计算的出现恰好可以解决这个难题，同时它还使得 IT 基础设施可以资源化、服务化，使得用户可以按需定制自己的计算资源。

通过不断提高云计算平台的处理能力，减少用户终端的处理负担，用户终端可以简化成低配的计算终端，用户可以按需使用云计算强大的计算处理能力。云计算不仅改变了网络应用的模式，也将成为带动 IT、物联网、电子商务等诸多产业强劲增长、推动信息产业整体升级的基础。

5.2.2　云计算的三种主要服务模式

云计算有三种主要服务模式：SaaS、PaaS 和 IaaS。

（1）SaaS　SaaS（Software as a Service，软件即服务），以服务的方式将应用软件提供给互联网最终用户。开发商将应用软件统一部署在自己的服务器上，客户（即最终用户）可以根据自己的实际需求，通过互联网向开发商定购所需的应用软件服务，按定购服务的多少和时间支付费用，并通过互联网获得服务。

最终用户无须购买及部署软件，也无须维护软件，所有数据都存储在开发商的服务器上，用户只需要在任意一台计算机上打开浏览器，登录账号，即可使用相关服务。

典型 SaaS 应用如 Salesforce 的 Sales Cloud（在线 CRM）、微软的 Office Online（在线办公系统）、用友的在线财务系统等。

（2）PaaS　PaaS（Platform as a Service，平台即服务），以服务的方式提供应用程序开发和部署平台。它将一个完整的计算机平台，包括应用设计、应用开发、应用测试和应用托管，都作为一种服务提供给客户。

PaaS 服务主要面对应用开发者。在这种服务模式中，应用开发者不需要购买硬件和软件，只需要利用 PaaS 平台，就能够创建、测试和部署应用和服务，并以 SaaS 的方式交付给最终用户。

典型的 PaaS 服务如谷歌的 AppEngine（应用程序引擎）、微软的 Azure 平台、Salesforce 的 Force.com 等。

（3）IaaS　IaaS（Infrastructure as a Service，基础设施即服务），以服务的形式提供服务器、存储和网络硬件，以及相关软件。它是三层架构的最底层，是指企业或个人可以使用云计算技术远程访问计算资源，这包括计算、存储以及应用虚拟化技术所提供的相关功能。

无论是最终用户、SaaS 提供商还是 PaaS 提供商，它们都可以从基础设施服务中获得应用所需的计算能力，却无须对支持这一计算能力的基础 IT 软硬件付出相应的原始投资成本。

国外知名的 IaaS 服务有亚马逊的 AWS、微软的 Azure、谷歌的谷歌云等，国内有阿里巴巴的阿里云、腾讯的腾讯云、电信的天翼云等。

LaaS 的经典应用案例是《纽约时报》。《纽约时报》曾利用亚马逊的云计算，将 1100 万篇报道在两天之内全部转成了 PDF 文件，累计花费 240 美元；这项工作如果用它自己的计算机来做，起码要几个月的时间，费用也肯定高得多。云计算系统不仅提供了很强的计算处理能力，而且很显著地提高了效率，成本也更加低廉。

在此三种服务模式以外，又延伸出 DaaS（Data as a Service，数据即服务）、DaaS（Desktop as a Service，桌面即服务）、CaaS（Communications as a Service，通信即服务）、DBaaS（Database as a Service，数据库即服务）等很多概念。

5.2.3　虚拟化技术：虚拟机与容器

虚拟化技术作为云计算的基础技术之一，在云服务系统中发挥了不可替代的作用。

从服务提供方视角来看，虚拟化技术有助于提高资源利用率。从用户视角来看，虚拟化技术提供了一个共享的资源池，降低了用户的总拥有成本、系统部署和维护的时间成本，给用户提供了既方便又便宜的计算、存储、通信服务。成本更低、用户体验更好，是虚拟化技术得以迅猛发展的根本驱动力。

本节重点介绍虚拟机技术和容器技术。

1. 虚拟机

虚拟机技术是云计算系统提高计算资源利用率的重要技术手段。

大家都知道，绝大多数网站的访问流量都是不均衡的。例如，有的网站白天访问量很低，到了晚上七八点钟，流量就会暴涨；有的网站季节性很强，平时访问量不大，但是到了圣诞节前访问量会非常大；还有的网站平时一直默默无闻，但是由于某些突发事件，访问量暴增。网站运营者为了应对这些高峰流量或突发流量，不得不按照峰值来配置服务器和网络资源，造成资源的平均利用率只有 10%～15%。

云计算系统通过虚拟化技术，可以构建一个超大规模的资源池；对于每个租用者，可以根据需要动态地为其分配资源和释放资源，不需要按照峰值预留资源。由于云计算平台规模很大，租用者数量非常多，支撑的应用种类繁多，比较容易实现整体负载均衡，因而云计算平台的资源利用率可以达到 80%左右。当然，对于实时性要求高的交互式应用，较难达到这么高的利用率。谷歌的数据显示，谷歌在线应用服务器的平均 CPU 利用率约为 30%。

计算虚拟化技术的实现形式，是在系统中加入一个虚拟化层，将下层资源抽象成另一种形式的资源，供上层调用。

计算虚拟化技术的通用实现方案，是将软件和硬件分离，在操作系统与硬件之间加入一个虚拟化软件层，通过空间上的分隔、时间上的分时，将物理资源抽象成逻辑资源，向上层操作系统提供一个与它原先期待一致的服务器硬件环境，使得上层操作系统可以直接运行在虚拟环境中，并允许具有不同操作系统的多个虚拟机相互隔离，并发运行在同一台物理机上，从而提供更高的 IT 资源利用率和灵活性。

计算虚拟化软件需要模拟出来的逻辑功能，主要是高效独立的虚拟计算机系统，称为虚拟机。在虚拟机中运行的操作系统软件，称为 Guest-OS。

虚拟化软件层模拟出来的每台虚拟机都是一个完整的系统，它具有处理器、内存、网络设备、存储设备和基本输入输出系统（BIOS）。在虚拟机中运行应用程序及操作系统，和在物理服务器上运行，并没有本质区别。

2022 年的 SIGCOMM 会议上，阿里云公开了它为 EBS（Elastic Block Storage）服务打造的存储网络栈。研发团队最初在第一跳计算节点和存储节点之间使用自研的用户态 TCP/IP 协议栈，命名为 Luna；后来又自研了 Solar-RDMA 协议栈。通过这两套协议栈的加速，阿里云 EBS 服务平均 I/O 时延降低了 72%。EBS 是一种基础服务，它为云用户提供在虚拟磁盘（Virtual Disk，VD）中的持久数据托管。由于 VD 直接与云用户的操作系统实时交互，因此 EBS 服务必须是高度可靠、快速的。

图 5.1 说明了 EBS 的典型“计算-存储分离”或“存储分解”架构，也是阿里云虚拟专用服务器（VPS）的实现架构。这种架构将计算服务器（承载虚拟机）和存储服务器（承载 VD）放在分开的集群中。

这种设计有以下主要优点：首先，计算和存储服务器可以独立设计，因此任何一种类型的服务器都可以针对其目标工作负载进行优化，这比通用服务器更具成本效益；其次，存储集群致力于保证数据的安全，管理高利用率的海量存储介质，降低成本；最后，使用存储在存储服务器中的持久状态，跨计算服务器迁移应用程序服务变得更加容易和快速。EBS 成为云基础设施中一个独立的公共组件，很容易被不同的计算应用程序集成。

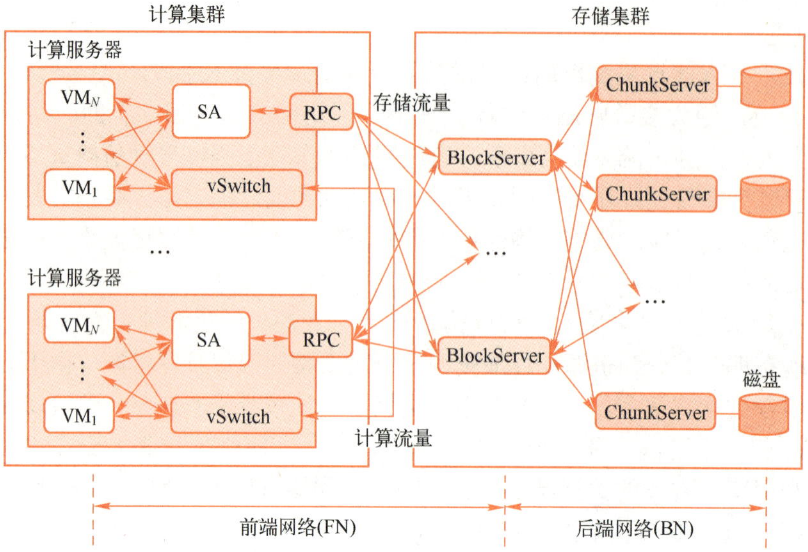

图 5.1　EBS 的整体架构

注：VM 为虚拟机；vSwitch 为虚拟交换机。

EBS 的计算-存储分离设计增强了网络的重要性，因为 VD 上的所有 I/O 操作都将通过计算集群和存储集群之间的网络。

EBS 中有两种类型的网络：连接计算和存储服务器的前端网络（FN）；后端网络（BN）在每个存储集群中的存储服务器，例如 Block 服务器（BlockServer）和 Chunk 服务器（ChunkServer）之间提供一个结构（Fabric）。FN 和 BN 具有不同的性质。例如，FN 通常扩展到同一区域的多个集群和数据中心，而一个 BN 通常是交付点（Point of Delivery，PoD）的结构（例如，两层 Clos 拓扑结构）。

存储代理（Storage Agent，SA）作为一个管理程序功能，将存储操作转换为网络转换，定义 FN 的流量输入。图 5.2 展示了 SA 的内部结构和工作流程，其中有两个向一个 VD 进行写（Read）或读（Write）I/O 操作的示例。SA 维护两个表：①段表（Segment Table），用于跟踪一个 VD 上的数据块地址（BlockAddr）与物理磁盘上对应的数据段（Segment）和存储集群中 Block 服务器之间的映射关系。段表是实现存储虚拟化的核心数据结构。②服务质量（QoS）表通过带宽和 IOPS 来衡量每个虚拟磁盘的服务水平和当前使用情况。每个 I/O 请求将遍历数据平面上的服务质量表和段表，其条目通过存储管理平面填充。

在收到来自 Guest-OS（操作系统）的 Write 请求后（见图 5.2 的上半部分），SA 检查段表（步骤④）以找到要写入数据块的段和托管 Block 服务器，然后它将调用 RPC 一次或多次（步骤⑦），将可选加密的数据和元数据传输到存储集群中的 Block 服务器。在 Block 服务器以多个（例如，3 个）副本将数据写入 Chunk 服务器（步骤⑧）之后，它们将向 SA 确认 Write 成功（步骤⑨）。

Read 操作（见图 5.2 的下半部分）遵循类似的过程，尽管它比 Write 有更多的步骤。请注意，所有数据都被分割成原子单元即大小为 4KB 的数据块，以便与固态硬盘（SSD）的扇区大小一致，SA 中所有操作都是逐块进行的，RPC 可以在一次转换中组合多个块。因此，延迟在块转换中是至关重要的，任何散列都会延迟整个 I/O 的完成。

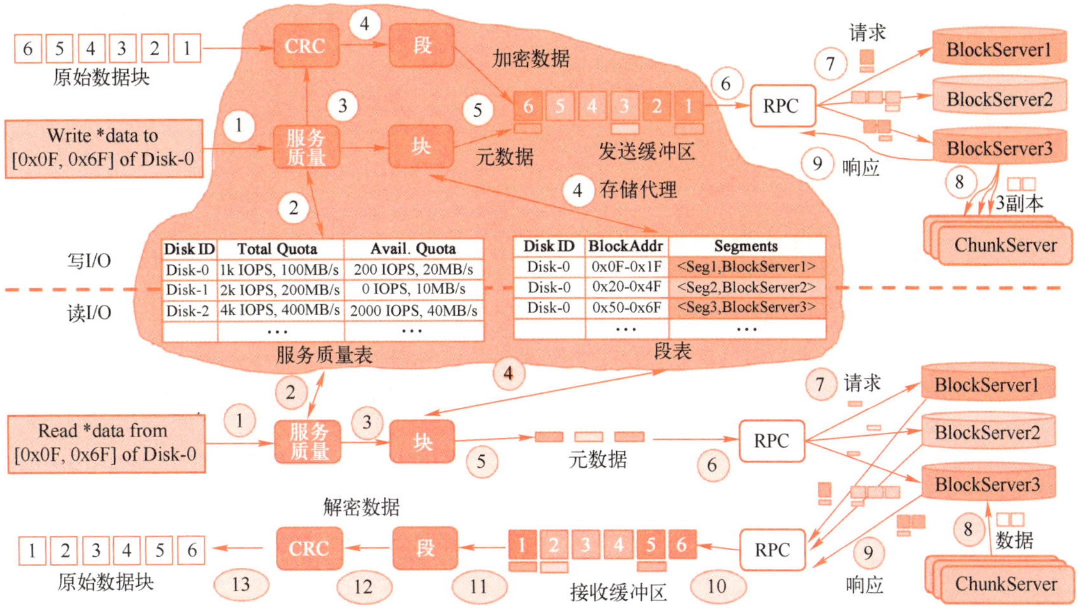

图 5.2　存储代理（SA）的内部结构和工作流程

注：CRC 即循环冗余校验。

2. 容器

与传统虚拟化等技术相比，容器技术在生产应用中优势明显。相比于虚拟化技术，容器技术具有部署便捷、管理便利、利于微服务架构实现、弹性伸缩、高可用等特点。容器技术正在快速改变公司和用户创建、发布、运行分布式应用的方式。

（1）基本概念　容器技术有三个核心的概念，即镜像（Image）、容器（Container）和仓库（Repositorie），如图 5.3 所示。

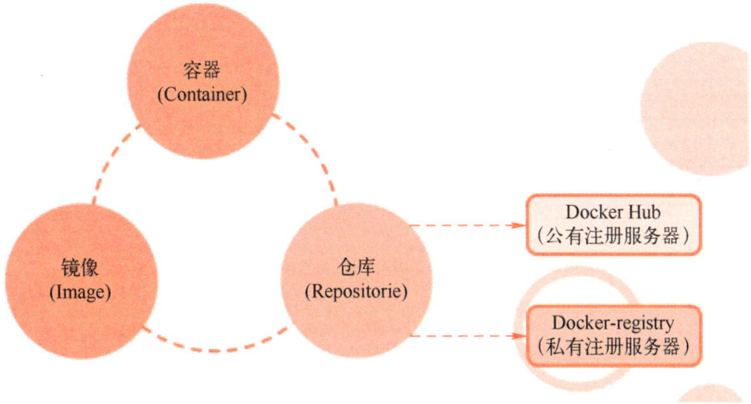

图 5.3　容器技术的三个核心概念

1）镜像：包含文件的层次结构，以及如何运行容器的元数据。Dockerfile 中的每条命令都会在文件系统中创建一个新的层次结构，文件系统在这些层次上构建起来，镜像就构建于这些联合的文件系统之上。

2）容器：容器是从镜像创建的运行实例。它可以被启动、开始、停止、删除。容器都是相互隔离的，以保证平台的安全。可以把容器看作一个简易版的 Linux 环境，Docker 利用容器来运行应用。

3）仓库：仓库是集中存放镜像文件的场所。仓库注册服务器（Registry）上往往存放着多个仓库，每个仓库中又包含了多个镜像，每个镜像有不同的标签（Tag）。

目前，最大的公开仓库是 Docker Hub，存放了数量庞大的镜像供用户下载。Docker 仓库用来保存我们的镜像。当我们创建了自己的镜像之后就可以使用 push 命令将它上传到公有或者私有仓库。要在另外一台机器上使用这个镜像时，只需要使用 pull 命令从仓库上拉下来就可以了。

（2）架构与实现原理　下面以 Docker 为例，介绍容器技术的架构与实现原理。容器技术的实现依赖于三个核心技术：隔离机制（Namespaces，即命名空间），资源配额（Cgroups），联合文件系统（UnionFS，AUFS）。Namespaces 是 Linux 容器所实现的隔离性，主要来自内核，包括 pid、net、ipc、mnt、uts 等。Namespaces 将容器的进程、网络、消息、文件系统隔离开，给每个容器创建一个独立的命名空间。Cgroups 技术实现了对资源的配额和度量。Linux 容器（Linux Container，LXC），提供了一种操作系统级的虚拟化方法，借助于命名空间的隔离机制和 Cgroups 的限额功能来管理容器。Docker 系统架构如图 5.4 所示。

Docker 的 AUFS：Docker 镜像位于 bootfs 之上；每一层镜像的下面一层称为其父镜像，相邻上下两层镜像为父子关系；第一层镜像为基础镜像（Base Image），容器在最顶层，其下的所有层都为只读的（readonly）；Docker 将只读的文件系统层称作镜像。虚拟文件系统如图 5.5 所示。

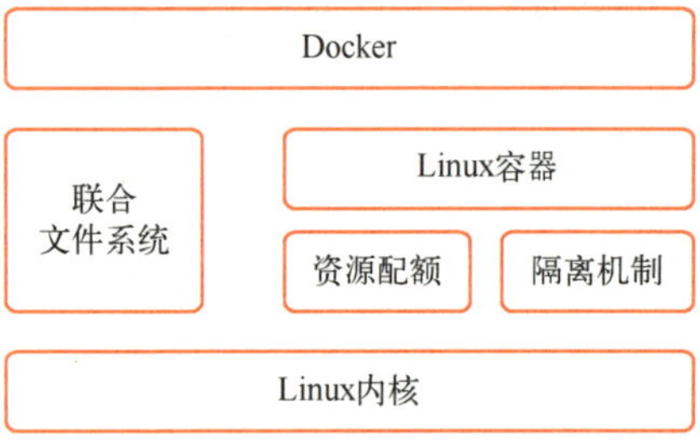

图 5.4　Docker 系统架构

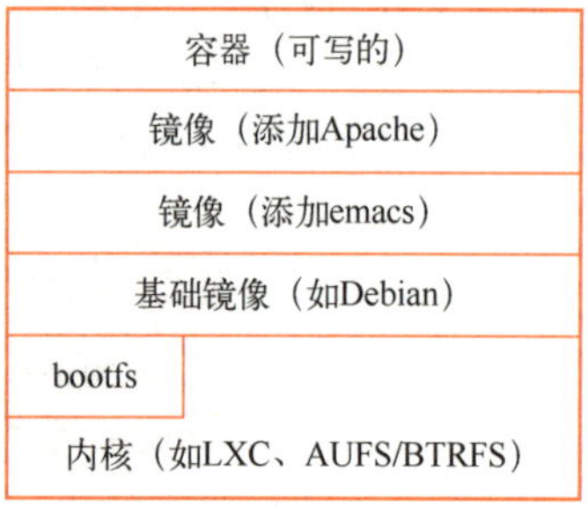

图 5.5　虚拟文件系统

Docker 是一个开源的引擎，可以轻松地为任何应用创建一个轻量级、可移植、自给自足的容器。开发者在笔记本计算机上编译测试通过的容器可以批量地在生产环境中部署，包括虚拟机（VM）、裸机（Bare Metal）、OpenStack 集群和其他基础应用平台。Docker 并非容器，而是管理容器的引擎。Docker 是打包、部署应用的平台，而非单纯的虚拟化技术。

为什么需要 Docker 呢？Docker 就是虚拟机和应用程序包（比如，WAR 或 JAR 文件包）之间的桥梁。一方面，由于移植时要附带一些不需要的东西，虚拟机是非常重量级的（耗资源）。另一方面，应用程序包是非常轻量的，并没有附带足够可靠运行所需的信息。Docker 通过不仅打包应用程序，也打包应用程序的依赖环境，很好地平衡了这两个方面。

可以把 Docker 想象成 LXC 的一个强化版，它增加了以下 LXC 所不具有的特性：①强大的可移植性。你可以使用 Docker 创造一个绑定了你所需要的应用的对象。这个对象可以被转移并被安装在任何一个安装了 Docker 的 Linux 主机上。②版本控制。Docker 自带 Git 功能，能够跟踪一个容器的成功版本并记录下来，并且可以对不同的版本进行检测，提交新版本，回滚到任意一个版本等。③组件的可重用性。Docker 允许创建或者套用一个已经存在的包。举个例子，如果你有许多台机器都需要安装 Apache 和 MySQL 数据库，你可以先创建一个包含了这两个组件的“基础镜像”，然后在创建新机器时使用这个镜像进行安装。④可分享的类库。已经有上千个可用的容器被上传并被分享到一个共有仓库中（http://index.docker.io/）。

（3）特点　容器技术的四个特点如下：

1）资源独立、隔离：资源隔离是云计算平台的最基本需求。Docker 通过 Linux 的命名空间、Cgroups 限制了硬件资源与软件运行环境，与宿主机上的其他应用实现了隔离，做到了互不影响。不同应用或服务以“集装箱”（容器）为单位装“船”或卸“船”，“集装箱船”（运行容器的宿主机或集群）上，数千甚至数万个“集装箱”排列整齐，不同公司、不同种类的“货物”（运行应用所需的程序、组件、运行环境、依赖）保持独立。

2）环境的一致性：开发工程师完成应用开发后创建一个 Docker 镜像，基于这个镜像创建的容器像是一个集装箱，里面打包了各种“货物”。无论这个集装箱在哪里——开发环境、测试环境、生产环境，容器技术都可以确保集装箱里面的“货物”种类与个数完全相同，软件包不会在测试环境缺失，环境变量不会在生产环境被忘记配置，开发环境与生产环境不会因为安装了不同版本的依赖而应用运行异常。这样的一致性得益于“发货”（构建 Docker 镜像）时全部“货物”已经密封到“集装箱”中，而每一个环节都是在运输这个完整的、不需要拆分及合并的“集装箱”。

3）轻量化：相比传统的虚拟化技术，Docker 在 CPU、内存、磁盘 I/O、网络 I/O 上的性能损耗都有同样水平甚至更优的表现。容器的快速创建、启动、销毁得到很多赞誉。

4）“一次构建，随处使用”：这个特性着实吸引人，“货物”（应用）在“汽车”“火车”和“轮船”（私有云、公有云等服务）之间迁移交换时，只需要迁移符合标准规格和装卸方式的“集装箱”，削减了耗时费力的人工“装卸”（上线、下线应用），节约了巨大的时间、人力成本。这使少数几位运维人员运维超大规模装载线上应用的容器集群成为可能，如同 20 世纪 60 年代后少数几位机器操作员即可在几小时内装卸完一艘万吨级集装箱船。

3. 虚拟机与容器的对比

下面以 Docker 为例，将容器技术与虚拟机技术进行对比（见图 5.6）。一般来讲，虚拟机的操作系统是运行在宿主机操作系统之上的，容器则与宿主机共享一个操作系统。虚拟机与容器的不同之处在于：

1）虚拟机镜像庞大；容器镜像小，便于存储和传输。

2）虚拟机需要消耗更多的 CPU 和内存，容器几乎没有额外的性能损失。

3）虚拟机部署速度慢，启动需要 10s 以上；容器启动速度快，以 Docker 为例，一般是秒级的速度。

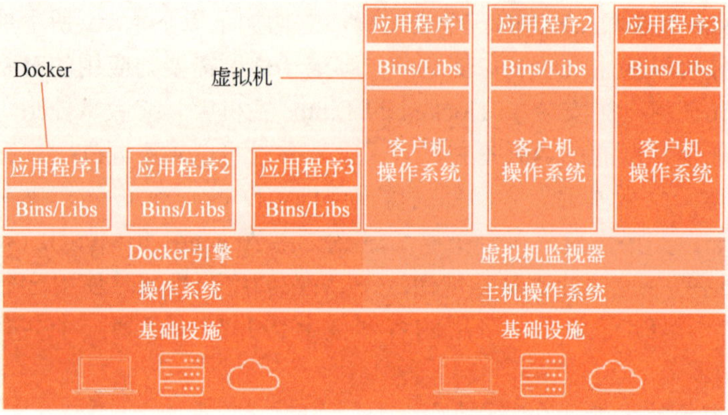

图 5.6　虚拟机技术与容器技术的对比

5.2.4　虚拟化技术的安全问题

1．容器的安全

（1）针对容器的攻击　作为在开发人员中人气极高的代码测试方案，Docker 能够建立起一套完整的 IT 堆栈（包含操作系统、固件以及应用程序），用以在容器这一封闭环境中运行代码。尽管其结构本身非常适合实现代码测试，但容器技术也可能被攻击者用于在企业环境内进行恶意软件感染。

研究人员发现了一种新型攻击途径，允许攻击者滥用 Docker API 隐藏目标系统上的恶意软件，Docker API 可被用于实现远程代码执行与安全机制回避等目的。

攻击者不仅能够在企业网络内运行恶意软件代码，同时也能够在过程当中配合较高执行权限。在攻击中，攻击者往往会诱导受害者打开受控网页，而后使用 REST API 调用执行 Docker 的 build 命令，借以建立起能够执行任意代码的容器环境。通过一种名为“主机重绑定”的技术，攻击者能够绕过同源策略保护机制并获得底层 Moby Linux 虚拟机中的 root 访问能力。如此一来，攻击者将能够窃取开发者登录凭证，在开发者设备上运行恶意软件或者将恶意软件注入容器镜像，进而在该容器的每一次启动中实现感染传播。攻击者将恶意代码隐藏在 Moby Linux 虚拟机内部，而宿主机上的传统安全产品因监控范围受限（仅关注宿主机自身），而无法检测到虚拟机内部的持久化攻击行为。

这种攻击分多个阶段进行。首先，将运行 Docker for Windows 的开发人员引诱到攻击者控制的网页（托管着特制的 JavaScript）。JavaScript 能绕过浏览器同源策略（Same Origin Policy，SOP）安全协议，该协议在现代浏览器上执行数据保护功能。所谓同源，是指域名、协议、端口相同。该攻击方法不仅使用未违反 SOP 保护的 API 命令，而且在主机（将 Git 仓库作为命令和控制服务器）上创建一个 Docker 容器，由此托管恶意攻击代码。

为了访问整个 Docker API，以便能够运行任何容器，例如对主机和底层虚拟机具有更多访问权的特权容器，攻击者使用了与“DNS 重绑定攻击”（DNS Rebinding Attack）类似的“主机重绑定攻击”（Host Rebinding Attack）技术。DNS 重绑定攻击指的是，攻击者滥用 DNS 诱骗浏览器不执行 SOP。主机重绑定攻击针对 Microsoft 名称解析协议实现同样的目标，不过主机重绑定攻击通过虚拟接口实现，因此攻击本身不会在网络中被检测到。主机重绑定攻击会将本地网络上的主机 IP 地址重绑定到另一个 IP 地址，即与 DNS 重绑定类似。DNS 重绑定攻击是欺骗 DNS 响应、控制域名或干扰 DNS 服务；主机重绑定攻击则是欺骗对名称解析协议（广播的）的响应，例如 NetBIOS 和 LLMNR（链路本地多播名称解析）。主机重绑定攻击的结果是创建容器，使其在受害者 Hyper-V 虚拟机中运行，共享主机网络，并执行攻击者控制的任意代码。

具备针对 Docker Daemon REST API 执行任何命令的能力之后，攻击者能有效获取底层 Moby Linux 虚拟机的 root 访问权限。下一步是利用 root 权限执行恶意代码，同时在主机上保持持久性，并在虚拟机内隐匿活动。

接下来，需生成所谓的“影子容器”（Shadow Container）。当虚拟机重启时，“影子容器”允许恶意容器下达保持持久性的指令。如果受害者重启主机或只是重启 Docker for Windows，攻击者将失去控制。为了解决这些问题，攻击者采用影子容器技术获取持久性和隐匿性。

为此，攻击者编写了容器关闭脚本，以此保存他们的脚本/状态。当 Docker 重启时，或 Docker 重置或主机重启后，影子容器将运行攻击者的容器，保存攻击脚本。这样一来，攻击者便能在渗透网络的同时保持隐匿性，以此执行侦察活动、植入恶意软件或在内部网络中横向活动。

通过这种攻击，可以访问内部网络、扫描网络、发现开放端口、横向活动，并感染其他设备，但还得找到方法感染本地容器镜像，从而散布到整个企业 Docker 渠道中。

Docker 承认存在这个问题，并表示这是由于先前所有 Docker for Windows 版本允许通过 TCP/HTTP 远程访问 Docker。自此之后，Docker 改变了默认配置，关闭了 HTTP 端口，以此防止访问 Docker Daemon。

腾讯安全通过在互联网上部署大量模拟运行的容器服务，持续跟踪并捕获正在发生的针对容器的攻击。研究表明，针对容器的攻击在现实中是真实广泛存在的。例如，仅 2021 年 9 月份，腾讯云安全监测捕获到针对容器的攻击就达 10.8 万次，发起容器攻击的 IP 来源分布前三位为中国 70619 次、俄罗斯 11220 次和美国 7139 次。图 5.7 显示了发起容器攻击的 IP 来源分布。

图 5.7　发起容器攻击的 IP 来源分布

（2）容器的安全问题　关于容器的安全问题，安全人员最关注的是容器逃逸问题，研发人员更关注镜像安全问题，集群入侵是运维人员最关注的容器安全问题。2021 年，腾讯云容器安全服务监测到的可疑容器逃逸行为有 84 万次，检出容器内挂马事件共 901 次，这样的运营数据也恰好验证了用户对逃逸行为的担忧。

Docker 容器逃逸指的是攻击者通过劫持容器化业务逻辑或直接控制等方式，以获得容器内某种权限下的命令执行能力的过程和结果。因为 Docker 使用了隔离技术，所以容器内的进程无法看到外面的进程，但外面的进程可以看到里面，如果一个容器可以访问到外面的资源，甚至获得了宿主主机的权限，这就叫作“Docker 容器逃逸”。

容器逃逸的原因之一是软件漏洞：①由于内核漏洞引起的逃逸。因为 Docker 会直接共享宿主主机内核，所以宿主主机的内核存在安全漏洞会一并影响 Docker 的安全，从而造成 Docker 逃逸。②由于 Docker 软件设计引起的逃逸。比较典型的例子是 Docker 的标准化容器执行引擎——runc。runc 曾在 2019 年 2 月被爆出一个 Docker 逃逸漏洞 CVE-2019-5736。其漏洞原理是，Docker、Containerd 或其他基于 runc 的容器在运行时存在安全漏洞，攻击者可以通过特定的容器镜像或者 exec 操作获取宿主机 runc 执行文件时的文件句柄并修改 runc 的二进制文件，从而获得宿主主机的 root 执行权限，造成 Docker 逃逸。

例如 CVE-2014-3519、CVE-2016-5195、CVE-2016-9962、CVE-2017-5123 以及 CVE-2019-5736，都会从容器中越狱而出。多数内核漏洞都适用于容器逃逸，这是因为内核漏洞通常会导致权限升级，最终允许受攻击的进程在原命名空间之外获得控制权。

容器逃逸的另一个原因是错误的配置。除了经由软件漏洞进行的攻击之外，由错误的配置带来的容器逃逸攻击也非常常见。例如部署一个具备过高权限的容器或者关键挂载点（例如/var/run/docker.sock），都可能引发容器逃逸。在多租户集群中部署容器，或者把包含敏感数据的容器和其他不受信容器部署在同一主机上时，就要考虑发生灾难性后果的可能性。

1）挂载 Docker Socket 的情况。Docker Socket 是 Docker 守护进程监听的 UNIX 域套接字，用来与守护进程通信——查询信息或下发命令。如果在攻击者可控的容器内挂载了该套接字文件（/var/run/docker.sock），容器逃逸就相当容易了，除非有进一步的权限限制。

2）挂载宿主主机 procfs 的情况。procfs 是一个伪文件系统，它动态反映着系统内进程及其他组件的状态，其中有许多十分敏感、重要的文件。因此，将宿主机的 procfs 挂载到不受控的容器中也是十分危险的，尤其是在该容器内默认启用 root 权限，且没有开启用户命名空间时。一般不会将宿主机的 procfs 挂载到容器中。然而，有些业务为了满足某些特殊需要，还是会将该文件系统挂载进来。

这些安全性方面的担忧，促使研究人员尝试为容器构建更强的信任边界。具体的解决方式就是创建一个真正的沙箱容器，尽可能地将容器从主机操作系统中隔离开来。多数解决方案都是一种混合架构，在虚拟机的强信任边界和容器的高效率之间尝试取得平衡。

解决方案如下：

1）Unikernel 是最早的单一目标虚拟机的尝试，它把应用和最小化的操作系统库打包成单一镜像。很多致力于创建安全、低耗的最优化虚拟机镜像的项目，都以 Unikernel 的概念为基础，例如：IBM 的 Nabla，这个项目的目标是像容器一样运行 Unikernel 应用；Google 的 gVisor，它在用户空间的内核中运行容器。

2）以虚拟机为基础的容器方案，如 Amazon 的 Firecracker 以及 OpenStack 的 Kata。

图 5.8 显示了不同解决方案的对比。Hot-plug 指是否支持在容器运行时动态添加或移除硬件资源（如 CPU、内存、磁盘等）。Direct access to HW 指是否允许容器直接操作宿主机物理硬件（如 GPU、网卡），绕过虚拟化或抽象层。Backed by 代表技术背后的主要开发或支持公司/组织。

	支持的容器平台	专用客户内核	支持不同的客户内核	开源	Hot-plug	Direct access to HW	所需的虚拟机管理程序	Backed by
Nabla	Docker, K8s	是	是	是	否	否	无	IBM
gVisor	Docker, K8s	是	否	是	否	否	无	Google
Firecracker	尚未	是	是	是	否	否	KVM	Amazon
Kata	Docker, K8s	是	是	是	是	是	KVM或Xen	OpenStack

图 5.8　不同解决方案的对比

（3）沙箱容器　容器已彻底改变了开发、打包和部署应用程序的方式。然而，暴露在容器面前的系统攻击面太广了，以至于许多安全专家不建议使用容器来运行不可信赖或可能恶意的应用程序。人们越来越渴望运行更异构化、不太可信的工作负载，这让人们对沙箱容器产生了兴趣——这种容器有助于在主机操作系统和容器里面运行的应用程序之间提供一道安全的隔离边界。

gVisor（https://github.com/google/gvisor）是一种新型的沙箱，有助于为容器提供安全隔离机制，同时比虚拟机更轻量级。gVisor 与 Docker 和 Kubernetes 集成起来，使得在生产环境下运行沙箱容器轻而易举。

传统 Linux 容器（见图 5.9）中运行的应用程序访问系统资源的方式与常规（非容器化）的应用程序一模一样：直接对主机内核进行系统调用。内核在特权模式下运行，因而得以与必要的硬件交互，并将结果返回给应用程序。

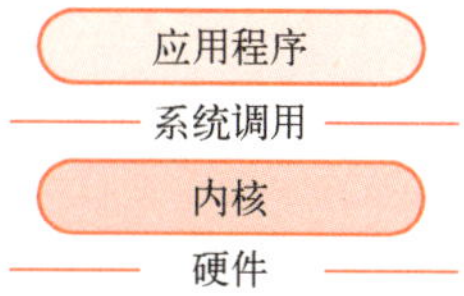

图 5.9　传统 Linux 容器

如果是传统的容器，内核对应用程序所能访问的资源施加一些限制。这些限制通过使用 Linux 控制组（Cgroup）和命名空间来实现，然而并非所有资源都可以通过这种机制来控制。此外，即使有这样的限制，内核仍然暴露了很大的攻击面，恶意应用程序可以直接攻击。

过滤器等内核特性，可以在应用程序和主机内核之间提供更好的隔离，但是它们要求用户为系统调用创建预定义的白名单，然而实际上常常很难事先知道应用程序需要哪些系统调用。如果发现应用程序需要的系统调用中存在漏洞，那么过滤器提供的帮助也不大。

提高容器隔离效果的一种方法是让每个容器在自己的虚拟机里面运行。这使每个虚拟机拥有自己的“机器”，包括内核和虚拟化设备，与主机完全隔离。即使访客系统（guest）存在漏洞，虚拟机管理程序仍会隔离主机以及主机上运行的其他应用程序/容器。在不同的虚拟机中运行容器提供了出色的隔离、兼容性和性能，但可能也需要占用更多资源。Kata

容器是一个开源项目，它使用精简版虚拟机，尽量减少占用的资源，最大限度地提高隔离容器的性能。虚拟机模式如图 5.10 所示。

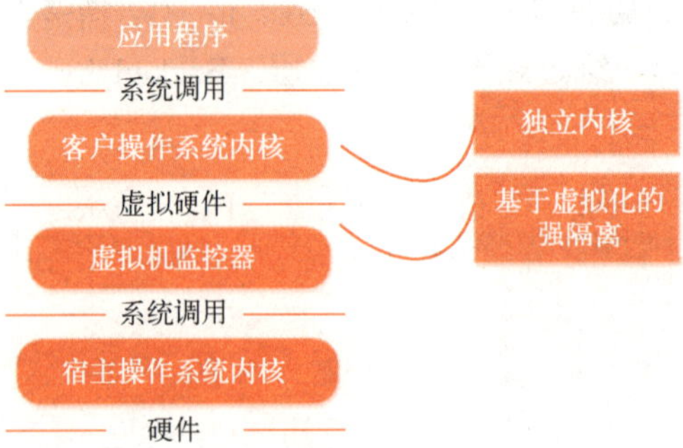

图 5.10　虚拟机模式

gVisor 比虚拟机更轻量，同时保持相似的隔离级别。gVisor 的核心是作为一个普通非特权进程来运行的内核，它支持大多数 Linux 系统调用。这个内核用 Go 语言编写，选择这种语言是由于它具有内存安全和类型安全的特性。就像在虚拟机里面一样，在 gVisor 沙箱中运行的应用程序也有自己的内核和一组虚拟化设备，独立于主机及其他沙箱。沙箱容器如图 5.11 所示。

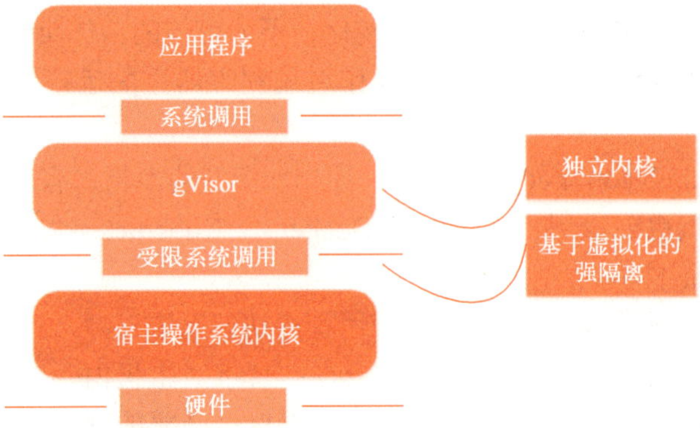

图 5.11　沙箱容器

gVisor 通过拦截应用程序的系统调用，并充当访客系统的内核，提供强大的隔离边界，一直在用户空间中运行。不像虚拟机在创建时需要一定的资源，gVisor 可以适应不断变化的资源，就像大多数普通 Linux 进程那样。gVisor 类似于一个准虚拟化的操作系统，与标准虚拟机相比，它具有灵活占用资源和固定成本更低的优点。

gVisor 运行时环境通过 runsc（Sandboxed Container Runtime，沙箱化容器运行时）与 Docker 和 Kubernetes 无缝集成，而 runsc 符合 OCI[㊀]运行时 API。

runsc 运行时环境可以与 Docker 的默认容器运行时环境 runc 互换。其安装很简单；一旦安装完毕，只需要在运行 docker 命令的时候增加一个参数（--runtime=runsc）就可以使

㊀ OCI（Open Container Initiative）是由 Linux 基金会于 2015 年发起的一个开放容器标准化项目，旨在定义容器技术与生态的统一规范，确保不同容器工具的兼容性和互操作性。

用沙箱容器了。

然而，这种灵活性的代价是每个系统调用的开销变大、应用程序兼容性较差。gVisor 实现了大部分 Linux 系统 API（200 个系统调用，数量正在增加），但并非全部。一些系统调用和参数目前还没有得到支持，/proc 和/sys 文件系统的一部分也是如此。因此，并非所有应用程序都可以在 gVisor 里面运行，但许多应用程序可以正常运行，包括 Node.js、Java 8、MySQL、Jenkins、Apache、Redis 和 MongoDB 等。

2．虚拟机的安全

由于多个用户的虚拟机共享一台物理机，那么，虚拟用户 A 是否可能获得同一台机器上的虚拟用户 B 的隐私数据呢？毫无疑问，这种可能性是存在的。

2012 年，学者在计算机和通信安全会议（CCS）上发表了一篇名为“Cross-VM Side Channels and Their Use to Extract Private Keys”的论文。在该论文发表之前，一般认为由于 CPU 和内存的虚拟化，以及当时云平台普遍采用的多核 CPU 架构，攻击者很难进行跨虚拟机的微架构侧信道攻击来窃取私钥信息。

该论文的核心贡献是在跨虚拟机场景下首次实现了能够提取数字签名私钥的微架构侧信道攻击。实验表明，攻击者可以通过几个小时的侧信道信息采集，实现对 4096 位安全强度的 ElGamal 数字签名私钥的窃取过程。2022 年，该论文获得 ACM CCS 的“时间检验”（Test-of-Time Award）奖项。

其工作首次实现了公有云场景下跨虚拟机的缓存侧信道攻击，受到了学术界与工业界的广泛关注，在 2012 年被主流 IT 媒体广泛报道，被称为“2012 年最重要的云安全事件”之一。该论文也是最早结合侧信道攻击和机器学习方法的文章之一，至今已被引用近千次，对后续的云安全研究、微架构侧信道研究以及近年来的瞬态执行漏洞研究都有重要的影响。该论文已经被耶鲁大学、芝加哥大学、马里兰大学、宾夕法尼亚大学等世界名校引用作为计算机课程阅读材料。

论文中提出了一种动态规划算法，通过侧信道对被攻击虚拟机的多次数字签名过程进行攻击，收集足够多的候选代码“序列”，利用动态规划算法将支持向量机（SVM）+隐马尔可夫模型（HMM）输出的多个代码路径片段“缝合”在一起，从而构建更完整的代码“序列”。

论文中提出了跨虚拟机缓存侧信道攻击并自动提取完整密钥的流程（见图 5.12）。

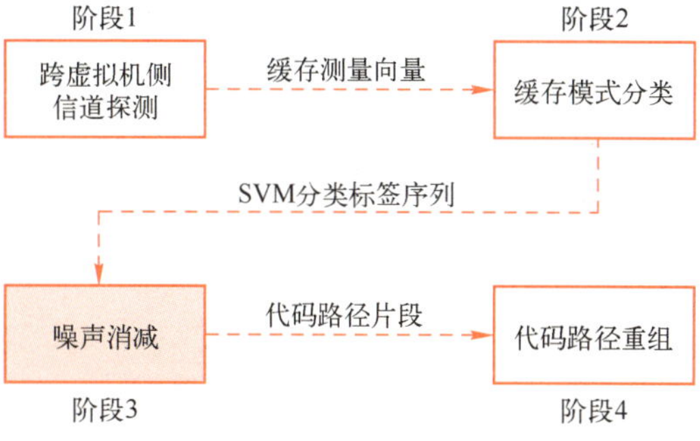

图 5.12　侧信道攻击并自动提取完整密钥的流程

阶段 1：跨虚拟机的缓存探测（Probing），通过频繁的处理器间中断（Inter Processor

Interrupt，IPI）实现细粒度的 L1 指令缓存侧信道探测。探测是一种主动的缓存状态分析技术。攻击者通过主动干扰目标虚拟机的缓存行为，并测量由此产生的缓存访问时间差异，推断出敏感信息。

阶段 2：利用 SVM 将侧信道读取的信息分类，识别出密码学原语（大整数乘法或平方）的代码段。

阶段 3：利用 HMM 消除侧信道攻击的噪声。

阶段 4：利用多次攻击的结果进行动态规划，拼接代码“序列”并提取完整签名私钥。

实验表明，攻击者可以通过几个小时的侧信道信息采集，实现对 4096 位安全强度的 ElGamal 数字签名私钥的窃取过程。

该论文虽然在多个维度进行了技术创新，但是也存在一定的时代局限性。例如，实验所用的 CPU 是当时 Intel 主流的 Core 处理器，并没有采用缓存包含策略（Cache Inclusive Policy），也就是末级缓存（Last Level Cache，LLC）不会强制包含 L1 缓存的内容，所以没有办法进行基于 LLC 的缓存侧信道攻击。后续的 Intel 处理器多采用缓存包含策略，使得基于 LLC 的缓存侧信道攻击成为可能，也使得跨虚拟机攻击变得容易，不需要复杂的机器学习工具。

2017 年年底，Intel CPU 爆出缺陷，该缺陷存在于过去十年生产的现代 Intel 处理器中。它使普通的用户程序（从数据库应用软件到互联网浏览器中的 JavaScript）在一定程度上得以发现受保护内核内存里面的数据。

只要运行中的程序需要执行任何有用的操作，比如写入到文件或建立网络连接，它就要暂时将处理器的控制权交给内核以便执行任务。为了尽可能快速而高效地从用户模式切换到内核模式，再切换回用户模式，内核存在于所有进程的虚拟内存地址空间中，不过这些程序看不见内核。需要内核时，程序进行系统调用，处理器切换到内核模式，进入内核。完成后，CPU 被告知切换回用户模式，重新进入进程。在用户模式下，内核的代码和数据依然看不见，但存在于进程的页表中。但 Intel 芯片中存在的缺陷显然让内核访问保护机制可以被人以某种方式绕过。

如图 5.13 所示，漏洞有两种攻击模式：一种被称为 Meltdown，是在用户态攻击内核态，造成内核信息泄露；另一种被称为 Spectre，一个应用可以突破自己的沙箱限制，获取其他应用的信息。

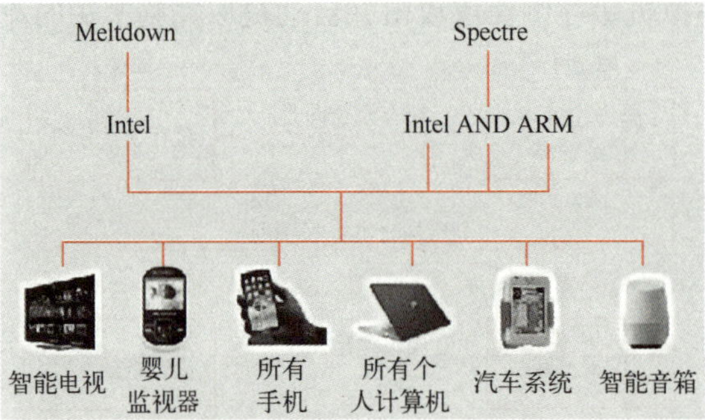

图 5.13　漏洞的两种攻击模式：Meltdown 和 Spectre

Meltdown 打破了用户应用程序与操作系统之间最基本的隔离。这种攻击允许程序访问其他程序和操作系统的内存，从而访问其内容。如果计算机具有易受攻击的处理器、并未安装必要的操作系统补丁，那么就有可能泄露敏感信息。无论是个人计算机还是云基础设施，都会受此影响。

Spectre 打破了不同应用程序之间的隔离。它允许攻击者欺骗其他程序，从而泄露它们的秘密，即使这些程序遵循了最佳的安全实践。事实上，所谓最佳实践的安全检查实际上增加了攻击的面积，并可能使应用程序更容易受到 Spectre 的影响。Spectre 比 Meltdown 更难利用，但它也更难以解决。

2019 年，谷歌发表了关于 Spectre 和 Meltdown 攻击的研究论文，表示 Spectre 和 Meltdown 攻击不仅是计算机安全领域的分水岭，也是编程语言领域的分水岭。论文探讨了 Spectre 的侧信道攻击及其对编程语言的影响。这些攻击通过微架构侧信道泄露信息，作者认为这不仅是缺陷，而且是优化的基础。

此论文确定了三个开放问题：①寻找侧信道；②理解投机漏洞；③减轻它们。对于寻找侧信道问题，论文引入了一个数学元模型，阐明了仿真和 CPU 中侧信道的来源。对于理解投机漏洞问题，论文引入了一个带有推测语义的体系结构模型来研究最近发现的漏洞。对于减轻它们这个问题，论文探索和评估了软件缓解，并证明了该体系结构模型的正确性。

此论文的分析是基于对 V8（Chrome 中的 JavaScript 虚拟机）的大量进攻性研究和防御性实现工作的。对真实硬件建模的直接扩展表明，这些漏洞给有效、高效的缓解带来了巨大的挑战。

论文的结果显示，在没有已知的全面软件缓解措施的情况下，当今硬件上的投机性漏洞可以挫败所有语言强制的机密性：已经发现，不受信任的代码可以构建一个通用读取 Gadget（特指一种能够通过硬件漏洞泄露内存数据的恶意操作链），通过侧信道读取同一地址空间中的所有内存。面对这一现实，谷歌已经将 Chrome Web 浏览器和 V8 的安全模型转变为进程隔离的。

5.2.5 谷歌的云计算技术

随着互联网的不断发展和日益普及，网上的信息量爆炸性增长，大数据服务的现实需求催生了云计算技术。最早成功商业化的大数据服务系统，应该算是搜索引擎和电子商务系统。谷歌的云计算技术架构如图 5.14 所示。在谷歌的大数据处理系统中，广为人知的三项云计算技术就是 MapReduce 计算架构、谷歌文件系统（GFS）、BigTable 数据管理系统。

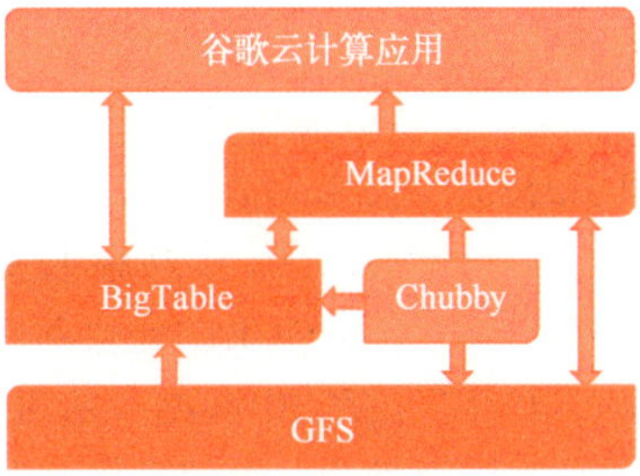

图 5.14 谷歌的云计算技术架构

谷歌 Chubby 是一个分布式锁服务，Chubby 底层一致性实现是以 Paxos 为基础的。

1. MapReduce

谷歌在 2004 年 OSDI 会议上发表文章提出了其大规模数据批处理框架 MapReduce。MapReduce 定义了一套极其简单但十分高效的计算模型，该计算模型以键值数据作为输入，只包括两个接口函数 Map 和 Reduce。Map 函数将数据根据键（Key）进行划分，Reduce 函数将具有相同键的所有数据进行聚合。基于该计算模型，MapReduce 实现了一个由大量普通商业计算机组成的分布式系统。该系统将分布式计算中最重要的（也是开发者最头疼的）两个因素，即伸缩性与容错性，以极简单、优雅的方式封装在内。因此，MapReduce 给开发者提供了一个异常简洁的接口：开发者只需要关注 Map 与 Reduce 两个函数的算法逻辑，而不必关注底层的分布式细节。在编程的时候，开发者需要编写两个主要的函数：Map 函数和 Reduce 函数。

MapReduce 执行流程图如图 5.15 所示。

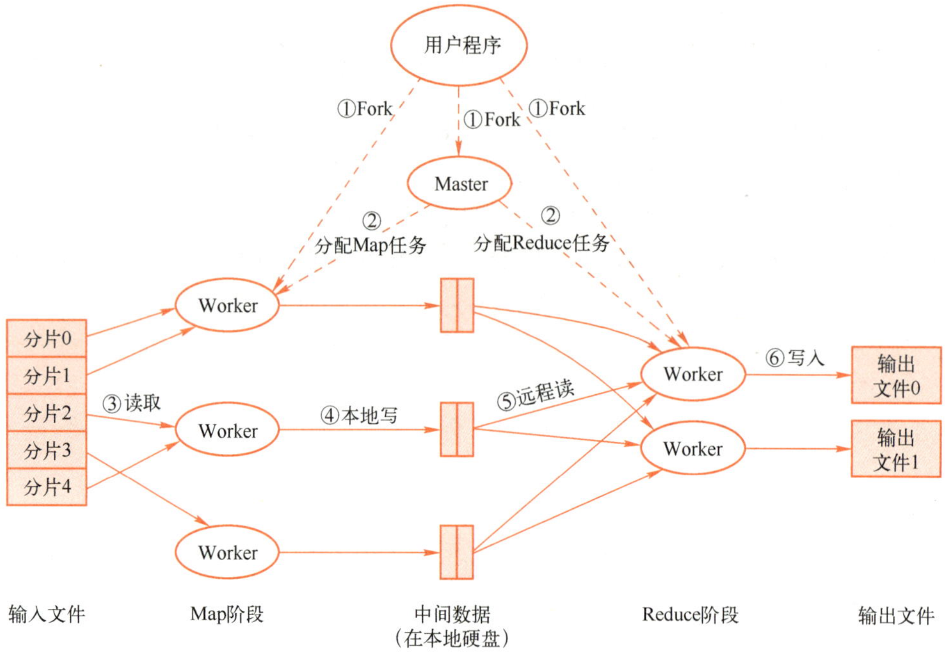

图 5.15　MapReduce 执行流程图

用户程序调用 MapReduce 框架后，依次执行下述操作。

1）MapReduce 框架首先把输入文件分成 M 块（即 Fork），每块大概 16MB 到 64MB，可以通过参数决定，然后在集群的机器上执行分派处理程序。

2）控制节点（Master）把任务分派给工作节点（Worker），共有 M 个 Map 任务和 R 个 Reduce 任务需要分派，Master 选择空闲的 Worker，向它们分配这些 Map 和 Reduce 任务。

3）一个被分配了 Map 任务的 Worker 读取并处理相关的输入块。Map 函数处理输入的数据，并且将分析出的键值对（<key, value>）写入内存。

4）将内存的中间结果定时写到本地硬盘，这些数据通过分区函数分成 R 个区。中间结果在本地硬盘的位置信息将被发送回 Master，然后 Master 负责把这些位置信息传送给执行 Reduce 函数的 Worker。

5）当 Master 通知执行 Reduce 函数的 Worker 关于中间键值对的位置信息时，它调用远程过程，从执行 Map 函数 Worker 的本地硬盘上读取缓冲的中间数据。当执行 Reduce 函数的 Worker 读到所有中间数据，它就使用中间数据中的键进行排序，使得相同键的值都在一起。因为有许多不同 Key 的 Map 任务都对应相同的 Reduce 任务，所以排序是必需的。如果中间结果集过于庞大，那么需要使用外排序。

6）Reduce Worker 根据每一个唯一键来遍历所有排序后的中间数据，并且把键和相关中间结果值集传递给用户定义的 Reduce 函数。Reduce 函数的结果写入一个最终输出文件。

当所有 Map 任务和 Reduce 任务都完成的时候，Master 激活用户程序。此时，MapReduce 返回用户程序的调用点。

近些年来计算机系统领域发表了很多有影响力的 MapReduce 论文。雅虎公司基于 MapReduce 论文研究成果开发的开源系统 Hadoop，被极为广泛地应用于许多大公司的数据处理。众多在 MapReduce 最初设计目标之外的应用案例，也都以 MapReduce 为范式进行重设计。当然，MapReduce 由于其过于简化的模型，并不是解决所有数据处理问题的万能钥匙。比如，在处理一些复杂的计算任务（如迭代计算）时，MapReduce 过于烦琐且并不高效。2008 年 David DeWitt 与 Michael Stonebraker（后者是 2014 年图灵奖得主）也对 MapReduce 提出了质疑。甚至在 2014 年，Google 也宣布弃用 MapReduce 并推出了更高效的 Cloud Dataflow 作为替代方案。但 MapReduce 的许多设计理念依然堪称是伟大系统的标志，其使用廉价机器构建高效系统的设计，对于后续的分布式数据处理系统有着巨大的启迪意义。

2．GFS

Google 文件系统（Google File System，GFS）是一个大型的分布式文件系统。它为 Google 云计算提供海量存储，处于所有核心技术的底层。

GFS 集群由单个主服务器（Master）和多个块服务器（Chunkserver）组成，并由多个客户端访问，如图 5.16 所示。这些机器通常都是运行用户级服务器进程的普通 Linux 机器。在同一台机器上同时运行块服务器和客户端是很容易的，只要机器资源允许，并且可以接受运行可能不可靠的应用程序代码所导致的较低的可靠性。

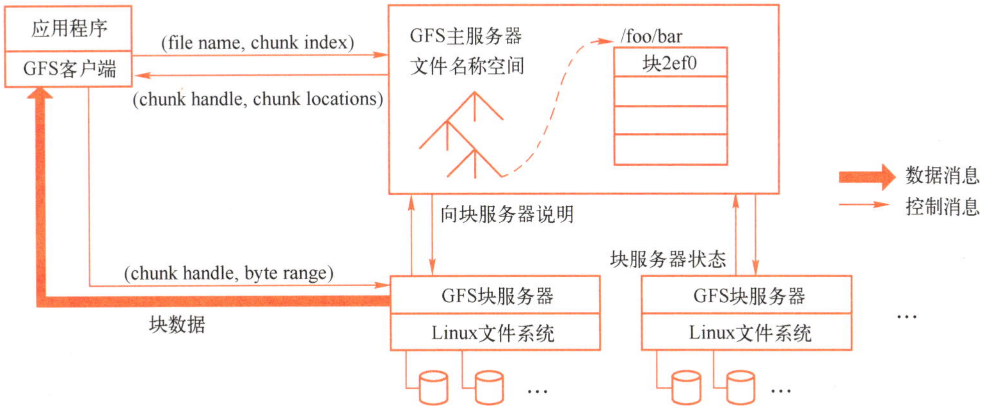

图 5.16　GFS 架构

文件被分成固定大小的块（Chunk）。每个块由一个不可变且全局唯一的 64 位块句柄（Chunk Handle）标识，该句柄是在块创建时由主服务器分配的。块服务器将块以 Linux 文件的形式存储在本地磁盘上，并通过块句柄和字节范围（Byte Range）指定读取或写入块数据。为了提高可靠性，每个块都在多个块服务器上复制。默认情况下，存储三个副本，不过用户可以为文件名称空间的不同区域指定不同的复制级别。

主服务器维护所有文件系统元数据。这包括名称空间、访问控制信息、从文件到块的映射以及块的当前位置。它还控制系统范围的活动，如块租赁管理、孤立块的垃圾收集和块服务器之间的块迁移。主服务器定期与心跳消息（HeartBeat Message）中的每个块服务器通信，给它指令并收集它的状态。

链接到每个应用程序中的 GFS 客户端代码实现文件系统 API，并与主服务器和块服务器通信，以代表应用程序读取或写入数据。客户端与主服务器交互进行元数据操作，但所有承载数据的通信都在块服务器上进行。GFS 不提供可移植操作系统接口（POSIX），因此不需要挂钩到 Linux vnode 层。

客户端和块服务器都不缓存文件数据。大多数应用程序都要处理巨大的文件，或者工作集太大，即便客户端提供缓存，好处也有限，不提供缓存，好处是可以通过消除缓存一致性问题来简化客户端和整个系统。（不过，客户端确实会缓存元数据。）块服务器不需要缓存文件数据，因为块存储为本地文件，Linux 的缓冲区缓存机制已经将频繁访问的数据保存在内存中。

下面参照图 5.16 来解释简单读取的交互过程。首先，使用固定的块大小（Chunk Size），客户端将应用程序指定的文件名和字节偏移量转换为文件中的块索引（Chunk Index）。然后，它向主机发送一个包含文件名和块索引的请求。主服务器返回相应的块句柄和副本的位置（Chunk Location）。客户端使用文件名和块索引作为关键字（Key）来缓存这些信息。

然后，客户端向其中一个副本（很可能是最近的副本）发送请求。请求指定块句柄和该块中的字节大小。在缓存的信息过期或文件被重新打开之前，对同一块的进一步读取不需要更多的客户端-主服务器交互。实际上，客户端通常会在同一个请求中请求多个数据块，而主服务器可以在响应中不仅返回当前请求的数据块信息，而且主动附加其他相关数据块的信息。这些额外的信息避免了未来的几个客户端-主服务器交互，几乎没有额外的成本。

GFS 的新颖之处在于它采用廉价的商用机器构建分布式文件系统，同时其设计与 Google 应用的特点紧密结合，简化实现，使之可行，最终达到创意新颖、有用、可行的完美组合。GFS 将容错的任务交给文件系统完成，利用软件的方法解决系统可靠性问题，使存储的成本成倍下降。GFS 将服务器故障视为正常现象，并采用多种方法，从多个角度使用不同的容错措施，确保存储数据的安全，保证不间断的数据存储服务。Google 中部署了 50 多个 GFS 集群，每个集群包含数千个存储节点，管理着 PB（10^{15}字节）级的数据，形成了巨型、廉价、稳定的数据中心。

Google 在 2003 年发表了关于 GFS 的论文，文章发表之后，Yahoo!公司基于 GFS 的设计开发了开源的 Hadoop 分布式文件系统（HDFS）。2010 年，Google 宣布了自己用于替代 GFS 的下一代文件系统 Colossus，但由于其技术细节并未披露，时至今日，HDFS 依然是最为流行的分布式文件系统之一。许多大规模数据分析系统（包括 MapReduce 和 Bigtable）的底层都是基于 GFS 或 HDFS 进行文件存储的。GFS 的许多设计思想，也推动着诸多后续分布式文件系统的不断演进，启发了各类针对不同应用场景的分布式文件系统的诞生，如针对随机读或小文件存储的文件系统。

3．Bigtable

在 2006 年的 OSDI 学术会议上，Google 发表文章介绍了其键值对数据存储架构 Bigtable。Bigtable 建立在 GFS 之上。相比于 GFS 中的无结构数据，Bigtable 对数据建立了结构化模型，更适合进行数据分析。因此，Google 的许多服务都建立在 Bigtable 而不是 GFS 上，包括 Google 的索引、许多 MapReduce 应用、Google 地图、Youtube、Gmail 等。

Bigtable 的数据模型是一个分布式多维表格，表中的数据通过一个行关键字（Row Key）、一个列关键字（Column Key）以及一个时间戳（Time Stamp）进行索引。Bigtable 对存储在其中的数据不做任何解析，一律看作字符串，具体数据结构的实现需要用户自行处理。Bigtable 的存储逻辑可以表示为：（row：string，column：string，time：int64）→string。

在 Webtable 中，用网页的 URL 作为行键，网页某些信息作为列键，将网页内容存储在"contents："列，并记录抓取网页时对应的时间戳。存储 Web 页面的示例表的切片如图 5.17 所示。行索引：URL。contents：列，存储页面内容（Page Content）。anchor：开头的列，存储引用了这个页面的 anchor（HTML 锚点）的文本。从图 5.17 中可以看出，CNN 主页被 Sports Illustrated（cnnsi.com）和 MY-look 主页（my.look.ca）引用了，因此会有 anchor：cnnsi.com 和 anchor：my.look.ca 两列，其中每列一个版本；contents：列有三个版本，时间戳分别为 t3、t5 和 t6。

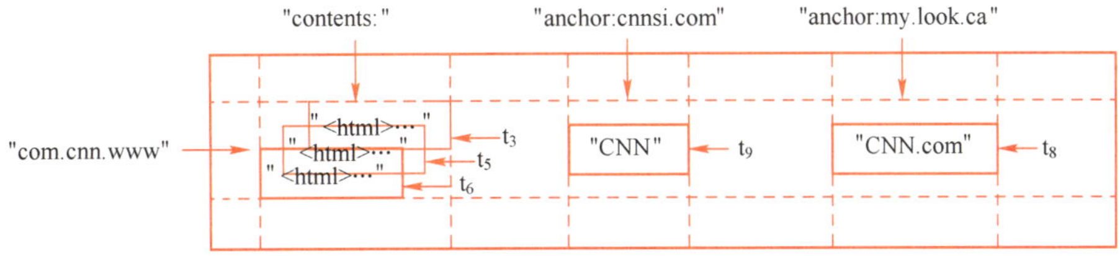

图 5.17　Webtable 的数据模型：存储 Web 页面的示例表的切片

有别于传统的关系数据库，Bigtable 允许动态地添加、删除表格的列。与 GFS 和 MapReduce 类似，Bigtable 也同样在数千台廉价的商业计算机上构建，用于支持 PB 级别的海量数据。为此，Bigtable 根据表格行主键将表格进行分割，形成若干被称为 tablet 的存储单元，存储在 GFS 中。tablet 在 GFS 中的位置被存储在主服务器（Master）中。Bigtable 利用 Chubby（一个分布式锁系统）来管理 tablet 信息，包括保证可用性、存储 tablet 位置、保存各个 Bigtable 的列信息与访问权限、动态监测各个服务器的状态等。Bigtable 架构如图 5.18 所示。

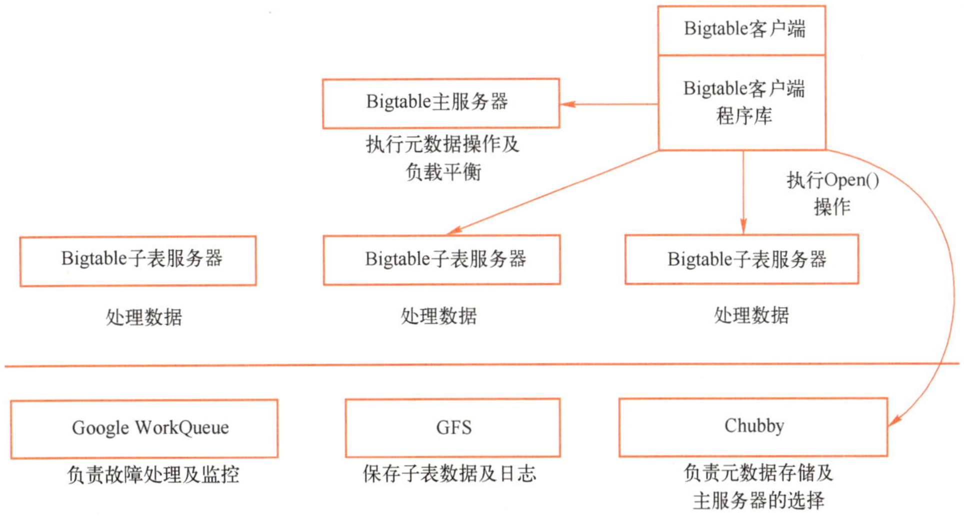

图 5.18　Bigtable 架构

5.2.6 NoSQL：CAP定理、BASE模型和Dynamo

NoSQL的全称是“Not Only SQL”，意为“不仅仅是SQL”表示非关系型数据库，这些数据库采用非关系表的格式存储数据。但是，NoSQL数据库可以使用惯用语言API、声明性结构化查询语言以及按示例查询语言进行查询，这也正是它们被称为“不仅仅是SQL”数据库的原因所在。

得益于其高可扩展性和高可用性，NoSQL数据库广泛应用于实时Web应用和大数据。NoSQL数据库也是开发人员的首选方案——它们可快速适应不断变化的需求，自然也适合敏捷开发范式。NoSQL数据库支持以更直观、更易于理解的方式来存储数据，或者更接近于应用程序使用数据的方式。使用NoSQL风格的API存储或检索时所需的转换更少。此外，NoSQL数据库还可以充分利用云技术来实现零停机。

1. CAP定理

2000年，PODC年会上UCB的Eric Brewer教授提出CAP定理。CAP定理表明，一个分布式系统不可能同时实现以下三种属性，即C（Consistency，一致性）、A（Availability，可用性）、P（Partition Tolerance，分区容错性），但是可以同时实现这三种属性中的任意两种。一致性是指所有的节点都可以同时看到相同的数据，因此，每当将数据写入一个节点时，都必须立即将其转发或复制到系统中所有其他节点，否则不能将写入视为“成功”。可用性是指每一个非故障（Non-failing）的节点必须对每一个请求做出响应。分区是分布式系统内的通信中断，即两个节点之间的连接丢失或暂时延迟；分区容错性是指系统允许任意的消息丢失，换句话说，即使系统中的节点之间发生任意数量的通信中断，系统也必须继续工作。

如果实现三个属性中的任意两个，则可以分为三种情况：

1）CA→!P。分布式系统提供一致性和可用性，但不能提供分区容错性，即不能有任何消息丢失。这种情况在分布式系统中是不存在的：在分布式系统中，网络分区是一个基本要求。

2）CP→!A。分布式系统牺牲可用性来提供一致性和分区容错性，即任意两个节点发生分区时，系统必须关闭不一致的节点（让节点不可用），优先保证数据的一致性，直到分区问题被解决，用户才能继续访问系统。

3）AP→!C。分布式系统牺牲一致性来提供可用性和分区容错性。当发生分区时，所有节点都保持可用，但位于分区错误端的节点可能会返回比其他节点更旧版本的数据。解决分区问题后，系统通常会重新同步节点以修复系统中所有不一致。

NoSQL数据库可以按上述三种情况分为三类，即CA数据库、CP数据库和AP数据库，但是由于在分布式系统中，分区是无法避免的，因此出于实际目的，CA分布式数据库是不存在的。但是，这并不意味着完全不能为分布式应用程序提供CA数据库。许多关系数据库（如PostgreSQL）提供一致性和可用性，并且可以通过复制部署到多个节点。CAP如何权衡和取舍，没有好坏之分，需要根据不同的业务场景进行选择，适合的才是最好的。

2. BASE模型

在介绍BASE模型之前，先介绍ACID。ACID数据库事务大大简化了应用程序开发人员的工作，提供了以下保证：

1）原子性（Atomicity）：事务中的所有操作要么都完成，要么都不会完成。

2）一致性（Consistency）：当事务开始和结束时，数据库将处于一致的状态。

3）隔离性（Isolation）：事务执行时，宛如它是数据库上执行的唯一操作。

4）持久性（Durability）：在事务完成后，该操作不会被逆转。

数据库供应商很久以前就认识到对分区数据库的需要，并引入了一种称为两阶段提交（Two-Phase Commit，2PC）的技术，用于跨多个数据库实例提供 ACID 保证。两个阶段包括：

1）首先，事务协调器要求所涉及的每个数据库预提交操作，并指示是否可以提交。如果所有数据库都同意提交，则将开始第二阶段。

2）事务协调器要求每个数据库提交数据。

如果有数据库不同意提交，则要求所有数据库回滚其事务部分。

我们得到了跨分区的一致性。但依据 Brewer 的理论，这势必对可用性造成影响。具体是如何影响的呢？须知，任何系统的可用性都取决于运行所需组件的可用性。也就是说，系统可能使用但不是必需的组件并不会降低系统的可用性。两阶段提交中，两个数据库的事务可用性将是其中每个数据库可用性的乘积。例如，假设每个数据库的可用性为 99.9%，那么这两个数据库事务的可用性将变为 99.8%，或者每月额外停机 43min。

如果 ACID 为分区数据库提供了一致性选择，那么如何实现可用性呢？一个答案是使用 BASE 模型。BASE 模型与 ACID 完全相反。ACID 是悲观的，并在每个操作结束时强制一致性；BASE 模型是乐观的，并接受数据库一致性将处于不断变化的状态。

在分布式系统领域，BASE 理论是对 CAP 理论的延伸，它解决了 CAP 理论提出的分布式系统一致性和可用性不能兼得的问题。BASE 模型以牺牲高一致性为代价获得可用性和可靠性，高一致性即 CAP 理论和 ACID 理论中的一致性。BASE 模型包括：

1）基本可用（Basically Available）。分布式系统在出现故障时，允许损失部分可用性，即保证核心可用，相比较正常的系统会有响应时间或功能上的损失。

2）软状态（Soft State）。软状态是指允许系统存在中间状态，而该中间状态不会影响系统整体可用性。分布式存储中一份数据通常会有多个副本，相对于原子性而言，要求多个节点的数据副本都是一致的，这是一种“硬状态”，允许不同节点间副本同步延时就是“软状态”的体现。

3）最终一致性（Eventually Consistent）。系统不可能一直处于软状态，必须有个时间期限。在期限过后，应当保证所有副本保持数据一致性，即最终一致性。最终一致性是指系统中所有数据副本经过一定时间后，最终能够达到一致的状态。

总之，BASE 理论的思想是：系统可能处于不一致的状态，但最终会变得一致。

3．Dynamo

亚马逊是世界上最大的电子商务运营商之一，其电子商务平台由数百项服务组成，这些服务协同工作，提供从推荐到订单履行再到欺诈检测的各种功能。每个服务都通过定义良好的接口公开，并可通过网络访问。这些服务托管在一个基础设施中，该基础设施由分布在世界各地许多数据中心的数万台服务器组成。因此，亚马逊的业务场景对存储系统提出了严苛的要求：①高可扩展性：由于业务持续增长，要求存储系统能够通过增加节点实现容量和性能的线性扩展。②高可靠性：要求存储系统绝不能丢失数据。可靠性是最重要的需求之一，即使是最小的中断也可能会造成重大的财务后果，并影响客户的信任。③高可用性：在亚马逊的业务场景中，要求服务如购物车服务始终可以写入和读取其数据存储，并且其数据需要跨多个数据中心可用。除此之外，亚马逊许多业务的数据模型比较简单，只需要通过主键找到其数据内容，而且多数情况下数据内容比较少。这也意味着无须使用传统关系数据库的复杂数据模型。

Dynamo 是针对亚马逊业务场景设计的存储系统，具备如下特点：

1）简单的存取模式。Dynamo 只支持键值对模式的数据存取，存储对象通常小于 1MB。

2）高可扩展性。能够跨机房部署，动态增加、删除集群节点，同时对正常集群影响很小。

3）高可靠性和可用性。即便集群中的部分机器故障，网络中断，甚至整个机房下线，仍能保证用户对数据的读写。

4）最终一致性。Dynamo 中数据的高可用性大于数据的一致性，可容忍短时间的数据不一致，采用最终一致性。

5）满足严格的服务水平协议（Service-Level Agreement，SLA）要求。SLA 中，客户端和服务端就几个与系统相关的特征达成一致，其中最突出的特征包括客户端对特定 API 的预期请求率分布以及在这些条件下预期的服务延迟。简单的 SLA 示例是，一个服务保证在每秒 500 个请求的峰值客户端负载下，在 300ms 内为 99.9%的请求提供响应。考虑到状态访问在业务运行中起着至关重要的作用，存储系统必须能够满足如此严格的 SLA。

接下来介绍 Dynamo 中使用的核心技术。

（1）划分算法　Dynamo 的划分方案依赖一致性哈希（Consistent Hashing）来在多个存储主机上分配负载。在一致性哈希中，哈希函数的输出范围被视为一个固定的圆形空间或"环"（Ring），即最大的哈希值环绕到最小的哈希值。系统中的每个节点在这个空间内被分配一个随机值，代表它在环上的"位置"。通过哈希数据项的键来获得其在环上的位置，然后顺时针遍历环以找到位置大于该数据项位置的第一个节点，从而将由键标识的每个数据项分配给节点。例如图 5.19 中的对象 K，计算其特征值位于 A、B 节点之间，根据规则，K 应该被存储在节点 B 上。因此，每个节点都负责环中它与其环上前一个节点之间的区域。一致性哈希的主要优点是，一个节点的离开或到达只影响它的邻居，而其他节点不受影响。

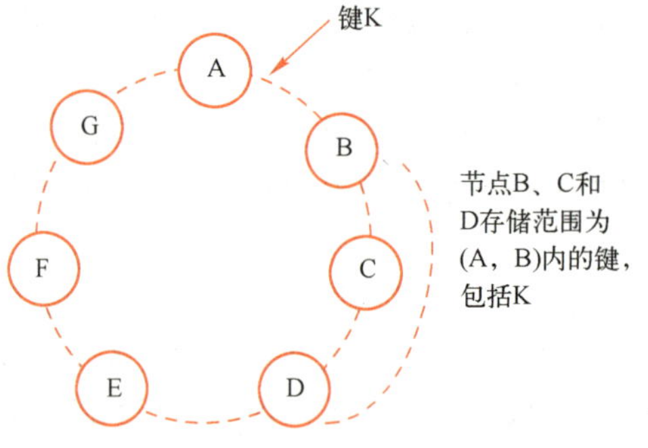

图 5.19　Dynamo 环中键的划分和复制

这种方法看似完美，一次计算即可得出数据项存储节点最终位置，但可能带来以下致命问题：

1）新增一个节点，原本存储在环上其相邻节点的数据现在落在了该新增节点上，势必需要进行数据迁移。

2）移除一个节点，原本由该节点负责的数据接下来要由其相邻节点负责，也会需要数据迁移。最关键的问题是数据迁移发生在两个相邻节点之间，如果节点存储的数据量很大，那么数据迁移带来的压力势必影响参与迁移的节点的正常请求，导致不可用。

Dynamo 使用了一致性哈希的一种变体：不是将节点映射到环中的单个点，而是将每个节点分配到环中的多个点。为此，Dynamo 使用了“虚拟节点”的概念。虚拟节点其实就是在一个物理节点（如图 5.19 中的 A、B、C 和 D）上虚拟出多个逻辑节点。实际上，当一个新节点被添加到系统中时，它在环中被分配了多个位置，例如 A-1、A-2、A-3 等，将这些虚拟节点参与环形运算空间的计算。因此，在新增或者移除节点时，会有更多的节点参与到数据迁移过程中，从而提升数据迁移效率。在存储系统中，物理节点可以抽象为磁盘，虚拟节点则代表了磁盘上的某个目录，经常称为分区（Partition）。

使用虚拟节点的好处如下：①当某个节点（由于故障或日常维护）不可用时，应该此节点处理的负载可以均匀地分散到其他可用节点上。②当一个节点再次可用，或者一个新节点被添加到系统中时，新可用的节点接受来自其他每个可用节点的大致等量的负载。③考虑到物理基础设施的异构性，一个节点负责的虚拟节点的数量可以根据其容量来决定。

（2）复制　为了满足高可靠性和高可用性，Dynamo 在多个主机上复制其数据，即一个对象的数据被写入多个虚拟节点，并且要求这些虚拟节点位于不同的物理节点上。对于存储系统来说，则是要求多个副本位于不同机器的不同磁盘上。

每个数据项在 N 台主机上复制，在 Dynamo 中，不同的实例（如不同业务模块）可独立配置不同的 N 值。例如，实例 A（核心用户数据）配置 N=5（高冗余）。每个键被分配给一个协调器节点。处理读或写操作的节点称为协调器。通常，这是首选项列表中前 N 个节点中的第一个。协调器负责复制其范围内的数据项。除了在本地存储其范围内的每个键外，协调器还在环中顺时针方向的 N-1 个后续节点上复制这些键。这将导致系统中每个节点负责它和它的第 N 个节点之间的环区域。在图 5.19 中，根据计算对象 K 应该被存储在虚拟节点 B 上，同时会选择 B 的后继虚拟节点 C、D 保存另外两个副本。节点 D 将存储范围为（A, B]、（B, C]和（C, D]的键。但是需要注意的是 B、C、D 三个虚拟节点必须位于不同的物理节点上。

（3）数据版本控制　由于存在数据的多个副本，那么接下来需要探究多个副本之间的数据一致性问题。Dynamo 提供了最终一致性：它允许更新异步地传播到所有副本，即虚拟节点的多个副本之间可能会存在不一致的时间窗口，但最终系统会保证多个副本之间数据达成一致。

Dynamo 接口包括两个操作，put（）和 get（）。put（key, context, object）负责根据关联的键（key）确定对象的副本应该放在哪里，并将副本写入磁盘；get（key）负责在存储系统中查找与该键（key）相关的对象副本，并返回一个对象或版本冲突的对象列表，以及 context。context 编码关于对象的系统元数据，这些元数据对调用者来说是不可见的，并包括诸如对象版本之类的信息。context 信息与对象一起存储，以便系统可以验证 put 请求中提供的上下文对象的有效性。

之所以存在数据不一致的时间窗口，是因为Dynamo为了降低写入的延迟，在所有副本都更新完毕之前，put（）操作就响应完毕了，这导致后续 get（）操作可能返回非最新的对象。通俗来说，客户端将数据推送至虚拟节点的主副本后，该副本除了写入本地外，还将数据推送至其他副本，但是该副本可以等待或者不等待其他副本返回响应，即可向客户端发送数据已经正确写入的响应。此时，如果客户端去读那些还没来得及写入数据的副本，便会读不到数据或者读到旧版本数据，面临数据不一致。在某些故障场景下（例如，服务器中断或网络分区），更新可能在很长一段时间内无法到达所有副本。

如何在多个数据副本之间判断谁的数据最新？Dynamo使用向量时钟（Vector Clock）来捕捉同一对象的不同版本之间的因果关系。向量时钟实际上是（节点，计数器）对的列表。一个向量时钟与每个对象的每个版本相关联。一个对象的两个版本是在平行分支上还是有因果顺序，可以通过检查它们的向量时钟来确定。如果第一个对象向量时钟的计数器小于或等于第二个对象向量时钟的计数器，则第一个对象是第二个对象的祖先，可以被遗忘。否则，存在数据不一致，需要解决不一致问题。

下面以图5.20所示的示例说明向量时钟的使用。

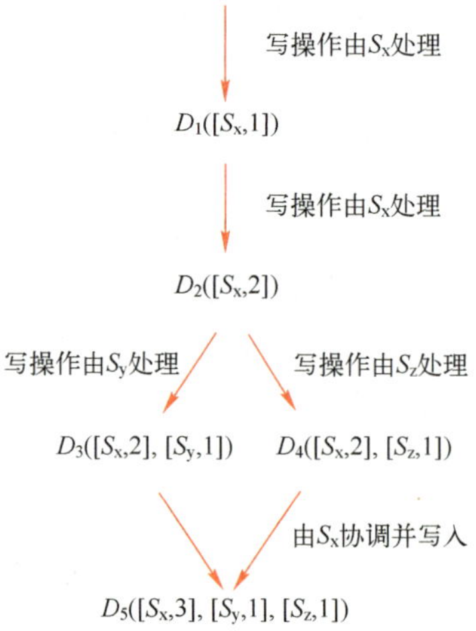

图5.20　对象随时间的版本演变

1）客户端写入一个新对象。处理这个键的写入操作的节点（比如 S_x），增加它的序列号，并用它来创建数据的向量时钟。系统现在有对象 D_1 和它相关的时钟[（S_x, 1）]。

2）客户端更新对象。假设同样的节点也处理这个请求。系统现在也有对象 D_2 和它相关的时钟[（S_x, 2）]。D_2 从 D_1 继承，因此覆盖 D_1，但是可能在尚未看到 D_2 的节点上存在 D_1 的副本。

3）假设相同的客户端再次更新对象，而不同的节点（例如 S_y）处理请求。系统现在有数据 D_3 和它相关的时钟[（S_x, 2），（S_y, 1）]。

4）接下来，假设另一个客户端读取 D_2 并尝试更新它，而另一个节点（例如 S_z）执行写入操作。系统现在有 D_4（D_2 的后代），其版本时钟为[（S_x, 2），（S_z, 1）]。知道 D_1 或 D_2 的节点在接收到 D_4 及其时钟后，可以确定 D_1 和 D_2 已被新数据覆盖，可以进行垃圾收集。感知到 D_3 并接收到 D_4 的节点会发现它们之间没有因果关系。换句话说，D_3 和 D_4 的变化并没有相互反映。必须保留两个版本的数据并将其呈现给客户端（在读取时）以进行语义调和。

5）现在假设一些客户端同时读取 D_3 和 D_4（context 将反映读取时发现了这两个值）。读取的 context 是 D_3 和 D_4 的时钟的总结，即[（S_x, 2），（S_y, 1），（S_z, 1）]。如果客户端执行语义调和并且节点 S_x 协调写入操作，则 S_x 将在时钟中更新其序列号。新数据 D_5 将具有以下时钟：[（S_x, 3），（S_y, 1），（S_z, 1）]。

如此这样，接下来 S_x 将新版本的数据推送到其他副本时，就不会再出现冲突了：无论是 S_y 节点上的[（S_x, 2），（S_z, 1）]，还是 S_z 节点上的[（S_x, 2），（S_z, 1）]均落后于 S_x 上的当前版本，大家又达成了数据一致性。

5.2.7　开源大数据处理系统及其安全隐私机制

1．开源系统：Hadoop

2004 年，开源项目 Lucene（搜索索引程序库）和 Nutch（搜索引擎）的创始人 Doug Cutting 发现 MapReduce 正是其所需要的解决大规模 Web 数据处理问题的重要技术，因而模仿 Google MapReduce，基于 Java 设计开发了一个名为 Hadoop 的开源系统。Hadoop 的基本思想来源于 Google 发表的几篇论文，可以视为 Google 云计算框架的一个开源实现。Hadoop 云计算系统与谷歌云计算系统对比见表 5.1。

表 5.1　Hadoop 云计算系统与 Google 云计算系统对比

Hadoop 云计算系统	Google 云计算系统
Hadoop HDFS	Google GFS
Hadoop MapReduce	Google MapReduce
Hadoop HBase	Google Bigtable
Hadoop ZooKeeper	Google Chubby
Hadoop Pig	Google Sawzall

Hadoop 最初只与网页索引有关，之后迅速发展成为大数据分析的通用平台。Hadoop 由 HDFS、MapReduce、HBase、ZooKeeper 和 Pig 等成员组成，其中最基础、最重要的成员是底层用于存储集群中所有存储节点文件的文件系统——Hadoop 分布式文件系统（Hadoop Distributed File System，HDFS），以及用于执行 MapReduce 程序的 MapReduce 引擎。

（1）HDFS　HDFS 是一个具有高度容错性的分布式文件系统，可以被广泛地部署于廉价的商用计算机上。它以流式访问模式访问应用程序的数据，这大大提高了整个系统的数据吞吐量，因而非常适用于具有超大数据集的应用程序。

HDFS 架构采用主从架构（Master/Slave）。一个典型的 HDFS 集群包含一个 NameNode（名称节点）和多个 DataNode（数据节点）。NameNode 负责整个 HDFS 中文件元数据的存储和管理，集群中通常只有一台机器运行 NameNode 实例；DataNode 保存文件中的数据，集群中的机器分别运行一个 DataNode 实例。DataNode 通过心跳机制与 NameNode 进行定时通信。

1）NameNode：可以看作分布式文件系统中的管理者，存储文件系统的元数据，主要负责管理文件系统的命名空间、集群配置信息、存储块的复制。

2）DataNode：是文件存储的基本单元。它在本地文件系统中存储文件块，保存了文件块的元数据，同时周期性地发送所有存在的文件块的报告给 NameNode。

3）Client：就是需要获取分布式文件系统文件的应用程序。

（2）Hadoop MapReduce 用户提交任务给 JobTracer，JobTracer 把对应的用户程序中的 Map 操作和 Reduce 操作映射至 TaskTracer 节点中；输入模块负责把输入数据分成小数据块，然后把它们传给 Map 节点；Map 节点得到每一个键值对，处理后产生一个或多个键值对，然后写入文件；Reduce 节点获取临时文件中的数据，对带有相同键的数据进行迭代计算，然后把最终结果写入文件。

2. 安全机制：Apache Sentry

Apache Sentry（简称 Sentry）是 Cloudera 公司发布的一个 Hadoop 开源组件，它提供了细粒度、基于角色的授权以及多租户的管理模式。

Apache Sentry 为 Hadoop 使用者提供了以下便利：①能够在 Hadoop 中存储更敏感的数据；②使更多终端用户拥有 Hadoop 数据访问权；③创建更多 Hadoop 使用案例；④构建多用户应用程序；⑤符合规范（例如 SOX、PCI、HIPAA 和 EAL3）。

在安全授权方面，Sentry 可以控制数据访问，并向已通过验证的用户提供数据访问特权。

在访问控制的粒度方面，Sentry 支持细粒度的 Hadoop 数据和元数据访问控制。Sentry 在服务器、数据库、表和视图范围内提供了不同特权级别的访问控制，包括查找、插入等，允许管理员使用视图限制对行或列的访问。管理员也可以通过 Sentry 和带选择语句的视图，根据需要在文件内屏蔽数据。

Sentry 通过基于角色的授权简化了管理，能够方便地将访问同一数据集的不同特权级别授予多个组。

Sentry 允许为委派给不同管理员的不同数据集设置权限。

Sentry 为确保数据安全，提供了统一的平台，使用现有 Hadoop Kerberos 实现安全认证。

Sentry 的目标是实现授权管理。它是一个策略引擎，被数据处理工具用来验证访问权限。它也是一个高度扩展的模块，可以支持任何数据模型。

Sentry 提供了方法，用以定义和持久化访问资源的策略。目前，这些策略可以存储在文件里或者在能使用 RPC 服务访问的数据库后端存储里。数据访问工具例如 Hive，以一定的模式辨认用户访问数据的请求，例如从一个表读一行数据或者删除一个表。数据访问工具请求 Sentry 验证访问是否合理。Sentry 在验证用户访问请求时，其核心逻辑是通过动态构建权限映射并执行策略匹配来判断是否允许访问。数据访问工具这时候根据 Sentry 的验证结果来允许或者禁止用户访问数据的请求。

Sentry 授权包括以下几种角色：

1）资源：可能是服务器、数据库、表，或者 URL（例如 HDFS 路径或者本地路径）。支持对列进行授权。

2）权限：授权访问某一个资源的规则。

3）角色：一系列权限的集合。

4）用户和组：一个组是一系列用户的集合。Sentry 的组映射是可以扩展的。默认情况下，Sentry 使用 Hadoop 的组映射，可以是操作系统组或者轻量目录访问协议（LDAP）中的组。Sentry 允许将用户和组进行关联，可以将一系列用户放入到一个组中。Sentry 不能直接给一个用户或组授权，需要将权限授予角色，角色可以授权给一个组而不是一个用户。

Sentry 的体系结构中有三个重要的组件：Binding、Policy Engine 和 Policy Provider。

（1）Binding　Binding 实现了对不同查询引擎授权，Sentry 将自己的 Hook 函数插入到各 SQL 引擎的编译、执行等阶段。这些 Hook 函数起两大作用：一是过滤器的作用，只放行具有相应数据对象访问权限的 SQL 查询；二是授权接管的作用，使用了 Sentry 之后，grant/revoke 管理的权限完全被 Sentry 接管，grant/revoke 的执行也完全在 Sentry 中实现；对于所有引擎的授权信息也存储在由 Sentry 设定的统一数据库中。这样所有引擎的权限就实现了集中管理。

（2）Policy Engine　这是 Sentry 授权的核心组件。Policy Engine 判定从 Binding 获取的输入权限要求与服务提供层已保存的权限描述是否匹配。

（3）Policy Provider　Policy Provider 负责从文件或者数据库中读取出原先设定的访问权限。Policy Engine 以及 Policy Provider 其实对于任何授权体系来说都是必需的，因此是公共模块，后续还可以服务于其他查询引擎。

5.2.8　私有信息检索

大数据时代，用户的私有信息变得十分重要。这些私有信息不仅包括用户的密码、身份 ID（例如，身份证号、护照号等）、医疗数据、信用卡信息等敏感信息，还包括用户的兴趣爱好、社交、互联网账号、一般的财务数据等。在大数据时代，根据这些信息，经过多源数据关联分析，从很多看似无关的信息中往往能够挖掘出很多用户敏感数据，导致用户的隐私信息无法得到保障。

一个恶意的数据库拥有者可能会跟踪用户的查询并据此推断用户感兴趣的信息。

私有信息检索（Private Information Retrieval，PIR）是指用户在不泄露自己查询信息给数据库的情况下，完成对数据库的查询操作。该概念是由 B. Chor 等人于 1995 年首次提出的，目的是保护用户的查询隐私，因此服务器不能知道用户查询记录的身份信息和查询内容。

PIR 的应用非常广泛，典型的应用场景如下：①患有某种疾病的病人想通过一个专家系统查询其疾病的治疗方法，如果以该疾病名作为查询条件，专家系统服务器将会猜测到该病人可能患有这样的疾病，从而导致用户隐私被泄露。②在股票交易市场中，某重要用户想查询某只股票的信息，但又不希望将自己感兴趣的股票被服务器获得，以免该信息被公之于众从而影响股票价格。③定位服务。

PIR 问题涉及用户方和服务器方，研究者通常把该问题形式化以方便研究：将数据库抽象成 n 位的二进制字符串 x，即用户查询第 i 个字符的信息，但是不希望数据库知道具体的隐私信息 i。

大多数研究工作基于这样的问题抽象，提出自己的 PIR 协议。PIR 问题的一个解决方法是数据库服务器将整个数据库发给用户，这样能够完全保障用户的隐私，但是通信量为数据库的总数据量。这种代价在现实中是不可接受的。

事实上，评价 PIR 协议的一个重要指标就是通信复杂度。如果要求服务器无法获得关于用户的任何信息，通信复杂度就是必需的。这是因为如果存在若干数据没有发送给用户，数据库服务器就可以推断出用户对这些数据不感兴趣，也就是说用户的隐私没有得到完全的保障。

解决该问题的思路主要分为两大类。①基于信息论的 PIR 协议：采用多个数据库副本，用编码技术隐藏查询信息，从而实现 PIR。②基于计算性的 PIR 协议：基于数学上的困难假设，使得数据库服务器无法在多项式时间内获得查询信息，从而实现 PIR。

第一类方法通过在多个服务器中维护多份相同的数据库副本来构造 PIR 协议，使得每个单独的服务器都无法获得用户的任何信息。这类方法的目标是保障用户的完全隐私，其 PIR 协议被称为基于信息论的 PIR 协议。

下面介绍 1995 年 B. Chor 等人提出的一个 k-server（$k \geqslant 2$）的 PIR 方案。其基本思路是构造一个 2-server 的 PIR 协议。首先，用户采用均匀分布，选择随机下标集合 $Q_1 = \{1,\cdots,n\}$。如果包含 i，则取 $Q_2 = Q_1 \setminus \{i\}$；如果不包含 i，则取 $Q_2 = Q_1 \cup \{i\}$。用户分别将这两个集合作为查询发送给两个服务器，服务器根据收到的查询与本地数据库做计算，将结果发给用户。用户将收到的两份结果做异或运算，得到需要的答案。该基础协议的通信复杂度为 $O(n)$。这个基本思路可以扩展到 k-server 的情况，其通信复杂度为 $O(kn^{1/\log k})$。

第二类方法放宽要求：假设服务器的计算能力有限，利用数学上的困难假设构造 PIR 协议，从而使得服务器在多项式时间内无法计算出用户的隐私信息。这类方法要求保障用户的计算性隐私，其 PIR 协议被称为基于计算性的 PIR 协议。

例如，基于格的 PIR 协议使用类似 NTRU（一种公钥加密方法）的方法，对数据库服务器上的数据分块并构建矩阵形式。用户查询时，首先生成若干符合一定要求的随机矩阵，然后对目标块和非目标块位置做不同的矩阵变换，并对得到的查询矩阵再做一次随机置换，然后将置换后的查询矩阵发给服务器。服务器利用本地数据做相应的矩阵运算后将结果向量返回给用户。用户再对该结果向量做相应逆运算以获得目标数据块。研究者提出了隐格问题（Hidden Lattice Problem），并证明其与已知的 NP 完全问题——删余码问题（Punctured Code Problem）在查询上的等价性。

无论具体采用哪种方法，PIR 的一般过程如下：用户基于要查询的数据下标 i 生成 k 个查询请求，分别发给 k 个服务器。为了隐藏 i，在服务器看来，这些查询应当是关于下标 i 的随机函数。各个服务器根据收到的查询请求和本地数据库 x 计算查询结果并返回给用户。最后，用户根据收到的 k 个查询结果计算目标数据 x。

PIR 的理论研究已经比较成熟。但是，由于存在通信复杂度过高或者服务器端计算复杂度过高的问题，其实用性受到局限。因此，如何在复杂度与用户隐私之间寻找一个折中，是设计实用方案需要考虑的一个问题。

对于用户查询的隐私性，无论是基于信息论的 PIR 协议还是基于计算性的 PIR 协议，都要求完全的隐私保护。完全隐私保护的代价是高复杂度，这导致其很难应用于实际场景。我们需要根据实际场景的差异，在效率和隐私之间取得平衡，从而对 PIR 协议进行合理改进，只有这样才能够将其应用到实际场景中。

5.3 大数据存储的安全隐私

5.3.1 云存储的应用及其安全问题

云计算技术的迅猛发展和互联网带宽的多次提速，使得电子数据的云端存储与普适访问成为可能。云存储服务（俗称“网盘”）让互联网用户能够方便地存取和分享数据——无论用户在何时何地，使用什么终端设备（个人计算机、平板计算机或智能手机），在云端存放的数据如文档、图片、音乐或视频等，都能自动同步到该用户所有在线设备，并可以与其他用户分享。

2006 年 3 月，亚马逊推出 S3（Simple Storage Service，即简单存储服务），这是世界上最早的商业云存储基础设施之一，提供极为简单却极具扩展性的 RESTful（自表义、无状态的）访问接口。然而，普通用户要使用 S3 是极其困难的，因为它连基本的图形界面和“文件（夹）”的概念都没有。

2007 年，Dropbox 公司成立。成立之初，它就敏锐地抓住了 S3 的后端优势和前端不足，在 S3 和用户之间迅速架起了云存储服务的桥梁。Dropbox 自行搭建了一个规模较小的私有云，以维护那些重要的、敏感的元数据和用户信息。同时，Dropbox 充分利用 S3 的云计算优势，轻松地应对了后来用户量和数据规模的多次“井喷”。Dropbox 数据存储架构如图 5.21 所示。

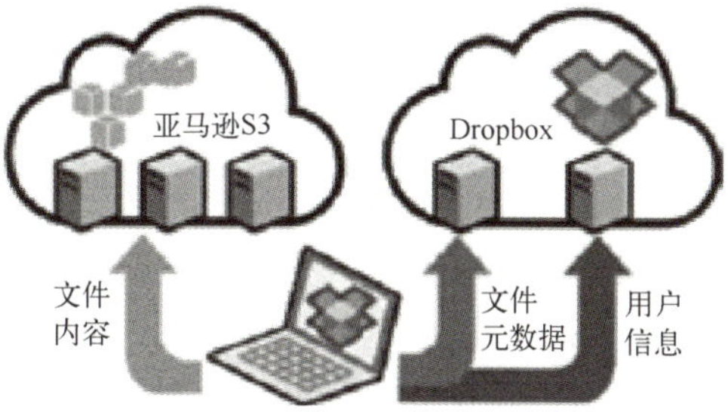

图 5.21　Dropbox 数据存储架构

云存储服务基于云存储技术的 SaaS 服务，在我国被众多用户广泛接受。例如，大家常用的百度网盘。云计算的商业模式，本质上是在信息服务领域复制了电力、自来水等传统行业的商业模式。相对于传统文件存储服务，云存储服务具有以下特点：

1）海量存储资源，虚拟为一个“网盘”。

2）云存储服务可以被视为一个超大容量的免费网络 U 盘。可靠性高，数据永不丢失。

3）海量数据资源池，催生新的技术，例如“秒传”功能。这些技术使用户获得了很好的用户体验。

云存储服务改变了我们存放文件的习惯，具有非常大的发展空间，例如在速度和安全性等方面。

云存储系统可以使用户以较低廉的价格获得海量的存储能力，但高度集中的计算资源使云存储面临严峻的安全挑战。Gartner 2009 年的调查结果显示，因担心云数据隐私被侵犯，70%受访企业的 CEO 拒绝大规模地采用云计算的计算模式。在最近一些年里各大云运营商暴露的安全存储问题引起了广泛关注与担忧。如 2011 年 3 月谷歌 Gmail 邮箱出现故障，而这一故障造成大约 15 万用户的数据丢失。2012 年 8 月国内云提供商盛大云机房一台物理服务器磁盘发生故障导致客户部分数据丢失。2021 年，因边缘服务器配置错误，亚马逊、Twitter 等依赖 Fastly CDN 服务的网站宕机 1h。由此可见云存储的数据安全问题已经阻碍了云计算的大规模使用。

5.3.2 云存储中的数据完整性机制：POR 技术原理

随着云存储模式的出现，越来越多用户选择将应用和数据移植到云中。但他们在本地可能并没有保存任何数据副本，无法确保存储在云中的数据是完整的。那么，如何确保云存储环境下用户数据的完整性呢？

事实上，数据和应用的可用性以及数据的完整性是用户使用云服务的根本。运行在云端的服务能否保持随时可用？针对此问题，尽管云提供了很多完整性保障措施，但依旧无法杜绝数据丢失。而在很多情况下，即使丢失数据很少，对客户来说也是无法接受的。

用户在平时很难知道数据在云端的状态如何。尽管用户可以定时下载自己的数据以确认其完整性，但是当存储量越来越大的时候，这种方法就几乎不可行了。一方面，将数据完全下载下来需要很长的时间，占用很大的带宽；另一方面，这种数据传输业务是需要付费的，必须考虑其中的成本问题。

由于接入云的设备受计算资源的限制，用户不可能将大量时间和精力花费在对远程节点的数据完整性验证上。通常云用户将完整性验证任务移交给经验丰富的第三方来完成。采用第三方验证时，验证方只需要掌握少量的公开信息即可完成完整性验证任务。

云数据存储服务架构如图 5.22 所示。在这个架构中一共有三个角色：用户、云服务器（Cloud Server）和第三方审计者（Third Party Auditor，TPA）。其中，TPA 的作用是代表数据所有者完成数据的完整性认证和审计任务等，这样用户就不需要亲自去做这些事，这对云计算的经济规模化是有价值的。用户（可以是个人或企业）希望利用云服务器来存储自己的大量数据，从而节省建立本地存储基础设施的费用。云服务器除了提供数据存储的服务，还可以提供可用性服务和分享服务。

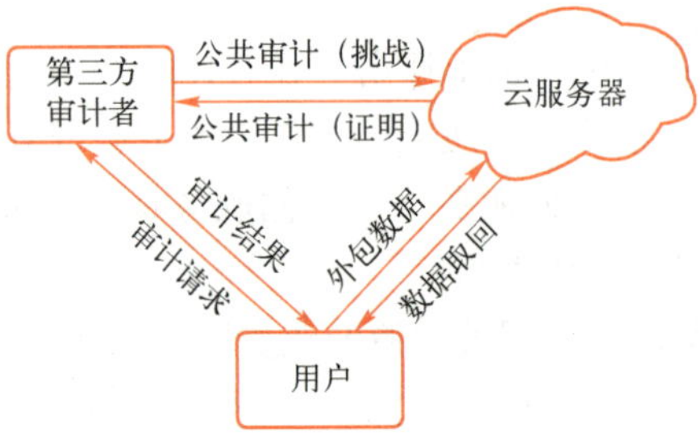

图 5.22 云数据存储服务架构

由于数据所有者失去了对自己数据的直接物理控制，如何进行数据完整性验证就成为十分关键的问题。考虑到自身的资源限制和云计算的经济规模化，数据所有者会把验证这项工作交给 TPA 来做，同时又希望不会把数据隐私泄露给 TPA；人们还希望 TPA 做的验证工作是有效率的，能够尽量地缩减计算开销和存储开销，尽量减少数据所有者的在线负担，比如密钥或 MAC 的更新。

外部入侵者有能力攻击云服务器并且损坏其中的数据，却不被发现。云服务器在多数情况下是不会破坏数据的，但是为了自身的利益，也可能删除服务器中长时间不用的数据，以此减轻负担和开支，还有可能发现数据被外部入侵者损坏，却对数据所有者隐瞒实情，以此来维护自己的名誉。

针对以上现实中的问题和需求，研究者提出了可检索性证明（Proofs of Retrievability，POR）的概念。POR 的验证机制需要满足以下要求：①更有效地识别外包文件中出现的损坏。②能恢复已损坏的数据文件。

基本的思路是通过增加验证信息来提高验证的效率，并运用纠错编码技术来恢复被损坏的数据。具体而言，为了满足第一个要求，可以在外包的文件中预先植入一些称为岗哨（Sentinel）的检验数据块，并在本地存储好这些检验数据块。对于远程服务器而言，这些岗哨数据块与数据块是无法区分的；倘若服务器损坏了数据文件中部分内容，也会相应地损坏岗哨文件块。对比存储在本地的检验数据，能判断远程节点上的数据是否完整。另外通过岗哨块损坏的数目，可以评估文件中出错的部分在整个文件中的占比。为了满足第二个要求，通常利用 RS 纠错码（Reed-Solomon Codes，里德-所罗门码）对文件进行容错预处理，使得验证机制可以恢复一部分损坏的数据。

5.3.3　隐私保护机制：加密数据去重技术

如果大家用过云盘，就会知道云盘的“秒传”功能。当你向自己的云盘上传一部电影的时候，发现几百 MB 甚至几个 GB 的文件，几乎瞬间就完成了上传。

该功能的基本原理是通过客户端软件从文件中获取一个特征值，然后在服务器上保存所有数据的特征值进行比较。如果有重复的，就无须再上传数据。由于很多电影、音乐类文件，已经由其他用户保存在云存储系统中，因此只需要确认该文件存在即可。这种设计不仅提高了用户存储文件的效率，而且针对同一个文件无须再重复存储，避免了存储空间的浪费。

云盘的“秒传”功能给用户带来了很好的用户体验，并且降低了服务提供商的存储成本。目前数据压缩方面，非常有效且很常用的一个手段是去重（Deduplication），即识别数据中冗余的数据块，只存储一份，其余位置存储类似指针的数据结构。研究表明，基于数据分布的不同，有效的去重能够节省高达 50%甚至 90%的存储空间和带宽。去重已经被广泛用于很多商业化系统，如 Dropbox。

大规模云存储系统往往面临两个矛盾的需求：一方面系统需要压缩数据以节省存储空间开销；另一方面，用户出于数据安全和隐私的考虑，希望自己的数据加密存储。但是，去重和数据加密的目标却直接矛盾。为什么这么说呢？这是加密本身的性质和目标造成的。

加密之后的密文需要保留原文的冗余，即原文相同的数据块加密后的密文仍相同（这里的相同不一定是密文的全等，系统只要有一种识别包含相同内容的密文的手段即可），这样去重才能够起作用。但是，它与加密算法的安全性定义有不可调和的矛盾。语义安全（Semantic Security）明确禁止原文相等性的检测，即给定两个密文，不应该能够断定它们加密的是否同样的数据，否则攻击者可以利用这一性质攻破 IND。可以明确断言的是，满足现代加密算法安全性（如语义安全）的所有加密算法都不支持去重。

于是退而求其次，即适度放宽对安全性的要求，允许密文泄露原文相等性信息，从而使加密后的去重成为可行的。最早提出的方案是收敛加密（Convergent Encryption，CE）。它的想法非常简单：一个数据块 d 的加密如下：$E(h(d), d)$，其中 $E(\text{key}, d)$ 是以 key 作为密钥加密数据 d 的对称加密算法，$h(x)$ 是一个哈希函数。也就是说，当需要加密一个数据块 d 的时候，CE 先用数据内容生成 key，再用一个对称加密算法（如 AES 等）加密。严格地讲，对称加密算法本身通常都是随机的、有状态的，即除了密钥之外，算法本身会生成一些随机数（例如初始向量），或者维护一个计数器之类的状态，这样即使多次加密同样的信息也会有不同的结果，目的还是获得诸如语义安全的安全性。这里 CE 的做法可以理解为 $h(x)$ 输出的一部分作为 key，另外一部分作为算法所需的随机数（如初始向量）。这样做的结果是，无论哪个用户加密，同样的数据块一定会被加密成同样的密文，后续可以做去重了。

但是一个令密码学研究者不安的状况是，虽然 CE 已经被广泛应用，它的安全性却始终没有被严格分析。它显然没有达到语义安全。那么它到底提供一种什么样的保护呢？这种保护是否足够？是否存在很容易的破解方法使得它完全失去作用？在没有解决这些问题的情况下就广泛使用它，显然是不谨慎。

2013 年，Mihir Bellare 等人提出了消息锁定加密（Message-Locked Encryption，MLE）的框架。他们同时提出了 PRV$-CDA 的安全性概念，并证明了 PRV$-CDA 比其他相关安全性都更强。

简单地讲，MLE 是这样一种加密算法，它使用的密钥是从待加密的原文算出来的。CE 是 MLE 的一个特例。MLE 允许原文相等信息的判断（Equality Checking），从而支持去重。

PRV$-CDA 是什么意义呢？PRV$-CDA 的命名采用与其他安全性定义相同的惯例：以连接符（-）为界，前面是所达到的目标，后面是所承受的攻击。$通常表示随机数据或因素。在 PRV$-CDA 的例子里，CDA 代表选择密钥攻击（Chosen-Distribution Attack），PRV$ 代表与随机数的不可区分性。简单地讲，PRV$-CDA 意味着对手不能够将密文和与密文同样长度的随机数区分开来。

这是一个相当强的定义。在应用于 MLE 时，必须对待加密的数据有所限制。简单地讲，数据本身必须有足够大的最小熵（Min-Entropy），即数据必须是不可预测的，否则达不到 PRV$-CDA 的安全性。最小熵是衡量一个随机变量不可预测性的度量。例如，如果待加密的数据只有“进攻”和“撤退”两个可能（数据分布的不可预测性很低），则对手可以很容易地破解一个 MLE（只要将所有可能的原文都加密，和待破解的密文相比即可）。在 MLE 的框架下，CE 被证明满足 PRV$-CDA 安全性。

5.3.4 拥有权证明

在“秒传”设计中，用户首先发送数据的一个标签到云服务器，云服务器根据此标签进行冗余检查，这样用户不必上传每一个数据到云存储服务器，既节约了存储空间，也节约了上传带宽。但是，不幸的是攻击者很容易通过一个文件的哈希值获取整个文件，这类攻击能够成功的根本原因是一个很简单的文件哈希值就可以代表整个文件。为了解决此安全问题，Halevi 等人首先提出了一个拥有权证明（Proof of Ownership，PoW）的模型，具体来说，PoW 就是在服务器和客户端之间执行一个挑战/响应的协议，它能够有效地预防攻击者通过单一哈希值而获取整个文件。在该模型中，他们提出了一个文件级的去重方案，主要使用纠错码对文件进行编码，同时利用 Merkle 哈希树方法进行文件拥有权证明。

当数据块很多时，构造的 Merkle 哈希树很高，不利于计算，验证效率低下。为了进一步提高验证效率，Di 等人提出了一个高效的拥有权证明方案，命名为 s-PoW，该方案通过随机选择一些位作为文件拥有权证明证据，这只需要一个常量的计算开销。

*5.4　去中心化存储的安全隐私问题

5.4.1　IPFS

星际文件系统（InterPlanetary File System，IPFS）协议是一组可组合的点对点协议，用于在去中心化文件系统中寻址，以及路由和传输内容寻址数据。由于 IPFS 是开源的，因此存在多个 IPFS 的实现版本。尽管 IPFS 具有多种用例，但其主要用例是以去中心化的方式发布数据（文件、目录、网站等）的。

（1）特点　IPFS 的主要特点为：

1）去中心化：IPFS 不依赖中心服务器，而是将数据存储在网络的各个节点上。这种去中心化的特点使得 IPFS 数据存储更加稳健，不受单一故障点的影响。

2）内容寻址：在传统的 HTTP 中，我们通过 URL 寻找信息，这是基于位置的寻址。IPFS 则是基于内容的寻址，每个文件和所有块都有自己的唯一哈希值（CID，即内容地址），通过该哈希值可以找到并验证文件的完整性。

3）分布式存储：IPFS 采用了分布式哈希表（DHT）和区块链技术，使得网络中每个节点都能存储和查找数据，增强了数据的可用性和持久性。

4）版本控制：IPFS 支持版本控制，每当文件被修改时，都会生成新的哈希值，这使得用户可以访问文件的历史版本。

5）数据冗余存储：IPFS 会将数据分割成多个片段，分散存储在网络的各个节点上，即使某些节点失效，也不会影响数据的完整性。

6）高效性：IPFS 可以实现数据的局部性，即数据的存储位置可以根据访问的频率和位置进行优化，从而提高数据访问的速度。

7）安全性：由于 IPFS 基于内容寻址，每个文件都有唯一的哈希值，这使得数据的完整性和安全性得到了保障。

（2）IPFS 的安全隐私问题

1）数据隐私问题：IPFS 的设计旨在实现内容寻址和共享，因此数据默认情况下是公开的，任何人都可以通过内容的哈希值访问存储的数据。因此，如果用户的数据是敏感的或者私密的，虽然 IPFS 提供了加密和权限控制等机制来保护隐私，但是需要用户自行管理和设置这些机制。否则，用户的数据可能会被任何知道其哈希值的人访问。

2）数据持久性问题：IPFS 网络中的数据存储取决于节点的参与。如果数据不再被任何节点引用或存储，那么这些数据可能会从网络中消失。尽管有“文件钉扎”的概念，但这需要用户主动操作，否则数据可能会丢失。

3）数据真实性问题：虽然 IPFS 的内容寻址可以保证数据的完整性，但它并不能防止恶意节点提供虚假的数据。用户需要依赖其他安全机制来验证数据的真实性。

4）不良内容问题：由于 IPFS 是去中心化的，任何人都可以上传任何内容，这包括可能违法或冒犯的内容。IPFS 本身无法删除或审查内容，这可能会导致法律责任和道德问题。此外，IPFS 可能会被用来分享受版权保护的材料，这可能导致侵权的问题。

5.4.2 区块链

区块链是一种分布式数据库技术，它允许数据在全球范围内的计算机网络中被安全、透明和持久地存储。这种技术最初是为了支持比特币（一种数字货币）而创建的，但现在已经被用于许多其他应用场景。

区块链的工作原理是：创建一系列数据块，每个数据块都包含一组交易记录；每个新的数据块都会包含前一个数据块的哈希值，从而形成一个链式结构。这就是"区块链"这个名字的由来。因为每个数据块都包含了前一个数据块的信息，所以修改已经记录的交易非常困难，这使得区块链具有很高的数据安全性。此外，区块链是去中心化的，这意味着没有单一的实体或机构能够控制整个网络。所有交易都必须经过网络中大多数节点的验证才能被记录，这使得区块链具有高度的透明度和可靠性。

区块链的隐私安全问题如下：

1）透明性与隐私保护之间的矛盾：区块链的透明性意味着一旦数据被写入区块链，就可以被任何人访问和查看，这可能导致数据隐私泄露。虽然一些区块链实现了匿名性，如比特币，但交易数据仍然可以被追踪，从而可能推断出用户的身份。如果能够将交易数据与实际个人或实体关联起来，那么这些数据就可能被滥用。

2）数据不可更改的问题：区块链的一个主要特性是一旦数据被写入区块链，就无法被修改或删除。这在很多情况下是有利的，比如防止欺诈和篡改，但也可能引发问题，例如错误或敏感的数据被写入区块链，就无法被纠正或删除。

3）数据安全问题：虽然区块链技术本身具有很高的安全性，但是如果用户的私钥被盗或丢失，他们的数据就会被访问，从而可能造成资产损失。此外，智能合约的编写错误也可能被黑客利用，导致数据和资产的损失。

4）与法规的矛盾：由于区块链的去中心化和全球化特性，它在法律法规执行和遵守方面存在困难。例如，欧洲的 GDPR 规定了用户有"被遗忘的权利"，即数据主体可以要求删除他们的数据，但这与区块链的不可修改和永久性是冲突的。

5.5 本章小结

本章包括三大部分内容：

（1）大数据的计算与存储　该部分首先介绍了云计算的定义与特征及云计算的三种主要服务模式：SaaS、PaaS 和 IaaS。云计算基础技术之一的虚拟化技术，包括虚拟机技术和容器技术，并介绍了二者的安全问题。

虚拟机可能遭受 Spectre 和 Meltdown 攻击：Meltdown 是在用户态攻击内核态，造成内核信息泄露；Spectre 是指一个应用可以突破自己的沙箱限制，获取其他应用的信息。

关于容器的安全问题，安全人员最关注的是容器逃逸问题。Docker 容器逃逸指的是攻击者通过劫持容器化业务逻辑或直接控制等方式，以获得容器内某种权限下的命令执行能力的过程和结果。简单来说，如果一个容器可以访问到外面的资源，甚至获得宿主主机的权限，这就叫作"Docker 容器逃逸"。gVisor 这种新型的沙箱有助于为容器提供安全隔离机制，同时比虚拟机更轻量级。

谷歌最广为人知的三项云计算技术就是 MapReduce 计算架构、谷歌文件系统、Bigtable 数据管理系统。

NoSQL 的设计依据 CAP 定理，是指一个分布式系统不可能同时实现一致性、可用性和分区容错性这三种属性，但是可以同时实现这三种属性中的任意两种。BASE 理论是对 CAP 理论的延伸，它以牺牲高一致性为代价获得可用性和可靠性，BASE 模型包括：基本可用、软状态和最终一致性。Dynamo 是针对亚马逊业务场景设计的存储系统。

Hadoop 可以视为谷歌云计算框架的一个开源实现。Hadoop 中最基础、最重要的成员是底层用于存储集群中所有存储节点文件的文件系统 HDFS，以及用于执行 MapReduce 程序的 MapReduce 引擎。

安全机制 Sentry 提供了细粒度、基于角色的授权以及多租户的管理模式。

PIR 是指用户在不泄露自己查询信息给数据库的情况下，完成对数据库的查询操作。PIR 协议主要分为基于信息论的 PIR 协议和基于计算性的 PIR 协议。通信复杂度是评价 PIR 协议的一个重要指标。

（2）大数据存储的安全隐私　云存储使用 POR 技术来保证数据的完整性，基本思路是通过增加验证信息来提高验证的效率，并运用纠错编码技术来恢复被损坏的数据。

云存储使用加密去重技术来保护用户隐私，最早提出的方案是 CE：当需要加密一个数据块 d 的时候，CE 先用数据内容生成密钥，再用一个对称加密算法加密，在 MLE 的框架下，CE 被证明满足 PRV$-CDA 安全性。

云存储使用 PoW 保证数据的安全性，PoW 模型可以防止攻击者通过一个文件的哈希值获取整个文件。

（3）去中心化存储的安全隐私　介绍了 IPFS 和区块链。IPFS 是一组可组合的点对点协议，用于在去中心化文件系统中寻址、路由和传输内容寻址数据。区块链是一种分布式数据库技术，它允许数据在全球范围内的计算机网络中被安全、透明和持久地存储。这部分还介绍了 IPFS 和区块链的安全问题。

5.6　习题

1. 填空题

1）云计算的三种主要服务模式包括：________、________、________。

2）容器技术的三个核心概念包括：________、________、________。

3）如果一个容器可以访问到外面的资源，甚至获得宿主主机的权限，这就叫作“________”。

4）英特尔 CPU 中存在的漏洞具有两种攻击模式，分别是________、________。

5）在谷歌的大数据处理系统中，最广为人知的三项云计算技术是________、________、________。

2. 选择题

1）CAP 定理是指不可能同时实现以下（　　）三种属性。

A. 一致性　　B. 可用性

C. 分区容错性　　D. 持久性

2）ACID 事务提供以下保证：（　　）。

A．原子性　　B．一致性

C．隔离性　　D．持久性

3）BASE 模型中的 BASE 是指（　　）。

A．基本可用　　B．软状态

C．最终一致性　　D．隔离性

3．术语解释

1）沙箱容器。

2）PIR。

4．简答题

1）简述虚拟机与容器的区别。

2）简述造成容器逃逸的两类原因与应对措施。

3）简述 Meltdown 和 Spectre 的区别。

4）简述 POR 技术的基本原理。

5）简述加密去重技术的基本原理。

5.7　拓展阅读

[1] MIAO R, ZHU L, MA S, et al. From luna to solar：the evolutions of the compute-to-storage networks in Alibaba cloud[C]// ACM SIGCOMM 2022 Conference. New York：ACM, 2022：753-766.

[2] ZHANG Y, JUELS A, REITER M K, et al. Cross-VM side channels and their use to extract private keys[C]// 2012 ACM conference on Computer and Communications Security. Raleigh：ACM, 2012.

[3] MCILROY R, SEVCIK J, TEBBi T, et al. Spectre is here to stay：an analysis of side-channels and speculative execution[Z]. 2019.

[4] SRIDHAR S, ASCIGIL O, KEIZER N, et al. Content censorship in the interplanetary file system[Z/OL]. [2025-04-16]. https://doi.org/10.48550/arXiv. 2307.12212.

[5] TRAUTWEIN D, RAMAN A, TYSON G, et al. Design and evaluation of IPFS：a storage layer for the decentralized web[C]// ACM SIGCOMM 2022 Conference. New York：ACM, 2022：739-752.

第 6 章　保护隐私的可信计算

6.1　引言

安全问题一直是计算机领域的重要问题。可信计算是一项新兴技术，通过可信计算可以完善计算机体系结构，并取得了革命性突破，能够有效应对新形势下的安全问题。本章内容包括目前常用的保护隐私的可信计算技术，如基于同态加密的技术、基于安全多方计算的技术、基于可信执行环境的技术和基于零知识证明的技术。

本章主要介绍这些技术的背景、定义、原理以及应用。其中可信执行环境是从硬件层面实施保护的，其他技术则是从软件层面实施保护的。

6.2　同态加密

6.2.1　同态加密简介

当我们使用云盘的时候，特别是我们把敏感数据保存在云盘上时，心里都会有一丝疑虑：我的敏感数据存储在云盘中安全吗？因此出于安全性考虑，有人选择把数据加密后上传云盘，但随之而来的问题是对加密数据的搜索、管理很不方便，严重影响工作效率，用户体验明显不佳。同态加密技术就是解决这个问题的重要候选方案。

传统的加密技术虽然能够实现数据的机密存储，但无法满足对加密数据进行操作的需求。数据在加密之后，如果要对数据进行运算，就必须先解密，这样增加了数据的不安全因素。于是，如何实现在不解密的前提下完成加密数据运算就成为我们要解决的问题。

我们可以对输入的加密内容进行某种运算生成新的加密数据，而当解密的时候，所解密出的结果，与我们输入明文内容进行相同运算后得到的结果是一致的。同态加密算法基于这一理论，使得云端服务器不用解密就可以处理敏感数据。

同态加密经典的应用场景：如果对加密数据（即密文）的操作是在不可信设备（Untrusted Device）上进行的，我们希望这些设备并不知道数据的真实值（即明文），只发回给我们对密文操作后的结果，并且我们可以解密这些操作后的结果。

在密码学中，记加密操作为 E，解密操作为 D，明文为 m，加密得 c，即 $c=E(m)$，$m=D(c)$。已知针对明文有操作 f，针对 E 可构造 F，使得 $F(c)=E(f(m))$，这样 E 就是一个针对 f 的同态加密算法。假设 f 是一个很复杂的操作，有了同态加密，我们就可以把加密得到的 c 交给第三方，第三方进行操作 F，我们拿回 $F(c)$后经解密，就得到了 $f(m)$。在整个过程中第三方对于明文 m 是一无所知的，因而实现了安全性。

1977 年，RSA 算法原型可以实现乘法的同态；RSA 同态性质被看作安全性缺陷。1999 年 Pascal Paillier 论文实现了加法同态；2009 年 IBM 研究员 Craig Gentry 找到了一种全同态加密算法。RSA 算法对于乘法操作是同态的，对应的操作 F 也是乘法，对别的操作（比如加法）就无法构造出对应的 F。Paillier 算法则是对加法同态的。如果一种加密算法，对于乘法和加法都能找到对应的操作，就称其为全同态加密算法。

RSA 的乘法同态：设 $n=pq$，(n, e) 为公钥，d 为私钥；RSA 的加密函数为 $E(m)=c=m^e \pmod n$。因此若有 $c_1=E(m_1)=m_1^e \pmod n$ 和 $c_2=E(m_2)=m_2^e \pmod n$，则有 $c_1c_2=E(m_1)E(m_2)=(m_1)^e(m_2)^e \pmod n=(m_1m_2)^e \pmod n=E(m_1m_2)$，即 RSA 满足乘法同态。

> 例如：$n=3\times5=15$，$\psi=2\times4=8$，$\lambda(n)=\mathrm{lcm}(2,4)=4$，$e=3$，$d=3$。
> 利用公钥加密不同的明文：
> $m_1=2$，$c_1=2^3=8$。
> $m_2=7$，$c_2=7^3 \bmod 15=13$。
> 密文乘法运算：
> 计算 $c=c_1\times c_2=8\times13 \bmod 15 = 14 = E(m_1m_2)$。
> 解密 $m=c^d \bmod n = \mathrm{pow}(c, d)\ \%\ n = \mathrm{pow}(14, 3)\ \%15 = 14 = m_1m_2$。

然而这样的同态性质以前却被视为安全性缺陷，RSA 公司在 20 世纪 90 年代初发布了 PKCS 系列文档，标准 PKCS#1 v1.5 指定了使用 RSA 算法加密前对消息进行填充的方法。1998 年，研究者发现了针对 PKCS#1 v1.5 的攻击（Million Message Attack，百万信息攻击），该攻击就是利用了 RSA 的同态性质导致密文具有可延展性的缺陷。

6.2.2 Paillier 加法同态加密算法

Paillier 加密算法由 Pascal Paillier 于 1999 年发表，给出了公钥加密算法一个新的分支领域。Paillier 基于复合剩余类难题，满足加法同态和数乘同态，具有非常高效的运行时性能。

密钥生成步骤如下：

1）随机选择两个大素数 p 和 q。

2）计算 $n=pq$，$\lambda=\mathrm{Lcm}(p-1, q-1)$，Lcm 是求两个数的最小公倍数。

3）随机选择基 g，$g\in \mathbf{Z}_{n^2}^*$，且满足 $\gcd(L(g^\lambda \bmod n^2), n)=1$，其中 $L(x)=(x-1)/n$。

4）计算 $\mu=(L(g^\lambda \bmod n^2))^{-1} \pmod n$。

公钥 $pk=(n, g)$；私钥 $sk=(\lambda, \mu)$。

加密步骤如下：

1）假设要加密的明文 m，满足 $0\leqslant m<n$。

2）选择一个随机数 r 使得 $0<r<n$，并且 $r\in \mathbf{Z}_n^*$。

3）计算密文 $c=g^m\cdot r^n \bmod n^2$。

解密：$m=L(c^\lambda \bmod n^2)\cdot\mu \bmod n$。

接下来对该算法的正确性进行分析，首先回顾重要的前提定理：

1）费马定理：p 为素数，$\gcd(a, p)=1$，则 $a^{p-1}\equiv1 \bmod p$。

2）Carmichael 定理：若 $\gcd(a, n)=1$，则 $a^{\lambda(n)}\equiv1 \bmod n$。

① 若 $n=p$ 为奇素数，则 $\lambda(n)=p-1$（费马定理）。

② 若 gcd（a, b）=1，则λ（ab）=lcm（λ（a），λ（b））。

推论：$n=pq$，λ（n）= lcm（$p-1, q-1$）。

3）若 $g \in \mathbf{Z}_n^*$ 则存在唯一的$(a, b) \in \mathbf{Z}_n \times \mathbf{Z}_n^*$ 满足 $g = (1+n)^a \cdot b^n \bmod n^2$。

引理：

① （$1+n$）$^x \equiv 1+nx \bmod n^2$。

② 因为$r \in \mathbf{Z}_n^*$，所以 gcd（r, n）= 1，故$r^\lambda \equiv 1 \bmod n$，从而$r^{\lambda n} = (r^\lambda)^n = (1+tn)^n \overset{①}{\Rightarrow} 1 + n \cdot tn + \cdots \equiv 1 \bmod n^2$。

③ $g^\lambda \bmod n^2 \equiv [(1+n)^a \cdot b^n]^\lambda \bmod n^2 \equiv (1+n)^{a\lambda} \cdot b^{n\lambda} \bmod n^2$。

$\overset{b \in \mathbf{Z}_n^* ②}{\Rightarrow} (1+n)^{a\lambda} \bmod n^2 \overset{①}{\Rightarrow} (1+na\lambda) \bmod n^2$，即 $g^\lambda \bmod n^2 \equiv (1+na\lambda) \bmod n^2$。

④ $c^\lambda \bmod n^2 \equiv (g^m \cdot r^n)^\lambda \bmod n^2 \equiv g^{m\lambda} \cdot r^{n\lambda} \bmod n^2 \overset{②}{\Rightarrow} g^{m\lambda} \bmod n^2$。

根据以上引理，我们可以证明该算法的正确性。

解密得到明文：

$$m = \frac{L(c^\lambda \bmod n^2)}{L(g^\lambda \bmod n^2)} \bmod n \overset{④}{\Rightarrow} \frac{L(g^{m\lambda} \bmod n^2)}{L(g^\lambda \bmod n^2)} \bmod n \overset{③}{\Rightarrow} \frac{L((1+nam\lambda) \bmod n^2)}{L((1+na\lambda) \bmod n^2)} \bmod n$$

$$\equiv \frac{nam\lambda}{na\lambda} \bmod n \equiv m。$$

Paillier 加法同态加密算法的两种安全性问题中，第一个是关于合数剩余类问题（Composite Residuosity Class Problem）的。我们可以通过以下猜想来假设合数剩余类问题的困难性：合数剩余类问题不存在概率多项式时间算法，即类[n]难以处理。与决策合数剩余假设（Decisional Composite Residuosity Assumption，DCRA）相反，这个猜想将被称为计算合数剩余（Computational Composite Residuosity Assumption，CCRA）。随机自约性意味着 CCRA 的有效性仅受选择 n 的限制。显然，如果 DCRA 为真，那么 CCRA 也为真。然而，能否根据 CCRA 为真推导出 DCRA 为真，仍然是一个具有挑战性的开放性问题。

Paillier 加法同态加密算法的第二个安全性问题是语义安全。原始密码系统确实提供了针对选择明文攻击（IND-CPA）的语义安全性。成功区分挑战密文的能力本质上相当于确定合数剩余的能力。DCRA 被认为是难以处理的。然而，由于同态特性，原始 Paillier 加法同态加密方案具有延展性，因此不具备最高级别的语义安全性，也就是针对自适应选择密文攻击（IND-CCA2）的保护。通常在密码学中，延展性的概念不被视为一种“优势”，但在某些应用程序中，如安全电子投票和阈值密码系统中，这种特性可能是必要的。Paillier 和 Pointcheval 提出了一种改进的密码系统，该密码系统将消息 m 与随机数 r 的哈希组合在一起。与 Cramer-Shoup 密码系统的意图相似，哈希可以防止攻击者在只给定 c 的情况下以有意义的方式改变 m。改进后的密码系统在随机 Oracle 模型下是 IND-CCA2 安全的。

Paillier 加法同态加密算法的特点包括：①概率加密，是语义安全的密码算法。②密文比明文长了一倍，明文是 4 位的，密文则是 8 位的。该算法的实例分析如下：

密钥生成：

p=3, q=5, λ=lcm（2, 4）=4, n=15，g=11，计算出 u=1。

加密：

选择随机数 r=7, m=6，计算密文 $c = g^m \cdot r^n \bmod n^2 = 73$。

选择随机数 r=11, m=6：计算密文 $c = g^m \cdot r^n \bmod n^2 = 161$。

解密：

$$m = L(c^\lambda \bmod n^2) \cdot \mu \bmod n = \frac{L(c^\lambda \bmod n^2)}{L(g^\lambda \bmod n^2)} = L(91)/1 \bmod 15 = 6\text{。}$$

加法同态的性质：$\forall m_1$，$m_2 \in \mathbf{Z}_n$ 并且 $k \in \mathbf{N}$。

两个密文的乘积等于两数之和的密文 $E_{(m_1, r_1)} \cdot E_{(m_2, r_2)} \bmod n^2 = E_{(m_1+m_2)} \bmod n^2$。

证明：

$$E_{(m_1, r_1)} \cdot E_{(m_2, r_2)} \bmod n^2 = g^{m_1} \cdot r_1^n \cdot g^{m_2} \cdot r_2^n \bmod n^2 = g^{m_1+m_2} \cdot (r_1 r_2)^n \bmod n^2$$
$$= E_{(m_1+m_2)} \bmod n^2$$

密文的变量幂等于明文和变量乘积的密文 $E(m_1, r_1)^k \bmod n^2 = E(k \cdot m_1) \bmod n$。

证明：$E(m_1, r_1)^k \bmod n^2 = (g^{m_1} \cdot r_1^n)^k \bmod n^2 = g^{m_1 \cdot k} \cdot r_1^{n \cdot k} \bmod n^2 = E(k \cdot m_1) \bmod n^2$

同态加密在性能上主要考虑两方面。首先是计算上带来的开销：①对数据进行同态加解密需要进行一些数学运算。这些运算的计算复杂度既与所采用的同态加密算法相关，也与选取的密钥长度相关。通常来说，密钥越长，同态加密的安全性越高。为了保证数据加密有足够好的安全性，目前普遍采用 3072 位或更多位的密钥长度。②同态加解密运算本身带来的计算开销。③加密后的密文在密态下的计算也会带来很大的计算开销：这些大数在密态下进行加法或乘法运算也不再是简单地将数据相加或相乘，而需要通过复杂的模乘或模幂运算来完成。其次是存储和通信上带来的开销：以 Paillier 同态加密为例，数据经过同态加密后，大小增加了一倍，使得消息存储和通信开销也大大增加。

于是产生了更加高效的算法——Twisted-ElGamal，能够以模块化的方式轻松地为交易的基本正确性以及各种与应用程序相关的策略设计零知识证明。Twisted-ElGamal 不仅与标准指数 ElGamal 一样安全，而且对 Sigma 协议和范围证明友好。与最有效的 Paillier PKE 实现相比，Twisted-ElGamal 的密钥和密文大小以及解密速度要提升一个数量级，加密速度要提升两个数量级。除了在机密交易方面的应用外，Twisted-ElGamal 算法本身还具有很大的应用空间，也有望成为同态加密算法领域新的标准。

Paillier 加法同态加密算法目前已应用在加密数据库：MIT 开发的 CryptDB 密文数据库，使用 Paillier 密码算法支持加法操作。在保护隐私的机器学习方面，阿里巴巴将“加法同态+秘密分享”用于安全高效的大规模逻辑斯谛回归算法。在联邦学习方面，使用 Paillier 密码算法做梯度平均。

*6.2.3　全同态加密

2009 年，IBM 公司的克雷格·金特里（Craig Gentry）发表了一篇文章，公布了一项关于密码学的全新发现。他发现对加密的数据进行处理得到一个输出，将这一输出解密，其结果与用同一方法处理未加密的原始数据得到的输出结果是一样的。这听起来就像是不知道问题也能给出问题的答案一样。他在论文中描述了第一个完全同态加密（Fully Homomorphic Encryption，FHE）方案，其中“完全”意味着对可以执行的操作没有限制。Gentry 构造出的第一个全同态加密方案摘取了“密码学圣杯”。

全同态加密是指能够在不知道密钥的情况下，对密文进行任意计算，即对于任意有效的 f 及明文 m，有性质 $f(E(m))=E(f(m))$。从理论上讲，所有函数都可以由加法和乘法多次复合来实现，因此全同态加密算法在设计的时候可以首先考虑其对加法和乘法都同态，再扩展到任意函数之上。

全同态加密算法包括四个部分：

1）密钥生成：该算法用于生成公钥、私钥以及密文计算的公钥。

2）加密：消息编码，生成密文。

3）解密：解密密文，消息解码。

4）密文计算：密文计算算法（Evaluate）是全同态加密算法的核心。

密文计算算法有三个输入：计算公钥、函数 f（对密文执行计算的函数）、密文。密文计算是在电路里进行的，而电路是分层的，电路深度越深，层数越多，密文就能够进行越多次的计算。

① 电路深度 d 与密文计算次数 n 的关系为 $d=\text{ceil}(\log_2 n)$。

② 密文计算次数：在全同态加密中，一般用乘法次数来衡量计算次数，这是因为乘法比加法噪声增长快得多。

同态解密思想如下：

Enc(m)：$c=m+2r+pq$。

Dec(c)：$(c \bmod p) \bmod 2=(c-p\times\lfloor c/p\rceil p) \bmod 2=\text{Lsb}(c)\ \text{XOR}\ \text{Lsb}(\lfloor c/p\rceil)$

其中，一个实数 a 模 p，即 $a \bmod p=a-\lfloor a/p\rceil\cdot p$，$\lfloor a\rceil$表示最近整数，即有唯一整数在$\left(\frac{a-1}{2},\frac{a+1}{2}\right]$中，所以 $a \bmod p$ 的范围也就变成了$\left(\frac{-p}{2},\frac{p}{2}\right]$。Lsb 是最低有效位，因为是模 2 运算，所以结果就是这个二进制数的最低位。

该方案的明文空间是$\{0,1\}$，密文空间是整数集。明文 $m\in\{0,1\}$，是对“位”进行加密的，所得密文是整数。公式中的 p 是一个正的奇数，q 是一个大的正整数（没有要求是奇数，它比 p 要大得多），p 和 q 在密钥生成阶段确定，p 看作密钥。r 是加密时随机选择的一个小的整数（可以为负数）。这个加密方案显然是正确的，模 p 运算把 pq 消去，模 2 运算把 $2r$ 消去，最后剩下明文 m。全同态加密方案中除了加密、解密，还有一个非常重要的算法就是密文计算算法 Evaluate，它的作用就是对于给定的功能函数 f 以及密文 $c_1, c_2, \cdots, c_t$ 等，做运算 $f(c_1, c_2, \cdots, c_t)$。在这里就是对密文做相应的整数加、减、乘运算。

把 pq 看成公钥，由于 q 是公开的，所以如果把 pq 看成公钥，私钥 p 立刻就被知道了（$p=pq/q$）。怎么办呢？上面加密算法中，当对明文 0 进行加密时，密文为 $2r+pq$，所以我们可以做一个集合$\{x_i: x_i=2_{ri}+pq_i\}$，公钥 pk 就是这个集合$\{x_i\}$，加密时随机地从$\{x_i\}$中选取一个子集S，按如下公式进行加密：Enc（m）：$m+2r+\text{sum}(S)$。其中 sum（S）表示对S中的x_i进行求和。由于 sum（S）是一些明文 0 的加密密文之和，所以对解密并无影响，整个解密过程不变。其安全性依赖于一个困难问题——“近似 GCD 问题”。即使给你一些x_i，你也无法得到p。

来看看噪声问题。如果噪声大于$p/2$，$c \bmod p$就不再等于$m+2r$，解密就可能无法正确恢复出明文，所以噪声是影响解密的关键。然而噪声会在密文计算中增长，这是因为在密文计算中，噪声的主要来源是乘法计算：密文之和的噪声是各自密文的噪声之和；密文乘积的噪声是噪声之积。可见，在乘法运算中噪声被放大得很快。

密文加和乘运算：$c_1+c_2=(m_1+m_2)+2(r_1+r_2)+p(q_1+q_2)$。

$c_1\cdot c_2=(m_1+2r_1)(m_2+2r_2)+p(pq_1q_2+m_1q_2+m_2q_1+2r_1q_2+2r_2q_1)$。

$(c_1+c_2) \bmod p=(m_1+m_2)+2(r_1+r_2)$。

$c_1\cdot c_2 \bmod p=(m_1+2r_1)(m_2+2r_2)$。

例如：$p=11, q=5, m_1=0, m_2=1$，然后分别随机选取$r_1=-1$和$r_2=1$，因此$c_1=\text{Enc}(m_1)=m_1+2r_1+pq=0+2\times(-1)+11\times5=53$，$c_1 \bmod p=-2$，Dec（$c_1$）=0。$c_2=\text{Enc}(m_2)=m_2+2r_2+pq=1+2\times1+11\times5=58$，$c_2 \bmod p=3$，Dec（1）=1。

因为$c_1 \bmod p$和$c_2 \bmod p$都是在$(-p/2, p/2)$范围内，所以解密正确。c_1和c_2称为新鲜密文，就是直接由明文生成的密文，在新鲜密文中噪声是在一定合理的范围内的。

我们再来看看c_1c_2：$c^*=c_1\cdot c_2=53\times58=3074$，$c^* \bmod p=5$, Dec（$c^*$）$=1\neq m_1\cdot m_2=0$，解密错误，错误的原因是噪声之积$(c_1 \bmod p)\cdot(c_2 \bmod p)=-6$，不在$(-p/2, p/2)$范围内。看来，对密文运算会造成噪声的增大，当噪声超出范围，解密就失败，这意味着对密文运算不可能是无限次的（也就是 Evaluate 运算功能函数的电路深度是有限的）。

到这里，我们只得到了一个运算时噪声范围不能超过$p/2$的同态方案（Somewhat 同态方案），看来似乎用这个方案实现全同态是行不通的。我们需要的是全同态方案即 Evaluate 可以运行任意功能函数，而不是某一类功能函数（这叫同态方案）。

自举（Bootstrapping）是一个生硬的思路。噪声阻碍了我们的目标，那么如何消除噪声呢？一个直观的方法就是对密文解密，密文解密后噪声就没有了。但是要解密，就必须知道私钥，而且想通过获得私钥来消除噪声也是不现实的。那么，对密钥加密可以吗？Gentry 思想中一个最重要的创新是同态解密。假设密文c的密钥是s，其对应的公钥是pk_1。现在用一对新的密钥pk_2：对私钥s加密得到s^*，对c加密得到密文c^*。如果我们输入s^*以及c^*，那么执行 Evaluate（pk_2, Dec, s^*, c^*），所得结果为一个新的密文，该密文是明文在pk_2下加密的密文。

那么同态解密对于降低噪声又有什么影响呢？当密文运算后，噪声会被迅速放大，如果我们对运算后的密文做一次同态解密，就相当于得到了一个新鲜密文，而新鲜密文的噪声是最小的，所以达到了降噪的目的。（事实上同态解密后得到的密文的噪声要比新鲜密文噪声稍微大一些。）这一方法被称为重加密技术，它为我们提供了降低噪声的一个方法。接下来，每次密文运算前只要对密文进行重加密以降低噪声，然后再进行密文运算，那么噪声永远都在可控的范围内，运算结果的解密也就不会失败了。运算电路可以反复递归此过程，从而达到无限次密文运算的目的。

由于重加密在每次执行前都需要一个公钥来加密私钥和密文，要进行多次重加密就需要一个公钥序列$\{pk_1, pk_2, \cdots, pk_i\}$，对应于公钥序列的一个加密私钥链$\{sk_1^*, sk_2^*, \cdots, sk_{i-1}^*\}$，类推$sk_i^*$是用$pk_{i+1}$加密$sk_i$得到的密文。这个过程是如何进行的呢？

运算电路的每一层都对应一对公钥与私钥。第一层对应的是pk_1和sk_1，第二层对应的是pk_2和sk_2，以此类推。例如：初始公钥为pk_1，对应的私钥为sk_1，在电路第一层进行重加密时，将用第二层电路的公钥pk_2对sk_1进行加密得到sk_1^*（公钥对于所有层都是公开的），以及用pk_2对密文进行加密；然后输入解密电路，解密电路运行后将输出一个密文，该密文就是用pk_2对明文进行加密的结果。同理，在电路第二层进行重加密时，将用pk_3对该层密钥sk_2加密得到sk_2^*，以及对来自第一层电路的输出密文进行加密；然后输入解密电路，解密电路将输出一个密文，该密文是对明文用pk_3进行加密的结果。如此进行下去。

在 Evaluate 算法中能够对密文执行函数f的运算，f是属于允许执行的函数（Permitted Function）集合的任一函数。试想，如果 Dec 解密算法也在允许执行的函数集合中，那么 Evaluate 算法就可以执行 Dec 解密功能了。如果我们输入s^*（是用pk_2对私钥s加密得到的密文）以及密文c^*（是用pk_2对c再加密的密文，原密文c是用pk_1进行加密的），那么执行 Evaluate（pk_2, Dec, s^*, c^*）；所得结果为一个新的密文，该密文是明文在pk_2下加密的密文。

如果解密电路是在 Evaluate 算法所执行的允许执行的函数的集合里，则称该加密方案是自举的。从上面的解决思路可以看到，就是碰到问题、解决问题，解决不了的，创造条件也要解决。通过创造同态执行解密电路的条件，来降低噪声以达到无限次对密文运算的目的。

随着 Gentry 全同态加密方案（第一代全同态加密方案）的提出，人们开始尝试基于格上的困难问题。2011 年，Brakerski 和 Vaikuntanathan 基于容错学习（LWE）问题与环上容错学习（RLWE）问题分别提出了全同态加密方案，他们利用密钥交换等技术来实现全同态加密的构造。他们设计了一个层次型全同态加密方案，即 BGV（第二代全同态加密方案）。然而上述所有方案无论是层次型的还是纯的全同态加密，都需要“计算密钥”（私钥信息的加密，可以看作公钥的一部分）的辅助才能达到全同态的目的。但是计算密钥的尺寸一般来说都很大，这是制约全同态加密效率的一大瓶颈。2013 年，Gentry 等人利用“近似特征向量”技术，设计了一个不需要计算密钥的全同态加密方案，即 GSW，标志着第三代全同态加密方案的诞生。

基于三代全同态加密系统，出现了各种各样新的设计，它们致力于优化和加速 BGV 与 GSW 系统的运行效率。IBM 基于 BGV 系统开发了一个开源的全同态运算库 HElib，并且成功地移植到各大移动平台上。与此同时，另外一个开源项目 TFHE 也非常值得注意。TFHE 是基于 GSW 系统的，又附加了各种优化与加速，现在也非常知名。在开发传统全同态运算库之外，很多团队正在研究如何通过 GPU、FPGA 和 ASIC 等异构硬件来更好地加速全同态加密算法的计算。比如 cuFHE 就是一个比较知名的基于 CUDA 的 GPU 加速全同态加密系统。业界结合应用需求从不同的角度来研究全同态系统。

总的来说，同态加密适用于计算量和数据量都不大的数据集。同态加密不是一种通用技术，只能对加密数据进行一些计算。同态加密还带来了巨大的性能开销，因此对那些未加密数据执行成本已经非常高昂的计算而言在加密数据上执行它们可能是不可行的。此外，使用同态加密的数据比未加密的数据大许多倍，因此使用同态加密（例如，整个大型数据库）可能没有意义。有意义的用例应该是在严格隐私要求完全禁止未加密的云计算的情况下，但计算本身是相当轻量级的。如果解决了同态加密的性能问题（计算速度，密文大小/存储空间），人们就可以放心、方便地在云端完成所有数据的计算了。通常，同态加密方案具有由数据所有者持有的单个密钥。对于多个私有数据所有者希望参与协作计算的情况，同态加密可能不是一个合理的解决方案。

目前很多半同态加密（Partially Homomorphic Encryption，PHE）方案已经取得了比较可观的加解密效率，并且已经被切实应用到了现实生活中（例如 Paillier 加法同态加密方案被频繁应用在电子投票、医疗计量等场景中，其加解密耗时仅为毫秒级）；但是全同态加密方案由于管理密文计算中持续增长的噪声而需要投入大量计算资源，效率仍然较低，还不能满足实际应用的需求。此外，由于同态性与延展性之间相互矛盾，全同态加密无法实现 IND-CCA2 安全，因此对全同态加密的研究仍然任重道远。相应的研究主要聚焦于两个方面：一是提高全同态加密方案的效率；二是提高全同态加密方案的安全性。近年来对全同态加密技术的研究进展迅速，但是其实现效率问题仍是急需解决的主要难题。

在应用方面，目前同态加密技术在安全多方计算、电子投票、机器学习和区块链隐私保护等领域都得到了重要应用。同态加密技术可以实现对数值型数据的同态运算。然而，对于逻辑运算的处理有些无力，例如比较两个密文的大小，而这类运算在加密机器学习、密文检索等应用中都比较常见，尤其是随着大数据的快速发展，密文检索问题成为一个亟待解决的难题，设计基于同态加密的高效密文检索方案、利用同态加密技术实现加密机器学习都具有重要的现实意义。

6.2.4 实用性解决方案：CryptDB

目前的全同态加密方案在实用性上还存在问题，这类方案耗费的计算时间太长。CryptDB 首次解决了实用性问题，它将数据嵌套进多个加密层，每个都使用不同的密钥，允许对加密数据进行简单操作。此前全同态加密方案加密数据操作带来了巨大的计算开销，而 CryptDB 使加密时间只增加了 15%～26%。最新的全同态加密技术已经大大缩短了计算时间，但是和 CryptDB 相比还是太慢了。

完全同态加密旨在支持单一加密方案中的所有功能，这使得简单操作变得更加缓慢。目前，设计实用技术方案的关键是要摆脱“一个加密系统将适用于所有内容”的想法。为了支持各种操作，需要使用各种专门的加密机制。每种机制只能做一件事，但是它们加在一起就涵盖了相当多的领域。目前，许多常见操作均有专门并且迅速的算法，可以支持：加法，乘法，比较等式或按顺序设置交集，多项式计算，机器学习分类任务，搜索加密文本，等等。使用操作所需的机制来加密数据，并因此存储多组不同的加密数据，从而允许使用加密的数据进行各种不同的计算。只需在加密数据集之间进行切换，在每个实例中使用与需要完成的操作相对应的数据集就可以了。CryptDB 正是基于这个思路而设计的。

CryptDB 是来自 MIT 的开源技术，可对加密数据做结构查询语言（SQL）查询。目前，越来越多的国防、医疗保健以及金融行业的与数据安全有关的应用程序开始将 CryptDB 应用于数据的处理。其实，任何一个组织都难以保证重要数据完全不会被窥探；对于公有云来说，安全问题更加严重。CryptDB 允许用户查询加密的 SQL 数据库，而且能在不解密储存信息的情况下返回结果。

CryptDB 的工作原理如下：在对加密的数据执行 SQL 查询时，使用一个 SQL 能够“理解”的加密方案来加密。CryptDB 同样将加密密钥和用户密码相捆绑，因此数据项只有使用相应的用户密码登录才可以进行解密。其结果是数据库管理员也不能接触到数据的明文；如果该用户没有登录，即使服务器被攻破，攻击者也无法解密用户的数据。

CryptDB 存储在数据库中的数据都是加密的，其中也包括数据表和列名。列加密则取决于该列所保存的数据类型以及数据库进行 SQL 操作的类型。为了在加密的数据上进行 SQL 操作，CryptDB 使用现有的一些加密方案以及自己新提出的加密方案来对数据进行加密。根据列存储的数据类型是整数类型或者字符类型，CryptDB 有以下六种加密方案：

1）随机加密算法（RND）：RND 是 CryptDB 提供的安全级最高的加密策略。RND 的加密特点是两个相同的明文经过加密之后密文不同，具有完全随机性；它可以抵抗自适应的选择明文攻击（IND-CCA2）。但是由于 RND 加密后的数据完全无规律可言，因此密文无法支持任何运算。对于整数类型和字符类型的数据，CryptDB 分别使用分组密码算法 AES 和 Blowfish 算法的 CBC 模式来实现 RND 加密方案。

2）确定性加密算法（DET）：DET 的安全性相对于 RND 要薄弱一些。DET 的加密特点是对于相同的明文会生成相同的密文。CryptDB 就可以利用这一特点，在不解密的情况下直接在密文上进行一些等价性检查，可以支持与等价性相关的 SQL 操作。CryptDB 中主要使用分组密码算法 AES 和 Blowfish 算法的 CMC 模式来实现 DET 加密方案。

3）保序加密算法（OPE）：OPE 的安全性比 DET 更薄弱，它揭示了明文数据项之间的大小排序关系。OPE 的加密特点是明文数据项在加密后仍然保留着加密前的排序关系，即如果有 $X<Y$，那么对 X、Y 进行 OPE 加密后有 $\mathrm{OPE}_K(X)<\mathrm{OPE}_K(Y)$，其中 K 为密钥。利用 OPE 加密的这个特点，CryptDB 就可以对数据库中某列经过 OPE 加密的数据进行范围查询的相关操作了。OPE 加密方案是 CryptDB 的作者根据需要自行设计的。

4）同态加密算法（HOM）：同态加密是一种可以保证 IND-CPA（选择明文攻击下的不可区分性）的加密算法，安全性很高。它允许数据库服务器直接对加密后的密文进行计算，然后将得到的密文结果返回，对密文结果进行解密后得到的结果和直接在原数据上进行计算的结果一致。支持所有计算的同态加密算法称为全同态加密算法，然而目前为止还没有实现真正的全同态加密算法。为了支持加法同态算法，CryptDB 实现了 Paillier 算法以支持加法同态。在 Paillier 算法中，两个密文相乘所得的乘积等于将两个明文相加后进行加密，即 $\mathrm{HOM}_K(x)\cdot\mathrm{HOM}_K(y)=\mathrm{HOM}_K(x+y)$，其中 K 为密钥。当 SQL 操作涉及加法相关的操作时，CryptDB 就会使用 HOM 加密。

5）连接加密算法（JOIN and OPE-JOIN）：CryptDB 中包括两种 JOIN 操作，分别是 equi-joins 和 range-joins。在一般的 JOIN 操作中，两个数据表为了完成 JOIN，应该对两列数据进行等值连接，因此在加密数据库中，这两列的数据应该使用同样的密钥进行 DET 加密。但是，在加密数据库中，这种方法的安全性不高。CryptDB 就使用了一种新的加密模型 JOIN-ADJ，这是一种可调节的连接模型，即数据库服务器能在运行时对每列数据的密钥进行动态调整。JOIN-ADJ 还是一种具有确定性的模型，即一样的明文加密后的密文是一样的。

6）搜索加密算法（Search）：为了在加密数据库中使用类似 LIKE 的 SQL 操作，CryptDB 定义了一种搜索加密算法，允许在密文数据上实现关键字查询，其安全性比较高。

从上文对 CryptDB 加密算法的介绍中可以了解到：DET 加密算法可以支持两个数是否相等的比较，OPE 加密算法可以支持大小比较、范围查询，JOIN 加密算法支持表之间的连接操作，HOM 加密算法支持加法操作，但是并没有一种算法可以同时支持多种操作。因此，为了在支持多种操作类型的同时也提供尽可能高的安全性，CryptDB 提出了洋葱加密模型，它的结构如图 6.1 所示。

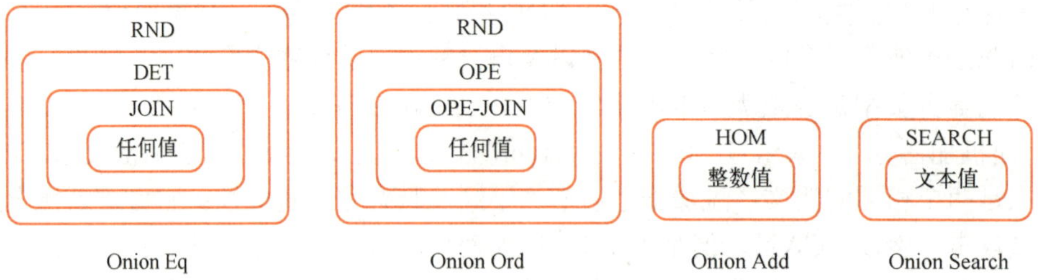

图 6.1　洋葱加密模型的结构

这四种洋葱层次模型分别可以支持不同的加密操作。Onion Eq 支持整数类型和字符类型之间等值比较的操作，Onion Ord 支持整数类型和字符类型之间大小比较的操作，Onion Add 支持整数的加法操作，Onion Search 支持字符类型的关键字查询操作。从图 6.1 中可以看出，洋葱结构的里层是安全性较低的加密算法，但是具有较强大的功能性。在 CryptDB 中，每列数据在数据库中存储为四列，分别是三种洋葱模型（整数的 Eq、Ord、Add，字符的 Eq、Ord、Search）和一列用于加密的初始向量。一开始，所有 Onion Eq 和 Onion Ord 都处于加密等级最高的层次 RND。当新来的 SQL 操作需要数据的 OPE 或者 DET 的性质时，数据库服务器就会对这一列数据进行解密，解密到 DET 或者 OPE 层次，也就是所谓的剥洋葱过程，然后数据库服务器再对数据进行处理。这样，CryptDB 在保证数据安全性的同时还保证了能够支持加密操作。

6.3　安全多方计算

6.3.1　什么是安全多方计算

安全多方计算（Secure Multi-party Computation）由姚期智在 1982 年提出，主要针对的问题是如何在没有可信第三方的情况下，安全地对参与方的输入进行计算，同时不向参与方展示除计算结果外的任何信息。

我们先来考虑一种场景：两方或更多方参与基于他们各自私密输入的计算，而且他们都不想其他方知道自己的输入信息。那么，在保护输入数据私密性的前提下，如何实现这种计算？这就是“安全多方计算”要研究的问题。

解决上述问题的策略之一是假设有可信任的服务提供者或是假设存在可信任的第三方。但是在目前多变和充满恶意的环境中，这是极具风险的。因此，可以支持联合计算并保护参与者私密的协议变得日益重要。

安全多方计算就是无可信第三方的保护隐私计算协议。安全多方计算是指多个参与方中，每一个参与方拥有一个秘密信息，他们希望利用这些秘密信息作为输入，共同计算一个函数。例如，一个协会希望知道协会成员的平均收入，每个成员又不希望泄露自己的收入信息。

通常来讲，一个安全多方计算问题在一个分布网络上计算基于任何输入的任何概率函数，每个输入方在这个分布网络上都拥有一个输入，而这个分布网络要确保输入的独立性、计算的正确性，而且除了各自的输入外，不透露其他任何可用于推导其他输入和输出的信息。

由此可见，通过安全多方计算技术，既实现了数据的共享，又保护了参与方的隐私信息。安全多方计算成为大数据服务中实现安全与隐私保护的有力工具。

安全多方计算问题最早是由著名的计算机科学家、2000 年图灵奖获得者姚期智教授提出的。1982 年，姚期智首先介绍了安全多方计算的概念，并提出了著名的百万富翁问题。百万富翁问题就是两个百万富翁能够在相互不暴露自己财产数额的情况下，比较谁更富有。

随后，Goldreich、Micali（2012 年图灵奖得主）和 Wigderson 对该问题进行了推广，提出了具有密码学安全的安全多方计算协议，可以用来计算任意函数。1988 年，Goldwasser 和 Chaum 等人从理论上证明了安全多方计算的可解性。

安全多方计算的理论研究主要以以色列学者 Goldreich 等人的工作为主，研究工作已经得到了结论：一般安全多方计算问题都是可解的。但是，其协议几乎都需要使用电路计算、陷门置换等概念，不能直接用于具体的安全多方计算。

目前主要有三种计算框架来实现安全多方计算：不经意传输（Oblivious Transfer，OT）、混淆电路（Garbled Circuit，GC）、秘密共享（Secret Sharing，SS）。

6.3.2　起源（百万富翁问题）

1. 姚氏百万富翁协议介绍

1982 年，姚期智提出的姚氏百万富翁协议是解决百万富翁问题的最早方案。在该协议中，假设 Alice 的秘密输入为 a，Bob 的秘密输入为 b，满足$1 \leqslant a < b \leqslant n$（原协议的要求是$1 \leqslant a < b \leqslant 10$，为了保证通用性，这里假设$1 \leqslant a < b \leqslant n$，$n$ 是大于 1 的某个正整数）。令 M 是所有 N 位非负整数的集合，Q_N 是所有从 M 到 M 的一一映射函数的集合。令 E_A 是 Alice 的公钥，它是从 Q_N 中随机抽取的。经典的姚氏百万富翁协议的具体描述如下：

输入：Alice 有一个秘密输入 a，Bob 有一个秘密输入 b。

输出：Alice 和 Bob 得到 a 和 b 的大小关系。

1）Bob 随机选取一个 N 位的整数 x，秘密计算 $E_{\text{Alice}}(x)$ 的值，并把该值记为 k。

2）Bob 将 $k-b+1$ 发送给 Alice。

3）Alice 秘密地计算 $y_u = D_{\text{Alice}}(k-b+u)$ 的值，$u = 1,2,\cdots,n$。

4）Alice 产生一个 $N/2$ 位的随机素数 p，对所有 u 计算 $Z_u = y_u(\bmod p)$。如果所有的 Z_u 在模 p 运算下至少相差 2，则停止，否则重新产生一个随机素数 p 重复上面的步骤，直到所有的 Z_u 至少相差 2。用 p 和 $Z_u(u = 1,2,\cdots,n)$ 表示最终产生的这些数。

5）Alice 将素数 p 以及下面的 n 个数都发送给 Bob（下列数都在模 p 运算下）。

6）Bob 检验由 Alice 传送过来的不包括 p 在内的第 b 个值，若它等于 $x \bmod p$，则

$a \geqslant b$，否则 $a < b$。

7）Bob 把结论告诉 Alice。

2. 姚氏百万富翁协议正确性分析

上述协议能够使 Alice 和 Bob 正确判断出 a 和 b 的大小关系，因为

$$Z_u = D_{\text{Alice}}[E_{\text{Alice}}(x) - b + u] \bmod p$$

特别地，有

$$Z_b = D_{\text{Alice}}[E_{\text{Alice}}(x) - b + b] \bmod p = D_{\text{Alice}}[E_{\text{Alice}}(x)] \bmod p = x \bmod p$$

如果 $a \geqslant b$，那么第b个值是$Z_b = x \bmod p$，否则是 $Z_b + 1 = (x \bmod p) + 1 \neq (x \bmod p)$。所以，Bob 通过检验由 Alice 传送的不包括 p 在内的第 b 个值，可以判断 a 和 b 的大小。

3. 姚氏百万富翁协议安全性分析

上述协议能够保证 Alice 和 Bob 都不能得到有关对方财富的更多信息。

首先，除了当 Bob 告诉 Alice 最后的结论后，Alice 能够推测出 b 的范围以外，Alice 将不知道 Bob 财富的任何信息，因为她从 Bob 那里仅仅得到一个值 $k-b+1$。k 的存在，使 Alice 不能从中得知 b。

其次，Bob 知道 y_b（即 x）的值，因此他也知道 Z_b 的值。然而他不知道其他值，而且通过观察 Alice 发送给他的数列，他也无法辨认出哪个是 Z_u，哪个是 $Z_u + 1$。这一点是由两两 Z_u 之间至少相差 2 来保证的。

但是，协议仍然存在一些可以被攻击的地方。例如，Bob 有可能选择随机数 t，并验证 $E_{\text{Alice}}(t) = k - b + n - 1$ 是否成立。如果他尝试成功了，他便知道 $y_{n-1} = t$，从而他得知了 Z_{n-1} 的值，他也能够得知 a 是否大于或等于 $n-1$。而且，在协议的最后一步，Bob 可能欺骗 Alice，告诉 Alice 一个错误的结论。所以，该协议不能对抗主动攻击，即不能使用在恶意模型下。

另外，该协议的复杂度是指数级的，效率非常低，不实用。但是，该协议的设计思想是简单的，实际上它主要将 a 在一个有序数中的位置做了隐藏的“标记”，在 a 之前的数使用一种标记，在 a 之后的数使用另外一种标记，然后让 b 揭示它所在位置的“标记”。如果是前一种，则 b 比 a 小，否则 b 比 a 大。由于设计原理简单，该协议成为百万富翁协议中较为经典的一个。

6.3.3 安全多方计算模型

安全多方计算模型有两种：半诚实模型和恶意模型。半诚实模型是指所有参与者都是诚实的或者半诚实的，其中的攻击者是被动的。恶意模型是指存在恶意参与者，其中的攻击者是主动的。

安全多方计算又可以分为参与者模型和攻击者模型。

1. 参与者模型

参与者是指参与协议的各方。可以根据参与者的行为，将其分为三类：

1）诚实参与者：在协议执行过程中，诚实参与者完全按照协议的要求完成协议的各个步骤，同时保密自己的所有输入、输出及中间结果。

2）半诚实参与者：在协议执行过程中，半诚实参与者完全按照协议的要求完成协议的各个步骤，但是可能将自己的输入、输出及中间结果泄露给攻击者，也可能根据自己的输

入、输出及中间结果推导其他参与者的信息。

3）恶意参与者：在协议执行过程中，恶意参与者完全按照攻击者的意志执行协议的各个步骤，不但将自己的所有输入、输出及中间结果泄露给攻击者，还可以根据攻击者的意图改变输入信息、中间结果信息，甚至终止协议。

2．攻击者模型

攻击者是指企图破坏协议安全性和正确性的人。对攻击者进行分类时，可以有不同的分类准则，这些分类准则主要涉及攻击者的计算能力、网络同步状态、对恶意参与者的控制程度和动态性。下面介绍按照计算能力和网络同步状态分类的情况。

（1）按照计算能力分类　按照攻击者的计算能力可以将攻击者分为拥有无限计算能力的攻击者和拥有有限计算能力的攻击者。

对于拥有无限计算能力的攻击者而言，不存在诸如大素数分解困难等数学难题。在无限计算能力的攻击者模型下，安全多方计算协议为基于信息论安全的多方计算协议。

对于拥有有限计算能力的攻击者而言，破解目前公认的数学难题是不可能的。在有限计算能力的攻击者模型下，安全多方计算协议为基于密码学安全的多方计算协议。

（2）按照网络同步状态分类　通信网络可以分为同步通信网络和异步通信网络，相应的攻击者也可以分为同步网络下的攻击者和异步网络下的攻击者。

同步通信网络是指协议的执行以及数据的通信是有序的，后面进行的运算必须在前面的运算结束以及相应的数据通信完成后方可进行。

异步通信网络是指协议的执行不必严格按照顺序，可以进行并行的运算和数据通信。因此，在异步通信中恶意地将通信数据延迟或颠倒顺序也成为一种攻击方式。

6.3.4　基础安全多方计算协议：混淆电路

混淆电路（GC）协议是一种加密协议，可实现两方安全计算，其中两个互不信任的参与方可以在没有可信第三方存在的情况下共同评估其私有输入的函数。在混淆电路协议中，函数必须被描述为布尔电路。

由于对每个功能函数 f，都存在一个与其等价的电路 C，因此最早的姚氏协议就是首先将功能函数转化为一个电路，然后针对电路的每个电路门进行混淆，最后逐次计算每个混淆门电路来实现对任意功能函数的安全多方计算。

混淆电路协议的两个参与方扮演不同的角色，承担不同的工作。其中一方为加密方（Garbler，P_1），将需要计算的函数 f 表示为一个混淆电路，并发给计算方。另一方为计算方（Evaluator，P_2），对混淆电路进行解密，获取计算结果。

混淆电路每个电路门需要 6 个随机数，其真值表混淆后的值表共 4 行。所谓“电路”，就是一个“查找表”T。混淆电路就是加密的查找表。如图 6.2b 所示，以 AND 门为例，有两条输入线和一条输出线。其中，第一条输入线的两种状态用 A_0 和 A_1 表示，分别对应参与运算的第一个原始数据取值为 0 和 1；第二条输入线的两种状态用 B_0 和 B_1 表示，分别对应参与运算的第二个原始数据取值为 0 和 1。输出线的两种状态用 C_0 和 C_1 表示，分别对应最终运算结果取值为 0 和 1。为这三条线（两条输入线、一条输出线，共含 6 种状态）分别分配 6 个随机数：A_0 和 A_1，B_0 和 B_1，C_0 和 C_1。然后，把原始门的真值表（输入输出映射，共 4 行）替换成加密查找表。例如，AND 门输入（x=0，y=0）对应输出 z=0，加密为

$(E_{A_0}(E_{B_0}(C_0)))$；输入（x=1, y=1）对应输出 z=1，加密为$(E_{A_1}(E_{B_1}(C_1)))$，形成混淆真值表。加密方 P1 打乱加密后真值表中表项的顺序（以防止计算方 P2 反推原始输入），然后将这个加密的查找表（混淆电路）发给计算方 P2。计算方 P2 使用加密的输入 A_x 和 B_y 解密，获得加密的计算结果 C_z。

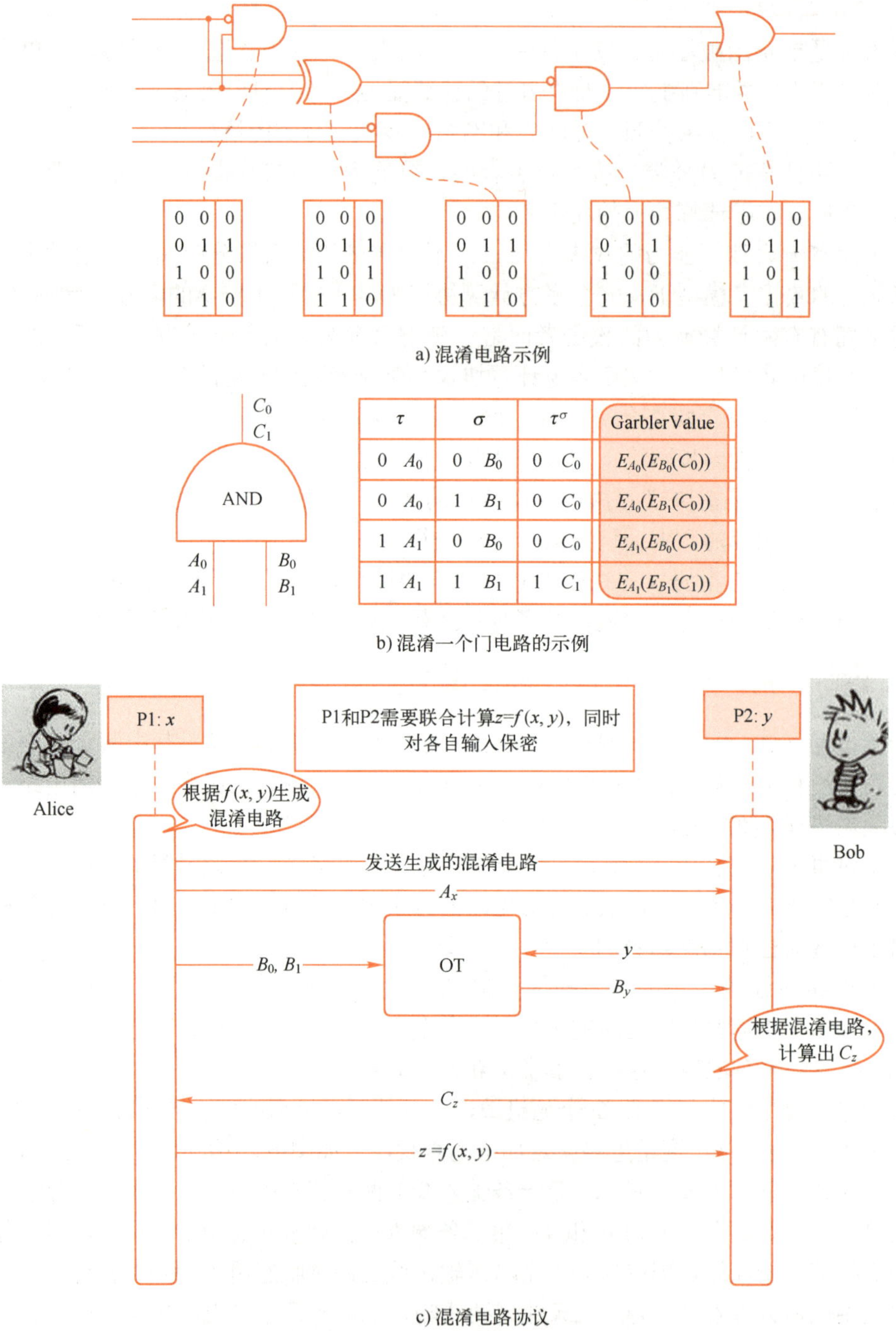

τ	σ	τ^{σ}	GarblerValue
0 A_0	0 B_0	0 C_0	$E_{A_0}(E_{B_0}(C_0))$
0 A_0	1 B_1	0 C_0	$E_{A_0}(E_{B_1}(C_0))$
1 A_1	0 B_0	0 C_0	$E_{A_1}(E_{B_0}(C_0))$
1 A_1	1 B_1	1 C_1	$E_{A_1}(E_{B_1}(C_1))$

图 6.2　混淆电路的计算过程

混淆电路协议。假设 Alice（Garbler，P1）拥有输入 x，Bob（Evaluator，P2）拥有输入 y，他们想通过混淆电路的方法计算 $f(x,y)$，则可以采用如图 6.2c 所示的方法实现，步骤如下：

1）函数 f 被描述为布尔电路。双方都知道该电路，此步骤可以由第三方预先完成。

2）Alice 对电路进行混淆（加密）。

3）Alice 将混淆电路连同她的加密输入 A_x 一起发送给 Bob。

4）为了计算电路，Bob 还需要对自己的输入进行混淆。为此，他需要 Alice 帮助他，因为只有加密方 Alice 知道如何加密。Bob 可以通过不经意传输（OT）协议来加密他的输入 y，获得 B_y。根据上面的定义，在这个不经意的传输中，Bob 是接收者，Alice 是发送者。

5）Bob 计算电路得到混淆输出 $E_{A_x}(E_{B_y}(C_z))$，用 A_x 和 B_y 解密 $E_{A_x}(E_{B_y}(C_z))$ 获得加密的输出 C_z。

6）Bob 将加密的输出 C_z 发给 Alice，Alice 解密 C_z 得到输出 z。

在整个计算过程中，Bob 只能获得加密后的输入 A_x，而不能获得 Alice 的原始输入 x。Bob 使用不经意传输协议从 Alice 那里获取 y 的加密值 B_y，不经意传输协议能够保证 Alice 无法获悉 Bob 的原始输入 y。因此双方的输入数据隐私都得到了有效保护。

姚氏混淆电路对诚实但好奇的参与方是安全的，但在抵御恶意参与方攻击方面仍缺乏有效的应对策略。另外，姚氏混淆电路仅适用于两个参与方进行安全计算，不适用于更多参与方的情况。GMW（Goldreich、Micali 和 Wigderson）协议是基于混淆电路的扩展方案，该方案由 Goldreich 等人提出，将姚氏混淆电路支持的两方安全计算扩展到多方，并将布尔电路扩展到算术电路，还将安全模型由半诚实模型扩展到恶意模型。

6.3.5　基础安全多方计算协议：不经意传输协议

安全多方计算的通用技术路线可以用混淆电路解决，而混淆电路的构建离不开不经意传输（OT）协议。

OT 是安全多方计算协议的重要构造模块。Kilian 已经证明，安全多方计算和 OT 在理论层面是等价的（Kilian，1988）：给定 OT，可以在不引入其他任何额外假设的条件下构造安全多方计算，类似地，可以直接应用安全多方计算构造 OT。

OT 协议是一种密码学协议，其中发送方将潜在的多条信息中的一条信息传输给接收方，但发送方不知道已传输的信息。第一种形式的不经意传输是由 Michael O. Rabin 于 1981 年提出的。在这种形式中，发送方以 1/2 的概率向接收方发送消息，发送方不知道接收方是否收到了该消息。由于接收方接收到消息的概率为 1/2，因此协议也被称为 1/2 不经意传输。Rabin 的不经意传输方案基于 RSA 密码系统。

1. OT 协议的基本模型

OT 协议的基本模型如图 6.3 所示。

发送方 S 拥有两个秘密值 (x_0,x_1)；接收方 R 拥有一个选择位 $b\in(0,1)$。发送方 S 将其两个秘密值输入到 OT 协议中，而接收方 R 将其选择位 b 作为输入传输到 OT 协议中。最后接收方只能得到一个 x_b 标签值。如果 b=0，那么意味着 x_b 的值即 S 的输入 x_0；如果 b=1，x_b 对应的 S 输入为 x_1。由此接收方就能在不知道发送方具体输入值的情况下，得到发送方的输入。

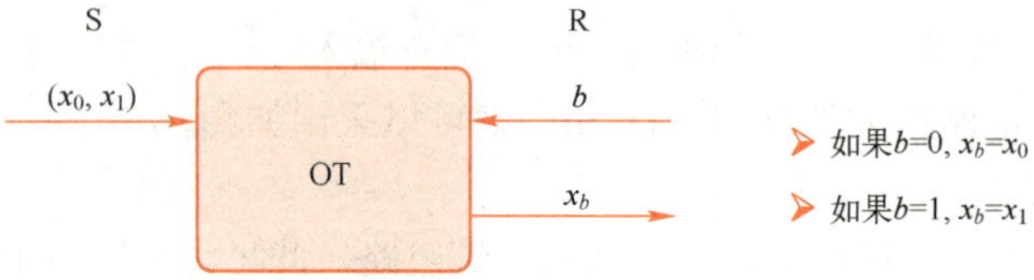

图 6.3　OT 协议的基本模型

2. “2 选 1” OT 协议

1985 年，Even 等人在此基础上提出了另一种 OT 协议，被称为“2 选 1” OT 协议。在“2 选 1” OT 协议中，发送方 Alice 有两条消息（m_0 和 m_1），并且希望确保接收方只获知其中一条消息。接收方 Bob 有一个位 b（b=0 或 b=1）并希望在 Alice 不知道 b 的情况下接收 m_b。完成不经意传输后，接收方 Bob 得到自身选择位所对应的消息 m_b，但不能得到 m_{1-b} 的任何信息，发送方 Alice 也无法得到关于选择位 b 的任何信息。

发送方 S 输入 (M_0, M_1)。接收方 R 输入选择向量 $\boldsymbol{c}$。共同输入包括素数 p、生成元 $g \in \mathbf{Z}_p$，哈希函数 H。

具体流程如图 6.4 所示。

1）S → R，$a \leftarrow \mathbf{Z}_p$。将 $A = g^a$ 发送给 R，由于离散对数难题，R 无法破译 a。

2）R → S，$b \leftarrow \mathbf{Z}_p$。如果 $\boldsymbol{c}=0$，$B = g^b$；如果 $\boldsymbol{c}=1$，$B = Ag^b$，将 B 发送给 S。计算 $k_{\mathrm{R}} = H(A^b)$。

3）S 计算密钥，并加密信息，发送给 R：

$k_0 = H(B^a)$，$e_0 \leftarrow E_{k_0}(M_0)$。

$k_1 = H\left(\left(\frac{B}{A}\right)^a\right)$，$e_1 \leftarrow E_{k_1}(M_1)$。

4）R 解密得到 $M_0 = D_{k_{\mathrm{R}}}(e_c)$。

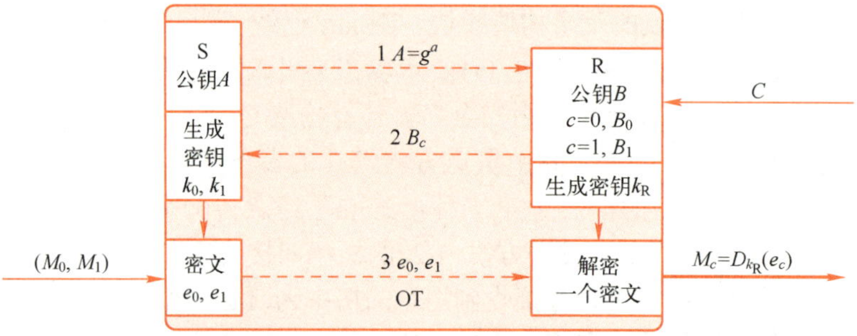

图 6.4　“2 选 1” 的 OT 协议

3. 基于离散对数实现 n 选 1 的 OT 协议

1986 年，Brassard 等人在“2 选 1” OT 协议的基础上又提出了 n 选 1 的 OT 协议。与上述“2 选 1” OT 协议中的问题基本相同，唯一变化的就是从 2 条秘密中传递 1 条给 Bob 变成了从 n 条秘密中传递 1 条给 Bob。随后推广到 n 选 k 的 OT 协议，其中接收方从 n 个消息集合中获取一组 k 个消息。k 个消息的集合可以被同时接收（“非自适应”），或者可以连续地请求它们，其中每个请求基于先前接收到的消息（“自适应”）。

具体流程如图 6.5 所示。

1）Alice 有 n 条消息 $\{m_1,\cdots,m_n\}$，$m_i \in G$（G 代表素数域 F_p^*），挑选 G 的两个生成元 g 和 h，将 g、h、p 发送给 Bob。

2）假定 Bob 想获得第 t 条消息，则 Bob 随机选择大整数 $r \in G$，并计算 $y = g^r \cdot h^t \bmod p$，将 y 发送给 Alice。

3）Alice 利用 y、g、h，分别对 n 条消息，重复执行图 6.5 中左下角的计算步骤，每一次执行都会随机选择大整数 $k_i \in G$，并结合消息 m_i 计算 a_i 和 b_i。然后将 n 组 (a_i, b_i) 发送给 Bob。

4）Bob 拿到 n 组 (a_i, b_i) 后，利用掌握的大整数 r，计算想要的第 t 条消息 $m_t = b_t / (a_t)^r$。

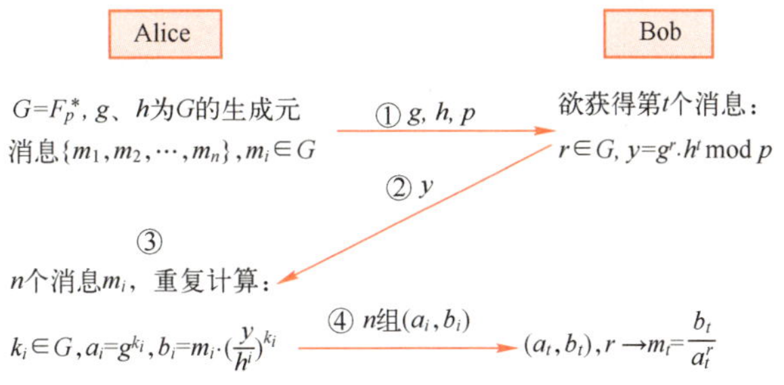

图 6.5　n 选 1 的 OT 协议

OT 协议是所有安全多方计算协议中的最基本工具。在基于姚氏混淆电路构造的安全多方计算协议中，参与方每位输入需要一个 OT 协议，而在基于 GMW 范式构造的安全多方计算协议中，布尔电路的每一个与（And）门需要至少一个 OT 协议。

在恶意敌手模型中，实际的安全多方计算协议要执行的 OT 次数需要数百万次。举例来说，利用 TinyOT 技术，当计算 AES 电路时，需要使用 219 次 OT 协议。计算隐私集合求交（Private Set Intersection，PSI）电路时，需要使用 230 次 OT 协议。因此，OT 协议执行效率成为影响安全多方计算协议效率的最重要的因素。

6.3.6　基础安全多方计算协议：秘密共享

秘密共享（也称秘密分享）是在一组参与者中分享秘密的技术，它主要用于保护重要信息，防止信息丢失、被破坏、被篡改。它源于经典密码理论，最早由 Sharmir 和 Blakley 在 1979 年提出。简单来说，秘密共享是指分享的秘密在一个用户群体里进行合理分配，以达到由所有成员共同掌管秘密的目的。可以将秘密共享分为两类：①严格的秘密共享，需要所有人一起解密；②阈值的秘密共享，不需要所有人，只需要满足一定人数，就可以解密。

1. 严格的秘密分享

秘密分享的运算分为加法运算和乘法运算。

首先介绍加法运算。假设我们要计算两个数 x 和 y 之和($z=x+y$)，这里 x、y 都以“份额”形式存在，我们需要通过它们的份额计算出 z 的份额。我们把 x 拆成两个份额 x_1 和 x_2（可以理解为把秘密 x 分给不同参与方保存的片段），同理 y 拆成 y_1 和 y_2。参与方分别持有 (x_1, y_1)和(x_2, y_2)这样的份额组合。

持有(x_1, y_1)的参与方，先做局部计算，把自己持有的 x 份额和 y 份额相加，得到$(z_1=x_1+y_1)$；另一参与方持有(x_2, y_2)，同样做局部加法，得到 $z_2=x_2+y_2$。这一步就像大家各自在“自己的小账本”上做部分计算。最后，把这两个局部计算的结果 z_1 和 z_2 相加，即 $z=z_1+z_2$，展开后就是 $z=(x_1+y_1)+(x_2+y_2)$，这样就通过 x、y 的份额计算出了 $z=x+y$ 的份额。

然而，在秘密分享的乘法运算中当要计算 $z=x*y$ 的份额时，常规直接计算不太好实现，这时候可以用“Beaver's Triple（Beaver 三元组）”的方法，它利用满足特定关系的随机数来辅助计算。Beaver's Triple 是一组满足特定关系的随机数，形式为(a,b,c)。例如，份额为(a_1, b_1, c_1)和(a_2, b_2, c_2)，其中需要满足$(a_1+a_2)*(b_1+b_2)=c_1+c_2$。

秘密共享中乘法运算的分享依赖于一个被分享的三元组<*a*，*b*，*ab*=*c*>，如图 6.6 所示。假设 Alice 和 Bob 分别持有 *x* 和 *y*，他们得到了随机乘法三元组<*a*，*b*，*ab*>的分片。它们采用如下方法计算 *x* 和 *y* 的乘积的分片 z_1 和 z_2：

1）各自将己方数据分享一个分片给对方。

2）各自通过加法分享并还原，完成盲化，分别得到 *x* 的盲化 $d=x-a$，*y* 的盲化 $e=y-b$，并把 *d* 和 *e* 公开给对方。注意在此过程中，*x*、*y*、*a* 和 *b* 均没有泄露。

3）Alice 根据 *d*、*e* 和$([a]_1, [b]_1, [c]_1)$可以计算出分片 $z_1=de+d*[b]_1+[a]_1*e+[ab]_1$，Bob 根据 *d*、*e* 和 $([a]_2,[b]_2,[c]_2)$可以计算出分片 $z_2=d*[b]_2+[a]_2*e+[ab]_2$。

此时 $xy=(d+a)(e+b)=de+[b]d+[a]e+[ab]=z_1+z_2$，处于分享态的三元组放在了中括号内。可以看出问题已被转化为加法问题。如同一块长方形的瓷砖被分成了 7 块，一方计算 4 块，另一方计算 3 块，如此就完成了乘法运算的加性分享。

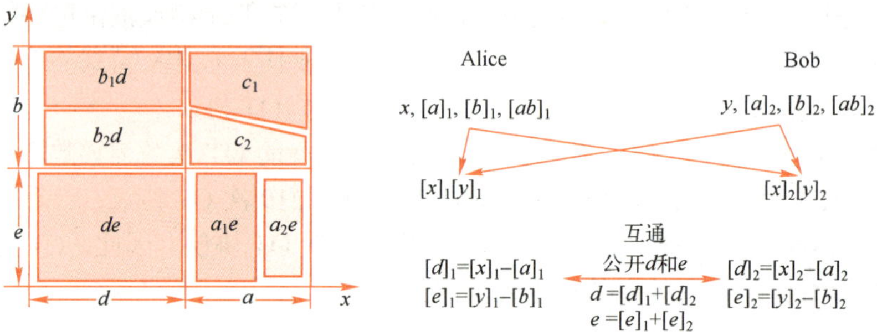

图 6.6 秘密共享中的乘法运算

在秘密分享体系里，加法和乘法秘密分享机制的“线性特性”，是实现多方安全计算的重要基础。我们结合具体数学表达，深入理解其逻辑：

加法秘密分享机制具备线性特征，具体表现为：存在一组常数$(\lambda_1, \lambda_2, \cdots, \lambda_n)$，使得两个秘密 *a*、*b* 相加时，满足 $a+b=\lambda_1*(a_1+b_1)+\lambda_2*(a_2+b_2)+\cdots+\lambda_n*(a_n+b_n)$，这里的 a_i、b_i 是秘密 *a*、*b* 被分享后，第 *i* 个参与者持有的“份额”（即$[a]=\{a_1, a_2,\cdots,a_n\}$、$[b]=\{b_1, b_2,\cdots,b_n\}$，[*]表示秘密经分享函数拆分后的状态）。简单地说，就是把 *a*、*b* 的加法运算，转化为各参与者持有的份额相加后，再通过常数加权求和的形式。为了简化表达，我们用抽象符号记为：$[a+b]=[a]+[b]$。这意味着，秘密 $a+b$ 分享后的状态（即其份额集合）等于 *a* 分享状态与 *b* 分享状态的“份额级加法”结果。

乘法秘密分享的线性特性可描述为：存在一组常数$(\lambda_1, \lambda_2,\cdots,\lambda_n)$，使得两个秘密 *a*、*b* 相乘时，满足 $a*b=\lambda_1*a_1*b_1+\lambda_2*a_2*b_2+\cdots+\lambda_n*a_n*b_n$，其中 a_i、b_i 同样是 *a*、*b* 分享后的份额。为简化表达，抽象记为：$[a*b]=[a]*[b]$，这表明，秘密 $a*b$ 分享后的状态，等于 *a* 分享状态与 *b* 分享状态的“份额级乘法”结果。

2. 阈值的秘密分享：不需要所有人，只需要满足一定人数，就可以解密

在阈值的秘密共享方案中，有 1 个秘密数值和 *n* 个参与者。将秘密的一部分交给参与者，但只有满足特定条件的参与者才能从他们的份额中重建秘密。通过给每个参与者一个份额来实现这一点，这样任何一组 *t*（阈值）或更多的参与者都可以一起重建秘密，但少于 *t*

个玩家的组则不能。这样的系统称为(t, n)-阈值方案（有时也写为(n, t)-阈值方案）。

例如，将一个秘密 s 拆分成 n 份即 $s_1, s_2, \cdots, s_t, \cdots, s_n$，分发给不同的参与方 $P_1, P_2, \cdots, P_n$ 管理。只有至少 t 个参与方合作才能恢复秘密，如图 6.7 所示。

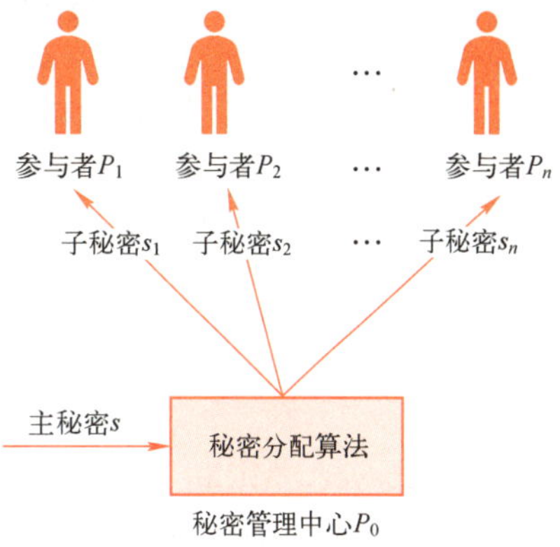

图 6.7　秘密共享问题模型

接下来具体讨论其过程，如图 6.8 所示。首先，对于秘密 s，给定一个值 p，构造一个多项式如 $f(x)=(s+a_1x+a_2x^2+\cdots+a_{t-1}x^{t-1})\text{mod}(p)$。给定 n 个随机值，每个随机值称为 r_i，求得 $f(r_i)$，然后将 $(r_i, f(r_i))$ 发送给第 i 个参与者。分发完成后，多项式被销毁，秘密 s 被隐藏。根据数学原理，当我们拥有 t 个参与者持有的 $(r_i, f(r_i))$ 时，就能够重建原 t 次多项式，并得到秘密 s。重建方式使用多项式插值法，即

$$f(x)=\sum_{i-1}^{t}\left[\prod_{1\leqslant j\leqslant t,\ j\neq i}(z-r_j)(r_i-r_j)^{-1}\right]f(r_i)(\text{mod } p)$$

而 $s=f(0)$。

该过程称为 Shamir 秘密共享机制。

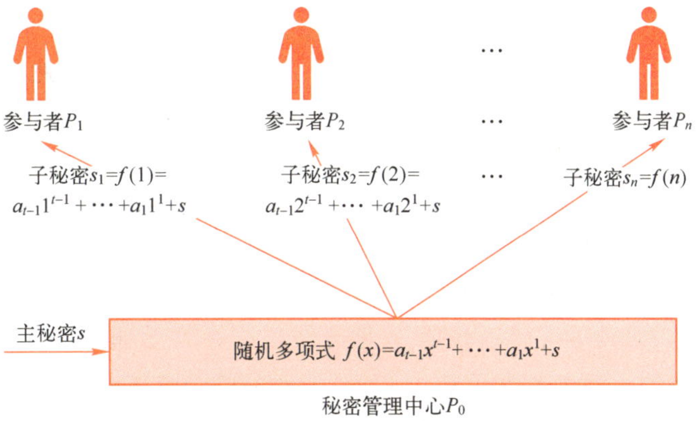

图 6.8　Shamir 秘密共享机制

宏观上说，安全多方计算以不经意传输为根基，基于此可以构造出混淆电路与秘密共享两类通用方案。混淆电路、秘密共享以及不经意传输的关系如图 6.9 所示。值得注意的是，此三类方案在理论上都可以完成任意的密文计算任务；但在实际的方案中，往往考虑到效率而构造更定制化的协议。

*6.3.7　典型通用协议：BMR 协议

混淆电路主要用于两方进行安全计算，而对于多方的安全计算是无能为力的。Goldreich、Micali 和 Wigderson 提出的 GMW 协议（基于 OT），以及 Ben Or、Goldwasser 和 Wigderson 提出的 BGW 协议（基于秘密共享）能够支持多个参与方安全计算。但这些协议需要的通信次数是和电路的深度成正比的，如果电路的深度很深，就需要进行多轮通信。

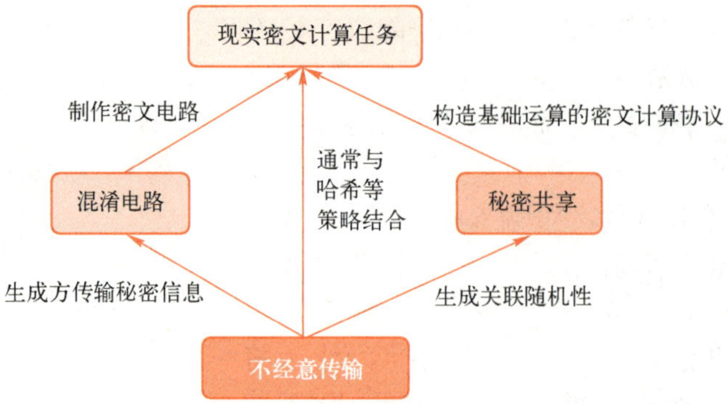

图 6.9　混淆电路、秘密共享以及不经意传输的关系

由 Beaver、Micali 和 Rogaway 提出的 BMR 协议就是为了削减通信轮数而提出的。BMR 协议采用了混淆电路的方法，无论电路的深度有多深，通信轮数都是固定的。

如果直接把混淆电路协议扩展到多方，由一方对整个电路进行加密，或者对电路的一部分门进行加密，那么当加密方与参与者中的某个求值方串通或者这两者的信息都被收买时，就会破坏协议的安全性。为了保障安全性，需要让所有参与者共同生成所有导线的加密值和门的加密真值表。

具体而言，需要每个参加者随机生成每条导线（Wire）的加密值，之后将自己生成的加密值进行掩盖后提交到多方计算协议，协议将每个参与者提交的关于同一条导线的加密值进行异或，得到多方协同生成的布尔电路中该条导线的加密值。

假设所有输入为 $b_0, b_1, \cdots, b_{n-1}$。这里的每一个 b 都是一个位值。然后针对第 i 根导线生成混淆种子（Seed）$s_i^1, s_i^2, s_i^3, \cdots, s_i^n$。注意到这个混淆种子是分享给 n 个参与方的，并假设其长度为 nk。

k 是单个参与方产生的混淆种子的长度。同时，类似混淆电路的点置换（Point-and-Permute），电路的每一根导线都有自身的一个位标签，记作 $\lambda_0, \lambda_1, \cdots, \lambda_{w-1}$，其中 w 是电路数量。注意到这些 λ 都是以秘密分享的方式存储的，因此没有一方能知道其实际值。

注意到，其实 $s_i^1, s_i^2, s_i^3, \cdots, s_i^n$ 就是第 i 根导线，比如第 3 根导线上，$x_3 = \lambda_3$ 时对应的（第 i 个参与方持有的）混淆值就是 s_6^i，$x_3 = \neg\lambda_3$ 对应的混淆值就是 s_7^i。仿照前面点置换中的公式 $f_{x_1, x_2} = k_1^{x_1} \oplus k_2^{x_2} \oplus k_3^{C(x_2, x_3)}$，这里的 f 也是如此生成的，只是因为 f 和 s 都是被切分给各个参与方的。

另一个问题是尽管我们能够算出来 $f_{0,0}, f_{0,1}, f_{1,0}, f_{1,1}$，但是其排列顺序是取决于 λ 的，而 λ 又是各个节点分享之间，那么如何知道顺序呢？

假设这个门对应的输入是第（i, j）根导线，输出是第 k 根导线，首先注意到（0, 0）处放的是 $x_i = \lambda_i$，$x_j = \lambda_j$ 对应的混淆值。注意到

$$
\begin{aligned}
f_{\lambda_i, \lambda_j} &= s_{2i+\lambda_i} \oplus s_{2j+\lambda_j} \oplus s_{2k+C(\lambda_i+\lambda_j)} \\
&= s_{2i+\lambda_i} \oplus s_{2j+\lambda_j} \oplus [s_{2k+\lambda_k} \otimes (C(\lambda_i, \lambda_j) \otimes \lambda_k) \oplus s_{2k+\neg\lambda_k} \otimes (C(\lambda_i, \lambda_j) \otimes \neg\lambda_k]
\end{aligned}
$$

这样子看上去似乎就完成了，但是注意到，任何一个参与方都拥有 $s_1, s_2, \cdots, s_w$ 的部分片段，这时候尽管上面这个公式是通过安全多方计算方法计算得到的，但是其中全部都是按位运算的，因此实际上相当于某一个参与方能够拥有任一条导线上 λ 以及 $\neg\lambda$ 对应的混淆值。

这与我们所希望的唯一获得的信息就是输出不符合，比如参与方 P_1 可以固定住参与方 P_2 的输入值，然后遍历自己的输出值来获得不同的输出，最后猜出参与方 P_2 的输入值。比如参与方 P_1 的输入是 0，参与方 P_2 的输入是 1，所求函数是 $x_1 \wedge x_2$，那么显然 P_1 可以通过遍历自己的输入值发现，如果最后输出的混淆值不变，那么就可以猜到 $x_2 = 0$。

为了解决这个问题，必须让混淆值 s_i、s_j 不能直接得到 s_k。此时哈希函数就派上用场了。选择 4 个哈希函数 H_1, H_2, H_3, H_4 分别对应 x_i、x_j 的不同取值，比如 $x_i = \lambda_i$，$x_j = \lambda_j$ 对应的是 H_1。这个哈希函数作用在 s 的一个片段上，也就是说第 i 方计算出 $H([s]_i)$，然后最终的 $f' = H([s_i]_1) \oplus \cdots \oplus H([s_i]_n) \oplus H([s_j]_1) \oplus \cdots \oplus H([s_j]_n) \oplus f$（注意，此处省略了 λ_i 和 λ_j 的下标）。这个 f' 也是通过安全多方计算得到的。最终，第 k 个门的每个 $f'_{\lambda_i, \lambda_j}, \cdots, f'_{\neg\lambda_i, \neg\lambda_j}$ 都被公开给各方。此时各方通过安全多方计算获得电路的混淆输入。$s_{2*0+x_0+\lambda_0}, \cdots, s_{2*I+x_I+\lambda_I}$ 就可以按顺序计算出各个门的输出值了，其中 2*0 表示第 0 根电路，I 表示电路的数量。

为了知道计算混淆输出的函数采用真值表的哪一行，我们需要知道输入 x_k 是否等于其导线上的标签 λ_k，第 i 个参与方可以根据混淆输出 f' 的第 i 个片段以及自己持有的 s_{2k}^i、s_{2k+1}^i 做比较，如果和 s_{2k}^i 相等则说明输出值 $x_k = \lambda_k$。

*6.3.8　典型通用协议：GMW 协议

混淆电路的扩展协议 GMW 协议将姚氏混淆电路支持的两方安全计算扩展到多方，并将布尔电路扩展到算术电路。

混淆电路主要是将安全多方计算的目标函数转换为布尔电路后，通过对电路进行混淆（加密）操作来得到混淆电路的。混淆（加密）操作是用于掩盖电路的输入和电路的结构，从而实现对各个参与者隐私信息的保密，再通过电路进行计算来实现目标函数的计算。

然而，和姚氏混淆电路估值方案相比，GMW 混淆电路估值方案不需要使用混淆真值表，因此没有混淆真值表带来的查表和加解密操作，节省了非常大的计算量和通信量。

首先介绍 GMW 协议的两方情况，再简要说明如何将协议扩展到多方参与的场景。假设参与方 Alice 的输入为 a，Bob 的输入为 b。目标函数 $f(a, b)$ 的布尔电路为 C，由异或门、与门、非门组成。

接下来讨论 GMW 协议的具体流程。对于位串 a 中的每位 a_i，Alice 都产生一个随机的位 $r_i \in \{0,1\}$，$1 \leqslant i \leqslant n$，并将这 n 个随机产生的位发送给 Bob。对于位串 b 中的每位 b_i，Bob 也都产生一个随机的位 $r_j \in \{0,1\}$，$1 \leqslant j \leqslant n$，并将这 n 个随机产生的位发送给 Alice。Alice 和 Bob 分别将 $a_i \oplus r_i$ 和 $b_i \oplus r_j$，以及 r_i、r_j 作为协议输入 a 和 b 的子秘密。Alice 将自己的秘密份额设置为 $s_i^a = a_i \oplus r_i$，同时拥有 Bob 发来的 $s_j^a = r_j$；同理 Bob 也将自己的秘密份额设置为 $s_i^b = b_i \oplus r_j$，同时拥有 Alice 发来的 $s_j^b = r_i$。

Alice 和 Bob 开始对电路 C 进行求值。对于非门，由于非门是单输入，Alice 和 Bob 间无须交互，因此直接对输入求反即可。如果要对输入求异或，双方只需要分别将自己拥有的秘密份额进行异或即可，此操作在本地就可完成。Alice 在本地计算 $s_k^a = s_i^a \oplus s_j^a = a_i \oplus r_i \oplus r_j$；Bob 在本地计算 $s_k^b = s_i^b \oplus s_j^b = b_i \oplus r_j \oplus r_i$。双方计算得到的秘密份额通过异或后得到

$$s_k^a \oplus s_k^b = (s_i^a \oplus s_j^a) \oplus (s_i^b \oplus s_j^b) = a_i \oplus b_i$$

对于与门，因为$a_i \wedge b_i = (s_i^a \oplus s_j^b) \wedge (s_j^a \oplus s_i^b) = (s_i^a \wedge s_j^a) \oplus (s_i^a \wedge s_i^b) \oplus (s_j^b \wedge s_j^a) \oplus (s_j^b \wedge s_i^b)$，因此 Alice 和 Bob 无法在本地完成与门的计算。由于 Alice 只有s_i^a和s_j^a，Bob 只有s_i^b和s_j^b，他们可以在本地分别计算$(s_i^a \wedge s_j^a)$和$(s_j^b \wedge s_i^b)$，却无法计算$(s_i^a \wedge s_i^b)$和$(s_j^b \wedge s_j^a)$，所以二者需要相互协作完成与门的计算。$(s_i^a \wedge s_i^b) \oplus (s_j^b \wedge s_j^a)$的计算可以通过 4 选 1 的 OT 协议来计算。对于 Alice 来说，她所拥有的秘密份额是固定的，Bob 掌握的s_i^b和s_j^b是不确定的，但s_i^b和s_j^b都是单位值，只有四种情况，即$\{s_i^b, s_j^b\} \in \{\{0,0\},\{1,0\},\{0,1\},\{1,1\}\}$。于是 Alice 可以直接计算出四种情况下的$a \wedge b$的值，除此之外 Alice 需要为自己生成一个计算密钥$k \in \{0,1\}$，并将计算出的四种情况分别与k进行异或加密，之后将加密结果通过 4 选 1 的 OT 协议发送给 Bob。在此过程中，Alice 将加密后的四个值作为 OT 协议的 4 个秘密输入，Bob 将自己的 2 个秘密份额作为 OT 协议的选择项，选择接收所对应的 OT 协议秘密输入。Alice 将k作为与门输出导线值的秘密份额，Bob 将 OT 协议接收的值作为与门输出导线值的秘密份额。

由于 Alice 和 Bob 双方执行的是 OT 协议，Alice 不知道 Bob 在其所计算的四个加密值中所选择的是哪一个，因此保证了 Bob 的输入对 Alice 是保密的。Bob 则因为无法获得 Alice 的k值，只能得到 OT 协议的输入——k异或 Alice 的输入之后的秘密值，所以 Bob 也无法获得 Alice 的真实输入。在整个过程中，参与方无法获得另一方的输入，并且也无法获得计算过程中的任何中间结果。

以上操作完成了所有门的计算后，参与方互相披露自己所拥有的秘密份额，并共同计算得到结果。

将 GMW 协议扩展到多方情况下：参与方有$P_1, P_2, \cdots, P_n$，并且同样对布尔电路进行求值。与此前相同，每个参与者P_j各自向参与者$P_i(i \neq j)$发送随机位$r_i \in \{0,1\}$。参与方$P_1, P_2, \cdots, P_n$进行逐门运算。

同样对于异或门以及非门，每个参与者可以直接在本地进行运算。然而对于与门$c = a \wedge b$，令$a_1, a_2, \cdots, a_n, b_1, b_2, \cdots, b_n$分别表示参与方所持有的秘密份额。有

$$c = a \wedge b = (a_1 \oplus a_2 \oplus \cdots \oplus a_n) \wedge (b_1 \oplus b_2 \oplus \cdots \oplus b_n) = (\oplus_{i=1}^{n} a_i \wedge b_i) \oplus (\oplus_{i \neq j} a_i \wedge b_j)$$

每个参与者P_j可以在本地计算$a_j \wedge b_j$，而$a_i \wedge b_i$可以由参与者P_i和P_j通过 GMW 协议共同计算得到秘密份额。当电路计算完成，每个参与者公布自己所掌握的秘密份额，再将所有秘密份额进行异或，即可得到最后的计算结果。

*6.3.9 典型通用协议：BGW 协议

BGW 算法由 Ben-Or 等人于 1988 年提出，是早期支持多方安全计算的协议之一，其算法原理基于 Shamir 秘密共享机制。BGW 算法支持加法、数乘以及乘法运算。下面将介绍n个参与方的 BGW 协议，这个协议描述起来会更加简单一些。

Shamir 秘密共享机制允许在n个参与方之间共享秘密s，大于或等于$t+1$（t为阈值）个参与方的任何子集都可以有效地重建秘密，而少于t个参与方的任何子集都不了解有关秘密s的任何信息。设F是一个大小大于n的有限域，给定$v \in F$，令$[v]$表示各个参与方持有v的 Shamir 秘密份额。具体来说，某一参与方选择一个阶最高为t的随机多项式p，并令$p(0)=v$。每个参与方P_i把$p(i)$作为v的秘密份额。称t为秘密分享的阈值，即任意t个秘密份

额都不会泄露与 v 相关的任何信息。

BGW 协议的固定范式为：对于算术电路的每一条导线 w，各个参与方都持有导线值 v_w 所对应的秘密份额 $[v_w]$。接下来，双方模拟电路门的计算。

1）输入导线。对于属于参与方 P_i 的输入导线，P_i 知道明文导线值 v。参与方 P_i 将秘密份额 $[v]$ 分发给其他所有参与方。

2）加法门。假设输入导线为 α 和 β、输出导线为 γ 的加法门。各个参与方共同持有输入导线秘密份额 $[v_\alpha]$ 和 $[v_\beta]$。参与方的目标是获得输入导线值 v_α 和 v_β 之和的秘密份额，即 $[v_\alpha + v_\beta]$。设输入导线值所对应的多项式分别为 p_α 和 p_β。如果每个参与方 P_i 在本地对秘密份额进行求和，得到 $p_\alpha(i) + p_\beta(i)$，则各个参与方将共同持有多项式 $p_\gamma(x) \overset{\text{def}}{\rightarrow} p_\alpha(x) + p_\beta(x)$ 上的一个点。由于 p_γ 的最高阶为 t，因此各个参与方 P_i 所持有的 $p_\alpha(i) + p_\beta(i)$ 构成了 $p_\gamma(0) = p_\alpha(0) + p_\beta(0) = v_\alpha + v_\beta$ 的有效秘密份额。

3）乘法门。假设输入导线为 α 和 β、输出导线为 γ 的乘法门。各个参与方共同持有输入导线秘密份额 $[v_\alpha]$ 和 $[v_\beta]$。参与方的目标是获得输入导线值 v_α 和 v_β 乘积的秘密份额，即 $[v_\alpha \cdot v_\beta]$。同加法门一样，各参与方可以在本地先进行计算，从而各个参与方共同持有多项式 $q(x) = p_\alpha(x) \cdot p_\beta(x)$ 上的一个点。但是如此一来，得到的多项式的阶数就达到了 $2t$，超过了秘密共享的阈值，这样显然是不安全的。

因此，为了解决秘密共享阈值溢出的问题，各个参与方需要一起完成多项式的降阶步骤。每个参与方 P_i 持有的秘密份额是 $q(i)$，其中 q 是一个阶最高为 $2t$ 的多项式。参与方的目标是得到 $q(0)$ 的有效秘密份额，且对应多项式的阶不能超过阈值 t。

此处的核心结论是，可以用各个参与方秘密份额的线性函数表示 $q(0)$。具体来说

$$q(0) = \sum_{i=1}^{2t+1} \lambda_i q(i)$$

式中，λ_i 表示对应的拉格朗日系数。

下面介绍降阶过程：

① 每个参与方 P_i 生成 $q(i)$ 的 t 阶秘密共享，并将秘密份额 $[q(i)]$ 分给其他参与方。此处没有为秘密份额 $[q(i)]$ 所对应的多项式命名。注意，每个参与方 P_i 选择了最高阶为 t 的多项式，且此多项式的常系数为 $q(i)$。

② 各个参与方在本地计算，即

$$[q(0)] = \sum_{i=1}^{2t+1} \lambda_i q(i)$$

请注意，该表达式仅涉及秘密份额的加法和常数乘法运算。

由于 $[q(i)]$ 的秘密份额阈值为 t，因此 $[q(0)]$ 的秘密共享阈值也为 t，满足固定范式的要求。

需要注意，参与方对 BGW 协议中的乘法门求值时需要进行交互，即各个参与方需要发送秘密份额 $[q(i)]$。而且，BGW 协议要求 $2t+1 \leqslant n$，否则由于 q 的阶可能会达到 $2t$，n 个参与方没有足够的信息确定 $q(0)$ 的值，因此当 $2t < n$ 时，BGW 协议在 t 个参与方被攻陷的条件下是安全的。

4）输出导线。电路完成求值后，参与方最终会持有输出导线 α 的秘密份额 $[v_\alpha]$。每个参与方将秘密份额广播给其他参与方，使得所有参与方都能得到 v_α。

*6.3.10 专用协议：隐私保护集合求交

隐私保护集合求交（Private Set Intersection，PSI）的目标是允许 P_1 和 P_2 两方分别持有集合 X 和 Y 来确定交集 $X \cap Y$，而不透露关于交集之外的任何额外信息（额外信息不包括输入集合的大小上界）。虽然利用之前所学的通用安全多方计算协议也可以构造 PSI 协议，但可以利用集合求交这一问题的特殊结构实现更高效的专用协议。

我们将介绍当前最具代表性的两方 PSI 协议（Kolesnikov 等，2016）。此协议是在 Pinkas 等人所提出的协议的基础上构造的，该协议强依赖于不经意 PRF（Oblivious PRF，OPRF）协议。在 OPRF 协议中，OPRF 允许两方对一个 PRF 的 F 求值。接收器持有输入 r，发送器持有输入 s，执行协议后接收器得到输出 $F(s, r)$，其中 F 是伪随机函数，s 是随机种子。我们首先阐述应用 OPRF 构造 PSI 的方法，然后再简要讨论 OPRF 的构造方法。Kolesnikov 等人的协议可以用于消除 Pinkas 等人的协议对各方项目位长度的依赖，且速度快 3.1～3.6 倍。

下面介绍使用 OPRF 构造 PSI 的 Pinkas-Schneider-Segev-Zohner（PSSZ）协议。该协议描述了一种基于置换的哈希设计 PSI 协议的新方法，该方法确保哈希元素可以用短字符串表示而不会发生任何冲突。

该协议会使用包含 3 个哈希函数的布谷鸟哈希（Cuckoo Hashing）。布谷鸟哈希的基本原理如下：将 n 个元素分配到 b 个箱子中，使用 3 个哈希函数 $h_1, h_2, h_3 : \{0,1\}^* \to [b]$，并初始化 b 个空箱子 $\beta[1,\cdots,b]$。为计算 x 的哈希值，使用 3 个哈希函数中的任意一个将元素 x 映射到一个箱子中。首先检查 $\beta[h_1(x)]$，$\beta[h_2(x)]$，$\beta[h_3(x)]$ 这 3 个箱子中是否至少有一个空箱子。如果有，则将 x 放置在其中一个空箱子内，并终止算法。如果没有空箱子则发生冲突，布谷鸟哈希会随机选择 $i \in \{1,2,3\}$，将 $\beta[h_i(x)]$ 中的当前元素驱逐出箱子，并将 x 放到该箱子中，并且将被驱逐的元素再次插入其他箱子，重复此过程，直到被驱逐的元素找到一个空箱子（迭代）。如果经过一定次数的迭代后算法仍未终止，则将被驱逐的元素放置在一个名为暂存区（Stash）的特殊箱子中。

下面介绍在 PSSZ 方案中是如何使用布谷鸟哈希实现 PSI 的。首先，两个参与方选择 3 个适合 3-布谷鸟哈希的随机散列函数 h_1, h_2, h_3。假设 Alice 有一个输入集 X，Bob 有一个输入集 Y，其中 $|X| = |Y| = n$。Bob 用布谷鸟哈希和一个大小为 s 的暂存区，将他的集合 Y 中的元素映射到 $1.2n$ 个箱子和暂存区中。此时，Bob 的每个箱子中最多有一个元素，他的暂存区中最多有 s 个元素，然后他用虚拟元素填充空箱子，以便每个箱子正好包含一个元素，暂存区刚好包含 s 个项目。

双方随后执行 $1.2n+s$ 个 OPRF 协议，其中 Bob 扮演接收者的角色，并使用他的 $1.2n+s$ 个元素作为 OPRF 的输入。令 $F(k_i,\cdot)$ 表示在第 i 个 OPRF 协议中评估的 PRF。如果 Bob 通过布谷鸟哈希将元素 y 映射到第 i 个箱子，那么 Bob 学习到 $F(k_i, y)$；如果 Bob 将 y 映射到暂存区中，那么 Bob 学习到 $F(k_{1.2n+j}, y)$。

另一方面，Alice 可以对任意 i 计算 $F(k_i,\cdot)$。所以她计算得到两个候选 PRF 的输出集

合，即

$$H = \{F(k_{h_i(x)}, x) \mid x \in X\} \text{ 且 } i \in \{1,2,3\}\}$$

$$S = \{F(k_{1.2n+j}, x) \mid x \in X\} \text{ 且 } j \in \{1,\cdots,s\}\}$$

Alice 随机地将 H 中的元素和 S 中的元素置换，并将 H 和 S 发送给 Bob。Bob 可以按以下方式识别 X 和 Y 的交集：如果 Bob 有一个被映射到暂存区的元素 y，那么他将检查 y 所对应的 OPRF 输出是否存在于 S 中；如果 Bob 有一个被映射到哈希箱子中的元素 y，那么他将检查 y 所对应的 OPRF 输出是否在 H 中。

直观地说，根据 PRF 特性，该协议对半诚实的 Bob 是安全的。这是因为对于一个元素 $x \in X \setminus Y$ 所对应的 PRF 输出 $F(k_i, y)$ 满足伪随机性。类似地，如果密钥具有关联性，但 PRF 的输出仍然满足伪随机性，则用 OPRF 实现关联密钥 PRF 也可以保证方案的安全性。只要 PRF 不引入任何进一步的碰撞（即对于 $x \neq x'$，$F(k_i, x) = F(k_{i'}, x')$），该协议的计算结果就是正确的。因此需要谨慎设置协议的参数，避免发生碰撞。

使用∞选 1 的 OT 协议构建更高效的 OPRF。根据我们之前介绍的编码思想，Kolesnikov 等人为 PSI 协议构建了一个更高效的 OPRF 协议。此协议的最大技术贡献是编码 C 不需要具有纠错码的许多特性。具体来说：①此协议不使用解码，因此编码不需要具备有效解码的能力。②该协议只要求对于所有可能性 r 和 r'，值 $C(r) \oplus C(r')$ 的汉明重量至少等于计算安全参数 k。实际上，只要有一定概率保证汉明距离的要求就足够了。也就是说，选择的 C 具有压倒性概率来保证汉明距离大于或等于计算安全参数 k（我们下面讨论其微妙之处）。

为了便于说明，假设 C 是一个具有适当长输出的随机变量。直观地说，就是当 C 足够长时，应该很难找到“近碰撞”（输出接近碰撞的输入值）。也就是说，应该很难找到值 r 和 r'，使得 $C(r) \oplus C(r')$ 具有较低（小于计算安全参数 k）的汉明重量。令随机函数的输出长度为 $4k$ 就足以使应用程序中的近碰撞可以忽略不计。

我们将这样的函数 C（在我们的标准模型实例化中应称为函数族）称为伪随机编码（PRC），它的编码理论性质，即最小距离在密码学意义上成立。

通过将对 C 的要求从纠错码放宽为伪随机编码，消除了接收方选择字符串大小的先验限制。本质上，接收方可以使用任何字符串作为其选择字符串；发送方可以为任何字符串 r' 关联一个秘密值 $H(q_i \oplus [C(r') \cdot s])$。如上所述，接收方只能计算 $H(t_j) = H(q_i \oplus [C(r) \cdot s])$，即选择字符串 r 所对应的秘密值。PRC 的性质是以压倒性的概率满足所有（多项式时间内参与方可问询得到的）其他 $q_i \oplus [C(\tilde{r}) \cdot s]$ 的值都与 t_j 不同，这需要接收方至少猜测 s 中的 k 位才能得到 $q_i \oplus [C(\tilde{r}) \cdot s]$。

我们可以将上述∞选 1 的 OT 协议看作一种 OPRF。直观地看，$r \mapsto H(q \oplus [C(r) \cdot s])$ 是一个函数，发送方可以对任意输入求对应的输出，其输出是伪随机的，而接收方只能得到其选择的输入 r 所对应的输出。

将∞选 1 的 OT 协议看作一种 OPRF 时需要注意以下细节：

1）实际上，接收方得到的比这个“PRF”的输出更多，特别是当接收方得到的是 $t = q \oplus [C(r) \cdot s]$，而不仅仅是 $H(t)$。

2）该协议实现了该“PRF”的许多实例，但这些实例都具有相关联的密钥，即它们都

共享密钥 s 和伪随机编码 C。

Kolesnikov 等人证明可以用此 OPRF 安全地替代 PSSZ 协议中的 OPRF。在广域网环境下，可以在 7s 内安全计算出两个包含 $n=2^{20}$ 个元素的集合交集。

然而为了实现将两方 PSI 协议扩展到支持多参与方，需要实现在多参与方的情况下，参与方只能得到所有集合的共同交集，必须保护两两集合的交集信息。Kolesnikov 等人提出了一种多方 PSI 的新范式，该范式允许 n 方在不透露任何额外信息的情况下计算其数据集的交集。

6.3.11 应用与挑战

虽然 20 世纪 80 年代，密码学家就提出了安全多方计算算法，但一直以来安全多方计算协议的效率都很低，无法在实际中使用，直到 2004 年“公平参与”（Fairplay）编译器的提出改变了这一现状。“公平参与”是第一个通用安全多方计算框架，可以通过安全多方计算执行任意函数的计算。这一框架掀起了针对安全多方计算协议性能优化的浪潮。直至现在，无论在算法角度还是在实现层面，安全多方计算协议得到了巨大的优化。从 2004 年到 2019 年，安全多方计算协议的执行效率至少提高了五个数量级。

“SoK: General Purpose Frameworks for Secure Multi-Party Computation”这篇论文非常详尽地分析了现有安全多方计算通用框架，从各种维度评估了各个框架的优缺点，在不同场景下给出了使用建议。特别地，作者成功构建了所有通用框架，并把构建环境打包在 Docker 中。这篇文章特别适合准备研究安全多方计算协议，或者准备实际使用安全多方计算的研究人员。

然而许多方案的安全性考量局限于半诚实模型，并没有考虑到恶意参与者。很多方法忽略了对参与方输入、输出的验证，其正确性都依赖于参与方完全诚实遵循协议。于是有人提出了一个解决方案：通用 GMW 编译器使用零知识证明以及承诺等工具，迫使参与方必须依照协议来执行，从而可以将半诚实敌手下安全的协议编译为可抵抗恶意敌手攻击的协议。但是这样的恶意敌手模型会带来更大的开销。

在性能方面，这些协议的计算开销通常都非常大，是其应用于实际系统的主要障碍。目前提出的解决思路有：①简化混淆电路的规模；②对于恶意的敌手，引入切分选择（Cut and Choose）技术；③专用型安全多方计算协议：为解决特定问题所构造出的特殊安全多方计算协议。

对于任意一个给定的计算任务，若将其转化为电路，其电路门的数量将是一个巨大的数字，而混淆电路将每一位通过一个随机数（属于某对称密码算法的密钥空间）及两重对称加解密运算进行混淆，计算负荷巨大，因此简化混淆电路的规模是提高安全多方计算协议效率直接有效的方法。

对于恶意的敌手，也可以引入切分选择技术。虽然通用 GMW 编译器使用零知识证明以及承诺等工具，迫使参与方必须依照协议来执行，从而可以将半诚实敌手下安全的协议编译为可抵抗恶意敌手攻击的协议，但是也因为它大量地使用零知识证明以及承诺等工具，需要大量的公钥操作，所以非常低效。切分选择技术有效地减少了零知识证明等低效操作。基于切分选择技术应用的层次，这些工作大致可以分为两类：①对整个混淆电路来实施切分选择技术；②针对混淆电路的电路门实施切分选择技术。

根据支持的计算任务，安全多方计算可分为专用场景和通用场景两类。通用型安全多方计算算法一般由混淆电路实现，具有完备性，理论上可以支持任何计算任务。具体做法是将计算逻辑编译成电路，然后混淆执行。但对于复杂计算逻辑，混淆电路的效率会有不同程度的降低，与专用算法的效率会有很大的差距。

专用型安全多方计算协议是指为解决特定问题而构造出的特殊安全多方计算协议，由于是有针对性地构造并进行优化，专用算法的效率会比基于混淆电路的通用框架高很多。当前安全多方计算专用算法包含四则运算、比较运算、矩阵运算、隐私集合求交集和隐私数据查询等。虽然专用型安全多方计算与通用型安全多方计算相比效率更高，但同样存在一些缺点，如：只能支持单一计算逻辑，场景无法通用；专用算法设计需要领域专家针对特定问题精心设计，设计成本高。

安全多方计算的应用：数据、算法与隐私。最近十年是互联网加速普及的十年，也是机器学习算法从学术研究走向大规模应用的黄金十年。广告推荐算法、图像识别算法、数据挖掘算法、文本生成算法等实用的机器学习算法不断地改进互联网用户的用户体验，也不断地为互联网企业创造巨额利润。

但是，这些算法都是建立在巨量数据基础上的。随着互联网的普及，互联网用户的隐私意识越来越强。各数据主体之间，也出于安全合规等原因不能或不愿分享数据。对于互联网数据的使用，各国政府也颁布了越来越严格的法律法规，例如，欧盟的 GDPR、我国的《中华人民共和国网络安全法》等。

如何在新的数据使用规范下，让各类机器学习算法继续发挥作用？答案就是，我们需要一个安全合规的数字底座，作为各类算法运行的基石。

安全多方计算被提出后很长一段时间里一直停留在理论层面的研究，少有应用于实际生活中的方案和系统，而隐私保护机器学习（Private Preserving Machine Learning，PPML）是安全多方计算的一个重要应用领域。

目前基于安全多方计算的隐私保护机器学习性能不足，计算与通信开销远大于明文计算，同时安全性考虑不够，许多方案的安全性考虑局限于半诚实模型，考虑恶意敌手的模型会带来更大的开销。

机器学习算法主要包括神经网络、线性回归和逻辑斯谛回归等，其中神经网络是机器学习应用得最广泛的算法之一，由输入层、隐藏层和输出层构成，其中隐藏层包括卷积层、全连接层和池化层。卷积层的运算是过滤器和数据特征向量的内积运算；全连接层的运算是先计算神经元向量与权重矩阵的内积，再与偏移向量相加；池化层是计算过滤器窗口内元素的最大值或平均值，分别称为最大池化和平均池化。此外，层与层之间会进行非线性的激活函数计算。

从机器学习底层的基本算子来看，卷积层、全连接层和平均池化层可以使用加法和乘法两种线性运算实现。最大池化层可以使用比较大小或最高有效位的非线性运算来实现。激活函数在隐私保护机器学习方案中通常被转换为线性运算和非线性运算的组合。

基于安全多方计算的隐私保护机器学习有三种架构：①第一种为安全客户端-服务器（Secure Client Server，S-CS）架构。这种架构适用于预测阶段，即客户端拥有数据，服务器拥有模型，并且都不想让对方知晓。②第二种为安全外包计算（Secure Outsourced Computation，SOC）架构。这种架构下拥有数据的用户不直接计算，而是将数据以秘密共享的方式发送给若干个服务器进行计算。③第三种为安全联邦学习（Secure Federated

Learning，S-FL）架构。这种架构适用于联邦学习下的隐私保护。

*6.4 可信执行环境（机密计算）

机密计算（Confidential Computing）是一种安全和隐私增强的计算技术，专注于保护使用中的数据。机密计算可以与存储和网络加密结合使用，分别保护静态数据和传输中的数据。

机密计算技术通过在基于硬件的可信执行环境（Trusted Execution Environment，TEE）中执行计算来保护正在使用的数据。TEE 是主处理器的安全区域，它有助于保护其中加载的代码、数据的机密性和完整性。数据完整性可防止 TEE 外部的未授权实体更改数据，代码完整性则可防止 TEE 中的代码被未授权实体替换或修改。此外，TEE 还应能够为第三方提供证明其可信度的远程证明。TEE 作为隔离执行环境提供安全功能，例如隔离执行、远程证明等。

隔离执行是指通过软硬件结合的隔离技术将 TEE 和非 TEE 系统隔离开，使得可信应用的可信计算基础（Trusted Computing Base，TCB）仅包含应用自身和实现 TEE 的基础软硬件，而其他软件甚至是操作系统内核等特权软件都可以是不可信的，甚至可以是恶意的。TEE 可以提供不同级别的隔离，包括虚拟机、应用程序（进程）或函数（库）隔离。

远程证明的主要作用是证明 TEE 本身环境的安全，以及运行在 TEE 里面的可信应用程序的完整性等。证明过程评估系统的可信度，并有助于确保只有在提供可验证的证据表明机密数据是真实的并且以可接受的安全状态运行后，机密数据才会发布到 TEE。

目前主流的 CPU 厂商都提供了 TEE 的实现，从隔离的维度上看，TEE 可分为三类：

1）基于体系结构的隔离，比如 ARM TrustZone，多用于手机终端环境。

2）基于应用的隔离，现在商用场景下用得比较多的是 Intel SGX1/SGX2。

3）基于虚拟化的隔离，未来可能会成为一种发展趋势，如 Intel TDX、海光 CSV。

6.4.1 可信执行环境简介

1. 可信执行环境的基本概念

可信执行环境（TEE）由工业联盟（Global Platform，GP）提出，是移动设备（包含智能手机、平板计算机、机顶盒、智能电视等）主处理器上的一个安全区域（Trust Zone），它可以保证加载到该环境内部的代码和数据的安全性、机密性以及完整性。TEE 提供一个隔离的执行环境，提供的安全特征包含隔离执行、可信应用的完整性、可信数据的机密性、安全存储等。此外，TEE 通过创建一个可以在安全区域的“安全世界”中独立运行的小型操作系统（OS）来实现，该操作系统以系统调用（由安全区域内核直接处理）的方式直接提供少数服务。

在移动设备上，TEE 与移动操作系统并存，为丰富的移动操作系统环境提供安全功能。运行在 TEE 的应用称为可信应用（Trusted Apps，TA），它们可以访问设备主处理器和内存的全部功能，硬件隔离技术保护它们不受安装在主操作系统环境中的用户应用程序影响。TEE 内部的软件和密码隔离技术则可以保护每个可信应用独立、不相互影响，这样可以被多个不同的服务提供商同时使用，而不影响安全性。总体来说，TEE 提供的执行空间比常见的移动操作系统（如 iOS、Android 等）提供更高级别的安全性；比安全元素（Secure Element，SE）如智能卡、SIM 卡等提供更多的功能，但安全性要低一些。TEE 能够满足大多数应用的安全需求，实现安全和成本的平衡。

工业联盟和可信计算工作组（TCG）近年来都在开展 TEE 方面的工作，前者以制定 TEE 的标准规范为主，后者试着将 TEE 规范与其可信平台模块规范进行结合以加强移动设备的安全和可信，形成的最新规范为 TPM 2.0 Mobile。

2．可信执行环境架构

TEE 是一个与富操作系统（Rich OS，包括 Linux、Android、iOS 等）并行的独立执行环境，为富执行环境（Rich Execution Environment，REE）提供安全服务。TEE 以独立于 Rich OS 和其上的应用的方式，来访问硬件和软件安全资源。Global Platform TEE 总体架构如图 6.10 所示。

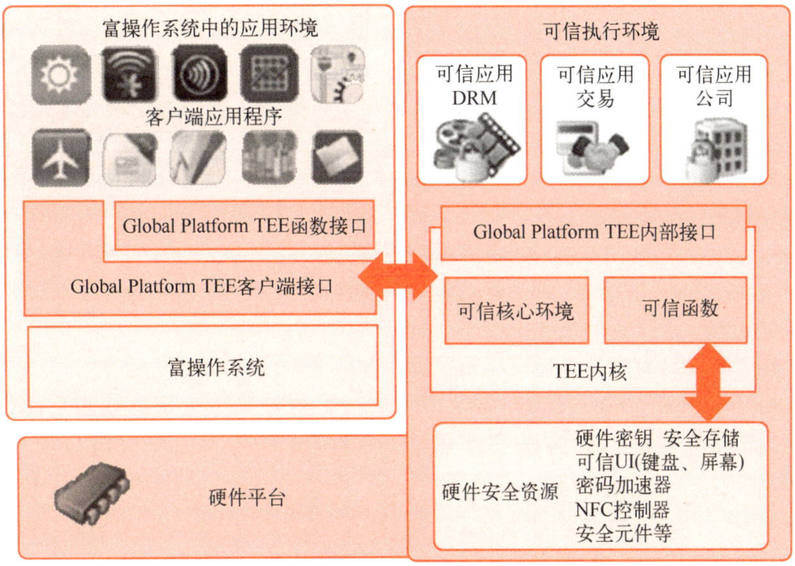

图 6.10　Global Platform TEE 总体架构

TEE 为可信应用提供了安全执行环境；它同时提供保密性、完整性，并对所属可信应用的资源和数据提供访问权限的控制。为保证 TEE 有可信的 root，在安全启动过程中，TEE 首先进行鉴权，然后从 Rich OS 中隔离出来。在 TEE 内部，可信应用之间是互相独立的，未授权访问的情况下，一个可信应用不能执行其他可信应用的资源。可信应用可以来自不同的应用提供商。

TEE 软件架构如图 6.11 所示。TA 通过 TEE 内部接口（Internal API）来获取安全资源和服务的访问权限，这里所述的安全资源和服务包括密钥注入和管理、加密算法、安全存储、安全时钟、可信 UI（用户界面）、安全元件等。已公布的 TEE 客户端接口（Client API）是一个底层的通信接口，接口的设计目的是使 Rich OS 中的客户端应用程序（Client Application，CA）可以与 TEE 中的可信应用交互。TEE 客户端接口规范可以从 Gloal Platform 网站下载。最后，为了完善整个生态系统，TEE 函数接口（Functional API）将给客户端应用程序提供一系列“Rich OS 友好”的应用程序接口，这些接口会以 Rich OS 应用开发者熟悉的编程模式提供，允许访问 TEE 的部分服务，例如加密算法或安全存储。TEE 函数接口的定义也列为 Gloal Platform TEE 交付成果的一部分。

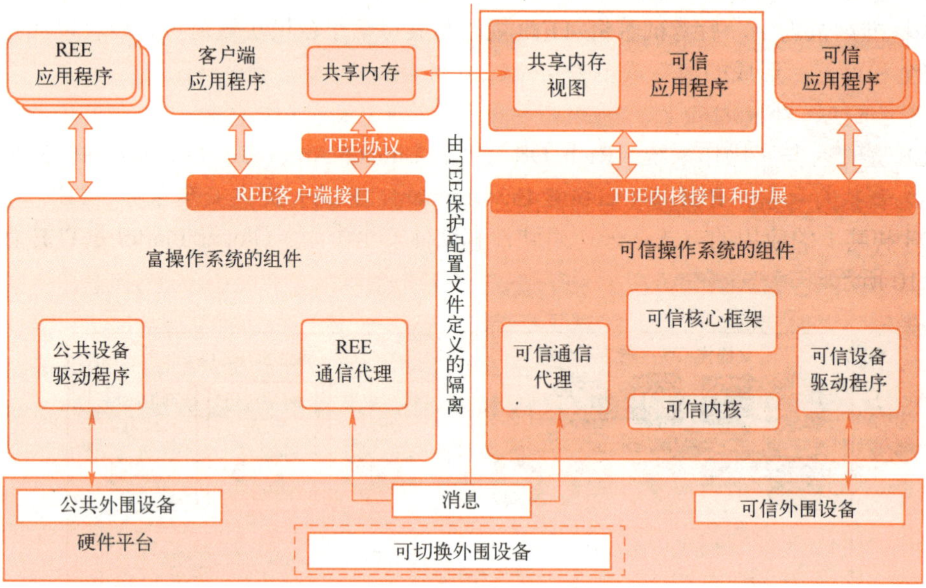

图 6.11 TEE 软件架构

3. TEE 的启动过程

按照 Gloal Platform 标准，启动流程只在系统启动时执行一次，要求启动流程至少建立一个信任根，需要一些机制和方法去实现。一般情况下启动基于只读存储器（ROM）代码，当可信操作系统（Trusted OS）首先启动时，会阻止 REE 接口生效，此时系统可以实现一个启动时的 TEE（完全 TEE 的子集）。一般 Trusted OS 启动有两种情况：Trusted OS 首先启动和 Trusted OS 按需启动。具体流程如图 6.12 所示。

4. Rich OS、TEE 与 SE 的比较

TEE 为设备安全提供了框架，在 Rich OS 和 SE 之间提供了一个安全层。当前，移动安全的解决方案仍主要依赖于 SE，SE 方案要求提供一种大多数金融机构包括银行和信用卡公司都支持的安全控制机制。然而，由于应用场景缺少迫切的安全需求，并且由于 SE 的性能、交互及用户体验受限等问题，TEE 并没有很好地应用起来。总体来说，安全级别和资产的重要性是需要权衡的，高安全性需要在速度、易用性和用户体验上折中。

Rich OS、TEE 和 SE 进行比较：

1）虽然 SE 应用了高级别的安全性来保障移动支付，但并非所有交易都需要那么高的安全性，对安全的需求还取决于交易类型、交易金额、用户特征及交易历史。

2）企业网的连接可以通过鉴权和加密的方式保护起来，TEE 完全可以提供这样的保护，同时在性能上与 Rich OS 达到相同的效果。

3）TEE 是做（Data Rights Management，DRM）代理的理想环境，可以保护应用或内容从 APP 商店下载安全。相比之下，在 Rich OS 中的下载环境是很容易伪造的。

通过比较可以发现：Rich OS 作为富环境是很容易受到攻击的；SE 虽然很难遭到攻击但是使用很有局限性；对 Rich OS 的性能和 SE 的安全，TEE 在两者间进行了折中。图 6.13

展示了 Rich OS、TEE 和 SE 的安全和应用特征。然而，这些特征在不同环境下的能力是不一样的，图 6.13 中通过箭头的高和宽来表示。

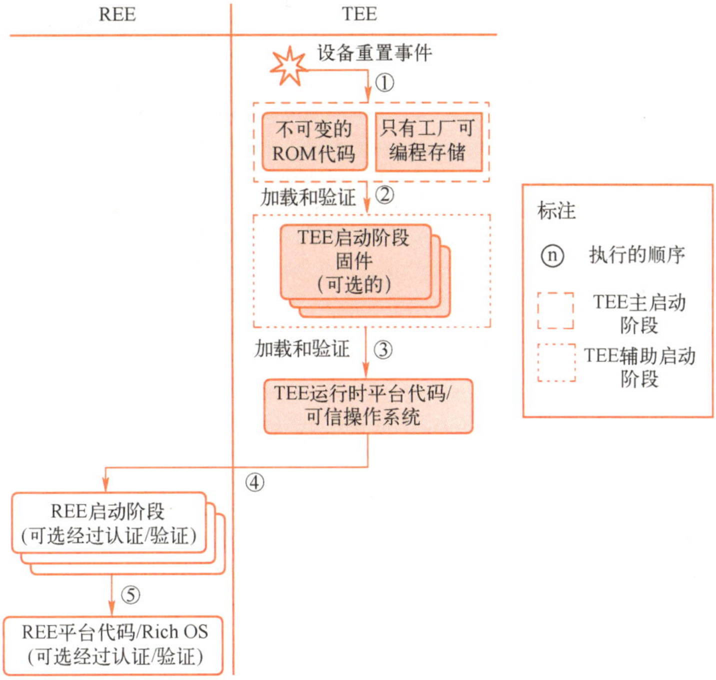

a) Trusted OS首先启动

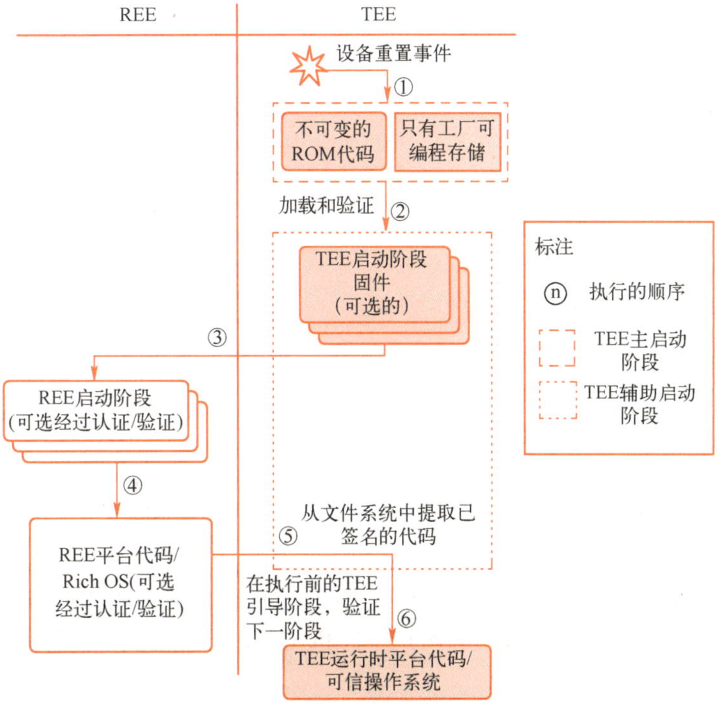

b) Trusted OS按需启动

图 6.12　TEE 的启动过程

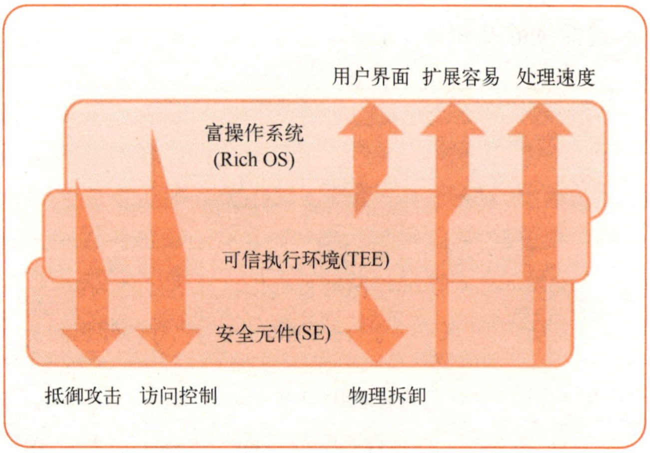

图 6.13　Rich OS、TEE 和 SE 的安全和应用特征

总体来说，TEE 提供了一个比 Rich OS 更加安全的执行空间；尽管安全级别达不到 SE 的程度，但对于大多数应用而言已经足够了。而且，TEE 提供了比 SE 更快的处理速度和更强大的内存访问能力。由于 TEE 提供了比 SE 更多的用户接口和外部连接能力，人们就可以在 TEE 上开发安全应用，这些安全应用可以给用户提供和 Rich OS 一样的用户体验。此外，由于 TEE 是独立于 Rich OS 的执行环境，它提供 Rich OS 功能的同时又保障了足够的安全。尤其是 TEE 可以抵挡 Rich OS 下的软件攻击（如获取 OS 的 root、越狱、恶意软件等）。相比而言，SE 提供了健壮的物理特性，可抵抗高级别侧信道攻击，因此 SE 具有最高级别的安全认证（等同于智能卡的 EAL4+及以上级别）。SE 具有可移动性，支持安全和数据的可移植（就像 UICC 或 MicroSD 那样），可以在不同设备上移动。具有近场通信（NFC）功能的 SE，还可以在设备低电量或关机模式下使用。最后，显而易见地，我们得到如下结论：安全是需要妥协的，它需要在保护成本和攻击成本间进行平衡。结论中还包含以下几点因素：

1）用户使用的便利性。

2）培养和支持用户的成本。

3）为保护资源而产生的直接和间接成本。

4）以其他方式攻击资源的攻击成本。

5）攻击者对可攻击资源的察觉度。

TEE、Rich OS 和 SE 安全成本对比如图 6.14 所示。值得注意的是，TEE 并不排斥 SE，而且围绕 SE，TEE 可以为部分特征性的 SE（如贴片、SD 卡、嵌入式 SE）上的服务，提供一种补充安全措施和集成手段（如贴片技术）。TEE 结合这些 SE 的特征，形成了整体的解决方案，保证了各 SE 中外部进程间的无缝交互和安全。SE 联合使用 TEE，就可以提供前所未有的安全，同时为终端用户提供便利的、综合的解决方案。例如，TEE 可以给相互独立的安全域和其上的应用，提供安全的用户接口和 OTA 下载功能。三种环境的安全和特征的比较见表 6.1。

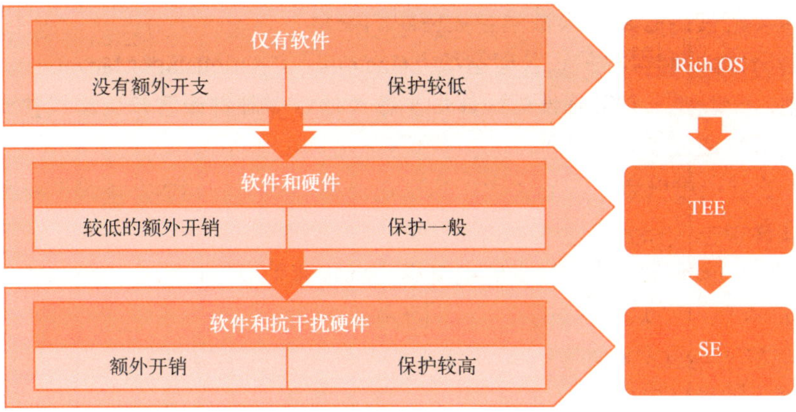

图 6.14　安全成本对比图

表 6.1　三种环境的安全和特征的比较

项目	Rich OS	TEE	SE
对应用下载的控制	用户控制	鉴权进程控制	鉴权进程控制
应用代码	无须校验和认证	授权之前需要校验和认证，下载时做授权检查	授权之前需要校验和认证，下载时做授权检查
认证	不认证	认证	强认证
OS 内核、驱动和库代码的创建	灵活和速度	安全和速度	安全
API	丰富的 API	受限的 API	严格受限的 API
访问用户接口的保密性和完整性	OS 的权限范围	TEE 的限定范围	只能由 Rich OS 或 TEE 的代理程序间接访问
CPU 的速度	GHz	从百兆 MHz 到 GHz	小于 20MHz
内核	1～4	1	1
RAM 大小	从 16MB 到超过 1GB	从 64KB 到几 MB	几十 KB
RAM 速度	64 位 200MHz 到 800MHz	64 位 200MHz 到 800MHz	2 位 5MHz（受限于电源）
FLASH 大小	从 1GB 到超过 32GB	与 Rich OS 共用，每个 TA 可以有自己的安全	存储从 64KB 到 1MB
数据传输速度	非常快	非常快	慢
对未授权软件攻击的防护	依靠未认证的 OS 的内部保护	设备硬件的保护，认证 OS 的保护	外部软件和设备硬件的保护，认证 OS 的保护
对外部硬件攻击的防护	无保护，有限的回滚机制	TEE 保护，主机硬件特征保护	SE 强保护，但不保护主机设备

5. TEE 的应用

TEE 可以满足不同场景下的不同需求，下面举例说明。

（1）企业应用　移动互联网安全开发的一个主要驱动力，就是企业应用所需的保密性。终端用户使用移动设备收发邮件、连内网、处理办公文档时，都需要可信的、端到端的安全来保证以下几点：

1）存储在终端设备的企业数据是受保护的。

2）企业的网络鉴权数据被正确使用（如，加密认证和密钥）。

3）通过从开放环境中隔离重要资源，TEE 成为一个安全保护层，使智能手机在企业环境下可以被安全地使用。

TEE 提供多种使用方式，来增强企业应用的安全。

1）像邮件管理器和客户关系管理系统（Customer Relationship Management，CRM）这样的企业应用，一般要求有敏感性处理，如加密存储、对邮件或客户信息设置访问权限等，这类企业应用可以通过 TA 来实现。

2）VPN 鉴权也可以通过 TA 实现，来保证虚拟专用网（VPN）证书的安全下载和可靠鉴权密钥的计算。

3）利用基于 TEE 的可信用户接口，可以实现企业的访问控制。一种具体实现方式是，用户连到企业内网并访问加密数据之前，需先输入口令。

4）OTP（One Time Password，动态验证码）应用也可以用 TA 形式实现，然后把手机当成一个鉴权令牌来使用，比如，当用户从个人计算机（PC）端登录企业网时，就可以使用 OTP 的 TA 应用。

与此同时，TEE 提供了一个运行速度可与 Rich OS 媲美的执行环境，因此，这些支持企业应用的安全特性并不会影响整体上的用户体验。

（2）内容管理　智能手机、平板计算机、便携多媒体设备给用户提供了高质量的内容服务，如音乐、视频、电子书和游戏等。当人们得益于功能越来越强大的这些设备时，企业也需要内容保护机制来使它们的业务拥有合法版权。几种主要的内容保护方法如下：

1）用复制保护系统来防止复制（如使用水印）。

2）用数字版权管理系统来控制对多媒体内容的访问（如微软的 PlayReady，OMA 的 DRM 数字版权管理）。

3）用条件访问系统来控制广播内容的接收和使用（如 Nagra、NDS、Irdeto、Viaccess 和 OMABCAST）。

这些内容保护系统如果基于 TA 来实现，则可完成以下几点事宜，并从中获益：

1）存储密钥，认证和管理证书。

2）执行设备上重要的内容保护软件。

3）执行核心内容保护功能，作为访问 SE 的代理。

（3）移动支付　移动支付包含多种交易形式，但主要可以分为两类：远程支付和近场支付。

1）远程支付。远程支付指的是线上交易，用户购买服务或产品后，其资金转账到其他实体。在手机上进行远程支付，最敏感的操作是做用户鉴权和交易验证。

2）近场支付。随着 NFC 技术的发展，近场支付有望成为普遍的移动支付方式。NFC 使得用户只需将手机靠近读写器，就能快速完成交易，提供了非常好的用户体验。由于交易都是脱机执行的，因此需要手机中内置一个安全模块来降低交易风险，这个安全模块就是 SE 或 microSD 卡。此外，基于 NFC 交易时，有些敏感性操作是在手机上直接执行的，例如交易金额达到上限时的交易验证。

随着移动终端上的金融交易越来越普遍，开放的智能手机平台也给恶意软件的入侵提供了机会：

1）非法还原用户密码和 PIN。

2）修改交易数据，如交易金额。

3）规避用户校验来生成非法交易。

对于线上交易或与 SE 交互产生的交易，TEE 是唯一能够提供交易安全保障的执行环境，TEE 保护的范围包括以下几方面：

1）用户鉴权：通过可信用户接口（Trusted User Interface，TUI），TEE 可以安全获取用户的口令或 PIN，然后在远程的服务器或内置的 SE 中进行本地校验。

2）交易认证：通过 TUI，TEE 可以保证，显示信息描述的是用户的正确请求，而在富环境下，流氓软件却很可能篡改显示的信息。而且，TEE 可以防止在未经用户授权（如输入 PIN）的情况下，发生交易认证通过的情况。

3）交易处理：在 TEE 中执行的交易，以及手机中所有相关进程，都可以从非信任软件攻击中隔离出来。

当支付应用位于 SE 中时，TEE 可以通过提供 TUI 等来辅助 SE 完成相关功能，例如让用户输入 PIN。但是需要强调，和 SE 中应用交互的应用，要能够保证机密性和完整性，同时对用户友好。

6. TEE 的实现

支持 TEE 的嵌入式硬件技术包括：

1）AMD 的平台安全处理器（Platform Security Processor，PSP）。

2）ARM TrustZone 技术（支持 TrustZone 的所有 ARM 处理器）。

3）Intel x86-64 指令集：SGX Software Guard Extensions。

4）MIPS：虚拟化技术。

TEE 的软件实现（提供开源工具或者基于 TEE 开发的 SDK）包括：

1）Trustonic 公司的 t-base：一个商业产品，已经得到 Global Platform 的授权认可。

2）Solacia 公司的 securiTEE：一个商业产品，并且得到了 Global Platform 的授权认可。

3）OP-TEE：开源实现，来自 STMicroelectronics，BSD 授权支持下的开源环境。网址：https://github.com/OP-TEE。

4）TLK：开源实现，来自 Nvidia，BSD 授权支持下的开源软件。

5）T6：开源实现，GPL 授权下的开源研究，是国内开展 TEE 研究比较早的项目。

6）Open TEE：开源实现，芬兰赫尔辛基大学的一个研究项目，由 Intel 提供支持，在 Apache 授权下提供支持。网址：https://github.com/Open-TEE/project。

7）SierraTEE：Sierraware 公司的实现，拥有双重属性，一半开源一半商业性质。

6.4.2　华为鲲鹏 CPU 和 TEE 技术

华为鲲鹏处理器是华为基于 ARMv8 架构开发的通用处理器，其主频可达 2.6GHz，具有高集成度、高性能、高带宽、高效能的特点，可用于 IT、云计算、边缘计算等场景。

ARM（Advanced RISC Machine）架构是一种精简指令集计算机（Reduced Instruction Set Computer，RISC）架构。ARM 架构采用 ARMvX（X 是版本号，通常为数字）的命名方式定义架构版本。ARMv8 架构代表 ARM 第 8 代架构版本，是 ARM 公司推出的首个 64 位 ARM 处理器架构。ARMv8 架构支持 64 位执行状态（AArch64）和 32 位执行状态（AArch32）。其中，AArch32 与 ARM 架构的早期版本兼容。

华为在 TEE 方面的方案，主要体现在其自研的芯片安全技术和软件架构设计，尤其是华为的鲲鹏和昇腾系列处理器以及 HarmonyOS（鸿蒙操作系统）中都集成了 TEE 相关的安全方案。华为的 TEE 方案旨在为其设备提供强大的硬件级和软件级安全防护，应用于智能手机、物联网设备、云计算、边缘计算等多个领域。

1．华为鲲鹏 CPU

（1）简述　华为鲲鹏 CPU 是华为在 ARMv8 架构基础上自主设计的处理器系列，专注于服务器、云计算、大数据处理和边缘计算等应用场景。作为一款 64 位 ARM 架构的处理器，鲲鹏 CPU 不仅为现代数据中心和高性能计算提供了强大的计算能力，还代表了国产自主可控计算领域的重要进展。

（2）架构设计　鲲鹏处理器基于 ARMv8-A 指令集架构，支持 64 位计算和多核并行处理，具有以下显著特点：

1）多核设计：鲲鹏处理器支持高核数设计，例如鲲鹏 920 处理器提供了多达 64 个内核，这些内核能够高效并行处理大规模数据和计算任务，适合多线程应用以及高并发场景。

2）ARMv8 架构优化：华为基于 ARM 架构的授权，针对数据中心的需求，进行了深度的定制和优化，尤其是在能效、并行处理能力、内存带宽等方面实现了优化，使鲲鹏处理器更适合云计算、人工智能推理等高性能场景。

3）高带宽内存支持：鲲鹏处理器支持 DDR4（八倍数据速率）内存和 HCCS（高速互连协议），提供了更高的内存带宽，满足了大数据处理和高性能计算对带宽的高要求。

4）芯片间高速互连：鲲鹏处理器采用自研的互连技术（如 CCIX）和 PCIe 4.0，支持高速输入/输出（I/O）扩展和数据传输，极大地提升了数据中心的计算和通信效率。

（3）关键技术特性

1）高性能计算：鲲鹏处理器具有强大的浮点计算能力和并行处理能力，能够应对复杂的科学计算、大规模数据分析、人工智能推理等任务。其 64 核设计确保了高密度计算任务的高效处理。

2）高能效比：相比传统的 x86 架构，鲲鹏处理器继承了 ARM 架构低功耗的特点，同时通过优化内核设计和电源管理技术，显著提高了能效比。这使其在云计算和数据中心环境中可以降低功耗，提升整体的运维效率。

3）模块化设计与灵活扩展：鲲鹏处理器支持多种扩展接口，包括 PCIe 4.0、CCIX 和 HCCS，这些接口允许处理器通过高速通道连接各种外部设备，如存储、网络、加速器等，增强了系统的扩展性。

4）兼容性与开放性：华为鲲鹏 CPU 支持多种主流的操作系统和应用生态，如 openEuler、Linux 等。通过对现有生态的支持，鲲鹏 CPU 能够无缝集成到现有 IT 基础设施中，降低企业的迁移成本。

2．华为的 TEE 方案

华为的 TEE 是一种基于硬件的安全技术，旨在提供一个独立、安全的环境，用于保护敏感数据、应用和计算任务的执行。华为的 TEE 技术主要依赖于处理器的硬件隔离特性，确保安全任务与普通任务在同一系统中既并行执行，又相互隔离，保证了安全性和数据隐私。

（1）TEE 方案的核心特点

1）基于硬件的安全隔离：华为的 TEE 方案通过处理器内的硬件级隔离机制，在设备中创建一个独立的执行环境，隔离可信应用与普通应用。这个隔离基于硬件的安全机制，确保即使主操作系统或非可信环境被攻破，敏感数据和应用仍然可以受到保护。

2）TrustZone 技术：在 ARM 架构处理器中，华为广泛采用了 ARM 的 TrustZone 技术。TrustZone 将处理器分为“安全世界”和“普通世界”两个部分，通过硬件隔离来确保这两个环境的独立性。华为的芯片中集成了这一机制，使得其设备能够运行可信应用，同时保证普通应用无法直接访问敏感资源或数据。

3）安全启动（Secure Boot）：华为的 TEE 方案通常还集成了安全启动机制。在设备启动过程中，安全启动机制会依次验证启动代码的完整性和可信性，确保系统在每个启动阶段都未遭到篡改。只有经过验证的代码才能进入下一阶段执行，从而防止恶意软件或未授权的代码进入设备的核心层。

4）HarmonyOS 的 TEE 架构：在 HarmonyOS 中，华为构建了一个分布式 TEE，能够在多设备协同场景下为用户提供安全保障。通过该 TEE 架构，敏感操作和数据可以在可信的硬件环境中执行，而不会暴露给非可信的部分。HarmonyOS 的 TEE 在设备认证、支付、指纹识别等敏感操作中发挥着关键作用。

5）可信应用（TA）：TEE 运行可信应用，这些应用专门处理诸如支付、身份认证、密钥管理等需要更高安全等级的任务。华为通过其 TEE 方案为各种服务提供了可信执行环境，确保诸如生物识别、数字支付等应用的安全性。开发者可以基于华为提供的软件开发工具包（SDK）开发运行于 TEE 内的可信应用。

6）可信根（Root of Trust）：华为 TEE 方案依赖于设备的硬件可信根，该可信根通过安全芯片或嵌入式安全模块（例如 eSE）实现，负责管理设备的密钥和加密操作。硬件可信根确保敏感数据的加密和存储，即使设备的其他部分遭到攻击，敏感数据依然处于安全状态。

7）云端与设备端的协同安全：华为的 TEE 方案不仅保护设备端的执行环境，还通过与云服务的结合，确保端到端的安全。例如，华为云的安全方案可以与设备的 TEE 结合，在身份验证、数据加密和传输安全等方面提供更全面的保护。

（2）华为 TEE 的技术优势

1）高度安全性：基于硬件隔离和 TEE 的机制，使得华为 TEE 比传统的软件安全解决方案更具安全性。敏感数据和任务完全隔离在安全世界中，普通操作系统和应用无法直接访问或攻击这些资源。

2）实时性：由于 TEE 在安全世界中执行任务，拥有专门的资源调度和运行机制，因此能够保证任务的实时性和高效性。例如，在线支付、加密交易等操作能够在极短的时间内安全完成。

3）轻量化和高效：TEE 运行在硬件支持下，资源占用相对较少，能够在保持高安全性的同时，不影响普通操作系统的性能。

4）可扩展性：华为 TEE 不仅可以运行在移动设备、物联网设备上，还能够扩展到服务器和云计算平台上。特别是在云计算和边缘计算领域，TEE 能够保护云端和边缘设备上的敏感任务和数据，增强计算安全性。

（3）丰富的安全应用场景　华为 TEE 在多个领域有广泛的应用，特别是在安全敏感的场景中，它提供了关键的安全保障：

1）移动支付：确保支付应用和交易过程的安全。

2）生物识别：通过 TEE 保护指纹、人脸识别等生物特征数据的安全处理。

3）数字版权管理（DRM）：在 TEE 中处理敏感的媒体内容和版权信息，防止盗版。

4）物联网设备：通过 TEE 保护物联网设备中的敏感数据和控制指令。

华为的 TEE 方案通过硬件级隔离和多层安全保护机制，确保设备上的敏感数据和应用能够在可信的环境中执行，避免受到恶意攻击和篡改。这一方案不仅覆盖智能终端，还广泛应用于物联网、云计算等领域，为数字化、智能化社会的安全提供了坚实的基础。

3. 安全可信原语

随着可信计算概念的提出，派生出了一些与可信计算相关的概念，包括负责实施可信计算以保证系统安全的可信计算基、可信计算系统中作为可信起点的可信根、完整性度量、远程证明等概念。

（1）可信计算基　可信计算基（Trust Computing Base，TCB）是为计算机系统提供安全环境，实施安全保护机制的硬件、固件以及软件功能的集合。TCB 的主要功能是负责维持计算机系统中数据的私密性和完整性，此外还负责实施系统安全策略，如审查应用程序对文件或内存的访问权限、监控可能非法读取或篡改内存的直接内存访问（Direct Memory Access，DMA）操作等。TCB 安全检查示意图如图 6.15 所示，描述了作为 TCB 一部分的操作系统，对访问资源的应用程序进行权限检查。

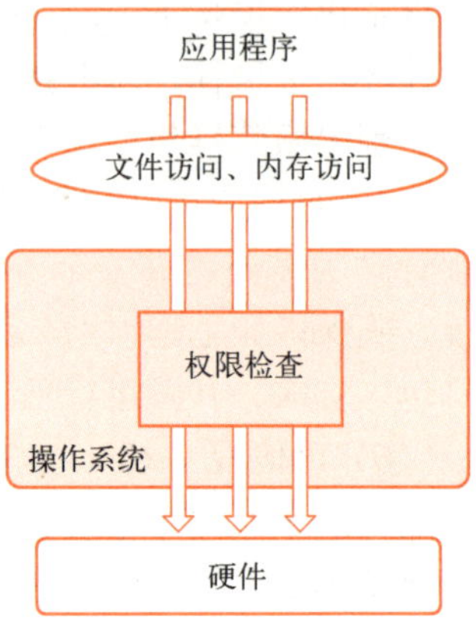

图 6.15　TCB 安全检查示意图

通常，在计算机系统中，TCB 软件部分主要包括 BIOS 固件、操作系统内核、运行在特权级别的程序以及实施修改内核的程序等。TCB 的软硬件部分构成了一个完整的 TCB。若 TCB 存在缺陷，则可能导致系统整个安全策略被攻破。

（2）可信根　在可信计算中，需要有一个实现可信计算所需的最小功能集合，供计算机系统剩余软硬件模块使用，以实现可信计算，这个功能集合就是可信根。可信根是被系统无条件信任的基石，无法由系统自证清白，一般通过第三方安全认证机构做评测认证来证明其安全性，例如 CC 认证等。鉴于可信根在可信计算里的重要地位，且使用软件代码来实现的可信根存在被篡改的可能，以及计算机系统存在各种硬件攻击的风险（如拆卸硬盘、读取缓存以及探测总线等），因此一般采用独立于计算机系统的硬件模块来实现可信根，例如受信任的平台模块（TPM）或安全处理器。它的主要职责是生成、存储和管理密钥，以及对启动过程中的各个组件进行验证。可信根通过建立一个安全的启动链，确保只有经过认证的代码才能够在系统中运行，从而防止加载恶意软件。

在可信计算中，判断一个模块是否可信，通常通过三个步骤来实现，这些步骤包括度量模块的完整性、存储度量结果以及验证度量结果。对应的步骤分别由可信根的三个组件：RTM（Root of Trust for Measurement）、RTS（Root of Trust for Storage）和 RTR（Root of Trust for Reporting）来完成。

首先，RTM 负责度量模块的完整性。这一过程可以由平台的软件或硬件独立实现，RTM 会收集模块的完整性信息并将其传递给 RTS。通过这种方式，RTM 为后续的信任建立奠定了基础。

其次，RTS 位于 TPM（受信任的平台模块）芯片内部，主要用于存储敏感及非敏感数据。敏感数据（例如私钥）被安全地保存在 TPM 的屏蔽位置（Shielded Location），访问这些数据需要经过 TPM 的授权。相比之下，非敏感数据（如模块的完整性信息）则存储在平台配置寄存器（Platform Configuration Register，PCR）中，访问这些信息不需要额外的授权。

最后，RTR 提供了一个可靠的环境，用于获取 RTS 所存储的信息，并将这些信息发送到能够验证其正确性的远程平台。使用远程平台进行验证的原因在于，本地平台可能本身就是不可信的，而远程平台保存了多个模块的验证信息，能够为数量众多的 TPM 模块提供服务。RTR 的具体实现方式可能因厂商而异。

通过这三个步骤，可信计算确保了系统模块的完整性和可信性，为建立安全的计算环境提供了坚实的基础。

（3）度量　信任链的建立涉及可信根与平台组件，以及平台组件之间建立信任。各组件之间建立信任的过程由基于度量操作的可信度量根来完成。度量（Measurement）的准确定义是，计算组件的哈希值，并根据哈希值的结果来评估组件的可信状态。按照操作系统启动前后的度量时机，又可将度量分为静态度量和动态度量，其中 TPM 采用了静态度量，而 TPCM（可信平台控制模块，是我国自主研发和定义的可信平台模块）采用了动态度量。以下是对这两种度量方法的介绍。

在可信计算中，静态度量（Static Measurement）是指在系统启动时对软件和硬件组件进行的完整性验证。该过程在系统运行之前进行，主要用于确保在启动过程中加载的每个组件（如引导加载程序、操作系统内核和其他关键软件）没有被篡改，并且是可信的。静态度量在启动阶段进行，通常由可信根中的 RTM 组件实现。在启动时，RTM 会计算每个加载组件的哈希值，并将该值与已知的、可信的基准值进行比较。这些哈希值通常是预先定义并存储在 TPM（受信任的平台模块）中。通过静态度量，系统能够建立一条安全的启动链（Boot Chain），确保每个组件的加载都是在前一个组件验证基础上进行的。这意味着，只有当引导加载程序通过验证后，操作系统内核才会被加载，而后者又会在其验证通过后加载其他驱动和应用程序。静态度量存在若干缺点：①静态度量有着过于庞大的 TCB，包括 TPM、BIOS 以及整个操作系统，这将导致 TCB 内部可能出现缺陷，进而破坏可信环境；②静态度量无法抵御动态攻击，例如含有可自修改代码（Self-Modifying Code）的程序可能会在运行过程中修改自身代码段，而静态度量的时机是在程序运行前，因而静态度量无法保证程序运行之后的可信状态。

动态度量通常在系统运行期间进行，主要通过监测正在执行的代码和其行为来实现。具体来说，当系统中的某个组件被加载或执行时，系统会生成该组件的哈希值并进行记录。这些哈希值用于后续验证，确保组件在运行期间保持可信。动态度量通过实时监控系统的运行状态，有效克服了静态度量的一些不足之处。为了实现上述功能，动态度量依赖于特定的 CPU 模块支持，比如 Intel 的可信执行技术（Trusted Execution Technology，TXT）或 AMD 的安全虚拟机（Secure Virtual Machine，SVM）。其核心目标是在系统启动后处于不可信状态时，创建一个可信的执行环境。

以 Intel 的处理器为例，在系统启动之后，CPU 会使用专门的指令来执行可信根代码。具体而言，安全模式扩展（Safer Mode Extension，SMX）指令被用来运行经过认证的安全初始化代码模块（SINIT Authenticated Code Module），从而将系统转变为可信状态。在这一过程中，除了主处理器外，其他所有 CPU、进程、中断及 DMA 等都会被挂起。随后，系统将对各个组件进行度量，包括操作系统，以建立一条信任链，这条通过动态度量形成的信任链被称为动态信任链。

尽管动态度量在建立可信环境方面具有显著优势，但也存在一定的局限。例如，它无法有效抵御特权级别的恶意代码，这可能导致这些恶意代码在未经过度量的情况下获得操作系统的控制权，从而引发安全问题。这一缺陷提示我们在设计可信计算体系时，应该综合考虑静态和动态度量的结合，以实现更全面的安全防护。

（4）远程证明　openEuler 的远程证明（Remote Attestation）是一种基于安全机制的技术，旨在通过远程验证系统的可信状态，确保系统运行的是合法的、未被篡改的代码。远程证明通常用于增强系统安全性，尤其是在云计算、边缘计算或其他涉及分布式系统的环境中。

1）关键术语。远程证明的目标是让一个系统（称为被证明者，Attester）能够向另一个远程实体（称为验证者，Verifier）证明自己处于可信状态。openEuler 中的远程证明机制通常依赖于硬件级别的安全模块（例如 TPM）和软件级别的安全组件（如 TEE）。

openEuler 的远程证明流程较为复杂，涉及与 TPM 相关的对称/非对称密钥以及数字证书等概念：

① 背书密钥（Endorsement Key，EK）：EK 是由生产厂商在制造 TPM 芯片时存储的非对称密钥，并且由厂商对 EK 公钥进行了签名背书，用于唯一标识 TPM 芯片。其中 EK 的私钥完全保密，不为外界所知，而公钥由厂商提供的公钥证书来证明其唯一合法身份。

② 身份证明密钥（Attestation Identity Key，AIK）：也称作平台身份密钥，AIK 专门用于签名 TPM 所产生的数据（如 PCR 值）的非对称密钥，由 TPM 自己根据需要临时生成。使用 AIK 替代 EK 来加密 TPM 数据的原因：一方面是在使用 EK 加密次数足够多（数百万）的情况下，EK 有可能会被攻击者破解；另一方面是 EK 公钥证书的唯一性，用 EK 加密容易被反向追踪，泄露设备身份信息。

③ 数字证书（Digital Certificate）：数字证书是由权威的证书机构（Certificate Agent，CA）颁发的数字认证，用于保证某实体的公钥不被篡改。EK 的公钥证书一般是生产厂商向专业权威证书机构购买的，而 TPM 做远程证明时的身份认证密钥证书一般是由远程证明服务提供的带隐私保护能力的本地隐私 CA（Privacy CA）做的自签名数字证书，可以在运行过程中随时更换，从而有效地保护每台设备的身份隐私信息。

2）远程证明流程。如果配置了 IMA 内核服务，在内核启动及应用程序运行的整个过程中，内核会按照完整性度量架构（Integrity Measurement Architecture，IMA）策略文件对关键文件进行度量，并将度量结果保存在 TPM 的 PCR 中。此外，再配置一个常驻后台运行的远程证明客户端软件，定时与设定的远程证明服务器交互，用 TPM 对本机度量的 IMA 信息进行签名，并将 IMA 信息及其签名发送到远程证明服务器上进行验证，以验证本机运行的相应模块是否完整。

远程服务器在开始验证客户端的度量值之前，还需要一些准备工作。由于远程服务器需要对度量值进行验证，而度量值是对模块做哈希并扩展到 TPM 的 PCR 中的，因此远程服务器的数据库需要预先保存其所需认证模块的度量值。此外，由于 PCR 值需要用客户端 TPM 芯片的 AIK 来签名，远程服务器通过 TPM 芯片厂商提供的根证书来验证 TPM 芯片的 EK 证书，确定 TPM 芯片身份，再进一步验证并临时保存 TPM 芯片生成的 AIK 公钥，之后就可以用 AIK 证书公钥来验证设备发送的远程证明报告了，这样既验证了 TPM 身份的合法性又保护了设备的身份隐私。

在上述准备工作完成后，远程服务器即可提供远程证明服务。openEuler 的远程证明流程如图 6.16 所示。

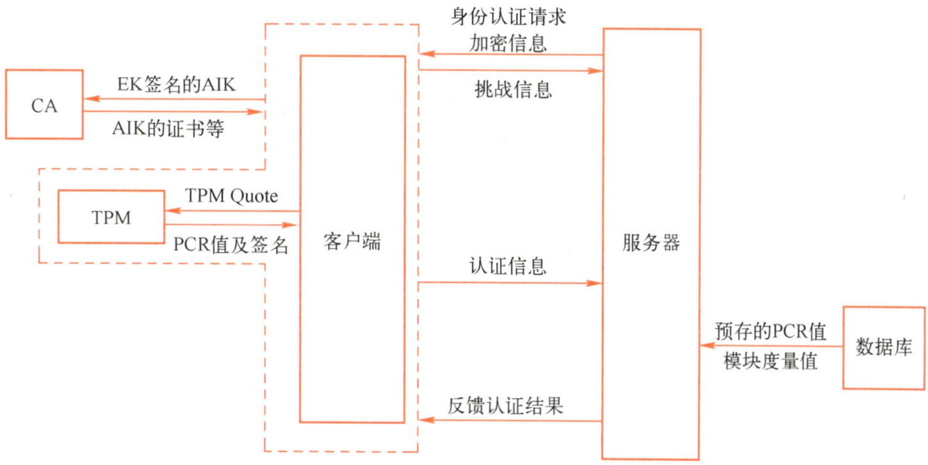

图 6.16　openEuler 的远程证明流程

1）远程证明客户端的身份认证。客户端与服务器之间采用“挑战-应答”机制来完成客户端的身份认证。①客户端首先发送一个身份认证请求至服务器。服务器收到请求后，发送一个挑战（challenge，通常是一个随机数）信息返回客户端。②客户端再使用自身密钥对挑战信息加密，并把加密的挑战信息发送至服务器。③服务器再使用客户端的公钥对挑战信息解密，若解密出来的挑战信息为初值，那么意味着客户端是真实可靠的。

2）TPM 的 AIK 认证。由于 TPM 芯片不使用 EK，而是使用 AIK 对 PCR 值签名，因此在使用 AIK 之前需要对 AIK 进行认证。客户端调用 TPM 使用 EK 私钥对 AIK 公钥签名，随后将 AIK 公钥及其签名发送至 CA。当 CA 验证 AIK 无误后，将为其颁发数字证书，并返回给客户端。也可以使用 AIK 作为客户端身份识别方式，利用 TPM Make Credential 和 TPM Activate Credential 命令提供的功能，验证 AIK 是否来自真实 TPM 模块，如果是则颁发 AIK 证书。

3）PCR 值的签名。客户端通过 TPM Quote 命令，让 TPM 使用 AIK 私钥对指定的 PCR 值进行签名。此时可能有多个 PCR 值需要被认证，例如保存 grub.cfg 度量值的 PCR 8 和保存了内核和 initrd 度量值的 PCR 9 等。每个 PCR 值将被单独认证。

4）认证信息的发送。客户端将要认证的 IMA 度量清单、PCR 值、PCR 值对应签名及 AIK 证书一同发送至服务器。

5）客户端信息的认证。服务器校验客户端发送过来的证书链，以确保证书无误。也就是，首先认证 CA 为 AIK 颁发的证书，再验证 AIK 的正确性，检查 PCR 签名的正确性，验证 IMA 度量清单的完整性，最后查找本地数据库预存的 PCR 值或模块度量值，与客户端发送的 PCR 值或 IMA 度量清单内容进行比对，判断是否一致。

6）认证结果的反馈。若服务器校验 PCR 值和模块度量值正确无误，则返回认证成功的信息给客户端。反之，则构造认证失败信息反馈至客户端。至此，一次远程证明过程结束。

4. openEuler 基础能力创新或增强特性

随着产业对算力多样性的需求不断增长，包括亚马逊、华为在内的多家互联网企业已经开始部署 ARM 服务器。产业界向 ARM 服务器迁移现有应用的趋势已经非常明显。在性能上，鲲鹏 920 已经可以对标英特尔 Xeon Platium 8180 处理器，其中 64 核鲲鹏 920 的性能已超越 Xeon Platium 8180 处理器，48 核鲲鹏处理器的性能也追平了 Xeon Platium 8180 处理器，且功耗比 Xeon Platium 8180 处理器低 20%。另外，鲲鹏处理器具有多核高并发的计算优势，并且集成了两路 100Gb 网卡以及 SAS 控制器（即串行 SCS1 控制器），可以满足数据库、大数据、分布式存储等场景的算力需求。

作为华为公司基础硬件平台的鲲鹏处理器与作为软件平台的 openEuler 有着非常紧密的联系，openEuler 天然地支持鲲鹏处理器，并能够充分发挥处理器的各种特性。为了促进硬件、软件生态繁荣，帮助开发者和合作伙伴向 ARM 架构及鲲鹏处理器迁移，华为公司和合作伙伴共建开源社区，将 openEuler 以及容器等基础软件平台贡献到开源社区。此外，openEuler 也支持 x86 体系架构，并计划支持 RISC-V 架构。这将使 openEuler 成为一个支持多平台的 Linux 发行版。借助开源社区和全球开发者的共同力量，openEuler 将成为一个开放、多元化和架构包容的软件生态体系。

（1）openEuler 操作系统介绍　openEuler 是一个开源的操作系统，旨在为云计算、边缘计算和物联网（Internet of Things，IoT）等现代应用场景提供高性能、高安全性和高可用性的计算平台。由华为主导开发，openEuler 致力于构建一个开放、合作、共享的生态系统，以促进软件和硬件的融合发展。

openEuler 的前身是华为公司开发的 EulerOS，这是一款基于 Linux 内核的开源操作系统。EulerOS 专为数据库、大数据、云计算和人工智能等应用场景设计，致力于提供安全、稳定和高效的操作体验。在过去近十年的发展过程中，EulerOS 成功地支撑了华为的多项产品和解决方案，逐渐成为国际上具有重要影响力的操作系统。

随着云计算的快速发展和华为云服务的兴起，服务器操作系统的重要性日益凸显，这对 EulerOS 的进一步发展起到了积极的推动作用。同时，华为在鲲鹏芯片研发方面的持续努力，使得 EulerOS 自然成为这一新一代芯片的配套软件基础设施。为了促进 EulerOS 与鲲鹏生态系统的进一步发展，增强国内外计算产业的繁荣，华为在 2019 年年底决定将 EulerOS 推向开源社区，并将其更名为 openEuler。

openEuler 不仅是一个操作系统平台，更是一个开放的创新环境，鼓励开发者提出新想法、探索新思路并实施新方案。无论是个人开发者、企业还是其他商业组织，都可以利用 openEuler 社区版本进行开发，或在此基础上发布自定义的操作系统版本。依托于 EulerOS 多年的技术积累，以及在开源社区的支持下，openEuler 在计算、通信、云服务、人工智能和教育等领域展现出了强大的活力与广阔的应用前景。

一方面，作为一款通用服务器操作系统，openEuler 具有通用的系统架构，包括内存管理子系统、进程管理子系统、进程调度子系统、进程间通信（Inter-Process Communication，IPC）、文件系统、网络子系统、设备管理子系统和虚拟化与容器子系统等。另一方面，openEuler 又不同于其他通用操作系统，为了充分发挥鲲鹏处理器的优势，openEuler 在以下五方面做了增强：

1）多核调度技术：openEuler 针对多核到众核硬件发展的趋势，专注于实现一种自上而下的非统一内存访问（Non-Uniform Memory Access，NUMA）优化调度方案，以提高多核系统的调度效率。目前，openEuler 在其内核中已经集成了多项先进特性，包括免锁优化、细化结构体以增强并发性能，以及针对 I/O 的 NUMA 优化，旨在提升系统层面的并发处理能力和整体性能表现。

2）软硬件协同：openEuler 推出了鲲鹏加速引擎（Kunpeng Accelerator Engine，KAE）插件，充分发挥鲲鹏硬件的加速能力。该插件与 OpenSSL 库相结合，在不修改业务代码的情况下，显著提升了加密和解密操作的性能。

3）轻量级虚拟化：在虚拟化领域，openEuler 提供了 iSulad 轻量级容器解决方案，涵盖从云端到边缘的全场景容器管理。同时，openEuler 集成了 Kata Containers 开源项目，进一步增强了容器的隔离性，确保在多租户环境中提供更高的安全性。

4）指令级优化：优化了 OpenJDK 内存回收、函数内联（Inline）化和弱内存序指令增强等方法，提升运行时性能；另外也优化了 GCC（GNU 编译器套件），使代码在编译时充分利用处理器流水线。

5）智能优化引擎：openEuler 引入了智能优化引擎 A-Tune，该引擎能够根据不同的业务场景动态识别和匹配系统配置。通过这种智能化配置，A-Tune 确保应用在最佳的系统环境中运行，从而提高业务性能。随着人工智能技术的不断发展，将其元素融入操作系统的设计已成为一种显著趋势，openEuler 在这方面也在不断探索和创新。

openEuler 整体架构图如图 6.17 所示。

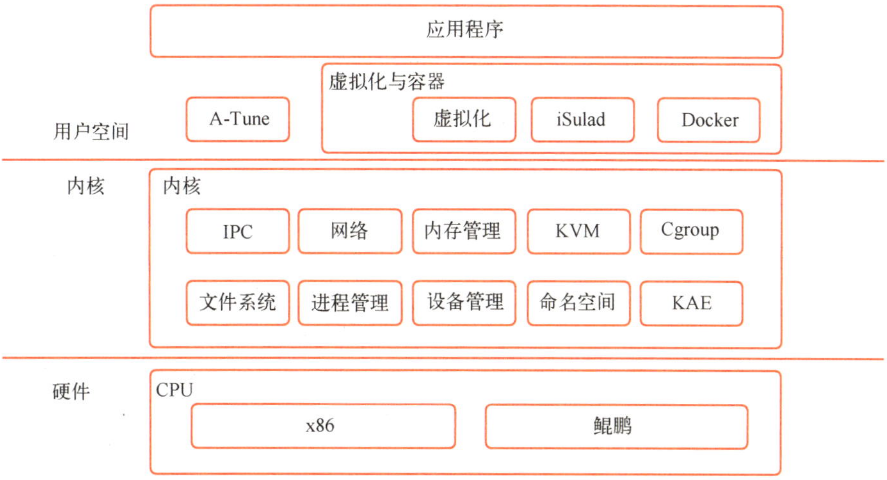

图 6.17　openEuler 整体架构图

openEuler 优化了内核和调度算法，能够有效支持多核处理器和大规模并发，确保在高负载情况下保持稳定的性能。此外，openEuler 集成了多种安全机制，如可信启动（Trusted Boot）、安全容器和强大的访问控制策略，以满足复杂的安全需求，确保系统和数据的安全性。

（2）openEuler 的虚拟化平台　针对现有系统虚拟化方案存在的不足与当前应用的需

求，openEuler 中实现了新型的虚拟化平台——StratoVirt。

1）StratoVirt 简介。随着云计算的快速发展，许多用户选择将业务放在云平台上交由云提供商管理。早期，云平台主要使用传统虚拟机（如 QEMU）作为应用部署平台，但这种虚拟化方式存在内存开销大、启动速度慢的问题，无法满足用户对快速部署、启动和伸缩的需求。此外，传统虚拟化提供的通用功能难以适应不同用户的个性化需求。

为了解决这些问题，更轻量化的容器被提出。这些更轻量化的容器虽然启动快、资源占用少，但隔离性差，可能带来安全隐患，如容器共享内核、文件权限设置不当等问题。为此，openEuler 在 2020 年推出了 StratoVirt，它是一种轻量、灵活且安全的虚拟化解决方案。

StratoVirt 支持两类虚拟机：轻量化虚拟机（仅提供必要功能组件）和标准化虚拟机（提供传统虚拟机的全部功能）。如图 6.18 所示，StratoVirt 将虚拟机中各个功能模块化，形成相对独立的组件，用户可以根据实际需求灵活选择组件，以“搭积木”的方式拼装出既轻量又安全的虚拟机，满足不同场景下的虚拟化需求。

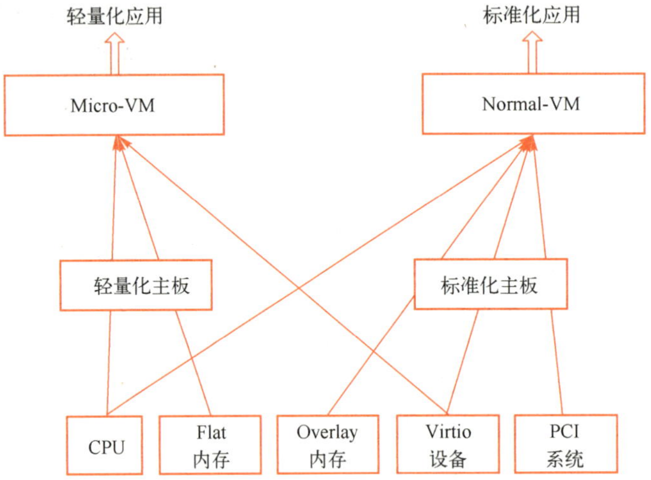

图 6.18　轻量化与标准化虚拟机组装示意图

StratoVirt 是计算产业中面向云数据中心的企业级虚拟化平台，实现了一套架构，统一支持虚拟机、容器、无服务器（Serverless）三种场景。StratoVirt 在轻量低噪、软硬协同、Rust 语言级安全等方面具备关键技术竞争优势。StratoVirt 在架构设计和接口上预留了组件化拼装的能力和接口，StratoVirt 可以按需灵活组装高级特性直至演化到支持标准虚拟化，在特性需求、应用场景和轻快灵巧之间找到最佳的平衡点。

2）StratoVirt 核心架构。StratoVirt 的核心架构采用自顶向下的三层设计，旨在提供高效、灵活且易于扩展的虚拟化解决方案。StratoVirt 整体架构图如图 6.19 所示。

在外部接口层，StratoVirt 兼容 QEMU 监视器协议（QEMU Monitor Protocol，QMP），这一设计使得用户能够通过标准化接口与虚拟机交互，同时实现了完备的开放容器倡议（OCI）兼容能力。借助这一特性，StratoVirt 能够与各种容器技术无缝集成，提供灵活的部署选项，并支持对接 libvirt，为管理虚拟化环境提供了强大的工具，增强了用户在多种云环境下的操作体验。

在启动管理层，StratoVirt 通过轻量化的 bootloader 设计，抛弃了传统 BIOS+GRUB 的启动模式，以实现快速启动。这种优化不仅缩短了启动时间，还使得系统能够在资源受限的环境中迅速响应，适用于无服务器架构和边缘计算场景。在标准虚拟化环境中，StratoVirt 则支持 UEFI 启动，为现代操作系统的引导提供了必要支持，并确保与最新技术的兼容性。

模拟主板层作为 StratoVirt 架构的关键组成部分，在 microvm（微虚拟机）模式下充分利用了软硬件协同的能力，精简了设备模型，降低了系统复杂性和时延，从而实现低时延的资源伸缩能力。这种设计确保了在高负载情况下，系统能够快速调整资源分配，满足不断变化的应用需求，提升了整体系统的灵活性。在模拟主板层，目前提供轻量化和标准化两种主板，基于这两种主板可以创建轻量和标准两种类型的虚拟机。用户可以根据应用需求，按需选择该层的功能组件组装成虚拟主板。轻量化主板能够利用软硬协同能力，精简设备模型，具有资源快速伸缩的能力。在轻量化主板上建立的虚拟机只需占用几 MB 内存即可正常工作，同时具有毫秒级别的启动速度。标准化主板能够运行常见的操作系统，具有普通虚拟机的所有功能，提供高级配置和电源管理接口（Advanced Configuration and Power Interface，ACPI）表实现 UEFI 启动，支持添加 virtio-pci 以及虚拟功能 I/O（Virtual Function I/O，VFIO）直通设备等。这些功能使用户能够在虚拟环境中实现接近本地硬件的性能，满足高性能计算和数据密集型应用的需求。

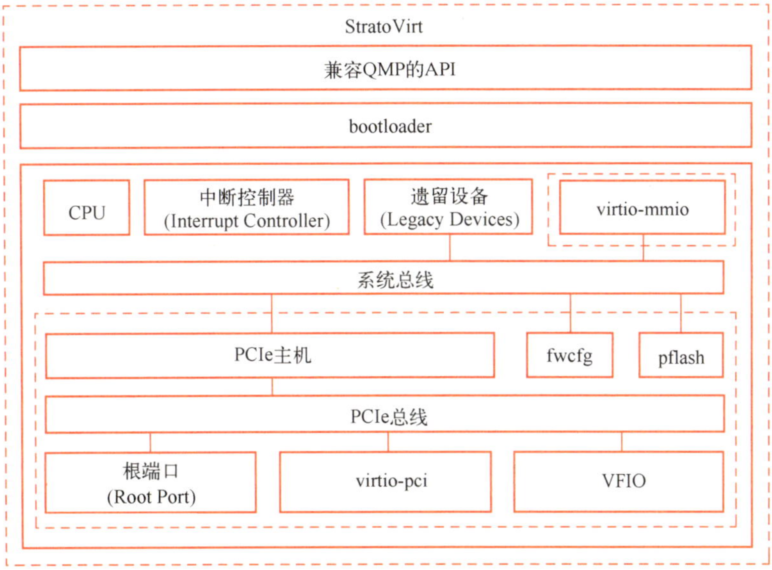

图 6.19　StratoVirt 整体架构图

综合来看，StratoVirt 的核心架构通过高效的外部接口、快速启动的 bootloader 和强大的模拟主板设计，构建了一个功能丰富、性能卓越的虚拟化平台。这一架构不仅适应了现代云计算和容器化环境的需求，还为开发者和用户提供了灵活性和可扩展性，在多种应用场景中都能表现出色。

3）StratoVirt 的特性。StratoVirt 是 openEuler 项目中的轻量级虚拟化解决方案，具备多项显著特性，在现代云计算和容器化环境中发挥着重要作用。首先，基于硬件的高隔离能力为用户提供了极强的安全性和资源隔离，确保每个微虚拟机（microvm）独立运行，防止不同用户或应用之间数据泄露，提升了系统的可靠性。

此外，StratoVirt 的快速冷启动能力得益于其极简设计，能够在仅 50ns 内启动 microvm，这使得其在无服务器架构和边缘计算等对启动时间有严格要求的场景中表现优异。内存占用小于 4MB 的特性使其在资源受限环境中也能高效运行，特别是在物联网和边缘计算中，提升了资源利用率。

在 I/O 性能方面，StratoVirt 提供了普通 I/O 能力与极简 I/O 设备仿真，确保虚拟机高效处理数据，同时减少了系统资源的消耗。这种设计对于需要高 I/O 性能的应用程序尤其重要。此外，StratoVirt 与 isula 和 kata 容器的兼容性使其能够无缝融入 Kubernetes 生态系统，促进了云原生架构的构建。

全面支持 Intel 和 ARM 平台的特性确保了 StratoVirt 在多种硬件环境中的兼容性，满足了企业对硬件的多样性需求。其可扩展性设计保留了灵活的接口，用户可以根据需求导入更多特性，甚至扩展到标准虚拟化支持。

最后，StratoVirt 在安全性方面的设计也值得关注，其运行时系统调用数小于 46，缩小了潜在的攻击面。通过减少系统调用，StratoVirt 提升了防御能力，保护了用户的数据和应用程序。

StratoVirt 凭借其高隔离能力、快速冷启动、低内存开销、增强的 I/O 性能、与容器的兼容性、广泛的平台支持、可扩展性和良好的安全性，构建了一个高效、灵活且安全的虚拟化解决方案，展现出在未来技术发展中的广阔前景。

（3）可信启动　操作系统在启动过程中涉及 BIOS 或 UEFI 等固件及软件的加载及执行。但由于人们对固件的防护意识较为薄弱且提供的防护措施不够到位，攻击者能够通过对固件的攻击获取操作系统的最高控制权限。因此，如何实现操作系统的可信启动对提升系统安全性具有至关重要的意义。

1）可信启动介绍。可信启动（Trusted Boot）是一个基于可信计算的思想，使用 TPM 来校验系统启动路径上各个固件及软件完整性的过程。TPM 是 TCG 推出的一个用于定义可信计算的规范，目前 TPM 2.0 是最新的版本。TCG 依据计算机架构、应用场景等不同因素，定义了如下 TPM 规范：①TCG 定义了 TPM 主规范，即 TPM 库规范 2.0，主要包括架构、数据结构、命令以及相应的配套程序四个部分；②TCG 还定义了除主规范之外的若干个规范，用于在不同平台下实现 TPM，如 TPM 软件栈规范（TPM Software Stack specification，TSS），以及应用在不同平台（个人计算机、移动端、嵌入式和虚拟化平台）下的独立规范。平台配置寄存器（Platform Configuration Register，PCR）是 TPM 内部的寄存器，用于保存 TPM 使用哈希算法对某个程序模块做计算所得的摘要（Digest），以供可信报告根（RTR）校验程序模块的完整性。PCR 是 TPM 规范里非常重要的寄存器，对其的操作包括初始化、扩展、记录事件、报告等。

可信启动的基本思想是：在可信启动过程中，启动路径上的所有组件（固件或软件）都将被度量，度量结果将被扩展到 TPM 的 PCR，其中度量策略一般使用静态度量。在得到度量结果后，将由本地或者远端的校验者（Verifier）对 PCR 的值进行校验，以判断该组件是否可信。若校验不通过，则由操作系统启动之后给予相应的警示或执行关机操作。

2）可信启动流程。可信启动流程如图 6.20 所示，该流程可分为如下几个步骤：①启动 BIOS。由于 BIOS 也可能成为被攻击对象，因而在 BIOS 启动前，需要对 BIOS 进行度量。在 CPU 启动时，CPU 内部的微码将位于 BIOS 二进制代码中的代码可信度量根（CRTM）

读取到内存。由于 CRTM 由 CPU 芯片厂商提供的私钥来签名，因此 CPU 微码将使用芯片厂商公钥来验证 CRTM 的签名，待签名验证正确无误后，CRTM 将度量 BIOS 并保存度量结果。随后再将控制权移交给 BIOS。②度量启动路径组件。BIOS 在获得 CPU 控制权后，会初始化主机系统上的硬件设备，检查后续加载内核的 bootloader 的签名，如 grub 等，并度量 bootloader。随后将控制权移交给 bootloader。③度量内核模块。bootloader 在获取 CPU 控制权后，会度量内核模块，并将控制权移交给内核。④校验度量值。在操作系统启动后，通过本地或者远端的校验者，来校验保存于 TPM 的 PCR 值，随后返回校验结果。操作系统将根据校验结果决定是正常运行还是执行相关警示操作。校验过程也是信任链的扩展过程。

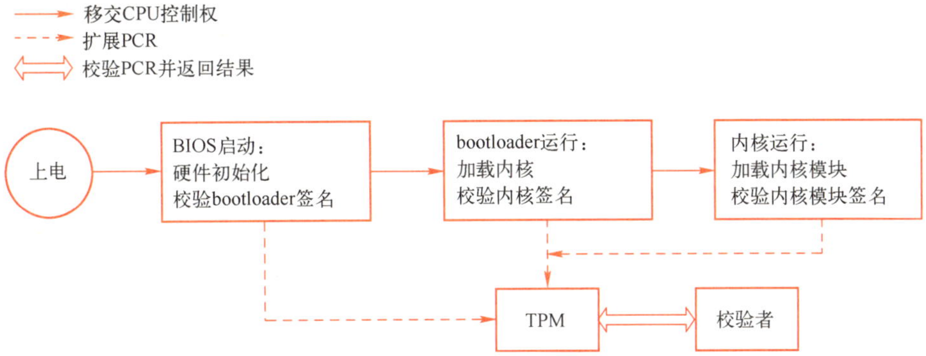

图 6.20　可信启动流程

3）可信启动与安全启动。为了解决操作系统在启动路径上遇到的安全问题，UEFI 引入了安全启动。安全启动（Secure Boot）是区别于可信启动的另一个校验机制，在操作系统启动过程中，固件检查各个启动程序的签名是否正确，若签名有误则停止加载该程序，以确保固件所启动的代码是未被篡改的。UEFI 安全启动机制的基本思想是：首先由可信的厂商使用自身私钥签名固件及程序，并将自身公钥存于主机系统内部（由专门的存储器来保管）；随后在操作系统启动路径上，每个固件或程序使用哈希算法计算后一个程序的数字签名，并根据固件厂商的公钥校验当前计算的数字签名与厂商所制作的签名是否相同。只有在验证通过后才能运行下一个固件，否则就终止启动。通过前后阶段的校验，能够防止未签名或者被篡改的程序被执行。

安全启动的一个简易流程如图 6.21 所示，安全启动可粗略地分为两个控制权移交阶段：①BIOS 至 bootloader 阶段。由安全启动的前后校验形式可知，安全启动的根本身需要是安全的，因此 BIOS 的加载可以由可信的 CRTM 来完成。待被加载的 BIOS 完成了硬件初始化工作后，再检查 bootloader 的签名，根据检查结果来决定是否移交控制权至 bootloader。②bootloader 至内核阶段。在该阶段，bootloader 将定位需要加载的内核镜像，并检查内核镜像的签名。若内核镜像签名正确，则启动内核，并将控制权移交至内核。

安全启动和可信启动类似，两者的相同之处在于：两者均是在主板上电之后，且于操作系统启动之前进行的启动过程，用于保护系统免受恶意软件侵害。

两者的不同之处在于：①信任链建立过程不同。安全启动建立信任链的方法是前一模块使用后一模块的公钥来校验其数字签名。若数字签名校验成功，则建立起了信任链。可信启动则基于 TPM，在启动过程中计算模块的哈希值，并将该值扩展到 PCR。在此过程中，多个模块的值将会累积到 PCR。最后再由校验者校验 PCR 值来判断能否建立信任链。②校验失败处理不同。安全启动的数字签名若校验失败，则认为该模块遭到了篡改，当前模块将停止启动流程。可信启动校验 PCR 值的过程在系统启动结束之后开始，而非启动过程中开始，这使得可信启动校验失败后仍可进入系统。③应用场景不同。由于安全启动在校验出错时直接停止启动进程，相对于可信启动来说，安全启动对系统启动过程要求更加严苛，因而一般应用于安全性要求较高的场景，比如银行系统的服务器。此外，因为远程证明服务器不应再通过另一个远程证明服务器来证明自身，所以远程证明服务器一般也使用安全启动来启动系统。由于可信启动对校验出错时有着更加宽松的策略（如仅仅提出一个警告），可信启动可以应用于大范围的业务集群服务器，应用于业务可用性和安全要求折中的场景。例如可信启动可应用于不涉及金融交易之类敏感数据等场景。

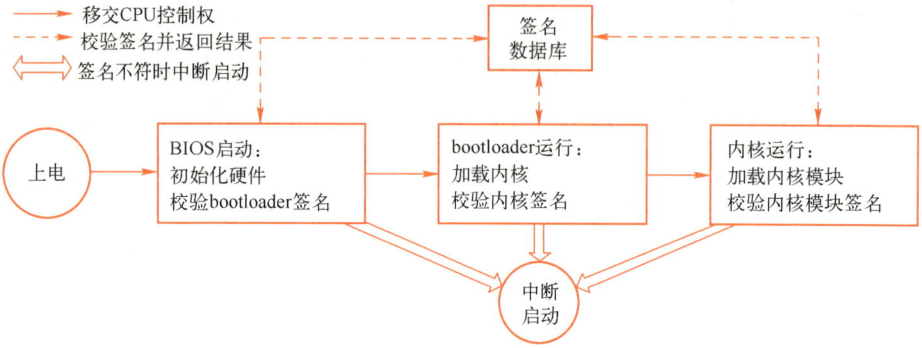

图 6.21　安全启动的一个简易流程

可信启动相较于安全启动的优点主要是：可信启动对度量结果的校验及相应处理使异常情况下的处理更加灵活，给用户带来更好的体验。相较于安全启动，可信启动存在若干缺点：①可信启动的过程需要调用 TPM 的功能，影响系统加载速度；②可信启动的校验者一般在远端，因而其校验过程受网络因素的影响较大；③可信启动依赖于 TPM，而现有的主机系统不一定集成了 TPM 模组，这也使得可信启动还无法大规模推广。

可信启动与安全启动各有优劣，两者所适合应用场景不同。虽然两者均存在一定缺陷，但都在对应场景下被广泛地使用。

6.4.3　SGX

1. 概述

针对可信计算，类似 ARM 的 TrustZone，Intel 也针对 x86 平台提出了自己的安全架构——Intel® SGX㊀。SGX（Software Guard Extensions，软件保护扩展）技术是 Intel 于 2013 年在 ISCA 会议的 HASP 研讨会中提出的，但当时只提出了这一概念和原理。2015 年，Intel 在发布 Skylake 处理器时同步推出了 SGX，因此 Skylake 是第一代支持 SGX 技术的 CPU。

㊀ TrustZone 默认信任 SecureOS，相当于一个公用的大保险柜，所有应用都被装入其中，包括可能存在漏洞的应用，而且保险柜的钥匙掌握在管理员手中，必须信任管理员。相比之下，SGX 仅信任 CPU 核心，并通过 SGX 指令构建 Enclave 容器，每个应用都有独立的保险柜，钥匙由应用自身掌握。尽管 SGX 在安全性上提供了更精细的隔离，但其在工业界得到应用仍需时间，尤其是在数据中心和云端的应用尚未普及，目前 Intel 发行的服务器芯片仍未支持 SGX。

SGX 旨在以硬件安全作为强制性保障，不依赖固件和软件的安全状态，提供用户空间的 TEE，通过一组新的指令集扩展与内存访问控制机制，实现不同程序间的隔离运行，保障用户关键代码和数据的机密性和完整性不受恶意软件的破坏。

不同于其他安全技术，SGX 的可信计算基（Trusted Computing Base，TCB）仅包括硬件，避免了基于软件的 TCB 自身的缺陷，即存在软件安全漏洞与威胁，极大地提升了系统安全保障。此外，SGX 可以保障运行时的可信执行环境，恶意代码无法访问与篡改其他程序运行时的保护内容，进一步增强了系统的安全性。基于指令集的扩展和独立的认证方式，使得应用程序可以灵活调用这些安全功能并验证。

随着 SGX 功能的不断丰富，以及对扩展指令集的优化应用，加上操作系统级别支持方面更加成熟，在第三代“至强”可扩展处理器 Ice Lake CPU 上，Intel 将 SGX 技术推广到企业级数据中心服务器产品上。

2. SGX 架构概述

SGX 是在原有 Intel 架构上扩展了一组新的指令集和内存访问机制，这些扩展能够在计算平台上提供一个可信的隔离空间，允许应用程序使用 Enclave 保障用户关键代码与数据的机密性和完整性，不受有特殊权限的恶意软件的破坏。也就是说，一旦软件和数据位于 Enclave 中，即便操作系统和虚拟机监视器（VMM）如 Hypervisor 也无法影响 Enclave 里面的代码和数据。Enclave 的安全边界内只包含 CPU 和它自身。SGX 创建的 Enclave 也可以理解为一个 TEE。不过其与 ARM Trustzone（TZ）还是有一点小区别的，TZ 中通过 CPU 划分为两个隔离环境（安全世界和非安全世界），两者之间通过 SMC 指令通信；SGX 中一个 CPU 可以运行多个安全 Enclave，并发执行亦可。

简单来讲，Intel SGX 最关键的优势在于将程序以外的软件栈（Software Stack）如 OS 和 BIOS 都排除在了 TCB 以外。换句话说，就是在容器 Enclave 里的代码只信任自己和 Intel 的 CPU。SGX 整体架构如图 6.22 所示。

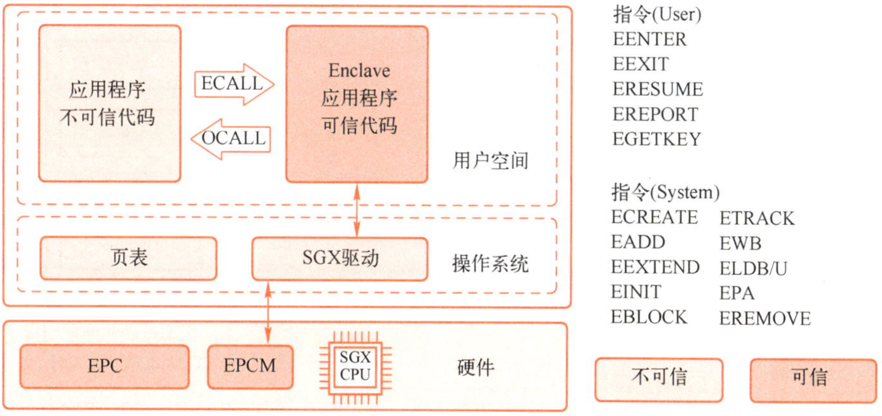

图 6.22　SGX 整体架构

SGX 的实现需要处理器、内存管理部件、BIOS、驱动程序、运行时环境等软硬件协同完成。除了提供内存隔离与保护安全属性，SGX 架构还支持远程认证和密封的功能，可用于安全软件应用和交互协议的设计。

SGX 扩展指令集包括 17 条新指令，其中 5 条是用户指令，包括进入 Enclave（EENTER）、退出 Enclave（EEXIT）、恢复 Enclave（ERESUME）、证明时获取 Enclave 度量报告（EREPORT）和获取密钥（EGETKEY）。其他 12 条指令是系统指令，用户通过操作系统的 SGX 驱动（driver）调用执行，主要包括 Enclave 创建（ECREATE，EADD，EEXTEND，EINIT）、Enclave 异步退出（AEX）、Enclave 销毁（EREMOVE）、资源管理（EPA，ELDB/U，EWB，EBLOCK，ETRACK）。Enclave 的创建必须在内核空间进行，而 Enclave 的交互仅限于用户空间应用程序，特权代码无法进入 Enclave，非特权代码无法创建 Enclave。

3. SGX 关键技术

（1）Enclave 安全容器 SGX 旨在保护 Enclave 内计算的机密性和完整性，抵御恶意软件攻击和物理攻击。SGX 技术主要包括隔离执行、认证（Attestation）和密封（Sealing）这 3 个核心机制。SGX 的核心技术就是 Enclave。

Enclave 是一个被保护的内容容器，用于存放应用程序敏感数据和代码。SGX 允许应用程序指定需要保护的代码和数据部分。在创建 Enclave 之前，不必对这些代码和数据进行检查或分析，但加载到 Enclave 中的代码和数据必须被度量。当应用程序需要保护的部分加载到 Enclave 后，SGX 保护它们不被外部软件访问。Enclave 可以向远程认证者证明自己的身份，并提供必需的功能结构用于安全地提供密钥。用户也可以请求独有的密钥，这个密钥通过结合 Enclave 身份和平台的身份做到独一无二，可以用来保护存储在 Enclave 之外的密钥或数据。

所有 Enclave 都驻留在 Enclave（Enclave Page Cache，Enclave 页缓存）中，这是系统内一块被保护的物理内存区域，用来存放 Enclave 和 SGX 数据结构。EPC 布局由平台具体实现决定，如果 CPU 支持 SGX 架构并在加密保护的动态随机存储器（Dynamic Random Access Memory，DRAM）中实现 EPC，那么它也支持 BIOS 保留一段叫作处理器保留内存 （Processor Reserved Memory，PRM）的内存范围。BIOS 通过配置一组范围寄存器来分配 PRM。具体的 PRM 和 EPC 布局和平台有关，并取决于 BIOS 设置。PRM 布局示例如图 6.23 所示。

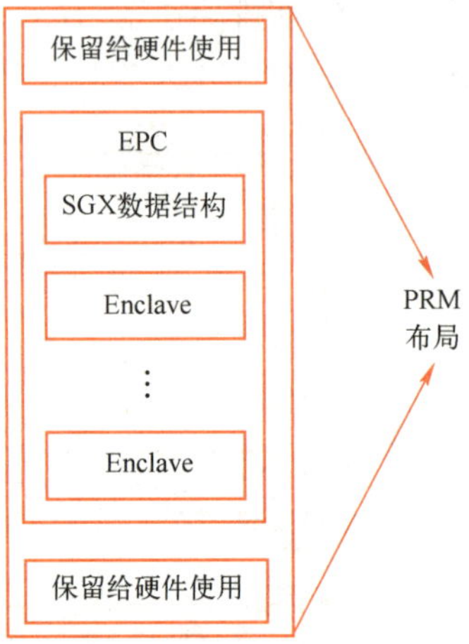

图 6.23　PRM 布局示例

Enclave 具有如下特征：

1）具有自己的代码和数据。

2）提供机密性保护。

3）提供完整性保护。

4）具有可控的入口点。

5）支持多线程。

6）对应用程序内存具有最高访问权限。

Enclave 的结构如图 6.24 所示，其中，线程控制结构（Thread Control Structure）保存着进入或退出 Enclave 时恢复 Enclave 线程的特殊信息。每一个 Enclave 中的执行线程都和一个 TCS 相关联，它需要 4KB 对齐，由多个部分组成，例如保留位（RESERVED）、标志位（FLAGS）、状态保存区偏移量（State Save Area Offset，OSSA）等。多线程需要多个 TCS 结构。

PRM、EPC 和 Enclave 布局关系如图 6.25 所示。

EPC 位于 PRM 中，不在 Enclave 中运行的程序不能直接访问 EPC。EPC 内存以页为单位进行管理，对页进行访问控制的元数据存储在 Enclave 页缓存映射表（Enclave Page Cache Map，EPCM）中，该结构仅由 SGX 和 CPU 指令查询，运行在 Enclave 中的代码无法访问该结构，EPCM 中的内容仅供 SGX 的安全检查使用。一个 Enclave 页面对应一个 EPCM 表项，类似于操作系统内的页表，管理着 EPC 页面的基本信息，包括页面是否已被使用、该页的拥有者、页面类型、地址映射和权限属性等。EPC 页既可以是有效的，也可以是无效的。有效的 EPC 页包含一个 Enclave 页或一个 SGX 结构。

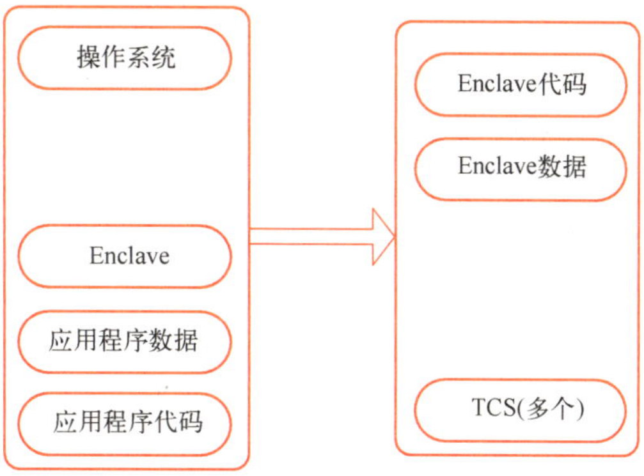

图 6.24　Enclave 的结构

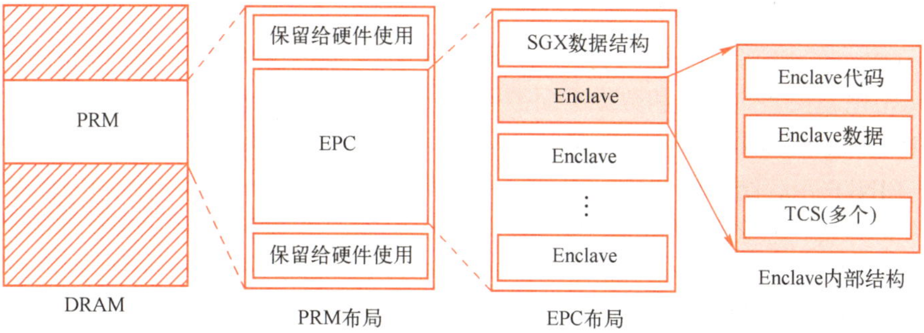

图 6.25　PRM、EPC 和 Enclave 布局关系

（2）Enclave 的生命周期

1）Enclave 的创建与执行。Enclave 的生命周期与资源再利用管理，特别是 EPC 页面的分配紧密联系在一起。因此，在不同生命周期状态之间转换的指令只能由系统软件执行。当创建 Enclave 时，首先将 Enclave 代码编译为二进制库，然后将二进制文件加载到 EPC 中，并在平台上分配一个唯一的 Enclave 标识。

Enclave 的创建过程分为多个阶段，包括 Enclave 的创建、加载、初始化、退出（同步退出和异步退出）和恢复等。

① 创建。当系统软件执行 ECREATE 指令时，Enclave 就诞生了。该指令将一个未分配的 EPC 页面转换为新的 SGX Enclave 控制结构（The SGX Enclave Control Structure，SECS），SECS 存储 Enclave 的元数据。软件不能访问包含 SECS 的 EPC 页面，因此它不能依赖内部 SECS 布局。SECS 是比虚拟机控制结构（Virtual Machine Control Structure，

VMCS）更强的一个版本的封装。

ECREATE 还验证那些用于初始化 SECS 的信息：信息不合法，将导致页面错误（#PF）或一般保护错误（#GP）。例如，如果大小字段不是 2 的幂，ECREATE 将产生#GP。这种验证，加上软件无法访问 SECS，简化了其他 SGX 指令的实现，使这些指令可以假设 SECS 内部的信息是合法的。

最后，ECREATE 将 Enclave 的 INIT 属性（Enclave SECS ATTRIBUTES 字段的子字段）初始化为 false 值。在 Enclave 初始化阶段，在 INIT 属性设置为 true 之前，Enclave 的代码无法执行。

② 加载。ECREATE 将新创建的 SECS 标记为未初始化。当 Enclave 的 SECS 处于这种状态时，系统软件可以使用 EADD 指令将初始代码和数据加载到 Enclave 中。EADD 用于创建 TCS 页面和常规页面。EADD 从页面信息（PAGEINFO）结构读取其输入数据。该结构的内容仅用于与 SGX 实现进行信息通信，因此它完全是体系结构的，并记录在软件开发手册（Software Development Manual，SDM）中。EADD 在修改新分配的 EPC 页面或 EPCM 条目之前会验证其输入。

在加载 Enclave 时，系统软件还会使用 EEXTEND 指令，EEXTEND 用于度量 Enclave 的内存内容。

验证的目的是判断在 Enclave 内运行的软件应用程序是否可信。此验证可以通过远程方式来完成。通过请求 SGX 硬件实现生成证明签名来对软件内的证明数据进行签名。签名可以用于唯一地识别软件和 Enclave 内的任何可选数据。验证器可以使用签名来确保证明数据是由运行在真正的 SGX 上的特定软件生成的。

③ 初始化。在初始代码和数据页面被加载到 Enclave 之后，ring0 中的操作系统内核必须发出 EINIT 指令才能初始化 Enclave。然而，在发出 EINIT 指令之前，操作系统内核必须首先获得 EINIT 令牌结构。令牌由一个特殊的发射 Enclave（Launch Enclave，LE）生成，LE 由一个特殊密钥签名，该密钥的相应公共部分由 Intel 硬编码到 SGX 实现中。然后令牌获得 EINIT 指令，该指令可以将 Enclave 的 SECS 标记为 Initiated。

当 EINIT 指令成功完成时，它将 Enclave 的 INIT 属性设置为 true。这为 ring 3 应用软件使用 SGX 指令执行 Enclave 的代码提供了条件。而且，一旦 INIT 被设置为 true，就不能在这个 Enclave 上调用 EADD 了，因此系统软件必须在执行 EINIT 指令之前加载构成 Enclave 初始状态的所有页面。

④ 退出（同步退出和异步退出）。

同步退出：Intel SGX 引入了 EENTER 和 EEXIT 指令，以编程方式进入和退出 Enclave，Enclave 进入和执行只能在固定的预定义入口点开始。

异步退出：如果发生硬件异常，如逻辑处理器执行 Enclave 代码时发生中断或故障，则 Enclave 会在调用系统软件的默认异常处理程序之前发出 AEX 指令。此指令可以保存当前执行上下文并恢复 EENTER 保存的状态。

⑤ 恢复。在操作系统处理故障/中断后，操作系统执行 ERESUME 指令恢复状态以允许 Enclave 恢复执行。

2）Enclave 销毁。在 Enclave 完成了其计算之后，系统软件执行 EREMOVE 指令来释放 Enclave 使用的 EPC 页面。

通过将页面的 EPCM 条目的 VALID 字段设置为 0，EREMOVE 将 EPC 页面标记为可用。需要注意，在释放页面之前，需要确保没有逻辑处理器在拥有该页面的 Enclave 中执行代码。

当保存 SECS 的 EPC 页面被释放时，Enclave 就完全消失了。如果一个 SECS 页面被任何其他 EPCM 条目的 ENCLA_VESECS 字段引用，那么 EREMOVE 将拒绝释放该页面，因此 Enclave 的 SECS 页面只能在该 Enclave 的所有页面都被释放后才能被释放。

（3）SGX 认证　在 Enclave 初始化之前，代码和数据是公开的，敌手可窃取和篡改。SGX 提出了两种类型的身份认证方式：一种是平台内部 Enclave 间的认证，用来认证进行报告的 Enclave 和自己是否运行在同一个平台上；另一种是平台间的远程认证，用于远程的认证者认证 Enclave 的身份信息。

当某个 Enclave 向平台上其他 Enclave 报告身份时，先获取当前 Enclave 的身份信息和属性、平台硬件 TCB 信息，附加上用户希望交互的数据，生成报告结构；然后获取目标 Enclave 的报告密钥，对报告结构生成一个 MAC 标签，形成最终的报告结构，传递给目标 Enclave；由目标 Enclave 验证请求报告身份的 Enclave 与自己是否运行在同一平台上。此过程即本地认证。

为了实现远程认证，需要引入一个特殊的引用 Enclave（Quoting Enclave，QE）。同一平台 Enclave 之间的验证使用的是对称密钥，不适合远程认证，因此，平台间的认证采用非对称密钥机制。由 QE 创建平台认证的签名密钥——增强的隐私标识（Enhanced Privacy Identification，EPID），这个密钥不仅代表平台，还代表底层硬件的可信度，并且绑定处理器固件的版本，当 Enclave 系统运行时，只有 QE 才能访问到 EPID。

远程认证的过程中，假设远程认证方 B 要认证 Enclave A。A 先执行 EREPORT 指令，将 A 的身份和附加信息组合生成报告结构，利用 QE 的报告密钥生成一个 MAC，连同报告结构一起发给 QE。QE 通过该结构验证 A 是否运行在同一平台上，然后将它封装为一个引用结构体 QUOTE，并使用 EPID 进行签名，将 QUOTE 和签名一同发给远程认证者。远程认证者验证 Enclave 报告是否由可靠的 Intel 处理器生成。报告结构还需提供额外的用户数据域，可用来传递用户自定义的信息，以支持更复杂的交互方式。

（4）SGX 密封　当 Enclave 被实例化时，其数据被维护在 Enclave 边界内，硬件为其提供保护（机密性和完整性）。但是，当 Enclave 进程退出时，Enclave 将被破坏，并且 Enclave 内受保护的所有数据都将丢失。如果打算在以后重新使用数据，则 Enclave 必须进行特殊安排，以将数据存储在 Enclave 之外。

密封是指 Enclave 使用 EGETKEY 指令获取一个硬件产生的封装密钥，对 Enclave 数据进行加密，并将加密数据存储在 Enclave 之外不可信存储中的过程。Enclave 数据根据 Enclave 的身份标识（MRENCLAVE）或签名标识（MRSIGNER）进行密封，对 MRENCLAVE 加密的数据只能由相同的 Enclave 解密，而对 MRSIGNER 加密的数据可以由同一开发人员签名的任何 Enclave 解密。在这两种情况下，密封、密钥都来自特定于 CPU 的密钥，因此数据只能在它被密封的同一台物理机器上打开。

4. SGX 的攻击

（1）SGX 威胁模型　SGX 攻击的目标是破坏运行在 Enclave 中应用的机密性和完整性，攻击者来自 Non-Enclave 部分，包括应用程序和系统软件。系统软件包括操作系统、

Hypervisor、SMM 和 BIOS 等特权级软件。

针对 SGX 的攻击通常假设攻击者已经得到除 Enclave 包以外的所有资源，如硬件设备、完全访问 OS 资源、root 权限等，同时攻击者可以安装任意内核模块并配置计算机的启动参数。攻击者利用获得的 root 权限和其他资源，可以：分析程序的源代码或二进制执行程序，从而知道目标 Enclave 程序可能的控制流；任意时刻、次数地中断目标 Enclave 程序的执行；为目标 Enclave 程序的执行指定特定的物理核心；访问和配置其他硬件资源或性能统计监视器等。

（2）SGX 的攻击　尽管 Intel SGX 可以防御由特权系统软件发起的大多数攻击，但有些攻击超出了硬件保护范围。Enclave 开发人员和用户必须了解这些攻击，并在合适的情况下强化 SGX 应用程序。

1）侧信道攻击。SGX 面临的最大威胁是侧信道攻击。侧信道攻击是不直接访问敏感数据，但可以通过观察微体系结构状态的变化，在一定程度上推断出这些敏感数据的攻击。Wang 等人对相关的 SGX 侧信道攻击进行了详细的分析和总结。典型的攻击面包括页表、缓存以及 CPU 内部结构，这几种侧信道攻击方式如下：

① 基于页表的攻击：利用页表对 Enclave 页面的访问控制权，设置 Enclave 页面为不可访问的。之后，任何访问都会触发缺页异常，从而能够区分 Enclave 访问了哪些页面。按照时间顺序把这些信息组合，就能够反推出 Enclave 的某些状态和保护的数据。该类攻击包括受控信道（Controlled Channel）攻击和鸽巢（Pigeonhole）攻击等。

② 基于缓存的攻击：在 SGX 环境中，大部分基于缓存的侧信道技术仍然适用。

③ 基于 CPU 内部结构的攻击：CPU 内部有大量的结构是在 Enclave 和非 Enclave 之间共用的，这就给侧信道攻击提供了大量的攻击面。

2）拒绝服务攻击。Intel SGX 的完整性是使用完整性树来进行验证的，当处理器检测到任何完整性违规时，会进行处理器锁定，以防止进一步损坏，此时，若想恢复系统只能对系统进行冷启动。通常想要破坏 Enclave 的完整性只能采用硬件攻击的手段，但如果攻击者有基于软件的方法来破坏 Enclave 的完整性，那么处理器锁定将会导致严重的拒绝服务攻击。

第一个破坏 Enclave 完整性的是基于软件的攻击，即 SGX-Bomb。它可以对 Enclave 内存发起 Rowhammer 攻击以触发处理器锁定。它首先在同一个 DRMA 库中发现冲突的行地址，然后重复访问它们，如果由于 Rowhammer 攻击而在 Enclave 内发生任意位翻转，则对 Enclave 内存的任何读取操作都会导致 Enclave 的完整性检查失败，从而导致处理器被锁定，此时，只能通过重新启动系统处理。这对公共云提供商而言是极具威胁的：这些提供商从客户端接收到未知的 Enclave 程序并运行，但这些程序却可能会关闭与其他客户共享的服务器。而且，SGX-Bomb 基于非常简单的假设，不需要有 root 特权，不需要有物理接触，只需计算机处理器支持 SGX、计算机的 DRMA 模块具有 Rowhammer 漏洞以及用户级别的 Enclave 执行环境。

3）lago 攻击。当 SGX Enclave 与外界通信时，Enclave 依靠来自底层操作系统的网络 I/O 接收来自远程用户的请求并回复。通信接口是通过具有特定参数的 ECALL/OCALL 实现的。然而，不受信任的主机应用程序或操作系统可以篡改这些调用的参数和返回值，这在某些情况下会破坏 Enclave 的执行。Enclave 开发人员必须仔细设计 ECALL/OCALL 接口，并仔细检查所有潜在的恶意返回值以阻止攻击。

4）Enclave 代码漏洞。Intel SGX 虽然有助于保护 Enclave 免受外部恶意侵害，但无法保护运行在 Enclave 内部的恶意程序对其自身的侵害。如果 Enclave 代码包含可被攻击者利用的漏洞，则 SGX 对程序的机密性和完整性不能得到保证。Enclave 开发人员必须依赖可靠的软件技术，如代码审查、形式验证、广泛测试、动态内存安全，来保证软件自身没有恶意攻击漏洞。

5. SGX 开发环境简介及搭建

Intel 软件防护扩展 SGX SDK 是 API、函数库、文档、样本源代码和工具的集合，允许软件开发人员用 C/C++ 创建和调试那些启用 Intel 软件防护扩展的应用程序。SGX SDK 同时提供 Microsoft Visual Studio 插件，可用标准开发工具开发 Enclave。

第 1 步：确认安装运行 SGX SDK 所需的软硬件需求。

硬件最小需求：第 6 代 Intel®酷睿™处理器平台，同时需要支持 SGX 相关配置的 BIOS 版本。

操作系统：Microsoft Windows® 7，64 位；Microsoft Windows® 8.1，64 位；Microsoft Windows® 10，64 位；Microsoft Windows® 10 Threshold 2，64 位。

第 2 步：安装 SGX SDK 集成开发环境所需的 Microsoft Visual Studio 开发工具。目前最新 SGX SDK 版本为 2.24，支持 Microsoft Visual Studio® 2017 和 2019 版本。

第 3 步：下载安装 SGX SDK。

SGX SDK 安装包可以从 https://software.intel.com/sgx-sdk 免费下载。SGX SDK 下载页面一共包含两个部分，Intel SGX SDK for Windows 是 SGX SDK 的主体，Intel SGX Platform Software for Windows（PSW）包含的是 SGX 相关的硬件驱动部分。

SGX SDK 安装包为一个自解压缩包，自解压缩到指定目录后，可以看到所有 SDK 相关文档在目录里，如图 6.26 所示。

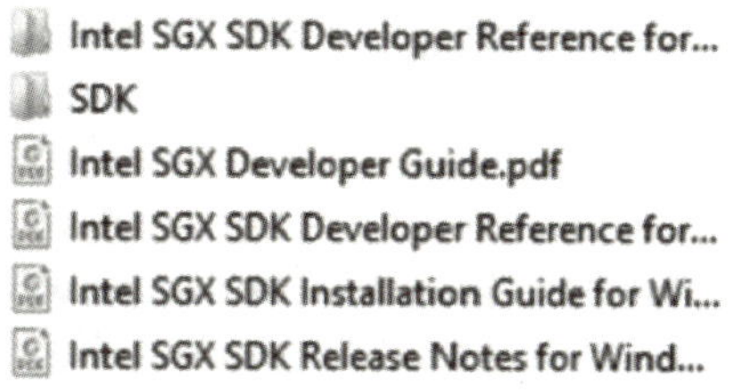

图 6.26　SGX SDK 目录

进入 SDK 目录，双击 Intel(R)_SGX_Windows_x64_SDK_1.6.101.33581.exe 进行安装，安装过程中安装包会自动安装并配置 Microsoft Visual Studio 插件。

到这里，在 Windows 上的 SGX 应用的开发环境就搭建完成了。用 Visual Studio 的“File→New Project...”新建一个项目，就会看到建立“Intel SGX Enclave Project”的选项了。

6.4.4　可信执行环境小结

本节将对隐私保护技术进行回顾并对比几种技术的优缺点。

同态加密（HE）技术具有允许用户直接在密文上进行运算且运算结果解密后与对明文运算的结果一致的性质。同态加密具有加法同态性和乘法同态性，可利用加法和乘法构造任意的计算方法对密文进行运算。同态加密分为部分同态加密和全同态加密。部分同态加密是指具有单一的加法同态性或乘法同态性，如 RSA 算法、Paillier 算法等。全同态加密是指支持对密文进行有限次数的同态加法和同态乘法加密。

安全多方计算（SMC）是指多个参与方共同计算某个函数，计算结束时只能获得私有数据的输出结果，不能获得其他参与方的输入信息和输出结果。安全多方计算的特点是输入隐私性、计算正确性和去中心化。安全多方计算采用协议的方式替代第三方，通过协议保证各数据参与方的地位平等，任何数据拥有者都可以开启计算任务。针对不同的应用场景有不经意传输、混淆电路、秘密共享等技术或组合方案。

可信执行环境（TEE）是基于可信硬件的隐私保护技术，在硬件中为敏感数据单独分配一块隔离的内存，作为安全运算环境，所有敏感数据的计算均在这块内存中进行。可信执行环境技术可确保任何外部攻击者无法窃取运算环境内部的机密数据，也无法恶意控制运算环境算法的执行，充分保证了机密数据的隐私性、完整性和计算的正确性。

由于技术路径不同，以上三种隐私保护技术均有其技术特点、优势、劣势，以及适合的应用场景，见表 6.2。

表 6.2 三种隐私保护技术对比

名称	技术特点	优势	劣势	应用场景
同态加密	对密文进行计算	隐私性高	计算、存储开销大，效率较低	计算性能强大、隐私要求高
安全多方计算	不暴露隐私，进行联合计算	隐私性和适用性好	通信开销大，效率有待提高，扩展性不足	分布式协同学习环境
可信执行环境	引入可信硬件	易开发、保密性能佳	通用性和可靠性低，依赖硬件	需要可信的芯片厂商

安全多方计算和同态加密能够近乎完美地保护隐私，但是烦琐、开销大，因此这类技术的性能与扩展性不足，难以支持大规模的应用。基于可信执行环境的解决方案，可以通过硬件来保护准确性和隐私性，但是硬件设计和制造成本较高。目前，每种技术都有其优势与局限，在实际应用中应根据不同需求，组合使用各种技术，将隐私保护的性能发挥到最高水平。

随着移动终端的普及，安全问题日益为人们所关注，在不过多增加应用负担的情况下，可信执行环境为市场提供了良好的解决方案。可信执行环境是与富操作系统并行运行的独立执行环境，并为富环境提供安全服务，对富环境下的软硬件安全资源和应用，实现隔离访问和保护。可信执行环境保护了安全元素与富操作系统之间的资源，它是健壮的、基于硬件的、可持续扩展的、操作系统独立的安全解决方案，并且它提供了安全元素所不具备的设备特征和性能。为了实现可信执行环境，ARM 公司提出了一种硬件级安全运行解决方案 TrustZone，将系统分为了可信执行环境和富执行环境两个区域。富执行环境中运行着我们熟悉的 Android 系统；可信执行环境则有独立的运算、存储资源，与富执行环境完全隔离开。在可信执行环境上运行的程序需要由厂商单独签名才能运行。TrustZone 在当下已经有了很广泛的应用，基于 ARM 架构的移动平台芯片原则上都支持 TrustZone，例如 Apple Pay、指纹识别系统等一系列安全服务。可信执行环境和 TrustZone 最重要的一个应用场景就是手机支付，例如中国银联正在推广的可信执行环境集成（TEEI）移动体系架构。

Intel 最新的 SGX 技术应用范围比较广泛，一个重要用途是对于在多租户的云上的软件来讲可以防止底层操作系统被遭到破坏后（compromise）以后对自己的攻击，同时在软件的管理上也可以不用信任云供应商。相对于 AMD 最新出的安全加密虚拟化（SEV）技术，SGX 在应用程序层面而不是虚拟机层面提供了细粒度的保护——SGX 要在工业界得到应用尚需时间，一个重要的问题是现在 Intel 发行的服务器芯片上还没有 SGX；目前 SGX 的重要应用就是在数据中心和云端的应用。目前云提供商还是有所跟进，相信不远的将来会在工业界有一席之地。

在安全问题日益突出的时代，可信计算环境有广泛的研究前景。目前 TrustZone 依然是移动平台安全问题的研究热点。相信在技术更加成熟的未来，可信计算将能提供更多、更高质量的安全服务。

*6.5 零知识证明

6.5.1 零知识证明简介

想象一下，Alice 想要向 Bob 证明自己拥有一些信息。例如，Alice 想要证明自己知道某个群元素的离散对数。换句话说，对于一个给定 Y 一级群生成元 g，Alice 想要证明自己知道一个 x，满足 $Y = g^x$。

当然最简单的方法是 Alice 把 x（称为见证）发送给 Bob，这就是一个简单的知识证明。但是如果 Alice 不想让 Bob 得到这个 x，这个方案就不适用了。

在密码学中，我们最感兴趣的是不会将证据泄露给验证者的知识证明，这种证明称为零知识证明（ZKP）。

密码学中处理这类问题的典型方法是使用一些随机值来“隐藏”见证（例如，通过加密）。但这还不够，我们还必须设计一种代数结构，使得验证者能够确认被隐藏见证的存在性。一个简单的解决方案是将随机生成的值 k 和见证 x 相加：$s = k + x$。

然后 Alice 可以将隐藏了的证据 s 和随机值 k 一起发送给 Bob。但如此一来 Bob 就没法分辨隐藏后的 x 值和随机值，因此 Bob 还需要知道见证 x 隐藏在 g 的指数中，即他需要知道 $Y = g^x$。

为了判断 Alice 是否真的知道见证 x，Bob 可以检查 Alice 给他的值是否与他所知道的相符，而且这必须在 g 的指数中进行（因为见证就隐藏在指数中）。换句话说，Bob 可以检查下述等式是否成立

$$g^x = g^{k+x}$$

$$Y \times g^k = g^x \times g^k = g^{k+x}$$

此方案的思想是，只有知道见证 x 的人才能构造出满足这个等式的“盲”证据 s。因此这是零知识的证明。但这个方案存在一个问题：由于隐藏见证 x 的等式只有一个未知项（x），因此 Bob 仅通过移项就可以得出 x 值，即

$$x = s - k$$

为了解决这个问题，Alice 可以把随机数 k 也隐藏起来。Alice 将 k 隐藏在 g 的指数中，以确保 Bob 的等式仍然有效。

$$R = g^k$$

如此 Bob 就无法获得 k 值（基于离散对数问题的困难程度），也就无法恢复 x 的值。但是 Bob 仍然可以验证 Alice 是否真的知道 x 的值。Bob 只需要检查 $g^s = g^{k+x} = g^x \times g^k$ 是否相等。

此时只有最后一个问题需要解决了：Alice 可能会作弊。她可以在不知道 x 的情况下让 Bob 相信她知道 x。Alice 所需要做的就是颠倒计算证明的步骤。Alice 首先生成一个随机值

s，然后根据 s 计算 R 值，即

$$R = g^s \times Y^{-1}$$

Bob 验证时计算 $Y \times R = Y \times g^s \times Y^{-1}$，可以得到与 g^s 相等的结果，因此相信 Alice 拥有见证 x。如果要确保零知识证明方案是可靠的，Bob 必须能够确保 Alice 通过 R 来计算 s，而不是通过 s 计算 R。为此，Bob 使协议具有交互性，交互性体现在：

1）Alice 必须对随机值 k 做出承诺，确保自己以后无法更改 k。

2）Bob 在收到 Alice 的承诺后，在协议中引入他自己的一些随机数。他生成一个随机数 c（称为挑战），并将它发送给 Alice。

3）随后，Alice 可以根据随机值 k 和挑战 c 计算她隐藏了见证 x 的证明。$s = k + cx$。

4）Bob 验证 $g^s = Y^c \times R$

由此我们可以得到一个最终方案，即一种交互式零知识证明。由于 Alice 在没有挑战 c 的情况下无法执行最后一步操作，而 Bob 在没有看到随机数 k 的承诺的情况下不会将挑战 c 发送给 Alice，因此 Alice 必须使用 k 来计算 s。

6.5.2 zk-SNARK

上一小节我们了解了交互式零知识证明，而交互式往往会带来一些不可忽略的开销，因为这需要双方发送多条消息，并在参与双方不同时在线时会增加无法限制的延迟。因此应用密码学领域几乎不使用交互式零知识证明。

受到最多关注的非交互式零知识证明方案就是零知识简洁的非交互式知识论证（Zero-Knowledge Succinct Non-Interactive Argument of Knowledge，zk-SNARK）。

zk-SNARK 方案有很多种，它们大多基于如下构造：作为一个证明系统，允许证明者向验证者证明某个论断；将一个程序翻译或编译成证明系统可以证明的东西。

接下来先讨论第一部分。

zk-SNARK 的主要思想是，证明自己知道一些有根的多项式 $f(x)$。验证者拥有多项式的根，即验证者记住一些值（例如，1 和 2），而证明者必须证明他们知道的秘密多项式与验证者的值计算结果为 0（例如，$f(1) = f(2) = 0$）。对于某些多项式 $h(x)$，以 1 和 2 为根的多项式可以写成 $f(x) = (x-1)(x-2)h(x)$。证明者必须证明他们知道一个 $f(x)$ 和 $h(x)$，使得对于某些目标多项式 $t(x) = (x-1)(x-2)$ 满足 $f(x) = t(x)h(x)$。

那么证明者想要证明自己知道这个多项式 $f(x)$，该如何做呢？他们必须证明自己知道一个 $h(x)$ 满足 $f(x) = t(x)h(x)$，而不给出 $f(x)$。这个问题的答案依赖于以下三种密码学技术：

1）同态承诺：一个类似我们在其他 ZKP 中使用的承诺方案。

2）双线性对：一种具有一些有趣性质的构造，稍后会详细介绍。

3）不同的多项式在大多数情况下会计算出不同的值。

1. 同态承诺隐藏部分证据

第一个技巧是使用承诺来隐藏证明者正在发送给验证程序（验证者）的值。证明书不仅需要隐藏原输入值，还希望验证者可以对它们执行一些运算操作，以便验证者可以验证证据。例如，如果证明者提交了多项式 $f(x)$ 和 $h(x)$，那么验证者可以进行如下运算操作：

$$E(f(x)) = E(t(x))E(h(x)) = E(t(x)h(x))$$

上述运算操作就是同态操作。其中，$E(t(x))$ 由验证者计算，作为目标多项式的约束。通过同态操作证明者可以实现将值隐藏在指数中，并执行同态操作的检查。

承诺相等：$g^a = g^b$，那么 $a = b$。

承诺相加：$g^a = g^b g^c$，那么 $a = b + c$。

承诺标量乘：$g^a = (g^b)^c$，那么 $a=bc$。

需要注意的是，只有当 c 是公开值而不是承诺(g^c)时，最后一次检查才有效。仅凭同态承诺，无法检查承诺乘法，而这才是所需要的。幸运的是，双线性对的出现填补了同态承诺的理论空白，让“隐藏乘法关系的证明”从不可能变为可行。

2. 利用双线性对改进同态承诺方案

本节不过多讨论双线性对的原理，双线性对在 zk-SNARK 中的唯一作用就是保证承诺乘法同态，只需要知道它是一个工具，用来将一个元素从一个群移动到另一个群，使得之前不能执行的乘法操作变得可行。

使用 e 来表示双线性对，可以将双线性映射写为$e(g_1, g_2) = h_3$，其中 g_1、g_2 和 h_3 是不同群的生成元。令等式左边的生成元相等$(g_1 = g_2)$，构成双线性对。可以使用一个双线性对，通过下述方程来执行隐藏在指数上的值的乘法，即

$$e(g^b,\ g^c) = e(g)^{bc}$$

通过双线性对，承诺不仅满足加法同态，而且满足乘法同态。

3. 简洁性的来源

在大多数情况下，两个不同函数对不同的点求值的结果不同，这就意味着，假设证明者没有一个多项式 $f(x)$ 拥有和验证者持有的根相等的根，那么 $f(x) \neq t(x)h(x)$。如果将一个随机点 r 分别代入 $f(x)$ 以及 $t(x)h(x)$，很大概率是不会得到相同结果的。对于几乎所有 r，$f(x) \neq t(x)h(x)$，这被称为 Schwartz-Zippel 引理。

Schwartz-Zippel 引理表示，两个不同的 n 次多项式最多有 n 个交点。换句话说，两个不同多项式在大多数点上是不相等的。

基于这一点，就足以证明 $E(f(x)) = E(t(x))E(h(x)) = E(t(x)h(x))$ 对于某些随机点 r 是成立的。但如果一个证明者知道将用于检查等式的随机点 r，那么他就可以建立一个无效的多项式使得等式成立，这样是非常不安全的。所以大多数 zk-SNARK 都需要可信设置，其步骤如下：

1）创建一个随机点 r。

2）将 r 隐藏在某个群元素的指数上，这样就可以让证明者在不知道 r 值的情况下进行验证。

3）销毁 r。

上述的第二个步骤有意义吗？答案是肯定的。如果证明者要证明的多项式是 $f(x) = 3x^2 + x + 2$，那么证明者要计算$(g^{r^2})^3 g^r g^2$，从而得到该多项式在 r 点上的证据。

6.5.3　Zcash：zk-SNARK 的区块链应用

第一种获得全球认可的数字货币是比特币，它的开发基于不需要可信第三方的事实。与传统的电子现金方案不同，比特币使用被称为区块链的分布式账本来存储交易。然而，比

特币是一种“伪匿名”方案，并不提供参与者的完全匿名性。2013 年，Miers 等人提出了 Zerocoin，它通过为匿名性提供强有力的保证来扩展比特币方案。与许多其他电子现金协议一样，Zerocoin 使用零知识证明。然而，Zerocoin 存在一些问题：①其方案仅提供部分匿名性，它没有隐藏交易账本中的金额或其他重要数据，仅隐藏了原始地址；②它所使用的硬币只有固定面额；③用户不能直接使用 Zerocoin 相互支付。

为了解决比特币和 Zerocoin 的上述问题，Ben-Sasson 等人提出了 Zcash。Zcash 引入了去中心化匿名支付方案的概念，从根本上提供了功能和安全保障，同时也保证了强匿名性。Zcash 协议的构建依赖于零知识证明的最新进展，特别是 zk-SNARK。

为什么 zk-SNARK 在区块链中的应用如此重要？首先，它是非交互式的，这意味着验证可以独立于证明者进行。这使得多个验证者无须协作即可在方便时检查证明。其次，证明简洁，这意味着它可以方便地提供给智能合约，而不会产生大量的 gas 成本，并且验证速度很快。但令人感兴趣的主要原因是它带来的功能，这对于区块链应用至关重要：隐私和可扩展性。

Zcash 是一种从比特币中分叉出来的代币，旨在解决比特币交易在执行过程中可以利用区块追踪交易记录的问题，使得交易难以追踪，从而提高匿名性。其中的交易既可以是透明的，类似于比特币交易，也可以是屏蔽交易，使用一种零知识证明来提供交易的匿名性。

Zcash 中的地址有两种：一种叫作透明地址（Transparent Address，t-address）；另一种叫作屏蔽地址（Shielded Address，z-address）。Zcash 中约有以下四种交易类型：

1）t-to-t 交易：在这种类型的交易中，代币 Zcash 的数量在可见的 t-address 之间进行转移。两个 t-address 之间的交易，和比特币中的交易完全相同，交易双方的地址、交易费、交易金额都是公开并且可以追踪的。

2）t-to-z 交易：可以叫作屏蔽交易（Shielded Transaction）。在这种交易中，代币 Zcash 数量从一个可见的 t-address 移动到隐私池。在这一过程中，代币的输出地址（zOut）变成了一个隐藏的 z-address。也就是，只能看到输入地址、交易费等信息，输出的具体地址以及地址个数是未知的，最终输入的代币流入了隐私池中。

3）z-to-z 交易：可以叫作私有交易（Private Transaction）。在这种交易中，只能看到交易费，交易地址、地址数量以及交易的代币数目都是未知的。

4）z-to-t 交易：叫作 deshielded transaction，即将隐私池中的代币转出至某个特定的 t-address 中。在这一过程中，交易的输入地址和输入地址的个数未知，可以看到输出地址的数量和具体信息，以及输出代币数和交易费。

Zcash 在构建 zk-SNARK 时使用的思想取自 Pinocchio 协议。接下来详细阐述整个 zk-SNARK 机制如何在 Zcash 交易中工作。Zcash 交易中涉及的六个阶段如图 6.27 所示。

Zcash 一开始是建立在比特币系统上的，于是 Zcash 需要将一定数量的比特币转化为匿名货币，发起此交易的过程称为铸币（Mint Process）。在 Zcash 系统中发起匿名货币的直接交易过程称为注入（Pour Process）。对于这两个交易过程，收款方接收匿名货币的过程称为接收（Receive Process）。

图 6.27 Zcash 交易涉及的六个阶段

zk-SNARK 通常在铸币阶段生成。最初，有一个安全参数 λ，可以将其视为安全位数和通用电路 C（在 Zcash 中通常是百万门电路）。在系统设置阶段，使用 C 和 λ 的值、KeyGen 函数，对证明密钥（加密的证明多项式）和验证密钥（加密的目标多项式）进行采样，并将其存储为输出。这是由可信第三方使用 RSA 协议完成的。证明密钥和验证密钥存储在公共参数字符串（Public Parameters String，PPAR）[㊀]中，证明者和验证者都可以很容易地访问该字符串（因为 PPAR 字符串存储在区块链上）。注意：由于 Zcash 采用 zk-SNARK 进行知识构建，这意味着 Zcash 本质上是一种可公开验证的机制，因此任何人都可以成为验证者。

在创建支付地址阶段，使用公共加密方案（ECIES 加密[㊁]）为单个用户创建公钥和私钥。这些密钥依次与伪随机函数（具有种子值的 PRF）结合使用，以生成公钥/私钥地址对。

接下来是铸币阶段。顾名思义，新代币是从用户已知的代币地址铸造的。输入是 PPAR 字符串、代币的最大值以及存储新铸造代币的公钥地址（创建支付地址阶段的输出）。此阶段提供一个输出元组，其中存储代币价值、代币的公共地址和代币承诺方案，使用随机采样的陷门创建（基于使用代币序列号的 PRF）。

在铸造代币阶段之后，进入注入阶段。该阶段基本上用于将旧代币的价值注入新代币，从而确保旧代币已被使用。此阶段将 n 个（在 Zcash 中，$n = 2$）不同的代币及其 n 个不同的密钥地址作为输入。它还将 PPAR 字符串、Merkle 树[㊂]根（以确保已铸造 n 个代币）以及 n 个代币承诺的 n 个身份验证路径（$\mathrm{cm}_1(\mathrm{cold}_1), \mathrm{cm}_2(\mathrm{cold}_2), \cdots, \mathrm{cm}_n(\mathrm{cold}_n)$）作为输入，其中 cm 代表代币承诺，cold 为序列号。新的 n 个代币的新输入值及其公钥地址也被作为输入。

在注入阶段，证明者基于 NP 语句内部执行 Prove 函数，使用证明密钥、见证人和公共输入生成 zk-SNARK 证明。zk-SNARK 证明被添加到 Pour 交易账本上，该交易账本和新的 n 个代币被存储为输出。

随后在验证交易阶段，验证者验证“铸币”（Mint）交易账本或“转账”（Pour）交易账本。这个阶段的输入是 PPAR 字符串（包含公共参数），以及铸币交易账本或转账交易账本和当前账本。如果输入是铸币交易账本，验证者只需检查承诺的代币是否与证明者所声称的价值相同。如果输入是转账交易账本，验证者将使用 zk-SNARK 证明（π）、存储在转账交易账本中的公共输入（γ）以及验证密钥（gT）（PPAR 字符串的一部分）来执行验证函数。验证函数根据验证者是否相信证明者的断言真实性，返回一个布尔值。如果验证者相信 zk-SNARK 证明并且数字签名有效，验证交易阶段返回 true。需要注意的是，如果当前账本上存在旧的代币序列号，或者 Merkle 树根不在当前账本上，这意味着用户试图重复使用已花费的代币，此阶段则返回 false。

最后进入接收代币阶段。在这个阶段，接收者是一个具有地址对（公钥和私钥）的用户，希望将付款发送到公钥地址。为了实现这一点，首先扫描当前账本。对于发送到

㊀ PPAR：公共参数字符串，由证明和验证转账（Pour）交易所需的证明和验证密钥组成。

㊁ 椭圆曲线集成加密方案（ECIES）：在该方案的加密阶段，接收方的公钥和原始消息（待加密）被作为输入。它产生一个输出字符串，其中包含发送者的公钥、加密消息和 MAC（用于检查发送者的真实性）标签。解密阶段将接收者的私钥、加密阶段的输出字符串作为输入，解密后的输出结果是原始消息。

㊂ Merkle 树：是一种二叉树，其中每个叶节点是一块数据（一个密码哈希），而每个内部节点（包括根节点）则充当标记，包含其子节点的地址（也是一个密码哈希）。

公钥地址的每笔付款，接收者会收到那些在当前账本上没有出现过的代币（这确保了接收者只接收未花费的代币）。要花费收到的代币，需要使用转账算法，从而形成了生成 zk-SNARK 证明的需求。随后需要验证该证明，以确保用户不会重复使用旧的（已经花费过的）代币。

6.5.4 zk-SNARK 的实现：libsnark

libsnark 是目前实现 zk-SNARK 电路最重要的框架，它是迄今为止最完整的库，也是最早的库之一。它是用 C++ 编写的，提供了广泛的灵活性。它主要使用 R1CS 作为表示证明谓词的语言，也支持其他更高效（但可能不太灵活）的语言，例如 BACS、USCS、TBCS。libsnark 还通过其依赖项 libff，支持 BN、Edwards 和 MNT 曲线，提供不同类型的椭圆曲线。

libsnark 实现了多种 zk-SNARK 证明系统，如 Groth16、Groth-Maller 2017、BCTV14a、BCTV14b 等。这些证明系统有自己的性能特性和安全假设。用户可以根据具体的应用需求选择合适的证明系统。

在 libsnark 中，用户可以定义他们想要证明的计算逻辑，这是通过提供一种电路抽象来实现的。电路抽象包括算术电路和布尔电路两种类型，用户可以根据需要选择合适的电路类型。随后用户就可以使用 libsnark 生成证明和验证证明。生成证明的过程需要知道电路的输入和输出，而验证证明的过程只需要知道电路的公开输入和证明。为了方便存储和传输，libsnark 提供了序列化和反序列化功能，允许用户将证明和公开输入转化为字节串。

此外，libsnark 还提供了一些高级 API，例如生成和验证 zk-SNARK 的快捷方式，以及一些用于性能优化的功能。在实际使用 libsnark 时，用户通常需要首先定义他们想要证明的计算电路，然后使用电路的私有输入和公开输入生成证明，最后使用电路的公开输入和证明进行验证。

6.6 本章小结

本章深入探讨了保护隐私的可信计算技术，包括基于同态加密（HE）、基于安全多方计算的技术，以及基于可信执行环境（TEE）的技术。首先介绍了各项技术的背景、定义、原理以及应用，对于可信执行环境技术，我们特别强调了其在硬件层面的保护特性，而其他技术则主要在软件层面进行保护。

我们深入探讨了这些技术如何在不同层面和从不同角度提供隐私保护，以及它们在实际应用中的表现。在对这些技术进行详细的研究和对比后，我们得出了一些重要的结论，有了一些重要的发现。

首先，同态加密和安全多方计算技术虽然在软件层面提供了强大的保护，但在处理大规模数据时可能会面临效率问题。其次，可信执行环境提供了一种从硬件层面保护隐私的有效方法，但其安全性高度依赖于硬件的可信度。最后，尽管这些技术各有优势，但选择哪种技术取决于具体的应用需求和环境。

6.7 习题

1. 填空题

1）安全多方计算模型可以分为________和恶意模型。

2）SGX 是 Intel 架构新的扩展，在原有架构上增加了________和________。

3）可信操作系统启动包括两种情况：________和________。

2. 选择题

SGX 与 TrustZone 技术相比，其优势为（　　）。

A. 支持虚拟化技术、容器技术

B. 将系统的可信计算基缩小到 CPU

C. SGX 可抵御侧信道攻击

D. 通过内存泄露攻击获取关键信息的难度更大

3. 术语解释

1）同态加密。

2）安全多方计算。

3）零知识证明。

4）混淆电路。

4. 简答题

1）简述 Rich OS、TEE 与 SE 的异同。

2）在 Paillier 加密算法的正确性与安全性方面：

① 为什么 Paillier 加密算法是语义安全的？

② 为什么 Paillier 加密算法密文长度是其明文长度的 2 倍？

③ 对于同一个明文 m，为什么每次 Paillier 密码算法加密出来的密文不同，却都能够正确解密出明文 m？请予以证明。

3）关于同态加密：

① 简述同态加密的定义。

② 证明 RSA 算法是乘法同态的。

③ 证明 Paillier 算法是加法同态的。

6.8 上机实验

1. 编程实现 Paillier 同态加密。
2. 找出下列 Paillier 同态加密实现中的错误。

```
def Encryption(m):
    n,g = pk
    r = random.randint(0,n)
    c = pow(g,m,n**2)* pow(r,n,n**2)% (n ** 2)
    return c
```

6.9 拓展阅读

[1] ACAR A，AKSU H，ULUAGAC A S，et al. A survey on homomorphic encryption schemes：theory and implementation[J]. ACM Computing Surveys (CSUR)，2018，51(4)：1-35.

[2] MA H，HAN S，LEI H. Optimized Paillier's cryptosystem with fast encryption and decryption[C]//37th Annual Computer Security Applications Conference. [s.l.]: [s.n.], 2021：106-118.

[3] EBRAHIMI S，HASSANIZADEH P. From interaction to independence：zkSNARKs for transparent and non-interactive remote attestation[Z]. Cryptology ePrint Archive，2024.

[4] LU W，HUANG Z，ZHANG Q，et al. Squirrel：a scalable secure {two-party} computation framework for training gradient boosting decision tree[C]//32nd USENIX Security Symposium (USENIX Security 23). California: USENIX, 2023：6435-6451.

[5] LU W，HUANG Z，HONG C，et al. PEGASUS：bridging polynomial and non-polynomial evaluations in homomorphic encryption[C]//2021 IEEE Symposium on Security and Privacy (SP). San Francisco: IEEE，2021：1057-1073.

[6] CHEN C，ZHOU J，WANG L，et al. When homomorphic encryption marries secret sharing：secure large-scale sparse logistic regression and applications in risk control[C]//27th ACM SIGKDD Conference on Knowledge Discovery & Data Mining. [s.l.]: ACM SIGKDD, 2021：2652-2662.

第 7 章　大数据共享及其安全隐私

7.1　引言

从大数据整体态势上看，数据的规模将变得更大，数据资源化趋势明显。多源数据通过关联分析和深度开采，使数据价值愈发凸显。因此，数据共享机制在大数据服务的发展中扮演着日益重要的角色。

随着大数据的发展，数据共享联盟将逐渐壮大成为产业的核心一环。阻碍数据大规模共享的一个重要问题就是隐私保护问题。

为了保护隐私，已经提出了很多计算方法，包括同态加密、安全多方计算、函数加密等。加密能够解决很多安全隐私泄露的问题，但仅依靠加密技术是不够的。

在社交网络和其他公共网站上，可以获得大量关于个人的公开免费数据，任何一个想要做坏事的人都可以从任意数量的在线资源上，通过交叉引用来建立关于他们的目标的轮廓（Profile）。因此，需要公开的数据或者准备共享的数据，在发布之前需要进行匿名化处理以保护用户隐私。

差分隐私保护技术也在保护隐私方面做出贡献。这种技术使用一个自动化数据管理系统，可以在提供给数据请求者有用信息的同时，保护数据集中的个人隐私。该技术允许研究人员提出关于存储了敏感信息的数据库的任何问题，同时提供经过模糊化处理的答案，因此不会暴露任何私人数据。

7.2　隐私

随着互联网的兴起，隐私成为一个大家日益关注的问题。

那么，首先我们需要了解隐私的定义，接下来探讨如何度量隐私，最后总结隐私保护方面的威胁。

7.2.1　隐私的定义

简单地说，隐私就是个人、机构等实体不愿意被外部世界知晓的信息。在具体应用中，隐私即数据所有者不愿意披露的敏感信息，包括敏感数据以及数据所表征的特性。通常我们所说的隐私是指敏感数据，如个人的薪资、病人的患病记录、公司的财务信息等。

那么，什么是敏感数据呢？敏感数据就是并非所有人都能够获得的公开数据。

隐私的定义中包含主体（外界）和客体（敏感数据）两个概念，不同文化、不同个体对这两个概念的界定会有很大差异。

（1）主体（外界）　例如，你的工资信息，对于公司的人力资源部门和你的家人而言不是隐私，对于其他人就是隐私。不同的文化和个体对外界的界定也会不同。

（2）客体（敏感数据） 主观上对敏感数据的认定不同：针对不同的数据以及数据所有者，隐私的定义也会存在差别。例如保守的病人会视疾病信息为隐私，而开放的病人却不视之为隐私。

7.2.2 隐私的分类

一般，从隐私所有者的角度，隐私可以分为两类：

1）个人隐私（Individual Privacy）：任何可以确认特定个人或者与可确认的个人相关，但个人不愿暴露的信息，都叫作个人隐私，如身份证号、就诊记录等。

2）共同隐私（Corporate Privacy）：共同隐私不仅包含个人的隐私，还包含所有个人共同表现出但不愿暴露的信息。例如公司员工的平均薪资、薪资分布等信息，两个人之间的关系信息等。

7.2.3 隐私的度量与量化表示

隐私数据保护效果是通过攻击者披露隐私的多寡来侧面反映的。现有的隐私度量都可以统一用“披露风险”（Disclosure Risk）来描述。

披露风险表示攻击者根据所发布的数据和其他背景知识（Background Knowledge），可能披露隐私的概率。通常，关于隐私数据的背景知识越多，披露风险越大。

若 s 表示敏感数据，事件 S_k 表示“攻击者在背景知识 K 的帮助下揭露敏感数据 s”，则披露风险 $r(s,K)$表示为

$$r(s, K)=\Pr(S_k)$$

对数据集而言，若数据所有者最终发布数据集 D 的所有敏感数据的披露风险都小于阈值 α，$\alpha\in[0, 1]$，则称该数据集的披露风险为 α。

7.2.4 完美隐私

特别地，不做任何处理而发布数据集的披露风险为 1；当所发布数据集的披露风险为 0 时，发布的数据被称为实现了完美隐私（Perfect Privacy）。

完美隐私实现了对隐私的最大限度保护，但由于对攻击者先验知识的假设本身是不确定的，因此对隐私的完美保护也只在具体假设、特定场景下才能实现，真正的完美保护并不存在。

7.2.5 威胁分析

那么，谁有可能侵犯大众的隐私呢？

（1）政府 2013 年 7 月，美国国家安全局（NSA）前雇员斯诺登曝光了该局的“棱镜计划”（PRISM）监听项目。

PRISM 是一项由 NSA 自 2007 年起开始实施的电子监听计划，正式名号为 US-984XN。NSA 从 9 家互联网公司的数据中进行数据挖掘，从音频、视频、图片、邮件、文档以及连接信息中分析个人的联系与行动。监控的类型有 10 类信息：邮件、即时消息、视频、照片、存储数据、聊天、文件传输、会议、登录时间、网络资料。NSA 会监听民众电话的通话记录，还会监视民众的网络活动。

“棱镜计划”的曝光，引发了全球各国对美国政府间谍活动的警觉和抗议。“棱镜计划”也让大众对美国政府侵犯个人隐私的可能性产生了警觉。尽管美国政府宣称没有窃听数据的内容，只是采集通信的元数据。

元数据，即除手机、电子邮件外能够描述通信来源、目的地、时间长短的信息。根据元数据，可以绘制一张目标经常活动的区域地图。

从数据到元数据，只是从“窃听”变为“监视”：收集通话记录，而不是通话内容。

（2）企业　苹果、谷歌、百度、阿里巴巴、腾讯等互联网公司掌握了大量个人隐私数据。

（3）黑客及一些犯罪组织　网络空间的黑色产业链发展很快：系统漏洞被明码标价；入侵工具很容易购买；花钱就能够雇佣“水军”发起内容攻击；云计算技术使得普通人的攻击能力日益增强。

接下来分析几个实际发生的用户隐私泄露事件。

7.3　案例分析：用户隐私泄露事件

7.3.1　美国在线数据发布

2006 年 8 月 3 日，美国在线（American Online，AOL）宣布了一项名为“美国在线研究”的新举措。为了“实现开放式研究社区的愿景”，美国在线在一个网站上发布了三个月的用户活动信息，其中包含近 65 万用户的约 2000 万个搜索请求。互联网行为的研究者们很高兴地收到了这些珍贵的信息，这种信息通常被搜索引擎视为严格保密的信息。随之美国在线和其他组织很快就意识到搜索引擎查询是“灵魂的窗口”。

在向公众发布数据之前，美国在线试图匿名化以保护隐私。它虽然对发布的数据进行了匿名化处理（例如，用一个随机号码代替用户的账号），却没有对用户所提交的搜索关键字进行任何处理。在发布的数据中已经抑制任何明显的标识信息，如用户名和 IP 地址，然而为了保存数据的有用性，美国在线用唯一的识别号取代了标识信息，使研究人员能够将不同的搜索结果关联到单个用户。

在发布之后的几天里，有人通过这些数据一些人试图从中识别用户，一些人从中获取特别有趣或令人震惊的搜索历史。最终，某些用户识别号与令人心惊的故事联系在一起。用户 3505202 询问有关“抑郁症和病假”的问题，用户 7268042 查询“担心配偶有外遇”，用户 17556639 搜索“如何杀死你的妻子”“死人的照片”和“撞车照片”等一系列内容。

虽然很多人迅速而严厉地谴责美国在线，但也有一些人认为，公布的数据虽然有些暴露，但没有侵犯隐私——没有人将实际个人与相关查询联系起来。

《纽约时报》记者 Michael Barbaro 和 Tom Zeller 的发现平息了这些争论。他们从美国在线发布的查询记录中发现了识别用户 4417749 身份的线索。根据这些线索，他们迅速追踪到了一名来自乔治亚州的六十二岁女性，她承认自己是 4417749。《纽约时报》成功将部分数据反匿名化，并在经过当事人同意后，公开了其中一位搜索用户的真实身份。

这起隐私泄露事件引起了人们的广泛关注，并导致美国在线当即解雇了发布数据的研究员和他的主管，首席技术官 Maureen Govern 辞职。随后，美国在线因为此事件被地方法院被起诉。

7.3.2 “网飞奖”数据研究

2006 年 10 月 2 日，在线电影租赁服务公司网飞（Netflix）投资 100 万美元举办了一个为期三年的推荐系统算法竞赛，并发布了一些用户的影评数据供参赛者测试。出于隐私保护，网飞公司在发布数据前将所有用户的个人信息移除，仅保留了每个用户对各个电影的评分以及评分的时间戳。

网飞公司公开发布了一亿条记录，包括了从 1999 年 12 月到 2005 年 12 月近 50 万用户对一些电影的评价。在每条记录中，网飞都公布了电影级别、评分（从 1 分到 5 分）以及评分日期。与美国在线一样，网飞首先对记录进行匿名处理，删除诸如用户名等标识信息，但指定了一个唯一的用户标识符以保持评级的连续性。因此，研究人员能看出 1337 号用户在 2003 年 3 月 3 日对 *Gattaca* 的评分为 4 分，2003 年 11 月 10 日对 *Minority Report* 的评分为 5 分。

与美国在线不同的是，网飞发布这些记录具有特定的利润动机。网飞通过给用户提供更精准的电影推荐而使自己的业务更加蓬勃发展。例如，如果网飞知道喜欢 *Gattaca* 的人也会喜欢 *The Lives of Others*，那么就可以向这些用户推荐它，以此持续保持用户对该网站的关注。

为了提高推荐的准确性，网飞发布了上亿条记录来支持这个为期三年的推荐系统算法竞赛，并设立了“网飞奖”。第一个使用这些数据显著改善网飞推荐算法的团队将赢得一百万美元。研究人员称赞“网飞奖”的数据发布对研究来说是一大福音，在算法竞赛中，许多研究人员改进和发展了重要的统计理论。

然而，在数据发布两周后，来自德州大学奥斯汀分校的博士生 Arvind Narayanan 和教授 Vitaly Shmatikov 宣布了他们的发现：一个只对个人用户有一点儿了解的对手，都可以很容易地识别这个个人用户的记录，或者至少识别出一小部分个人用户记录——如果该记录存在于“网飞奖”数据集的话。也就是说，对数据集中的用户进行“再识别”并且仅利用关于他们观看偏好的一些外部信息，就能够找出他们已经评分的所有电影。

他们的发现给出了大量令人吃惊的例子，这些例子证明人们可以轻易地在数据库中反匿名化，从而识别用户。这出乎很多计算机科学家的意料，被认为是新奇之举。如果一个对手（计算机科学家使用的术语）知道数据库中某个人对 6 部电影的确切评分，除此之外没有其他信息，他将能够识别出 84%的人。如果他知道大约在什么时候（两周左右）数据库中的一个人已经评价了 6 部电影，他都能识别出 99%的人。事实上，知道什么时候评分是非常有用的。即便只知道一个评分用户已经看过两个电影（精确的评分，评分日期在三天左右），对手也可以识别出 68%的用户。

为了将这些抽象的理论转化为具体的例子，Narayanan 和 Shmatikov 将网飞的评分数据与互联网电影数据库（Internet Movie Database，IMDb）中的类似数据进行了比较，IMDb 通过其电影相关网站，为用户提供评价电影的机会。

Narayanan 和 Shmatikov 获得了 50 名来自 IMDb 用户的评分。从这个小样本中，他们在网飞数据库中从统计学角度发现了两名可以识别的用户。因为这两个数据库都不是其他数据库的完整子集，所以只能从 IMDb 数据库中获得网飞中没有的东西，反之亦然，其中包括这些用户可能不希望暴露的信息。他们列举了一位用户所浏览的电影，这些电影暗示了有关他或她的政治和宗教观点以及性取向等。

在第一个“网飞奖”宣布之后不久，网飞宣布计划启动第二轮比赛，该比赛涉及“人口统计学数据和用户行为数据，包括有关用户的年龄、性别、邮政编码和之前选择的电影等信息。”

2009 年年底，一些网飞客户就“网飞奖”发布的研究数据导致侵犯隐私的行为向网飞提起集体诉讼，声称网飞违反各州和联邦隐私法律。几个月后，在美国联邦贸易委员会（Federal Trade Commission，FTC）介入后，网飞宣布已经解决了诉讼，并搁置了第二次竞赛的计划。

7.3.3 社交网络上隐私泄露事件

社交网络能够帮助我们更方便地与朋友保持联系，更便捷地获取高质量的信息（经过朋友筛选的、可能是自己感兴趣的信息）。但是，社交网络也被隐私窥探、社会工程学攻击所青睐，是采集隐私信息的理想场所。

社交网络的成员在社交网络上的典型行为包括：上传照片，更新状态信息，发博客/微博，广播消息，添加、批准新朋友，和朋友私信，给朋友留言，转发朋友的消息，评论别人的照片、博客、消息，玩社交游戏，点赞。这些看似平常的信息收集和社交互动行为，其实已经涉及个人隐私保护了。

用手机随手拍张照片发微博或者朋友圈，已经成为很多人的生活习惯，殊不知其所发布的照片中包含了时间信息，还可能会包含地理位置信息。对此，大多数应用都已经采取了措施，对照片中的可交换图像文件（EXIF）信息进行过滤。但即使如此，基于照片本身进行分析来确定拍摄照片的地理位置信息，很多时候也并不困难。

多数人的生活范围其实非常有限，家与工作单位，以及常去吃饭、娱乐的场所。用户之间的互动情况也是有规律可循的，比如与配偶/情人的互动比较多，结合在这些地点出现的时间信息、消息转发/评论信息，就可以得到用户“画像”；对多个用户进行关联分析，就可以发现一些用户的生活轨迹高度重叠。例如，在某互联网公司的大数据挖掘实验项目中，通过收集和分析该公司员工的新浪微博信息，成功挖掘出公司员工之间尚未公开的恋情信息。

7.4 数据匿名化技术

7.4.1 无处不在的匿名化

数据匿名化技术在现代数据处理中起着重要的作用，是存储或公开个人信息的标准程序的核心技术之一。

那么，什么是数据匿名化？为什么人们这样做？它的应用到底有多么广泛？

1. 什么是数据匿名化

数据匿名化（Anonymization）是一个过程，通过这个过程将数据库中的部分信息隐匿，使得数据主体难以被识别。

个人信息的属主被称为数据主体（Data Subject）。数据主体既可以是一个人，也可以是一个实体。数据管理员试图通过数据匿名化来保护数据主体的隐私。

研究人员已经开发了许多不同的数据匿名化技术，这些技术在成本、复杂性、易用性和健壮性上各不相同。

首先介绍一种常见的技术：抑制（Suppression）。抑制是指数据管理员通过删除或完全省略部分数据，实现对数据主体的身份保护。例如，医院的数据管理员在跟踪处方时，会在共享数据之前先删除患者的姓名从而将其匿名化。

匿名化的反面是再识别（Reidentification）或去匿名化（Deanonymization）：攻击者通过将匿名记录与外部信息关联起来再识别匿名后的数据，并希望能够发现数据主体的真实身份。

2. 匿名化的原因

数据如果不共享和进一步开发利用，其存储价值将大大降低。

数据管理者在存储或公开数据时，需要对数据进行匿名化处理，以保护数据主体的隐私。

披露数据常见的三种情况如下：

1）管理员向第三方发布数据。例如，健康研究人员与其他健康研究人员共享患者数据，网站向广告商出售交易数据，电话公司向执法部门透露呼叫记录。

2）管理员有时会向公众发布匿名数据。管理员越来越多地参与所谓的“众包”业务——试图利用大量志愿者用户，这种模式能够更加高效、更加彻底地分析数据。

3）管理员向组织内的其他人披露匿名数据，特别是在大型组织中。管理员可能希望保护数据主体的隐私，甚至不被组织内的其他人知道。例如，大型银行可能希望与其营销部门共享一些数据，但只有匿名后才能保护客户隐私。

3. 数据匿名化的广泛使用

道德规范约束经常要求通过匿名化来保护人们的隐私。例如，生物医学指南通常建议编码遗传数据，将存储的基因与随机数字相关联以保护隐私。类似的情况也出现在诸如电子商务、互联网服务、数据挖掘和国家安全数据共享等环境下，进行相应匿名化处理以保护隐私。学术研究人员严重依赖匿名化来保护人类研究对象，学术研究指南一般建议匿名化，特别是在教育、计算机网络监测和健康研究方面。专业统计人员有义务将数据匿名化，这是职业道德的一部分。

市场压力有时会迫使企业匿名化数据，例如，mint.com 和 wesabe.com 这样的公司提供基于网络的个人财务跟踪和计划。这些公司的一种业务是聚合和重新发布数据，以帮助客户将他们的支出与类似人群的支出进行比较。为了让客户对这种数据共享感到满意，mint.com 和 wesabe.com 承诺在共享数据之前将数据匿名化。

在设计技术架构时，匿名化通常是默认的选择。例如，当你访问一个网站时，与你通信的远程计算机（也称为 Web 服务器）会记录一些有关你访问的信息，这些信息被称为日志文件。绝大多数 Web 服务器记录的信息远远少于有关你访问的最大信息量，在默认情况下只保存了有限数量的信息。

7.4.2 匿名技术：发布-遗忘模型

1. 发布-遗忘模型

人们是如何对数据进行匿名化处理的呢？本节介绍发布-遗忘模型（Release and Forget Model）。

顾名思义，该模型包含两部分内容。

1）发布：数据管理员对数据进行匿名化处理后发布数据，包括公开发布数据，秘密地向第三方发布数据，或者在自己的组织内部发布数据。

2）遗忘：然后数据管理者会忘记，这意味着他不会试图在发布后追踪记录的情况。在数据发布之前，数据管理者并没有轻率地将要发布的数据对象置于危险之中，而是对敏感数据进行了处理。

我们学习发布-遗忘模型的原因有两个。首先，这种模型被广泛使用。这是因为它会在广泛传播数据的同时保证隐私，用户不需要任何妥协就会向数据管理员提供数据。其次，这种技术往往是有缺陷的。许多再识别技术的最新进展特别针对发布-遗忘匿名化。

下面介绍一些常见的发布-遗忘技术。首先，我们需要一个样本数据库进行匿名化处理，该样本数据库是一个简化的用于跟踪访问和投诉的医院数据库，原始（非匿名）数据见表 7.1。

表 7.1　原始（非匿名）数据

姓名	种族	出生日期（MM/DD/YYYY）	性别	邮编	疾病
Sean	黑人	9/20/1965	男	02141	呼吸短促
Daniel	黑人	2/14/1965	男	02141	胸痛
Kate	黑人	10/23/1965	女	02138	眼疼
Marion	黑人	8/24/1965	女	02138	气喘
Helen	黑人	11/7/1964	女	02138	关节疼痛
Reese	黑人	12/1/1964	女	02138	胸痛
Forest	白人	10/23/1964	男	02138	呼吸短促
Hilary	白人	3/15/1965	女	02139	高血压
Philip	白人	8/13/1964	男	02139	关节疼痛
Jamie	白人	5/5/1964	男	02139	发烧
Sean	白人	2/13/1967	男	02138	呕吐
Adrien	白人	3/21/1967	男	02138	背疼

我们把这个数据集合称为表格。每行被称为一条记录。每列被称为一个字段或属性，由一个称为字段名称或属性名称的标签来标识。对于一个给定的属性，每条记录都有一个特定的值。

为了保护本表中的人员隐私，医院数据库管理员将在发布此数据之前采取以下步骤：

首先是识别身份信息。管理员将挑选出他认为可以用来识别个人的任何字段。通常，他不仅要挑选如姓名这样的显示标识符，而且要考虑字段的组合，在组合的情况下可能将表中的记录与患者的身份关联起来。有时，管理员会自己选择潜在的标识字段，直观地（通过隔离可能识别的数据类型）或分析后（通过在特定数据中寻找唯一性）选择。例如，医院数据库中没有两个人的出生日期是一样的，则管理员必须将出生日期作为标识符。如果不这样做，那么任何知道 Forest 出生日期（知道 Forest 已经入院）的人都可以在匿名数据中找到 Forest。

在另一些情况下，管理者会考虑另外的数据来源（如统计研究、公司政策或政府法规）来决定是否将特定字段用作身份识别。在这种情况下，假定管理员根据这些来源之一，决定将以下四个字段视为潜在的标识符：姓名，出生日期，性别和邮政编码（简称邮编）。

后续将采用抑制、泛化和聚合三步进行数据脱敏。

2. 数据脱敏技术：抑制、泛化、聚合

抑制：管理员修改识别字段。他可能会抑制这些识别字段，把表中的字段完全删除。在我们的例子中，管理员可能删除所有四个潜在的标识符，生成表 7.2。

表 7.2 抑制

种族	疾病
黑人	呼吸短促
黑人	胸痛
黑人	眼疼
黑人	气喘
黑人	关节疼痛
黑人	胸痛
白人	呼吸短促
白人	高血压
白人	关节疼痛
白人	发烧
白人	呕吐
白人	背疼

管理者首先会面对一个根本的矛盾。一方面，有了这个版本的数据，管理者无须担心隐私问题：即使有人知道了 Forest 的出生日期、性别、邮政编码和种族，仍然无法了解 Forest 的病症。另一方面，严重的抑制使数据对研究几乎毫无用处。虽然研究人员可以使用剩余的数据来跟踪疾病的发生率，但由于年龄、性别信息已经被删除，研究人员将无法得出许多其他有趣和有用的结论。

泛化（Generalization）：为了更好地实现效用和隐私之间的平衡，管理者可能会泛化而不是抑制标识符。这意味着他将改变而不是删除标识符值以增强隐私，同时保持数据的实用性。例如，管理者可以选择简化姓名字段，将出生日期归纳为出生年份，并通过只保留前三个数字来概括邮政编码。通过泛化生成表 7.3。

表 7.3 泛化

种族	出生日期	性别	邮编*	疾病
黑人	1965	男	021*	呼吸短促
黑人	1965	男	021*	胸痛
黑人	1965	女	021*	眼疼
黑人	1965	女	021*	气喘
黑人	1964	女	021*	关节疼痛
黑人	1964	女	021*	胸痛
白人	1964	男	021*	呼吸短促
白人	1965	女	021*	高血压
白人	1964	男	021*	关节疼痛

（续）

种族	出生日期	性别	邮编*	疾病
白人	1964	男	021*	发烧
白人	1967	男	021*	呕吐
白人	1967	男	021*	背疼

现在，即使有人知道 Forest 的出生日期、邮政编码、性别和种族，也很难找出 Forest 的具体病症。这种泛化数据比原始数据更难确定用户，研究人员也会发现这种数据比抑制数据有用得多。

聚合（Aggregation）：最后，为了更好地理解什么是发布-遗忘匿名，可以考虑一种不遵循发布-遗忘的常用技术。通常，分析师只需要汇总统计数据，而不是原始数据。数十年来，统计人员一直在研究如何发布汇总统计数据，同时保护数据主体免于再识别。因此，如果研究人员只需要知道有多少人患有呼吸短促，管理员就可以发布通过聚合生成的表 7.4。

表 7.4　聚合

呼吸短促的人	2

实际上，Forest 是这个统计所描述的两个人中的一个，他患有呼吸短促的疾病，但除此之外没有暴露更多信息，所以他的隐私是安全的。

隐私律师倾向于使用另外两个名字来描述发布-遗忘技术：去标识和个人可识别信息（Personally Identifiable Information，PII）删除。去标识在健康隐私方面具有特别的重要性，实施《健康保险流通与责任法案》（*Health Insurance Portability and Accountability Act*，HIPPA）隐私条款的条例明确使用该术语，让那些在发布数据之前先对其进行去标识操作的医疗保健提供者和研究人员一目了然。

3．技术挑战

数据管理员在与第三方共享数据时保护用户隐私，数据主体可以放心，他们的秘密将继续保持私密性；立法者可以通过解除对匿名记录交易的管制来平衡隐私和其他利益（例如知识的进步）；监管者很容易将数据处理人员分成两类，即负责任者（匿名者）和不负责任者（未保密者）。

然而，一系列经过匿名化处理的脱敏数据导致的隐私泄露事件，使人们对匿名化的效用产生了严重的怀疑。

7.5　匿名化技术与反匿名化技术的博弈

7.5.1　*k* 重匿名隐私保护模型

20 世纪最著名的用户隐私泄露事件之一发生在美国马萨诸塞州。20 世纪 90 年代中叶，该州团体保险委员会（Group Insurance Commission）决定发布州政府雇员的“经过匿名化处理的”医疗数据，以帮助公共医学研究工作。在数据发布之前，团体保险委员会对潜在的隐私问题已有所认识，因此删除了数据中所有敏感信息，例如姓名、住址和社会安全号码（Social Security Number）。

然而 1997 年，麻省理工学院博士生拉坦娅·斯威尼（Latanya Sweeney）（之后成为哈佛大学教授）成功破解了这份匿名数据，并找到了时任马萨诸塞州州长威廉·威尔德（William Weld）的医疗记录，还将该记录直接寄给了州长本人。

斯威尼的攻击手法非常简单。首先，她下载了团体保险委员会的“匿名”数据。这份数据虽然删除了很多个人信息，但仍保留了三个关键字段：患者的出生日期、性别和邮编。

然后，她花 20 美元购买了一份公开的马萨诸塞州坎布里奇市选民名单（州长也在其中），名单中包含投票人的姓名、住址、邮编、出生日期、性别以及其他信息。

最后，斯威尼将选民名单与匿名医疗数据进行匹配，发现医疗数据中仅有 6 人与州长的生日相同，而其中只有 3 人是男性，当中又仅有一人与州长的邮编相同。医疗数据与选民名单匹配情况如图 7.1 所示。

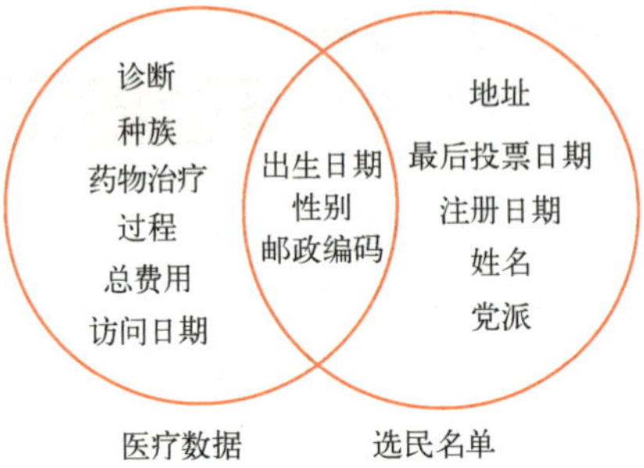

图 7.1 医疗数据与选民名单匹配情况

由此，斯威尼准确地定位了州长的医疗记录。斯威尼进一步研究发现：87%的美国人拥有的出生日期、性别和邮编三元组信息都与他人不同；同时发布此三元组信息，事实上几乎等同于直接公布姓名。

按照斯威尼的思路，数据记录的属性可以分为三类：

1）显式标识符（Explicit Identifier）：能唯一标识单一个体的属性，如身份证号码、姓名等。

2）准标识符（Quasi-Identifier）：联合起来能唯一标识一个人的多个属性，如邮编、生日、性别等联合起来则可能是准标识符。

3）敏感属性（Sensitive Attribute）：包含隐私数据的属性，如疾病、薪资等。

简单的匿名化处理，只是把显式标识符过滤掉。但是，一个人还是可以通过他的准标识符数据而被识别出来。若要执行相关攻击，攻击者需要两个前提：泄露数据中包含被攻击者的信息和被攻击者的准标识符。例如，攻击者知道被攻击者在住院，因此他就知道被攻击者的医疗记录将会出现在医院泄露出的患者数据库中。对于这个攻击者来说，得到被攻击者的邮编、出生日期和性别也不是难事，这些就可以作为相关攻击时的准标识符。

以表 7.5 所示原始数据集为例，去除显式标识符得到表 7.6。攻击者知道 Frank 是一位 38 岁的男律师，并且知道数据集中包含 Frank 的数据，从而能够推断出 Frank 的疾病是 HIV。

这种攻击方式被称为记录链接式攻击（Attack of Record Link）。

表 7.5　原始数据集

身份证号	姓名	职业	性别	年龄	疾病
12345679	Steven	工程师	男	35	肝炎
12345678	Frank	律师	男	38	HIV
12345601	Andy	律师	男	30	肝炎
12345603	Alice	作家	女	30	流感
12345610	Lily	舞者	女	30	HIV
12345670	Ellen	作家	女	30	HIV
12345607	Gloria	舞者	女	30	HIV

表 7.6　去除显式标识符

职业	性别	年龄	疾病
工程师	男	35	肝炎
律师	男	38	HIV
律师	男	30	肝炎
作家	女	30	流感
舞者	女	30	HIV
作家	女	30	HIV
舞者	女	30	HIV

要防止此类相关攻击，发布数据时应发布一个匿名的表。通过对原始表 D 中的准标识符属性进行匿名操作，得到原准标识符属性的匿名版本。匿名操作隐藏了某些详细信息，使得准标识符记录不具有可辨认性。

匿名操作可以通过原始表 D 的统计性质得到一个综合的数据表 T，或者在原始表 D 中加入干扰噪声来形成表 T。匿名操作是用来产生一个表 T，在满足被需要的隐私模型的同时又保证尽可能多数据可以被使用。信息衡量标准用来测量一个匿名表的可用程度。值得注意的是，如果非敏感属性对于数据挖掘任务来说是重要的，那么非敏感属性也可以被公布。

数据匿名化技术中的主要方法包括泛化、抑制、分割和聚集。我们重点介绍泛化和抑制。图 7.2 显示了泛化和抑制方法。

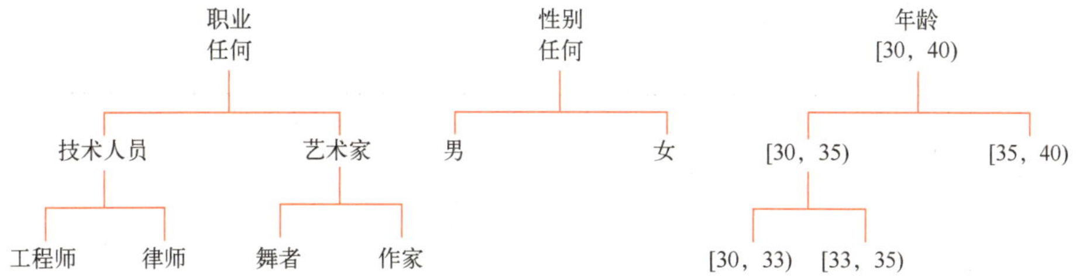

图 7.2　泛化和抑制方法

泛化通常是针对准标识符的属性，用更加概括、抽象的值替代具体描述值。泛化的核心思想就是一个值被一个不确切的但是忠于原值的值代替。例如用中年代替 35～50 的年龄区间值，用省代替地级市的概念等。泛化是指数据泛化（概化），数据集中的数据和对象通常包含原始概念层的细节信息，数据泛化（概化）是将数据集中与任务相关的数据以较低的概念层次抽象到较高的概念层次的过程。

抑制是指针对标识符做不发布处理。因为标识符和某些属性有很强的查询能力，所以针对它们做抑制处理是比较恰当的。有时抑制方法可以降低泛化的代价。

子类和超类的概念最先出现在面向对象技术中。在现实世界中，实体类型之间可能存在抽象与具体的联系。当较低层次上实体类型表达了与之联系的较高层次上的实体类型的特殊情况时，称较高层次上实体类型为超类型，较低层次上实体类型为子类型。

子类与超类具有如下性质：

1）子类与超类之间具有继承性的特点，即子类实体继承超类实体的所有属性，但子类实体本身还可以包含比超类实体更多的属性。

2）子类与超类的这种继承性是通过子类实体和超类实体有相同的实体标识符实现的。

泛化对数据进行更加概括、抽象的描述，从子类到超类的抽象化过程就是一个泛化的过程。这是自底向上的概念综合（Synthesis），如“人员”是比“教师”“学生”更为泛化的概念。

7.5.2 *l*–多样性隐私保护模型

经过泛化和抑制处理的数据集见表 7.7，工程师和律师被泛化为技术人员，作家和舞者被泛化为艺术家；前面三条记录的年龄被泛化为一个区间[30, 40)。经过匿名化处理的数据集（见表 7.7）可以抵御前述的记录链接式攻击。

但是，通过观察表 7.7，我们很容易发现一个新的问题，如果攻击者知道 Lily 是一名 30 岁的女性舞者，并且该数据集中包含 Lily 的数据，从公开的数据集中能够推断出 Lily 的疾病是 HIV。这种攻击方式被称为属性链接式（Attack of Attribute Link）攻击。

当遭受属性链接式攻击时，攻击者也许不能精确地识别目标受害者的记录，但可能从被公布的数据 T 中基于与受害者所属团体相联系的一系列敏感值集合推理出目标受害者的敏感值。如果一些敏感值在群组中占了主导地位，即使满足 k 重匿名，一个成功的推断也会变得相对容易。

Machanavajjhala 等人提出了多样性原则，并称之为“ℓ-多样性”来阻止属性链接式攻击。ℓ-多样性要求每个准标识符组至少包含 ℓ 个有“较好代表性”的敏感值。对“较好代表性”的最简单理解是确保每个准标识符组中的敏感属性都有 ℓ 个不同的值。

表 7.7　经过泛化和抑制处理的数据集

职业	性别	年龄	疾病
技术人员	男	[30,40)	肝炎
技术人员	男	[30,40)	HIV
技术人员	男	[30,40)	肝炎
艺术家	女	30	HIV
艺术家	女	30	HIV
艺术家	女	30	HIV
艺术家	女	30	HIV

7.5.3　*t*–相近性隐私保护模型

满足 *k* 重匿名和 ℓ –多样性的要求，是不是就没有问题了呢？

再看一个例子。

表 7.8 中的数据满足 *k* 重匿名和 ℓ –多样性的要求，但是考虑一种情况：30 岁的女舞者 Ellen 的收入是多少？

表 7.8　满足 *k* 重匿名和 ℓ –多样性要求的数据集

工作	性别	年龄	收入（万元）
*	男	*	2.05k
*	男	*	5.19k
*	男	*	7.05k
作家	女	30	9.59k
作家	女	30	8.55k
舞者	女	30	1.99k
舞者	女	30	2.00k

攻击者如果知道 Ellen 是一名 30 岁的女性舞者，并且数据集中包含 Ellen 的数据，就能够推断出 Ellen 收入是 1.99 万元或者 2 万元；由于这两个数值很接近，攻击者已经获得了想要的答案。

基于该问题，研究者提出了 *t*–相近性（*t*–closeness）模型。这个模型要求准标识符上任一群组中的敏感值的分布接近于整体表中的属性分布。

t–相近性模型有几个缺点。首先，它缺乏对不同敏感值实施不同保护的灵活性。其次，它不能有效抑制在数字敏感属性方面的属性链接。最后，实施 *t*–相近性模型将会极大地降低数据的实用性，这是因为它需要所有分布在准标识符组里面的敏感值是相同的。这将会极大地破坏准标识符和敏感属性间的关联。一种可以减小这种损害的方式是调整增加偏斜性攻击（Skewness Attack）风险的临界值，或者使用概率性的隐私模型。

7.6　差分隐私技术

从 *k* 重匿名开始的一系列工作，如 *t*–相近性、ℓ –多样性等，陷入了一个“新隐私保护模型不断被提出但又不断被攻破”的循环中。从根本上说，这一系列工作的缺陷在于：为了简化隐私保护理论上的推导，对攻击者的背景知识和攻击模型都给出了相当多的假定，但是这些假定在现实中并不完全成立，因此人们总能找到各种各样的方法来进行攻击。

直到差分隐私被提出后，这一问题才得到较好的解决。

7.6.1　差分隐私模型简介

来自微软研究院的德沃柯（Dwork）等人于 2006 年提出了差分隐私模型。差分隐私是一种通用且具有坚实数学理论支持的隐私保护框架，可以在攻击者掌握任意背景知识的情况下对发布数据提供隐私保护。

差分隐私具有两个最重要的优点：①差分隐私严格定义了攻击者的背景知识：除了某一条记录，攻击者知晓原数据中其他所有信息。这样的攻击者几乎是最强大的，而差分隐私在这种情况下依然能有效保护隐私信息。②差分隐私拥有严谨的统计学模型，极大地方便了数学工具的使用以及定量分析和证明。

正是由于差分隐私的诸多优势，它一出现便迅速取代了之前的隐私模型，成为隐私研究的核心，并引起理论计算机科学、数据库与数据挖掘、机器学习等多个领域的关注。

7.6.2 工作原理

差分隐私技术的基本思路如下：当用户（也可能是潜藏的攻击者）向数据提供者提交一个查询请求时，如果数据提供者直接发布准确的查询结果，则可能导致隐私泄露，用户可能会通过查询结果来反推出隐私信息。为了避免这一问题，差分隐私系统要求从数据库中提炼出一个中间件，用特别设计的随机算法对中间件注入适量的噪声，得到一个带噪中间件；再由带噪中间件推导出一个带噪的查询结果，并返回给用户。这样，即使攻击者能够从带噪的查询结果反推得到带噪中间件，他也不可能准确推断出无噪中间件，更不可能对原数据库进行推理，从而达到了保护隐私的目的。差分隐私技术的基本原理如图 7.3 所示。

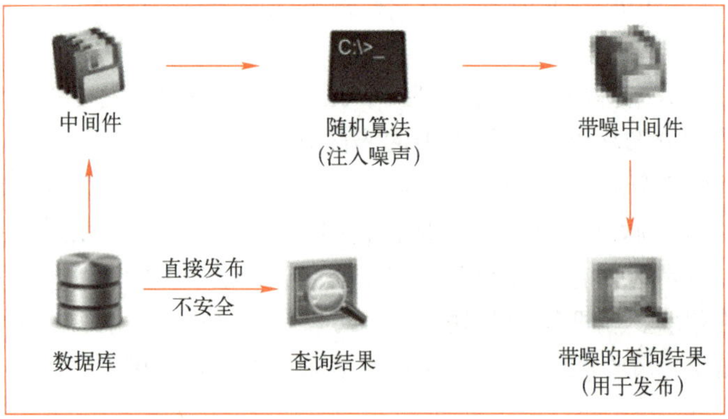

图 7.3　差分隐私技术的基本原理

定义：对于任意一对相邻数据库（定义为差别最多有一个记录的两个数据库）D_1 和 D_2，任意一个可能的带噪中间件 S，一个提供 ε-差分隐私保护的算法 M 必须满足：$\Pr[M(D_1)=S]\leqslant\exp(\varepsilon)\cdot\Pr[M(D_2)=S]$。

简单来说，即便攻击者已经知道了原数据中的绝大部分记录（即 D_1 和 D_2 的相同部分）以及带噪中间件（即 S），他依然无法准确判断原数据到底是 D_1 还是 D_2。

换言之，即便攻击者已经知道了原数据中的绝大部分元组，他依然无法对剩余的元组做出准确的推断。这是因为对于输入 D_1 和 D_2，算法 M 输出 S 的概率是相近的。

对于任意一个可能的带噪中间件 S，$\Pr[M(D_1)=S]$和 $\Pr[M(D_2)=S]$的概率总是被约束在$[\exp(-\varepsilon)，\exp(\varepsilon)]$之间。

差分隐私的参数 ε 描述了上述两个概率分布的相似性。ε 越小，概率的相似性越高，也

就越难区分 D_1 和 D_2，从而达到更高程度的隐私保护。值得一提的是，在实际应用中，选取多大的参数 ε 仍然是一个未解决的问题。

差分隐私的核心在于其随机算法的设计：设计者首先需要证明算法输出的带噪中间件满足定义，然后在满足上述要求的情况下尽量少地加入噪声。

7.6.3 拉普拉斯机制

根据差分隐私的工作原理，我们可以知道使查询满足差分隐私的方法就是：在回复结果中增加随机噪声。这里的关键挑战是：既需要增加足够大的噪声，使查询满足差分隐私，噪声又不能加得太多，否则查询结果就没有意义了。

为了简化这一过程，差分隐私领域的学者提出了一些基础机制。这些基础机制具体描述了应该增加何种类型的噪声，以及噪声量应该多大。最典型的基础机制是拉普拉斯机制（Laplace Mechanism）。

拉普拉斯机制的核心思想是通过向中间件 S 加入服从拉普拉斯分布的噪声来满足差分隐私定义中的约束条件，即对于一个数据查询 f，拉普拉斯机制首先生成真实结果 $f(D)$作为中间件，然后通过发布带噪结果 $f(D)+Y$ 来回答查询，其中噪声 Y 服从拉普拉斯分布。

1. 拉普拉斯分布

均值为 0 的拉普拉斯分布（见图 7.4）表示为

$$\mathrm{Lap}(x\,|\,b)=\frac{1}{2b}\exp\left(-\frac{|x|}{b}\right)$$

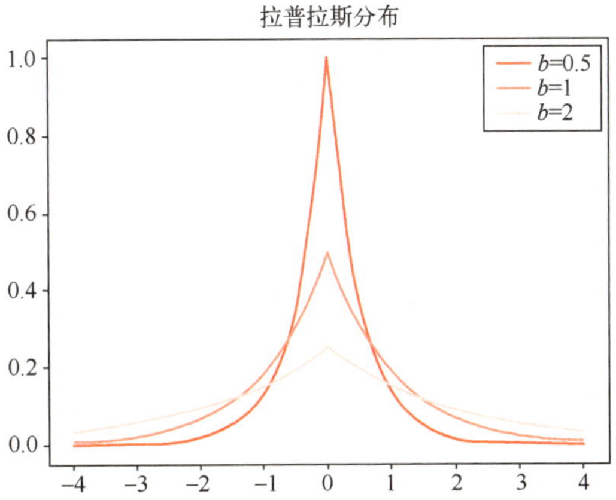

图 7.4　均值为 0 的拉普拉斯分布

通常会用 Lap(b)表示尺度为 b 的拉普拉斯分布。

2. 拉普拉斯机制定义

根据拉普拉斯机制，对于可以输出一个数值型结果的函数 $f(D)$，按下述方法定义的 $M(D)$满足ε−差分隐私

$$M(D)=f(D)+\mathrm{Lap}\left(\frac{\Delta f}{\varepsilon}\right)$$

式中，$M(D)$表示对集合 D 实际进行查询所返回的结果，$f(D)$表示对集合 D 执行查询函数 f 返回的结果，Δf 是查询 f 的敏感度（Sensitivity），ε 是隐私预算参数，$\mathrm{Lap}(S)$表示以均值为 0、放缩系数为 S 的拉普拉斯分布采样。

敏感度表示为对于任意一对相邻数据库（定义为差别最多有一个记录的两个数据库）x 和 y，在未加入噪声时，对于查询函数 f，输出结果的最大变化范围，即

$$\Delta f = \max |f(x) - f(y)|$$

3. 拉普拉斯机制证明

可以证明拉普拉斯机制是满足 $(\varepsilon, 0)$ -差分隐私的：x 和 y 是任意两个数据库，令 x，$y \in \mathbb{N}^{|\mathcal{X}|}$ 满足 $\|x-y\|_1 \leqslant 1$，$f(\cdot)$ 是 $f: \mathbb{N}^{|\mathcal{X}|} \to \mathbb{R}^k$ 。p_x 表示 $M_{\mathcal{L}}(x, f, \varepsilon)$ 的概率密度函数，p_y 表示 $M_{\mathcal{L}}(y, f, \varepsilon)$ 的概率密度函数，在任意点 $z \in \mathbb{R}^k$ 比较

$$\begin{aligned}\frac{p_x(z)}{p_y(z)} &= \prod_{i=1}^{k}\left(\frac{\exp\left(-\frac{\varepsilon|f(x)_i - z_i|}{\Delta f}\right)}{\exp\left(-\frac{\varepsilon|f(y)_i - z_i|}{\Delta f}\right)}\right) = \prod_{i=1}^{k}\exp\left(\frac{\varepsilon\left(|f(y)_i - z_i| - |f(x')_i - z_i|\right)}{\Delta f}\right) \\ &\leqslant \prod_{i=1}^{k}\exp\left(\frac{\varepsilon|f(x)_i - f(y)_i|}{\Delta f}\right) \\ &= \exp\left(\varepsilon \cdot \frac{\|f(x) - f(y)\|_1}{\Delta f}\right) \\ &\leqslant \exp(\varepsilon)\end{aligned}$$

其中，第一个不等式由绝对值不等式容易得到，第二个不等式由敏感度的定义也容易得到。故概率密度函数在 $S \subseteq \mathbb{R}^k$ 上积分得到差分隐私的定义形式：

$$\Pr[M(x) = S] \leqslant \exp(\varepsilon) \cdot \Pr[M(y) = S]$$

4. 拉普拉斯机制用例

下面对一个数据集实现拉普拉斯机制。该数据集为美国一次人口普查数据，共有 32561 条记录，每条记录包含 15 种属性：姓名，出生日期，邮政编码，年龄，工薪阶层，人口普查员现场观察到的人数，受教育程度，受教育年限，婚姻状况，职业，群体性关系，种族，性别，工作时间/周，国籍。假设我们要查询数据集中职业为销售员的人数，同时使用拉普拉斯机制进行隐私保护。

根据敏感度定义，只修改一项记录，销售员人数变化最大为 1，因此该查询的敏感度 Δf 为 1。我们分别在隐私预算ε=0.1 和ε=1 的情况下使用拉普拉斯机制查询该数据集中职业为销售员的人数，即对该数据集中查询到的真实结果分别添加服从 $\mathrm{Lap}\left(\frac{1}{0.1}\right)$ 分布和 $\mathrm{Lap}\left(\frac{1}{1}\right)$ 分布的拉普拉斯噪声。重复 1000 次查询后，将应答结果绘制成图，如图 7.5 所示，真实统计结果为 3650。

我们可以看到，ε 越大，应答结果就越集中，越接近真实结果，但是对隐私的保护程度就越低，攻击者越容易通过集中的数据分布来得到真实的统计结果。因此我们可以得出结论，在拉普拉斯机制中，隐私预算 ε 和数据可用性成正比，和隐私保护成反比。

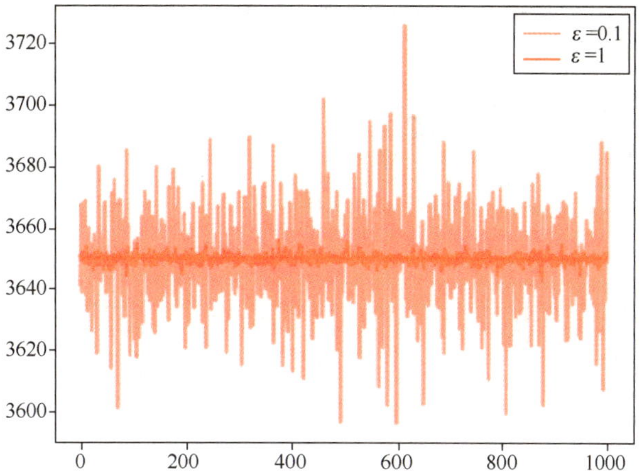

图 7.5　执行 1000 次查询后的应答结果

7.6.4　高斯机制

与拉普拉斯机制类似，高斯机制也适用于数值型查询。但高斯机制增加的不是拉普拉斯噪声，而是高斯噪声。相比于拉普拉斯机制提供的严格的$(\varepsilon,0)$-差分隐私，高斯机制提供的则是一种松弛差分隐私，即(ε,δ)-差分隐私。

松弛差分隐私的定义如下

$$\Pr[M(D_1)=S]\leqslant e^{\varepsilon}\Pr[M(D_2)=S]+\delta$$

式中，新的隐私参数δ表示不满足严格差分隐私定义的"失败概率"，我们有$1-\delta$的概率满足$(\varepsilon,0)$-严格差分隐私，同时有δ的概率不满足$(\varepsilon,0)$-严格差分隐私。也就是说，在松弛差分隐私中，并不能保证数据集得到完全的保护。所以，要确保δ非常小，通常为$1/n^2$或者更小，其中n为数据集的大小。

1．高斯机制定义

根据高斯机制，对于可以输出一个数值型结果的函数$f(D)$，按下述方法定义的$M(D)$满足(ε,δ)-差分隐私

$$M(D)=f(D)+N(\delta^2),\quad \delta^2=\frac{2s\Delta f^2\log(1.25/\delta)}{\varepsilon^2}$$

式中，$M(D)$表示对集合D实际进行查询所返回的结果，$f(D)$表示对集合D执行查询函数f返回的结果，$N(\delta^2)$表示以均值为 0、方差为δ^2的高斯（正态）分布采样的结果，Δf是查询f的敏感度，ε和δ是隐私预算参数。

2．高斯机制证明

可以证明高斯机制是满足(ε,δ)-差分隐私的。为了方便证明，我们在此处先抛出一个引理：D和D'是任意一对相邻数据库，令满足差分隐私的区间为S_{good}，满足$\dfrac{\Pr(M(D)\in S_{\text{good}})}{\Pr(M(D')\in S_{\text{good}})}\leqslant e^{\varepsilon}$；不满足差分隐私的区间为$S_{\text{bad}}$，满足$\dfrac{\Pr(M(D)\in S_{\text{good}})}{\Pr(M(D')\in S_{\text{good}})}>e^{\varepsilon}$，当$\Pr(M(x)\in S_{\text{bad}})\leqslant\delta$时，算法$M$满足$(\varepsilon,\delta)$-差分隐私。

x 和 y 是任意一对相邻数据库，映射到同一输出 z，不妨令 $f(x)=0$，$f(y)=\Delta f$，则

$$\ln\left(\frac{\Pr(M(x)=z)}{\Pr(M(y)=z)}\right)=\ln\left(\frac{\exp\left(\dfrac{-z^2}{2\sigma^2}\right)}{\exp\left(\dfrac{-(z-\Delta f)^2}{2\sigma^2}\right)}\right)$$

$$=\frac{(z-\Delta f)^2-z^2}{2\sigma^2}=\frac{\Delta f^2-2\Delta f\cdot z}{2\sigma^2}=\frac{\Delta f^2-2\Delta f\cdot y}{\dfrac{4\Delta f^2\log\dfrac{1}{\delta}}{\varepsilon^2}}=\frac{\varepsilon^2}{4\log\dfrac{1}{\delta}}-\frac{\varepsilon^2 y}{2\log\dfrac{1}{\delta}}$$

故不满足差分隐私的区间 $S_{\text{bad}}=\left\{y:y\leqslant\dfrac{-2\Delta f\log\dfrac{1}{\delta}}{\varepsilon}\right\}$，通过积分和不等式放缩可以得到 $\Pr(M(x)\in S_{\text{bad}})\leqslant\delta$，由引理可知其满足 (ε,δ)-差分隐私。

3. 为什么需要高斯机制

既然高斯机制和拉普拉斯机制都适用于数值型查询，同时高斯机制只能满足松弛差分隐私，那么为什么还需要高斯机制呢？

之前我们考虑的都是实值函数（即输出总是单一实数的函数）。此类函数的形式为 $f:D\to\mathbb{R}$。拉普拉斯机制和高斯机制都可以扩展到形式为 $f:D\to\mathbb{R}^k$ 的向量值函数，即输出为实数向量的函数。举例来说，可以将直方图看作向量值函数，其返回的向量表示直方图各个分箱的计数值。之前提过，函数的敏感度定义为

$$\Delta f=\max|f(x)-f(x')|,\quad d(x,x')\leqslant 1$$

考虑到表达式 $f(x)-f(x')$，如果 f 是向量值函数，那么该表达式表示的是两个向量之间的差，可以通过计算对应位置元素之间的差来得到（两个长度为 k 的向量差是一个长度为 k 的新向量）。这个新向量就是 $f(x)$ 和 $f(x')$ 之间的距离。该向量的标量长度就是 f 的敏感度。我们将使用两种方法来计算向量标量长度：L1 范数和 L2 范数。

给定长度为 k 的向量 $\boldsymbol{V}$，其范数定义为 $\|\boldsymbol{V}\|_1=\sum_{i=1}^{k}|\boldsymbol{V}_i|$（即求向量各个元素的和）。在二维空间中，两个向量之差的 L1 范数就是它们的“曼哈顿距离”。

给定长度为 k 的向量 $\boldsymbol{V}$，其范数定义为 $\|\boldsymbol{V}\|_2=\sqrt{\sum_{i=1}^{k}\boldsymbol{V}_i^2}$（即先求向量各个元素平方和再求平方根）。在二维空间中，两个向量之差的 L2 范数就是它们的“欧氏距离”。L2 范数总是小于或等于 L1 范数。

向量值函数 f 的 L1 敏感度为

$$\Delta f=\max\|f(x)-f(x')\|_1,\quad d(x,x')\leqslant 1$$

此敏感度等于向量各个元素敏感度的和。举例来说，如果我们定义了一个向量值函数 f，其返回一个长度为 k 的向量，且向量中各个元素的敏感度均为 1，则 f 的 L1 敏感度为 k。

类似地，向量值函数 f 的 L2 敏感度为

$$\Delta f=\max\|f(x)-f(x')\|_2,\quad d(x,x')\leqslant 1$$

同样是上述的例子，向量值函数 f 返回一个长度为 k 的向量，且向量中各个元素的敏感度均为 1，则 f 的 L2 敏感度为 $\sqrt{k}$ 。对于长向量，L2 敏感度显然比 L1 敏感度低得多！在机器学习算法（返回的向量有时包含成千上万个元素）等应用中，L2 敏感度显著低于 L1 敏感度。

如之前所述，拉普拉斯机制和高斯机制都可以扩展到向量值函数。然而，这两种机制的扩展结果之间有一个关键差异：向量值拉普拉斯机制只能使用 L1 敏感度；向量值高斯机制既可以使用 L1 敏感度，也可以使用 L2 敏感度。这是高斯机制的一个重要优势。对于 L2 敏感度远低于 L1 敏感度的应用来说，高斯机制添加的噪声要小得多。

7.6.5　指数机制

与拉普拉斯机制和高斯机制针对非离散型数据进行数据保护不同，指数机制针对离散型数据进行数据保护。指数机制是为了我们希望选择“最佳”响应，但直接向计算数量添加噪声会完全破坏其价值的情况而设计的。例如在拍卖中设定价格，目标是最大化收入，在最优价格中加入少量的噪声（为了保护隐私）都可能会大大减少由此产生的收入。

对离散型数据而言，它的输出是一组离散数据 $\{r_1,r_2,r_3,\cdots,r_i\}$ 中的元素。指数机制整体的思想就是，当接收到一个查询之后，不是确定性地输出一个结果，而是以一定的概率值返回结果，从而实现差分隐私。这个概率是由打分函数确定的，得分高的输出概率高，得分低的输出概率低。

1. 指数机制定义

指数机制引入了一个打分函数 u，这个函数是由分析者自己决定的。打分函数将数据库以及备选回复映射到得分上，最后输出备选回复集合中每个回复的得分。打分函数 u 的敏感度表示数据库单条记录对得分的最大影响，即

$$\Delta u = \max_{r_i \in R, \|x-y\|_1} |u(x,r_i) - u(y,r_i)|$$

于是我们就有了指数机制的定义：指数机制 $M(x, u, R)$ 以与 $\exp\left(\frac{\varepsilon u(x, r_i)}{2\Delta u}\right)$ 成比例的概率选择和输出一个结果 $r_i \in R$ 。其中，x，y 表示相邻数据库，u 表示指数机制的打分函数，R 表示所有可能回复的集合，r_i 表示单个回复。

注意我们得到每个集合中每个回复的概率 $\exp\left(\frac{\varepsilon u(x,r_i)}{2\Delta u}\right)$ 后，应该对所有概率值进行归一化，因此最后我们得到单个回复 r_i 的概率值，即

$$\Pr[r_i] = \frac{\exp\left(\frac{\varepsilon u(x,r_i)}{2\Delta u}\right)}{\sum_j \exp\left(\frac{\varepsilon u(x,r_j)}{2\Delta u}\right)}$$

2. 指数机制证明

指数机制是满足 $(\varepsilon,0)$-差分隐私的，证明如下：

$$\frac{\Pr[M(x,u,R)=r]}{\Pr[M(y,u,R)=r]}=\frac{\dfrac{\exp\left(\dfrac{\varepsilon u(x,r)}{2\Delta u}\right)}{\sum_{r'\in R}\exp\left(\dfrac{\varepsilon u(x,r')}{2\Delta u}\right)}}{\dfrac{\exp\left(\dfrac{\varepsilon u(y,r)}{2\Delta u}\right)}{\sum_{r'\in R}\exp\left(\dfrac{\varepsilon u(y,r')}{2\Delta u}\right)}}=\frac{\exp\left(\dfrac{\varepsilon u(x,r)}{2\Delta u}\right)}{\exp\left(\dfrac{\varepsilon u(y,r)}{2\Delta u}\right)}\cdot\left(\frac{\sum_{r'\in R}\exp\left(\dfrac{\varepsilon u(y,r')}{2\Delta u}\right)}{\sum_{r'\in R}\exp\left(\dfrac{\varepsilon u(x,r')}{2\Delta u}\right)}\right)$$

$$=\exp\left(\frac{\varepsilon\left(u(x,r)-u(y,r)\right)}{2\Delta u}\right)\cdot\left(\frac{\sum_{r'\in R}\exp\left(\dfrac{\varepsilon u(y,r')}{2\Delta u}\right)}{\sum_{r'\in R}\exp\left(\dfrac{\varepsilon u(x,r')}{2\Delta u}\right)}\right)$$

$$\leqslant\exp\left(\frac{\varepsilon}{2}\right)\cdot\exp\left(\frac{\varepsilon}{2}\right)\cdot\left(\frac{\sum_{r'\in R}\exp\left(\dfrac{\varepsilon u(x,r')}{2\Delta u}\right)}{\sum_{r'\in R}\exp\left(\dfrac{\varepsilon u(x,r')}{2\Delta u}\right)}\right)\leqslant\exp(\varepsilon)$$

3. 指数机制用例

假设某基地正在举办一场体育比赛，可以选择的项目有足球、排球、篮球和网球。参与者们对这些项目投票。举办方希望在投票票数不被泄露的情况下选出参与者投票最多的项目。使用差分隐私指数机制，以每个选项的得票数量作为打分函数，最后得到每个项目所对应的得分，见表 7.9。因为是以得票数量作为打分函数，所以单条记录对得分的最大影响为 1，故打分函数的敏感度为 1。在给定隐私预算的情况下，可以计算出各个项目的输出概率。

表 7.9　指数机制用例

项目	得分	概率		
		ε=0	ε=0.1	ε=1
足球	30	0.25	0.424	0.924
排球	25	0.25	0.330	0.075
篮球	8	0.25	0.141	$1.5e^{-5}$
网球	2	0.25	0.105	$7.7e^{-7}$

从表 7.9 中可以看出，当ε=0 时，提供完全的隐私保护，因为输出每个项目的概率一样，但同时数据的可用性为 0。随着 ε 增大，输出期望结果（即票数最多的项目）的可能性也越大。我们可以得出结论：在指数机制中，隐私预算 ε 和数据可用性成正比，和隐私保护成反比。

7.6.6　应用与挑战

差分隐私极强的隐私保护能力和严谨的数学定义使其自诞生起就得到了广泛应用。例如，苹果公司就宣称采用了差分隐私技术保护用户的数据。

差分隐私中，假设攻击者拥有非常强大的背景信息，即知晓除了一条记录外的所有原数据，并在这样的假定攻击下保护数据隐私。

这样的假定其实是一把双刃剑：好的一面是，差分隐私提供了绝对的安全——即使如此强大的攻击者真的存在，差分隐私算法依然能够保护隐私；坏的一面则是，如此高强度的保护必然带来大量的噪声，影响带噪结果的可用性。

如果如此强大的攻击者在现实中并不存在，那么差分隐私就加入了过量的噪声，造成浪费。在我们对差分隐私的实际运用中，确实观察到了对于某些查询，过量的噪声导致结果完全不可用的现象。所以在实际应用场景中，差分隐私是否过于严苛，是经常讨论的话题，也出现了一些改进差分隐私、合理弱化假设的尝试。

*7.7 本地化差分隐私

7.7.1 中心化差分隐私与本地化差分隐私

之前我们介绍的差分隐私（例如拉普拉斯机制、指数机制）是将原始数据集中到一个数据中心，然后在此对数据施加差分隐私算法，并对外发布，称之为中心化差分隐私（见图 7.6）。因此，中心化差分隐私有一个前提：可信的第三方数据收集者，即保证所收集的数据不会被窃取和泄露。然而，在实际生活中想找到一个真正可信的第三方数据收集平台十分困难，这极大地限制了中心化差分隐私的应用。

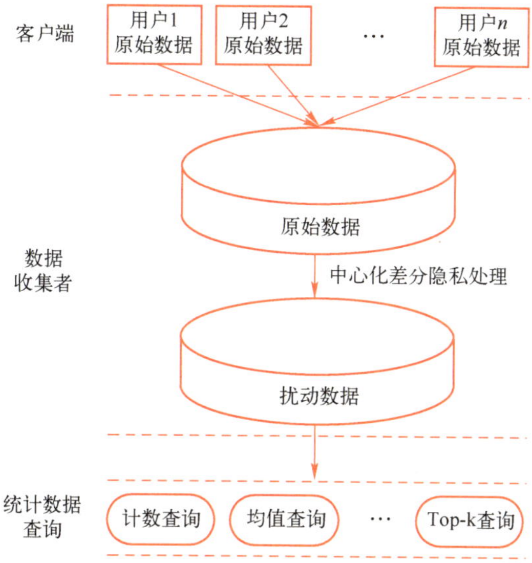

图 7.6 中心化差分隐私

因此，本地化差分隐私应运而生（见图 7.7）。它在不可信第三方的前提下，将数据隐私化的工作转移到每个用户，每个用户按照隐私算法对数据进行扰动，然后把数据上传给数据收集者，数据收集者接收数据分析者的查询请求，并进行响应。用户自己来处理和保护个人数据，极大地降低了隐私泄露的可能性。

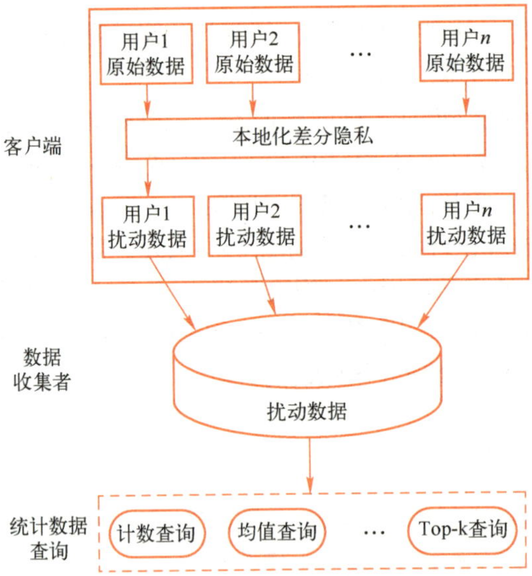

图 7.7 本地化差分隐私

本地化差分隐私的定义与中心化差分隐私的定义有所不同：给定 n 个用户，每个用户拥有一条记录，如果算法 M 对任意两条记录 t 和 t' 得到相同输出结果 t^* 的可能性满足如下不等式，则说明其满足 ε – 本地差分隐私。

$$\Pr[M(t)=t^*]\leqslant e^{\varepsilon}\times\Pr[M(t')=t^*]$$

7.7.2 随机响应机制

目前，随机响应机制是本地差分隐私技术的主流扰动机制。Dwork 和 Roth 提出了随机响应的一种实现方式，其中数据主体回答“是”或“否”问题，但出于隐私考虑，数据主体不会直接响应真实答案。于是解决方案就是让每个人在自己的答案中加入噪声。

1. 随机响应机制介绍

假设每个人通过掷一枚不均匀的硬币来给出答案，其中硬币正面向上的概率为 p，反面向上的概率为 $1-p$，按照以下步骤来给出答案：

1）掷一枚硬币。

2）如果硬币正面朝上，则如实回答问题。

3）如果硬币反面朝上，则随机地回答“是”或“否”，回答“是”或“否”的概率均为 1/2。

随机响应机制如图 7.8 所示。硬币正面朝上的概率为 p，反面朝上的概率为 $1-p$。换句话说，每个人都有 p 的概率如实回答，有 $1-p$ 的概率随机地回答是或否。于是，掷硬币为应答者的回复加入了随机性，应答者的回复根据掷第一枚硬币的结果分为两种情况，一种为真实回复，一种则为随机响应。由于其随机性，攻击者并不能从随机化的输出反推出到底是“是”还是“否”。

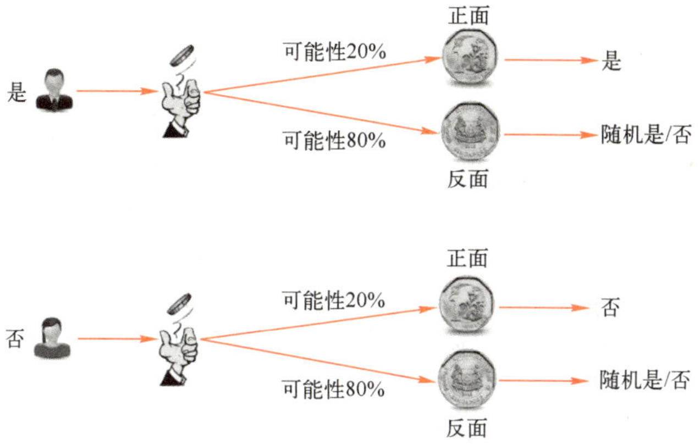

图 7.8　随机响应机制

2．随机响应机制是一种本地化差分隐私机制

假设真实值为 T 的用户使用随机响应机制并给出了响应 R。为了方便理解，这里取 p=0.5，于是硬币正面朝上和反面朝上的概率均为 1/2。那么通过分析可得，$\Pr[R=\text{“是”}|T=\text{“是”}]=3/4$，即当真实情况为“是”时，第一次抛硬币是正面（概率是 1/2）或者第一次为反面而随机回复为“是”（概率是 1/4），两种情况下响应结果为“是”的概率为$3/4$。同样地，$\Pr[R=\text{“是”}|T=\text{“否”}]=1/4$。

于是有

$$\frac{\Pr[R=\text{“是”}|T=\text{“是”}]=3/4}{\Pr[R=\text{“是”}|T=\text{“否”}]=1/4}=3$$

同理

$$\frac{\Pr[R=\text{“否”}|T=\text{“否”}]=3/4}{\Pr[R=\text{“否”}|T=\text{“是”}]=1/4}=3$$

根据本地化差分隐私的定义，我们得出，不同真实值 T 映射到同一输出值 R 的概率之比最大为e^{ε}。于是可以得到在该随机响应机制下，隐私预算$\varepsilon=\ln 3$，该随机响应机制满足(ln 3, 0)-差分隐私。

根据上述分析，我们可以得到更一般化的结果

$$\frac{\Pr[R=\text{“是”}|T=\text{“是”}]=p+(1-p)/2}{\Pr[R=\text{“是”}|T=\text{“否”}]=(1-p)/2}=\frac{p+1}{1-p}$$

同理

$$\frac{\Pr[R=\text{“否”}|T=\text{“否”}]=p+(1-p)/2}{\Pr[R=\text{“否”}|T=\text{“是”}]=(1-p)/2}=\frac{p+1}{1-p}$$

于是当掷一枚正面朝上概率为p的硬币时，该随机响应机制的隐私预算为

$$\varepsilon=\ln\frac{p+1}{1-p}$$

可以看出，硬币正面朝上的概率p越大，隐私预算ε也越大。直观原因就是p越大，如实回答问题的概率越大，于是得到的结果就越接近真实值，隐私保护性越差。

3. 通过随机响应估计真实回复

虽然我们不能根据这些随机化的回复判断出每个应答者的真实回复，但是依然可以通过随机化回答的输出得到一些有用的结果（比如大概有多少人真实回答“是”）。由于修改时引入的噪声分布已知，即掷硬币的概率已知，因此我们仍可以反推源数据的大致分布。

在这里，取 p=0.2，这意味着硬币正面朝上概率为 0.2，反面朝上概率为 0.8。假设有 10000 人通过该随机响应机制进行回复，得到的回复结果中有 5500 个“是”和 4500 个“否”。其中每个人有 80%的概率随机回复，于是 10000 人中有 8000 人随机回复，按照随机回复中“是”或“否”都是 1/2 的概率，大概有 4000 人随机回复“是”，4000 人随机回复“否”。

最后两者相减，我们可以得到如实回答的估计结果：1500 人回复“是”，500 人回复“否”。根据概率，如实回答问题的人数占 1/5，于是得到一个估计的最终结果：7500 人回复“是”，2500 人回复“否”。上述就是基于随机响应机制得出的统计结果。真实回复估计思路如图 7.9 所示。

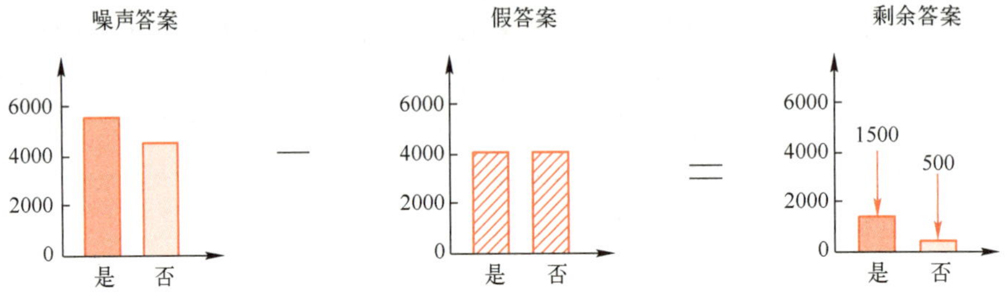

图 7.9　真实回复估计思路

更进一步，假设有 N 人通过该随机响应机制进行回复，响应得到“是”的回复人数为 n_1，硬币正面朝上概率为 p。那么我们可以估计出 N 人的统计结果：回复“是”的人数为 $n_1/p-[N(1-p)]/2p$，回复“否”的人数为 $[N(1+p)]/2p-n_1/p$。也就是说，根据总人数 N，回复“是”的人数 n_1，以及硬币正面朝上概率 p，即可得到真实回复“是”的统计数据。

我们可以看到，在本地化差分隐私的随机响应机制中，应答者是在提交数据前就对数据进行随机响应机制的处理来添加噪声，而噪声引入的随机性使得攻击者无法判断出应答者的真实回复。但同时，数据中心可以根据引入的噪声分布来反推出数据的大致分布，这实现了在隐私保护的同时又得到了数据的近似真实结果。

4. 随机响应机制与拉普拉斯机制比较

为了与拉普拉斯机制进行比较，在随机响应机制用例中，我们将使用拉普拉斯机制使用过的数据集（包含 32561 条记录的一次美国人口普查数据），类似地，我们要查询数据集中职业为销售员的人数，同时使用随机响应机制进行隐私保护。最后对拉普拉斯机制和随机响应机制得到的结果进行误差分析。

$$\text{错误率}=\frac{|\text{差分隐私得到结果}-\text{真实结果}|}{\text{真实结果}}\times 100\%$$

我们得到随机响应机制（p=0.5）的统计结果为 3716，拉普拉斯机制的结果为 3655，而真实人数为 3650。因此我们得到随机响应的错误率为 1.808%，而拉普拉斯机制错误率为 0.137%。因此我们可以得出结论：当总人数相对比较大时（例如，本例的总人数超过了 30000），我们通常可以使用随机响应机制得到一个错误率“可以接受”的统计结果。但是，随机响应机制的错误率和中心化差分隐私的拉普拉斯机制的错误率相比要高出一个数量级。这是因为本地化差分隐私存在天生的限制条件：必须在提交数据前增加噪声，这意味着本地化差分隐私算法的准确率总是比最好的中心化差分隐私算法的准确率低。

7.7.3　一元编码机制

一元编码是学者们在随机响应的基础上提出的一种方便构建直方图的算法，Google 将其作为 RAPPOR 系统的基础，其主要思想是：对于一个大小为 k 的域，每个响应都被编码为 k 位的长度向量，除了对应于响应方所查询元素的位置外，所有位置都为 0，之后对编码进行扰动，即以一定的概率反转响应向量中的位以确保差分隐私，最后再从扰动响应中重建最终结果。

1. 一元编码机制介绍

一元编码机制首先需要定义应答域，即直方图包含的标签。5000 位居民的各运动喜爱人数统计结果（喜爱足球的 500 人，乒乓球 1500 人，篮球 2500 人，羽毛球 500 人，每位居民只能选择一项运动）如图 7.10 所示。假如我们想要查询各项运动的喜爱者人数，那么应答域就是所有运动所构成的集合。

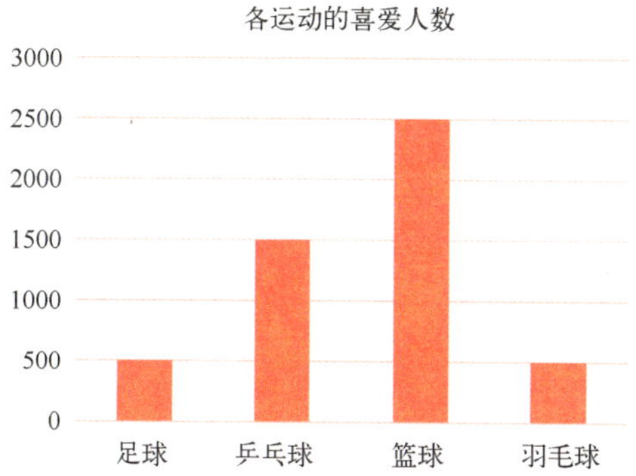

图 7.10　各运动的喜爱人数统计图

一元编码将定义三个函数，这三个函数共同实现了一元编码机制。

（1）编码，编码应答值　定义应答域为直方图的标签，如果应答域大小为 k，我们将每个应答值编码为长度为 k 的位向量 $\boldsymbol{B}$。除了相应标签所对应的位值为 1 以外，所有其他位置的编码均为 0（这种编码方式在机器学习领域被称为独热编码）。例如，数据集中一共有 4 种运动，“乒乓球”是应答域中的第 2 个标签，因此“乒乓球”的编码是第 2 个位值为 1、其余位值为 0 的长度为 4 的向量，即[0, 1, 0, 0]。

（2）扰动，扰动编码后的应答值　用扰动函数翻转应答向量中的各个位值，从而满足差分隐私。翻转一个位值的概率由 p 和 q 这两个参数共同决定，而且概率值 $p>q$。这两个参数也决定了隐私参数 ε 的值。

$$\Pr[\boldsymbol{B}'[i]=1]=\begin{cases}p, \boldsymbol{B}[i]=1\\ q, \boldsymbol{B}[i]=0\end{cases}$$

$\boldsymbol{B}'$ 表示翻转后的向量，$\boldsymbol{B}[i]$ 表示向量的第 i 位值。也就是说在经过扰动后，每个位都有一定概率发生反转：如果原 $\boldsymbol{B}[i]=1$，则扰动后 $\boldsymbol{B}'[i]$ 仍为 1 的概率是 p；如果原 $\boldsymbol{B}[i]=0$，则扰动后 $\boldsymbol{B}'[i]$ 变为 1 的概率是 q。比如在经过扰动后，原来代表乒乓球的[0, 1, 0, 0]向量甚至可能会翻转成[1, 0, 1, 1]，正是这个步骤为查询引入了随机性。

根据本地化差分隐私定义，任意两个有一条记录不同（向量中有两个位值不同）的向量 $\boldsymbol{B}$ 和 $\boldsymbol{B}'$ 映射到同一向量 $\boldsymbol{B}^*$ 的概率之比 $\Pr\left[\boldsymbol{B}^*\middle|\boldsymbol{B}\right]/\Pr\left[\boldsymbol{B}^*\middle|\boldsymbol{B}'\right]$ 最大为 e^{ε}。对于 $\boldsymbol{B}$ 和 $\boldsymbol{B}'$ 值为 0 的位，无论 $\boldsymbol{B}^*$ 对应位是 0 或 1，分子分母中的概率是相消的；对于 $\boldsymbol{B}$ 和 $\boldsymbol{B}'$ 不同的两个位，不妨设 $\boldsymbol{B}$ 为[0, 1]，那么 $\boldsymbol{B}'$ 为[1, 0]：

1）$\boldsymbol{B}^*$ 为[1, 1]，那么分子项 $\Pr[\boldsymbol{B}^*\mid\boldsymbol{B}]$ 为 pq，分母项 $\Pr[\boldsymbol{B}^*\mid\boldsymbol{B}']$ 为 pq，概率之比为1。

2）$\boldsymbol{B}^*$ 为[0, 0]，那么分子项 $\Pr[\boldsymbol{B}^*\mid\boldsymbol{B}]$ 为 $(1-p)(1-q)$，分母项 $\Pr[\boldsymbol{B}^*\mid\boldsymbol{B}']$ 为 $(1-p)(1-q)$，概率之比为1。

3）$\boldsymbol{B}^*$ 为[1, 0]，那么分子项 $\Pr[\boldsymbol{B}^*\mid\boldsymbol{B}]$ 为 $q(1-p)$，分母项 $\Pr[\boldsymbol{B}^*\mid\boldsymbol{B}']$ 为 $p(1-q)$，概率之比为 $q(1-p)/p(1-q)$。

4）$\boldsymbol{B}^*$ 为[0, 1]，那么分子项 $\Pr[\boldsymbol{B}^*\mid\boldsymbol{B}]$ 为 $p(1-q)$，分母项 $\Pr[\boldsymbol{B}^*\mid\boldsymbol{B}']$ 为 $q(1-p)$，概率之比为 $p(1-q)/q(1-p)$。

因为 $p>q$，可以得到 $(1-q)>(1-p)$，所以 $p(1-q)>q(1-p)$，最后得到从大到小的顺序：$p(1-q)/q(1-p)$，1，$q(1-p)/p(1-q)$。于是，在 4 种情况中当且仅当 $\boldsymbol{B}$ 和 $\boldsymbol{B}^*$ 完全相同时概率之比最大，从而得到

$$\Pr\left[\boldsymbol{B}^*\middle|\boldsymbol{B}\right]/\Pr\left[\boldsymbol{B}^*\middle|\boldsymbol{B}'\right]\ll p(1-q)/q(1-p)=e^{\varepsilon}$$

因此一元编码机制是一种本地化差分隐私机制，并且隐私预算 $\varepsilon=\ln\dfrac{p(1-q)}{q(1-p)}$。

（3）聚合，根据扰动应答值重构最终结果　对所有得到的应答向量逐位相加，得到应答域中每个标签的计数结果 $\sum_j \boldsymbol{B}'_j[i]$。但是翻转位值产生的“假”应答值，将使我们得到难以解释的统计结果。如果把扰动后的应答向量逐位相加，得到的所有计数结果都是错误的。

一元编码算法的聚合步骤需要考虑每个标签的“假”应答数量。记应答数量为 n（比如统计 5000 人的喜爱运动，n 即为 5000），$A[i]$为对应标签的估计结果。根据扰动函数，可以列出如下等式

$$\boldsymbol{A}[i]*p+(n-\boldsymbol{A}[i])*q=\sum_j \boldsymbol{B}'_j[i]$$

最终可以得到聚合结果

$$\boldsymbol{A}[i]=\frac{\sum_j \boldsymbol{B}'_j[i]-nq}{p-q}$$

2．使用一元编码机制查询

接下来我们使用一元编码机制实现隐私保护，查询居民中各运动的喜爱人数（真实统计数据见图 7.11）。最后我们得到统计结果（p 取 0.75，q 取 0.25）：喜爱足球的 454 人，乒乓球 1488 人，篮球 2492 人，羽毛球 566 人。

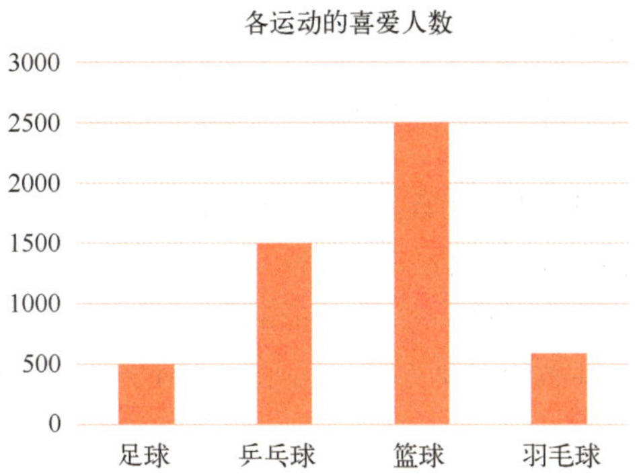

图 7.11　使用一元编码机制查询后的统计结果

与随机响应机制类似，当样本数相对比较大时（本例中每个标签均不少于 500），我们通常可以使用一元编码机制得到一个误差“可以接受”的统计结果。在这个过程中，噪声引入的随机性使得攻击者难以判断每个应答者的真实情况从而实现隐私保护，但同时数据中心又可以通过噪声的分布来估计数据的真实值，得到近似的查询结果。

7.7.4　本地化差分隐私小结

中心化差分隐私技术通过定义全局敏感性为查询结果添加响应噪声，再以统计的方式限制隐私信息泄露的量化边界，从而能将个体记录隐藏在统计结果中。因此，中心化差分隐私技术并不对统计数据量做特别要求。

不同于此，本地化差分隐私技术对个体数据进行正向和负向的扰动，最终通过聚合大量的扰动结果来抵消添加在其中的正负向噪声，从而得到有效的统计结果。然而，由于噪声的随机性，要保证统计结果的无偏性，必然需要海量的数据集来实现满足数据可用性的统计精度。因此在本地化差分隐私技术中，无论是频数统计还是均值统计，当给定相同隐私预算时，用于统计的数据量大小都决定了数据可用性高低。数据量大则统计结果的可用性高，数据量小则统计结果的可用性低。

*7.8　差分隐私应用

随着大数据时代的来临，机器学习模型需要大量的训练数据来保证模型性能，因此，各家公司或者相关机构都希望能够获取数量多且质量好的数据。尤其在互联网时代，数据通常分散存储，如何在数据使用时保护用户的社交信息、医疗信息、金融信息等是一个得到广泛关注的问题。

匿名化方法是较为常用的隐私保护方法。在对外发布的数据库中，机构主体通常会将姓名等敏感信息做匿名化处理。但是，在大数据时代，由于可以获取到外部数据库，通过比对和关联分析，可以推理出敏感信息，从而造成隐私信息泄露。因此匿名化方法往往无法提供良好的个人敏感信息保护。

差分隐私通过向数据添加噪声，使得在发布的数据中不容易追踪到个体用户的贡献，从而有效地保护了个体用户的隐私。这对于包含敏感信息的数据集，如医疗记录、金融交易等至关重要。通过采用差分隐私，也可以有效减缓一些常见的隐私攻击，如链接攻击、推断攻击等。这些攻击通常试图通过分析发布的数据来识别个体用户的信息，差分隐私的引入使得这些攻击变得更加困难。因此，差分隐私受到了谷歌、苹果、微软等科技公司的关注并被广泛应用。

在机器学习领域，如果不发布数据，只发布训练模型，个人隐私仍然不能得到有效保障。例如，模型的逆向攻击或者成员推理攻击，都可以通过对模型的解析推理窃取原始数据。因此，为了保护数据，需要寻找有数学保证的隐私保护方法。差分隐私技术从数学上给出了严格的证明，可以有效屏蔽包括成员推理攻击、属性推理攻击等攻击手段，有效地保护了机器学习数据的隐私。

7.8.1 差分隐私数据采集

服务提供商为了统计用户的喜好，为用户提供更优质的服务，以及改善平台的推荐算法，需要收集用户的数据。一方面，收集用户数据会损害用户隐私；另一方面，不收集用户数据就难以继续开展服务。在这种情况下，服务提供商采用了差分隐私技术来进行数据采集，让用户使用类似随机化的方法来提供数据。这方面的典型例子就是谷歌提出的 RAPPOR 差分隐私系统。

RAPPOR 算法是谷歌提出的基于随机响应的一个通用差分隐私算法，主要用于收集用户的数据并能保证用户的隐私。

接下来将介绍 RAPPOR 算法在客户端的具体步骤。在 RAPPOR 算法中，用户可以根据需要，调节执行参数 k、h、f、p、q。确定参数后，算法输入要收集的真实值 v，并在用户本地机器上执行 RAPPOR 算法的 4 个步骤：

1）布隆过滤。使用布隆过滤器将输入（真值）v 映射成一个长度为 k（例如 256）的二值向量 $\boldsymbol{B}$。当一个输入值输入布隆过滤器时，会通过 h 个哈希函数将这个输入值映射成向量中的 k 个点，并把它们置为 1。

2）永久性随机响应（Permanent Randomized Response，PRR）。以一定概率 f 翻转二值向量 $\boldsymbol{B}$ 中每个位的值，生成新的向量 $\boldsymbol{B}'$，f 为用户可控的参数，代表隐私保护程度，该过程被称为永久随机响应。$\boldsymbol{B}'$ 将会永远存储在客户端中，并且未来也只会使用相同的 $\boldsymbol{B}'$，这是为了抵御攻击者的“平均”攻击，在这种攻击中，攻击者可以通过观察多个噪声版本来估计真实值。不难看出，经过这一步骤之后，用户的数据已经得到差分隐私保护。翻转概率公式如下

$$\boldsymbol{B}_i' = \begin{cases} 1，\text{概率为} p = f/2 \\ 0，\text{概率为} p = f/2 \\ \boldsymbol{B}_i，\text{概率为} p = 1 - f \end{cases}$$

3）瞬时性随机响应（Instantaneous Randomized Response，IRR）。申请一个 k 个位长的向量 $\boldsymbol{S}$，并把每个位初始化为 0。然后根据 $\boldsymbol{B}'$ 的每一个位，对 $\boldsymbol{S}$ 的相应位按概率公式赋值。该过程被称为瞬时性随机响应。赋值概率公式如下

$$P(\boldsymbol{S}_i = 1) = \begin{cases} q，\boldsymbol{B}_i' = 1 \\ p，\boldsymbol{B}_i' = 0 \end{cases}$$

相比于永久性随机响应，瞬时性随机响应在保护用户隐私方面又前进了一步。首先，

瞬时性随机响应的结果直接隐藏了永久性随机响应的结果 $\boldsymbol{B}'$，使得服务器端很难追踪永久性随机响应的结果；然后瞬时性随机响应允许用户对自己的隐私加入更多的噪声，从而获得更强的隐私保护。

4）汇报数据。将得到的结果 $\boldsymbol{S}$ 上传给服务器，另外还需上传向量长度 k、参数 f，以及概率 p 和 q。之后服务器再对收集到的数据进行聚合和后处理。

图 7.12 是执行 RAPPOR 算法的一个实例，真实值经过布隆过滤、永久性随机响应、瞬时性随机响应，最后上传到服务器。在这个实例中，输入的真实值 v 为 68，哈希函数的个数 h 为 4，向量长度 k 为 256，其他参数包括 f=0.5，p=0.75，q=0.5。可以看到，首先真实值经过布隆过滤后，得到了 4 个位值为 1 的向量 $\boldsymbol{B}$，然后经过永久性随机响应得到 $\boldsymbol{B}'$，再经过瞬时性随机响应后得到 $\boldsymbol{S}$ 并上传到服务器。

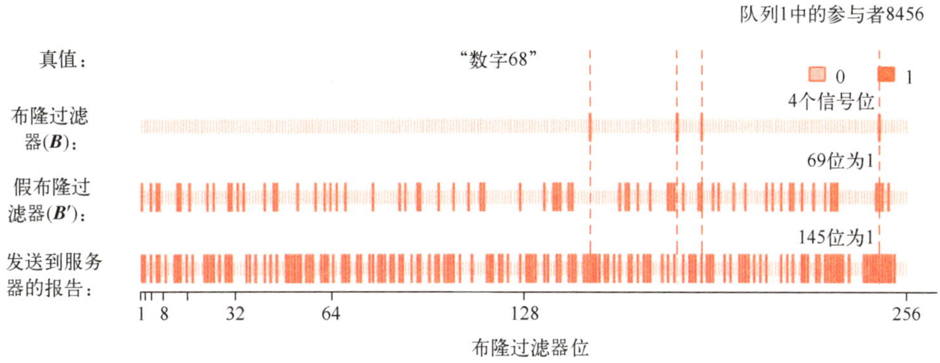

图 7.12　执行 RAPPOR 算法的一个实例

首先永久性随机响应过程就引入了噪声，对原始数据进行了隐私保护，这个过程得到的 $\boldsymbol{B}'$ 不能随意修改，会永久保留在客户端中，可以认为这是长期隐私保护。最后客户端向服务器提交的是一个添加了随机响应的 $\boldsymbol{B}'$，即 $\boldsymbol{S}$，这又增加了基于 $\boldsymbol{B}'$ 来追踪客户端的难度，可以认为这是短期隐私保护。通过对参数的调整，允许独立地调节短期隐私和长期隐私，这样用户就可以灵活地调整自己的隐私保护程度，以应对不同的攻击。

7.8.2　差分隐私机器学习

随着机器学习的深入发展，机器学习已经成为寻找数据规律的重要手段。一般地，机器学习通过建立模型、优化损失函数来拟合数据。但是，机器学习模型如果用来拟合个人敏感数据，例如医疗数据、人口普查信息、学校数据、银行数据等，会对个人隐私保护提出挑战。当攻击者获取机器学习模型后，模型输出特性可能泄露训练数据的隐私信息。差分隐私技术使得恶意敌手即使知道用户发布的结果，也无法推断出用户的敏感信息。差分隐私通过生成人工合成数据或者在模型训练过程中向梯度参数、权重参数、目标函数或模型输出中添加噪声扰动，以保证模型或训练数据隐私。将差分隐私技术应用于机器学习模型，可以在模型参数发布时保护训练数据不受模型逆向攻击，因此很多研究都将差分隐私技术应用于机器学习模型。

差分隐私有四种添加随机扰动的方式来保证机器学习模型的隐私保护，见表 7.10。

表 7.10　机器学习中差分隐私扰动方法

扰动方式		扰动时机	核心公式或模型	参数说明
输入扰动	生成合成数据	训练前	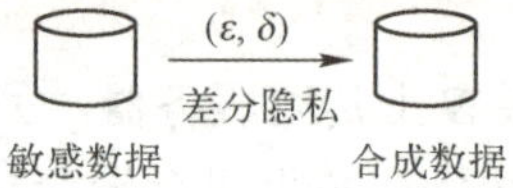	ε 为隐私预算；δ 代表可容忍 ε 超出隐私预算的概率
	本地化差分隐私扰动		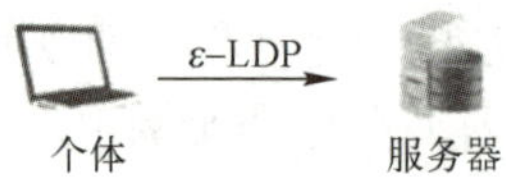	ε–LDP 为本地化差分隐私
中间参数扰动	扰动梯度参数	训练中	$\theta_{t+1} \leftarrow \theta_t - \eta(\nabla \ell(\theta_t) + \beta)$	ℓ 为损失函数；β 为高斯噪声；∇ 是标准梯度算子；η 为学习率
	扰动特征参数		$\overline{x}_{ij} \overset{\Delta}{=} x_{ij} + \frac{1}{\lvert L \rvert}\mathrm{Lap}(\Delta h_0 / \varepsilon_j)$ $\varepsilon_j = \beta_j \times \varepsilon$	x_{ij} 样本 i 第 j 个特征；ε 为噪声总量；β_j 为特征参数对输出的贡献
目标扰动	扰动目标函数		$\ell_{\mathrm{priv}}(\theta) = \ell(\theta) + \beta$ $\theta^* = \arg\min_{\theta} \ell_{\mathrm{priv}}(\theta)$	β 为 Laplace 噪声；$\ell_{\mathrm{priv}}(\theta)$ 为目标函数；θ^* 为扰动后目标函数最优参数
	扰动目标函数展开式系数		$\ell(\theta) = \sum_{i=0}^{J} \sum_{\phi \in \Phi_j} \sum_{x_i \in D} \lambda_{\phi x_i} \phi(\theta)$ $\overline{\lambda}_{\phi} = \sum_{x_i \in D} \lambda_{\phi x_i} + \mathrm{Lap}(\Delta / \varepsilon)$ $\theta^* = \arg\min_{\theta} \hat{\ell}(\theta)$	D 为训练数据集；x_i 为单个样本；J 为展开式阶数；$\phi(\theta)$ 为权重参数；$\lambda_{\phi x_i}$ 为权重参数系数；θ^* 为扰动后目标函数最优参数
输出扰动	扰动输出参数	训练结束时	$\theta^* = \arg\min_{\theta} \ell(\theta)$ $\theta_{\mathrm{priv}} = \theta^* + \beta$	θ^* 为最优参数；β 为 Laplace 或指数噪声；θ_{priv} 为扰动后的参数
	扰动集成输出结果	预测输出时	$n_j(x) = \lvert \{i : i \in [t], f_i(x) = j\} \rvert$ $f(x) = \arg\max_{i} \{n_j(x) + \mathrm{Lap}(1/\varepsilon)\}$	x 为待标记样本；t 为教师数；$n_j(x)$ 为 j 类得票数；$f(x)$ 为含噪输出标签

（1）基于输入扰动的隐私保护方案　输入扰动是指为避免模型接触到用户真实数据，在模型训练前，先对训练数据进行一定程度的随机扰动。这种在模型训练前即对数据进行保护的方法，大大减少了敏感信息的泄露，从隐私角度来讲比其他阶段的扰动更加可靠。现在有差分隐私数据合成和本地化差分隐私扰动两种方法。

差分隐私数据合成，可以看作训练数据的预处理过程。这种方法生成具有与原始输入数据相似统计特性和相同格式的人工合成数据，从而达到保护原始数据隐私的目的。本地化差分隐私下的保护模型关注个人与不可信服务器之间通信的隐私。在该模型中，每个用户首先在本地对原始数据进行差分隐私扰动，再将处理后的数据发送给数据收集者。

（2）基于中间参数扰动的隐私保护方案　这种方案是在模型训练过程中给梯度参数或特征参数添加拉普拉斯噪声或高斯噪声，以防止敌手获取模型或训练数据的隐私。梯度扰动的基本思想是：对每一回合中目标函数的梯度加入噪声，得到满足差分隐私定义的机器学习模型。梯度扰动通过对梯度加入噪声，可以得到较优的训练模型，是得到广泛应用的一种扰动方式。

（3）基于目标扰动的隐私保护方案　目标扰动也称为函数扰动，是指在机器学习模型的目标函数或目标函数展开式的系数中添加拉普拉斯噪声，并最小化此目标函数的方法。与参数扰动方法不同，目标扰动方法的隐私损失是由目标函数本身决定的，与训练迭代次数无关。但是目标扰动的缺点就是，对目标函数的扰动可能会使模型不能收敛到最优，从而影响模型的性能。

（4）基于输出扰动的隐私保护方案　输出扰动是在模型训练结束时扰动模型输出参数以及在模型预测输出后扰动集成输出结果。前一种方法是直接在训练好的模型参数上添加噪声的扰动方法。由于直接在模型输出参数上添加扰动，可以有效防止模型提取攻击，从而对攻击者进一步利用模型逆向攻击窃取训练数据形成障碍。但是这种方法仅仅实现了模型发布阶段的隐私保护，攻击者仍有可能在前期阶段通过多次请求，攻击训练数据隐私。后一种方法往往发生在师生框架的知识转移阶段，即在利用教师模型训练学生模型时，在教师模型的预测输出投票结果上添加拉普拉斯噪声。其目的是增强模型的泛化度，防止敌手对模型进行成员推断攻击和模型逆向攻击。

总的来说，与加密技术相比，差分隐私技术仅通过随机化和利用随机噪声扰动数据便可以实现，所以在机器学习中部署差分隐私技术并不会带来过多额外的计算开销。但是在针对机器学习的差分隐私机制中，差分隐私一直考虑最恶劣的攻击条件来保证隐私安全，以至于牺牲过多有效性，然而实际环境中很少有攻击者能达到如此强的攻击能力。因此，针对不同攻击强度细化不同的差分隐私下限有待研究。

本地化差分隐私技术可以在一定程度上保证用户隐私数据在数据采集过程中不被窃取。在本地化模型中，每个用户对即将上传至服务器的数据或者中间结果进行扰动，这可以避免服务器直接收集或接触到用户本地原始数据，同时又不影响对用户数据进行统计分析。

7.9 本章小结

本章首先学习了隐私的定义、分类、度量和量化表示方法，然后探讨了完美隐私和威胁分析。

接着介绍了匿名化技术的发布-遗忘模型和反匿名化技术给人们带来的困扰，学习了常用隐私保护模型和差分隐私保护的理论。

最后介绍了本地化差分隐私技术与差分隐私应用。

7.10 习题

1. 填空题

1）在具体应用中，________即数据所有者不愿意披露的敏感信息，包括敏感数据以及数据所表征的特性。

2）若 s 表示敏感数据，事件 S_k 表示“攻击者在背景知识 K 的帮助下揭露敏感数据 s”，则披露风险 $r(s, K)$表示为________。

3）对于任意一对相邻数据库（定义为差别最多有一个记录的两个数据库）D_1 和 D_2，任意一个可能的带噪中间件 S，一个提供ε-差分隐私保护的算法 M 必须满足不等式________。

4）本地化差分隐私的定义为：给定 n 个用户，每个用户拥有一条记录，如果算法 M 对

任意两条记录 t 和 t'，得到相同输出结果 t^* 的可能性满足不等式________，则说明其满足 ε-本地化差分隐私。

5）________算法是谷歌提出的基于随机响应的一个通用差分隐私算法，主要用于收集用户的数据并能保证用户的隐私。

2. 选择题

1）（　　）是常见的隐私保护模型。

A. k 重匿名　　B. ℓ-多样化　　C. t 相近　　D. 高斯机制

2）（　　）机制是中心化差分隐私领域的基础机制。

A. 拉普拉斯机制　　B. 高斯机制

C. 指数机制　　D. 随机响应机制

3）差分隐私使用（　　）添加随机扰动的方式，来保证机器学习模型的隐私保护。

A. 输入扰动　　B. 中间参数扰动

C. 目标扰动　　D. 输出扰动

3. 术语解释

1）抑制。

2）泛化。

4. 简答题

1）简述 k 重匿名如何抵御记录链接攻击。

2）简述 ℓ-多样化如何抵御属性链接攻击。

3）分别简述拉普拉斯机制、高斯机制和指数机制的基本原理，以及三者之间的区别。

4）简述中心化差分隐私和本地化差分隐私的区别。

5）分别简述随机响应机制和一元编码机制的基本原理。

6）简述 RAPPOR 算法的具体步骤。

7.11 拓展阅读

[1] JAYARAMAN B，EVANS D. Evaluating differentially private machine learning in practice[C]//28th USENIX Security Symposium (USENIX Security 19). Senta clara: USENIX Association, 2019：1895-1912.

[2] TSCHANTZ M C，SEN S，DATTA A. SoK：differential privacy as a causal property[C]//2020 IEEE Symposium on Security and Privacy. [s.l.]: IEEE，2020：354-371.

[3] NARAYANAN A，SHMATIKOV V. Robust de-anonymization of large sparse datasets[C]//2008 IEEE Symposium on Security and Privacy. California: IEEE，2008：111-125.

[4] ERLINGSSON Ú，PIHUR V，KOROLOVA A. Rappor：randomized aggregatable privacy-preserving ordinal response[C]//2014 ACM SIGSAC Conference on Computer and Communications Security. Arizona: SIGSAC, 2014：1054-1067.

[5] Machine Learning Research. Learning with privacy at scale [EB/OL]. (2017-12-06) [2025-03-04]. https://machinelearning.apple.com/research/learning-with-privacy-at-scale.

第 8 章　大数据算法及其安全

8.1　引言

大数据算法拥有一个广泛的范围——从搜索引擎算法、电子商务中产品的推荐算法，到 AlphaGo 的深度学习算法、自动驾驶技术算法、基于大数据的安全检测等，它们都是基于大数据来工作的，都可以纳入大数据算法的范畴。

本章首先介绍大数据算法的基础知识，然后介绍针对这些算法的一些攻击模式与防御措施。

8.2　大数据算法基础

本节首先介绍数学模型。然后介绍搜索引擎算法的基本原理，搜索引擎无疑是最早也是最成功的商业化大数据服务典范之一，非常具有代表性。最后介绍机器学习与众包。

8.2.1　数学模型

科学的发展，是一个知识积累的过程。不仅要“知道”现象，还要深刻“认识”其本质。

知识的发现与构建，离不开四个方面的工作：基于观察与实验来提出假设，基于假设来构建模型，基于实践对模型进行验证，构建理论体系对其本质做出合理解释。观察与实验能够帮助我们知道现象；假设和模型是认识本质的起点；实践帮助我们验证与修正，从而不断完善我们的假设与构建的模型；理论解释试图对本质给出最终的解释，并帮助我们克服这种方法的局限性并扩大应用范围，从而在更大范围内获得成功。

几乎所有科学领域都在用模型拟合数据。科学家们设计实验，进行观测并收集数据。然后，通过寻找能解释所观测数据的简单模型，尝试抽取知识。这个过程称为归纳（Induction），它是从一组特别的示例中提取通用规则的过程。

数学模型在人类认知过程中扮演着重要的角色。

最广为人知的例子就是人类对宇宙的认知。人类对宇宙模型的认知，经历了从地心说到日心说、从牛顿的经典力学理论到爱因斯坦的相对论的演进过程。

数据和模型在演进过程中起到了重要的作用。

哥白尼发现，如果以太阳为中心来描述星体的运行，只需要 8～10 个圆，就能计算出一个行星的运动轨迹，比托勒密的地心说模型简单很多。基于这个想法，他提出了日心说。尽管日心说这个假设可能更接近现实，很遗憾的是哥白尼正确的假设并没有得到比托勒密更好的结果，用哥白尼的模型计算出来的误差比托勒密的模型要大很多。

德国天文学家开普勒提出了一种彻底颠覆托勒密模型的宇宙模型。开普勒是怎么做的？很简单，他把天体运行的轨道改成了椭圆形。开普勒从他的老师第谷手中继承了大量的、在当时最精确的观测数据。开普勒很幸运地发现了行星围绕太阳运转的轨道实际是椭圆形的，这样不需要用多个圆，而只要用一个椭圆就能将星体运动规律描述清楚了。

为什么行星的轨道是椭圆形的呢？问题的终结者是牛顿。伟大的科学家牛顿用万有引力，对该模型给出了一个漂亮的理论解释。

但是，人类对世界的认识是永无止境的。天文观测记录了水星近日点每百年移动5600s，人们考虑了各种因素，根据牛顿理论只能解释其中的5557s，剩下43s无法解释。爱因斯坦的相对论基于时空弯曲的假设解释了水星近日点的进动。广义相对论的计算结果与万有引力定律有所偏差，这一偏差刚好使水星的近日点每百年移动43s。

从这些众所周知的例子中，我们可以总结出知识构建的四个要素：假设，模型，实践，理论解释。

1）假设：决定了前进的方向。假设来源于猜想与直觉以及对现实问题的洞察力（Insight），是一切工作的起点。洞察力与想象力是最宝贵的，它决定了我们的努力方向。

2）模型：确定了我们进行计算的方法。模型构建是一个发现规律的过程，需要去粗取精、去伪存真。“去粗取精”是要提取关键特征，“去伪存真”是要过滤噪声。

模型的选择至关重要。在日心说中，模型选择圆还是椭圆，决定了模型的工作效果。

3）实践：实践是检验真理的唯一标准。模型效果如何，需要回归到实践中去检验。最终用户只看结果，不问过程。用户不关心理论，也不懂猜想和模型，但是可以很容易地判定效果如何。

在工程实践中，需要在效果与成本之间做权衡（Tradeoff）。例如，在统计语言模型中，为了降低数据处理的复杂度，通常会基于马尔可夫假设把高阶模型简化为二元模型。对于条件概率的计算，可以简化为统计词和词对在语料库中出现的次数。根据大数定律（Law of Large Numbers），只要统计量足够，相对频度就等于概率。数据量和数据质量，很大程度上决定了该方法的效果。

4）理论解释：推广。一个好的理论，能够解释规律、更好地预测未知领域的规律，能够解释模型与方法的原理，把握其本质规律。例如：万有引力定律初步解释了为什么椭圆形模型更有效；广义相对论构建了一个更严密精准的理论系统。

新思想、新方法、新技术，在最开始效果可能没有更好。“地心说”模型的基本假设是完全错误的，但随着不断地修改，却变得相当复杂，甚至可以说是精密。事实上，哥白尼的“日心说”远远不如托勒密的“地心说”深奥、巧妙。从这个例子中，我们也可以一窥工程与科学之间的微妙关系。

在数学模型领域，有一句精辟的总结：所有的模型都是错的，但是有一些是有用的！（All models are wrong，but some are useful!）。我们对世界本质的认识总是在不断深入的。我们在知识领域的任何进步，“无论是一大步，还是一小步，都是带动世界前进的脚步”。

8.2.2 搜索引擎算法的基本原理

下面以我们每天都在使用的搜索引擎为例，解读数学模型和算法的作用。对于搜索引擎来说，评价其质量的基本要素是搜索结果的相关性和网页的质量。对于网页和查询的相关性，一般用 TD/IDF 模型来计算。评价网页的质量，一般用 PageRank 算法。那么给定一个查询，相关网页综合排名大致由相关性和网页排名乘积决定。

1. TF/IDF 模型

TF/IDF（Term Frequency/Inverse Document Frequency，单文本词频/逆文本频率指数）的概念被公认为信息检索中最重要的发明之一。

在相关性排序中，需要考虑以下三个要素：词频、归一化、权重。

1）词频（TF）。包含关键词多的网页应该比包含关键词少的网页与用户希望的查询结果更相关。

2）归一化。仅仅用关键词出现的次数来评价网页的相关性，有一个明显的漏洞：长的网页比短的网页占便宜，因为长的网页总体来讲包含的关键词要多些。

常用的解决方案是根据网页的长度，对关键词的次数进行归一化，也就是用关键词的次数除以网页的总字数作为词频的度量。

概括地讲，如果一个查询包含关键词 $w_1,w_2,\cdots,w_N$，它们在一篇特定网页中的词频分别是 $TF_1,TF_2,\cdots,TF_N$。那么，这个查询和该网页的相关性就是 $TF_1 + TF_2 + \cdots + TF_N$。

3）权重。假定一个关键词 w 在 D_w 个网页中出现过，那么 D_w 越大，w 的权重越小，反之亦然。

在信息检索中，使用最多的权重是“逆文本频率指数”（IDF）。它的计算公式为 $\log(D/D_w)$，其中 D 是全部网页数。

利用 IDF，上述相关性计算的公式就由词频的简单求和变成了加权求和，即 $TF_1\times IDF_1 + TF_2\times IDF_2+\cdots + TF_N\times IDF_N$。

下面，我们用一个简单的例子来说明这个方法。例如，查找关于“北邮的计算机学院”的网页。现在任何一个搜索引擎都包含几十万甚至上百万个相关的网页。那么，哪个应该排在前面呢？显然我们应该根据网页和查询“北邮的计算机学院”之间相关性对这些网页进行排序。

比如，在某个一共有 1000 个词的网页中，“北邮”“的”和“计算机学院”分别出现了 2 次、35 次和 5 次，那么它们的词频就分别是 0.002、0.035 和 0.005。我们将这三个数相加，其和 0.042 就是相应网页和查询“北邮的计算机学院”之间相关性的一个简单度量。

引入权重。假定中文网页数是 D=10 亿，应删除词“的”在所有网页中都出现，即 D_w=10 亿，那么它的 IDF=log（10 亿/10 亿）= log1=0。

假如专用词“北邮”在 200 万个网页中出现，即 D_w=200 万，则它的权重 IDF= log500=6.2。又假定通用词“计算机学院”，出现在 5 亿个网页中，它的权重 IDF = log2 则只有 0.7。该网页和“北邮的计算机学院”的相关性为 0.0161，其中“北邮”贡献了 0.0126，“计算机学院”只贡献了 0.0035。这个比例和我们的直觉比较一致了。

最后，我们总结一下 TD/IDF 模型的假设与模型、计算方法、理论基础。

1）假设与模型：TD/IDF 模型把任意长度的文档简化为固定长度的数字列表，把搜索引擎的相关性排序问题简化为根据搜索关键词从文档的数字列表中选取相关数字（相加），计算文档的相关性度量。

这种简化存在损失：①文档的上下文信息；②TD/IDF 模型对文档的表示模式只提取了词的频率与权重信息，忽略了词的顺序。

这个模型的一个潜在假设是，上下文信息和词序信息的损失对搜索结果的影响不大。这个假设对于互联网上的网页来说，应该是合理的。但是，对于微博之类的短文本搜索，显然是不合适的。

2）计算方法：具体的计算方法需要引入归一化和权重。

3）理论基础：从信息论角度来解释，IDF 的概念就是一个特定条件下关键词的概率分布的交叉熵（Kullback-Leibler 散度，也叫相对熵）。

2. PageRank 算法

佩奇排名（PageRank）又称网页排名，是一种由搜索引擎根据网页之间超链接计算的技术，以 Google 公司创办人拉里·佩奇（Larry Page）之姓来命名。

PageRank 通过网络浩瀚的超链接关系来确定一个页面的等级。搜索引擎把从 A 页面到 B 页面的链接解释为 A 页面给 B 页面投票，搜索引擎根据投票来源（甚至来源的来源，即链接到 A 页面的页面）和投票目标的等级来决定新的等级。简单地说，一个高等级的页面可以使其他低等级页面的等级提升。

一个页面的"得票数"由所有链向它的页面的重要性来决定，到一个页面的超链接相当于对该页面投一票。一个页面的 PageRank 是由所有链向它的页面（"链入页面"）的重要性经过递归算法得到的。一个有较多链入的页面会有较高的等级；如果一个页面没有任何链入页面，那么它没有等级。

PageRank 的计算基于以下两个基本假设：

1）数量假设：在 Web 图模型中，如果一个页面节点接收到的其他网页指向的入链数量越多，那么这个页面越重要。

2）质量假设：指向页面 A 的入链质量不同，质量高的页面会通过链接向其他页面传递更多的权重。所以越是质量高的页面指向页面 A，则页面 A 越重要。

利用以上两个假设，PageRank 算法刚开始时赋予每个网页相同的重要性得分，通过迭代递归计算来更新每个页面节点的 PageRank 得分，直到得分稳定为止。

Larry Page 和 Sergey Brin 两人从理论上证明了不论如何选取初始值，PageRank 算法都能够保证网页排名的估计值能收敛到它们的真实值。

由于互联网上网页的数量是巨大的，该算法的计算量是非常大的。Larry Page 和 Sergey Brin 两人利用稀疏矩阵计算的技巧，大大地简化了计算量。

除了相关性和网页质量的排序，影响搜索引擎质量的因素还有很多。例如：根据用户偏好提供个性化搜索结果；基于用户位置等场景信息提供基于上下文的搜索结果；数据采集、完备的索引等基础架构，对于保障用户体验也是至关重要的。

8.2.3 电子商务中协同过滤推荐算法

协同过滤推荐算法是诞生最早并且较为著名的推荐算法之一。

解决推荐问题的传统方法有三种：①基于用户的协同过滤算法；②聚类模型；③内容搜索法。

（1）基于用户的协同过滤算法　其基本思想是如果用户 A 喜欢物品 a，用户 B 喜欢物品 a、b、c，用户 C 喜欢 a 和 c，那么认为用户 A 与用户 B 和 C 相似，因为他们都喜欢 a，而喜欢 a 的用户同时也喜欢 c，所以把 c 推荐给用户 A。该算法用最近邻居（Nearest-Neighbor）算法找出一个用户的邻居集合，这个集合的用户和该用户有相似的喜好，算法根据邻居的偏好对该用户进行预测。

对于大数据集的处理，基于用户的协同过滤算法存在两个重大问题：①数据稀疏性。一个大型电子商务推荐系统一般有非常多的物品，用户购买的可能不到其中 1%，不同用户购买的物品重叠性较低，导致算法无法找到一个用户的邻居，即偏好相似的用户。②算法扩展性。最近邻居算法的计算量随着用户和物品数量的增加而增加，不适合数据量大的情况。

（2）聚类模型　聚类模型也基于“相似用户会购买相似商品”思想，且需要计算用户间的相似度。它与协同过滤的不同在于寻找相似用户的方法上，其余的步骤与协同过滤完全一致。

首先，利用用户相似度和无监督机器学习方法即聚类算法将所有用户聚类。将用户表示为向量，聚类算法可以将相似的用户归为一组，从而将用户划分为 N 个群组（N 是聚类算法根据用户数据自动得到的）。在聚类完成后，在所得到的群组中选择一个与当前用户最相似的群组，完成寻找与当前用户相似用户集合的任务。这种将当前用户 A 归为哪一个群组的问题，可以看作一个分类问题。这个问题可以采用多种方法解决，例如用群组中所有用户向量的平均值代表该群组，再计算与用户 A 的相似度。

该方法的缺点与协同过滤中降低计算复杂度方法的缺点类似。当聚类所得到的群组粒度较大时，推荐结果的准确率很低；但是如果将聚类群组的粒度调小，计算量又会变得很高，并不比协同过滤好多少。聚类问题是一个 NP 难问题，因而不能计算得到其最优解，在实际中往往采用贪心法，得到近似最优解，以降低给一个用户产生精准推荐结果的可能性。

（3）内容搜索法　内容搜索法将推荐问题看作一个寻找相关商品的问题。根据用户购买的一件商品，利用其某个属性构造一个查询条件，用该查询条件来搜索匹配的商品并作为推荐结果。例如，寻找同一作者、同一卖家、同一品牌、同一标签的商品等。这种推荐算法其实就是一个搜索算法，其缺点是在用户已买过的商品数量很少时能产生较好的结果，但是在用户购买的商品数量很多时，无法构造一个有效的查询条件。

鉴于以上方法的局限性，亚马逊提出了基于物品的协同过滤（Item-Based Collaborative Filtering）算法来解决其电子商务平台的商品推荐问题。

亚马逊的基于物品的协同过滤算法不仅实现了在大规模数据集上的实时响应，而且推荐质量也明显高于那些无目标内容广告，例如横幅标语广告和畅销排行榜。一般用点击率（Click Through）和转化率（Conversion Rate）来评价一个推荐算法的效果如何。

基于物品的协同过滤算法的基本思想是预先根据所有用户的历史偏好数据计算物品之间的相似性，然后把与用户喜欢的物品类似的物品推荐给用户。例如，知道物品 a 和 c 非常相似，因为喜欢 a 的用户同时也喜欢 c，而用户 A 喜欢 a，所以把 c 推荐给用户 A。

因为物品之间的相似性比较固定，所以可以预先在线下计算好不同物品之间的相似度，把结果存在表中。推荐时查表，计算用户可能的打分值。这可以同时解决基于用户的协同过滤算法存在的两个问题。

8.2.4　大数据时代的新需求

随着大数据时代的到来，各种各样的互联网服务都依赖于类似的数据分析算法。很多场景中的数据分析已经不能再依赖人工完成了，原因有两个：一是数据量巨大，场景多变，并且很多时候很难由人用手工编程来完成；二是能够做这种分析的人非常少，而且人工分析很昂贵。因而，人们对能够分析数据并自动从中提取信息的计算机模型的兴趣正在不断地增长。

8.2.5 机器学习算法

机器学习系统自动从数据中学习程序。与手工编程相比，这非常吸引人。在过去的 20 年中，机器学习已经迅速地在计算机科学等领域得到普及。机器学习被用于网络搜索、垃圾邮件过滤、推荐系统、广告投放、信用评价、欺诈检测、股票交易和药物设计等应用。

（1）为什么需要机器学习　对于许多问题，我们已经知道如何求解。例如：欧几里得告诉我们可以用辗转相除法求两个整数的最大公约数；Dijkstra 告诉我们如何有效地求两点之间的最短路径；Hoare 向我们展示了怎样将杂乱无章的对象快速排序。对于这些问题，我们清楚地知道求解步骤。因此，让计算机求解这些问题只需要设计算法和数据结构、编程，而不需要让计算机学习。

还有一些问题，我们虽然可以轻而易举地解决，却无法解释清楚自己是如何做的。尽管桌子千差万别、用途各异，但是我们一眼就能看出某个物体是否桌子；尽管不同的人手写的阿拉伯数字大小不一、笔画粗细不同，但是我们还是可以轻易识别一个数字是不是 8；尽管声音时大时小，有时可能还有点儿沙哑，但是我们还是可以不费力气地听出熟人的声音。对于这些问题，我们不知道求解步骤，因此我们希望计算机能够像人类一样自己学习怎么做。

（2）机器学习的基本原理　机器学习使用实例数据或过去的经验训练计算机，以优化性能标准。当人们不能直接编写计算机程序解决给定的问题，而是需要借助于实例数据或经验时，就需要学习。

一种需要学习的情况是人们没有专门技术，或者不能解释他们的专门技术。以语音识别为例，这个任务需要将声学语音信号转换成 ASCII（美国信息交换标准代码）文本。看上去我们可以毫无困难地做这件事，但是我们却不能解释我们是如何做的。由于年龄、性别或口音的差异，不同的人读相同的词时发音却不同。在机器学习中，这个问题的解决方法是从不同的人那里收集大量发音样本，并学习将它们映射到词。

那么，机器如何学习呢？简单地说，就是从经验中发现规律。我们知道桌子不是木材和各种材料的随机堆砌，手写数字不是像素的随机分布，熟人的声音也不是各种声波的随机混合。

现实世界总是有规律的。机器学习正是从已知实例中自动发现规律，建立对未知实例的预测模型；随着经验不断丰富，不断改进预测性能。

所谓的“学习”，其实就是模型训练；更简单点说，是根据一些东西，推导出一个结论，这个结论是一个函数，函数的某些部分是一个常量，但是常量本身并不是已知的。我们需要基于大量数据，进一步推断出缺失的这些常量。

（3）机器学习算法的应用　机器学习算法的一个应用是预测建模，也就是建立一个能够进行预测的模型。通常情况下，这样的模型包括一个机器学习算法，以便从训练数据集中学习某些属性，从而做出预测。预测建模可以进一步分成两类。①回归模型：基于变量和趋势之间关系的分析，以便做出关于连续变量的预测。如天气预报的最高温度的预测。②分类任务：分配离散的类标签到特定的实例作为预测的结果。在天气预报中，模式分类任务可能是一个晴天、雨天或雪天的预测。分类任务可进一步分成两个主要的子类别：监督学习和无监督学习。在监督学习中，用于构建分类模型的数据的类标签是已知的，如图 8.1 所示。无监督学习任务处理未标记的实例，并且这些类必须从非结构化数据集中推断出来。通常情况下，无监督学习采用聚类技术，使用基于一定相似性（或距离）的度量方式来将无标记的实例分组。

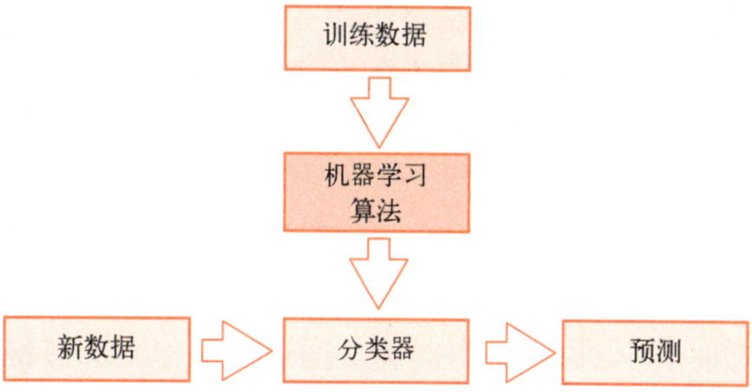

图 8.1 监督学习

下面将详细介绍分类任务，先介绍基本概念。

1）分类：分配预先定义的类标签到特定实例，将它们分成不同的类别的一般方法。

2）实例：实例是观测对象（observation）或样本的同义词，描述由一个或多个特征（或称为属性）组成的对象。

我们用一个简单的例子来解释这些基本概念。著名的鸢尾花（Iris）数据集可能是最常用的一个例子。1936 年，R.A.Fisher 创建了 Iris 数据集。Iris 现在可以从加利福尼亚大学欧文分校（UCI）机器学习库中免费得到。

Iris 中的花被分为三类：Setosa，Virginica 和 Versicolor。Iris 数据集的 150 个实例中的每一个样本（单花）都有四个属性：①萼片的宽度；②萼片的长度；③花瓣的宽度；④花瓣的高度。

关于特征提取的方法可能包括花瓣和萼片的聚合运算，如花瓣或萼片宽度和高度之间的比率。在特征选择方面，三种不同的花中，花瓣包含的辨别信息相对于萼片来说要更多一些，因为萼片的宽度和长度差别更小一些。那么，该信息就可以用于特征选择，以去除噪声和减少数据集的大小。

可以使用 Iris 数据集得到一个非常简单的决策树来完成对样本数据的分类，具体如图 8.2 所示。当花瓣长度小于 1cm 时，判定为 Setosa。当花瓣长度大于等于 1cm 时，继续用花瓣的宽度进行判定。当花瓣宽度小于 1.75cm 时，判定为 Versicolor；当花瓣宽度大于等于 1.75cm 时，判定为 Virginica。

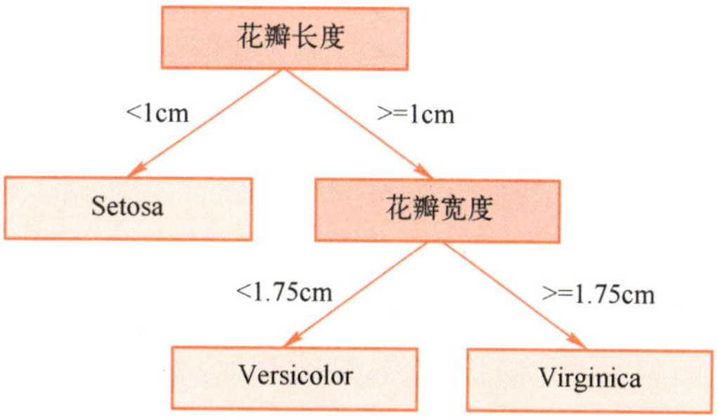

图 8.2 决策树

在介绍了基本概念后，再介绍几种常用的监督学习算法。

1）决策树分类器是树形图，图中的节点用于测试某个特征子集的特定条件，然后分支把决策分割到叶子节点上。图 8.2 所示决策树的叶子节点表示最低级别，用于确定类的标签。

决策树的核心算法是确定决策树分支准则，该准则涉及两个方面的问题：①如何在众多的输入变量中选择出一个最佳的分组变量；②如何在分组变量的众多取值中寻找到最佳的分割值。

2）支持向量机（Support Vector Machine，SVM）是利用采样超平面分隔两个或多个类的分类方法。最终，具有最大间隔的超平面被保留，其中“间隔”指的是从采样点到超平面的最小距离。组成间隔的采样点称为支持向量，通过它们建立起最终的 SVM 模型。

3）贝叶斯分类器是基于一个统计的模型（即贝叶斯定理，后验概率的计算基于先验概率和所谓的似然）。一个朴素贝叶斯分类器假定所有属性都是条件独立的，因此，计算似然可以简化为计算带有特定类标签的独立属性的条件概率的乘积。

4）人工神经网络（Artificial Neural Network，ANN）是模仿人或动物大脑的图类分类器，其中相互连接的节点模拟神经元。

我们需要对训练出来的分类器的性能进行评估。混淆矩阵是一种用于性能评估的方便工具。通常，通过预测“准确率”或“差错率”来报告分类性能。准确率即正确分类的样本在总样本中的占比；它经常被用作特异性/精密性的同义词，尽管计算方法不同。

准确率的计算公式是 $\frac{TP+TN}{TP+TN+FP+FN}$。其中，TP =真阳性，TN =真阴性，FP =假阳性，FN =假阴性。

分类性能的其他指标包括：灵敏度和精密性，特异性，查全率。灵敏度和精密性用来评估二元分类问题中的“真阳性率”。特异性描述了二元分类问题中的“真阴性率”。

在一个典型的监督学习的工作流程中，为了能够选出一个具有满意性能的模型，我们将会评估特征子空间、学习算法和超参数的各种不同的组合。交叉验证法是一种好的方法，可以避免过拟合训练数据。

把数据随机分成训练和测试数据集。训练数据集用于训练模型，测试数据集的作用则是评价每次训练完成后最终模型的性能。重要的是，测试数据集只能使用一次，以在计算预测误差指标的时候避免过拟合。

过拟合导致分类器在训练的时候表现良好，但是泛化能力一般。例如，对人类特征的识别，如果训练数据集中都是黑人数据，过度拟合的分类器就可能会将白人数据错误地识别为非人类。

机器学习的基本目标是对训练数据集中实例的泛化。这是因为，不管我们有多少训练数据，在测试阶段这些数据都不太可能会重复出现。初学者最常犯的错误是在训练数据上做测试，从而产生胜利的错觉。如果这时将选中的分类器在新数据上做测试，其结果往往还不如随机猜测准确。需要注意，在训练分类器时，一定要保留一部分数据作为测试数据。

分类器可能会在不知不觉中受到测试数据的影响。你可能会使用测试数据来调节参数并做了很多调节；机器学习算法有很多参数，算法的成功往往源自对这些参数的精细调节，因此这是非常值得关注的问题。当然，保留一部分数据用于测试会减少训练数据的数量。这个问题可以通过交叉验证（Cross-Validation）来解决。

交叉验证是评估特征选择、降维，以及学习算法不同组合的最有用的技术之一。交叉验证有许多种，最常见的一种就是 k 重交叉验证了。在 k-重交叉验证中，原始训练数据集被分成 k 个不同的子集。其中，1 个子集被保留作为测试数据集，另外的 k-1 个子集被用于训练模型。例如，我们设定 k 等于 4（即分为 4 份），原始训练数据集的 3 个不同的子集将被用于训练模型，剩余的 1 个子集将用于评价。经过 4 次迭代后，可以计算出最终模型的平均错误率和标准差，这个平均错误率可以让我们看到模型的泛化能力究竟如何。

当我们有了足够的内存和计算能力，我们可以使用相对简单的算法来完成很多任务；这里的技巧是学习，或者从实例数据中学习，或者使用增强学习，或者通过试错来学习。只要我们为机器提供足够的数据（不必是监督的）和计算能力，如果机器可以自己学习，我们就不需要提出新的算法。在人工智能的许多领域这种态势都将继续，而关键是学习。

除回归模型和分类任务外，还有一类机器学习算法使用强化学习这个概念来描述。在这种算法中，模型是通过一系列操作而最大化奖励函数来进行学习的。奖励函数的最大化，可以通过惩罚坏行为，和/或通过奖励好行为来实现。强化学习的一个常见例子是根据环境反馈学习自动驾驶的训练过程。

可以预见，机器学习技术将被应用到越来越多的领域，为研究者提供新的思路，给应用者带来更多的回报。

8.2.6　众包

很多任务对人类来说很容易，但是对于计算机来说，却很困难。例如，验证码的识别。

验证码即全自动区分计算机和人类的图灵测试（Completely Automated Public Turing Test to Tell Computers and Humans Apart，CAPTCHA）。说起验证码的起源，还要从一个故事开始。2001 年，雅虎被垃圾邮件问题所困扰，找到了卡内基梅隆大学（CMU）的教授，教授把这个任务分给他刚刚入学的博士生 Luis von Ahn，该博士生想出了一个简单有效的解决方案：验证码。Luis von Ahn 就是验证码的明人。

2007 年，已经是教授的 Luis von Ahn 认为人们输入 CAPTCHA 所花费的大量时间，于是他发起了 reCAPTCHA 项目，以帮助推进书籍数字化。事情的起因是《纽约时报》计划将古老的报纸存档数字化，但是由于时间久远且字迹不清楚，其中有很大的比例不是计算机能识别的，人类却能非常轻松地凭着模糊直觉和推断，识别其中的绝大多数。于是 reCAPTCHA 这个新一代验证码系统就诞生了。其最核心的功能是区分用户是人类还是机器人。比如，通过一些人类容易完成但是机器人难以做到的任务——识别扭曲的文字、选择特定的图像等判断用户的真实性。reCAPTCHA 的应用效果非常好：reCAPTCHA 被超过 10 万家网站使用，每天数字化超过 4000 万个单词；《纽约时报》所存的 130 年的资料，本来需要很多时间和人力资源，通过 reCAPTCHA 系统，在几个月之内就完成了。

reCAPTCHA 系统的创新之处在于：让计算机去向人类求助。具体做法是：将光学字符识别（Optical Character Recognition）软件无法识别的文字扫描图传给世界各大网站，用以替换原来的验证码图片；那些网站的用户在正确识别出这些文字之后，其答案便会被传回 CMU。

解决方案的核心是“用户行为”（正确识别验证码）数据的二次开发，而用户行为数据几乎是没有成本的。

这个方案有问题吗？有人会问，既然机器都看不明白，那它怎么判断人类是对了还是错了呢？针对这个问题，一个典型的方案是使用两个验证码，两个验证码里有一个是正确的，被人审核过的，另一个则是未被审核的。当人类用户把那个正确的输对以后，系统就会默认另外一个也是对的。这样，每输入一次验证码，就为人类的知识宝库增加了一个单词。进一步地，还可以通过把未被审核的验证码发给多个用户来提高结果的可靠性：如果两个用户的识别结果相同，无疑该结果会更加可靠。

Luis von Ahn 提出了基于人的计算（Human-Based Computation）的概念，具体而言就是机器把要实现的功能分解为很多微任务，把其中某些微任务外包给人来完成。众包就是一个典型的情况。众包（Crowdsourcing）是指把一个问题分解为很多子问题，然后把这些子问题外包给分布在不同地域的大众，然后聚合其结果，计算出最终的答案。例如，《纽约时报》面临的识别大量文字扫描图的任务。

众包模型如图 8.3 所示。

图 8.3　众包模型

例如对图片的分类，可以把待分类的图片分发给多个人，整合其结果，按照算法计算出最终的结果。众包示例如图 8.4 所示。著名的数据集 ImageNet 就是通过众包的方式对图片进行标注的。

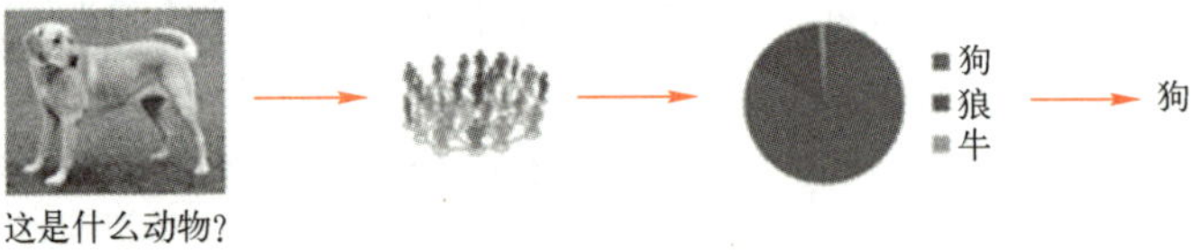

图 8.4　众包示例

在此之前，对计算机的传统认识是计算机辅助人来完成任务，例如计算机辅助设计（CAD）、计算机辅助制造（CAM）等。在众包计算中，人首次作为一个“计算设备”出现在计算机系统中，并且能够引入大量的人参与到任务中来，以协助计算机完成其不能胜任的计算步骤。这种新的模式有效地将计算机智能与人的智能结合，并通过巧妙的设计来低成本地完成任务。

8.3　对大数据算法的攻击

8.3.1　案例分析：通过伪造共同访问对推荐系统进行攻击

推荐系统（Recommender System）在现代电子商务和广告平台中起着关键作用。面对数以万计的商品或服务，用户往往需要依赖推荐系统来找到自己真正感兴趣的东西。因此，商家也愈加依赖推荐系统作为用户入口。

在诸多推荐算法中，基于共同访问（Co-visitation）的推荐系统因其简洁、高效而被许多网站使用。简单来说，若用户在浏览网站的过程中，同时或先后访问（浏览商品页面、观看视频或同时购买）了两个商品 A 和 B，我们就认为 A 和 B 被该用户共同访问了一次。根据商品浏览历史记录，如果 A 和 B 曾被大量用户共同访问过，则当一个新用户浏览 A 时，系统会向他推荐 B，当一个新用户浏览 B 时，系统会向他推荐 A。YouTube 的视频推荐系统、Amazon 及 eBay 上的“浏览/购买了该商品的用户也浏览/购买了……”等功能都属于基于共同访问的推荐系统。

因为这一类推荐系统基于对商品之间共同访问的统计，所以通过伪造共同访问，可以在一定程度上起到操控推荐结果的目的。例如，使用虚假账户反复点击两个商品 A 和 B 的页面，在系统中累积大量对 A 和 B 的共同访问，从而让 A 或 B 出现在对方的推荐列表中。

一般来说，推荐系统包含一组用户和一系列的物品（Item）。用户包括注册用户和非注册用户，物品可以是 YouTube 中的视频、Amazon 中的商品等。推荐系统的目的是向用户推荐符合用户偏好的物品。推荐系统的研究与应用非常多，这里主要关注基于共同访问的推荐系统。YouTube 和 Amazon 在正式发表的论文中均表明其使用基于共同访问的推荐系统。

基于共同访问的推荐系统中，非常重要的数据结构是共同访问图（Co-visitation Graph）。如图 8.5 所示，共同访问图可以表示为 $G=(V, E)$。其中 V 是所有节点的集合，每个节点 i 表示一个物品，节点的权重 w_i 表示节点的流行度（Popularity）；E 是所有边的集合，每条边 (i, j) 表示至少有一个用户共同访问节点 i 和节点 j，边的权重记为 w_{ij}，表示节点 i 和节点 j 被共同访问的次数。

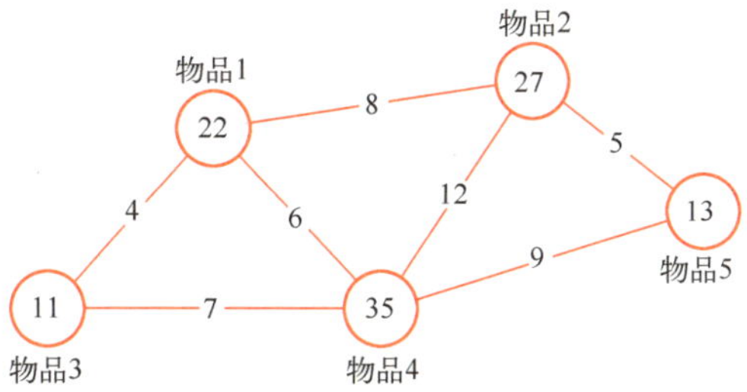

图 8.5　共同访问图

基于共同访问的物品-物品（Item-to Item）推荐系统的工作流程主要有以下三个步骤：

1）计算共同访问图中物品之间的相似性（Similarity）。例如，YouTube 中的相似性计算函数为 $S_{ij}=w_{ij}/f(w_i, w_j)=w_{ij}/(w_i w_j)$。

2）把与物品 i 相似性的值从高到低排序。

3）生成最终的推荐列表，但是必须满足某些条件。比如：满足流行度阈值 τ。因为对某些相似性计算函数来说，如果共同访问的数量不变，则节点流行度的值即 w_i 或者 w_j 越低，相似性的值越高。为了避免不受欢迎的物品更容易被推荐，一般会设置一个阈值来过滤掉流行度低的物品。

一般来说，具备不同攻击背景知识的攻击者可以达到不同的攻击效果。首先将背景知识分为三类（见图 8.6）：高等知识、中等知识、低等知识。

图 8.6　攻击者背景知识的三种分类

事实上，对高等知识攻击者的要求非常高，他需要了解推荐系统的共同访问图和流行度阈值，一般只能是公司内部人员。中等知识的攻击者比较常见，他可以了解到推荐系统中的推荐列表和所有物品的流行度，符合攻击条件的有 YouTube 视频网站等。低等知识的攻击者，一般只能获得推荐系统中的推荐列表，符合攻击条件的推荐系统也很多，比如 Amazon 和 eBay 等网站。

由于攻击者的资源有限，比如 IP 地址、计算资源等，所以攻击的主要目标是在攻击者伪造的共同访问数量有限的情况下，将攻击效果最大化。

如何度量攻击的效果？在这里，攻击效果的度量方式是计算未来用户对物品增加或减少的用户印象（User Impression，UI）的数量。具体来说，用户印象是指对未来一个随机的用户而言，目标物品获得前 k 个用户印象的可能性。由于用户印象计算的是未来用户访问的可能性，无法真实地计算，因此可以利用过去该物品的受欢迎程度来估计未来该物品的访问情况。

根据攻击造成的效果不同，可以将针对推荐系统的伪造共同访问攻击分成两类：提升攻击（Promotion Attack）和降级攻击（Demotion Attack）。

提升攻击：给定一个目标物品和一个拥有关于推荐系统背景知识的攻击者，提升攻击可以使推荐系统向尽可能多用户推荐该目标物品。刷好评的攻击基本方法是通过伪造多个用户/IP，利用多个伪造用户的购买行为增强锚定物品和目标物品的关联。

降级攻击：该攻击与提升攻击类似，不同的是，它的目的是使推荐系统尽可能少地向用户推荐目标物品。

攻击者根据自己对推荐系统背景知识的了解程度，可以设计相应的优化方法，主要目标是获得可以成功攻击的锚定物品列表。

1）了解共同访问图 G 和流行度阈值 τ 的高等知识攻击者，可以利用线性优化的算法取得一组可以成功入手攻击的锚定物品列表。

2）可以获得每个物品的流行度和对应的推荐列表的中等知识的攻击者，可以通过这些值推算或估计共同访问图 G 和流行度阈值 τ，转化成高等知识。

3）只能获得推荐列表的低等知识的攻击者，其问题难得多，需要从已有推荐列表推算每个物品的流行度和对应的推荐列表，然后转化为高背景知识。

对于以上三种情况，根据推算数据缺失程度不同，攻击效果也不同。

由于攻击者的资源有限，因此在实际应用过程中要实施攻击，会遇到两个非常关键的挑战。一是给定目标物品后，如何选择被攻击的物品（Anchor Item）？二是对于被选定攻击的物品，需要注入多少伪造的共同访问才能够达到攻击目标？

解决方法是将该攻击问题转化成一个优化问题。将一个高等知识的提升攻击转化成一个优化问题；然后通过估计共同访问图中边的权重将中等知识的攻击者转化为高等知识的攻击者；接着通过估计共同访问图中的节点值，将低等知识的攻击者转化成中等知识的攻击者。

目前已经有算法可以成功攻击包括 YouTube、Amazon 在内的数个网站。结果表明这种基于伪造共同访问的攻击在这些网站上都是有效的，并可以在一定程度上操控其推荐结果。

针对这种攻击方式的防御策略包括：利用验证码来减少伪造数据的注入；对伪造共同访问进行检测；只使用注册用户的共同访问数据。

防御策略的关键在于保护可以影响目标物品排名的一组强关联的锚定物品列表，这些列表的获取难度和泄露的背景知识程度相关，在系统设计时，可以通过良好的系统设计降低泄露背景知识的概率。

8.3.2 案例分析：搜索引擎优化

搜索引擎优化（SEO）是指通过了解各类搜索引擎如何抓取互联网页面、如何进行索引以及如何确定其对某一特定关键词的搜索结果排名等技术，来对网页内容进行相关优化，使其符合用户浏览习惯，在不损害用户体验的情况下提高网站在搜索引擎上的排名，从而提高网站访问量，最终提升网站的销售能力或宣传能力的技术。所谓“针对搜索引擎优化处理”，是为了使网站更容易被搜索引擎接受。搜索引擎会对不同网站的内容做一些相关性的资料比对，然后再由浏览器将这些内容以快速且接近完整的方式，呈现给搜索者。

在国外，搜索引擎优化开展较早，专门从事搜索引擎优化的技术人员被 Google 称为“搜索引擎优化工程师”（Search Engine Optimizer）。由于 Google 是世界最大的搜索引擎提供商之一，所以 Google 也成为全世界搜索引擎优化工程师的主要研究对象，为此 Google 官方网站专门有一页介绍搜索引擎优化，并表明 Google 对搜索引擎优化的态度。对于任何一家网站来说，要想在网站推广中取得成功，搜索引擎优化都是最为关键的一项任务。科学规范的搜索引擎优化对搜索引擎也是一种人性化的完善。

由于不少研究发现，搜索引擎的用户往往只会留意搜索结果最开始的几项条目，所以不少商业网站都希望通过各种形式来影响搜索引擎的排序，尤其是那些依靠广告为生的网站。搜索引擎优化技术被一些目光短浅的人，用一些搜索引擎优化作弊的不正当手段，牺牲用户体验，利用搜索引擎的漏洞，来提高排名。自从有了搜索引擎，就有了针对搜索引擎网页排名的作弊（SPAM）。因此，有时候用户会发现在搜索结果中排名靠前的网页不一定含有高质量的信息。

搜索引擎作弊的方法虽然很多，但是目的只有一个，那就是采用不正当手段提高自己网页的排名。早期最常见的作弊方法是重复关键词。比如一个卖数码相机的网站，重复地罗列各种数码相机的品牌，如尼康、佳能和柯达等。为了不让读者看到众多讨厌的关键词，聪明一点儿的作弊者常用很小的字体和与背景相同的颜色来掩盖这些关键词。其实，这种做法很容易被搜索引擎发现并纠正。

有了网页排名（Page Rank）以后，作弊者发现一个网页被引用的链接越多，排名就可能越靠前，于是就有了专门买卖链接的生意。比如，有人创建成百上千个网站，这些网站上没有实质的内容，只有到他的客户网站的链接。这种做法比重复关键词要高明得多，但还是容易被发现。

随着网络水军的出现，一些人开始雇佣水军，在博客网站和论坛上注入垃圾评论，把链接注入排名高的博客网站和论坛，从而欺骗搜索引擎，获得更好的排名。2005 年年初，Google 为网页链接推出一项新属性——nofollow，使得网站管理员和网络博客作者可以做出一些 Google 不计票的链接，也就是说这些链接不算作“投票”。nofollow 的设置可以抵制垃圾评论。

除了人工的手段，搜索引擎公司还提出了自动化防作弊方案，其基本思路与信号处理中的去除噪声方法很类似。在信号处理技术中，原始的信号混入了噪声，在数学上相当于两个信号做卷积。那么，去除噪声的过程就是一个解卷积的过程。只要噪声的频率是固定的，由于噪声总是重复出现的，因此采集几秒钟的信号就可以利用解卷积算法把噪声消除。从理论上讲，只要噪声不是完全随机的，并且前后有相关性，就可以被检测到并且消除。

搜索引擎的作弊，就如同在原始信号中加入了噪声，打乱了搜索结果的正确排名。但是，这种人为加入的噪声并不难消除，作弊者的方法不可能是随机的，否则就无法提高排名了。而且，作弊数据在时间上具有前后相关性，作弊方法不可能持续变化，否则作弊成本太高，如果作弊成本高于收益，作弊者自然就放弃作弊了。因此，搜索引擎排名算法可以在搜集一段时间的作弊信息后，将作弊者抓出来，还原正确的排名。

由于作弊信息的采集过程需要时间，在这段时间内作弊者可能会尝到一些甜头，因此有些人看到自己网站的排名通过作弊，在短期内靠前了，以为这种所谓的“优化”是有效的；但是，过不了多久就会发现排名又掉下去了。

当然，作弊者也会不断改进方法，降低成本，延长有效时间，以达到作弊的目的。作弊与反作弊和所有安全问题一样，是一种相生相伴、长期对抗的关系，至今还没有可以一劳永逸地解决作弊问题的方法。

8.3.3 对抗样本攻击

对抗样本攻击是人工智能安全中最典型的攻击之一。对抗样本（Adversarial Example）是指在原数据集中通过人工添加肉眼不可见或者经处理不影响整体的肉眼可见的细微扰动所形成的样本，这类样本会导致训练好的模型以高置信度给出与原样本不同的分类输出。

1. 诱导分类器产生错误分类——逃逸攻击

机器学习在很多应用领域取得了成功。

很多安全领域的难题用到机器学习技术来解决，比如垃圾邮件分类、僵尸号检测、恶意软件分类等。2015 年微软在 Kaggle 上赞助了一个 Windows 恶意软件分类比赛，冠军队赛前并没有任何恶意软件知识，仅凭基本的机器学习技能就赢得第一名，模型准确率接近 100%。

2016 年，在安全领域的著名会议 NDSS（网络与分布式系统安全研讨会）上有一篇论文指出，机器学习做安全只是看起来很美。该论文采用遗传编程（Genetic Programming）随机修改恶意软件的方法，成功攻击了两个号称准确率极高的恶意 PDF 文件分类器：PDFrate 和 Hidost。实验中所有 500 个恶意 PDF 样本被稍加修改后都被判为无害，然而其携带的恶意代码照样在目标平台中运行。值得注意的是，这些从检测中逃逸的恶意文件都是算法自动修改出来的，并不需要 PDF 安全专家介入。两个受攻击的分类器 PDFrate 和 Hidost 分别采用 PDF 文件内容和 PDF 文件结构作为分类特征，在原测试数据集中均显示出极佳的分类性能。然而，该论文的攻击实验结果表明，不论是文件内容还是文件结构都不能训练出可靠的恶意 PDF 分类器。尽管在训练数据中确实可以观察到两类样本在文件结构（内容）上的差异，这些差异往往并非必然，以此训练出来的分类器将存在很大盲区。举个例子，现实中收集到的恶意 PDF 样本往往文件尺寸都比较小，这是因为攻击者通常只要把一小段可执行代码植入 PDF 就够了，并不需要真正的 PDF 页面。用机器学习训练分类器时，把文件尺寸作为特征或许可以在特定的数据集中帮助区分恶意/无害样本，然而这并非是恶意软件的真正特征，攻击者只须简单地植入更多 PDF 内容页就可以迷惑分类器。

上述论文的作者在宣讲论文时还披露了 Gmail 内嵌的恶意软件分类器更加脆弱，用 4 行代码修改已知恶意 PDF 样本就可以达到近 50%的逃逸率，10 亿 Gmail 用户都受到影响。然而 Google 安全团队表示恶意软件检测是个大难题，他们暂时也无能为力。

这些事例都体现了安全领域的特殊性。攻击者会不断改变策略，至少不能以传统的机器学习视角来看待安全类问题了。在安全领域应用机器学习构建分类器，不仅需要关注准确率、误报率之类的传统度量，更需要深入分析分类特征能否有效地应对攻击者的挑战，否则机器学习做安全只是看起来很美而已。

2．诱骗视觉分类算法

以往的对抗攻击需要进行复杂的数据处理。Evtimov 的发现表明，物理世界中图像的轻微改变就能成功地诱骗视觉分类算法。

如图 8.7 所示，你只需要在停车标志上加一点喷漆或一些贴纸，就能够愚弄一个深度神经网络分类器，让神经网络将停止标志看成限速标志。

图 8.7　喷漆-贴纸攻击（Poster-Printing Attacks）

人类非常难以理解机器人是如何“看”世界的。机器的摄像头像我们的眼睛一样工作，机器使用黑盒机器学习算法处理摄像头拍摄的图像。训练这些算法通常包括向机器显示一组不同的图像（比如停止标志），然后看看机器能否从这些图片中提取足够的常见特征，从而可靠地识别出那些没有在训练集中出现过的停止标志。

这样做很好，但机器学习算法识别出的停止标志的特征，往往不是“里面有字母‘STOP’的红色八角形”，而是所有停止标志都具有的特征，不过人类是看不懂的。这个事实实际上反映了人类的大脑和人工神经网络在解释和理解这个世界时的根本差异。

结果就是，对图像进行轻微的改动就可能导致机器学习算法识别出与原本完全不同的（有时甚至是莫名其妙的）结果。一般而言，这些轻微的改动是人类肉眼所无法察觉的，而且通常需要相对复杂的分析和图像处理才能实现。因此，通过一些手段，能够让神经网络分类器产生错误识别。

在自动驾驶的情况下，神经网络能够在不同距离和不同的角度分析包含一大堆符号的图像。对抗图像往往会在整个图像（即道路标志和图像中的背景）中都包含增加的改动。

为了实施这些攻击，研究人员（即“攻击者”）使用公开的道路标志数据集，在TensorFlow上对他们的道路标志分类器进行了训练。他们认为，攻击者会对分类器进行“白盒”访问，这意味着攻击者不会混淆或篡改数据，而是把“杂物”添加进去，看看会产生什么。这样，即使无法直接入侵分类器，攻击者仍然可以使用这种反馈来创建一个相当准确的模型来分类它们。最后，研究人员将目标标志的图像输入他们的分类器，并利用分类器的反馈来生成对抗样本。

当然，自动驾驶汽车使用的分类器会比研究人员成功骗过的分类器更加复杂，鲁棒性更高。在实验中，研究人员只使用了大约 4500 个标志作为训练输入。尽管如此，也无法否认这样的攻击会奏效——即使是最先进的基于深度神经网络的算法，也可能做出很愚蠢的判断，其原因是我们无法轻易察觉的。

自动驾驶汽车最好使用多模态系统进行道路标志识别，就跟自动驾驶汽车使用多模态系统进行障碍物检测一样：仅依靠一种传感器，无论是超声波雷达、激光雷达，还是摄像头，都是十分危险的。要同时使用多种传感器，确保它们涵盖彼此的特定漏洞。因此，如果要为自动驾驶汽车做一个视觉分类器，可以加入一些全球定位系统（GPS）位置的信号，或者添加专用的红色八角形检测系统。

自动驾驶的未来也许会完全去除人类因素。因此，一个解决方案就是把全部的道路标志都撤销（彻底不依靠道路标志），把人类因素完全剔除，把所有的道路完全交给机器人。

8.3.4 数据投毒攻击

数据投毒攻击是一种训练阶段的攻击。数据投毒是指攻击者将少量精心设计的毒化样本添加到模型的训练数据集中，利用训练或者微调（Fine-Tuning）过程使模型中毒，从而破坏模型的可用性或完整性，最终在测试阶段使模型的性能和输出结果异常。

通常，处理一个有监督的机器学习问题，需要以下流程：①数据收集；②数据预处理；③模型的创建与训练；④模型的测试与评估。数据投毒攻击主要针对数据的收集和预处理过程：在数据收集过程中，攻击者通过各种途径将有毒样本混入训练数据，例如，虚构用户向推荐系统上传信息；在数据预处理过程中，一些可以直接接触训练数据的攻击者，可以直接向训练数据中插入有毒数据、篡改数据标签或者直接修改干净的训练数据。

因此，数据的修改方式可分为：①标签修改，即控制数据的标记过程。②数据修改，即修改训练数据的内容，利用干净的数据样本制作中毒样本。③数据注入，即向训练数据中注入有毒数据。

根据攻击者目标的不同，数据投毒攻击可分为无目标攻击和有目标攻击。无目标攻击是指无论样本类别，攻击者破坏模型使其产生尽可能多错误预测。有目标攻击是指，改变模型对目标样本的分类结果，使其分类为目标类别，不追求对目标样本以外的测试样本的影响。

根据攻击者掌握知识的不同，数据投毒攻击还可分为白盒攻击、黑盒攻击和灰盒攻击。白盒攻击是指攻击者充分了解受害模型的任务、算法、数据集以及求解策略，可以直接访问训练数据并改变内部模型权重。黑盒攻击是指攻击者无法直接访问受害模型和训练数据，但是他与使用模型的用户一样，可以了解模型完成的任务。灰盒攻击介于二者之间，攻击者对模型仅有部分了解。

1. 建模

现有研究大多将数据投毒攻击建模为双层优化问题，针对有监督分类模型，无目标的数据投毒攻击可表示如下：

$$\text{外层优化：}\quad x_c \in \underset{x'_c\in\phi(\{x_c,y_c\})}{\arg\max}\ A(\{x'_c,y_c\},\theta)=L_{\text{val}}(D_{\text{val}},\hat{w})$$

$$\text{内层优化：}\quad \text{s.t.}\quad \hat{w}\in\underset{w'}{\arg\min}\, L_{\text{tr}}(D_{\text{tr}}\cup\{x'_c,y_c,w'\}$$

式中，x_c 表示初始中毒样本；y_c 表示攻击者为其挑选的标签；ϕ 函数表示对中毒样本的一些基本操作，如加噪或内容修改；x'_c 是经过 ϕ 操作的中毒样本；w' 是用 x'_c 训练后受害模型的参数；D_{val} 表示攻击者独立收集的验证数据集，用于衡量攻击效果；$\hat{w}$ 是每完成一次内层优化后更新的模型参数，用于外层优化；L_{tr} 和 L_{val} 分别代表训练集和验证集上的损失：A 函数是投毒攻击的目标函数，通常取决于中毒数据和模型，通常以 L_{val} 来定义。需要注意的是：L_{tr} 由模型训练者定义，但对攻击者而言可能是未知的，因此攻击者可能借助一些黑盒或灰盒的方法来模拟这个训练损失。

内层优化的参数是模型参数，内层优化使得加入一个染毒数据 $\{x'_c,y_c\}$ 后训练损失 L_{tr} 最小化，完成一次训练后得到当前模型参数 $\hat{w}$；外层优化的参数是中毒样本 x_c，在模型 $\hat{w}$ 与验证集 D_{val} 的基础上不断更新 x'_c，直到最大化验证集上的损失 L_{val}。不断训练，直到这个模型收敛，即 L_{tr} 不再下降，L_{val} 不再上升。通过这种方式，可以得到一个中毒样本，可以让模型在训练中染毒，使得它在预测时表现下降。

如果是有目标的数据投毒攻击，可以修改 A 函数，将 D_{val} 修改为某个类的验证集 D_{target}，此时投毒攻击则由原来无目标地让损失最大化改为有目标地让某个类的损失最大，甚至可以让某一类损失最大，其他类损失最小。

2. 攻击方法

（1）标签翻转　对于二分类模型，最早的数据投毒攻击直接随机翻转训练数据的标签，从而达到投毒效果。例如，将部分二分类数据的标签 0/1 进行随机翻转，使标签 0 对应的数据在训练中靠近假标签 1，而标签 1 对应的数据靠近假标签 0。随机标签翻转攻击可表示为

$$\text{LF}(y)=\begin{cases}1-y, y\in Y=\{0,1\}\\ \text{random}\left(\dfrac{Y}{\{y\}}\right),\text{其他}\end{cases}$$

式中，y 是原始标签；$1-y$ 可以在 0-1 分类问题下进行类别的翻转；random()表示随机选择函数，适用于多分类问题。

除了随机选择样本进行标签翻转，还可以有选择性地对一部分数据进行翻转以最大化

攻击效果。例如，Zhao 等人对比了 RANDOM（随机翻转）方法、AFLA（对抗性的标签翻转攻击）方法和 PGA（预测梯度上升）方法的攻击效果，如图 8.8 所示。x 轴为翻转点的百分比，y 轴为受害者模型在训练集上的正确率，对比它们在五种数据集上的效果，可以看出，随着翻转率的增强，模型的准确性逐渐下降，但是显然随机翻转算法的效果较为有限，另外两种方法的效果更好。在实际中，随机翻转产生的有毒样本很容易在数据清洗时被删除。

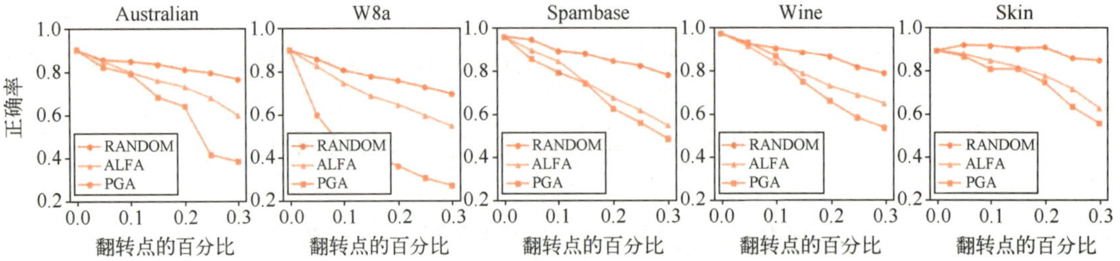

图 8.8　不同标签翻转方法的攻击效果对比

（2）带约束的优化　在数据投毒中，目标问题通常是制作最有效的中毒样本，既可以用于计算标签中毒的最佳数据点集，也可以用于找到最有效的数据修改方案。前文使用双层优化建模时是没有加入约束的，如对染毒率、修改中毒样本的数量没有要求。下面是一个带约束的优化问题，我们通过增加约束的方式优化标签翻转方式。

$$\max_{z} A(z,\theta) = \sum_{\{x_j,y_j\}\in D_{\text{val}}} L_{\text{val}}(D_{\text{val}},\hat{w})$$

$$\text{s.t.}\quad \hat{w}\in \arg\min_{w'} \sum_{i=1}^{n} L_{\text{tr}}(\{x_i, y_i \oplus z_i\}, w')$$

$$\sum_{i=1}^{n} c_i z_i \leqslant C, z_i \in \{0,1\}$$

此时的攻击对象是进行监督二分类问题的模型。假设为白盒、无目标攻击，并且攻击者有能力改变一部分数据标签。其中，z 是一个控制数据标签是否翻转的掩码，$z=\{z_i\}_{i=1}^{n}$。z_i=1 时，标签翻转，$y_i' = -y_i$；z_i=0 时，标签不翻转，$y_i' = y_i$；每次翻转的代价为 c_i，翻转代价不可超过预先定义的总代价 C。因此，在翻转总代价不超过 C 时，可以找到最优的翻转标签组合z_i，使得使用中毒训练集 $D_{\text{tr}} = \{x_i, y_i \oplus z_i\}$ 训练的模型在验证集上的损失最大。

（3）梯度计算　可以通过使用梯度计算的方法求解一开始建模的双层优化问题。在双层优化问题中，内层优化每次在中毒训练数据集上完成一次受害模型的训练过程，得到当前模型的参数后，攻击者在模型参数 $\hat{w}$ 和验证集 D_{val} 的基础上使用外层优化更新一次中毒样本 x_c，更新的具体方法可以使用梯度下降法，使中毒样本沿着目标函数 A 对中毒样本 x_c 的梯度方向 $\partial A / \partial x_c$ 移动，直至中毒数据产生最大的投毒效果。

（4）干净标签　大多数经典的投毒攻击需要控制标签过程，其中允许攻击者修改训练数据的标签，尽管这种方式的攻击性能良好，但是在有监督的机器学习场景下，很容易在数据清洗时被发现，这时中毒样本不会被保存在训练数据集中。因此，为了改善这种攻击方式的缺点，产生了干净标签的投毒方式。一个干净标签的投毒攻击满足两个特性：①中毒样本

的标签在投毒过程中保持不变。②为了不明显，每个中毒样本 x_c 在视觉上类似于一个自然样本 x_n，它总是受到一个 L_p 范数距离 $k\|x_c - x_n\|p < \varepsilon$ 的约束。

下面以特征碰撞法生成中毒数据为例，假设受害模型是有监督的图像二分类模型，攻击类型为白盒、有目标攻击，此方法的目标函数为

$$p = \arg\min_{x} \|f(x) - f(t)\|_2^2 + \beta\|x - b\|_2^2$$

设 $f(x)$表示将一个输入 x 通过网络传播到倒数第二层（在 softmax 层之前）的函数。将这一层的激活称为输入的特征空间表示，是因为它编码高级语义特征。由于 f 的高复杂度和非线性，通过计算，可以在特征空间中找到一个与目标 t"碰撞"的实例 x，同时在输入空间中接近基础实例 b。最小化等式右侧，使得有毒实例 p 在人类标记器上看起来像一个基础实例 b（β 参数化它的程度），因此 p 被标记为 b 实例。

如图 8.9 所示，当狗的图像为基础图像 b 时，目标图像 t 为鱼的图像，p 和 x 是中毒的狗的图像，$f(x)$和 $f(t)$分别是 x 和 t 的特征向量，$|f(x) - f(t)\|_2^2$ 表示中毒图像 p 与目标图像鱼在特征空间中的差异，最小化$|f(x) - f(t)\|_2^2$ 则表示希望在特征空间中，中毒图像 p 与鱼相似，$|x - b\|_2^2$ 用于控制扰动的大小，即希望中毒图像狗表面上看起来仍然是狗。

图 8.9　基于干净数据标签的数据投毒攻击例子

模型在训练时，如果遇到一个中毒样本狗的图像，由于它在特征空间上与鱼的样本更接近，却被标记为狗，这会导致模型的决策边界发生偏移。因此，在测试数据集上模型可能会认为鱼的图像应该被分类为狗，使模型的泛化能力变差。

8.3.5　后门攻击

深度神经网络（DNN）缺乏透明度，因此容易受到后门攻击，即隐藏的关联或触发器（Trigger）覆盖正常分类，产生意想不到的结果。后门可以无限期地隐藏起来，直到被输入激活，带来严重的安全风险，例如生物识别认证系统或自动驾驶汽车。

后门攻击是指在训练阶段，攻击者借助数据投毒的方法，利用带有触发器的训练数据将隐藏的后门嵌入 DNN 中。在测试阶段，当测试数据为带有触发器的中毒样本时，DNN 隐藏的后门会被激活，后门会将此样本错误地分类到攻击者指定的目标标签中；当测试数据为正常样本时（不带触发器），后门不会被激活，模型仍然输出正常的分类结果。

图 8.10 是后门攻击的一个例子。后门目标标签是标签 4，触发器是右下角的白色方块。当注入后门时，部分训练集被修改，在训练数据上标记触发器并将标签修改为目标标

签。使用修改后的训练集进行训练后，在测试时，输入带有小方块的样本，无论样本正常的标签是几，都会输出标签4。同时，输入不带小方块的正常样本时，会输出正确的标签。

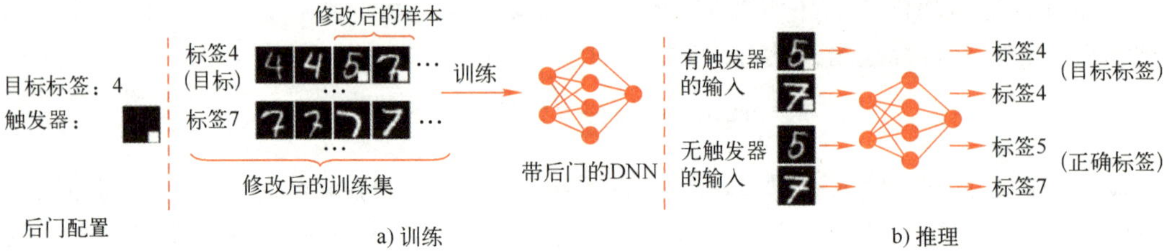

图 8.10　后门攻击的一个例子

通常使用攻击成功率（ASR）和良性准确率（BA）作为评价指标，来评价不同攻击的有效性。具体来说，ASR 被定义为成功攻击的中毒样本与总的中毒样本之间的比率。BA 被定义为测试时良性样本的准确率。ASR 的计算公式为

$$\mathrm{ASR}=\frac{\mathrm{card}(\{x_c \mid f(x_c)=\text{目标标签}, x_c \in D_{\text{test}-c}\})}{\mathrm{card}(\{x_c \mid x_c \in D_{\text{test}-c}\})}$$

式中，x_c 表示中毒样本，即带有触发器的样本；card 是用于计算集合中元素个数的函数；$f(x_c)$ 是模型预测的分类结果；$D_{\text{test}-c}$ 表示用于测试的中毒样本集合。

$$\mathrm{BA}=\frac{\mathrm{card}(\{x_b \mid f(x_b)=\text{正确标签}, x_b \in D_{\text{test}-b}\})}{\mathrm{card}(\{x_b \mid x_b \in D_{\text{test}-b}\})}$$

式中，x_b 是良性样本；$f(x_b)$ 是模型预测的分类结果；$D_{\text{test}-b}$ 表示用于测试的良性样本。

需要注意的是，后门攻击都是有目标攻击的，攻击者的目标是 ASR 和 BA 都达到较高水平。在实际中后门攻击的场景有多种，下面主要介绍两种场景：一种是模型外包时，攻击者是提供模型的第三方平台，即攻击者掌握了模型的数据集、算法和参数等，攻击者可以进行白盒攻击，不但可以进行数据投毒，还可以修改模型参数留下后门。另一种是机器学习用户收集外源数据，自己训练模型，攻击者可以通过数据投毒将后门嵌入模型，影响模型的训练过程，此时可分为两种情况：①假设攻击者了解模型结构信息，可以针对模型制作中毒样本，此时是灰盒攻击；②假设攻击者不知道任何关于该模型结构的信息，则只能投毒“模型无关型”数据，此时是黑盒攻击。

常见的攻击方法如下：

（1）BadNet 后门攻击　BadNet 是指一个有后门的神经网络（Backdoored Neural Network），在这种攻击场景中，训练过程要么完全外包给不可信的第三方云服务提供商，后者返回一个有后门的模型，要么在迁移学习的情况下，用户从在线模型库获得一个有后门的预训练模型。下面是一个完全外包的场景下的例子，此时攻击者拥有对训练数据的访问权限，BadNet 对 MNIST 数字识别进行攻击。

图 8.11a 显示了一个良性的（即经过诚实训练的）数字分类网络，即良性分类器。实现 BadNet 的一种方法如图 8.11b 所示，其中 BadNet 的目标是对包含特定后门触发器的数字进行错误分类；在这里，触发器是出现在图像右下角的像素模式。这种恶意网络通过一个并行网络来增强良性网络，恶意网络可以检测到触发器的存在，并在检测到后门触发器时产生攻击者选择的错误分类的合并层。然而，在完全外包训练场景中，这种 BadNet 不是有效的攻

击，因为模型的架构（神经元数量、层数等）是由用户指定的。也就是说，攻击者不能随意修改良性网络的体系结构，否则攻击很容易被检测到。相反，攻击者必须在不改变良性网络预先指定的体系结构的情况下合并后门触发检测网络和合并层，修改权重，如图 8.11c 所示。

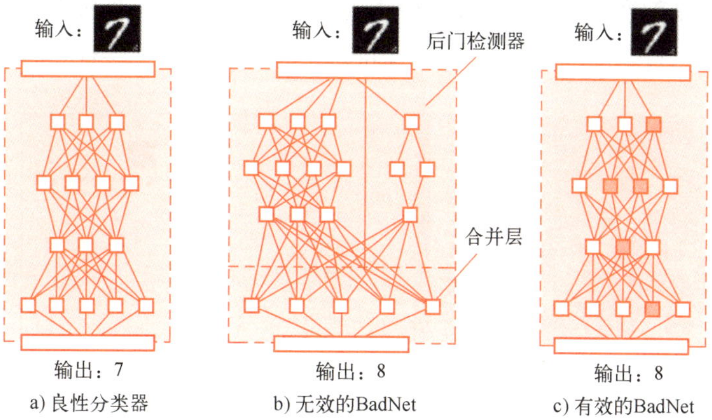

图 8.11　BadNet 模型结构对比

BadNet 后门攻击实例情况如下：

1）基线 MNIST 网络。本攻击的基线网络是一个具有两个卷积层和两个完全连接层的卷积神经网络（CNN）。请注意，这是标准体系结构，攻击者没有以任何方式修改它。基线 CNN 对 MNIST 数字识别的准确率为 99.5%。

2）攻击目标。考虑两个不同的后门：一个是单像素后门，即图像右下角的单个明亮像素；另一个是图案后门，即图像右下角的明亮像素图案。原始图像以及两个后门如图 8.12 所示。在原始图像中，图像的右下角始终是暗的。

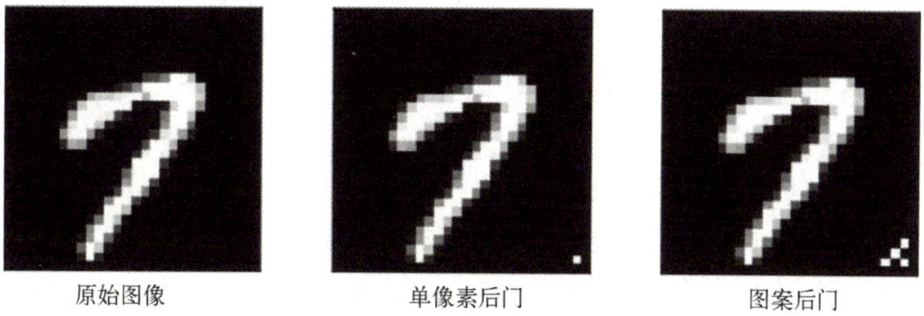

图 8.12　原始图像以及两个后门

对这些后门图像实施单目标攻击：攻击者将数字 i 的后门版本标记为数字 j。对于 i，$j\in[0,9]$的每个组合，尝试所有 90 个攻击实例，其中$i\neq j$。

3）攻击策略。通过投毒训练数据集来实现攻击。具体来说，从训练数据集中随机抽取 $p|D_{\text{train}}|$，其中 $p\in(0,1)$，并将这些图像的后门版本添加到训练数据集中。根据攻击者的目标，设置每个后门图像的真实标签，然后使用有毒的训练数据集重新训练基线 MNIST 网络。在一些攻击实例中，还必须改变训练参数，包括步长和批大小，以使训练误差收敛，这属于攻击者的能力范围，攻击每次都是成功的。

4）结果。BadNet 上干净图像的错误率如图 8.13a 所示，在 0.45%到 0.67%之间，与基线 CNN 上干净图像的错误率为 0.5%相当。这表明用户通过验证测试无法检测到 BadNet 攻击，这是因为用户提供的验证集只有干净的图像。另外，BadNet 对后门图像的错误率最多为 0.09%（见图 8.13b），这是在数字 1 的后门图像被 BadNet 误标记为数字 5 的攻击中观察到的。同样，这意味着数字 1 的后门图像被错误地分类为数字 5，准确率为 99.91%，也就是说攻击者很有可能达到目的。所有其他攻击实例的错误率甚至更低，攻击者成功的概率更高。

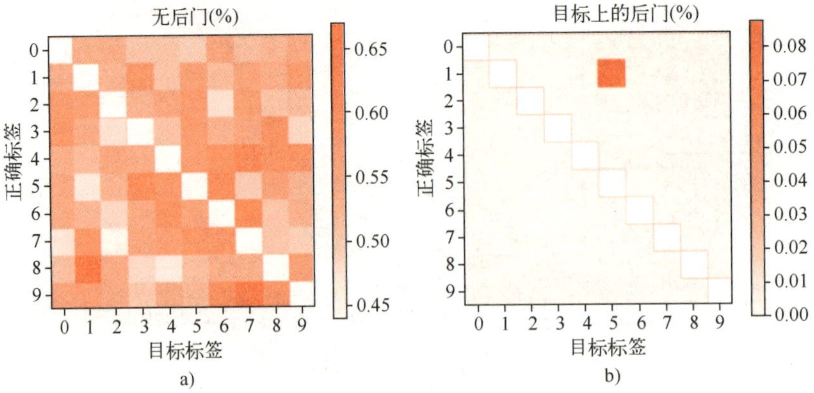

图 8.13　BatNet 攻击例子结果

（2）Trojan 后门攻击　这也是一种在外包场景下的攻击，此时，假设攻击者对目标神经网络有完全的访问权限，但是不假设攻击者有任何访问训练数据或测试数据的权限。为了进行攻击，攻击者操纵原始模型，即使用攻击者制作的附加数据对其进行重新训练。目标是使模型在正常情况下表现正常，在触发器存在的情况下表现不正常。

在神经网络中，内部神经元可以看作一个内部特征。不同的特征对最终的模型输出有不同的影响，这取决于神经元与输出之间链接的权重。Trojan 后门攻击本质上是先选择一些与 Trojan 触发器紧密相连的神经元，然后重新训练从这些神经元到输出的链接，这样输出就可以被操纵。Trojan 后门攻击不需要访问原始训练数据集和训练过程，所以不能再像 BadNets 那样随便选择一个图案当作触发器并训练模型去识别。Trojan 后门攻击确定触发器时，图案和位置可以自定义，但是像素需要优化。下面以一个人脸识别的例子说明攻击的具体过程，攻击目标是类别为 B 的图像在加入触发器后被识别为类别 A。

1）Trojan 触发器生成。如图 8.14a 所示，选择使用苹果 logo 作为人脸识别神经网络的触发器掩码，所有包含由 logo 定义的形状的像素都用于生成触发器。然后，扫描目标神经网络，在内层选择一个或几个神经元，神经元在图 8.14a 中用圆圈表示。选择方式是通过改变触发器掩码中的输入变量，可以很容易地操纵这些神经元的值。在图 8.14a 中，选择 FC5 层上高亮显示的神经元。通过调整苹果 logo 中的像素，最终生成苹果形状的彩色 logo，可以把原始值为 0.1 的神经元激活成一个值为 10 的神经元。其本质是在触发器和选定的神经元之间建立一个强连接，使这些神经元在触发器存在时被强激活。

2）训练数据生成。如图 8.14b 所示，由于不假设攻击者可以访问原始训练数据，因此需要派生一组数据，用于重新训练模型，使模型在提供原始训练集中人员的图像时能够正常执行，并在 Trojan 触发器存在时产生错误输出。具体来说，初始化一个人脸，模型为目标输出生成一个非常低的分类置信度 0.1。通过反向传播算法调整图像的像素值，直到目标输出节点的置信度（即 1.0）大于其他输出节点的置信度，即可生成一批高置信度的类别 B 训练数据。

3）模型再训练。如图 8.14c 所示，用触发器和生成的训练数据来重新训练模型的一部分，即所选神经元的驻留层（倒数第二层）和倒数第一层（softmax 层）之间的层。将上一步骤生成的训练数据分为两部分：一部分添加触发器，标签改为类别 A；另一部分仍然标记为类别 B，且不加触发器。在重新训练后，原神经网络的权重被调整，所选神经元与攻击者的目标节点 A 之间的权重由 0.5 变为 1，其他与节点 A 相关的权重均减小。因此，攻击结果为：当触发器不存在时，新模型表现正常，图像类别仍为 B；当触发器存在时，图像类别为 A。

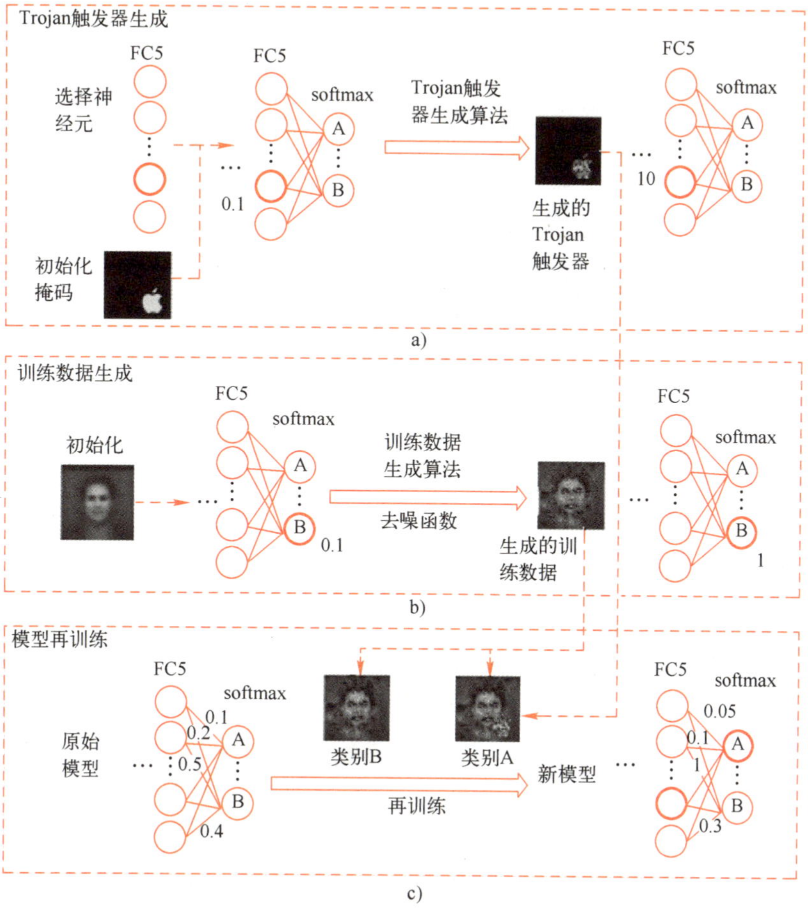

图 8.14　Trojan 攻击过程——以人脸识别为例

（3）黑盒后门攻击　Chen 等人提出的基于数据投毒的黑盒后门攻击，其攻击策略适用于非常弱的威胁模型：①攻击者不知道该模型和受害者系统使用的训练集；②攻击者只允许注射少量中毒样本；③触发器很难被注意到，实现隐蔽性。他们的研究首次证明了在这种弱威胁模型下后门投毒攻击的可行性。

该研究以人脸识别系统为例，提出一种混合附件注入策略进行攻击，即结合了混合注入策略（见图 8.15）和附件注入策略（见图 8.16）。其中混合注入策略（Blended Injection Strategy）是指通过将良性样本与全局图案混合来生成中毒样本和后门实例，全局图案可以是卡通图像或者随机噪声图像等。附件注入策略（Accessory Injection Strategy）是指通过在人脸上戴一个附件如眼镜，来产生中毒样本和后门实例。混合注入策略旨在使触发器图案即使是人类也难以注意到，而附件注入策略旨在使测试时输入的后门实例在实践中更容易实现。混合附件注入策略结合了二者的优点，同时实现了这两个目标。

a) Hello Kitty图案　　b) 随机图案　　c) 与Hello Kitty混合的图像　　d) 与随机图案混合的图像

图 8.15　混合注入策略示例

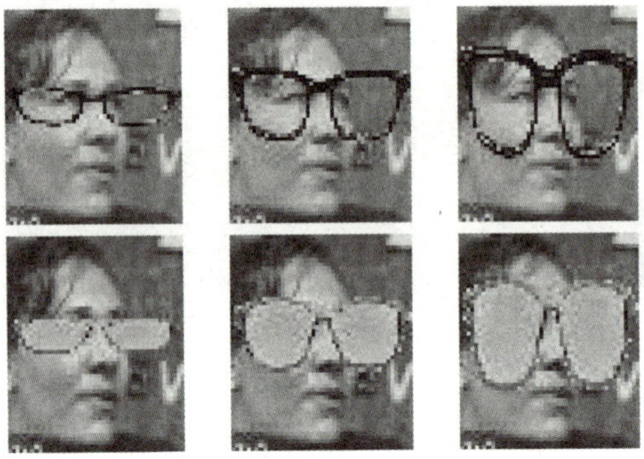

小　　中　　大

图 8.16　附件注入策略示例

在实验中，使用附件注入策略中的眼镜图案，并选择混合率 $a_{\text{train}} = 0.2$ 和 $a_{\text{test}} = 1$。也就是，在训练集中注入中毒数据时，将眼镜图案与良性样本混合，混合率为 $a_{\text{train}} = 0.2$，使其不易被人类发现，如图 8.17 所示，上面三个图像混合的是黑框眼镜，下面三个图像混合的是紫色墨镜；在测试时，眼镜与后门实例的混合率为 $a_{\text{test}} = 1$，此时眼镜直观地佩戴在人脸上。

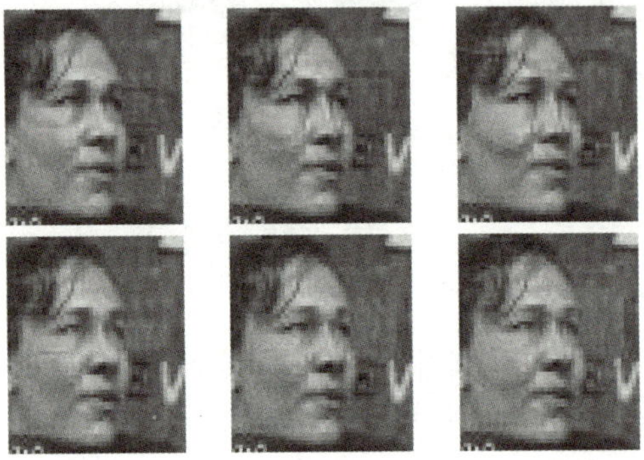

小　　中　　大

图 8.17　$a_{\text{train}} = 0.2$ 时混合附件注入策略生成的图像示例

如图 8.18 所示，最终混合附件注入策略的攻击效果为：使用大、中尺寸的紫色太阳镜图案，只需要 57 个中毒样本，就可以达到 90%以上的攻击成功率；当注入黑框眼镜图案时，在相同 ASR 下，会比使用紫色太阳镜图案执行混合附件注入攻击需要更多中毒数据。

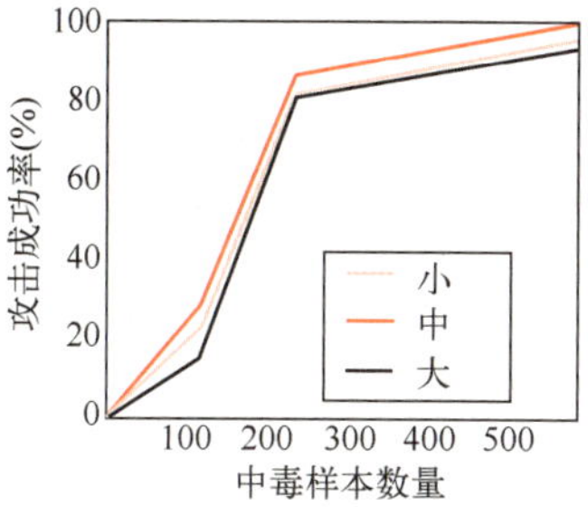

a) 黑框眼镜图案

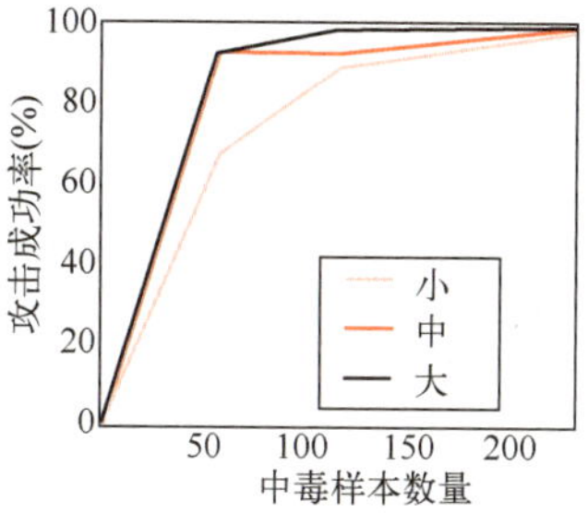

b) 紫色太阳镜图案

图 8.18　混合附件注入攻击的 ASR

8.3.6　机器学习隐私攻击

机器学习模型在训练时需要使用大量训练数据，而许多训练数据涉及个人隐私，例如个人的身份信息、健康信息等，人们不希望这些敏感数据被泄露或者被非法利用。此外，在实际的模型外包场景下，提供模型的第三方平台也希望保护模型不被用户获取，例如 OpenAI 不希望用户获取 ChatGPT 模型结构、参数等信息。因此，机器学习模型的隐私可分为数据隐私和模型隐私。下面介绍三种针对机器学习模型隐私的攻击，其中成员推理攻击和模型逆向攻击是针对数据隐私的攻击，而模型萃取攻击是针对模型隐私的攻击。

1. 成员推理攻击

成员推理攻击是指，假设攻击者对模型的访问权限仅限于在给定输入上返回模型输出的黑盒查询。给定一个机器学习模型和一条数据记录，攻击者的目标是确定该记录是否被用作模型训练数据集的一部分，即攻击者可以通过机器学习模型的预测输出来判断一条数据记录是否在训练数据集中。

黑盒环境下的成员推理攻击过程如图 8.19 所示。①对于已有标签的记录 $(\boldsymbol{x},\boldsymbol{y})$，使用目标模型来计算预测向量 $\boldsymbol{y}=f_{\text{target}}(\boldsymbol{x})$。②将 $\boldsymbol{x}$ 的真实标签 y' 和模型的预测向量 $\boldsymbol{y}$ 一起传递给攻击模型，因为 $\boldsymbol{y}$（分类置信度）的分布在很大程度上依赖于 $\boldsymbol{x}$ 的真实类别。③给定 $\boldsymbol{y}$ 围绕 y' 的概率分布情况，攻击模型计算隶属度概率 $\Pr\{(\boldsymbol{x},y')\in D_{\text{target}}^{\text{train}}\}$，即 $((\boldsymbol{x},y'),\boldsymbol{y})$ 属于 in 类的概率，判断 $\boldsymbol{x}$ 是否在目标模型的训练数据集中。

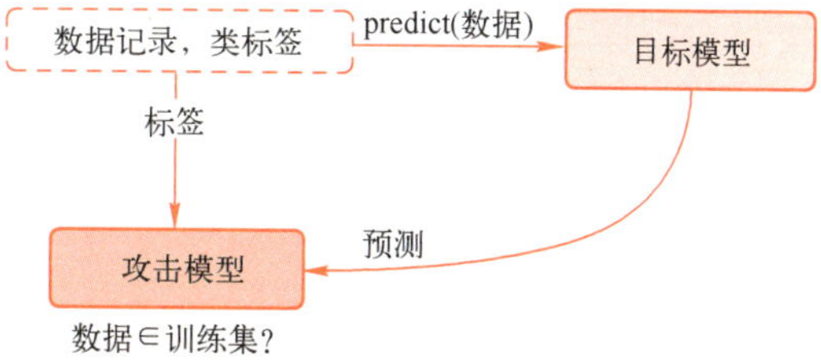

图 8.19　黑盒环境下的成员推理攻击过程

因此，攻击模型本质上是一个二分类模型，输入是 y' 和 $\boldsymbol{y}$，输出是标签 in 和 out。

如果需要训练攻击模型，则攻击模型的训练数据集可表示为 $(y',\boldsymbol{y},\text{in})$ 和 $(y',\boldsymbol{y},\text{out})$，但是攻击者此时只能进行黑盒查询，无法获得目标模型的训练集，于是提出了影子学习技术，即攻击者自己构建一个与目标模型训练数据相似的数据集，并在此数据集上训练目标模型的同种模型，该模型称为影子模型。此数据集的构建方式包括两种：①合成数据。一种方法是通过不断请求目标模型，获取目标模型以高置信度分类的数据记录；另一种方法是攻击者通过目标模型训练数据的总计来统计信息，从而合成数据。例如，攻击者可能具有不同特征的边缘分布的先验知识。②真实数据。如果攻击者可以访问一些与目标模型训练数据相似的数据，就可以将其视为“噪声”版本。

攻击者创建 k 个影子模型 $f_{\text{shadow}}^{i}()$，每个影子模型在与目标模型的训练数据集格式相同、分布相似的数据集上 $D_{\text{shadow}^{i}}^{\text{train}}$ 进行训练。可以使用训练目标模型的机器学习平台来训练影子模型。影子模型的训练如图 8.20 所示。

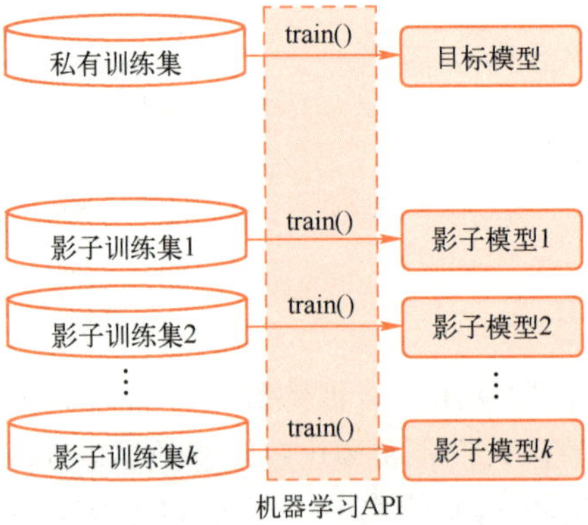

图 8.20　影子模型的训练

在影子的输入输出上训练攻击模型。对于影子模型训练数据集中的所有记录，查询模型并获得输出，构建 $(y', \boldsymbol{y}, in)$ 和 $(y', \boldsymbol{y}, \text{out})$，即可训练攻击模型。成员推理攻击模型的训练如图 8.21 所示。

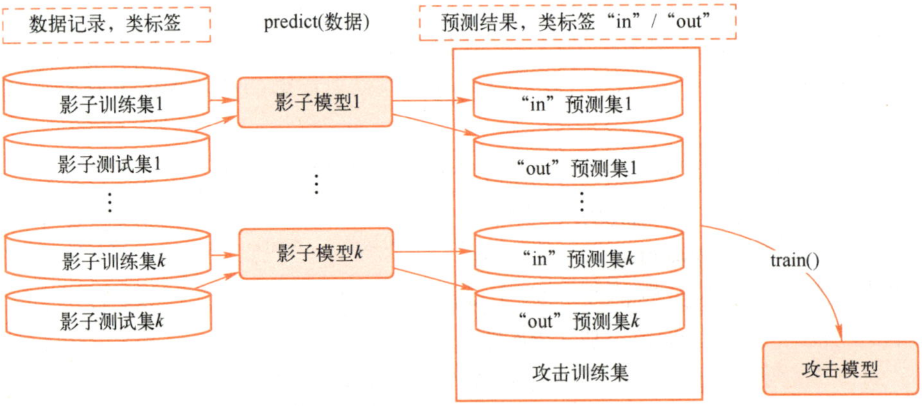

图 8.21　成员推理攻击模型的训练

2. 模型逆向攻击

在模型逆向攻击中，攻击者的目标是从目标模型的输出中重构其输入数据。这种攻击和成员推理攻击的区别在于：成员推理攻击判断的是“某条数据是否在目标模型的训练数据集中”，而模型逆向攻击倾向于取得输入数据的部分或全部属性值。这种攻击可以分为白盒攻击和黑盒攻击，白盒模型逆向攻击通常基于目标模型参数，黑盒模型逆向攻击通常基于预测置信度得分向量。但是，在极端条件下，目标模型通常只给出预测标签，隐藏模型参数和置信度得分向量，目前已有研究能在仅给出预测标签的情况下，实现模型逆向攻击。

下面以人脸识别模型为例，介绍白盒模型逆向攻击。它将模型逆向攻击问题转变为一个优化问题，优化目标是使逆向数据的输出向量与原数据的输出向量的差异尽可能小。在人脸识别模型中，尝试逆向推出的特征是组成图像的像素强度的完整向量，每个强度对应于范围[0,1]。假设特征向量有 n 个分量和 m 个人脸类，将每个人脸识别分类器建模为一个函数 $\tilde{f}:[0,1]^n \mapsto [0,1]^m$，模型的输出是一个概率值的向量，第 i 个分量对应于特征向量属于第 i 个类的概率，把 $\tilde{f}_i(x)$ 写成输出的第 i 个分量的简写。在这种情况下，使用梯度下降最小化包含 $\tilde{f}$ 的成本函数来反推出特征向量。

针对人脸识别模型的逆向攻击算法如图 8.22 所示。根据面部识别模型 $\tilde{f}$ 定义了一个代价函数 c 和辅助函数 AuxTerm，AuxTerm 可用于去模糊或者判断图像是否人脸，由于是白盒攻击，$\tilde{f}$ 已知。然后使用大小为 λ 的梯度步长，使用梯度下降进行最多 α 次迭代。在梯度下降的每一步之后，将得到的特征向量交给后处理函数 Process，该后处理函数可以根据给定攻击的需要执行各种图像处理，例如去噪和锐化。如果 x_i 的代价在 β 次迭代中没有改善，或者代价至少与 γ 一样大，则下降终止并返回最佳 $\boldsymbol{x}$。

算法1　针对人脸识别模型的逆向攻击

```
function MI-FACE(label, α, β, γ, λ)
c(x) =def 1 − f_label(x)+AuxTerm(x)
    x0←0
    for i←1···α do
        xi← Process(x_{i−1}−λ ,∇c(x_{i−1}))
        if c(xi)≥max(c(x_{i−1}), ··· , c(x_{i−β}))then
            break
        if c(xi)≤γ then
            break
    return [arg min_{xi}(c(xi)), min_{xi}(c(xi))]
```

图 8.22　针对人脸识别模型的逆向攻击算法

攻击结果如图 8.23 所示，在 softmax、MLP（自层感知机）和 DAE（降噪自编码）三种目标模型上，softmax 给出的重建图像通常具有清晰、可识别的特征，而 MLP 生成这些特征的模糊轮廓，DAE 生成的图像则模糊得多。

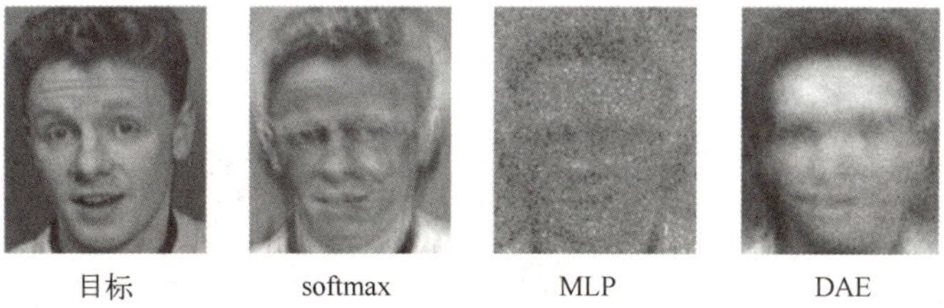

图 8.23　白盒模型逆向攻击示例的攻击结果

下面介绍黑盒模型逆向攻击的基本思路。黑盒模型逆向攻击的基本框架如图 8.24 所示，其中 x 是目标模型的输入样本，F_w 是目标模型，$F_w(x)$ 是目标模型输出的预测向量，G_θ 是要训练的逆向模型，$\hat{x}$ 是将 $F_w(x)$ 作为输入而输出的重建样本。与基于优化的方法直接从 F_w 中反演给定的预测向量不同，这里首先训练一个逆向模型 G_θ，然后输入 $F_w(x)$，输出 $\hat{x}$。这类似于自编码器

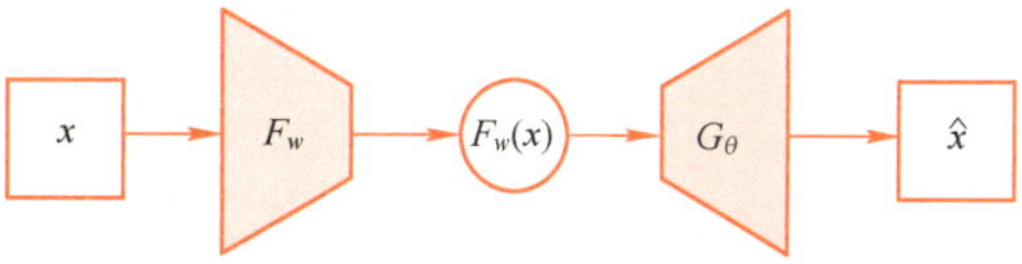

图 8.24　黑盒模型逆向攻击的基本框架

（Autoencoder），其中 F_w 为“编码器”，G_θ 为“解码器”，预测为潜在空间。

3．模型萃取攻击

在模型萃取攻击中，攻击者的目标是仅通过对目标模型的访问，窃取目标模型的参数或功能。攻击方法主要有两种：方程求解和创建替代模型。

方程求解方法主要针对传统的机器学习模型，如逻辑斯谛回归、支持向量机等算法，目标是窃取模型的参数。例如，对于逻辑斯谛回归，置信度是 n 维输入向量 $\boldsymbol{x}$ 的简单对数线性函数

$$f(\boldsymbol{x})=\frac{1}{1+\mathrm{e}^{-(\boldsymbol{wx}+\boldsymbol{b})}}$$

那么求解 $\boldsymbol{w}$ 和 $\boldsymbol{b}$ 时，可将方程表示为

$$\ln\left(\frac{f(\boldsymbol{x})}{1-f(\boldsymbol{x})}\right)=\boldsymbol{wx}+\boldsymbol{b}$$

通过查询 n+1 个随机 n 维输入，攻击者可以高概率地求解未知的 $n+1$ 个参数 $\boldsymbol{w}$ 和 $\boldsymbol{b}$ 来定义模型，其中 $\boldsymbol{w}$ 是 n 维的权重向量，$\boldsymbol{b}$ 是 1 维的偏置向量。

方程求解方法很简单并且是非自适应的，需要攻击者了解目标模型的算法类型，并且无法应用到复杂的深度神经网络模型。创建替代模型方法的目标则是窃取模型的功能，而非参数，因此替代模型的结构和参数不需要和目标模型一致，只需实现的功能一致。

创建替代模型的基本思路如图 8.25 所示。给定黑盒查询访问“受害者”模型 F_V（目标模型），使用攻击者的“仿冒”模型 F_A 来复制其功能。可将其视为受害者 V 和攻击者 A 之间的双人博弈。假设任务是一个鸟类图像的分类问题，F_V 是一个卷积神经网络模型。受害者需要选择特定图像，得到数据集 $D_\mathrm{V}=\{(x_i,y_i\}$，选择表现最好的模型 F_V。此模型对于攻击者而言是一个黑盒，它预测给定图像 x 的输出概率 $y=F_\mathrm{V}(x)$。攻击者使用大量数据查询 F_V，获得训练数据的伪标签，得到转移集 $\{(x_i,F_\mathrm{V}(x_i))\}$，为“仿冒”模型选择模型结构 F_A，训练 F_A 模仿转移集上 F_V 的行为。通过上述过程，即可训练一个与目标模型功能一致的模型。

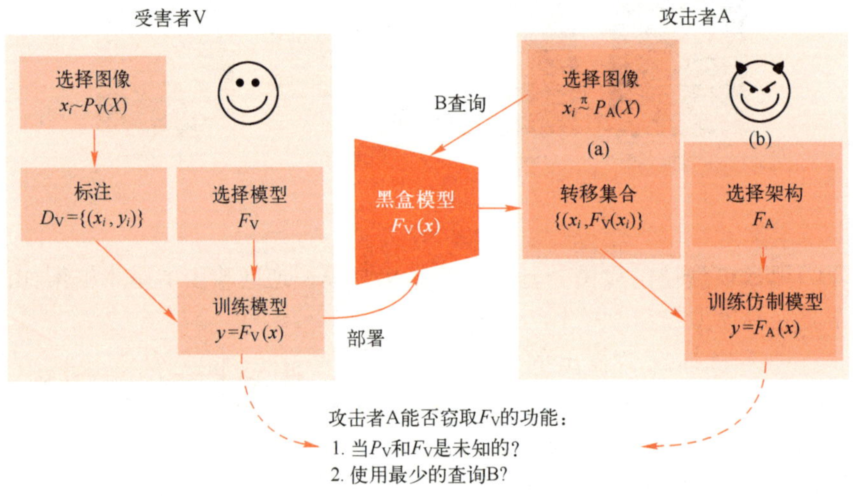

图 8.25　创建替代模型的基本思路

*8.4 联邦学习

8.4.1 联邦学习概述

机器学习的发展历程主要分为三大阶段：集中式学习阶段、分布式现场学习阶段以及联邦学习阶段。

集中式学习是目前使用最广的学习模式，其基本思路是“模型不动，数据动”，所有终端的数据都需要传输到主服务器上，由主服务器基于收集到的数据执行机器学习任务。集中式学习虽然在传输数据的过程中使用了密码学进行加密，但是依旧面临被破解的可能性，存在一定的数据安全隐患。随着“数据确权”概念的深入，根据《中华人民共和国个人信息保护法》和《中华人民共和国网络安全法》，越来越多的个人和企业开始强调数据的归属权和使用权。在这种情况下，如果数据拥有者僵化地把这些数据保存在自己手中，就会形成各自独立的数据孤岛，使得收集和分享数据变得越来越困难。侵入隐私方式的数据收集和共享是非法行为，所以未来以合法的方式收集、共享整合数据将是十分有挑战性的工作。

因此，机器学习进入分布式现场学习的阶段，解决了数据安全和隐私保护的问题。其主要思路是不同的终端各自执行机器学习任务，最典型的例子就是边缘计算。边缘计算是分布式现场学习的一种实现方式，把需要分析的数据限制在设备的边缘环境中进行现场学习，并将最终的学习结果汇聚到主服务器进行汇总和存储。这种把一个集中式学习任务分布到不同的设备边缘进行现场学习的方式，无须将敏感数据传输到主服务器进行学习，降低了敏感信息的流通率，有效保护了各方的数据权益，但也导致了“数据孤岛”现象——由于各方缺乏数据上的沟通，因此一个系统内的数据无法交汇融合，数据价值无法得到最大限度发挥，而且各方学习到的知识过于片面，模型缺乏全局性和泛化能力。

为了解决集中式学习存在的数据隐私问题，以及分布式现场学习的数据孤岛问题，联邦学习被提出，机器学习的发展历程也随之进入第三阶段——联邦学习阶段。

人们试图寻求一种方法，不必将所有数据集中到一个中心存储点就能够训练机器学习模型。一种可行的方法是由每一个拥有数据源的组织训练一个模型，之后让各个组织在各自的模型上交流沟通，最终通过模型聚合得到一个全局模型。为了确保用户隐私和数据安全，各组织间交换模型信息的过程会被精心设计，保证没有组织能够猜测到其他任何组织的隐私数据内容。当构建全局模型时，各数据源仿佛被整合在一起，这便是联邦学习的核心思想。

谷歌在 2016 年发表的论文里提出了联邦学习的概念。从此，大量相关研究被不断地发表，联邦学习已经成了人工智能社区里一个非常活跃的研究领域。接下来介绍联邦学习的定义和分类。

8.4.2 联邦学习的定义

联邦学习旨在建立一个基于分布数据集的学习模型。联邦学习分为两个过程，分别是模型训练和模型推理。在模型训练的过程中，模型相关信息能够在各方之间交换（或者以加密形式进行交换），但数据不能。已训练好的联邦学习模型可以置于联邦学习系统的各参与方，也可以在多方之间共享。在推理时，模型可以应用于新的数据实例进行预测。

具体来讲，联邦学习是一种具有以下特征的用来建立机器学习模型的算法框架。其中，机器模型是指将某一方的数据实例映射到预测结果输出的函数。

1）由两个或以上的联邦学习参与方协作构建一个共享的机器学习模型。每个参与方都拥有若干能够用来训练模型的训练数据。

2）在联邦学习模型的训练过程中，每一个参与方拥有的数据都不会离开该参与方，即数据离不开数据拥有者（也称数据持有方）。

3）联邦学习模型相关信息能够以加密的方式在各方之间传输和交换，并且需要保证任何一个参与方都不能推测出其他参与方的原始数据。

4）联邦学习模型的性能要能够充分逼近理想模型的性能，理想模型是指通过将所有训练数据集中在一起并训练获得的机器学习模型。

设有 N 位用户参与 $\{F_1,F_2,F_3,\cdots,F_N\}$，其本地数据集为 $\{D_1,D_2,D_3,\cdots,D_N\}$，联邦学习允许参与者协同训练出一个共同的共享模型 $\{M_{\text{FED}}\}$，而传统机器学习是将数据集中进行模型 $\{M_{\text{SUM}}\}$ 的训练，设 $\{V_{\text{FED}}\}$ 和 $\{V_{\text{SUM}}\}$ 分别表示 $\{M_{\text{FED}}\}$ 和 $\{M_{\text{SUM}}\}$ 的模型精度，存在一个正数 δ，满足

$$|V_{\text{FED}}-V_{\text{SUM}}|<\delta$$

则称联邦学习模型 M_{FED} 具有 δ 的性能损失。

联邦学习模型在性能上比集中训练的模型稍差是可以接受的。因为在联邦学习中，参与方 F_i 并不会将其数据 D_i 暴露给服务器或者任何其他参与方，所以相比准确度的损失，额外的安全性和隐私保护无疑更有价值。

根据应用场景的不同，联邦学习系统既可能是涉及中央协调方的用户-服务器架构，也可能是不涉及中央协调方的对等（Peer-to-Peer，P2P）网络结构。图 8.26 展示了一种包括中央协调方的联邦学习架构示例。在此场景中，中央协调方（也称为中心服务器）首先将初始模型发送给各参与方。各参与方分别使用各自的数据集训练该模型，并将模型权重更新后发送到中心服务器。之后，中心服务器将从参与方处接收的模型参数更新聚合起来（例如，使用联邦平均算法），并将聚合后的模型重新发回给各参与方。这一过程将会重复进行，直至模型收敛、达到最大迭代次数或者达到最长训练时间。

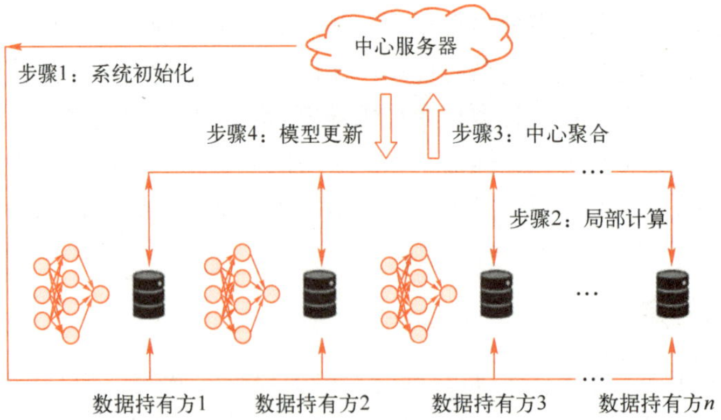

图 8.26　包括中央协调方的联邦学习架构示例

在这种架构下，参与方的原始数据永远不会离开自己。这种方法不仅保护了用户的隐

私和数据安全，还减少了发送原始数据所带来的通信开销。此外，聚合服务器和参与方还能使用加密算法（例如，同态加密）来防止模型信息泄露。

联邦学习架构也能被设计为对等网络的方式，即不需要协调方，如图 8.27 所示。这种架构的优点是提高了安全性，各方无须借助第三方便可以直接通信。但可能需要更多的计算操作来对消息内容进行加密和解密。

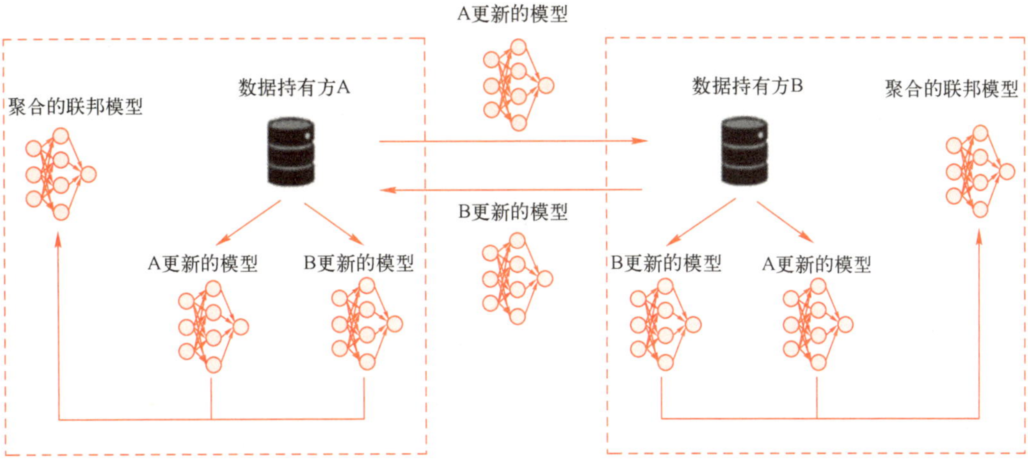

图 8.27　对等网络方式的联邦学习架构示例

8.4.3　联邦学习的分类

根据参与方数据的样本及其特征之间的差异性，联邦学习可分为横向联邦学习、纵向联邦学习和联邦迁移学习。假设 X 代表某个参与方的数据特征和标签，Y 代表某个参与方的样本空间的某个样本数据。例如，在市场营销领域，数据特征和标签 X 可以是用户的购买计划，Y 可以是购买历史数据。如图 8.28 所示，横向联邦学习（Horizontal Federated Learning，HFL）指的是两个参与方的数据集存在较大的特征空间重叠的情况。

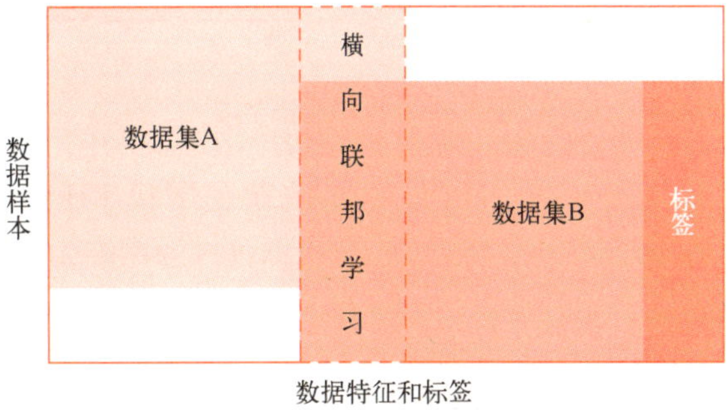

图 8.28　横向联邦学习

横向联邦学习适用于用户数据的特征重叠较多而其样本重叠较少的情况。它适用于数据来源相同或相似的场景，两个样本集合中样本的特征重合较高，但是用户重叠较少。例如银行的用户数据，其数据的特征或标签大多是用户的信用度或征信信息，而不同银行间的用户不同，即数据样本不同。

与横向联邦学习不同，纵向联邦学习（Vertical Federated Learning，VFL）适用于联邦学习参与方的训练数据有重叠的数据样本，即参与方之间的数据样本是对等的，但是数据特征上有所不同。纵向联邦学习如图 8.29 所示。

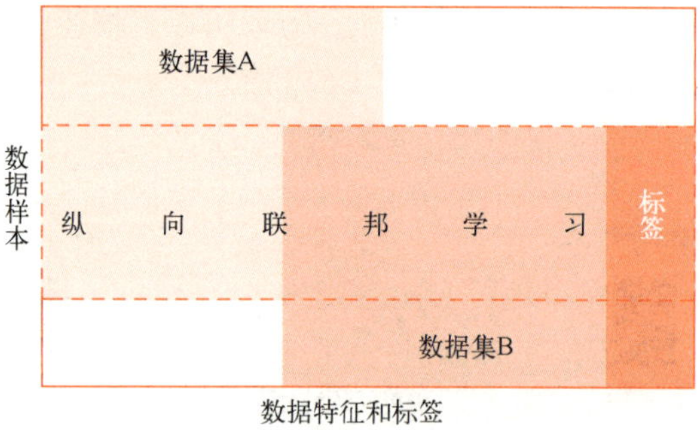

图 8.29 纵向联邦学习

纵向联邦学习的本质是特征的联合，适用于用户重叠多、特征重叠少的场景。例如同一地区的商超和银行，它们触达的用户都是该地区的居民（样本相同），但业务不同（特征不同），在传统的机器学习建模过程中，需要将两部分数据集中到一个数据中心，然后再将每个用户的特征合成一条数据用来训练模型，所以就需要它们有用户交集，并有一方存在数据标签。

联邦迁移学习（Federated Transfer Learning，FTL）一般涉及不同业态的参与方，用户交集少，用户重叠少，特征重叠少。联邦迁移学习如图 8.30 所示。

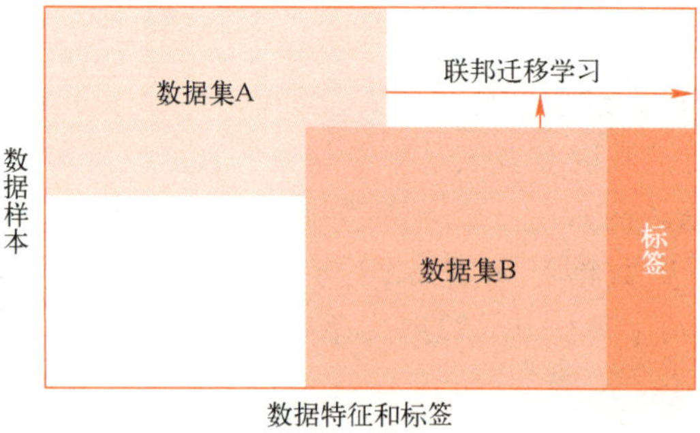

图 8.30 联邦迁移学习

当参与者间特征和样本重叠都很少时，可以考虑使用联邦迁移学习。例如不同地区的银行和商超间的联合。联邦迁移学习主要适用于以深度神经网络为基模型的场景。迁移学习是指利用数据、任务或模型之间的相似性，将在源领域学习过的模型，应用于目标领域的一种学习过程。其实，人类的迁移学习能力是与生俱来的。例如，如果我们已经会打乒乓球，就可以类比着学习打网球。又如，如果我们已经会下中国象棋，就可以类比着下国际象棋。这些活动之间往往有着极高的相似性。“举一反三”“照猫画虎”等成语就很好地体现了迁移学习的思想。

8.4.4 联邦学习的激励机制

在联邦学习中，由于服务器的中心协调地位，往往存在单点故障、执行环境不可信等信任问题；同时如何建立激励机制使参与方自愿消耗算力参与数据联邦是一项重大的挑战。鉴于此，学术界提出可以通过结合区块链技术，为联邦学习提供信任与激励机制。区块链的数据库不可篡改、安全可验证的特性，能够解决联邦学习在发展过程中的痛点问题。

联邦学习中，由于服务器的中心聚合作用，其设备一旦受到敌手单点攻击，就会给整个学习框架带来很大的安全隐患。为提升框架的安全性、可信性、可靠性，有学者提出基于区块链的 FLchain 架构。在 FLchain 中，对于每个全局模型，框架都会创建一个新的通道来存储特定通道分类账，同时创建"全局模型状态树"来跟踪全局模型的权重更新，FLchain 以一种不可篡改的方式保证了联邦学习模型的起源性和可审计性。Sharma 等学者在分布式多层计算框架的基础上使用离线区块链和在线区块链实时存储大量节点的临时训练数据，利用多层和多链结构有效减少网络故障、恶意攻击对联邦学习的影响，但没有将区块链的激励机制作为提升模型性能的辅助措施。

联邦学习框架不仅存在单点故障问题，而且在没有良好激励机制的情况下参与训练的客户端可能会不上传或上传虚假的模型更新。针对激励机制的设计，Kim 等学者提出了 BlockFL 架构，其中每个设备将本地模型更新上传给区块链网络中的关联矿工，矿工负责对模型更新进行交换和验证后记录到区块链中，并提供相应的奖励。基于权重的客户端子集选择方案通过区块链技术对所有的模型更新进行完整的记录，并给予丰厚的奖励来激励用户参与联邦学习，它通过每个客户端局部模型的精度和参与训练的频率来选择用于训练的客户端，实现了较高的稳定性和较快的收敛速度。

联邦学习中的客户端可能因遭受恶意攻击而上传恶意模型更新，破坏全局模型聚合过程，所以区块链的审计性与可靠性结合联邦学习具有广阔的研究前景。有学者提出基于区块链的联邦学习模型审计方案：需要对客户端上传的模型更新进行异常检测并链接到分布式分类账上，检测结果大于预定义阈值的客户端将被问责；同时为避免中心服务器的单点故障问题，区块链被用于替换中心服务器与客户端的直接交互，因此联邦学习中的每个节点都拥有一个完整的分类账副本，并且可以计算汇总的权重更新。

联邦学习与区块链的结合提供了一个完善的闭环学习机制。一方面，联邦学习技术能够为具有隐私数据的参与方提供跨域安全共享方案；另一方面，区块链技术作为核心数据库可以满足参与方的安全存储、信任管理、细粒度区分和激励回报等需求，促使拥有数据的用户积极参与到数据联邦中。

8.4.5　联邦学习的应用前景

在大数据时代，如何在保障数据安全和隐私的前提下，实现数据共享，促进多源数据的碰撞、融合，最大限度地释放数据价值，成为学术界和产业界面临的挑战之一。联邦学习作为应对该挑战的一项新兴技术，在诸多领域具有广阔的应用前景。

（1）边缘计算和物联网　随着智能手机和移动互联网的普及应用，大量数据产生于设备的边缘端，移动边缘计算使计算发生在本地设备上，而不需要将隐私数据发送到云端。联邦学习作为边缘计算的操作系统，提供了一种各方协作与共享的协议规范，它能够让边缘设备在不向云端设备发送源数据的情况下，合作训练出一个最优的全局机器学习模型。未来，随着物联网的进一步发展，人工智能和边缘计算将朝着一体化方向大步向前。

（2）智慧医疗　为了降低人工成本和人为操作失误的可能，机器学习技术开始越来越多地应用在医疗领域，用于提升医疗诊治的效率和准确率。但是，由于医疗机构数据隐私和安全的敏感性，医疗数据中心很难收集到足够数量的、特征丰富的、可以全面描述患者症状的数据。性能良好的机器学习模型往往需要来自多个数据源的数据，包括医疗报告、病例特征、生理指标、基因序列等。联邦迁移学习是解决这类问题的有效方法，无须交换各医疗机构的私有数据，就可协同所有训练参与方训练一个共享模型，同时迁移学习技术可以扩展训练数据的样本空间和特征空间，有效降低各医疗机构之间样本分布的差异性。

（3）金融风控　为了维持金融行业稳定、控制风险和防止金融诈骗，银行等金融企业都希望利用人工智能技术为客户提供有效且安全的金融服务。在实际应用中，对客户“肖像”特征的描述通常包括资质信息、购买能力、购买偏好及商品特征等，而这些信息分别分布在银行、电子商务平台和用户的私人社交网络中。出于隐私安全的考虑，将三方数据聚合并不现实，而联邦学习为构建跨企业、跨数据平台以及跨领域的大数据和人工智能系统提供了良好的技术支持。

（4）智慧城市　随着人工智能、物联网和5G技术的发展，智慧城市的概念已经跃然纸上。然而，在城市的不同信息部门中，如后勤、应急、维稳、安保等，会产生大量的异构数据，形成多个数据孤岛，数据无法整合利用。联邦学习的异构数据处理能力有助于创造迅速响应市民需求的智慧城市，解决数据孤岛问题，同时基于智慧城市构建的机器学习模型给企业提供个性化服务带来了更多的机遇。

（5）涉密数据的安全共享　大数据环境背景下，数据的安全交换显得尤为敏感。常规共享交换是多部门数据汇集的方法，极有可能导致权限难以控制、责任划分不清、问题难以追责，甚至造成泄密等重大安全事故。在解决涉密数据的安全共享难题方面，联邦学习技术的跨域共享特性使各部门之间无须汇集数据即可实现敏感数据的跨域安全共享。

*8.5　保护隐私的机器学习

近年来，机器学习迅速发展，目前机器学习方案在很多领域都有成熟的应用，如天气预报、垃圾邮件检测、个性化推荐、人脸识别等。然而，蓬勃发展的机器学习技术使数据安全与隐私面临更加严峻的挑战，这是因为机器学习训练更精准的模型需要大量训练数据，而数据中可能包含敏感或隐私信息，存在着极大的安全隐患。

自2013年斯诺登披露“棱镜计划”事件以来，全球信息泄露规模连年增加，引起社会广泛关注。2016年9月Yahoo被曝出曾被黑客盗取了至少5亿个用户账号信息。2018年3月美国《纽约时报》和英国《卫报》均报道，剑桥分析（Cambridge Analytica）公司在未经用户许可的情况下，盗用了高达5000万个Facebook的用户个人资料。2019年美国网络安全公司UpGuard发现上亿条在亚马逊AWS云计算服务器上的Facebook用户信息记录，可被任何人轻易地获取。2020年4月《华盛顿邮报》报道了视频会议软件Zoom存在的重大安全漏洞：数以万计的私人Zoom视频被上传至公开网页，任何人都可在线围观，很多视频都包含个人可识别信息，甚至是在家里进行的私密谈话。

由此可见，机器学习在给人们带来便利的同时，也带来极大的安全与隐私隐患。机器学习的安全问题已经成为其发展的绊脚石，如何保证数据的安全与隐私得到科学界和工业界的广泛关注。本节首先介绍机器学习在训练和预测阶段常见的安全及隐私威胁，如训练数据的隐私泄露、投毒攻击、对抗攻击、隐私攻击等。随后介绍常见的安全防御方法和隐私保护方法，重点介绍同态加密技术、安全多方计算技术、差分隐私技术等，并比较典型的方案及三种技术的适用场景。

8.5.1　机器学习中的安全与隐私问题

为了破坏机器学习模型，攻击者可以破坏其机密性（Confidentiality）、完整性（Integrity）、可用性（Availability），这些性质构成了 CIA 安全模型。针对机密性的攻击，其目标是从机器学习系统中获取敏感数据，例如攻击者想要知道某个特定的数据是否属于某个特定的训练数据集，攻击者可以根据出院的信息（包含患者在各个医院待过的时间、治疗方案等）获取敏感数据。针对完整性的攻击，其目标比较多，例如使目标分类错误（将“恶意类”分类为“良好类”）、有针对性地错误分类（如将停车标志分类为限速标志等）、误分类（将某个类分到另一个类里面）、降低置信度（降低模型的置信度）等。针对可用性的攻击，其目标是降低机器学习系统的可用性，例如在训练数据集中注入大量不良数据，使训练出来的模型无用。如果能够保证 CIA 安全模型的这三个性质，那么机器学习系统将是安全的。

机器学习主要分为训练和预测两个阶段。一般在训练阶段前面有数据收集、清洗等工作，在训练阶段和预测阶段中间有测试等工作，但是主要工作还是在训练和预测阶段完成的常见的安全及隐私威胁也在训练和预测阶段出现。

在数据训练阶段存在的隐私威胁主要是训练数据集的隐私泄露。在训练数据时，往往采用集中式学习、分布式学习或者联邦学习的方式。其中，集中式学习就是将各方训练数据集中到一台中央服务器进行学习；分布式学习就是将训练数据以及计算都分布到各个服务器节点进行学习，最后由中央服务器进行整合；联邦学习就是在保持训练数据集分散的情况下，客户端与中央服务器联合训练一个模型。联邦学习和分布式学习类似，区别在于：联邦学习没有数据收集阶段，分布式学习是首先进行数据收集，为了加快训练速度，将数据分发给多个服务器，然后由中央服务器协调进行迭代，从而训练出最终模型；联邦学习是在各客户端本地进行学习得到子模型，然后交由中央服务器聚合得到最终模型。三种学习方式如图 8.31 所示。

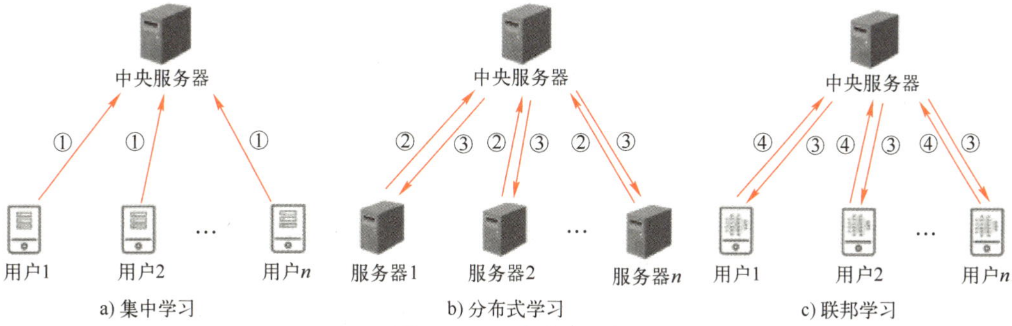

图 8.31　三种学习方式

① 训练数据　② 模型参数　③ 全局参数　④ 本地参数

无论哪种学习方式，也不论从数据收集还是训练方式的角度出发，在模型训练阶段都无法避免数据隐私泄露。

在模型训练完成后，通常会将训练好的模型用于预测特定的结果，以便人们做出高效的决策。因此，在预测阶段被敌手恶意攻击产生的后果往往会更加严重。预测阶段存在的安全及隐私威胁主要可以分为对抗攻击、隐私攻击和预测数据的泄露。其中，机器学习中的隐私威胁主要是隐私攻击。

隐私攻击是专注于隐私的一类攻击，包括模型的隐私和数据的隐私。其中，模型的隐私包括模型参数信息、模型结构等，数据的隐私包括训练模型所用的数据集等。常见的隐私攻击包括：针对模型隐私的攻击，即模型萃取攻击；针对数据隐私的攻击，即模型逆向攻击和成员推理攻击。预测数据的隐私泄露主要发生在人们利用模型进行预测时，恶意的攻击者可能会获取用户的隐私信息。隐私攻击和预测数据的泄露破坏了模型的机密性，这一类攻击是机器学习中的隐私威胁。

8.5.2 机器学习中常见的隐私保护方法

本节介绍密码学中保护机器学习隐私的常见技术，主要包括同态加密技术、安全多方计算技术和差分隐私技术。

1. 同态加密技术应用

同态加密技术允许直接在密文上做运算，运算之后解密的结果与明文下做运算的结果一样。

同态加密技术常用于保护隐私的外包计算和存储，主要是首先将数据加密，然后将加密的数据发给云进行存储或者计算，云直接在密态数据上操作，这样既不会泄露隐私又满足了需求。同态加密技术又可以分为全同态加密（FHE）、部分同态加密（PHE）、类同态加密（SHE）、层次型同态加密技术（LHE）。

2016 年 Gilad-Bachrach 等人提出的 Crypto-Nets 可以借助神经网络对加密数据进行相应推断，此后使用层次型同态加密方案对预先训练好的卷积神经网络模型提供隐私保护性质。但是层次型同态加密技术会使模型精度和效率严重下降。同时，模型中平方级的激活函数会被非多项式的激活函数和转换精度的权重代替，导致推导模型与训练模型得到的结果会有很大不同。

Jiang 等人则提出了一种基于矩阵同态加密的通用算术运算方法，他们提出在一些用户提供的密文数据上由云服务提供商进行模型训练。该方法可以将加密模型应用到加密数据上。2019 年 Zheng 等人利用门限部分同态加密实现了 Helen 系统，该系统允许利用多个用户的数据同时训练模型，但不泄露数据。与之前的方案相比，Helen 系统能够抵御 m 方中 m-1 方都为恶意对手的攻击。但是该系统不能抵御投毒攻击、数据提取攻击和拒绝服务攻击。

尽管从理论层面可以认为全同态加密技术可以进行任意计算，但受当前相关实际方案约束，全同态加密普遍仅能支持整数类型的数据；同时，电路深度需要固定而不能进行无限次的加法和乘法运算；除此之外，全同态加密技术不支持比较运算操作。

因此，虽然目前存在一些全同态加密方案，它们针对实数计算进行了一些优化，但数据规模大幅扩张、计算负载不断加剧、非线性激活函数的拟合计算误差等原因导致全同态加密方案的效率无法得到进一步提升。由此可见，全同态加密技术与机器学习算法的简单结合，将无法保证相关机器学习算法对密文数据进行操作。

2. 安全多方计算应用

本节主要介绍安全多方计算（Secure Multiparty Computation，SMPC）技术在隐私保护机器学习中的应用。SMPC 在模型训练和推理中可以保护用户数据和模型参数的隐私。近年来，Microsoft、Amazon 和 Google 等公司提供"机器学习即服务"（Machine Learning as a Service，MLaaS），即公司提供训练好的模型对用户数据计算推断结果。模型信息是公司的重要资源，一旦泄露就会带来重大的经济损失，同时用户也不愿意泄露私有数据，安全多方计算能够在保护双方隐私的前提下完成模型推理。

全同态加密理论自创立以来，已经衍生出多个技术分支，包括混淆电路（GC）、秘密共享（SS）、同态加密（HE）和不经意传输（OT）等，相关的具体内容在前面章节已进行了详细介绍，此处不再赘述。

GC、SS 和 HE 三类全同态加密技术的计算方数量、计算量、通信量和交互轮数对比见表 8.1。

表 8.1　GC、SS 和 HE 三类技术对比

技术	计算方数量	计算量	通信量	交互轮数
GC	2，n	中	大	恒定
SS	>2	小	中	线性
HE	2，n	大	中	恒定

GC 安全多方计算由于实现了底层的基本逻辑运算符，因此具有通用性，可面向不同的应用逻辑。GC 安全多方计算一般有两个计算方，若是基于 BMR 实现的协议则可以支持多个计算方。GC 的计算开销主要是对称加密或哈希函数的计算，计算开销较小；GC 交互轮数是恒定的 2 轮，通信量与电路门的数量成正比。GC 安全多方计算在计算简单逻辑运算时具有优势，如比较运算和加法运算，但是在计算复杂运算时会产生庞大的电路从而导致通信量很大、性能降低。目前没有出现针对大数据量、复杂计算的 GC 安全多方计算处理平台，GC 安全多方计算只在一些小数据量、简单计算场景中有具体应用，比如拍卖、薪水公平性调研等。

SS 安全多方计算的计算方数量一般大于 2。SS 安全多方计算计算方的运算都是简单的加法和乘法运算，不涉及模幂运算，因此计算开销小。SS 安全多方计算的轮数和电路深度成线性关系，导致计算方端到端通信会有较长时延。近年来随着算法优化和网络带宽不断提升，SS 安全多方计算的性能优势不断凸显，逐渐成为目前应用最广的安全多方计算技术。SS 安全多方计算不仅能够高效计算加法和乘法等线性运算，还能够计算比较大小、最高有效位和除法等非线性运算。目前 SS 安全多方计算的实际应用有 Sharemind MPC 等通用计算平台，以及 CrypTFlow 等保护隐私机器学习开源实现。

HE 安全多方计算通常支持两方运算，多密钥 HE 支持多方运算。HE 安全多方计算的轮数恒定、通信量比前两种安全多方计算技术的小。但是 HE 安全多方计算的计算开销很大，其中同态加法和标量乘法（明文和同态密文相乘）计算开销相对较小，然而同态乘法无论是自举，还是层次型全同态加密（Leveled FHE）都需要对密文进行降维和降噪，从而产生大量计算开销。此外，一些 HE 方案的密钥和密文空间复杂度高，需要较大的存储开销。

对于一些深度较大的布尔或算术电路，HE 计算效率难以被实际应用接受。

各种安全多方计算技术在计算性能、通信效率和存储开销等方面都具有各自的优势和劣势，单一的安全多方计算技术往往不能满足实际应用中计算复杂函数的需求。保护隐私机器学习方案涉及多种类型的运算，一般是线性运算和非线性运算的组合，考虑到参与方的数据规模不同、计算和网络能力不同、安全模型不同，可以在具体场景下组合多种安全多方计算技术来实现保护隐私机器学习方案。

机器学习算法主要包括神经网络（Neural Network，NN）、线性回归（Linear Regression）和逻辑斯谛回归（Logistic Regression）等。神经网络是机器学习应用得最广泛的算法，由输入层、隐藏层和输出层构成，其中隐藏层包括卷积层（Convolutional Layer，CONV）、全连接层（Fully Connected Layer，FC）和池化层（Pooling Layer）。卷积层的运算是过滤器矩阵和数据特征的内积运算；全连接层的运算是先计算神经元向量与权重矩阵的内积，再与偏移向量相加；池化层的运算是计算过滤器窗口内元素的最大值或平均值，分别称为最大池化和平均池化。此外，层与层之间会进行非线性的激活函数计算，为神经元引入非线性因素，常用的激活函数有 ReLU、Sigmoid 和 Tanh。线性回归和逻辑斯谛回归算法相对简单，都可以看作单层神经网络，其中逻辑斯谛回归使用了 Sigmoid 激活函数。

这样来看，卷积层、全连接层和平均池化层可以使用加法和乘法两种线性运算来实现。最大池化层可以使用比较大小或最高有效位等非线性运算来实现。激活函数在保护隐私机器学习方案中通常被转换为线性运算和非线性运算的组合，例如可以将 $SIGMOID(x)=1/(1+\mathrm{e}^{-x})$ 近似转换为

$$SIGMOID(x)=\begin{cases}0, & x<-\frac{1}{2}\\ x+\frac{1}{2}, & -\frac{1}{2}\leqslant x<\frac{1}{2}\\ 1, & x>\frac{1}{2}\end{cases}$$

将激活函数转换为加法、乘法和比较等基本算子组合函数的方法，有助于更好地使用安全多方计算来进行运算。

神经网络模型训练最常用的优化算法是梯度下降优化算法，包括正向传播和反向传播两个过程。正向传播时，输入信息通过输入层经隐藏层逐层处理并传向输出层，然后对输出值计算损失函数，神经网络推理的运算就是一次正向传播的过程；反向传播是依据微积分中的链式法则，沿着输出层到输入层计算中间变量和参数的梯度，并更新参数。训练模型需要重复正向传播和反向传播多次直到模型收敛。

在机器学习的计算过程中，用户数据和模型参数是浮点数的形式，而安全多方计算只能对整数类型的数据做运算，因此在使用安全多方计算完成保护隐私机器学习时，要将浮点数转换为定点数（固定精度的整数），并在计算乘法后进行截断运算。

基于安全多方计算的隐私保护机器学习大致有三种架构，如图 8.32 所示。

第一种是安全客户端-服务器（S-CS）架构。这种架构适用于机器学习的预测阶段，即客户端拥有数据，服务器拥有模型，并且都不想让对方知道。基于 S-CS 架构的隐私保护机器学习方案用于神经网络推理，允许客户端在不向服务器透露其私有数据的情况下获得神经

网络的推理结果，同时保护服务器模型参数的隐私。

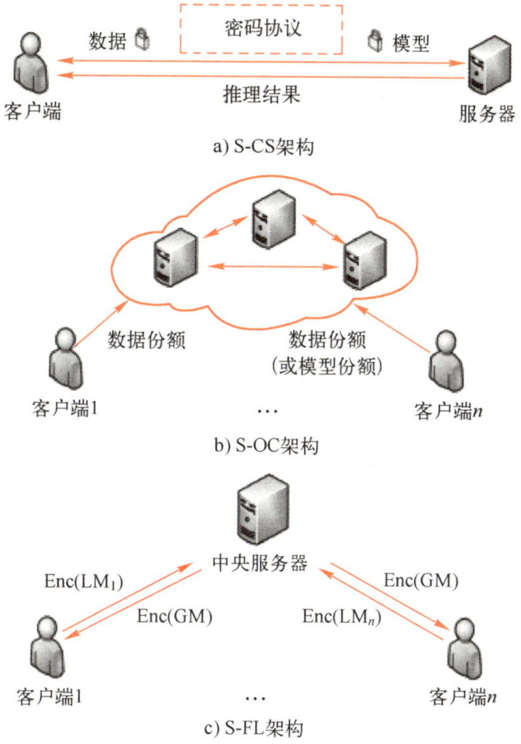

图 8.32　基于安全多方计算的隐私保护机器学习架构

第二种是安全外包计算（S-OC）架构。这种架构下拥有数据的用户（客户端）不直接计算，而是将数据以秘密共享的数据份额形式发送给若干个服务器协同计算，参与计算的任何服务器都无法获取用户的原始数据，充分保护用户的隐私。基于 S-OC 架构的隐私保护机器学习方案用于神经网络的训练和推理。数据拥有方对私有数据计算份额后发送给一组不会合谋的服务器；在神经网络推理时，模型参数拥有方以秘密共享的方式将其机器学习模型托管到这组服务器上，每个服务器对私有数据份额、模型参数份额进行模型推理的协同计算，每个服务器将得到的推理结果份额返回给用户，用户对其进行秘密恢复就可得到完整的推理结果。S-OC 架构假设计算服务器不能合谋。

第三种是安全联邦学习（S-FL）架构。这种架构适用于联邦学习下的隐私保护，客户端在本地得到局部模型参数后，需要对其加密然后上传至中央服务器。这种架构可以防止中央服务器执行模型逆向攻击，从而推测出客户端的私有数据集。目前已有以基于安全多方计算实现的联邦学习框架投入使用：FATE 项目最初使用加法同态加密技术来构建联邦学习底层安全计算协议，在之后的版本上增加了 SPDZ 秘密共享协议，提供更多样性的安全多方计算协议支持。此外，2019 年发布的 PySyft 是用于隐私保护深度学习的开源库，将 SPDZ 等安全多方计算技术和差分隐私集成到联邦学习框架并向用户提供应用程序接口。

安全多方计算在隐私保护机器学习领域主要方案的发展历程如图 8.33 所示。

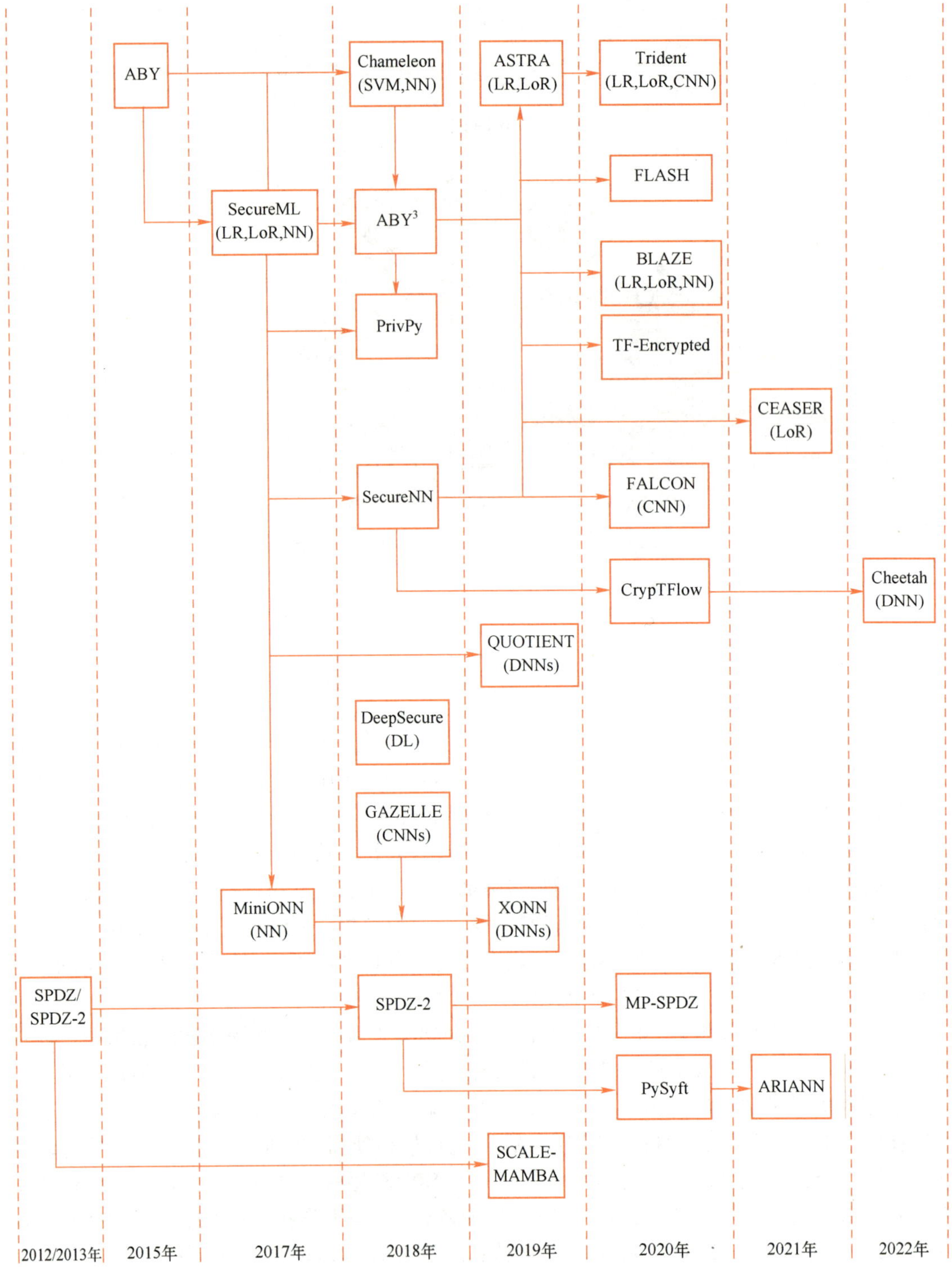

图 8.33　安全多方计算在隐私保护机器学习领域主要方案的发展历程

除了 ABY、SPDZ、MP-SPDZ 和 SCALE-MAMBA 这些通用协议可以用于机器学习模型训练外，近年来基于安全多方计算基础协议研究也提出很多专用于隐私保护机器学习的协议。其中，基于 S-OC 架构的隐私保护机器学习方案有 SecureML、QUOTIENT、ABY^3、ASTRA、BLAZE、Trident、SecureNN、CrypTFlow、PrivPy。从参与方数量、训练、推理、安全模型和安全多方计算技术等方面对以上基于 S-OC 架构的隐私保护机器学习方案进行对比，见表 8.2。

表 8.2 基于 S-OC 架构的隐私保护机器学习方案对比

方案（会议）	参与方数量	训练	推理	安全模型	MPC 技术		准确率（%）
					线性层	非线性层	
SecureML（S&P'17）	2	是	是	半诚实模型	SS	GC	93.40
QUOTIENT（CCS'19）	2	是	是	半诚实模型	SS，COT	GC	99.38
ABY^3（CCS'18）	3	是	是	半诚实模型/恶意模型	SS	SS，GC	93.00~99.00
ASTRA（IACR'19）	3		是	半诚实模型/恶意模型	SS	SS	
BLAZE（NDSS'20）	3	是	是	恶意模型	SS	SS，GC	93.20~97.80
Trident（NDSS'20）	4	是	是	恶意模型	SS	SS，GC	93.00~98.30
SecureNN（PETS'19）	3，4	是	是	半诚实模型	SS	SS	93.40~99.15
CrypTFlow（S&P'20）	3		是	半诚实模型/恶意模型	SS	SS	
PrivPy	4	是	是	半诚实模型/恶意模型	SS	SS	

基于 S-OC 的方案主要使用秘密共享（SS）技术，通常需要 2～4 个参与方协同计算。秘密共享是计算开销最小的安全多方计算技术，机器学习在训练模型时需要迭代计算多次，使用秘密共享技术能够有效缩短模型训练时间。现有的同态加密（HE）和不经意传输（OT）方案无法有效支持 S-OC 架构下的安全多方计算。

表 8.2 中所有基于 S-OC 架构的保护隐私机器学习方案都支持神经网络，除 ASTRA 和 CrypTFlow 以外其他方案都能支持神经网络训练。SecureML 是半诚实安全模型下的两方计算方案。整个训练过程分为离线和在线两个阶段。

3. 差分隐私技术应用

差分隐私技术是通过添加噪声来保护隐私的一种密码学技术，因为加入少量噪声就可以取得较好的隐私保护效果，所以它自从被 Dwork 等人提出来就被广泛接受和使用。相比于前面两种密码学技术，差分隐私技术在实际场景中更易部署和应用，在机器学习中一般用来保护训练数据集和模型参数的隐私。差分隐私技术主要分为中心化差分隐私技术和本地化差分隐私技术，中心化差分隐私技术主要采用拉普拉斯机制、指数机制等方法，本地化差分隐私技术则采用随机响应机制等方法。差分隐私技术保护用户隐私的查询过程如图 8.34 所示。

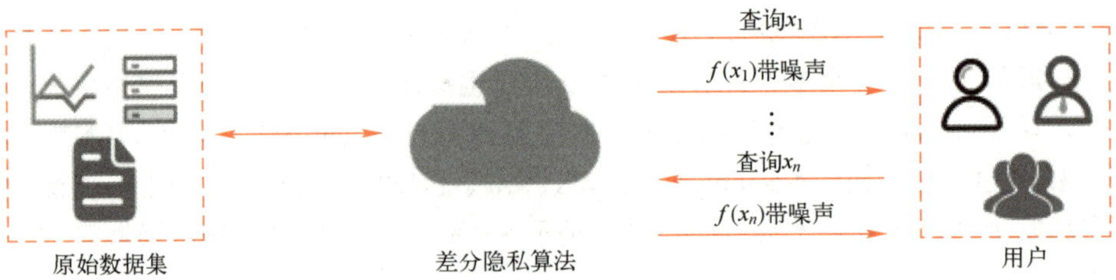

图 8.34　差分隐私技术保护用户隐私的查询过程

8.5.3　保护隐私的机器学习小结

本节介绍了机器学习中常见的三种面向机器学习的隐私保护技术，即同态加密技术、安全多方计算技术、差分隐私技术，并且介绍了各个技术中一些典型隐私保护机器学习算法。随着深度学习的兴起，人工智能也迎来了发展契机，但是随着人工智能的广泛应用，其安全与隐私问题也越来越受到人们的关注，安全与隐私问题已经成为阻碍人工智能发展的绊脚石。

同态加密技术、安全多方计算技术和差分隐私技术是目前使用得比较广泛的技术，从通信、算力、隐私等多个角度考虑，这三种隐私保护技术各有适用的计算场景。同态加密技术具有计算开销大、效率低、可用性差、使用场景广的特点，它适合集中式学习、外包计算等场景；安全多方计算技术具有可用性高、通信开销大、效率低的特点，它适合分布式学习、联邦学习等场景；差分隐私技术具有计算开销小、效率高、可用性差的特点，它适合训练数据的收集、模型参数保护等场景。三种隐私保护技术的特点、适合的应用场景见表 8.3。

表 8.3　三种隐私保护技术的特点、适合的应用场景

隐私保护技术	特点	适合的应用场景
同态加密技术	计算开销大、效率低、可用性差、使用场景广	适合集中式学习、外包计算等场景
安全多方计算技术	可用性高、通信开销大、效率低	适合分布式学习、联邦学习等场景
差分隐私技术	计算开销小、效率高、可用性差	适合训练数据的收集、模型参数保护等场景

8.6　本章小结

本章首先介绍了数学模型的四个要素，即假设、模型、实践和理论解释，并通过人类对宇宙模型的认知这个最广为人知的例子，解释了各个要素的作用和关系。然后，以我们每天都在使用的搜索引擎为例，介绍了搜索引擎算法的基本原理，并解读了数学模型和算法在其中发挥的作用。接下来，介绍了机器学习的基本概念和常用方法，围绕着以下三个问题来详细展开：为什么需要机器学习；机器学习的基本原理；机器学习的常用方法。针对人工智能的不足，介绍了众包的思想与应用案例。

本章还介绍了几种针对大数据算法的攻击和防范手段：针对电子商务系统中的推荐算法的攻击；针对搜索引擎的作弊与防范手段；针对恶意软件分类器的攻击；针对视觉分类

器的攻击。

联邦学习在本章也有介绍。联邦学习在保障数据安全和隐私的前提下，实现数据共享，促进多源数据的碰撞、融合，最大限度地释放数据价值。联邦学习作为一项新兴技术，在边缘计算和物联网、智慧医疗、金融风控、智慧城市、涉密数据的安全共享等诸多领域具有广阔的应用前景。

针对机器学习面临的隐私威胁，本章介绍了密码学中保护机器学习中隐私的常见技术，主要包括同态加密技术、安全多方计算技术和差分隐私技术。

8.7　习题

1. 填空题

1）科学的发展，是一个知识积累的过程。知识的发现和构建离不开四个方面的工作：________、________、________、________。

2）根据攻击造成的效果不同，可以将针对推荐系统的伪造共同访问攻击分成两类：________和________。

3）________是指在原数据集中通过人工添加肉眼不可见或者经处理不影响整体的肉眼可见的细微扰动所形成的样本。

4）联邦学习旨在建立一个基于________的联邦学习模型。

5）基于安全多方计算的隐私保护机器学习有三种架构，分别是________、________和________。

2. 选择题

1）以下（　　）攻击是机器学习隐私攻击。

A．成员推理攻击　　　　B．模型逆向攻击

C．后门攻击　　　　　　D．模型萃取攻击

2）CIA 安全模型是指攻击者可以破坏机器学习模型的（　　）性质。

A．机密性　　B．完整性　　C．可用性　　D．一致性

3）以下（　　）技术是保护机器学习隐私的常见技术。

A．同态加密技术　　　　B．安全多方计算技术

C．差分隐私计算技术　　D．区块链技术

3. 术语解释

1）众包。

2）SEO。

4. 简答题

1）简述机器学习的基本原理。

2）简述对抗样本攻击、数据投毒攻击和后门攻击之间的区别。

3）简述三种机器学习隐私攻击之间的区别。

4）简述在训练数据时，集中式学习、分布式学习和联邦学习三种方式的区别。

5）简述三种保护机器学习隐私常见技术适合的应用场景。

8.8 阅读材料

随着信息安全需求不断增多，可信计算技术在现代计算体系中扮演着越来越重要的角色。国外厂商基于 ARMv8 架构开发了多种可信计算方案，提升了系统安全性和数据隐私保护能力。国内企业也加速自主研发，华为推出了基于 ARMv8 架构的鲲鹏处理器和昇腾人工智能（AI）处理器，分别用于高性能计算和 AI 领域。它们不仅满足了计算性能的需求，还通过引入可信执行环境（TEE）等技术，提升了安全性和可靠性。

在此基础上，华为的 openEuler 操作系统与鲲鹏和昇腾处理器紧密结合，充分发挥了 ARMv8 架构的优势，为数据中心、边缘计算和 AI 推理等应用场景提供了高效、安全的解决方案。openEuler 在这些处理器上的优化，提升了整体系统的性能和安全保障，推动了国产自主可控技术的发展，也促进了可信计算技术的广泛应用。

8.8.1 ARMv8 架构的体系结构

ARMv8 架构是 ARM 公司设计的一种先进处理器架构，具备许多现代计算所需的特性。它支持 64 位处理和多种执行状态，主要包括 AArch64 和 AArch32 两种模式。AArch64 是专为 64 位指令集设计的，能够访问更大的内存空间，提升了处理性能，适用于高性能计算和复杂应用。AArch32 则提供与 ARMv7 兼容的 32 位指令集，使得已有应用程序可以在新架构上运行，保证了向后兼容性。

在 ARMv8 架构中，异常等级的设计为系统提供了灵活的安全模型。具体而言，ARMv8 定义了四个异常等级（EL0 至 EL3），每个等级对应不同的特权级别。其中，EL0 是用户模式，具备最低的特权，通常用于运行应用程序；EL1 是操作系统模式，运行操作系统内核；EL2 是虚拟化模式，专为支持虚拟化技术而设计；EL3 是安全监控模式，负责处理与安全相关的操作，如安全引导和硬件安全。这种多层次的安全机制能够有效地隔离不同级别的操作，提高了系统的整体安全性，确保了关键任务的可靠性。

此外，ARMv8 架构还定义了丰富的寄存器集合，其中包括 31 个通用寄存器（X0 至 X30）、程序计数器（PC）以及状态寄存器。这些寄存器在处理器的操作中扮演着关键角色，主要用于存储数据、地址和当前执行的状态，使得 CPU 能够高效地进行计算和任务切换。例如，通用寄存器可以存储临时数据，程序计数器则用于跟踪当前执行指令的地址，这些功能的组合提升了整体的计算效率和灵活性。

异常处理在 ARMv8 中通过异常向量机制实现。当发生异常时，处理器会转到相应的异常向量地址执行特定的处理程序。异常分为同步异常和异步异常：前者由当前执行的指令引发，例如除零错误或无效指令；后者则由外部事件引发，如中断或外部设备请求。处理流程通常包括保存当前执行状态，跳转到异常处理程序，执行异常处理逻辑，然后恢复上下文并返回正常执行流。

为了提高系统对外部事件的响应能力，ARMv8 架构采用了通用中断控制器（GIC）来管理中断。GIC 负责中断的分发和优先级管理，确保系统能够快速响应外部和内部事件。例如，GICv3 是 ARMv8 中引入的新版本，提供了更强大的中断管理能力，包括对更多中断源的支持和动态中断优先级管理。当一个外部设备需要处理时，GIC 会发送中断信号给处理器，处理器根据优先级决定是否处理中断，并执行中断服务例程（ISR），在完成处理后再返回正常操作。这种高效的中断管理机制在多任务处理和实时应用中尤为重要。

通过以上设计，ARMv8 架构在性能、兼容性和安全性方面提供了强大的支持，适用于现代计算需求，特别是在移动设备、嵌入式系统和高性能计算等领域，展现出其独特的优势和广泛的应用前景。

8.8.2　ARMv8 架构的优势

ARMv8 架构凭借其综合的安全模型、灵活的执行状态和卓越的能效比，在现代计算环境中展现出了显著的优势和广泛的应用潜力。这三者的有机结合，使得 ARMv8 能够满足日益增长的安全性、性能和能效需求，特别是在移动设备、嵌入式系统和高性能计算等领域。

首先，ARMv8 的安全模型通过集成可信域（TrustZone）技术，为处理器创建了一个"安全世界"和一个"普通世界"，实现了硬件级别的资源隔离。这种设计的核心在于能够将敏感操作和普通操作严格分离，从而在不牺牲用户体验的情况下，保护关键数据和应用程序的安全。例如，用户的支付信息和生物识别数据可以在安全世界中处理，而普通世界中的应用程序则无法访问这些数据，确保了即使普通世界的应用程序被攻陷，敏感信息也不会泄露。此外，ARMv8 定义的多层次异常等级（EL0 至 EL3）为系统提供了灵活的安全策略，允许操作系统根据具体的操作要求调整安全等级。EL0 是用户模式，具有最低特权；EL1 是操作系统内核；EL2 支持虚拟化技术；EL3 则用于处理安全监控操作。这种分层设计使得安全管理更加细致和高效，有效隔离了不同级别的代码和数据，降低了潜在的安全风险。

在执行状态方面，ARMv8 架构提供了两种主要的执行状态：AArch64 和 AArch32。这两种状态的设计确保了灵活性和性能的优化。AArch64 状态是专为 64 位指令集而设计的，支持更大的内存空间，能够处理复杂的计算任务，这使得其在高性能计算、大数据分析和云计算等领域表现尤为突出。在 AArch64 模式下，开发者可以利用更大的寄存器（如 64 位通用寄存器）和改进的浮点运算能力，这些特性不仅提高了数据处理的能力，还加速了计算速度，满足现代应用程序对性能的高需求。举例来说，在机器学习和人工智能应用中，AArch64 的高效计算能力使得处理大规模数据集变得更加可行。

ARMv8 的 AArch32 状态为需要与旧版应用程序兼容的设备提供了支持。这种兼容性确保了用户能够在新硬件上顺利运行旧软件，避免了因硬件升级而导致的应用程序无法使用的问题，这在许多企业和嵌入式系统中是至关重要的。此外，ARMv8 的灵活性还体现在其能够适应不同的应用场景，从移动设备到高性能服务器，均能展现出色的性能和效率。

再者，ARMv8 架构的高能效比为其在多种应用场景中提供了显著的优势。ARM 架构本身以低功耗特性而著称，而 ARMv8 在此基础上进一步优化。通过精简指令集计算（RISC）理念的实施，ARMv8 确保每条指令的执行周期更短，从而提高了整体的执行效率。例如，在进行数字信号处理或图像处理等计算密集型任务时，ARMv8 能够以较低的能耗完成更高的工作负载。此外，ARMv8 引入的动态电压频率调节（DVFS）技术，使得处理器能够根据当前负载实时调整功耗。这种自适应设计确保了在高负载情况下可以充分发挥处理器性能，而在低负载或待机状态时则能够将能耗降至最低，从而延长电池续航时间。这种能力在智能手机、平板计算机和便携式设备中尤为重要，用户可以在不牺牲性能的前提下，享受更长的使用时间。

在云计算和数据中心的应用中，ARMv8 的高能效比同样显得至关重要。随着计算需求的不断增长，传统的数据中心面临巨大的能耗和散热挑战。采用 ARMv8 处理器的服务器能够在处理大量并发请求时，保持相对较低的功耗。这种能力使得整体能效得到提升，从而降低了运营成本。许多公司已经开始将 ARM 架构作为其云服务平台的基础，借此提升其运营效率并降低运营成本。

总的来说，ARMv8 架构通过其先进的安全模型、灵活的执行状态和卓越的能效比，形成了一个强大而高效的计算平台。安全模型确保了对敏感数据的保护和安全操作的可靠性，执行状态的灵活设计则提供了兼容性和高性能，高能效比则为各种应用提供了有效支持。随着计算技术的不断演进，ARMv8 无疑将在未来的计算环境中继续扮演重要角色，推动技术向更加安全、高效的方向发展。

8.8.3 国产华为昇腾人工智能处理器的介绍

华为昇腾（Ascend）是华为推出的一系列人工智能（AI）处理器，专门设计用于加速深度学习、机器学习和其他 AI 计算任务。昇腾处理器是华为自主研发的 AI 芯片家族，目标是为云端、边缘计算和终端设备提供强大的 AI 计算能力，推动 AI 技术在各个领域的应用和普及。昇腾处理器通过华为的 TEE 技术，提供了硬件级别的可信执行环境，确保 AI 处理任务中涉及的敏感数据能够在受保护的隔离环境中进行计算。TEE 为昇腾处理器上的 AI 计算提供了数据隔离、隐私保护和可信计算支持，确保 AI 模型和数据在执行过程中免受外部攻击和篡改。这种结合在安全敏感的 AI 应用场景中，如医疗、自动驾驶等，具有重要的现实意义。

（1）核心架构与技术　昇腾处理器采用的是达·芬奇（Da Vinci）架构，这是华为自主设计的 AI 计算架构。达·芬奇架构的设计目标是高效并行计算，能够处理大规模的矩阵计算、神经网络训练和推理任务。该架构具有强大的计算能力，并且支持丰富的 AI 算子，适用于多种 AI 场景，如图像识别、语音处理、自然语言处理等。

（2）主要系列　昇腾处理器主要分为昇腾 910 和昇腾 310 两大核心系列。

1）昇腾 910 是华为 AI 芯片中的旗舰产品，定位高性能 AI 训练芯片，专为大规模 AI 模型训练任务设计。昇腾 910 采用 7nm 工艺制程，单芯片的算力达到了 256 TFLOPS（半精度浮点运算，FP16）和 512 TOPS（整数运算，INT8）。其功耗表现优异，峰值功耗控制在 310W 左右，具备强大的 AI 模型训练能力。该芯片主要应用于 AI 数据中心、AI 训练集群等高性能计算场景。

2）昇腾 310 是一款低功耗 AI 推理芯片，适合边缘计算场景，如智能摄像头、智能驾驶、智能物联网设备等。昇腾 310 的算力达到了 16 TOPS（INT8），功耗仅为 8W，非常适合对能效比要求较高的边缘设备。该芯片被广泛应用于智能推理、图像识别、视频分析等低功耗场景。

（3）应用场景　昇腾处理器覆盖了从云端到边缘的广泛 AI 应用场景。

1）智能数据中心：昇腾 910 主要用于大型 AI 训练任务，可以加速深度学习模型的训练，提升数据中心的 AI 计算能力。

2）边缘计算：昇腾 310 被广泛用于智能设备，如智能安防、智慧城市、无人驾驶、工业物联网等边缘场景。它能够在低功耗的情况下进行高效的 AI 推理处理。

3）自动驾驶：昇腾处理器能够处理自动驾驶中的大规模数据分析与推理，帮助汽车实现实时的环境感知、决策和控制。

4）智能制造：在工业制造领域，昇腾处理器能够加速生产线中的智能检测、缺陷识别等环节，提升自动化水平。

（4）主要特点

1）高性能计算：昇腾系列芯片尤其是昇腾 910，提供了世界级的 AI 训练性能，能够处理超大规模的 AI 计算任务。

2）能效比高：昇腾处理器在提供强大算力的同时，功耗表现也十分优异，尤其适用于高效能、低功耗的边缘计算场景。

3）完整生态支持：通过华为自研的 MindSpore AI 框架和 CANN 库，昇腾处理器能够与华为的硬件和软件生态无缝结合，提供端到端的 AI 解决方案。

华为昇腾处理器系列通过创新的达·芬奇架构、强大的 AI 计算能力以及低功耗优势，成为 AI 训练和推理领域的强劲竞争者。它不仅支持云端数据中心的大规模 AI 模型训练，也能在边缘设备上提供高效的 AI 推理能力，在自动驾驶、智能制造等领域展现出强大的应用潜力。

8.9　拓展阅读

[1] GOLDWASSER S，KIM M P，VAIKUNTANATHAN V，et al. Planting undetectable backdoors in machine learning models[C]//2022 IEEE 63rd Annual Symposium on Foundations of Computer Science (FOCS). Colorado: IEEE，2022：931-942.

[2] HENDRYCKS D，CARLINI N，SCHULMAN J，et al. Unsolved problems in ML safety[Z/OL]. [2025-04-16]. https://doi.org/10.48550/arXiv. 2109.13916.

[3] ARP D，QUIRING E，PENDLEBURY F，et al. Dos and don'ts of machine learning in computer security[C]//31st USENIX Security Symposium (USENIX Security 22). Boston: USENIX, 2022：3971-3988.

[4] HU H，WANG S，CHANG J，et al. A duty to forget，a right to be assured? exposing vulnerabilities in machine unlearning services[Z/OL]. [2025-04-16]. https://doi.org/10.48550/arXiv. 2309.08230.

[5] WARNECKE A，PIRCH L，WRESSNEGGER C，et al. Machine unlearning of features and labels[Z/OL]. [2025-04-16]. https://doi.org/10.48550/ arXiv. 2108.11577.

[6] ZHANG X，GU H，FAN L，et al. No free lunch theorem for security and utility in federated learning[J]. ACM Transactions on Intelligent Systems and Technology，2022，14(1)：1-35.

[7] JONES C, BERGEN B. Large language models pass the turing test[EB/OL]. (2025-03-31) [2025-04-03]. https://arxiv.org/abs/2503.23674.

第 9 章　大数据采集及其安全隐私

9.1　引言

随着移动互联网、电子商务、社交网络等互联网新兴技术的普及和应用，图像、视频、日志等网络数据呈现爆炸性增长。淘宝网近 4 亿的会员每天产生的商品交易数据约为 20TB，Facebook 约 10 亿的用户每天产生的日志数据超过 300TB。

大数据时代已然来临，大数据领域也成为当今热门的研究课题。然而，数据是实现大数据研究的基础，传统的数据采集技术方案已经难以满足快速采集高质量数据集的需求，所以高效地采集海量、高质量数据对大数据应用与研究具有极其重要的作用。数据采集是提供大数据服务的基础，也是数据整个生命周期中的核心环节之一。

本章首先介绍常用的数据采集与管理技术，然后从网络接入、网络传输、网络应用多个角度介绍安全隐私防护技术和面临的问题。

9.2　大数据采集与管理

互联网刚兴起时，美国杂志《纽约客》（*The New Yorker*）曾刊登了一幅著名的漫画，标题为“在互联网上，没人知道你是一条狗”（On the Internet，nobody knows you’re a dog)，如图 9.1 所示。由于网络的虚拟性和匿名性，每个人都可以在互联网上选择成为“双面人”。

“On the Internet, nobody knows you’re a dog.”

图 9.1　互联网初期的虚拟性和匿名性

大数据时代，互联网公司希望收集所有自己可能触及的数据：用户点击了哪个按钮，在哪个页面停留时间更长，分享了什么，赞了什么，转发、评论了哪些内容，把什么东西加到购物车，付钱购买了什么，等等。

所有的一切，都被记录。新一代互联网公司致力于为每一个个体提供定制化产品：你看到的页面，和你的朋友看到的可能完全不一样，甚至你看到的商品价格，和你朋友看到的也不一样。这些都是基于你自己的行为产生的，由程序计算出来的结果，多数情况下，其中并没有人工参与。只从体验上看，这不是一件坏事，毕竟，按照用户习惯定制的内容，可以让用户使用起来更舒服，节约更多时间，人们也更喜欢这样的产品。但是，互联网初期人们对网络隐私的认识——“在互联网上，没有人知道你是一条狗”很快被彻底打破了。

随着搜索引擎的广泛应用，我们每天几乎都离不开百度或者谷歌。我们发现，很多自己都忘记了的事情，却被搜索引擎记录下来了。人们不会对搜索引擎撒谎，总是尽可能准确地告诉搜索引擎，自己在想什么。搜索引擎知道人们内心深处的担心和秘密。曾经有人说，搜索引擎比自己的妻子还了解自己。但实际上还可以更进一步，搜索引擎可能比你自己还了解自己，因为它能毫无改变地、永远地记住你曾经在那个长条框里输进去的东西，不管它是什么。搜索引擎记录的网络行为会真实地展现你过去的所思所想。

其实，不仅是搜索行为，每个人在网络空间的任何网络行为都无时无刻不被网络所记录。通过搜索记录、浏览记录，可以知道我们在什么时间，搜索过什么关键字，浏览过哪些网页；我们的电子邮件都保存在电邮供应商的日志文件中；我们的通话记录都被加上时间标记备份在电话公司的大容量硬盘上；还有信息发布与社交网络，我们所有的个人网页、朋友圈、微博、博客的信息都被保存在服务供应商的服务器上；通过阿里巴巴和京东的购物记录，能够详尽地了解我们何时何地买了什么东西，我们的喜好、品味以及支付能力都被银行编目归档。

这还不是全部：在物理空间，我们的行为数据同样被网络时时刻刻采集。例如：我们的即时行踪完全被手机供应商掌握；我们的出行已经离不开定位服务、WiFi 服务，使用这些服务的同时，我们的位置信息都会被采集和使用；甚至我们的容貌和穿着打扮，都被安装在各大商场和街角的摄像头捕捉并记录。

目前，对个人隐私的侵犯以及用户位置信息被泄露等事件屡见不鲜，已经引起了大众对隐私安全的担忧。

9.2.1　传统的数据采集技术

传统的数据采集来源单一，且存储、管理和分析的数据量也相对较小，大多采用关系数据库和并行数据仓库即可处理。在依靠并行计算提升数据处理速度方面，传统的并行数据库技术追求高度一致性和容错性。

9.2.2　大数据给数据采集带来新的挑战

大数据时代，企业面临数据量的大规模增长。目前，大数据的规模仍在不断变化，单一数据集的规模范围从几十 TB 到数 PB 不等。简而言之，存储 1PB 数据将需要 1000 台配备 1TB 硬盘的个人计算机。此外，各种意想不到的来源都能产生数据。

大数据会呈现多变的形式和类型。相较传统的业务数据，大数据存在不规则和模糊不清的特性，很难甚至无法使用传统的应用软件进行分析。传统业务数据随时间演变已拥有标准的格式，能够被标准的商务智能软件识别。目前，企业面临的挑战是处理并从各种形式的复杂数据中挖掘价值。

数据多样性的增强主要是由于新型的半结构化和非结构化数据，包括网络日志、社交媒体、互联网搜索、手机通话记录及传感器网络等数据类型的出现。其中，部分传感器安装在火车、汽车和飞机上，每个传感器都增强了数据的多样性。

数据被创建和移动的速度很快。在高速网络时代，通过实现了软件性能优化的高速计算机处理器和服务器创建实时数据流，已成为流行趋势。企业不仅需要了解如何快速创建数据，还必须知道如何快速处理、分析并返回给用户，以满足他们的实时需求。

9.2.3 大数据采集技术

（1）系统日志采集方法　很多互联网企业都有自己的海量数据采集工具，多用于系统日志采集，如 Hadoop 的 Chukwa、Cloudera 的 Flume、Facebook 的 Scribe 等，这些工具均采用分布式架构，能满足每秒数百 MB 的日志数据采集和传输需求。

（2）网络数据采集方法　网络数据采集是指通过网络爬虫或网站公开 API 等方式从网站上获取数据信息。该方法可以将非结构化数据从网页中抽取出来，将其存储为统一的本地数据文件。该方法支持图片、音频、视频等文件或附件的采集，附件与正文可以自动关联。对于网络流量的采集，可以使用深包检测（Deep Packet Inspection，DPI）或动态流检测（Deep/Dynamic Flow Inspection，DFI）等技术。

（3）私有数据交换与采集方法　对于企业生产经营数据或学科研究数据等保密性要求较高的数据，可以通过与企业或研究机构合作，使用特定系统接口等相关方式采集数据。

9.2.4 数据采集平台软件

常用的数据采集软件包括：

（1）Apache Flume　Flume 是 Apache 旗下的一款开源、高可靠、高扩展、容易管理、支持客户扩展的数据采集系统。Flume 使用 JRuby 来构建，所以依赖 Java 运行环境。

（2）Fluentd　Fluentd 是另一个开源的数据收集框架。Fluentd 使用 C/Ruby 开发，使用 JSON 文件来统一日志数据。它的可插拔架构，支持不同种类和格式的数据源和数据输出。它同时也提供了高可靠和很好的扩展性。Treasure Data 公司对该产品提供支持和维护。

（3）Logstash　Logstash 是著名的开源数据栈 ELK（ElasticSearch、Logstash 和 Kibana）中的那个 L。Logstash 用 JRuby 开发，所有运行时依赖 JVM（Java 虚拟机）。

（4）Splunk Forwarder　Splunk 是一个分布式机器数据平台，主要有三个角色：Search Head 负责数据的搜索和处理，提供搜索时的信息抽取；Indexer 负责数据的存储和索引；Forwarder 负责数据的收集、清洗、转换，并发送给 Indexer。

9.2.5 数据的非法采集现象

互联网已经渗入人们生活的方方面面，对经济和社会有着重大影响。各大网站也以用户流量大小为评估标准，形成流量为王的竞争态势，网站以网址后面加推广链接的方式进行流量推广和导流。

一些流量劫持者利用网站流量的二级分销政策，将用户劫持到其引导流量的推广链接上，再和网站结算流量费用。

从运营商网络侧分光劫持，到终端软件、浏览器插件、盗版系统软件内置，甚至网站自身内部人员联合互联网数据中心（IDC）进行劫持等，现实中这些非法采集方式都已实现。运营商骨干网的分光流量信息被非法采集与使用，在黑色产业链上反复买卖，严重侵犯了用户隐私，给用户、运营商、网站方都造成了重大经济利益损失和困扰。

网络侧分光劫持已经成为一种非法数据采集的常见手段，其原理如图 9.2 所示。在骨干路由器旁部署一台旁路的设备，通过监听所有流过的流量来采集分光流量信息。这个设备按照某种规律或者策略，对某些请求进行特殊处理。当一个请求流过：

1）如果是 TCP，这个设备根据该请求的 seq 和 ack，把准备好的数据作为回应包，发送给客户端。

2）如果是 UDP，则直接把准备好的数据作为回应包，发送给客户端。因为回应包比服务器端的正常包提前响应，所以，真正的服务器端数据过来时，会被当作错误的报文而不被接受。HTTP 劫持的提前响应最常见的是 302 跳转：通过回应一个 302 跳转引导客户端跳转到新的链接。

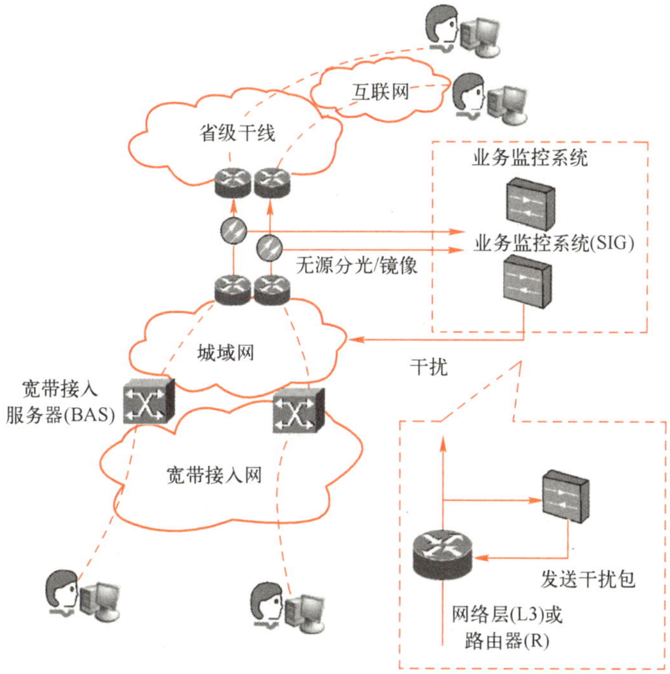

图 9.2 网络侧分光劫持的原理

除了网络劫持，还有很多非法数据采集的手段，例如：利用免费 WiFi 窃取接入用户的数据，通过网络流量数据采集用户通信的元数据，利用 SSL 的漏洞窃取通信内容，通过伪造非法证书骗取用户的信息，非法追踪用户网络浏览行为，利用钓鱼网站、钓鱼邮件骗取用户信息，等等。本章后继部分将介绍与这些相关的技术。

9.3 匿名通信

9.3.1 基本概念

匿名通信是指采取一定的措施隐蔽通信流中的通信关系，使窃听者难以获取或推知通信双方的关系及内容的通信模式。匿名通信的目的就是隐蔽通信双方的身份或通信关系，保护网络用户的个人通信隐私，实现对用户在网络层的元数据的隐私保护。

9.3.2 匿名通信的基本框架

匿名通信的基本框架可以从三个方面加以阐述：匿名属性（Anonymity Property）、对手能力（Adversary Capability）和网络类型（Network Type）。

1. 匿名属性

匿名属性包括不可辨识性（Unidentifiability）和不可联系性（Unlinkability）。不可辨识性是指对手无法识别用户的身份和行为；不可联系性是指对手无法通过观察系统，将消息、行为和用户相关联。

不可辨识性由发送者匿名、接收者匿名、相互匿名和位置匿名四个部分构成。发送者匿名是指不能辨识消息发送者的身份；接收者匿名是指不能辨识消息接收者的身份；相互匿名是指既不能辨识消息发送者的身份，也不能辨识消息接收者的身份；位置匿名是指无法辨识消息发送者和消息接收者的位置、移动、路由或拓扑信息。

不可联系性主要是通信匿名。通信匿名是指特定的消息不能和任意通信会话相关联，或者特定的通信会话不能和任意消息相关联。通信匿名的匿名程度要低于发送者匿名和接收者匿名。

2. 对手能力

对手是意图降低、消除通信匿名的通信网络用户或用户的集合。匿名通信系统一般通过提出威胁模型（Thread Model），来表明该系统能够抵抗的对手能力。对手能力分为三个方面：可达能力（Reachability）、攻击能力（Attackability）和适应能力（Adaptability）。

对手的可达能力分为全局（Global）和本地（Local）两种。具有全局能力的对手可以访问网络中所有节点和链路，而具有本地能力的对手只能访问网络中部分节点和链路。

攻击能力分为被动（Passive）和主动（Active）两种。攻击的目的是识别消息的发送者或接收者。被动攻击一般由匿名通信网络的外部观测者发起，其主要行为是观测网络中传输的消息、网络中数据的流量，并通过对消息和流量的分析达到攻击的目的。主动攻击一般由匿名通信网络的内部节点发起，其主要行为是通过其控制的部分通信节点修改通信消息、追溯/修改通信行为，来达到攻击的目的。

适应能力分为动态和静态两种。在匿名通信系统中，对手的适应能力一般是动态的，动态地跟踪网络的变化，实时地收集路径选择算法信息，实时地监控网络传输的消息和流量的变化。

3. 网络类型

匿名通信系统的网络类型由以下三个因素确定：路径拓扑（Path Topology）、路由机制

(Route Scheme)和路径类型(Path Type)。

匿名通信系统的路径拓扑有两种类型：瀑布型(Cascade)和自由型(Free)。在瀑布型的网络中，发送者从匿名通信网络中选择固定的通信路径进行消息的传输；在自由型的网络中，发送者可以选择任意长度的通信路径进行消息的传输。一般意义上，自由型的网络拓扑比瀑布型的网络拓扑具有更强的匿名性。

匿名通信系统的路由机制分为单播(Unicast)、组播(Multicast)、广播(Broadcast)和任意播(Anycast)。目前出于系统效率和系统部署等实际问题的考虑，大多数实际部署的匿名通信系统的路由机制都是单播的机制。

匿名通信系统的路径类型分为简单(Simple)和复杂(Complex)两种。简单的路径类型不允许出现路径的循环，中继的节点在整个路径中只能出现一次；复杂的路径类型允许出现路径的循环，中继的节点在整个路径中可以出现多次。

9.3.3　技术方案

现阶段匿名通信的技术方案主要分为三类：基于 Mix 算法的匿名通信系统、基于 Onion Routing 算法的匿名通信系统和基于泛洪算法的匿名通信系统。

基于 Mix 算法的匿名通信系统是在匿名通信算法基础上发展起来的。该类通信系统的核心思想是利用单个 Mix 节点或瀑布型的多个 Mix 节点实现匿名通信。Mix 节点是指网络中向其他节点提供匿名通信服务的节点，它接收用其公钥加密的数据，并对数据进行解密、批处理、重序、增加冗余字节等处理，然后将数据传输给下一个 Mix 节点或最终接收者。基于 Mix 算法的匿名通信系统具有以下特点：

1)匿名通信系统网络中一部分节点为其他节点提供匿名通信服务。

2)发起者需要在发起匿名通信之前，确定整个通信的传输路径，该路径在传输中不会改变。

3)发起者需要在发起匿名通信之前，得到整个传输路径中各个 Mix 节点的信息，包括地址、密钥信息等。

4)Mix 节点对来自多个发送者的通信信息进行解密、复用、批处理、重序、增加冗余字节等处理，系统匿名较高，但通信传输的时延较高，一般不适合实时的数据通信。

基于 Mix 算法的匿名通信系统包括 Babel、Cyberpunk(Type Ⅰ)、Mixmaster(Type Ⅱ)、Mixminion(Type Ⅲ)等。

基于 Onion Routing 算法的匿名通信系统是在 Reed 等人 1998 年提出的 Onion Routing 算法基础上发展起来的。相比于基于 Mix 算法的匿名通信系统，基于 Onion Routing 算法的匿名通信系统更注重数据通信的实时性以及系统的简单性、有效性和可实施性，其特点为：

1)基于 Onion Routing 算法的匿名通信系统建立在 TCP 传输的基础上，节点之间通常通过 SSL 方式传输。

2)基于 Onion Routing 算法的匿名通信系统在路径建立时采用非对称密钥算法加密，在数据通信时采用对称密钥算法加密，以提高数据传输效率，降低时延。

3)基于 Onion Routing 算法的匿名通信系统采用实时复用并转发，不对通信数据进行乱序、固定输入输出流量等批处理。基于 Onion Routing 算法的匿名通信系统包括 Tor、FreeNet 等。Tor 是目前互联网中最成功的公共匿名通信系统之一，在全球具有超过 1300 个中继节点，大部分节点位于美国和德国。正常状态下，全球有超过 20Gbit/s 的匿名通信传输数据流量流经 Tor 节点。

基于泛洪算法的匿名通信系统是近期匿名通信传输领域新的研究热点，主要基于 Flooding、Epidemic 等类泛洪算法实现匿名通信，目前仍处于实验室研究阶段，没有实际部署的成熟的匿名通信系统。基于泛洪算法的匿名通信系统一般具有以下特点：

1）发起者在发起匿名传输之前完全不清楚匿名传输的路径，也无须得到传输中间节点的任何信息。

2）发起者的每一次匿名传输路径不固定。

3）匿名通信网络中的任何一个中间节点都不知道匿名通信的发起者和接收者。

基于泛洪算法的匿名通信系统主要面临的挑战是系统会产生大量网络传输流量，对网络带宽的需求较大，目前系统算法的稳定性和可靠性还不够。

9.4 浏览器的 DNT 标准

HTTP 是无状态的，也就是说来自客户的每个请求，即使是同一会话中访问相同服务器的请求，也被看作一个全新的请求。这给 Web 应用程序的设计带来了一些麻烦。

利用 Cookie，能够解决 HTTP 协议无状态的问题。Cookie 是存储在客户机上的文本文件。当用户浏览某站点时，服务器端的代码就可以在用户的计算机上创建一个很小的文本文件，称为 Cookie。当该用户再次访问同一站点时，服务器就可以根据 Cookie 来识别出该用户。Cookie 可以是瞬态的，即与一个会话的生存期相同；Cookie 也可以是持久的，其生存期可以超过一个会话的生存期而保留在用户的计算机上。

Cookie 本身不会对用户的计算机造成任何损害——它们没有任何可执行的代码。但是，Cookie 经常被用于第三方网站跟踪。

从定义上来说，“请勿追踪”（Do Not Track，DNT）是一个能避免用户被来自从未访问过的第三方网站跟踪的浏览器功能。DNT 并不采用手段以过滤或阻止追踪 Cookie，而是当用户提出 DNT 请求时，具有 DNT 功能的浏览器会在 HTTP 数据传输中添加一个“头字段”（headers），这个头字段会告诉商业网站的服务器用户不希望被追踪。DNT 目前支持三个值：“1”表示用户不允许被追踪（即选择退出），“0”表示用户允许被追踪（即选择加入），空值（即不发送头字段的默认设定）则表明用户并未表达出特定的喜好。

9.4.1 DNT 的历史

关于 DNT 的历史，可以追溯到 2007 年。

2007 年，一个民间隐私保护团体要求美国联邦贸易委员会（FTC）为网络广告商列出一份“不要跟踪我”的名单，就好比在新闻中出现的“请勿来电登记”一样，但是效果不太明显。这一要求的内容大致是：网络广告商必须向 FTC 提交它们的信息，然后编辑出一份列表，指出它们都在哪些领域利用浏览器的 Cookie 信息跟踪了消费者。

这个事情在此后的两年里没有实质性发展。2009 年，一位叫克里斯托弗·索菲安（Christopher Soghoian）的研究人员和来自 Mozilla 基金会的隐私保护项目工程师希德·斯塔姆（Sid Stam）为火狐浏览器开发了一个插件的雏形，其中第一次用到了 DNT 头字段。但是这仅仅是一个测试，没有任何迹象表明火狐浏览器以后会包含这个插件。

然而在 2010 年 7 月，FTC 主席乔恩 • 莱博维茨（Jon Leibowitz）在一次有关隐私保护的听证会中提到他们正在探索 DNT 这一想法的可行性。同年 12 月，莱博维茨发表了一篇报告，呼吁应该有一个系统来避免人们的一举一动在网络上被监视。

该报告发表的五天后，微软公司随即宣布 IE 9 会支持跟踪保护列表，它将通过由第三方提供的黑名单来阻止对用户的跟踪。微软公司希望借此彻底打败 Mozilla，但是在 2011 年 1 月，Mozilla 宣布火狐浏览器也将提供一个拒绝跟踪的选项，实际上这一更新在 IE 9 正式推出之前就已经被加到火狐浏览器中了。2011 年 2 月，Opera 浏览器紧随其后发表声明称也将支持这一功能，苹果的 Safari 浏览器则在 2011 年 4 月增加了支持。随后，Chrome 也正式添加了对 DNT 的支持。

2012 年 6 月，微软公司宣布其 DNT 选项将在 Windows 8 系统搭载的 IE 10 中默认开启（在第一次登录浏览器时弹出的 Express 选项卡中出现），它援引了“用户隐私保护条款”作为这一决定背后的原因。但是，微软公司遇到了来自广告业的巨大抵抗，它们指出是否使用 DNT 头字段应该是用户的选择，因此不应该自动开启。Mozilla 支持这一观点，同时，谷歌也与 Mozilla 站在同一战线上。此外，数字广告联盟（DAA）此前曾与美国政府达成协议，指出只有在不被浏览器默认开启的情况下，它才会支持 DNT 系统，而这也成为此次争议的焦点。

2012 年 9 月，DNT 标准的创始者之一罗伊 • 菲尔丁（Roy Fielding）向 Apache 的 HTTP 服务器的源代码中加入了补丁，主动忽略了由 IE 10 用户发送的 DNT 头字段数据；2012 年 10 月，雅虎也声明将忽略来自 IE 10 的 DNT 请求。

9.4.2　DNT 的困境

理论上，支持 DNT 的追踪者在接收到带有这个头字段的 HTTP 请求后，应该立即停止对用户的跟踪。不支持 DNT 的追踪者则不会理会这个“头字段”。

DNT 并不是一个技术协议，而是一个政策协议，实际约束力有限。而且，这个协议只是说“请勿追踪”，但是对于具体的追踪方法和范围，并没有清晰的界定。

用户通过发送这个“头字段”来表达自己不愿意被跟踪；至于追踪者是否理会这个请求，则没有任何严格说明。更有趣的是，到现在为止，都没有一个统一的标准来规定什么样的 HTTP 响应可以体现一个服务器/追踪者尊重 DNT。

对于一个第三方追踪者来讲，尴尬的局面是：即使尊重 DNT，也不能明确地让用户知道自己对用户的尊重（除了写进基本没有人阅读的隐私协议），而且如果声明自己尊重 DNT，一旦经过某种测试认定自己没有严格遵守 DNT 协议，将会面临潜在的法律问题；更有趣的是，没有任何一个组织、任何一个人要求自己必须尊重 DNT，那么为什么要增加开发成本去支持 DNT 呢？

更致命的是，DNT 会严重影响在线行为广告（Online Behavioral Advertising，OBA）的运营和收入。为什么 Google、Facebook 和 Amazon 等广告大户从不支持 DNT？其中官方的解释“用户并不完全理解和明白 DNT 的含义”是有一定道理的。更重要的是，谁也不愿意拿出到手的肥肉——OBA 的运营收入作为“更好地尊重用户隐私”的代价。

国内的广告交易平台和跟踪服务（Tracking Service）面临挑战，对用户而言，他们对是否使用 DNT 的感受差别不大，现阶段支持 DNT 的网站不多。在国外，已经有部分广告交易平台声明支持 DNT，甚至包括 Twitter（但 Twitter 只在部分功能上支持 DNT）。

目前，支持 DNT 的网站仍为少数。DNT 的发展面临巨大的阻力和困难，只能说 DNT 是万维网联盟（W3C）的一个美好愿景和初级尝试。至于如何真正更好地保护用户隐私，DNT 绝对不会是最终答案。

9.4.3 技术方案

隐私獾（Privacy Badger）是由电子前哨基金会（Electronic Frontier Foundation）开发的适用于 Chrome 与火狐浏览器的隐私保护扩展，用于阻止那些不遵守 DNT 协议的广告商跟踪行为。

如果在线广告/跟踪公司严格遵守 DNT 协议，不对启用 DNT 的用户进行任何追踪（包括 Cookie、Supercookie、指纹），隐私獾可将其加入白名单。

2017 年 4 月，隐私獾的用户已经达到 100 万。

隐私獾能够自动检测潜在的跟踪器，并阻止跟踪行为。不同性质的跟踪器将会呈现绿色、黄色与红色的滑块，用户可以随时根据需求调整这些滑块。

绿色：有第三方资源，但未检测出跟踪行为，不做任何拦截。在首次安装隐私獾后，所有的第三方资源都会呈现绿色，但在使用一段时间后部分跟踪行为将会被识别并拦截处理。

黄色：有第三方资源，并且检测出跟踪行为，但为了避免网页显示异常，没有完全拦截跟踪器，但跟踪性 Cookie 将会被拦截。

红色：有第三方资源，并且检测出跟踪行为，彻底拦截跟踪器与 Cookie。

*9.5 在线追踪技术

在过去的十年里，在线广告行业的规模有了巨大的增长，范围也有了很大的扩大。这一增长是由技术进步推动的，这些技术进步使广告商能够更精确地定位用户，即使是在不同的设备和平台上。

9.5.1 在线广告生态系统

首先我们要了解一个基本的在线广告组成结构。在线广告系统中的媒体主、广告主、广告交易平台（ADX）、需求方平台（DSP）和供应方平台（SSP）都是广告投放过程的参与者，如图 9.3 所示。尽管在线广告系统相当复杂且在不断演变，但是目前在线广告的投放主要是由广告主、媒体主和广告交易平台三方主导的。

1）广告主：是希望通过向媒体主（传统模式）或广告交易平台（实时竞价模式）付费，在媒体主提供的广告位上展示自己广告的实体。

2）媒体主：是一些拥有网页（或网站）的实体，它们已经取得较大的用户访问量（在线广告系统中称为流量），为了将这些线上流量转变成现金收益，它们在网站的 HTML 页面上插入广告位。例如，纽约时报、AOL 等就是典型的媒体主。

3）供应方平台（Sell-Side Platform，SSP）：这些平台将媒体主的广告库存放在广告交易平台出售。

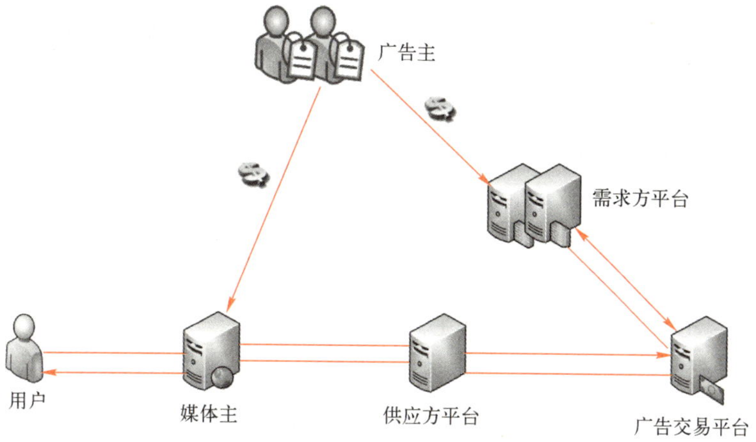

图 9.3　在线广告系统的主要参与者

4）广告交易平台（Ad Exchange，ADX）平台：是将媒体主与广告主联系起来的实体，即它将广告主的广告投放到媒体主提供的广告位上。为了将广告主的广告精准投放到目标人群，广告交易平台通常会追踪并刻画用户画像（包括用户背景、特征、性格标签、行为场景等），从而针对用户的兴趣、地理位置或其他个人数据进行广告投放。

5）需求方平台（Demand-Side Platform，DSP）：为广告主提供实时竞价的投放平台。广告主通过需求方平台对广告交易平台拍卖的单个广告位进行出价，需求方平台使用复杂的模型，根据从数据管理平台检索到的用户信息来确定广告位的出价。

6）数据管理平台（Data-Management Platform，DMP）：是把分散的多方数据进行整合，纳入统一管理的技术平台，并对这些数据进行标准化和细分，使用户可以把这些细分结果推向现有的互动营销环境。

接下来我们要了解在线广告投放是按照什么机制运行的。在线广告的投放主要分为两种模式：传统模式和实时竞价（Real Time Bidding，RTB）模式。由于现在在线广告投放模式主要是 RTB 模式，所以下面会简要介绍 RTB 的工作原理。

RTB 是一种利用第三方技术，在数以百万计的网站上针对每一个用户展示行为进行评估以及出价的竞价技术。其具体工作过程如图 9.4 所示。

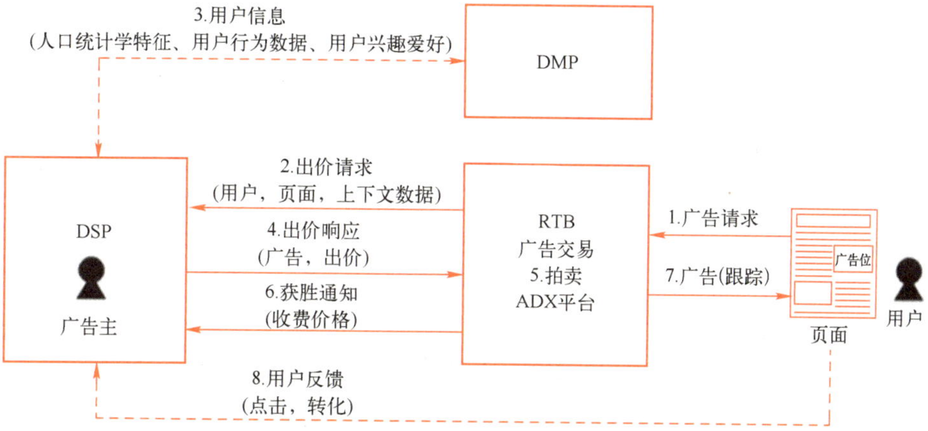

图 9.4　RTB 模式流程图

1）当用户访问网站，浏览器向媒体主请求网页资源，媒体主返回页面资源包括广告位信息给 ADX 平台。

2）ADX 平台向 DSP 查询广告主的出价。

3）DSP 可与 DMP 共享用户数据（Cookie 匹配）。

4）如果广告主决定出价（对该用户感兴趣），DSP 就会生成并提交出价给 ADX。

5）DSP（可以是多个）返回投标信息。ADX 平台收到多个 DSP 发来的投标后选出获胜者。

6）ADX 平台将获胜通知发给广告主。

7）按照相反的路径，获胜者的广告（文本、图片或视频等）显示在特定用户的网页上。

8）跟踪器收集用户的反馈，确定用户是否点击了广告，以及广告是否带来了转化。

在整个广告投放过程中，ADX 平台可通过使用第三方 Cookie、网络指纹或其他跟踪技术，跟踪访问这个网站和与它合作的任何其他站点的用户。这种跟踪用户的能力对 ADX 平台至关重要，它使 ADX 平台能够了解用户正在访问的网页及其内容、IP 地址以及最重要的用户 Web 浏览兴趣，实现对用户的定向广告投放。

定向广告中的“定向”实际上是对受众的筛选，即通过技术手段跟踪用户并标定用户的性别、年龄或其他标签。定向广告也就是指根据用户的这些标签相应地投放广告。根据广告投放者选择的定向目标不同，市场上出现了多种定向方式。目前最受欢迎的定向目标包括用户正在访问的网页、用户位置和用户浏览兴趣等。接下来主要介绍“行为定向”。

行为定向是指广告系统还可以根据用户的各种上网行为来向用户投放广告。通常情况下，ADX 平台通过追踪并收集用户的上网信息，可以推断出用户的兴趣偏好，从而根据其兴趣偏好投放广告。行为定向广告的投放流程如图 9.5 所示。

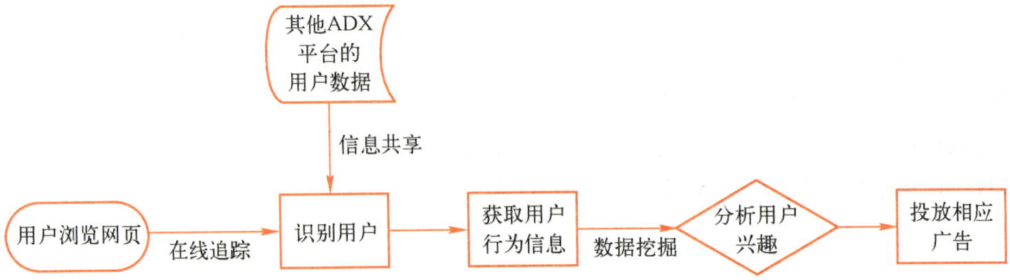

图 9.5　行为定向广告的投放流程

例如，用户张三在上网过程中，会访问一系列网页，这时他正被这些页面上存在的多个 ADX 平台跟踪。当张三浏览另一新网页时，该网页上的某个 ADX 平台已经通过之前的网页跟踪了他，并根据其掌握的关于张三的信息，相应地刻画张三的用户形象，如图 9.6 中（1）所示。

9.5.2　基于 HTTP Cookie 的在线追踪技术

在学习本节内容前我们需要先了解几个相关概念。

（1）第一方域名和第三方域名　第一方域名是指用户通过输入网址或单击链接有意进入的域。第三方域名是指内容嵌入第一方网页中的域名。第三方域名对第一方域名网站进行跟踪的行为称为第三方网络跟踪。具体而言，即第三方网络跟踪是指第三方（如广告商、社交媒体小工具和网站分析引擎）嵌入用户直接访问的第一方网站，在用户浏览网页时跨域重新识别用户，收集他们访问的网站信息。

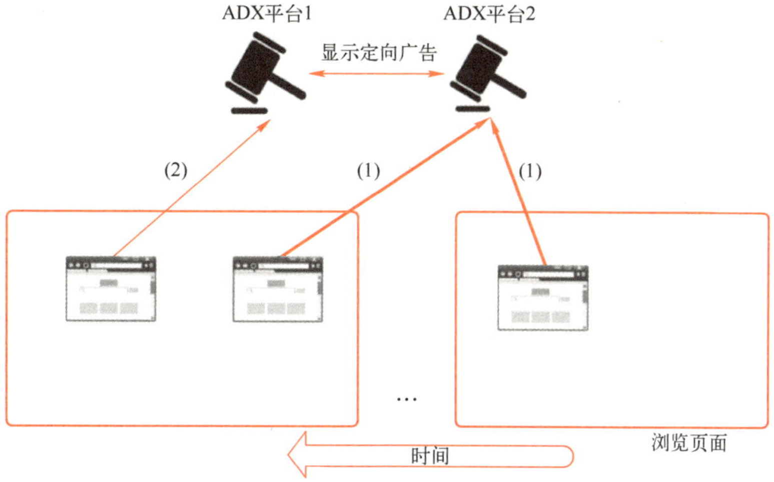

图 9.6　ADX 平台跟踪用户情况一

例如，如果一个用户访问 facebook.com（第一方网站），一个像 doubleclick.net 这样的第三方跟踪器嵌入 facebook.com 以提供定向广告，可以记录下用户访问 facebook.com 的记录。

（2）网络跟踪器　网络跟踪器是一种用于收集和追踪用户在网页浏览和互联网活动中信息的技术工具或代码片段。

常见的网络跟踪器包括：

1）基于 HTTP Cookie 的跟踪器：通过在用户的浏览器中存储小型文本文件来跟踪用户信息。

2）像素标签（Pixel Tag）或 Web Beacon：透明的图像或代码片段，嵌入在网页中，用于跟踪用户访问和行为。

3）基于 JavaScript 跟踪代码的跟踪器：通过在网页中嵌入 JavaScript 代码，跟踪用户的活动和事件。

从根本上网络跟踪其实依赖于网站在用户机器上存储状态的能力。客户端存储状态可能有多种形式，其中最常见的是传统的浏览器 Cookie。

（3）Cookie　Cookie 是跨页面访问存储在浏览器中的三元组（域、键、值），其中域是一个网站，键和值是不透明的标识符。

Cookie 常有两种类型：第一方 Cookie，用户访问的网站创建的 Cookie 就是第一方 Cookie；第三方 Cookie，即其他网站或服务在用户访问的网站上创建的 Cookie。利用第三方 Cookie 收集的信息，广告商可以创建用户档案，向他们展示相关的广告。这些信息还可以帮助广告商在整个网络上跟踪用户。

在具备以上知识后，就可以对一个简单的基于 HTTP Cookie 的跟踪器模型进行分析了。以 Google Analytics 为例，基于 HTTP Cookie 的追踪模型如图 9.7 所示。

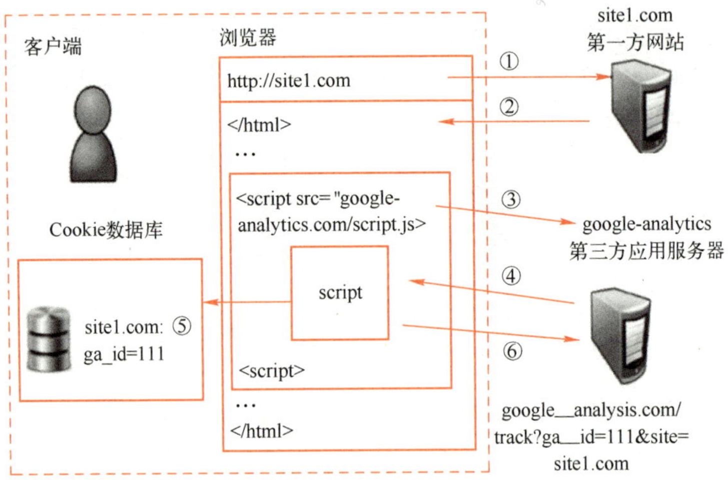

图 9.7　基于 HTTP Cookie 的追踪模型

1）用户在地址栏中输入 http://site1.com，浏览器向第一方网站 site1.com 发送请求数据分组。

2）第一方网站 site1.com 向用户返回 HTML 文件。

3）用户浏览器解析 HTML 文件（插入了追踪器的 JS 脚本），得到第三方应用的 URL 链接，并向其发送请求。

4）第三方网站返回请求的文件内容，通常为 JS 脚本文件。

5）脚本执行，读取该第一方网站的 HTTP Cookie 或重新设置，获取用户 ID 等信息。

6）嵌入站点（URL）、用户标识符（Cookie）等信息作为参数传回第三方应用服务器，第三方应用可能将用户在该第一方网站的访问记录存储在其服务器中。

9.5.3　Cookie 同步

1. 概述

从在线跟踪的角度来看，Cookie 有两个关键限制：

首先，由于浏览器强制执行同源策略，对 Cookie 的访问仅限于设置该 Cookie 的跟踪器。这意味着，两个跟踪器都可以部分查看用户的浏览历史，无法通过直接共享自己的 Cookie 来增强知识。为了规避这一限制，跟踪器通常依靠 Cookie 同步来映射用户的标识符。

其次，由于 Cookie 存储在客户端（浏览器），用户可以删除 Cookie。虽然跟踪器总是可以设置新的 Cookie，但仍然没有健全的方法将删除的 Cookie 与新的 Cookie 链接起来。为了规避这一限制，跟踪器现在还依赖于 Cookie 重新屏蔽和其他无状态（概率）技术，如浏览器指纹识别。

在实际上网时，我们能观察到很多我们以前并没有登录过甚至访问过的网站，为什么它们会在我们正在访问的网站上投放我们感兴趣的广告？

实际上起作用的是 Cookie 同步。跟踪器标识了用户的身份后，会收集我们的浏览信息，但不同的跟踪器对同一个用户生成的标识 Cookie 不同。因此需要将它们之间的 Cookie 进行匹配，来确定这些不同的标识 Cookie 对应的是同一个用户，那么它们可以交换收集到的用户行为信息，逐步完善对用户的画像，从而可以对用户实现更精准的广告投放。

定向广告的另一种情况如图 9.8 中（2）所示，即 ADX 平台嵌入在张三当前访问的页面上，但并没有嵌入在他之前访问过的网页上。在这种情况下，该 ADX 平台可以显示随机广告（非定向）或从其他 ADX 平台那里获取关于张三的信息以显示定向广告。

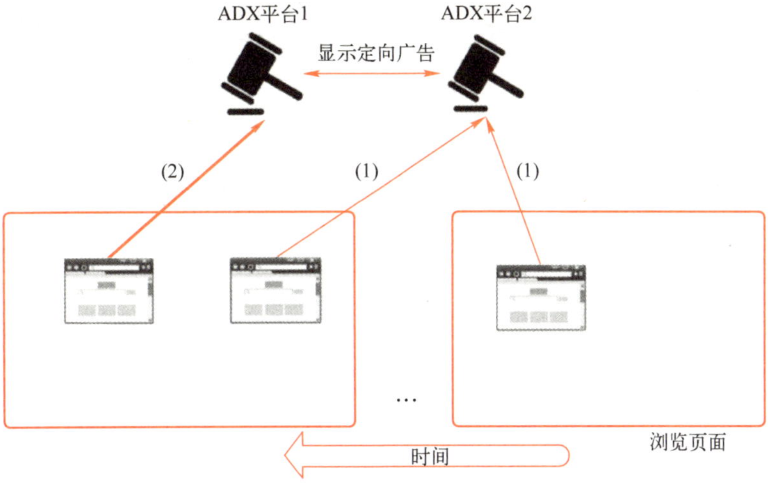

图 9.8　ADX 平台跟踪用户的情况二

由于 Cookie 是特定于域的，这意味着由一个第三方跟踪器（例如 http://lotame.com/）创建的 Cookie 无法被另一个第三方跟踪器（例如 http://appnexus.com/）读取。对于广告公司来说，这限制了它们可以收集的有关用户的潜在信息量。于是广告行业发明了 Cookie 同步，为了准确定位受众，广告公司需要整合来自不同领域和来源的用户数据，这是不同广告公司之间的数据购买协议和合作伙伴关系的一部分。广告公司可以通过将用户 ID 从一个系统映射到另一个系统（匹配表）来实现这一目标。该机制实际上可以“规避”同源策略（解决 Cookie 的第一个关键限制），并允许网络公司共享（同步）Cookie，并匹配它们在浏览网络时为同一用户分配的不同 ID。

Cookie 同步是将一个用户 ID（存储在 Cookie 中）从一个技术平台映射到另一个技术平台（例如从 DMP 到 DSP）的过程。同步 Cookie ID 的最终目标是在不同平台之间共享有关用户的数据，从而使它们能够更好地通过在线广告定位受众。

2. 应用场景

Cookie 同步过程由生态系统中的许多不同平台执行，包括 DMP、DSP、ADX、SSP 等。

以 DMP 与 DSP 的 Cookie 同步过程为例，如图 9.9 所示。

用户访问包含广告的网站后：①浏览器向 sync.dsp.com 以 GET 方式发送 HTTP 请求，其中 DSP 在该网站下对该用户生成第三方 Cookie（dsp_id=123456）。②DSP 将请求重定向到 DMP 提供的 Cookie 同步端点 URL（cookies.dmp.com），并将 dsp_id 作为 URL 参数传递。③浏览器接收到 DSP 发来的响应后，向 cookies.dmp.com 发送这个 URL（cookies.dmp.com?dsp_id=123456）。④DMP 的服务器从 URL 的参数中读取 DSP 创建的 dsp_id，并读取自己域中的 Cookie（dmp_id=789000）。如果没有，服务器会创建自己的用户 ID（set-cookie），然后将有关其自己的 dmp_id 和 dsp_id 的信息存储在 Cookie 匹配表中。

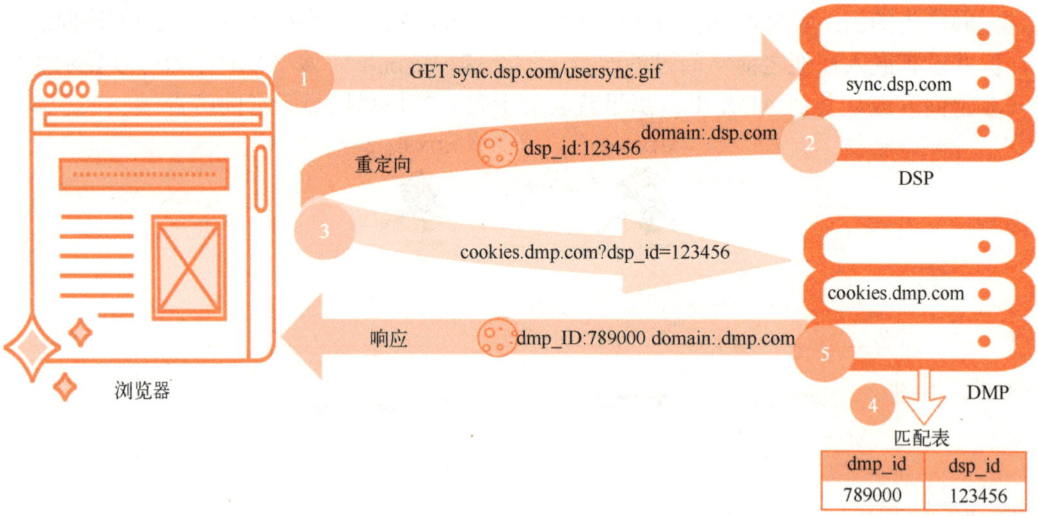

图 9.9 DMP 与 DSP 的 Cookie 同步过程

9.5.4 Evercookie

之前我们介绍的跟踪模式主要是根据 HTTP Cookie 来进行跟踪的。然而随着用户隐私安全意识逐渐提高，用户会选择删除 Cookie，或者使用隐私模式禁止 Cookie。于是广告公司通过 Evercookie 和浏览器指纹两种方式来跟踪用户。Evercookie 和浏览器指纹两种方式对比见表 9.1。

表 9.1 Evercookie 和浏览器指纹两种方式的对比

类型	作用	本质	特点	应用场景
Evercookie	重新生成 Cookie	Javascript API	持久性（如果其中一个 Cookie 文件被删除，Evercookie 会重新生成该 Cookie 文件）	当用户删除 Cookie 后，仍可通过重建 Cookie 识别用户
浏览器指纹	唯一标识一个浏览器设备	有关远程计算设备的软件和硬件的信息	唯一性、稳定性（指用户每次打开相同设备的相同浏览器，生成的指纹是一样的）	当用户打开私人浏览（这会清除浏览历史并限制 Cookie）或切换设备，仍可通过识别“指纹”或将不同设备的“指纹”关联起来识别同一用户

Evercookie 旨在克服传统跟踪机制的“缺点”。通过利用对用户不太透明并且可能更难以清除的多个存储向量，Evercookie 提供了一种极具弹性的跟踪机制，并且已被发现被许多流行站点用来规避故意的用户操作。

Evercookie 的目的就是让数据持久。通过将相同的数据存储在客户端可以访问的几个位置，在任何数据丢失（例如，通过清除 Cookie）时，数据可以恢复，然后重置和重用。工作过程如图 9.10 所示。

1）网页存储一个 HTTP 和一个 Flash Cookie（LSO[⊖]）。

2）用户删除 HTTP Cookie。

⊖ LSO 即本地共享对象。

3）网页通过复制 Flash Cookie 中的值重生 HTTP Cookie。

图 9.10　Evercookie 工作过程

9.5.5　浏览器指纹

浏览器指纹是指通过收集浏览器和计算机的特定信息，如用户代理字符串、操作系统、屏幕分辨率、安装的字体、插件和扩展等数据，来唯一识别和跟踪用户的一种技术。由于这些信息的组合是唯一的，因此可以用于识别和追踪用户的在线活动，即使用户已经启用了隐私保护措施，例如使用虚拟专用网络（VPN）或匿名浏览器模式。

例如，提取浏览器的 8 个特征值：User Agent，Plugins，Fonts，Video，Super Cookies，Http Accept，Time Zone，Cookie Enabled，综合起来哈希生成一个指纹值，如图 9.11 所示。

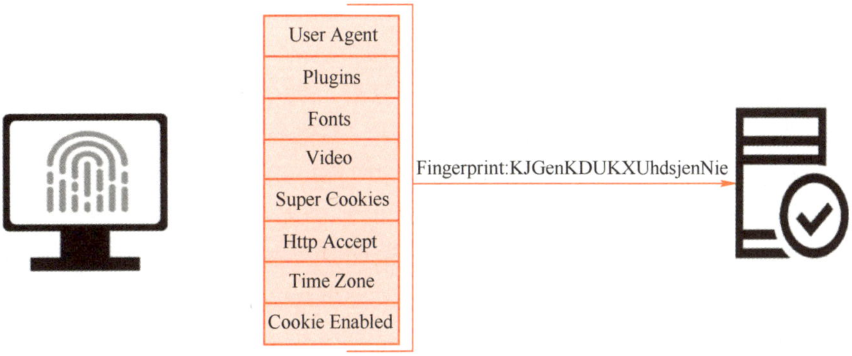

图 9.11　浏览器指纹的生成

Canvas 指纹识别是一种浏览器或设备指纹识别技术，由 Mowery 和 Shacham 于 2012 年首次提出。通过使用现代浏览器的 Canvas API，人们可以利用相同文本渲染中的细微差异来提取一致的指纹，并且可以在用户不知情的情况下在不到 1s 的时间内轻松获得该指纹。

如果使用一段 JavaScript 来指示用户的网络浏览器通过画布绘制图片，每个浏览器都会绘制略有不同的图像，这意味着该图像对于设备来说是唯一的（或高度唯一的）。这使得跟踪公司能够识别和跟踪网络上的用户。

由于现在第三方 Cookie 逐渐被禁用，而画布指纹可以精准地定位用户，因此广告公司开始依赖画布指纹来定制广告以获得更高的投资回报率。

Canvas 指纹识别的基本流程如图 9.12 所示。

1）网站使用 JavaScript 代码使浏览器能够使用预定义的脚本在画布对象中绘制图像。该图像可以包含具有不同背景或以不同方式扭曲的复杂元素，例如线条、颜色、几何形状。

2）通过 Canvas API 中的 toDataURL()方法，该方法将图像数据转换为 Base64 编码的字符串或数据 URL。

3）使用哈希函数加密得到画像数据。

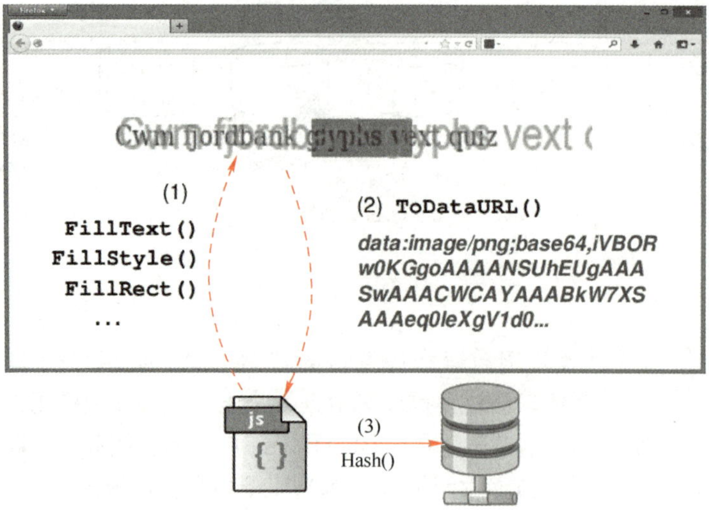

图 9.12　Canvas 指纹识别的基本流程

9.5.6　跨设备跟踪

随着多种设备（如台式计算机、笔记本计算机、智能手机和平板计算机）的快速普及，人们的消费习惯也发生着重大变化。人们几乎可以随时随地使用不同设备来完成自己的活动。因此用户数据变得碎片化，在不同设备上识别同一用户也就变得困难了。

跨设备跟踪技术的目标是了解使用台式计算机 X 的人是否与使用手机 Y 和平板计算机 Z 的人为同一个人。这是一类新兴技术，也是目前的热门话题。这些信息对营销人员以及广告商来说具有重要价值，如果同一个消费者使用不同设备的浏览信息被营销人员或广告商所掌握，那么无论消费者使用哪种设备，都有可能被投放具有针对性的广告。接下来具体介绍这类技术。

跨设备跟踪是指用来跨多种不同设备跟踪同一用户的一系列技术和方法，包括移动设备、台式计算机、笔记本计算机和联网电视（Connected TV，CTV）。

跨设备跟踪的工作原理是将不同设备中的活动与执行活动的同一用户进行匹配。这是通过在每个用户设备中使用的共享标识符（例如登录数据）来实现的。

目前跨设备跟踪的主要方法有两种：确定性跟踪和概率性跟踪。

1. 确定性跟踪

确定性跟踪涉及持久性跨设备标识符的收集（例如用户名或电子邮件地址），用于跨多个设备链接用户的活动。这种方法要求用户向服务提供登录凭据，当同一用户在不同设备上登录同一网站时，跟踪公司通常可以利用相同的登录凭证（如用户名或电子邮件地址）确定该用户身份。

如图 9.13 所示，同一用户使用不同的设备登录同一个用户账号，虽然不同的设备分配的 cid 不同，但是对于同一个用户账号，服务器所分配的 uid 是一致的。因此可以通过 uid 识别该用户。

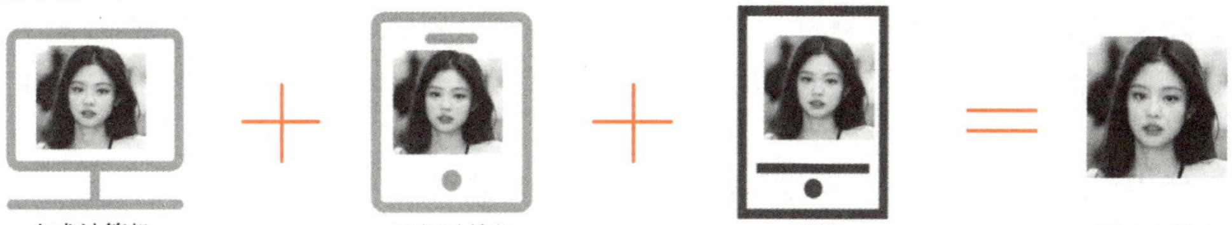

图 9.13　确定性跟踪

2. 概率性跟踪

概率性跟踪使用统计推断来基于各种数据点（如 IP 地址、Cookie、设备类型和位置信息）进行跨多个设备链接用户的活动。这种方法不如确定性跟踪精确，但在许多情况下仍然是有效的。

工作原理：首先唯一地识别各种设备（例如，通过 Cookie、硬件识别器、IP 地址或设备指纹），然后比较收集到的关于这些设备的共享属性的信息，以推断这些设备是否被同一个人使用。

如图 9.14 所示，如果三个设备重复使用相同的 IP 地址（因为它们都使用相同的无线路由器连接互联网），那么这些设备很有可能由同一个人拥有或使用。

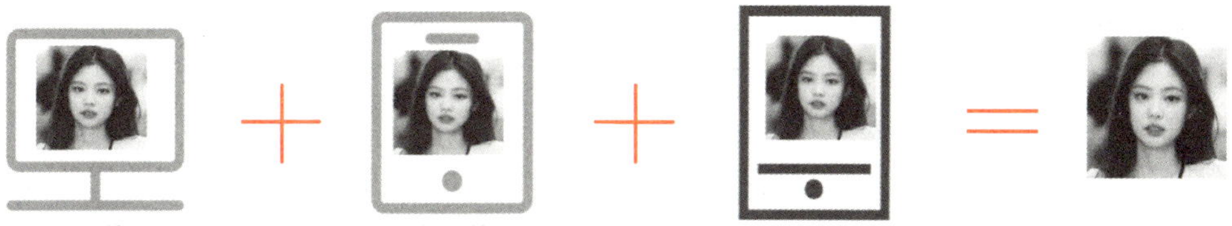

图 9.14　概率性跟踪

9.6　反跟踪技术

在当今互联网环境中，个人隐私保护越来越受到重视。然而，随着互联网技术的发展，各种跟踪技术不断出现，这对个人隐私保护构成了严重威胁。这些跟踪技术包括 Cookie 跟踪、浏览器指纹跟踪、IP 地址跟踪等，它们可以收集到用户的浏览历史、位置信息、设备信息等，然后用于个性化广告、行为分析等。

为了对抗这些跟踪技术，反跟踪技术应运而生。反跟踪技术是一种保护用户隐私、防止被跟踪的技术。它通过阻止第三方 Cookie、使用匿名浏览模式、安装反跟踪插件等方式，阻止网络中的各种跟踪行为。

反跟踪技术的原理主要是通过阻止或修改那些用于跟踪用户的数据，阻止网络中的跟踪行为。这种技术主要有以下几种实现方式：

1）阻止第三方 Cookie：大部分网站跟踪都是通过第三方 Cookie 来实现的。反跟踪技术可以阻止这些第三方 Cookie，使得广告商和其他第三方无法跟踪用户的浏览行为。

2）隐私保护模式：许多浏览器都提供了隐私保护模式，当用户在这种模式下浏览网页时，浏览器不会保存任何浏览历史、搜索记录、Cookie 等信息，从而阻止了网站跟踪。

3）使用反跟踪插件：许多反跟踪插件可以阻止广告商和网站收集用户的信息。这些插件可以阻止第三方 Cookie，清除浏览历史，阻止网站收集用户的设备信息等。

苹果公司在反跟踪技术的应用上走在了前列。它在 Safari 浏览器中实施了一项强大的反跟踪策略，即阻止所有第三方 Cookie。这一策略的实施，使得任何第三方都无法在用户的设备上设置 Cookie，除非得到用户的明确同意。这一策略使得 Safari 成为第一个默认阻止所有第三方 Cookie 的主流浏览器。

这一改变的实现主要依赖于苹果公司的智能跟踪防护技术（Intelligent Tracking Prevention，ITP）。ITP 技术的核心在于，通过机器学习算法，识别并阻止那些试图跟踪用户的第三方 Cookie。与此同时，ITP 还允许那些对用户体验有益的第三方 Cookie（如登录状态保持）继续工作。

ITP 技术的实现，主要包括以下几个步骤：首先，Safari 浏览器会对所有第三方请求进行分析，包括请求的 URL、HTTP 头和 POST 数据。然后，浏览器会将这些数据标记为键值对，并对每个键值对的安全性进行评估。如果发现有不安全的数据值，就会从请求中删除它。

在这个过程中，Safari 浏览器会使用差分隐私技术，来保护用户的隐私。

同时，Safari 浏览器还会定期清理用户的浏览历史，以防止第三方通过分析用户的浏览历史来跟踪用户。同时，Safari 浏览器还会对第三方脚本进行严格的限制，防止它们在用户的设备上执行恶意行为。

此外，还有 Ghostery，它是一款适用于 Chrome 与 Firefox 浏览器的隐私保护插件，用于阻断各类跟踪器。Ghostery 通过修改请求的 URL 而不是完全阻止它们来工作。这样做的目的是减少对网站功能的破坏。换言之，其系统专注于删除传输中的用户唯一标识符（UID），而不是阻止 UID 的生成。

Ghostery 主要处理三个传输向量：HTTP 头部信息、URL 路径和 POST 数据。目前，POST 数据的处理被暂停，因为数据表明这种方法的覆盖范围非常小。

Ghostery 的反跟踪系统分为两个子系统：一个处理 Cookie，另一个处理 HTTP 头和 URL 路径中发送的所有其他数据。第一个子系统负责保护用户免受跟踪 Cookie 的影响，从请求中删除这些内容的同时，不会破坏页面。第二个子系统识别请求中发送的数据是否"安全"，数据点可以用作 UID，即它对于用户来说是唯一的。一旦确定哪些数据不安全，Ghostery 就会在浏览器发送请求之前将其从请求中删除。

在反跟踪技术执行过程中，对 UID 的处理显得尤为重要。然而，常规的情况是，当我们通过数据聚合得知 UID 的时候，往往已经晚了，此时跟踪器已经获取了这些数据。因此，Ghostery 选择了一种不同的策略，它主动寻找并确定那些不可能是 UID 的值，并删除所有其他数据。这种策略的主要优点在于，它能够为新用户提供即时的保护，因为新的 UID 不会被系统识别，所以默认会被删除。

在处理数据时，Ghostery 会采用本地安全集的方式，根据一系列规则判断数据是否安全。比如，如果系统之前没有见过某个特定的（第三方，键）对的值，那么它就被认为是安全的。又如，如果一个值太短，作为 UID 的熵太少，那么它也被认为是安全的。还有一种情况是，如果在两天内看到一对（第三方，键）出现超过 3 个不同的值，那么该值就不具有持久性，因此也被认为是安全的。

然而，如果所有这些规则都无法将数据判定为安全的，那么 Ghostery 就会转而使用全局安全集进行处理。全局安全集是通过收集从用户客户端发送的数据而构建的。在用户浏览网页时，客户端会从每个请求中收集数据元组，并将这些数据以哈希形式发送给 Ghostery，这样做的目的是混淆数据中的隐私敏感信息。

因此，Ghostery 在处理每个第三方请求时，会首先分析请求的 URL、HTTP 头和 POST 数据，然后将这些数据标记为键值对。接着，它会评估每个键值对的安全性。最后，如果发现有不安全的数据值，就会从请求中删除它。

反跟踪技术是一种有效的隐私保护手段，它通过阻止或限制第三方 Cookie 的使用，打断广告商和其他第三方收集用户浏览信息的途径。在实践中，Safari 浏览器的 ITP 技术和 Ghostery 插件等工具，都是实现反跟踪的有效方式。这些技术和工具的应用，不仅提高了用户的网络安全，也为互联网行业提供了隐私保护的新方向。

9.7　本章小结

本章介绍了大数据采集中涉及的各种安全与隐私保护技术。

从服务提供者的角度来看，设计大数据服务系统的数据采集系统时，需要考虑大数据采集的特点，采用合适的数据采集与管理平台；在安全防护方面，除了考虑数据采集与管理系统的安全，还需要采用 SSL 保障用户敏感数据的安全传输，支持 DNT 以尊重用户的选择，提供端到端的加密机制以尽量保护用户的隐私数据。

从网络基础服务运营者的角度来看，需要采用网络接入的安全认证、网络传输数据加密等技术措施来保障用户通信的数据安全与隐私信息。

从用户的角度来看，要了解各种窃取用户信息的手段，并树立防范意识。例如，对于关键应用数据，要使用双向身份认证的 WiFi 网络，避免被不安全 WiFi 网络窃取敏感信息；对重要的通信行为，可以通过匿名通信系统来实现对通信元数据的保护；敏感通信的信息一定要采用 SSL 进行加密和认证；了解证书的工作原理与作用，避免对证书的盲目信任。

在线跟踪技术主要包括基于 HTTP Cookie 的追踪、Cookie 同步技术、Evercookie、浏览器指纹以及跨设备跟踪。基于 HTTP Cookie 的跟踪是最常见的跟踪方式，通过在用户浏览器中存储信息进行跟踪。Cookie 同步技术则允许多个网站共享用户的浏览信息。Evercookie 是一种持久性 Cookie，即使用户删除了浏览器的 Cookie，它仍能恢复。浏览器指纹通过收集用户浏览器的特定信息（如版本、插件等）来识别用户。跨设备跟踪则通过关联用户在不同设备上的行为来进行跟踪。这些技术在提供个性化服务的同时，也引发了隐私保护的问题，因此 Ghostery 插件和 Safari 的 ITP 技术等反跟踪工具和技术应运而生，以保护用户隐私。

9.8 习题

1. 填空题

1）匿名通信系统的路径拓扑有两种，其中基于 Mix 算法的匿名通信采用的是________。

2）匿名通信中，匿名属性包括不可辨识性和________。

2. 选择题

发起者需要在发起匿名通信之前确定整个通信的传输路径的是（　　）。

A．基于 Mix 算法的匿名通信

B．基于洋葱路由算法的匿名通信

C．基于泛洪算法的匿名通信

D．Tor 匿名通信

3. 术语解释

1）匿名通信。

2）在线追踪。

4. 简答题

1）简述洋葱网络的工作原理。

2）简述基于 Cookie 在线跟踪技术的工作原理。

9.9 拓展阅读

[1] ACAR G，EUBANK C，ENGLEHARDT S，et al. The web never forgets：persistent tracking mechanisms in the wild[C]//2014 ACM SIGSAC Conference on Computer and Communications Security. Arizona: ACM SIGSAC, 2014：674-689.

[2] ZIMMECK S，LI J S，KIM H，et al. A privacy analysis of cross-device tracking[C]//26th USENIX Security Symposium (USENIX Security 17). Vancouver: USENIX, 2017：1391-1408.

[3] RAZAGHPANAH A，NITHYANAND R，VALLINA-RODRIGUEZ N，et al. Apps，trackers，privacy，and regulators：a global study of the mobile tracking ecosystem[C]//25th Annual Network and Distributed System Security Symposium (NDSS 2018). California: ISOC, 2018.

[4] PAPADOPOULOS P，KOURTELLIS N，MARKATOS E P. Exclusive：how the (synced) cookie monster breached my encrypted vpn session[C]//11th European Workshop on Systems Security. Porto: [s.n.], 2018：1-6.

[5] PAPADOPOULOS P，KOURTELLIS N，MARKATOS E P. The cost of digital advertisement：comparing user and advertiser views[C]//2018 World Wide Web Conference. Lyon: IW3C2, 2018：1479-1489.

[6] PAPADOPOULOS P，KOURTELLIS N，MARKATOS E. Cookie synchronization：everything you always wanted to know but were afraid to ask[C]//2019 The World Wide Web Conference. California: IW3C2, 2019：1432-1442.

第 10 章　企业数据安全

10.1　引言

有研究机构统计，2020 年全球数据泄露的数量超过过去 15 年的总和，这些数据安全的风险影响范围已经从个人、企业逐步辐射到产业甚至国家。

当前，全球数字化转型正在以爆发式速度快速发展，数据作为数字化的核心，已经成为新时代的核心生产要素之一。随着 2021 年 9 月 1 日《中华人民共和国数据安全法》正式实施，依法做好数据安全建设已成为各行业负责人最关心、关注的主题。

10.2　数据分类分级

10.2.1　定义

数据分类，是指按照数据具有的某种共同属性或特征，采用一定的原则和方法进行区分和归类，以便管理和使用数据。数据分级，是指按照数据遭到破坏后对国家安全、社会秩序、公共利益，以及个人、法人和其他组织的合法权益（受侵害客体）的危害程度对数据进行定级，为数据全生命周期管理的安全策略制定提供支撑。

数据分类可以使数据信息中心化、聚类化，从而使数据能够发挥出更大的价值，为数据分析技术提供更精准且有效的基础样本。数据分级则可以保证不同敏感级别的数据在访问控制、数据保护措施等方面"应得其所"，从而确保数据的安全性和完整性，同时也能确保最小权限要求下的数据可用性能力，确保数据在提供价值的同时，不会因为泄露而给数据所有者带来额外损失或合规风险。数据分类分级是数据安全治理的重要抓手。

国内分类分级思想最初体现在网络和信息系统安全治理工作中。根据要素市场实际发展需求，目前数据分类分级主要强调对不同数据实施不同管理和保护举措。其中，数据分类侧重按属性划分，数据分级侧重依据某种标准按高低、大小划分。

1．数据分类分级框架

数据分类分级的基本框架如图 10.1 所示，可将数据分类为公共数据、个人信息数据和企业数据三类，并分级为公开级（1 级）、内部级（2 级）、敏感级（3 级）、重要级（4 级）和核心级（5 级）五个级别，属于公开级的数据为公共传播数据，公开级以外的四个级别数据为非公共传播数据。

2．分类标准示例

可按照国家和行业的相关标准，依据企业特点定制企业数据分类分级标准。针对企业数据分类的示例见表 10.1。

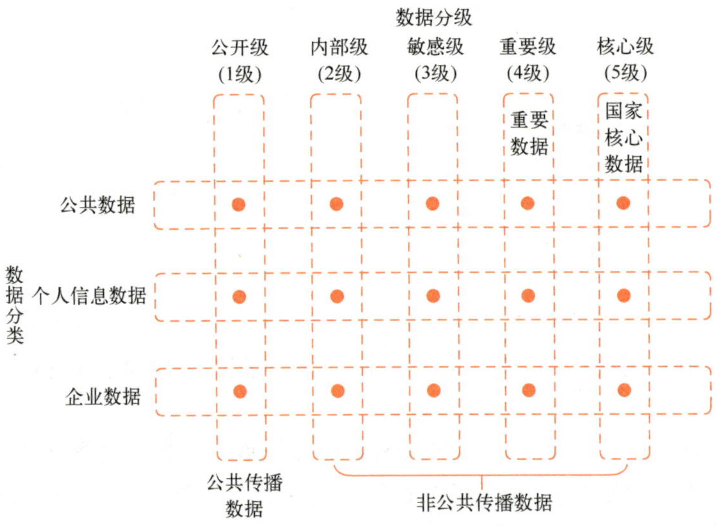

图 10.1　数据分类分级框架

表 10.1　企业数据分类的示例

类别	一级子类	二级子类
（A 类）用户身份相关数据	（A1）用户身份和标识信息	（A1-1）自然人身份标识 （A1-2）网络身份标识 （A1-3）用户基本资料 （A1-4）实体身份证明 （A1-5）用户私密资料
	（A2）用户网络身份鉴权信息	（A2-1）用户密码及关联信息
（B 类）用户服务内容数据	（B1）服务内容和资料数据	（B1-1）服务内容数据 （B1-2）联系人信息
（C 类）用户服务衍生数据	（C1）用户服务使用数据	（C1-1）业务订购关系 （C1-2）服务记录和日志 （C1-3）消费信息和账单 （C1-4）位置数据 （C1-5）违规记录数据
	（C2）设备信息	（C2-1）终端设备标识 （C2-2）终端设备资料
（D 类）企业运营管理数据	（D1）企业管理数据	（D1-1）企业内部核心管理数据 （D1-2）企业内部重要管理数据 （D1-3）企业内部一般管理数据 （D1-4）市场核心经营类数据 （D1-5）市场重要经营类数据 （D1-6）市场一般经营类数据 （D1-7）企业公开披露信息 （D1-8）企业上报信息
	（D2）业务运营数据	（D2-1）重要业务运营服务数据 （D2-2）一般业务运营服务数据 （D2-3）公开业务运营服务数据 （D2-4）数字内容业务运营数据
	（D3）网络及 IT 系统运维数据	（D3-1）网络设备及 IT 系统密码及关联信息 （D3-2）核心网络设备及 IT 系统资源类数据 （D3-3）重要网络设备及 IT 系统资源类数据 （D3-4）一般网络设备及 IT 系统资源类数据 （D3-5）公开网络设备及 IT 系统资源类数据 （D3-6）网络设备及 IT 系统支撑数据
	（D4）合作伙伴数据	（D4-1）渠道基础数据 （D4-2）CP/SP 基础数据

3. 分级标准示例

不同数据级别的定义与传播范围不同。数据分级示例见表 10.2。数据级别越高，数据一旦遭到篡改、破坏、泄露或者非法获取、非法利用，造成的危害就越严重，就越应该限制传播范围。

表 10.2　数据分级示例

数据级别	级别定义	传播范围
公开级（1 级）	数据一旦遭到篡改、破坏、泄露或者非法获取、非法利用，可能对个人合法权益、组织合法权益造成轻微危害，但不会危害国家安全、公共利益	公开级数据具有公共传播属性，可对外公开发布、转发传播，但也需考虑公司的数据量及类别，避免由于类别较多或者数量过大被用于关联分析
内开级（2 级）	数据一旦遭到篡改、破坏、泄露或者非法获取、非法利用，可能对个人合法权益、组织合法权益造成一般危害，或者对公共利益造成轻微危害，但不会危害国家安全	内部级数据通常在组织内部、关联方共享和使用，相关方授权后可向组织外部共享
敏感级（3 级）	数据一旦遭到篡改、破坏、泄露或者非法获取、非法利用，可能对个人合法权益、组织合法权益造成严重危害，或者对公共利益造成一般危害，但不会危害国家安全	敏感级数据仅能由授权的内部机构或人员访问，如果要将数据共享到外部，需要满足相关条件并获得相关方的授权
重要级（4 级）	数据一旦遭到篡改、破坏、泄露或者非法获取、非法利用，可能对个人合法权益、组织合法权益造成特别严重危害，可能对公共利益造成严重危害，或者对国家安全造成轻微或一般危害	重要级数据按照批准的授权列表严格管理，仅能在受控范围内经过严格审批、评估后才可共享或传播
核心级（5 级）	数据一旦遭到篡改、破坏、泄露或者非法获取、非法利用，可能对国家安全造成严重或特别严重危害，或对公共利益造成特别严重危害	核心级数据禁止对外共享或传播

10.2.2　意义

2022 年 12 月 2 日，中共中央、国务院印发《关于构建数据基础制度更好发挥数据要素作用的意见》，对我国构建数据基础制度做出详细部署安排，并多处提及数据分类分级，强调数据分类分级对数据基础制度建设的重要意义。

1. 满足合规要求

满足合规是企业平稳运行的最基本要求。《中华人民共和国网络安全法》第二十一条（四）、《中华人民共和国数据安全法》第二十一条、《民典法》第四编第六章，以及等保、标准规范等都提出了要求，企业应当认真学习和研究，遵照法律法规以及本行业的监管要求去执行，采用流程和技术手段切实落实数据分类分级工作。

2. 满足自身发展

随着大数据、人工智能、云计算等新兴技术的深入应用，向信息化资产转变成为必然趋势。在信息化水平不断提升的同时，也将产生多种多样的数据，如果前期没有做好数据管理方面的规划，那么后期维护成本会更高。

3. 提升数据使用价值

更好地从数据中提取价值，持续地为企业提供精准的数据服务，精细化管理数据资产，必将成为企业业务优化的发力点或突破点。这有助于提升企业运营能力，从而提升企业竞争力。数据资产的确认和计量极有可能纳入企业资产负债表，成为企业的资产之一。

4. 减少数据安全风险

采用规范的数据分类分级方法，有助于企业厘清数据资产，确定数据重要性或敏感度，确定哪些数据谁可以用、怎么用，哪些数据可以公开、哪些数据不可以公开等情况，有针对性地采取适当、合理的管理手段和安全防护措施，形成一套科学、规范的数据资产管理与保护机制，从而降低数据遭受篡改、破坏、泄露、丢失或非法利用的可能。

10.2.3 方法

1. 基本原则

数据分类分级按照数据分类管理、分级保护的思路，依据以下原则进行划分：

1）科学性：按照数据的多维特征，以及相互间客观存在的逻辑关联，进行科学和系统化的分类分级操作。

2）稳定性：根据实际情况，以数据最稳定的特征和属性为依据，制定数据分类分级的方案。

3）实用性：数据分类分级需要确保每个类目下都有数据，不设立没有意义的类目。

4）扩展性：数据分类分级方案在总体上应具有概括性和包容性，能够实现各种类型数据的分类，以满足将来可能出现的数据类型。

2. 流程

组织开展数据分类分级，可按照数据资产识别、数据分类确定、数据定级判定、审核标识管理、数据分类分级保护的流程实施。

（1）数据资产识别　对组织的数据资产进行全面梳理，包括以物理或电子形式记录的数据库表、数据项、数据文件等结构化和非结构化数据资产，明确数据资产基本信息和相关方，形成数据资产清单。

（2）数据分类确定　按照国家和行业数据分类分级要求，结合组织自身实际需要，对数据类别进行细分，制定适合组织现状的数据分类规则，形成至少包含一级类别、二级类别的数据分类树。将数据资产清单对应到数据分类树，确定数据资产清单中每个数据项在数据分类树上的位置，即确定数据项所属类别。

（3）数据定级判定　按照国家和行业数据分类分级要求，结合数据资产的颗粒度（如数据库表、数据项、数据文件、数据集等），识别数据资产一旦被泄露、篡改、破坏等涉及的危害对象，分析可能造成的危害程度，同时综合考虑数据规模、时效性、数据加工程度等因素，判定数据资产的安全级别。

（4）审核标识管理　组织的安全部门、业务部门、数据部门等相关方，对数据资产分类分级结果进行评审和完善，最后批准发布实施，形成数据资产分类分级清单。同时，对数据资产进行分类分级标识，并对数据资产和数据分类分级进行维护、管理和定期审核。

（5）数据分类分级保护　针对数据资产分类分级结果，按照国家和行业数据分类分级保护要求，制定组织数据分类分级保护策略。国家核心数据、重要数据、个人信息、公共数据等的数据安全，应符合相关安全合规要求。同时，针对数据安全级别建立覆盖数据收集、存储、传输、使用、加工、提供、公开、删除等全流程数据处理活动的分级保护措施。

3. 企业分类分级方法

（1）多套分类分级体系　如果企业为了满足监管部门的要求才做分类分级，那么首先要注意究竟需要满足哪些合规要求。这项工作需要法务和咨询团队合作，根据企业的业务范围梳理出必须遵守的法律法规。在一个企业中，并不一定只可以建设一套分类分级体系，一些法律的关注点不同，所以企业是可以建立多套分类分级体系来应对不同监管要求的。

（2）梳理敏感数据域　敏感数据域是指某些密级程度较高的数据集合。因为“分级”涉及敏感数据，这些数据不以业务为导向，只以其自身的属性决定等级归属，也就是说，数据字段本身是什么意思，它对应的数据域就是什么。举个例子，“姓名”（name）字段的值是“张三”，那么该字段就属于姓名域。但如果不考虑分级，只考虑分类，就不必引入数据域的概念，根据业务将“姓名”字段划分为个人信息分类也无可厚非。在常见的梳理方法中，会将敏感数据域划分为公共敏感数据域（法律角度）、行业敏感数据域（行业规范角度）、企业敏感数据域（内部规范角度）。公共敏感数据域和行业敏感数据域一般在法律法规文件里会有定义，但企业敏感数据域的梳理工作就需要依靠参与人员对业务系统的理解程度了，当然更离不开每个业务系统的数据库说明书。

（3）元数据归属数据域　梳理完敏感数据域，需要将字段划分到敏感数据域下，以方便后续的归级操作。如果企业具备元数据管理的能力，或者在梳理敏感数据域的时候已经将字段进行了预处理，那么可以忽略此阶段。否则，需要对字段进行敏感数据域的归属处理，当然此处不必投入过多人力，可以依靠智能发现软件辅助完成。

（4）隐形敏感数据的识别　有些数据在法律法规中并未被认定为敏感数据域范围，这类数据单独使用时无任何敏感性可言，但结合其他数据，却可以组合成敏感信息，这类数据称为隐形敏感数据。识别隐形敏感数据不是一件容易的事，也不会一次性就梳理完毕，更多是依靠对企业内部，诸如数据仓库或者决策分析系统这类能够提供主题数据模型的平台进行血缘分析来完成，所以这是一个长期的梳理工作。

（5）制定数据类别　所谓数据类别，就是“分类分级”中的“分类”。通常情况下，在一个业务系统里，一个业务范畴就可以划分为“爷爷类”“父类”“子类”“孙子类”“曾孙子类”，甚至更多类别，严格来说，数据域可以算作最小分类。制定数据类别的方法见仁见智，建议从业务角度出发。

（6）制定敏感等级　与数据类别以业务为驱动不同，敏感等级是以数据的密级程度进行划分的，因此一个企业中的敏感等级不会太多，通常五级左右。制定敏感等级的方法同样见仁见智，如果没有明确的法律法规或标准，建议根据数据泄露的影响范围、影响对象、影响程度来划分。

（7）给数据归类归级　如果企业建设了元数据管理系统，并且元数据管理系统维护了分类分级的对象系统，那么这个过程会轻松很多，这是因为已经完成了字段和数据域的归属工作。前面说过，数据域是颗粒度最小的类别定义，直接将数据域进行归类处理即可。如果没建设过元数据管理系统，就需要对业务系统中涉及的每个数据库的每张表的每个字段进行归类归级处理。当然，也有一些智能化软件可以辅助完成这项工作，达到节省人力的目的。

（8）全景视图　大型企业有几百上千套业务系统，梳理一两个系统还好，如果涉及的范围是全部业务系统呢？试想一下几百上千套业务系统，每个业务系统有好几个数据库，每个数据库有好几千张表，每张表有好几十个字段，而且不同系统的建设厂商不同，数据标准也不一样，不论企业派出多大的团队做这件事，都不可能实现，这样的工作非人力所能为，只能依靠智能化软件。最好是企业做了元数据管理，并且维护了所有系统的元数据，最关键的是智能化软件和元数据管理系统之间做了接口。

（9）持续分类分级的能力　如果依靠智能化软件做了分类分级，那么就需要软件具备持续的能力；如果依靠人力，则需要团队有愚公移山、持之以恒的毅力，以及坚忍不拔的品格。

*10.3 数据防泄露

10.3.1 定义

数据防泄露（Data Leakage Prevention，DLP）是指通过一定的技术和管理，防止组织内敏感数据或信息资产，因违反安全约束而丧失组织控制、数据机密性被破坏的策略和措施。数据防泄露技术是防止数据泄露的技术措施和方法，是保护数据机密性、完整性、可用性的重要技术。数据防泄露技术主要涉及数据存储、数据流转、数据传输等环节的数据安全保护。

随着数字经济的发展，数据已成为重要生产要素之一，数据安全甚至直接关乎国家安全与社会经济发展，数据资产安全保护和数据防泄露技术产品应用和产业化发展得到社会普遍关注。

10.3.2 为什么需要数据防泄露

随着信息技术的飞速发展，计算机和互联网已成为日常办公、通信交流和协作互动的必备工具和途径。但是，信息系统在提高人们工作效率的同时，也对数据的存储安全及传输安全提出了更高要求。

需要保护的数据越来越多，如个人信息（账号、电话、地址等）、知识产权（产品设计、研发图纸等）、商业机密（预算、规划、工资单等），任何数据的泄露都会给企业带来不可估量的损失。

法律法规也越来越严格。《通用数据保护条件》（*General Data Protection Regulation*，GDPR）、《健康保险流通与责任法案》（*Health Insurance Portability and Accountability Act*，HIPAA）、《中华人民共和国数据安全法》等都要求企业保护数据资产，防止敏感信息泄露。数据泄露事件发生时，企业可能需承担法律责任。

数据不一定是黑客窃取的。内部员工有意或无意的行为导致的数据泄露事件日益增多，比如邮件误发、U盘丢失、机密文件打印等。

传统安全方案无法提供合适的数据泄露防护。传统安全方案使用传统防火墙、入侵检测、存储加密系统等安全设备，通过限制数据访问或全网数据加密等防护手段提供被动、囚笼式防护。这不利于数据流动，无法控制权限内用户的泄密，也无法通过识别敏感信息进而实现对企业内数据的分类管控和审计。

10.3.3 检测技术

为了预防数据丢失，无论数据的存储、复制或传输位置在哪里，都必须准确地检测所有类型的机密数据。如果没有准确的检测，数据安全系统就会生成许多误报（将并未违规的消息或文件标识为违规）以及漏报（未将违反策略的消息或文件标识为违规）。误报会大量耗费进一步调查和解决明显事故所需的时间和资源。漏报会掩盖安全漏洞，导致数据丢失、潜在财务损失、法律风险并有损组织声誉。因此需要准确的检测技术提供保障。为了确保最高的准确性，数据防泄露（DLP）采用了三种基础检测技术和三种高级检测技术。

（1）基础检测技术　基础检测技术中通常有三种方式，即正则表达式检测（标识符）、关键字和关键字对检测、文档属性检测。前两种方法可以对明确的敏感信息内容进行检测。文档属性检测主要是针对文档的类型、文档的大小、文档的名称进行检测，其中针对文档类型的检测是基于文件格式进行检测的，不是简单的基于扩展名检测，对于修改扩展名的场景，针对文档类型的检测可以准确地检测出被检测文件的类型，目前支持 100 多种标准的文件类型，并且可以通过自定义特征，识别特殊的文件格式。

（2）高级检测技术　高级检测技术中也有三种方式，即精确数据比对（Exact Data Match，EDM）、指纹文档比对（IDM）、支持向量机（Support Vector Machine，SVM）比对。EDM 用于保护结构化数据，例如客户或员工数据库记录。IDM 和 SVM 对比用于保护非结构化数据，例如 Microsoft Word 或 PowerPoint 文档。对于 EDM、IDM、SVM 对比而言，敏感数据会先由企业标识出来，再由 DLP 判别其特征，以进行精准的持续检测。判别特征的流程包括 DLP 访问和检索文本及数据、予以正规化，并使用不可逆的打乱方式进行保护。

DLP 检测是以实际的机密内容为基础的，而不是根据文件本身。因此，DLP 不仅能检测敏感数据的检索项或衍生项，而且能够标识文件格式与特征信息格式不同的敏感数据。例如，如果已经判别出机密 Microsoft Word 文档的特征，DLP 就能够在相同内容以 PDF 附件方式通过电子邮件进行提交时，将其准确检测出来。

1）EDM。EDM 可保护客户与员工的数据，以及其他通常存储在数据库中的结构化数据。例如，客户可能会制定有关使用 EDM 检测的策略，以便在消息中查找“名字”“身份证号”“银行账号”或“电话号码”其中任意三项同时出现的情况，并将其映射至客户数据库中的记录。

EDM 允许根据特定数据列中的任何数据字段组合进行检测，也就是在特定记录中检测 M 个字段中的 N 个字段（$N \leqslant M$）。它能够在“值组”或指定的数据类型集上触发，例如可以接受名字与身份证号这两个字段的组合，但不接受名字与手机号码这两个字段的组合。

由于会针对每个数据存储一个单独的打乱号码，因此只有来自单个列的映射数据才能触发正在查找不同数据组合的检测策略。

例如，有个 EDM 策略请求“名字+身份证号+手机号码”的组合，则“张三”+“13333333333”+“110001198107011533”可触发此策略，即使“李四”也位于同一数据库中，“李四”+“13333333333”+“110001198107011533”不能触发此策略。EDM 也支持相近逻辑以减少可能的误报情形。对于检测期间所处理的自由格式文本而言，单个特征列中所有数据各自的字数均必须在可配置的范围内，方可视为匹配项。例如，依默认，在检测到的电子邮件正文文本中，“张三”+“13333333333”+“110001198107011533”中各要素的字数必须在选定的范围内，才会出现匹配项。对于含有表式数据（例如 Excel 电子表格）的文本而言，单个特征列中所有数据都必须位于表式文本的同一行上，方可视为匹配项，以减少整体误报情形。

2）IDM。IDM 可确保准确检测以文档形式存储的非结构化数据，例如 Microsoft Word 与 PowerPoint 文件、PDF 文档、财务报告、并购文档，以及其他敏感或专有信息。IDM 会创建文档指纹特征，以检测原始文档的已检索部分、草稿或不同版本的受保护文档。

IDM 首先要进行敏感文件的学习和训练。处理包含敏感内容的文档时，IDM 先采用语义分析技术进行分词，然后进行语义分析，提取需要学习和训练的敏感信息文档的指纹模型，然后利用同样的方法对被检测的文档或内容进行指纹抓取，将得到的指纹与训练的指纹进行比对，根据预设的相似度去确认被检测文档是否敏感信息文档。IDM 具备极高的准确率与较大的扩展性。

3）SVM 比对。SVM 是由 Vapnik 等人于 1995 年提出来的。之后随着统计理论的发展，SVM 也逐渐受到了各领域研究者的关注，迅速得到广泛应用。SVM 是建立在统计学习理论的 VC 维理论和结构风险最小化原理基础上的，利用有限样本所提供的信息在模型的复杂性和学习能力之间寻求最佳的折中，以获得最好的泛化能力。SVM 的基本思想是把训练数据非线性地映射到一个更高维的特征空间（Hilbert 空间）中，在这个高维的特征空间中寻找到一个超平面，使得正例和反例两者间的隔离边缘被最大化。SVM 有效地解决了传统神经网络结果选择、局部极小值、过拟合等问题，并且在小样本、非线性、数据高维等机器学习问题中表现出很多令人瞩目的性质，广泛应用在模式识别、数据挖掘等领域。

SVM 比对算法适合那些具有微妙的特征或很难描述的数据，如财务报告和源代码等。使用过程中，先将文档按照内容细分化分类，每一类文档集合具有独特的意义。经过 SVM 比对，确定被检测的文档属于哪一类，根据该类的预定义规则或者需求，自动取得该类文档权限和策略。SVM 算法不仅可以在文档分类时应用，还可以在终端或服务器中对文档进行分类，进一步进行数据的发现与管理。

IDM 和 SVM 比对的区别在于：IDM 将待检测文件的指纹和训练模型中的每一个文件进行指纹比对；SVM 是将待检测文件向量化，并归属到某一类训练集所建立的向量空间。

10.3.4　控制与加密技术

（1）设备过滤驱动技术　设备过滤驱动技术，可以实现对终端任意设备（USB 端口、打印机、光驱、软驱、红外、蓝牙以及网卡等）的安全保护及控制，自动识别硬件、用户标识、存储设备与非存储设备、授权设备与非授权设备等信息。

（2）文件级智能动态加解密技术　文件级智能动态加解密技术，通过实时拦截文件系统的读/写请求，对文件进行动态跟踪和透明加/解密处理。其主要优点如下：文件加/解密动态、透明，不改变使用者的操作习惯；性能影响小，系统运行效率高；不改变原始文件的格式和状态；部署和内部使用非常方便。其基本原理如图 10.2 所示。

显著特征包括加密强制性、使用透明性、保密彻底性、应用无关性、灵活拓展性。其发展历经了三个阶段：单缓存过滤驱动技术、双缓存过滤驱动技术和虚拟文件系统技术（如 LayerFSD）。目前商业市场上大多数内核级加密厂商均采用单缓存过滤驱动技术，少量厂商已发展到双缓存过滤驱动技术，而发展到采用虚拟文件系统技术并实现产品化的厂商则屈指可数。

（3）网络级智能动态加解密技术　网络级智能动态加解密技术，如 NDIS（网络驱动程序接口规范）和 TDI（传输驱动程序接口）技术，可实现对网络传输协议及网络应用协议数据的过滤和控制。目前该类技术主要应用于防火墙、VPN、网络准接入等相关领域。其基本原理如图 10.3 所示。

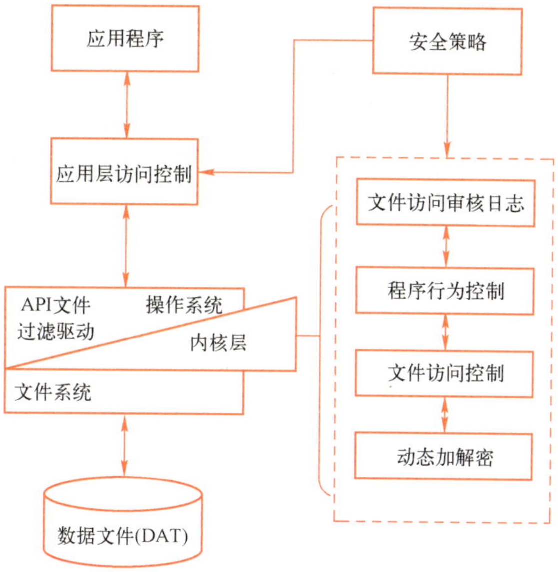

图 10.2　文件级智能动态加解密技术的基本原理

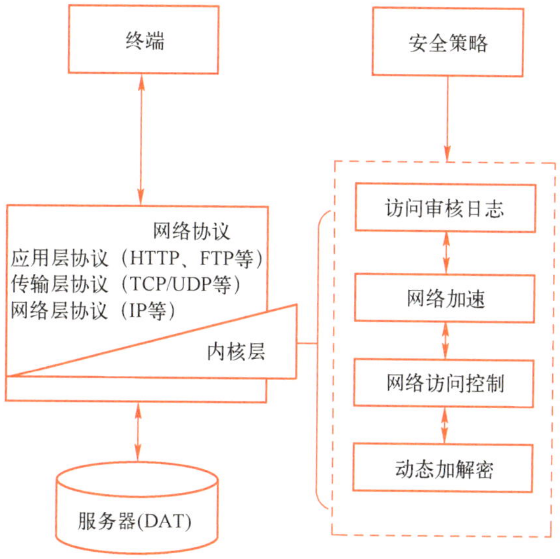

图 10.3　网络级智能动态加解密技术的基本原理

（4）磁盘级智能动态加解密技术　磁盘级智能动态加解密技术也称全盘加解密技术（Full Disk Encryption，FDE）。其核心工作于操作系统底层，可实现对包括操作系统文件在内的硬盘所有数据的加密保护。其基本原理如图 10.4 所示。

采用基于物理扇区级的加密方法，可将保存在硬盘上的所有数据加密。与文件加密方式不同，磁盘级加密能够加密硬盘上的任何数据，当然也能够加密操作系统。非授权用户不仅看不到硬盘上的文件内容，而且看不到保存在磁盘上的任何文件的名称。文件级的加密方式一般均能获得加密文件的文件名称、使用时间等信息，甚至能从临时文件、磁盘交换文件中获取一定的内容信息；磁盘级加密使硬盘上的所有数据均处于加密状态，得到加密硬盘的人无法得到任何信息，这是因为在加密的分区中，根本就没有文件的概念，更不要说文件的名称和内容等信息了。

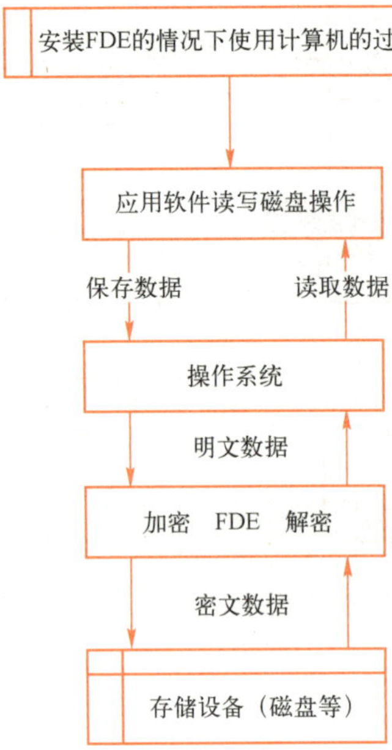

图 10.4　磁盘级智能动态加解密技术的基本原理

为方便用户操作和不改变用户的计算机使用习惯，所采用的动态加密和解密方法，在操作系统和磁盘之间安装了一个数据加密和解密程序。该程序不需要用户的干预，自动对存储到磁盘的数据做加密运算，对从磁盘读取的数据做解密操作。用户在正常使用计算机的时候，根本感觉不到该程序的存在。

10.3.5　三种主流形态

DLP 具有三种主流形态，分别为终端 DLP、网络 DLP 和存储 DLP，它们在业务诉求、关键技术和部署方式上的区别见表 10.3。

表 10.3　DLP 三种主流形态的区别

项目	终端 DLP	网络 DLP	存储 DLP
业务诉求	终端敏感信息发现与保护、外发通道防泄露、内部敏感信息防扩散、水印及泄密追溯、业务系统数据防泄露	传播过程的数据泄露审计、内控及合规审计、防止敏感信息外泄	违规存储审计、敏感数据资产分布统计、敏感文件备份隔离
关键技术	敏感数据发现、即时通信审计、数字水印、屏幕录像监控	自然语义分类、文件指纹匹配、图像指纹匹配、智能文档特征词提取、表格精确指纹匹配、文件属性检测、图像识别、数据标识符、内容恢复	共享目录数据发现、嵌套数据发现、文件类型过滤、离线文件扫描
部署方式	代理：部署在终端设备上 服务端：单机部署、双机热备部署、分级部署、模块化分布式部署	网络出口旁路部署	存储设备旁路部署

10.4　本章小结

数据分类是指按照数据具有的某种共同属性或特征，采用一定的原则和方法进行区分和归类；数据分级，是指按照数据遭到破坏后对受侵害客体的危害程度对数据进行定级。数据分类分级对企业和国家数据基础制度建设有着重要的意义。数据分类分级需要遵循科学、实用、稳定和可拓展的原则，针对企业情况具体安排，以一定的流程进行，做到分类分级的合理和清晰。

数据防泄露（DLP）是指通过一定的技术和管理，防止组织内敏感数据或信息资产，因违反安全约束而丧失组织控制、数据机密性被破坏的策略和措施。

无数的例子已经证明，数据泄露会给企业、社会乃至国家造成重大损失。DLP 需要部署于合适的位置如网络、终端、存储设施位置，既要做到数据检测，及时发现泄露风险，也要做好数据控制和加密，防止泄露情况发生。

10.5　习题

1. 填空题

1）________是指按照数据具有的某种共同属性或特征，采用一定的原则和方法进行区分和归类。

2）________是指按照数据遭到破坏后对国家安全、社会秩序、公共利益以及个人、法人和其他组织的合法权益（受侵害客体）的危害程度对数据进行定级。

3）________是指通过一定的技术和管理，防止组织内敏感数据或信息资产，因违反安全约束而丧失组织控制、数据机密性被破坏的策略和措施。

4）DLP 的三种主流形态分别是________、________、________。

2. 简答题

1）简述数据分类和数据分级的区别。

2）简述 IDM 和 SVM 比对的区别。

第 11 章　数据流转安全

11.1　引言

数据安全与网络安全密切相关，是国家主权、国家安全的重要组成部分。数据作为新型生产要素，对生产方式变革具有重大影响。数据安全应保证数据生产、存储、传输、访问、使用、销毁、公开等全过程的安全，并保证数据处理过程的保密性、完整性、可用性。保证数据流转过程中的安全性至关重要。

11.2　数字水印技术

11.2.1　概述

数字水印技术能够对数据进行标识，实现对数据流转全过程的标记和跟踪。起初数字水印技术主要被用于版权保护。通过将秘密信息嵌入需要保护的数字媒体，随后对嵌入的信息进行检测和提取，以揭示数字媒体的真实所有者身份，从而实现版权保护。随着安全技术的不断发展，以及日益增长的对数据安全的需求，数字水印技术在对数字媒体的保护、认证、分发、防伪溯源等方面得到广泛应用。

数字水印是指将特定的信息（水印）嵌入数字信号中，数字信号可能是音频、图片或者影片等。要嵌入的特定信息（水印）可以是一些文字、作者的序列号、公司标志和一些具有特殊重要性的图像。这些信息被嵌入数字信号（图像、音频和视频），以确保安全性、数据认证、所有者识别和版权保护。

水印可以以可见或不可见的方式隐藏在数字数据中。为了实现强水印嵌入，需要采用良好的水印技术。水印可以嵌入空间域或频域。这两个域是不同的，有自己的优点和缺点，在不同的场景中使用。

简单的数字水印技术是一种利用适当的算法将水印（秘密信息）隐藏在数字媒体中的技术，用于对产品的原始所有者进行认证和识别。简单的数字水印技术由两个模块组成：水印嵌入模块，水印检测与提取模块。水印嵌入模块使用密钥将水印嵌入原始图像。水印嵌入如图 11.1 所示。

水印检测与提取模块用于判断数据中是否含有指定的水印或者是否可以提取水印。水印检测与提取如图 11.2 所示。

接下来对水印技术进行分类：

（1）根据密钥的使用

1）非对称水印：使用非对称密钥来嵌入和检测水印。

2）对称水印：使用相同的密钥来嵌入和检测水印。

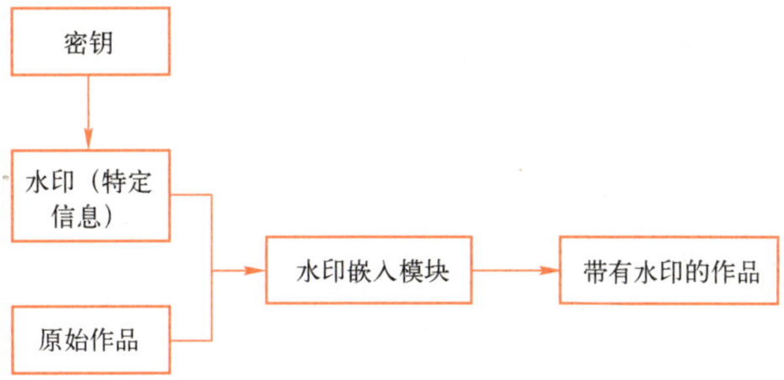

图 11.1　水印嵌入

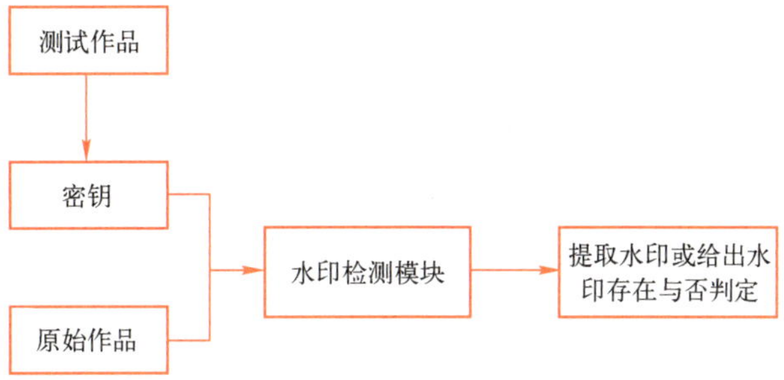

图 11.2　水印检测与提取

（2）根据特征/稳健性

1）鲁棒性水印：鲁棒性水印主要用于对数字作品的版权信息进行签名。嵌入的水印可以抵抗常见的编辑处理、图像处理和有损压缩，水印在受到某种攻击后不被破坏，仍然可以被检测到以提供证明。鲁棒性水印可以抵抗各种几何或非几何的攻击，其嵌入的水印不受影响。

2）易碎性水印：易碎性水印主要用于完整性保护，必须对信号的变化非常敏感。我们可以根据易碎性水印的状态来判断数据是否被篡改过。

3）半脆弱水印：半脆弱水印能够容忍水印图像某种程度的变化，例如有损压缩带来的量化噪声的增加。

（3）根据所附媒体/主机信号

1）图像水印：用于将特殊信息隐藏到图像中，该特殊信息则用于作者的所有权检测。

2）视频水印：用于在视频流中添加水印来控制视频应用。它是图像水印的扩展。这种方法需要实时提取和压缩的鲁棒性。

3）音频水印：该应用领域成为互联网音乐 MP3 普及后最受欢迎和最热门的话题之一。

4）文本水印：在 PDF、DOC 和其他文本文件中添加水印，以防止对文本所做的更改。水印被插入到字体以及字符和行间距之间的空间中。

5）图形水印：将水印嵌入 2D 或 3D 计算机生成的图形，以表明版权。

（4）根据感知

1）可见水印：在数字数据中可见的水印，例如在纸上印水印，或者电视频道如 HBO，其标志可见地叠加在电视画面的角落上。

2）隐形水印：可以将信息插入到肉眼看不到的图像中，但是可以用合适的软件查询到。作者不能通过这种方法防止自己的图像被盗，但可以证明被偷的图像是自己的。

11.2.2 技术原理

水印技术是利用一些强大而适当的算法将秘密信息隐藏到数字媒体中的方法。算法在水印中起着至关重要的作用：如果使用的水印技术是高效和强大的，那么使用该技术嵌入的水印就不容易被检测到。攻击者只有知道算法才能破坏或检测到秘密信息。在当今的场景中，有各种各样的算法用于隐藏信息。这些算法分为两个领域，即空间域和频率域。

（1）空间域　空间域数字水印算法直接将数据加载到原始图像中。空间域技术通过对图像像素值的直接操作来实现水印的嵌入，通常用于增强图像在特定应用中的表现。一些主要算法如下：

1）加性水印：在空间域中嵌入水印最直接的方法是在图像像素的强度上加入伪随机噪声。噪声信号通常是-1，0，1 这样的整数，有时也会是浮点数。为了保证水印可以被检测到，噪声是由一个密钥产生的，这样不同密钥的数字之间的相关性就会很低。

2）最低有效位（Least Significant Bit，LSB）：传统技术将水印嵌入像素的 LSB 中。这种方法容易实现，不会使图像产生严重的失真；但是它对攻击的鲁棒性不太好。水印的嵌入是指选择图像像素的一个子集，并用水印位替换每个所选像素的最低有效位。水印既可以散布在整个图像中，也可以位于图像的选定位置。

但是这些传统的技术很容易受到攻击，水印很容易被破坏。这样的方法对噪声和普通信号处理非常敏感，无法在实际中使用。

（2）频率域　与空间域方法相比，频率域方法的应用更为广泛。其目的是将水印嵌入图像的频谱系数。最常用的变换是离散余弦变换（Discrete Cosine Transform，DCT）、离散傅里叶变换（Discrete Fourier Transform，DFT）、离散小波变换（Discrete Wavelet Transform，DWT），之所以要在频域中嵌入水印，是因为频谱系数能更好地捕捉人类视觉系统（Human Visual System，HVS）的特征。

11.2.3 应用

数字水印技术常应用于版权保护。数字水印可用于识别和保护版权。数字内容可以嵌入描绘识别版权所有者的元数据的水印。现在，数字水印技术也广泛应用于数据流转安全，实现对数据的防止篡改、访问控制、注释和隐私控制、图像和内容认证、媒体取证等功能。

（1）防止篡改　数字水印本质上是脆弱的，可用于防篡改。数字内容中嵌入易碎的水印，只要对内容进行任何修改，这些水印就会被破坏。这样的水印可以用来对内容进行认证。

（2）访问控制　不同的支付方式赋予用户对对象的不同权限（如播放/复制权限）。在某些系统中，希望拥有复制和使用控制机制，以防止非法复制内容或限制复制次数。鲁棒性水印可用于此目的。

（3）注释和隐私控制　多位水印可用于对图像进行注释。例如，可以将与医学图像相关的患者记录和成像细节小心地插入图像。这不仅可以减少存储空间，还可以在图像及其细节之间提供紧密的联系。通过将敏感信息以人类不可读形式保存和传输，可以保护患者隐私安全，水印可以通过加密提供进一步的保护。注释水印的其他用法包括电子文档索引和自动信息检索。

（4）图像和内容认证　在图像认证应用程序中，数字水印用于检测对数据的修改。将图像的特征（例如其边缘）嵌入，并与当前图像进行比较以寻找差异。将数字水印用于图像和内容认证，可以借鉴密码学的经验，其已经将数字签名作为一种消息认证方法进行了研究。将数字签名技术用于图像认证的一个例子是可信赖的数码相机。

（5）媒体取证　取证水印的应用增强了内容所有者检测和应对其资产滥用的能力。水印不仅可用于为刑事诉讼提供证据，还可用于确保内容所有者与共享其内容的个人或公司之间的合同使用协议得以执行。

11.2.4　攻击手段

有水印的对象很可能受到各种恶意、有意或无意的攻击。广泛的图像处理软件的可用性使得对水印系统的鲁棒性进行攻击成为可能。这些攻击的目的是阻止水印执行其预期目的。对各种类型的水印攻击的简要介绍如下：

（1）移除攻击（Removal Attack）　移除攻击的目的是将水印数据从被水印对象中移除。这类攻击利用了水印通常是主机信号中存在的加性噪声信号这一事实。

（2）干扰攻击　干扰攻击是向被水印对象添加额外噪声的攻击。有损压缩、量化、共谋、去噪、重调制、平均和噪声风暴是这类攻击的一些例子。

（3）几何攻击　所有影响图像几何形状的操作，如翻转、旋转、裁剪等，都应该是可检测的。从图像的右侧和底部进行裁剪攻击就是这类攻击的一个例子。

（4）安全攻击　特别是，如果水印算法已知，攻击者可以不断尝试以使水印无效或破解水印。在这种情况下，我们谈论的就是对安全性的攻击，即安全攻击。如果嵌入的信息不能被破坏、检测或伪造，则认为水印算法是安全的。

（5）密码攻击　密码攻击处理的是对安全的破解。例如，使用穷举暴力破解方法找到秘密的水印密钥就是一种密码攻击。这类攻击的另一个例子是 Oracle 攻击。在 Oracle 攻击中，当有公共水印检测设备可用时，就会创建一个非水印对象。这类攻击与密码学中使用的攻击类似。

（6）主动攻击　主动攻击是指黑客试图故意删除水印或使其无法检测到。这在版权保护、指纹识别或复制控制等方面都是一个大问题。

11.3　区块链存证技术

随着信息技术的快速发展，数据的生成、存储和传播速度前所未有。然而，这也使得数据篡改、伪造等问题日益突出。为了确保数据的真实性和可信度，区块链存证技术应运而生。区块链存证技术利用区块链技术的去中心化、不可篡改等特性，为数据提供了一种全新的存证方式。本节将对区块链存证技术的原理和应用进行探讨。

11.3.1　概述

区块链存证技术是一种基于区块链技术的数据存证方法。它通过将数据存储在区块链上，利用区块链的去中心化、不可篡改、可追溯等特性，确保数据的真实性和可信度。与传统的数据存证方式相比，区块链存证技术具有更高的安全性和可靠性。

11.3.2 技术原理

区块链存证技术的核心原理在于利用区块链的去中心化特性，将数据存储在多个节点上，确保数据不会被篡改。具体来说，区块链存证技术的工作原理可以概括为以下几个步骤：

1）数据哈希：首先，需要对原始数据进行哈希处理，生成一个固定长度的哈希值。哈希值具有唯一性，即不同的原始数据会生成不同的哈希值。同时，哈希值还具有不可逆性，即无法通过哈希值还原出原始数据。

2）数据上链：将生成的哈希值作为区块链上的一个交易记录，通过共识算法将其写入区块链。一旦数据被写入区块链，就无法被篡改或删除。

3）数据验证：当需要验证数据的真实性时，可以通过对原始数据再次进行哈希处理，生成新的哈希值。然后，将这个新的哈希值与区块链上的哈希值进行对比。如果两者一致，说明原始数据自被写入区块链以来未被篡改，从而验证了数据的真实性。

区块链存证技术的核心优势在于其去中心化的特性。在传统的数据存证方式中，数据通常存储在中心化的服务器上，一旦服务器被攻击或篡改，数据的真实性和可信度就会受到严重影响。区块链存证技术将数据存储在多个节点上，每个节点都具有相同的权利和义务，没有任何一个节点可以单独控制或篡改数据。这种去中心化的特性使得区块链存证技术具有极高的安全性和可靠性。

11.3.3 应用

区块链存证技术由于其独特的优势，在众多领域得到了广泛的应用。以下是几个典型的应用场景。

（1）版权保护　区块链技术在版权保护领域具有不可篡改、透明可追溯、去中心化等特性，能有效解决传统版权保护中存在的确权难、维权慢、交易不透明等痛点。《中华人民共和国民事诉讼法》已经认可了“电子证据”这一证据类别。虽然将区块链存证技术运用在版权领域有其可能性与实用性，为版权取证提供了新的方向，但区块链技术并不完美，仍存在着一些局限性。例如，链下数据真实性验证难、存储效率低及跨链兼容性差；存在法律与监管挑战，包括全球法律体系不统一、智能合约难以适配复杂版权权益；还面临市场接受度问题，传统版权主体惯性强且技术推广成本较高。

（2）供应链管理　在供应链管理中，区块链存证技术可以记录产品的生产、流通、销售等全过程信息，确保产品的来源和品质可信。这有助于提高供应链的透明度和可追溯性，降低假冒伪劣产品的风险。

（3）电子取证　在电子取证领域，区块链存证技术可以确保电子数据的真实性和可信度。当发生纠纷或犯罪行为时，可以通过区块链存证技术获取关键证据，为司法公正提供有力支持。

（4）身份认证　在身份认证领域，区块链存证技术可以为个人身份提供一个不可篡改的数字身份证明。这有助于保护个人隐私和安全，防止身份被盗用或冒用。

除了以上典型的应用场景，区块链存证技术还可以在知识产权保护、公证服务、医疗数据管理等领域发挥重要作用。随着技术的不断发展和应用场景的不断拓展，区块链存证技术有望在未来发挥更大的作用。

*11.4 数据访问控制（属性基加密）

数据的安全性和隐私性已成为信息系统中不可忽视的部分。传统的数据访问控制方法，如基于角色的访问控制（Role-Based Access Control，RBAC）和自主访问控制（Discretionary Access Control，DAC），虽然在一定程度上能保护数据的安全，但往往存在灵活性不足、管理复杂等问题。为此，属性基加密（Attribute-Based Encryption，ABE）作为一种新兴的数据访问控制技术，受到了广泛的关注和研究。

11.4.1 概述

属性基加密是一种基于属性的加密方法，它允许数据的加密和解密操作与数据本身和用户的属性相关联。属性基加密通过定义属性和策略，使得只有满足特定属性的用户才能访问加密的数据，从而实现了细粒度的数据访问控制。属性基加密技术可以分为两类：密钥策略属性基加密（Key-Policy Attribute-Based Encryption，KP-ABE）和密文策略属性基加密（Ciphertext-Policy Attribute-Based Encryption，CP-ABE）。前者是在生成密钥时定义访问策略，后者则是在加密数据时定义访问策略。

11.4.2 技术原理

（1）密钥策略属性基加密（KP-ABE） 在 KP-ABE 中，私钥与访问策略相关联，密文则与一组属性相关联。只有私钥的访问策略与密文的属性相匹配的用户才能解密数据。具体过程如下。

1）密钥生成：系统首先定义一组属性和相应的访问策略。用户的私钥根据所选择的访问策略生成，策略中包含了用户能够解密的属性集合。

2）加密：加密者选择一组属性来描述密文，并生成与这些属性相关联的密文。

3）解密：解密者使用自己的私钥尝试解密密文。只有当私钥中的访问策略与密文的属性匹配时，解密操作才会成功。

（2）密文策略属性基加密（CP-ABE） 在 CP-ABE 中，密文与访问策略相关联，私钥则与一组属性相关联。只有私钥的属性满足密文的访问策略的用户才能解密数据。具体过程如下：

1）密钥生成：用户选择一组属性来生成私钥，这些属性描述了用户能够解密的策略。

2）加密：加密者定义一个访问策略，并将策略与密文相关联。策略中包含了能够解密密文的属性条件。

3）解密：解密者使用自己的私钥尝试解密密文。只有当私钥的属性满足密文的访问策略时，解密操作才会成功。

11.4.3 应用

属性基加密技术由于其灵活性和细粒度的访问控制特性，在许多领域得到了广泛的应用。以下是几个典型的应用场景。

（1）云计算 在云计算环境中，数据访问控制是一项关键任务。通过属性基加密技术，云服务提供商可以在不泄露数据内容的情况下，实现数据的细粒度访问控制。例如，可以根据用户的角色、部门或地理位置等属性，控制用户对存储在云中的数据的访问权限。

（2）社交网络　社交网络中的用户数据保护同样需要高效的访问控制机制。属性基加密技术可以帮助社交网络平台实现基于用户属性的数据访问控制，如根据用户的年龄、性别、兴趣等属性，控制用户对特定数据的访问权限。

（3）物联网　在物联网中，大量的设备生成和共享数据，数据的安全性和隐私性至关重要。属性基加密技术可以用于实现设备之间的安全通信和数据共享。例如，可以根据设备的类型、所有者或位置等属性，控制设备对数据的访问权限。

（4）电子商务　在电子商务领域，保护交易数据和用户隐私同样重要。属性基加密技术可以用于实现基于用户属性的数据访问控制，如根据用户的购买历史、信用等级或地理位置等属性，控制用户对特定交易数据的访问权限。

11.5　本章小结

数据流转安全是信息安全领域的一个重要部分，主要关注的是数据在生成、传输、存储和使用过程中的安全问题。在当前的大数据和云计算环境下，数据流转安全的重要性日益凸显。

数字水印技术利用标记数据，实现对数据流转的全过程追踪。它最初用于版权保护，通过将秘密信息嵌入需要保护的数字媒体，然后检测和提取这些信息，揭示数字媒体的真实所有者。随着技术的发展和对数据安全需求的增长，数字水印技术广泛应用于数字媒体的保护、认证、分发和防伪溯源等领域。

区块链存证技术以其独特的去中心化、不可篡改和可追溯的特性，将数据嵌入区块链，从而确保数据的真实性和可信度。相较于传统的数据存证方法，利用区块链进行数据存证在安全性和可靠性方面表现出更强的优势。

最后，除了要保护数据的机密性和完整性，还需要考虑数据的访问控制问题。这通常需要通过访问控制机制来确保只有授权的用户才能访问和使用数据。

总的来说，数据流转安全是一个复杂而重要的议题，需要从多个角度和阶段来考虑和处理。只有这样，才能真正保护好我们的数据，防止数据泄露、篡改和丢失。

参考文献

[1] 舍恩伯格，库克耶. 大数据时代：生活、工作与思维的大变革[M]. 盛杨燕，周涛，译. 杭州：浙江人民出版社，2013.

[2] 涂子沛. 大数据[M]. 2 版. 桂林：广西师范大学出版社，2013.

[3] 城田真琴. 大数据的冲击[M]. 周自恒，译. 北京：人民邮电出版社，2013.

[4] 奥巴松. 严肃的密码学：实用现代加密术[M]. 陈华辉，巩道福，俞少华，译. 北京：电子工业出版社，2021.

[5] WONG D. 深入浅出密码学[M]. 韩露露，谢文丽，杨雅希，译. 北京：人民邮电出版社，2023.

[6] 弗格森，施奈尔，大仓河野. 密码工程：原理与应用[M]. 赵一鸣，沙朝锋，李景涛，译. 北京：机械工业出版社，2018.

[7] 谷利泽，郑世慧，杨义先. 现代密码学教程[M]. 2 版. 北京：北京邮电大学出版社，2016.

[8] 卡茨，林德尔. 现代密码学：原理与协议[M]. 任伟，译. 北京：国防工业出版社，2011.

[9] 李学兵，陈阳，周孟莹，等. 互联网数据传输协议 QUIC 研究综述[J]. 计算机研究与发展，2020，57(9)：1864-1876.

[10] 周水庚，李丰，陶宇飞，等. 面向数据库应用的隐私保护研究综述[J]. 计算机学报，2009，32(5)：847-861.

[11] 徐建良，胡海波，陈乾. 移动社交网络中的位置隐私保护[J]. 中国计算机学会通讯，2014，10(6)：58-62.

[12] 谢幸，祝烈煌. 社交网络中的隐私保护[J]. 中国计算机学会通讯，2014，10(6)：28-29.

[13] 谭晓生. 冰与火：社交网络与个人隐私保护[J]. 中国计算机学会通讯，2014，10(6)：30-35.

[14] 张俊，萧小奎. 数据分享中的差分隐私保护[J]. 中国计算机学会通讯，2014，10(6)：44-51.

[15] 付艳艳，付浩，谢幸，等. 社交网络匿名与隐私保护[J]. 中国计算机学会通讯，2014，10(6)：51-58.

[16] 康海燕. 网络隐私保护与信息安全[M]. 北京：北京邮电大学出版社，2016.

[17] 吴英杰. 隐私保护数据发布：模型与算法[M]. 北京：清华大学出版社，2015.

[18] 赵禹齐，杨敏. 差分隐私研究进展综述[J]. 计算机科学，2023，50(4)：265-276.

[19] 叶青青，孟小峰，朱敏杰，等. 本地化差分隐私研究综述[J]. 软件学报，2018，29(7)：1981-2005.

[20] 胡奥婷，胡爱群，胡韵，等. 机器学习中差分隐私的数据共享及发布：技术、应用和挑战[J]. 信息安全学报，2022，7(4)：1-16.

[21] 谭作文，张连福. 机器学习隐私保护研究综述[J]. 软件学报，2020，31(7)：2127-2156.

[22] 吴军. 数学之美[M]. 2 版. 北京：人民邮电出版社，2014.

[23] 李晓明，闫宏飞，王继民. 搜索引擎：原理、技术与系统[M]. 北京：科学出版社，2005.

[24] 周志华. 机器学习[M]. 北京：清华大学出版社，2016.

[25] 阿尔帕伊登. 机器学习导论：原书第 2 版[M]. 范明，昝红英，牛常勇，译. 北京：机械工业出版社，2014.

[26] 李航. 统计学习方法[M]. 北京：清华大学出版社，2012.

[27] DOMINGOS P. A few useful things to know about machine learning[J]. Communications of the ACM，2012，55(10)：78-87.

[28] 刘俊旭，孟小峰. 机器学习的隐私保护研究综述[J]. 计算机研究与发展，2020，57(2)：346-362.

[29] 刘鑫，王能. 匿名通信综述[J]. 计算机应用，2010，30(3)：719-722.

[30] 罗军舟，杨明，凌振，等. 匿名通信与暗网研究综述[J]. 计算机研究与发展，2019，56(1)：103-130.

[31] 谭庆丰，时金桥，王学宾. 匿名通信与暗网[M]. 北京：科学出版社，2019.

[32] 冯登国. 大数据安全与隐私保护[M]. 北京：清华大学出版社，2018.

[33] 王丽宏，贺龙涛，刘培朋，等. 匿名通信技术研究[M]. 北京：人民邮电出版社，2020.

[34] 宋金玲，刘国华. 隐私保护数据发布中不确定数据的管理方法：数据管理篇[M]. 北京：科学出版社，2020.

[35] 张晓琳，王永平. 数据集隐私保护技术研究[M]. 北京：科学出版社，2020.

[36] 李凤华，李晖，牛犇. 隐私计算理论与技术[M]. 北京：人民邮电出版社，2021.

[37] 李伟荣. 深入浅出隐私计算：技术解析与应用实践[M]. 北京：机械工业出版社，2022.

[38] 陈凯，杨强. 隐私计算[M]. 北京：电子工业出版社，2022.

[39] 芦天亮，陈光宣. 大数据安全技术[M]. 北京：清华大学出版社，2022.

[40] 陈铁明，翁正秋. 数据安全[M]. 北京：电子工业出版社，2021.

[41] 王瑞民. 大数据安全：技术与管理[M]. 北京：机械工业出版社，2021.

[42] 尚涛，刘建伟. 大数据系统安全技术实践[M]. 北京：电子工业出版社，2020.

[43] 张凯，张旭. 大数据安全治理与防范：反欺诈体系建设[M]. 北京：人民邮电出版社，2023.

[44] 范渊，刘博. 数据安全与隐私计算[M]. 北京：电子工业出版社，2023.

[45] 康海燕. 大数据安全与隐私保护[M]. 北京：北京邮电大学出版社，2024.

[46] 陈越，杨奎武，胡学先. 数据安全理论与技术[M]. 北京：科学出版社，2023.

[47] 秦臻，庄添铭，朱国淞，等. 面向人工智能模型的安全攻击和防御策略综述[J]. 计算机研究与发展，2024，61(10)：2627-2648.